핵심이론정리 & 출제적중문제 686제

온실가스관리
기사/산업기사 필기

[온실가스관리기사수험연구회]
홍성호 · 남윤미 · 김현창 · 정재호 · 최승근 공저

최신 개정판

인포더북스 · SOLAR TODAY · 탄소제로

이 책의 구성과 특징

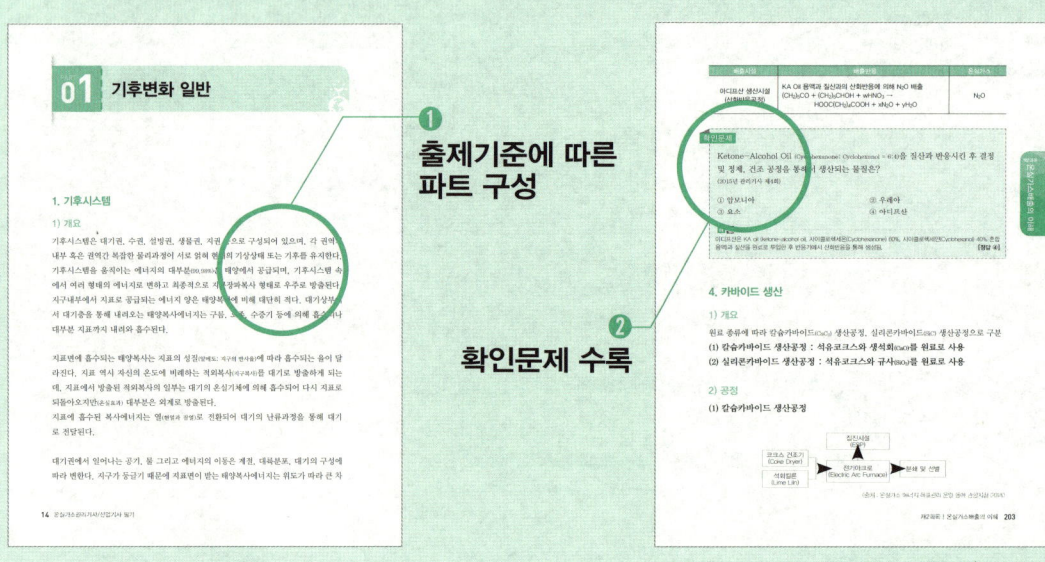

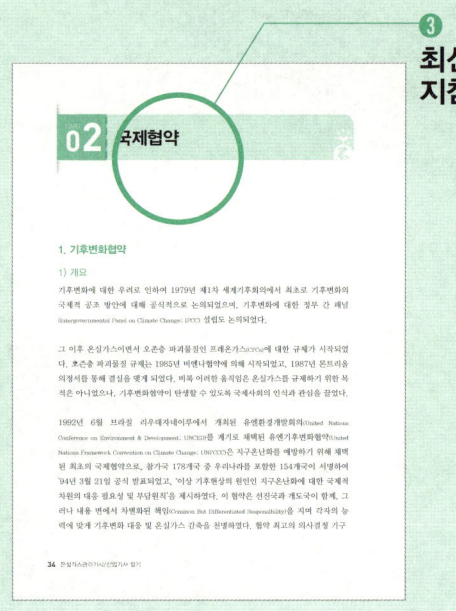

① 출제기준에 따른 파트 구성
한국산업인력관리공단에서 발표한 출제 기준에 따라 파트를 구성하여 수험생들의 과목 이해에 도움

② 확인문제 수록
핵심 이론 학습 후 복습할 수 있도록 확인문제 수록

③ 최신 법규와 지침 수록
최근 발표한 법규와 관련 지침을 수록하여 수험생들의 합격을 견인

온실가스관리기사/산업기사 시험 정보

개요   기후변화와 에너지 위기에 대응하기 위해 온실가스 감축정책이 요구되고 있으며 온실가스 감축정책의 원활한 시행을 위해 기후변화에 대한 전문지식을 보유한 인력 양성을 위한 자격 제정했다.

수행직무   조직의 기후변화 대응 및 온실가스 감축을 위하여 관련 법규 및 지침에 따라 온실가스 배출량의 산정과 보고 업무를 수행하고 온실가스 감축활동을 기획, 수행, 관리하는 업무를 수행한다.

시험요강
① 시행처 : 한국산업인력관리공단(www.q-net.or.kr)

② 시험과목(기사)
- 필기 : 1. 기후변화개론, 2. 온실가스 배출의 이해,
     3. 온실가스 산정과 데이터 품질관리, 4. 온실가스 감축 관리,
     5. 온실가스 관련법규
- 실기 : 온실가스관리 실무

③ 시험과목(산업기사)
- 필기 : 1. 기후변화개론, 2. 온실가스 배출의 이해,
     3. 온실가스 산정과 데이터 품질관리, 4. 온실가스 관련 법규
- 실기 : 온실가스관리 실무

④ 검정방법
- 필기 : 객관식 4지 택일형, 과목당 20문항(과목당 30분)
- 실기 : 필답형(2시간 30분)

⑤ 합격기준
- 필기 : 100점 만점을 기준으로 과목 당 40점 이상, 전과목 평균 60점 이상
- 실기 : 100점 만점을 기준으로 60점 이상

발간사

**온실가스관리전문인력 양성은 물론
온실가스관리의 이론과 실무정립의 지침서가 되기를 기대하며….**

지금은 기후변화의 시대입니다.

우리나라 정부는 2020년 이후 신 기후체제인 파리 협정(Paris Agreement)에서의 온실가스 감축의무와 우리나라가 국제적으로 선언한 2030년까지 온실가스 감축목표를 배출전망치(BAU)대비 37% 감축 등을 위하여, 온실가스·에너지 목표관리제 및 아시아에서는 최초로 전국단위의 온실가스 배출권거래제를 도입하여 시행중에 있습니다.

국내외적 패러다임의 변화 속에서 새로운 직업이 창출되고, 그 중심에 온실가스 관련 자격증이 해도 과언이 아닙니다. 이에 발맞춰 초판 출간 이후 지난 4년간 온실가스 기사·산업기사 수험생의 꾸준한 사랑을 받아온 "온실가스관리 기사·산업기사 필기"의 개정판을 출간하게 되어 감회가 새롭습니다.

이번 온실가스관리 기사·산업기사 필기대비 수험서의 특징은 우리나라의 현직 온실가스 검증심사원들이 현장에서 직접 쌓은 충분한 지식과 경험을 바탕으로 집필했다는 점입니다.

이 책에 참여한 집필위원들은 공학박사·기술사·온실가스 검증심사원·외부사업 검증심사원·UN CDM심사원 등으로, 각 분야의 전문가들이 직접 과목별로 집필했습니다.

특히 본서는 중요 이론을 핵심 분야별로 알기 쉽게 정리하고, 지난 시험의 기출문제를 철저히 분석하여 실제 기출문제 및 출제 예상문제를 최대한 많이 수록하여 최신 출제경향을 쉽게 파악하고 효율적으로 시험에 대비할 수 있도록 구성했습니다.

온실가스관리 기사·산업기사 시험대비 수험서가 온실가스 관련 분야에 종사하는 모든 이의 어려움을 해결하고, 시험을 준비하는 모든 수험생에게 도움이 되기를 바랍니다.

마지막으로 개정판이 탄생할 수 있도록 지속적인 관심과 격려를 보내주신 수험생 여러분 및 온실가스관리 기사·산업기사 수험서가 세상에 빛을 볼 수 있도록 힘써 주신 인포더북스 임직원 여러분께 감사의 말씀을 전하는 바입니다.

2018년 2월
홍성호, 남윤미, 김현창, 정재호, 최승근

온실가스관리기사 출제기준(필기)

직무분야	환경·에너지	중직무분야	환경	자격종목	온실가스관리기사	적용기간	2015.1.1~2019.12.31

직무내용 : 조직의 기후변화 대응 및 온실가스 감축을 위하여 관련 법규 및 지침에 따라 온실가스 배출량의 산정과 보고업무를 수행하고, 온실가스 감축활동을 기획·수행·관리하는 업무

실기검정방법	필답형	시험시간	2시간 30분

필기과목명	문제	주요항목	세부항목
제1과목 기후변화개론	20	1. 기후변화의 이해	1. 기후변화과학 2. 기후변화관련 국제 동향 3. 기후변화관련 국내 동향
제2과목 온실가스 배출의 이해	20	1. 고정연소 및 이동연소	1. 고정연소 2. 이동연소
		2. 산업분야별 온실가스 배출특성	1. 철강 및 금속 2. 전기, 전자 3. 화학 4. 광물 5. 농·축산·임업 6. 폐기물 7. 기타 8. 간접배출(전기, 열, 스팀)
제3과목 온실가스 산정과 데이터 품질관리	20	1. 모니터링 계획 수립	1. 경계범위 일반 2. 조직경계 설정 3. 운영경계 설정 4. 모니터링 유형/방법 결정 5. 모니터링 계획서 작성
		2. 온실가스 산정 방법론 수립	1. 매개변수 파악 2. 배출계수 개발 및 관리 3. 산정방법론 적용

필기과목명	문제	주요항목	세부항목
		3. 자료 수집 및 배출량 산정	1. 산업분야별 배출특성 및 공정분석 2. 활동자료 수집 3. 배출량 산정 4. 정보시스템 활용
		4. 품질관리/품질보증	1. 배출량 산정의 품질관리 2. 배출량 산정결과 품질관리 3. 배출량 보고의 품질관리 4. 자료의 품질 관리
		5. 온실가스 보고 및 검증	1. 온실가스 보고 및 검증 2. 내부검증
제4과목 온실가스 감축 관리	20	1. 감축목표	1. 감축목표 설정 및 감축 관리 2. 감축정책 추진 3. 온실가스 감축기술
		2. 온실가스 감축 프로젝트 기획	1. 감축프로젝트 이해 2. 감축프로젝트 개발 3. 베이스라인 시나리오 작성 4. 사업계획서 작성 및 등록
		3. 온실가스 감축 프로젝트 실행	1. 모니터링 자료 수집 2. 모니터링 결과 확인 3. 감축실적 보고서 작성
제5과목 온실가스 관련 법규	20	1. 온실가스 관련 법규	1. 저탄소녹색성장 기본법 2. 온실가스배출권의 할당 및 거래에 관한 법률 3. 온실가스 관련 기타 법률 4. 온실가스 관련 지침

온실가스관리산업기사 출제기준(필기)

직무분야	환경·에너지	중직무분야	환경	자격종목	온실가스관리산업기사	적용기간	2015. 1. 1 ~ 2019. 12. 31

직무내용 : 조직의 기후변화 대응 및 온실가스 감축을 위하여 관련 법규 및 지침에 따라 온실가스 배출량의 산정과 보고업무를 수행하고, 온실가스 감축활동을 기획·수행·관리하는 업무

필기검정방법	객관식	문제수	80	시험시간	2시간

필기과목명	문제	주요항목	세부항목
제1과목 기후변화개론	20	1. 기후변화의 이해	1. 기후변화과학 2. 기후변화관련 국제 동향 3. 기후변화관련 국내 동향
제2과목 온실가스 배출의 이해	20	1. 고정연소 및 이동연소	1. 고정연소 2. 이동연소
		2. 산업분야별 온실가스 배출특성	1. 철강 및 금속 2. 전기, 전자 3. 화학 4. 광물 5. 농·축산·임업 6. 폐기물 7. 기타 8. 간접배출(전기, 열, 스팀)
제3과목 온실가스 산정과 데이터 품질관리	20	1. 모니터링 계획 수립	1. 경계범위 일반 2. 조직경계 설정 3. 운영경계 설정 4. 모니터링 유형/방법 결정 5. 모니터링 계획서 작성
		2. 온실가스 산정 방법론 수립	1. 매개변수 파악 2. 배출계수 개발 및 관리 3. 산정방법론 적용

필기과목명	문제	주요항목	세부항목
제3과목 온실가스 산정과 데이터 품질관리		3. 자료 수집 및 배출량 산정	1. 산업분야별 배출특성 및 공정분석 2. 활동자료 수집 3. 배출량 산정 4. 정보시스템 활용
		4. 온실가스 감축 관리	1. 감축목표 2. 온실가스 감축프로젝트 기획 3. 온실가스 감축프로젝트 실행
		5. 품질관리/품질보증	1. 배출량 산정의 품질관리 2. 배출량 산정결과 품질관리 3. 배출량 보고의 품질관리 4. 자료의 품질 관리
		6. 온실가스 보고 및 검증	1. 온실가스 보고 및 검증 2. 내부검증
제4과목 온실가스 관련 법규	20	1. 온실가스 관련 법규	1. 저탄소녹색성장 기본법 2. 온실가스배출권의 할당 및 거래에 　관한 법률 3. 온실가스 관련 기타 법률 4. 온실가스 관련 지침

온실가스관리기사/산업기사 이론편 차례

제1과목　기후변화개론

PART 01　기후변화 일반 14
　기후시스템 | 기후시스템의 변화 | 기후변화의 원인 | 우리나라의 기후변화 | 온실가스
PART 02　국제협약 34
　기후변화협약 | 교토의정서 | 마라케시 합의문 | 발리 로드맵 | 칸쿤합의문 | 파리협정 |
　GCF | 한국의 INDC
PART 03　기후변화 대응 55
　국제동향 | 우리나라 정책동향
PART 04　온실가스 산정 표준 74
　2006 IPCC 가이드라인 | ISO 14064

출제적중문제 82

제2과목　온실가스 배출의 이해

PART 01　고정연소 및 이동연소의 온실가스 배출 150
　고정연소 | 이동연소
PART 02　철강 및 금속 163
　철강생산 | 합금철 생산 | 아연 생산 | 납 생산 | 마그네슘 생산
PART 03　전자산업 187
PART 04　화학 191
　암모니아 생산 | 질산 생산 | 아디프산 생산 | 카바이드 생산 | 소다회 생산 | 석유정제 |
　석유화학제품 생산 | 불소화합물 생산 | 카프로락탐 생산
PART 05　광물 227
　시멘트 생산 | 석회 생산 | 탄산염의 기타공정사용 | 유리 생산 | 인산 생산
PART 06　농·축산·임업 243
　농·축산·임업
PART 07　폐기물 247
　고형폐기물의 매립 | 고형폐기물의 생물학적 처리 | 폐기물 소각

PART 08 간접배출 262
　간접배출
PART 09 탈루 배출 265
　석탄 채굴 및 처리활동에서의 탈루 배출 | 석유 산업에서의 탈루 배출 | 천연가스 산업에서의 탈루 배출
PART 10 오존파괴물질의 대체물질 사용 269
　오존파괴물질의 대체물질 사용
PART 11 연료전지 271
　연료전지
PART 12 기타 온실가스 배출 272
　기타 온실가스 배출
PART 13 기타 온실가스 사용 273
　기타 온실가스 사용

출제적중문제 276

제3과목　온실가스 산정과 데이터 품질관리

PART 01 배출활동별, 시설규모별 산정 340
　산정등급 분류체계 | 배출량에 따른 시설규모 분류 | 배출활동별 및 시설규모별 산정등급 최소 적용기준 | 온실가스 배출량 및 에너지 소비량 기준
PART 02 모니터링 유형 347
　모니터링 유형 개요 | 모니터링 유형 C를 적용할 수 있는 배출시설 | 모니터링 계획
PART 03 온실가스 산정방법론 수립 및 배출량 산정 357
　고정연소 | 이동연소 | 광물분야 | 화학분야 | 철강분야 | 전자산업 | 연료전지 | 폐기물분야 | 석탄 채굴 및 처리활동에서의 탈루 배출 | 석유 산업에서의 탈루 배출 | 천연가스 산업에서의 탈루 배출 | 외부에서 공급된 전기 사용 | 외부에서 공급된 열의 사용 | 오존파괴물질의 대체물질 사용 | 기타 온실가스 배출
PART 04 품질관리 / 품질보증 405
　품질관리 | 품질보증 | 리스크 | 데이터 샘플링 계획 | 불확도 산정 절차 및 방법 | 시료 채취 및 분석의 최소 주기 | 연속측정방법의 배출량 산정방법 및 측정기기의 설치·관리 기준

출제적중문제 416

제4과목　온실가스 감축 관리

PART 01　온실가스 감축 관리　474
감축목표 | 온실가스 감축기술

PART 02　온실가스 감축 프로젝트 기획　498
감축기술 및 프로젝트 이해 | 방법론 | 추가성 | 베이스라인 | 사업경계 설정 | 기준활동 | 온실가스 감축량 계산 | 사업계획서 작성 및 등록

PART 03　온실가스 감축 프로젝트 실행　525
모니터링 | 모니터링 계획 수립 | 모니터링 지점과 측정 방법 | 데이터 유형 | 데이터 품질관리 및 품질보증 | 모니터링 보고서 작성 | 검·인증 및 배출권 발급 절차

출제적중문제　540

제5과목　온실가스 관련 법규

PART 01　저탄소 녹색성장 기본법　578
저탄소 녹색선장 기본법의 구성 및 주요 내용 | 용어정의 | 저탄소 녹색성장 기본법의 목적 | 저탄소 녹색성장 추진의 기본원칙 | 저탄소 녹색성장 국가전략 | 녹색성장위원회 등 | 저탄소 녹색성장의 추진 | 저탄소 사회의 구현 | 녹색생활 및 지속가능발전의 실현

PART 02　온실가스 배출권의 할당 및 거래에 관한 법률　608
목적 | 용어의 정의 | 배출권 할당 및 제출 | 배출권 거래

PART 03　온실가스·에너지 목표관리 운영 등에 관한 지침　620
용어의 정의 | 주체별 역할분담 | 관리업체의 지정 및 관리 | 목표관리제의 배출량 산정 및 보고 체계 | 온실가스 배출량 및 에너지 소비량의 검증 | 명세서 및 이행실적의 확인 | 조기감축실적 등의 인정 | 검증기관의 지정 및 관리 | 명세서의 작성 방법 등

출제적중문제　660

제1과목

기후변화개론

PART 01 기후변화 일반

1. 기후시스템

1) 개요

기후시스템은 대기권, 수권, 설빙권, 생물권, 지권 등으로 구성되어 있으며, 각 권역의 내부 혹은 권역간 복잡한 물리과정이 서로 얽혀 현재의 기상상태 또는 기후를 유지한다. 기후시스템을 움직이는 에너지의 대부분(99.98%)은 태양에서 공급되며, 기후시스템 속에서 여러 형태의 에너지로 변하고 최종적으로 지구장파복사 형태로 우주로 방출된다. 지구내부에서 지표로 공급되는 에너지 양은 태양복사에 비해 대단히 적다. 대기상부에서 대기층을 통해 내려오는 태양복사에너지는 구름, 오존, 수증기 등에 의해 흡수되나 대부분 지표까지 내려와 흡수된다.

지표면에 흡수되는 태양복사는 지표의 성질(알베도: 지구의 반사율)에 따라 흡수되는 율이 달라진다. 지표 역시 자신의 온도에 비례하는 적외복사(지구복사)를 대기로 방출하게 되는데, 지표에서 방출된 적외복사의 일부는 대기의 온실기체에 의해 흡수되어 다시 지표로 되돌아오지만(온실효과) 대부분은 외계로 방출된다.
지표에 흡수된 복사에너지는 열(현열과 잠열)로 전환되어 대기의 난류과정을 통해 대기로 전달된다.

대기권에서 일어나는 공기, 물 그리고 에너지의 이동은 계절, 대륙분포, 대기의 구성에 따라 변한다. 지구가 둥글기 때문에 지표면이 받는 태양복사에너지는 위도가 따라 큰 차이가 있다. 일반적으로 저위도 지표면에서는 흡수되는 태양에너지에 비해 방출되는 지구복사가 적어 지면이 가열되고 고위도에서는 반대로 많아 지면이 냉각된다. 이러한 고위도와 저위도의 기온차는 중위도 상층에 강한 편서풍(제트기류)을 만든다. 만약 남북 방향으로 열의 수송이 없고 국지적인 복사과정에 의해 에너지 평행상태가 이루어지면, 극지방은 현재보다 훨씬 춥고 적도부근은 지금보다 훨씬 더울 것이다.
현재와 같은 기온분포를 유지하고 있는 것은 대기와 해양의 의해 열이 수송되기 때문이다.

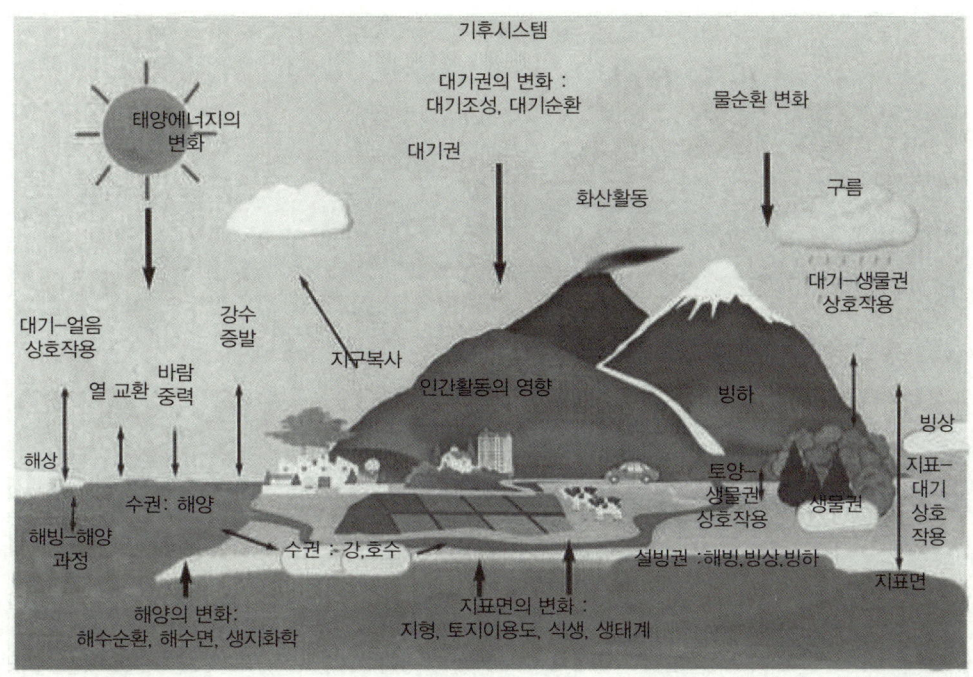

〈출처 : 기상청 기후변화정보센터〉
[기후시스템]

2) 태양과 지구 그리고 에너지

지구가 받는 태양에너지의 양과 에너지의 시간적 변화와 공간적 분포는 지구의 공전과 자전에 의해 이루어진다.
(1) 공전: 약 365일을 주기로 태양을 한 바퀴씩 돌고 있으며, 지구의 공전 궤도는 정확한 원이 아니라 타원형이므로, 지구와 태양의 거리는 1년을 주기로 계속 변하게 된다. (근일점:

약 1억 4700만 km, 원일점: 약 1억 5200만 km) 근일점 시 원일점일 때보다 약 3% 정도 태양과 가까우므로 태양에너지를 더 받게 된다.

(2) 자전: 북극에서 바라보았을 때 시계 반대 방향으로 돌고 있으며, 자전축은 지구의 궤도면에서 23.5도 기울어져 있다. 이 기울기 때문에 공전궤도 상의 지구의 위치에 따라 태양에너지의 입사각도 달라지고 계절의 변화를 일으키게 된다.

참고) 스테판-볼츠만의 법칙: 주어진 온도에서 이론상 최대에너지를 복사하는 가상적인 물체를 흑체(완전방사체)라고 할 때 흑체복사를 하는 물체에서 방출되는 복사에너지는 절대온도(K)의 4승에 비례한다.

3) 대기권과 대기조성향

(1) 대기권

지구의 표면을 둘러싸고 있는 공기층

(가) 대류권

지표면으로부터 약 10km 높이까지의 구간으로, 100m 올라감에 따라 기온이 0.65℃씩 하강하여 10km 높이에서는 -50℃가 된다. 대기권을 구성하는 전체 기체의 약 75%가 대류권에 집중되어 있으며, 대류 및 기상현상이 일어난다.

(나) 성층권

약 10~50km 구간으로, 오존층이 존재하여 자외선을 흡수하고 지구상의 생물을 보호한다. 성층권의 하부에서는 기온이 높이에 따라 일정하다가 상부에서는 높이에 따라 기온이 증가하는데 그 이유는 오존층이(25km 부근) 태양의 자외선을 흡수하기 때문이다. 대단히 안정하여 대류권과 달리 대류현상이 없으므로 일기변화 현상도 거의 없다.

(다) 중간권

약 50~80km의 구간이며, 위로 올라갈수록 기온이 하강한다. 대기가 불안정하여 대류현상이 일어나지만, 공기가 희박하여 기상현상은 일어나지 않는다.

(라) 열권

80km 이상의 구간이며, 위로 갈수록 기온이 높아진다. 공기가 매우 희박하여 밤낮의 기온 차가 매우 크며, 극지방에서는 오로라 현상이 나타난다.

4) 대기조성

(1) 대류권의 건조공기는 질소(78%), 산소(21%), 아르곤(0.93%) 등이 99.9%를 차지하고 있으며 온실기체인 이산화탄소 (0.03%), 메탄(0.000179%), 아산화질소(0.00003%)의 낮은 농도를 나타내고 있다.

다른 행성과 달리 이산화탄소를 0.03% 정도 포함하고 있는 대기 덕분에 지구의 평균기온은 약 15℃ 이내의 생명이 살기 좋은 곳이 되었다. 만일 지구상에 온실효과가 없으면 과학자들은 지구 평균기온이 영하 18℃ 정도로 추정하고 있다.

5) 기후변화의 정의

(1) 내적요인

일반적으로 짧게는 수십 년에서부터 수백 년에 걸친 통계에 기초한 특성의 평균치를 벗어난 변화로, 수십 년보다 짧은 기간 동안에 나타난 기상이변 또는 기상변화는 기후변화로 언급되지 않았다. 세계기상기구 WMO 기준은 30년이다.

- 엘리뇨: 페루와 칠레 앞바다에서 일어나는 해수 온난화 현상. 그로 인해 태평양의 무역풍이 약화되고 따뜻한 서태평양의 물이 동태평양으로 흐르게 되어 대기 대순환에 영향. 해수면의 온도가 평년보다 0.5도 이상 5개월 이상 지속되는 경우와 지구촌 이상기온 현상 모두를 엘리뇨라고 함
- 라니냐: 적도 무역풍이 평년보다 강해지며, 서태평양의 해수면과 수온이 평년보다 상승하게 되고, 찬 해수의 용승현상 때문에 적도 동태평양에서 저수온 현상이 강화되는 현상. 해수면의 온도가 6개월 이상 평균 수온보다 0.5℃ 이상 낮은 현상

2. 기후시스템의 변화

1) 기후시스템의 변화

지구 기후변화 가능성 문제를 인식하면서, 1998년 세계기상기구(World Meteorological Organization; WMO)와 UN환경계획(United Nations Environment Programme; UNEP)은 기후변화에 관한 정부 간 협의체(Intergovernmental Panel on Climate Change; IPCC)를 공동 설립했다.

1990년, IPCC는 온난화 결과는 심각하고 사회적인 영향을 미칠 것이며, 온난화율은 다가올 미래에는 더욱 가속화될 것이라는 것을 온실가스 전문가들 사이에는 실질적인 만장일치를 보았다. 그러나 소수 사람들이기는 하지만, 미래의 기온 상승의 예측에서 상당한 넓은 불확실성의 범위가 있다는 온실가스 온난화 모델에 대한 비판적인 주장도 있다.

IPCC 4차 보고서(2007)에 따르면 지구온난화는 명백한 사실이며, 이를 증명하기 위해 세 가지 증거를 제시하고 있다. 지구평균 온도는 지난 100년 동안(1906~2005) 0.74±0.18℃ 상승한 것으로 나타났다. 이러한 기온 상승은 우리나라가 속해 있는 북반구 고위도로 갈수록 더 크게 나타나고 있으며, 해양보다 육지가 더 빠른 온도 상승을 나타내고 있다(IPCC 4차보고서, 2007). 이와 같은 지구온도 상승유형은 관측결과 지난 1,000년간 가장 높은 상승으로 나타났고 지난 20년간은 20세기 동안 가장 더웠던 시기로 나타났으며 지난 100년간 가장 더웠던 12개의 해는 모두 1983년 이후에 나타나고 있다. 또한 해수면은 17cm 상승하였고, 북반구의 적설도 지속적으로 감소하는 추세를 보이고 있다.

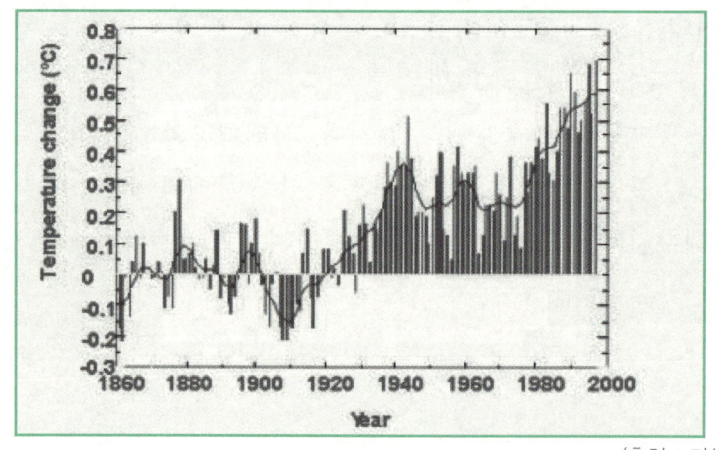

〈출처 : 기상청〉

[지구 평온 기온의 변화]

IPCC 5차보고서(2013년도 9월 27일 스웨덴 스톡홀름 IPCC 총회)에 따르면 기온과 해양 온도의 상승, 빙하의 융해, 해수면 상승하고 있고, 지구온난화로 인해 지난 133년간(1880~2012년) 지구의 평균기온이 0.85℃(0.65~1.06℃) 상승(참고로 4차 평가보고서에서는 지난 100년(1906~2005년)간 전 지구평균온도는 0.74(0.56~0.92)℃ 상승하였다. 중요한 사실은 1901~2010년의 전 지구 해수면 상승률은 1.7(1.5~1.9)mm/year 인데 반해 1993~2010년의 상승률은 3.2(2.8~3.6)mm/year로 해수면 상승이 가속화되었다는 점이다.

그리고 지구온난화를 2℃ 미만으로 한정할 경우, 산업화 시대 초기부터의 인위적인 총 누적 CO_2 배출량을 약 1000Gtc로 제한할 필요가 있다. 이 누적량의 절반(460~630Gtc)은 이미 2011년까지 배출되었다(Gtc; Gigaton of carbon).

이번 5차 보고서에서 주목할 만한 점은 바로 인간 활동과(탄소배출) 지구온난화의 연관성을 지난 4차 평가보고서보다 5% 상승한 95%라고 발표한 점이다.

이 보고서에는 온실가스 감축 없이 현재와 같은 추세로 온실가스를 배출하는 경우(이산화탄소 농도가 2100년 946ppm에 도달할 경우), 지역적으로 예외가 있지만 지구 대부분 지역에서 온난화된 기후로 인해 건조 지역과 습윤 지역의 계절 강수량 차이가 커지고, 우기와 건기 간의 기온의 차이도 더 벌어질 것이며, 고위도와 적도 태평양의 경우 강수량이 증가할 가능성이 매우 높을 것으로 내다봤다. 전체적으로 보면, 21세기 말 지구의 평균기온은 1986~2005년에 비해 3.7℃ 오르고 해수면은 63cm 상승할 것으로 전망했다. 그러나 감축이 상당 부분 실현된다면 (이산화탄소의 농도가 2100년 538ppm에 도달할 경우), 평균기온은 1.8℃, 해수면은 47cm 정도로 상승폭을 완화시킬 수 있을 것으로 전망했다. 우리나라의 기후변화 전망은 현재의 온실가스 배출추세를 유지할 경우 21세기 후반 한반도의 기온은 5.7℃ 상승하며, 북한의 기온 상승은 6.0℃로 남한보다 더 클 것으로 전망했다. 이로 인해 남한 대부분의 지역과 황해도 연안이 열대 기후가 될 것으로 분석되고, 폭염일수도 현재 평균 7.3일에서 21세기 후반에는 30.2일로 늘어날 것으로 전망했다.

이산화탄소를 포함한 온실가스의 배출을 멈춘다고 하더라도 기후변화의 영향과 양상은 수 백 년 동안 지속될 것이며, 배출된 이산화탄소의 20% 이상이 1,000년 이상 대기 중에 남아 있을 가능성이 매우 높으므로 국제사회에 대책마련과 적극적 노력이 필요하다.

IPCC는 제 4차 평가보고서에 사용된 온실가스 배출량 시나리오 대신, 제 5차 평가

보고서를 위해 새로운 온실가스 시나리오 '대표농도경로(RCP, Representative Concentration Pathways)'를 도입했다. 온실가스 배출량 시나리오는 인위적인 기후변화 요인 중에서 온실가스와 에어러졸의 영향에 의한 강제력만을 포함했다면, 이번 5차 보고서에서는 토지이용변화에 따른 영향까지 포함하였다는 점을 눈여겨 볼 수 있다. 또한 온실가스 배출량 시나리오는 미래 사회구조를 중심으로 선정하였다면 이번 대표농도경로는 기후변화 대응정책과 연계하여 온실가스 농도를 비교해 온실가스 저감 정책을 실현했을 때의 효과를 더 쉽게 느낄 수 있도록 했다.

구분	시나리오	개념
4차 보고서	SRES	사회·경제유형별 온실가스 배출량을 설정 후 기후변화 시나리오 산출
5차 보고서	RCP	온실가스 농도값을 설정 후 기후변화 시나리오를 산출하여 그 결과의 대책으로 사회·경제 분야별 온실가스를 배출 저감 정책 결정

* SRES(Special Report on Emission Scenario), RCP(Representative Concentration Pathways)

[IPCC 온실가스 시나리오]

구분	특징	특징 (이산화탄소 농도)
RCP 2.6	인간 활동에 의한 영향을 지구 스스로가 회복 가능한 경우(실현 불가)	420ppm
RCP 4.5	온실가스 저감 정책이 상당히 실현되는 경우	540ppm
RCP 6.0	온실가스 저감 정책이 어느 정도 실현되는 경우	670ppm
RCP 8.5	현재 추세(저감 없이)로 온실가스가 배출되는 경우 (BAU 시나리오)	940ppm

[IPCC RCP 시나리오의 구성]

* SRES 주요 시나리오
A2 시나리오 : 이산화탄소 배출량이 비교적 급격하게 증가하여 2100년에는 830ppm
B2 시나리오 : 이산화탄소 배출량이 완만하게 증가하여 2100년에는 610ppm

2) 새로운 온실가스 시나리오(RCP) 전망

(1) 전 지구 전망

기후변화를 완화하기 위한 노력 없이 현재 추세대로 온실가스를 배출한다면(RCP 8.5), 21세기 말(2070~2099년)에 전 지구 평균기온이 4.8℃ 상승되고 강수량은 6.0% 증가가 전망되고, 어느 정도 저감 노력이 실현된다면(RCP 4.5), 2.8℃ 기온 상승과 4.5% 강수량 증가가 전망되며, 저감 노력에 따라 전 지구 기온상승률은 더 낮아질 수 있다.

(2) 한반도 전망

기후변화를 완화하기 위한 노력 없이 현재 추세대로 온실가스를 배출한다면(RCP 8.5), 21세기 말(2070~2099년)에 전 지구 평균기온이 6.0℃ 상승되고 강수량은 20.4% 증가가 전망되고, 어느 정도 저감 노력이 실현된다면(RCP 4.5), 3.4℃ 기온 상승과 17.3% 강수량 증가가 전망된다.

3) 기후변화의 영향

기후변화의 영향이란 기후변화로 인하여 자연계와 인위적 시스템이 겪게 되는 변화를 의미한다. 기후변화로 인한 수용체, 즉 인간의 사회 경제시스템과 자연계가 받는 영향과 취약성을 최소화하는 노력이 필요하다. 기후변화 영향은 적응 여부에 따라 잠재적 영향(Potential Impact)과 잔여 영향(Residual Impact)으로 구분할 수 있다. 잠재적 영향이란 적응을 고려하지 않았을 경우 나타나리라 예측되는 기후변화 영향인 반면에 잔여 영향이란 적응이 이루어진 이후에 예측되는 기후변화의 영향을 의미한다.

기후변화 영향이 미치는 영역은 크게 자연계 영향과 산업계 영향으로 구분하여 볼 수 있으며, 주요 내용은 아래와 같다.

- 자연계 영향: 북극의 해빙, 해수면 상승, 생태계 변화, 수자원 변화(호우, 태풍, 가뭄 등의 증가), 식량자원 공급 차질, 이상기후, 환경보건(전염병, 영양부족의 증가 등)
- 산업계 영향: 산업별 수익구조 변화로 인한 경쟁력 변화, 소비자 인식변화에 따른 사회적 책임이 강조

4) 기후변화 취약성

취약성이란 기후의 다양성과 극한 기후상황을 포함한 기후변화의 역효과에 대한 시스템의 민감도 또는 대처할 수 없는 정도를 말한다.

기후노출과 민감도를 포함한 잠재영향에 적응능력을 제외한 잔여영향으로 취약성은 기후변동의 크기와 속도, 기후변화에 대한 민감도, 적응능력의 함수로 표현한다.

- 취약성 = 잠재적 영향(기후노출 + 민감도) − 적응능력
  취약성 평가기법은 하향식 접근법(Top-down Approach)과 상향식 접근법(Bottom-up Approach)으로 구분.
- 하향식 접근법은 기후시나리오와 기후모형을 기반으로 기후변화에 의한 순영향평가

를 통해 물리적인 취약성을 평가하는 접근법
- 상향식 접근법은 지역에 기반을 둔 여러 지표들을 바탕으로 그 시스템의 적응 능력을 평가함으로서 사회·경제적 취약성을 파악하는 접근법. 이 두 가지 접근법은 상호 보완적으로 항상 조화를 이루어야 함

참고) 1938년 G.S. Callendar는 온실가스와 기후변화 간의 상관관계를 밝혀냈다. 이는 대기 중 이산화탄소가 2배 증가하면 지구의 평균온도가 2℃ 증가하며, 주로 화석연료의 연소에 의한 것으로 이산화탄소 증가에 따라 온실효과가 커진다는 것을 발견하였다.

3. 기후변화의 원인

지구는 태양으로부터 유입되는 에너지와 반사, 복사, 흡수 등의 과정을 거쳐 유출되는 에너지의 양이 균형을 이루고 있다. 따라서 지구는 에너지 균형 상태이며, 오랜 기간 동안 항상성 상태를 유지하고 있었다. 아래 그림은 지구의 에너지 수지를 간략하게 도식화한 것이다.

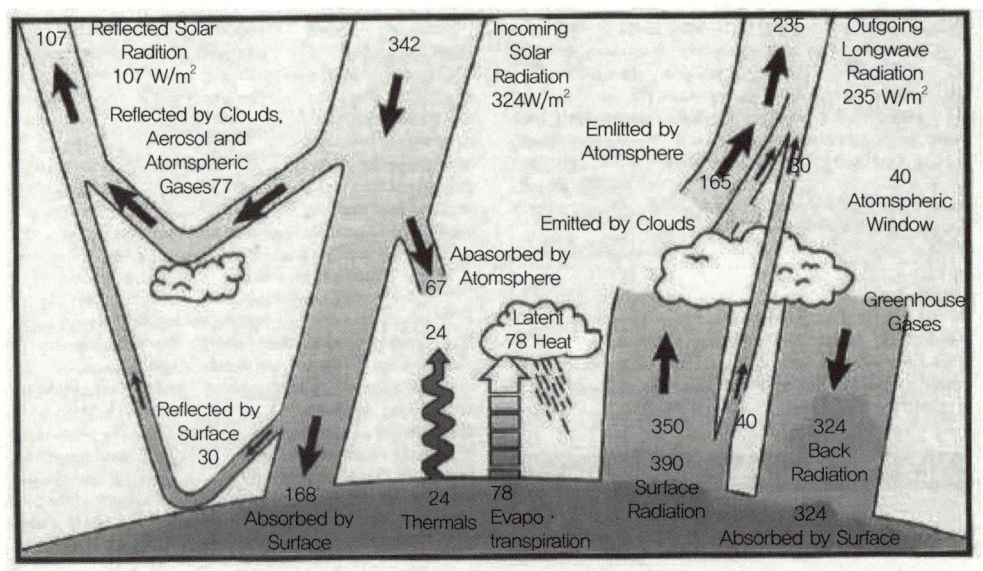

[지구의 에너지 수지]

그러나 과거 100년 동안 평균 기온이 0.74℃, 해수면은 17cm 상승하였다. 이러한 온난화 현상은 모두 인정하는 부분이나, 그 원인에 대해서는 서로 다른 주장이 제기되었다. 기후변화의 원인은 크게 자연적인 원인과 인위적인 원인으로 나누어 볼 수 있다.

1) 자연적 원인

(1) 내적 요인

가) 기후시스템의 변화

기후시스템은 대기, 육지, 눈, 얼음, 바다, 기타 수원, 생물체가 서로 복잡하게 상호 작용하고 있는 복잡한 시스템으로 대기가 기후시스템 내의 다른 요소들(해양, 빙하, 육지, 눈 덮인 정도 등)과 상호 작용으로 인해 온난화 현상이 일어날 수도 있다. 기후시스템의 동력원은 태양복사(Solar Radiation)이다. 지구의 복사 균형이 변하게 되는 원인은 적도에서 고위도 및 극지방으로 대기와 해류의 순환작용에 의해 열에너지가 전달됨으로써 에너지 평형을 이룬다. 해류의 순환은 잠열의 방출로 일어나며 해수 표면의 온도 및 염도를 변화시킴으로써 해류의 순환을 촉발한다.

또한 기후계에는 기후강제력 변화의 효과를 강화(양의 피드백)시키거나 감쇠(음의 피드백) 시킬 수 있는 피드백 메커니즘이 많이 있다. 예를 들어 온실가스 농도가 증가하면 지구 기후가 높아지고 눈과 얼음이 녹기 시작한다. 이렇게 융해되면 눈과 얼음에 덮여 있던 육지와 수면이 드러나게 되고, 이 부분 때문에 태양의 열이 더 많이 흡수되어 더 많은 온난화가 야기된다. 이는 융해를 배가시키고, 이런 식으로 자동 강화 순환을 초래한다. 얼음-알베도 피드백(Ice-Albedo Feedback)이라 불리는 이 피드백 반복 과정은 온실가스 농도의 증가에 의해 야기된 초기 온난화를 증폭시킨다.

(2) 외적 요인

(가) 태양 복사에너지의 변화

태양 흑점은 태양 복사 에너지양의 변화로 태양 표면에 보이는 검은 반점으로 광구의 온도보다 약 2,000℃ 정도 더 낮기 때문에 검게 보인다. 흑점의 수는 약 11년의 주기로 증감하고 있으며, 현재 주기적인 변화 이외에는 특별한 흑점 수의 변화가 감지되지 않고 있어 흑점이 기후변화에 미치는 영향은 미미하다고 할 수 있다.

(나) 천문학적 요인

태양과 지구의 천문학적 상대위치 관계에 따라 자연적인 영향이 발생할 수 있으며, 크게 1) 지구 자전축 경사의 변화, 2) 세차운동, 3) 지구 공전궤도의 이심률 변화 등으로 구분하여 볼 수 있다.

(다) 화산폭발에 의한 태양에너지의 변화
화산분출물이 성층권까지 상승하여 수개월에서 수년 동안 머물며 태양빛을 흡수하여 성층권 온도는 상승하나 대류권에 도달하는 태양빛이 감소되어 대류권 온도는 낮아지게 된다.

2) 인위적 원인

(1) 인위적 온실가스 배출 증가

대표적 온실가스는 화석연료 연소 과정에서 생성 배출되는 이산화탄소(CO_2)로서 산업혁명 이후 CO_2 농도는 280ppm에서 345ppm으로 높아졌으며, 최근의 증가세는 더욱 두드러져 1960~1980년 사이에 CO_2 농도는 약 7% 증가하였다.

자연적 온실효과가 없다면 지표의 평균기온은 물의 빙점보다도 훨씬 낮은 온도를 나타낼 것으로 알려지고 있다. 지구의 자연적 온실효과 때문에 지구상에 생명체의 존속이 가능하게 되지만 인간 활동, 주로 화석연료의 연소와 삼림제거로 인해 이 자연적 온실효과가 더욱 크게 강화되므로 지구온난화가 야기되었다.

적외선 복사열을 흡수하거나 재방출하여 온실효과를 유발하는 가스 상태의 물질인 이산화탄소와 같은 온실가스는 태양으로부터 지구에 들어오는 짧은 파장의 태양 복사에너지는 통과시키는 반면, 지구에서 나가려는 긴 파장의 복사에너지는 흡수한다. 온실효과란 이러한 온실가스가 지표면을 보온하는 역할을 하여 지구 대기의 온도를 상승시키는 작용을 하는 효과를 말한다.

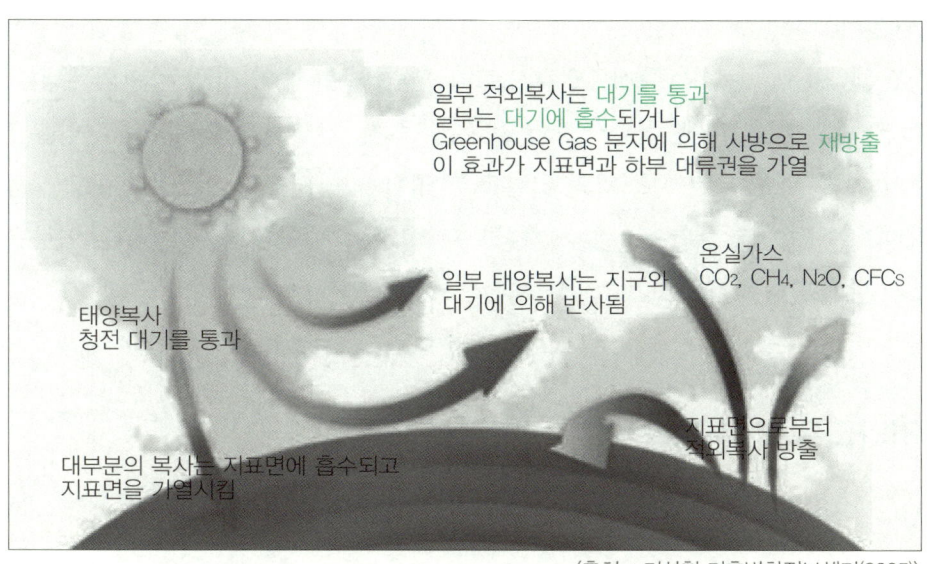

[온실효과]

〈출처 : 기상청 기후변화정보센터(2005)〉

(2) 에어로졸(aerosol) 배출 증가

인간 활동으로 인한 산업화로 인해 에어로졸이 대기 중으로 배출되었으며, 에어로졸의 체류시간은 수일에 불과하여 대부분 발원지역인 산업지대 부근에 집중되는 경향을 보인다. 에어로졸은 온실가스와는 반대로 태양광을 차단하고 산란시켜 대기를 냉각시키는 역할을 하며 빗물의 핵이 되기도 한다. 에어로졸이 기후변화에 기여하는 원인은 크게 세 가지로 구분해서 볼 수 있다.

- 첫 번째는 직접 효과로서 태양 방사나 지표면, 대기에서 사출되는 적외선 방사를 산란시키거나 흡수하여 대기의 방사 수지를 변화. 이 효과는 에어로졸의 입경, 복사 굴절률(Complex Refractive Index), 흡습성 등 물리·화학적 특성에 크게 좌우됨
- 두 번째는 간접효과로서 에어로졸은 비구름의 핵인 응결핵이나 얼음 구름의 핵인 빙정핵 역할을 담당. 비구름의 질량이 변하지 않고 에어로졸의 수가 증가하면 구름 입자나 얼음 결정의 개당 크기가 작아져서 태양방사, 적외선 방사의 산란이나 흡수가 강해지는 제1종 간접 효과와 구름 입자나 얼음 결정의 크기가 변화하면 강수, 강설로 성장하는 시간의 변화를 가져오는 제2종 간접효과가 있음
- 세 번째는 준직접효과로서 태양 방사나 적외선 방사를 흡수하는 특성을 가진 흑색 탄소나 광물 입자에 의한 것으로 방사 흡수성 에어로졸이 주변 대기를 가열시켜서 대기 안정도의 변화나 포화 증기압의 변화에 의해 구름 생성에 영향

(3) 삼림벌채

도로의 건설, 벌목, 농업의 확장, 땔감으로의 산림 사용 등이 산림 파괴의 주된 원인이다. 산림은 종의 서식과 생물 다양성의 보존은 물론, 기후와 물의 순환, 영양분의 순환에 의해서 인류 생명 유지 시스템의 일부로서 역할을 담당하고 있다. 대규모 산림 제거는 온실가스인 CO_2 흡수원(sink)을 제거함으로 인하여 자연계의 CO_2 흡수 역량을 그만큼 감소시키게 된다.

4. 우리나라의 기후변화

1) 개요

범지구적으로 나타나고 있는 지구온난화 영향에서 우리나라도 예외가 아니다. 한반도에 미치는 환경적 영향은 작물생산량의 감소 및 생물 다양성 감소, 태풍, 게릴라성 집중호우 등과 같은 자연재해로 인한 피해가 급증하고 있으며 기온상승을 동반한 폭염으로 인해 인간의 생명을 위협하고 있다. 또한 기후변화로 인한 산업경제 및 문화양식 전반에는 에너지의 과다 소비 및 농수산물 생산변화에 따른 식생활 변화와 함께 새로운 주거양식 등의 도입으로 의식주 전반에 걸친 변화를 가져오고 있다.

공기의 온도가 1℃ 상승하면 공기 중 수증기 함유량은 7%씩 때문에 호우와 가뭄의 발생 빈도가 증가한다고 알려지고 있다. 1900년 이후, 우리나라 6개 도시의 평균기온은 1.5℃ 상승하였으며, 이는 지구 평균 기온 상승률(전 지구 평균기온: 0.74℃)과 비교하여 2배에 달한다. 최근 10년(1996~2005년) 동안의 6개 도시를 포함한 15개 지점(강릉, 서울, 인천, 대구, 부산, 목포, 울릉, 추풍령, 포항, 전주, 울산, 광주, 여수, 제주, 서귀포)의 평균 기온은 14.1℃로 비교 기간인 1971~2000년의 10년 평균보다 0.6℃ 상승한 것으로 분석되었다. 국내에서의 호우, 열파, 태풍 등으로 인한 피해가 증가 추세가 바로 이러한 기온 상승과 무관하지 않다고 판단된다.

또한 제주지역 해수면은 지난 40년간 세계 평균의 3배보다 높은 22cm 상승했으며, 이로 인해 서귀포 용머리 해안 산책로가 침수되었다. 이렇듯 우리나라의 기후변화 진행 속도는 세계 평균을 상회하고 있다. 우리나라 연평균 강수량은 수십 년 동안 큰 변동 폭을 보였으나, 장기적으로 증가 추세를 보이고 있다. 최근 10년(1996~2005년) 평균 연강수량은 1,485.7mm로 비교 기간인 1971~2000년의 10년 동안의 평균 연강수량에 비해

약 10% 증가했으며, 호우일수(일강수량 80mm 이상)는 최근 10년간 28일로 종전 20일보다 증가한 것으로 나타났다. 전반적으로 강수일수는 감소하고, 강수량은 증가함에 따라 강우 강도(호우 일수)가 증가하는 추세를 보였다. 강우패턴 변화로 최근 10년간(1996~2005년) 기상재해 총 피해액이 17.7조 원 규모로 상당한 많은 피해를 입었다.

최근까지 한반도에서 발생한 주요 홍수 피해와 기상 상황을 살펴보면, 인명 피해는 줄어든 반면 재산 피해는 증가하는 경향을 보여주고 있다. 이는 기상이변과 도시화에 의해 홍수의 강도가 커지고, 하천 주변의 토지를 도로로 이용함에 따라 재산 피해가 커졌기 때문으로 풀이된다. 홍수피해가 발생한 기간 동안의 최대 일 강우량은 최근 증가하는 추세이며 일부 지역에 집중되어 있다.

최근 40년간(1968~2005년) 한반도 연해 수온이 0.9℃ 상승하여 어획 어종이 명태 등 한류성 어종에서 오징어, 고등어 등 난류성으로 변동되었으며 연근해에서의 명태 어획량은 1981년도 16만 톤에서 2000년대에는 1천 톤 수준으로 급감하였다.

2) 부문별 영향

기후변화에 따라 우리나라의 각 부문별로 발생할 수 있는 영향을 요약하면 다음과 같다.

(1) 농축산
- 작물재배 가능기간은 연장, 작물재배 가능지역도 북상 및 확대
- 재배 작목이 다양화되고 작목 선택의 폭이 커짐
- 벼의 품질 저하 및 생산량 감소, 적응품종과 재배방법에 상당한 변화 필요
- 맥류의 안전재배지대 북상 및 수량 증가, 가뭄 및 동해 발생
- 채소류는 종류에 따라 생산량 증가 또는 감소
- 난지과수(감귤, 유자, 참다래 등) 재배확대가 일반화, 현재 주작물인 온대 과수(사과, 배, 복숭아, 포도 등) 재배는 어려움 발생
- 병해충 및 잡초 발생 증가
- 집약적으로 사육하는 가축에 대한 열 스트레스 증가

(2) 대기
- 기후변화와 에어로졸의 피드백으로 구름 생성에 영향을 미치고 이는 기체상-입자상

변환 과정에 매우 중요한 영향을 줌
- 중국 사막화가 가속될 것으로 예측되면서 발원지로부터 황사의 장거리 수송에 의한 피해가 예상

(3) 원예 · 임업(산림)
- 남부 해안지역의 동백나무가 서울을 포함한 중부 내륙지역까지 생육이 가능
- 한라산 정상 부근의 고산식물 8종(눈향나무, 돌매화나무, 시로미, 들쭉나무, 구름송이풀, 구름체꽃, 구름떡꽃, 솜다리)이 멸종가능성 제시
- 기온 2℃ 상승 시 난대 기후대가 중부지방까지 확대, 4℃ 상승 시 남한지역 대부분이 난대 기후, 남부 해안지역은 아열대 기후대로 변화

(4) 해양보전 및 수산업
- 제주도를 중심으로 한 남해안 해면상승이 두드러짐(제주도 연간 0.4~0.6cm 정도의 상승추이를 보임)
- 해수면 기온상승은 비브리오균 등 미생물의 증식을 일으키고 해수나 해산물을 통한 질병발생의 가능성을 증대
- 한류성 어종 사라지고 열대성 어류 증가

(5) 산업
- 기온 상승과 극한 기온 사건들에 의해 건강과 다양한 질병의 발병 영향으로 의료 및 의약 산업, 발전 시설, 가스와 석유 생산
- 산업, 보험, 부동산, 건물과 건축 산업에 영향
- 기후변화는 새로운 시장과 사업 기회 및 고객 요구의 변화 등의 긍정적 효과도 있으나 여름에 냉각을 위한 물 공급 문제와 같은 부정적 효과도 있음

(6) 보건
- 2032~2051년 동안 기후변화로 인해 여름철 고온인 날 수 증가로 초과사망자 수 증가
- 오존 100ppb 증가 때마다 사망자 3~10% 증가
- 오존과 일산화탄소는 폐암의 위험을 각각 2.04, 1.46배 높임

- 기후변화에 따른 수질오염이 암, 심혈관계, 생식기계 질환을 유발

(7) 생태계
- 평균기온이 약 2℃ 상승함에 따라, 남한 저지대의 상록활엽수림과 낙엽활엽수림이 북위 40도까지 북상하고, 남해안과 서해안 식생이 아열대로 변화
- 서해에서는 냉수성 어종이 자취를 감출 것으로 예측
- 쌀 수량 남부와 중부에서 3~4% 감소하는 반면, 북부 지역에서는 증가
- 한라산 정상 부근의 고산식물 8종 지구온난화에 따라 멸종 가능성 예측

(8) 관광/레저
- 눈이 내리는 기간 단축과 적설량의 감소로 인하여 눈 관련 산업(스키 관광 산업)에 부정적 영향
- 기온 상승에 따른 에너지(연료) 사용료 증가로 인한 관광비용의 증가

(9) 수자원
- 전반적으로 한강 유역이 위치해 있는 북쪽 유역에서는 유출량이 증가하고, 남쪽에 위치한 낙동강 및 섬영권역에 위치한 유역들에서는 다소 감소할 것으로 전망
- 5대강 권역별 월별 변동성을 분석한 결과 대체적으로 가을(9~11월)과 겨울철(12~2월)은 유출량이 증가하고 봄철(3~5월)과 여름철(6~8월)에는 감소할 것으로 전망

(10) 재해
- 금강 유역에 대한 홍수 피해액 예측 결과 1970~2000년을 기준으로 2011~2040년에는 최고 169.1%, 2051~2080년에는 최고 291.5% 증가
- 해수면 상승으로 범람 가능 면적 약 2,643km²(전체 면적의 1.2%), 취약지역 거주인구 125만 명 정도가 피해 예상

5. 온실가스

온실가스란, 자연적일 수도 있고 인위적일 수도 있는 대기 중의 기체상 구성요소로, 지구 대기상에 존재하며 온실효과를 일으키는 가스들을 통틀어 이르는 말이다. 지구 표면과 대기 및 구름에 의해 방출되는 적외복사 스펙트럼 내에서 특정 파장에 대해 복사에너지를 흡수하고 방출한다.

온실가스는 직접 온실가스와 간접 온실가스로 구분할 수 있다. 직접 온실가스는 온실효과에 직접적으로 관여하는 물질로서 이산화탄소(CO_2), 메탄(CH_4), 아산화질소(N_2O), 과불화탄소(PFCs), 수소불화탄소(HFCs), 육불화황(SF_6), 염화불화탄소(CFCs), 수증기(H_2O) 등 8종으로 알려져 있다. 수증기는 대기 중 가장 주요한 온실가스이나 인간의 활동이 수증기 발생에 직접적으로 미치는 영향이 적고 대기 중에 잔존효과가 적어 지구온난화 유발 물질로 분류하지 않는다. 한편 간접 온실가스는 온실효과에 직접 관여하지는 않으나, 다른 물질과 반응하여 온실가스로 전환이 가능한 물질로서 일반적인 대기오염물질이 여기에 속한다(NO_x, SO_x, CO, NMVOC: 비메탄계 휘발성 유기화합물).

1) 온실가스 종류

(1) 2006 IPCC 가이드라인 제1권에서 다루고 있는 온실가스의 종류는 아래 표와 같다.

이름	기호
이산화탄소 (Carbon Dioxide)	CO_2
메탄 (Methane)	CH_4
아산화질소 (Nitrous Oxide)	N_2O
수소불화탄소 (Hydrofluorocarons)	HFCs (예를 들어 HFC-23(CHF_3), HFC-134a (CH_2FCF_3), HFC-152a (CH_3CHF_2))
과불화탄소 (Perfluorocarbons)	PFCs (CF_4, C_2F_6, C_3F_8, C_5F_{10}, c-C_4F_8, C_5F_{12}, C_6F_{14})
육불화황 (Sulphur Hexafluoride)	SF_6
삼불화질소 (Nitrogen Trifluoride)	NF_3
Trifluoromethyl Sulphur Pentafluoride	SF_5CF_3
할로겐화 에테르 (Halogenated Ethers)	예를 들어, $C_4F_9OC_2H_5$, $CHF_2OCF_2OC_2F_4OCHF_2$, $CHF_2OCF_2OCHF_2$
기타 할로겐화 탄소 (Other halocarbons)	몬트리올 조약에서 다루지 않은 할로겐화 탄소들 CF_3I, CH_2Br_2, $CHCl_3$, CH_3Cl, CH_2Cl_2 등

〈출처 : 2006 IPCC 가이드라인〉

[GWP 값이 TAR에서 이용 가능한 가스들]

위 표에서 제시된 가스들 이외에, 2006 IPCC 가이드라인에서는 GWP 값이 이용 가능하지 않은 추가적인 가스들을 아래와 같이 제시하고 있다.

$$C_3F_7C(O)C_2F_5,\ C_7F_{16},\ C_4F_6,\ C_5F_8,\ c-C_4F_8O$$

(2) 교토의정서에서 정한 온실가스는 총 6가지이며, 청정개발체제(CDM), 우리나라의 배출권거래제도 등 주요 제도에서는 모두 이 6가지 온실가스를 보고 대상으로 하고 있다. 프레온(CFCs) 등 오존층 파괴를 통하여 온실효과를 일으키는 것으로 알려진 물질들은 몬트리올 의정서와 같은 다른 국제협약 등에서 이미 다루고 있기 때문에, 교토의정서에서는 대상에서 제외하였다.

$$CO_2,\ CH_4,\ N_2O,\ HFC_s,\ PFC_s,\ SF_6$$

[교토의정서 6대 온실가스]

가) 이산화탄소(CO_2)
대기 중 농도가 인간 활동에 의해 가장 크게 좌우되고 보통 다른 온실가스들과의 비교 기준이 된다(지구온난화지수 GWP 1). 주로 화석연료의 연소를 통해 대기 중으로 배출된다. 탄소 방출은 또한 산림파괴나, 바이오매스 연소에 의해서도 많이 발생되고 시멘트 생산처럼 에너지와 관련이 적은 분야에서도 이루어진다. 이산화탄소의 대기 중 농도는 산업화 이전에 비해 약 30% 이상 증가되었고 연간 약 0.5%의 증가추이를 보이고 있다. 주요 온실가스로 전체 배출량의 약 80%를 차지한다.

나) 메탄(CH_4)
메탄은 쓰레기 매립지에서의 혐기성분해과정, 동물성 폐기물의 분해, 천연가스와 석유 생산, 유통과정, 동물 소화과정, 석탄채굴, 화석연료의 불완전연소 등을 통해 발생된다. 메탄의 대기 중 농도는 연간 0.6% 비율로 증가하고 있고, 대기 중 메탄의 증가율은 거의 안정화 된 상태이다. 지구온난화 지수는 21이다.

다) 아산화질소(N₂O)

아산화질소의 주된 방출원은 토양경작과정, 특히 상업적, 유기화학 비료의 이용하는 대규모 경작, 화석연료의 연소, 질산생성과정, 바이오매스 연소과정이다. 100년 동안의 지구온난화지수는 310이다.

라) 수소불화탄소(HFCs)

불연성 무독성 가스로 취급이 용이하며 화학적으로 안전하여 냉장고 및 에어컨의 냉매, 발포, 세정, 반도체 에칭가스 등으로 다양하게 사용되는 것으로서 몬트리올 의정서에 의해 사용이 규제된 CFCs, HCFCs의 대체 물질임. 국내에서 소비되는 HFCs의 99%는 냉매인 HFC-134a임. HFCs는 인공적으로 만들어지는 것이며 주로 산업공정의 부산물로 방출되거나 대량생산체제에 쓰인다.

마) 과불화탄소(PFCs)

탄소와 불소로만 이루어져 있는 인공 화합물로, 주로 HFCs와 함께 오존의 대체물질로 쓰인다. 산업공정의 부산물로써 생기거나 대량생산과정에서 사용되며, 우리나라의 경우는 반도체 공정시 주로 사용한다.

바) 육불화황(SF₆)

상온에서 무색, 무취, 무독의 기체로 500℃ 이상의 열에서도 안전하나 불순물이 들어가면 분해되어 유독하며 반도체 생산 공정과 가스절연개폐기 및 가스 절연변압기에 사용됨. 지구온난화 지수는 23,900이며, 인간에 의해서만 만들어지는 산업 기체이다.

2) 지구온난화지수

지구온난화지수(Global Warming Potential; GWP)는 장기간 동안(예를 들면 100년) 이산화탄소(CO₂) 1km의 복사강제력(radiative forcing)에 대해 대기로 배출된 온실가스 1km의 복사강제력의 비(ratio)로써 계산된다. 즉, 이산화탄소가 지구온난화에 미치는 정도를 1이라고 기준을 정할 때, 다른 온실가스의 온실효과를 상대적으로 나타난 수치이다.

아래 표는 IPCC 2차 평가보고서에서 제시한 온실가스 종류별 지구온난화지수를 나타낸다.

온실가스 명	화학식	GWP	온실가스명	화학식	GWP
이산화탄소	CO_2	1	HFC-143a	$C_2H_3F_3$	3,800
메탄	CH_4	21	HFC-227ea	C_3HF_7	2,900
아산화질소	N_2O	310	HFC-236fa	$C_3H_2F_6$	6,300
HFC-23	CHF_3	11,700	HFC-245ca	$C_3H_3F_5$	560
HFC-32	CH_2F_2	650	PFC-14	CF_4	6,500
HFC-41	CH_3F	150	PFC-116	C_2F_6	9,200
HFC43-10-mee	$C_5H_2F_{10}$	1,300	PFC-218	C_3F_8	7,000
HFC-125	C_2HF_5	2,800	PFC-318	$c-C_4F_8$	8,700
HFC-134	$C_2H_2F_4$	1,000	PFC-31-10	C_4F_{10}	7,000
HFC-134a	CH_2FCF_3	1,300	PFC-41-12	C_5F_{12}	7,500
HFC-152a	$C_2H_4F_2$	140	PFC-51-14	C_6F_{14}	7,400
HFC-143	$C_2H_3F_3$	300	육불화황	SF_6	23,900

〈출처 : IPCC 2차 평가보고서〉

[온실가스 종류별 지구온난화지수]

* 지구온난화지수(GWP)를 산정하기 위한 고려인자는 복사강제력과 대기체류시간이다.

PART 02 국제협약

1. 기후변화협약

1) 개요

기후변화에 대한 우려로 인하여 1979년 제1차 세계기후회의에서 최초로 기후변화의 국제적 공조 방안에 대해 공식적으로 논의되었으며, 기후변화에 대한 정부 간 패널(Intergovernmental Panel on Climate Change; IPCC) 설립도 논의되었다.

그 이후 온실가스이면서 오존층 파괴물질인 프레온가스(CFCs)에 대한 규제가 시작되었다. 오존층 파괴물질 규제는 1985년 비엔나협약에 의해 시작되었고, 1987년 몬트리올 의정서를 통해 결실을 맺게 되었다. 비록 이러한 움직임은 온실가스를 규제하기 위한 목적은 아니었으나, 기후변화협약이 탄생할 수 있도록 국제사회의 인식과 관심을 끌었다.

1992년 6월 브라질 리우데자네이루에서 개최된 유엔환경개발회의(United Nations Conference on Environment & Development; UNCED)를 계기로 채택된 유엔기후변화협약(United Nations Framework Convention on Climate Change; UNFCCC)은 지구온난화를 예방하기 위해 채택된 최초의 국제협약으로, 참가국 178개국 중 우리나라를 포함한 154개국이 서명하여 '94년 3월 21일 공식 발표되었고, '이상 기후현상의 원인인 지구온난화에 대한 국제적 차원의 대응 필요성 및 부담원칙'을 제시하였다. 이 협약은 선진국과 개도국이 함께, 그러나 내용 면에서 차별화된 책임(Common But Differentiated Responsibility)을 지며 각자의 능력에 맞게 기후변화 대응 및 온실가스 감축을 천명하였다. 협약 최고의 의사결정 기구는 당사국총회(Conference of Parties; COP)로 산하에 협약을 이행하는 이행부속기구와 과학기술 자문 부속기구를 두고 있으며, 두 부속기구에서 논의된 사항을 당사국총회에서 결정하는 형식으로 구조화되어 있다.

감축에 관한 차별화된 책임에 따라, 협약 부속서 I에 포함된 42개국(Annex I 국가)은 2000년까지 온실가스 배출 규모를 1990년 수준으로 줄이도록 권고하였으며, 한편 부속서 I에 포함되지 않은 개도국(비부속서I 국가)에 대해서는 온실가스 감축과 기후변화 적응에 관한 보고, 계획 수립, 이행 등 일반적인 의무를 부여하였다. 또한 협약 부속서II에 포함된 24개 선진국(부속서II 국가: 1992년 협약 채택 당시 OECD 회원국)에 대해서는 개도국의 기후변화 적응과 온실가스 감축 노력을 돕기 위해 재정과 기술을 지원하는 의무를 규정하였다.

2) 협약 내용

(1) 기본원칙

기후변화협약(UNFCCC) 제3조에 명시된 기본 원칙을 간략히 요약하면 아래와 같다.
① 공동의 차별화된 책임
② 개발도상국의 특수사정 배려
③ 기후변화의 예측, 방지를 위한 예방적 조치 시행
④ 모든 국가의 지속가능한 성장 보장

(2) 주요내용

기후변화협약의 내용은 인류의 활동에 의해 발생되는 위험하고 인위적인 영향이 기후시스템에 미치지 않도록 대기 중 온실가스의 농도를 안정화시키는 것을 궁극적인 목표로 한다. 또한 기후변화에 대한 과학적 확실성의 부족이 지구온난화 방지 조치를 연기하는 이유가 될 수 없음을 강조한 기후변화의 예측방지를 위한 예방적 조치의 시행, 모든 국가의 지속 가능한 성장의 보장 등을 기본원칙으로 하고 있다.

선진국은 과거로부터 발전을 이루어오면서 대기 중으로 온실가스를 배출한 역사적 책임이 있으므로 선도적인 역할을 수행하도록 하고, 개발도상국에는 현재의 개발상황에 대한 특수사정을 배려하되 공동의 차별화된 책임과 능력에 입각한 의무부담이 부여되어 있다. 역사적인 책임을 이유로 부속서I 국가는 온실가스 배출량을 1990년 수준으로 감축하기 위하여 노력하도록 규정하였으며, 특히 부속서I 국가는 감축노력과 함께 온실가스 감축을 위해 개도국에 대한 재정지원 및 기술이전의 의무를 가진다.

구분	내용
목적(2조)	대기중의 온실가스 농도를 안정화하는 것을 목적으로 함
원칙(3조)	특별상황에 대한 배려, 예방적 대책의 실시, 지속가능한 개발을 도모 개방적인 국제 경제시스템의 추진
약속(4조)	• 선진국 – 기후변화의 완화를 위한 정책의 채택과 실시 – 온실가스 배출량을 90년대 말까지 90년 수준으로 되돌림 – 정책과 조치, 그 결과를 예측할 수 있도록 배출, 흡수에 관한 정보 제공 – 개도국에 대한 자금 및 기술의 지원 • 개도국 – 온실가스의 배출과 흡수에 관한 목록 작성 – 온난화 대책의 국가별 계획 작성과 실시 – 에너지 분야에서의 기술 개발, 보급 – 산림 등의 흡수량의 보전
교육,훈련 (6조)	기후변화의 영향에 대해 교육개발사업 계획 작성, 실시, 인재의 육성
체결국회의 (7조)	조약의 최고기관으로서 정기적으로 체결국의 의무와 제도적 조치에 대해 검토
SBSTA(9조)	조약의 보조기관으로서 '과학상 및 기술상 조언에 관한 보조기관' 설치
SBI(10조)	조약의 보조기관으로서 '실시의 보조기관' 설치 조약의 효과적인 실시에 관한 평가, 검토, 체결국 회의 보좌

[기후변화협약 주요 내용]

(3) 의무부담체계

기후변화협약은 "공통의 차별화된 책임" 원칙에 따라 부속서 국가와 비부속서 국가로 구분하여 차별화된 의무부담을 갖기로 결정하였으며, 개발도상국가들의 개발 상황에 대한 특수 사정을 배려한 의무부담방식을 통하여 공통 공약사항과 선진국 공약사항을 구분하여 결정하였다.

가) 주요 공통공약사항
① 몬트리올 협정에 적용되지 않는 모든 온실가스에 대한 배출원 및 흡수원 인벤토리를 개발하고, 주기적으로 갱신, 공표하여 당사국총회에서 활용
② 기후변화 완화를 위한 국가 및 지역의 프로그램을 구축, 실행 및 공표

③ 모든 분야의 온실가스 감축기술 및 공정 개발, 적용, 확산 및 이전을 확대
④ 바이오매스, 산림, 해양 및 생태계 등 자연적 온실가스 흡수원 보호와 지속가능한 관리 확대
⑤ 기후변화 관련 과학, 기술, 사회경제 및 법률정보의 개방을 위한 공동 노력

나) 선진국 공약사항
① 온실가스 배출원 제한과 흡수원 보호에 따른 기후변화 완화 국가정책과 그에 따른 조치를 위함
② 이산화탄소 및 기타 온실가스 배출량을 1990년대 수준으로 감축하기 위해 노력
③ Annex II 국가 및 선진국은 개발도상국 특히 기후변화영향에 취약한 국가에 협력과 친환경기술 이전을 위한 실제적인 조치 실행

또한, 기후변화협약에서는 모든 당사국이 부담하는 공통의무사항과 일부 회원국만이 부담하는 특정 의무사항을 아래와 같이 명시하고 있다

다) 공통의무사항
① 모든 협약 당사국들은 온실가스 배출량 감축을 위한 국가전략을 자체적으로 수립·시행하고 이를 공개해야 함
② 온실가스 배출량 및 흡수량에 대한 국가통계와 정책이행 내용을 수록한 국가보고서를 당사국 총회(Conference of Parties to the UNFCCC : COP)에 제출해야 함

라) 특정의무사항
① 공동·차별화 원칙에 따라 당사국을 Annex I (부속서I), Annex II (부속서II) 및 Non-Annex I (비부속서I)로 구분하여 각기 다른 의무를 부담토록 규정함.
② Annex I 국가는 이후 채택된 교토의정서에 따라 1차 감축기간(2008년~2012년) 중에 온실가스를 1990년 배출량 대비 전체적으로 5% 이상을 감축해야 하는 의무 부담. 단, 강제성은 부여하지 않음
③ Annex II 국가는 기후변화 협약 4조에 의거하여 개발도상국 특히 기후변화의 영향에 취약한 국가에 대해 재정지원 및 기술이전의 추가적인 의무 부담

3) 조직구성

기후변화협약을 실행하기 위한 기구로 당사국회의(Conference of The Party), 사무국(Bureau of the COP), 보조기구로서 과학기술 자문 보조기구(Subsidiary Body for Scientific and Technological Advice), 실행 보조기구(Subsidiary Body for Implementation) 및 전문가 그룹(Expert Group)이 있다.

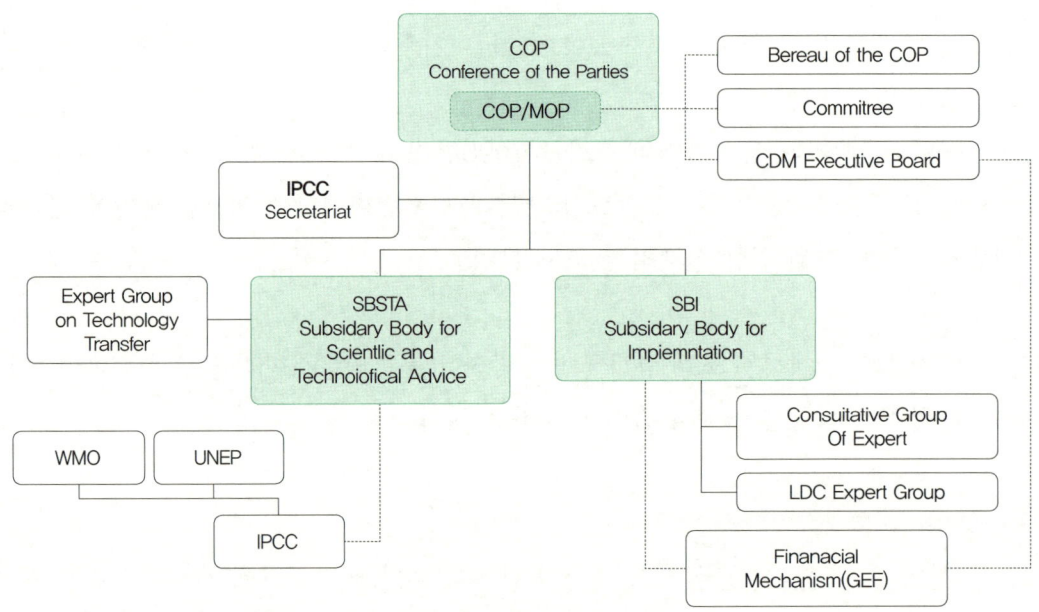

[기후변화협약 조직도]

가) 당사국총회(Conference of Parties : COP) : 협약의 최고 기구
- 협약 이행사항 점검 및 이행에 필요한 조치 결정
- 교토의정서 당사국회의(MOP : Meeting of Parties)로도 기능

나) 과학기술자문부속기구 (Subsidiary Body for Scientific and Technological Advice : SBSTA)
- 당사국총회와 보조 기관에 과학/기술 문제에 대한 자문 제공

다) 이행부속기구 (Subsidiary Body for Implementation : SBI)
- 당사자 총회의 효과적인 협약 이행사항 평가 및 검토 지원

라) 사무국(Secretariat)
- 당사국 총회와 총회보조 기관의 회의 준비 및 기타 지원

마) 기후변화협약에 관한 정부간 협의체(Intergovernmental Pannel on Climate Change; IPCC)
기후변화에 관련된 과학적/기술적 사실에 대한 평가 제공하는 기구이며, 각 활동그룹의 역할은 다음과 같다.
① Working Group 1(기후변화 과학분야)
대기 중 온실가스와 에어로졸의 변화, 대기와 육지, 해양의 온도, 강수량, 빙하, 해수면의 변화 관측 및 기후변화에 관한 역사와 고기후학적 관점에서의 변화, 생지화학적 탄소순환 및 가스와 에어로졸 순환과정을 포함한 프로세스 및 모델링, 기후변동관찰 및 기후변화를 야기하는 온실가스의 효과 측정 등에 대한 폭넓은 과학적 평가를 수행
② Working Group 2(기후변화에 따른 적응 및 사회경제와 자연시스템의 취약성 평가 분야)
- 기후변화에 따른 사회경제와 자연시스템에 대한 취약성 평가와 부정적, 긍정적 결과를 평가하고, 적응하기 위한 방법들을 제시
- 취약성과 적응 그리고 지속가능발전 사이의 상호관련성을 평가
- 평가 시에는 영역별과 지역별 정보에 의해 평가
③ Working Group 3(배출량 완화, 사회 경제적 비용-편익분석 등 정책 평가 분야)
주요 경제 분야
- 주요 경제 분야들을 모두 고려하여 장·단기 관점에서 평가
- 에너지, 수송, 건물, 산업, 산림, 폐기물관리가 주요 평가분야
- 평가분야에 따라 적용 가능한 방법들과 정책 수단에 대한 비용-편익 분석
- 지구온난화의 사회경제적 파급효과 분석 및 기후변화협약 체제 설립
④ 국가 배출목록 작성 특별 대책반(Task Force on National Greenhouse Inventories : TFI)
- IPCC/OECD/IEA가 공동으로 국가 온실가스 배출목록 작성을 위한 프로그램 가동
- 국가 온실가스 배출 가이드라인 및 최우수사례 가이드라인 작성
- 국가 온실가스 배출량 프로그램(NGGIP)을 운영하고 배출계수 데이터베이스 구축

바) 재정체계(Financial Mechanism)
- 개도국에 대한 기술 이전 및 재원 제공

- 임의로 지구환경금융(GEF)이 기후변화협약 재정체계로 기능

4) 당사국총회(COP)별 주요내용

COP	장소	내용
COP1 (1995)	독일 베를린	2000년 이후 기간에 대한 선진국의 감축목표 설정 협상 개시
COP2 (1996)	스위스 제네바	선진국의 감축목표에 대한 구속력을 부여하기로 합의
COP3 (1997)	일본 교토	교토의정서 채택 : 선진국의 온실가스 감축 의무가 명시적으로 설정됨 유연성체계를 부여하는 교토 메커니즘 채택
COP4 (1998)	아르헨티나 부에노스아이레스	교토의정서 운영규칙 협상일정에 관한 '부에노스아이레스 행동계획' 채택
COP5 (1999)	독일 본	COP6까지 협상 추진일정에 합의
COP6 (2000)	네덜란드 헤이그	교토의정서 운영규칙 확정 예정이었으나, 미국, 일본, 호주 등 umbrella 그룹과 유럽연합 간의 입장 차이로 합의 결렬 이후 독일 본에서 열린 속개회의에서 미국을 배제한 가운데 합의
COP7 (2001)	모로코 마라케쉬	교토의정서 이행 관련 신축성 메커니즘, 의무준수체제, 온실가스 목록, 흡수원 등을 담은 '마라케쉬 합의문' 채택
COP8 (2002)	인도 델리	개도국 지원을 위한 선진국의 노력을 촉구하는 델리선언 채택 기후변화협약 총회와 교토의정서 총회 동시개최 합의
COP9 (2003)	이태리 밀라노	CDM 흡수원 관련 사업에 대한 기술적 규정, 기후변화 특별기금, 최빈국 기준 운영지침서 등 합의
COP10 (2004)	아르헨티나 부에노스아이레스	기후변화 적응에 관한 '부에노스아이레스 행동계획' 채택. 1차 공약기간 이후의 의무부담에 대한 비공식적인 논의 개시
COP18 (2012)	카타르 도하	2020년까지 교토의정서 연장 합의, 2차 공약기간(2013년~2020년)을 설정하는 의정서 개정안 채택, GCF(녹색기후기금)사무국을 인천 설치 인준
COP19 (2013)	폴란드 바르샤바	2020년 이후 새로운 기후체제에서 온실가스 감축목표 설정 '손실과 피해'에 대한 구체적인 방안인 '바르샤바 메커니즘'이 제시 손실과 피해: 기후변화로 인해 직접적인 피해를 입은 국가에게 피해 보상이 필요하다는 개념 GCF의 초기재원 조성을 위한 논의 기반 마련
COP20 (2014)	페루 리마	Post-2020 감축목표 등 각국의 기여(INDC:Intended nationally determined contribution) 제출범위, 제출시기, 협의절차, 제출정보 등을 담은 당사국 총회 결정문 채택. Post-2020 신기후체제를 규정하는 협정문 작성을 위한 주요요소 도출

COP	장소	내용
COP21 (2015)	프랑스 파리	Post-2020 온실가스 감축목표 의결(모든 나라가 감축 의무화) 지구 평균기온 상승을 산업화 이전 대비 2℃보다 상당히 낮은 수준으로 유지하고 1.5℃로 제한하기 위해 노력 기여방안(INDC)을 5년단위로 제출 및 주기적 이행점검 -(진전원칙)이전 수준보다 진전된 최고수준의 의욕수준을 반영하되, 국가별 여건 등 감안
COP22 (2016)	모로코 마라케시	지구환경기금 지침 관련 결정문에 합의 (위임사항 범위, 역량배양에 관한 투명성 이니셔티브에 대한 추가 재원 조성) 기술-재정 메커니즘 간의 연계활동 및 방향성에 대한 논의 기반 마련
COP23 (2017)	독일 본	온실가스 배출 억제를 위한 세부사항에 합의 파리협정을 실천하기 위해 2018년 이행하기로 한 조치들을 실천하는데 합의

2. 교토의정서

1) 개요

1997년 채택된 교토의정서(Kyoto Protocol to the UNFCCC)는 제3차 당사국총회에서 채택된 기후변화협약의 구체적 이행방안으로서, 기후변화의 주범인 6가지 온실가스(이산화탄소, 메탄, 이산화질소, 수소불화탄소, 과불화탄소, 육불화항)를 정의하는 한편 부속서I 국가들이 제1차 공약기간(2008-2012년) 동안 온실가스 배출량을 1990년 수준 대비 평균 5.2% 감축하는 규정을 마련하고 비부속서I 국가에 대해서는 기후변화협약에서와 마찬가지로 온실가스 감축과 기후변화 적응에 관한 보고, 계획 수립, 이행 등 일반적인 조치를 요구하였다. 나아가 교토의정서는 청정개발체제(Clean Development Mechanism, CDM), 배출권 거래제(Emission Trading Scheme, ETS)의 도입을 통해 기후변화 대응에 시장 메커니즘을 도입하는 한편 이를 통해 개도국에 대한 재정지원과 기술이전을 도모하는 등 유엔기후변화체제를 보다 구체화 시키는 계기를 마련했다.

의정서를 비준한 전체 Annex I 국가들의 배출량이 1990년 기준 이산화탄소 배출량의 55% 이상을 차지해야만 의정서가 발효되는 것으로 규정되어 있었다. 그러나 2001년 3월 미국은 중국, 인도 등 개발도상국들의 온실가스 감축의무 대상국에서 제외하고 있다는 이유로 비준을 하지 않았다. 그러나 EU 국가들의 노력으로 러시아가 2004년 10월 비준하게 됨에 따라 55% 배출량을 초과하게 되면서 러시아가 비준한 날로부터 90일이 경과된 2005년 2월 16일에 발효되었다.

부속서I 국가는 협약 채택 당시 OECD, 동유럽, 유럽경제공동체(EEC) 국가들이며, 부속서 2는 그중 OECD와 EEC 국가들만을 포함한다. 우리나라를 포함한 비부속서I 국가들은 감축의무를 부담하지 않는 개발도상국으로 분류된다.

한편 2012년 제18차 당사국총회(COP18)에서는 2012년 12월 1차 공약기간 종료에 따라 2013년부터 2020년까지 8년 동안 2차 공약기간을 설정하는 의정서 개정안을 채택하였다. 그러나 미국, 일본, 러시아, 캐나다, 뉴질랜드 등이 2차 공약기간에 참여하지 않아 참여국의 전체 배출량이 전 세계 배출량의 15%에 불과해 효율적인 기후변화 대응 체제로는 미흡하다는 지적이 있었다. 이에 따라 국제사회는 2014년 중간평가를 도입하기로 하고, 선진국은 2020년까지 1990년과 비교해서 25~40%의 감축을 목표로 노력하기로 결정하였다.

Annex I 국가	Annex II 국가
오스트레일리아, 오스트리아, 벨라루스, 벨기에, 불가리아, 캐나다, 크로아티아, 체코, 덴마크, 유럽경제연합, 에스토니아, 핀란드, 프랑스, 독일, 그리스, 헝가리, 아이슬란드, 아일랜드, 이탈리아, 일본, 라트비아, 리투아니아, 리히텐슈타인, 룩셈부르크, 모나코, 네덜란드, 뉴질랜드, 노르웨이, 폴란드, 포르투갈, 루마니아, 러시아, 스페인, 슬로바키아, 슬로베니아, 미국, 스웨덴, 스위스, 터키, 우크라이나, 영국	오스트레일리아, 오스트리아, 벨기에, 캐나다, 덴마크, 유럽경제연합, 핀란드, 프랑스, 독일, 그리스, 아이슬란드, 아일랜드, 이탈리아, 일본, 룩셈부르크, 네덜란드, 뉴질랜드, 노르웨이, 포르투갈, 루마니아, 스페인, 스웨덴, 스위스, 영국, 미국

Annex I	Annex II	Annex III
협약체결 당시 OECD 24개국, EU와 동구권 국가 등 40개국	Annex I 국가에서 동구권 국가를 제외한 OECD 24개국 및 EU	OECD 국가 중 한국, 멕시코 및 브라질, 아르헨티나 등
온실가스 배출량을 1990년 수준으로 감축 노력, 강제성 없음	개발도상국에 재정지원 및 기술이전 의무 부담	국가 보고서 제출 등의 협약 상 일반적 의무만 수행

2) 주요내용
가) 원문 주요내용

① 2조(Article 2)

기후변화협약 부속서I 국가는 다음 사항을 수행해야 한다.
- 국가 경제의 관련 분야에서 에너지 효율 증대
- 온실가스 흡수원에 대한 보호 및 증대
- 기후 변화 고려 측면에서 지속가능한 형태의 농업 확대
- 신재생 에너지, 이산화탄소 분리 기술 및 환경 친화적인 기술 개발
- 온실가스 배출 분야에 대한 재정적 지원 및 세제 혜택 축소
- 온실가스 배출을 줄이는 방침 및 조치 증대
- 운송 분야에서 온실가스 감축 추진
- 폐기물 관리 측면에서 메탄가스 발생 억제

② 3조(Article 3)
- 기후변화협약 부속서I 국가는 부속서A에 열거된 온실가스에 대해 2008년에서 2012년 기간 중에 1990년대 배출량 수준의 5% 이상을 감축한다.
- 기후변화협약 부속서I 국가가 2008년부터 2012년까지 배출할 수 있는 온실가스 할당량은 1990년대 배출량에 부속서B에 설정된 비율을 곱한 수치의 5배로 한다.
- 수소불화탄소(Hydrofluorocarbon), 과불화탄소(Perfluorocarbon) 및 육불화황(Sulphur Hexafluoride)의 경우 1995년을 기준연도로 사용할 수 있다.

③ 6조(Article 6)

3조에서 명시된 온실가스 배출량 감축을 달성하기 위해 부속서I 국가는 다른 부속서I 국가에서 온실가스 감축 사업 및 흡수 사업을 통해 획득한 실적을 이전 또는 구입할 수 있다. 온실가스 감축 사업 및 흡수 사업은 관련 국가의 승인을 획득해야 한다. 또한 해당 사업이 수행이 안 되는 상황과 비교하여 추가적인 온실가스 감축효과가 있어야 한다. 교토의정서에서 공동이행(JI, Joint Implementation) 이라는 용어는 사용되지 않지만, 6조에서 JI사업 메커니즘 실행을 규정하고 있다.

④ 12조(Article 12)

CDM(Clean Develop Mechanism)사업으로 기후변화협약 비부속서I 국가는 지속 가능한 개

발을 달성하게 되고, 부속서I 국가는 감축실적으로 CER(Certified Emission Reduction)을 획득하여 3조의 온실가스 배출량 감축 목표를 달성할 수 있다. CDM 사업 추진은 자발적으로 진행되어야 하고, 해당 사업이 수행이 안 되는 상황과 비교하여 추가적으로 온실가스 감축효과가 있어야 한다. CDM 사업으로 획득하는 수익의 일부분은 행정비용(Administrative Expense) 및 기후변화에 취약한 개발도상국가의 적응 비용(Adaptation Cost)으로 사용된다.

⑤ 17조(Article 17)
당사국회의에서는 배출권거래 관련 검증 및 보고 등에 대한 원칙, 형태, 규칙 및 지침을 규정해야 한다. 부속서B 국가는 3조의 온실가스 배출량 감축 목표를 달성하기 위해 배출권거래에 참여해야 한다.

나) 부속서A 주요내용
부속서A에는 의정서에서 다루고 있는 6가지 온실가스와 분야가 정의되어 있다.
① 6가지 온실가스
CO_2, CH_4, N_2O, HFC_s, PFC_s, SF_6 (각국의 상황에 따라 HFC_s, PFC_s, SF_6가스의 기준년도는 1995년도)

※ (참고) 2006 IPCC 가이드라인에서 다루고 있는 온실가스
- 이산화탄소(CO_2), 메탄(CH_4), 아산화질소(N_2O), 수소불화탄소(HFC_s), 과불화탄소(PFC_s), 육불화황(SF_6)
- 삼불화질소(NF_3), trifluoromethyl sulphur pentafluoride (SF_5CF_3)
- 할로겐화에테르(halogenated ethers 예를 들면 $C_4F_9OC_2H_5$, $CHF_2OCF_2OC_2F_4OCHF_2$, $CHF_2OCF_2OCHF_2$)
- CF_3I, $CH_2Br_2CHCl_3$, CH_3Cl, CH_2Cl_2을 포함한 몬트리올 조약에서 다루지 않은 할로겐화 탄소들

② 5대 분야
- 에너지분야(Energy)
- 산업공정(Industrial Processes)
- 용매 및 기타 제품 사용(Solvent and other product use)
- 농업 분야(Agriculture)
- 폐기물 분야(Waste)

다) 부속서B 주요내용

기후변화협약 부속서B 국가의 2008년부터 2012년 기간 중에 1990년도 대비 온실가스 배출량 감축 비율이 규정되어 있다.

유럽연합		시장경제전환국가		기타부속서 국가	
당사국	감축목표	당사국	감축목표	당사국	감축목표
포르투갈	27.0%	러시아	0.0%	아이슬란드	10.0%
그리스	25.0%	우크라이나	0.0%	오스트레일리아	8.0%
스페인	15.0%	폴란드	−6.0%	노르웨이	1.0%
아일랜드	13.0%	루마니아	−8.0%	뉴질랜드	0.0%
스웨덴	4.0%	체코	−8.0%	캐나다	−6.0%
핀란드	0.0%	불가리아	−8.0%	일본	−6.0%
프랑스	0.0%	헝가리	−6.0%	미국	−7.0%
네덜란드	−6.0%	슬로바키아	−8.0%	스위스	−8.0%
이탈리아	−6.5%	리투아니아	−8.0%	리히텐슈타인	−8.0%
벨기에	−7.5%	에스토니아	−8.0%	모로코	−8.0%
영국	−12.5%	라트비아	−8.0%		
오스트리아	−13.0%	슬로베니아	−8.0%		
덴마크	−21.0%	크로아티아	−5.0%		
독일	−21.0%				
룩셈부르크	−28.0%				
EU	−8.0%				

[부속서B 국가의 감축목표]

현재 기후변화협약 부속서I 국가 중에 벨라루스와 터키는 교토의정서가 채택될 당시에 기후변화협약 당사국이 아니었기 때문에 부속서B 국가에서 제외되어 있다.

3) 감축수단

Annex I 국가의 의무감축이라는 온실가스 감축 조항 외에도 국가별로 차별화된 감축목표를 비용 효과적으로 달성하기 위해 도입한 신축성체제(Flexibility)로 불리는 시장 메커니즘인 교토메커니즘이 주목할 만하다. 교토메커니즘과 관련된 사업내용을 살펴보면 온실가스 감축의무가 있는 Annex I 국가가 비용부담을 덜기 위하여 자국의 감축비용 보다 부담이 적은 타 국가에서 온실가스 감축사업을 수행하고 이를 통하여 확보한 온실가스 감축량을 자국의 감축분으로 인정할 수 있도록 하는 것이다. 이러한 사업의 이행방식을 교토의정서에서는 사업 적용(투자) 대상국(Annex I 또는 Non-Annex I)에 따라 공동이행제도(Joint Implementation) 또는 청정개발체제(Clean Development Mechanism)로 정의하고 있으며, 이러한 메커니즘의 활용 및 자국의 초과 감축분을 통하여 확보한 배출권(Emission Credit)을 국제적으로 거래할 수 있도록 하는 배출권거래제(Emission Trading)까지 포함하였다.

가) 배출권거래제(Emission Trading : ET)
교토의정서 제17조에 정의된 수단으로, Annex I 국가는 의정서에서 규정한 배출권(예를 들면, AAU, CER, ERU 등)을 다른 Annex I 국가에 판매하거나 다른 Annex I 국가로부터 구매할 수 있다. 단, Annex I 국가가 인수할 수 있는 배출권의 양에는 제한이 없지만, 한 Annex I 국가가 다른 Annex I 국가로 이전할 수 있는 배출권의 양은 CPR(Commitment Period Reserve)에 의해 제한된다. CPR이란 한 국가가 자국의 레지스트리에 항상 유지하고 있어야 하는 배출권의 최소 수준을 의미하는데, 이 같은 CPR의 도입은 Annex I 국가가 실질적인 온실가스 배출 감축을 위한 노력 없이 배출권 거래만을 통해 할당된 의무감축량을 충족시키고자 하는 것을 방지하기 위한 목적을 갖고 있다. 한편 Annex I 국가는 국가의 권한과 책임 하에서 기업 수준(entity-level)에서의 배출권 거래를 위한 국내 또는 지역 시스템을 구축할 수 있다.

교토 의정서는 국내 또는 지역 내 배출권 거래에 대해서는 다루지 않지만, 국내 기업들 간의 거래가 교토의정서에 따라 발생한 배출권을 사용하고 이것이 교토의정서에 따른 감축의무에서 반영되어야 하므로 국내 또는 지역 거래 시스템 운영은 교토 배출권 거래체제 하에서 운영되어야 할 필요가 있다.

국내 또는 지역 거래 시스템에서 서로 다른 국가의 기업들 간의 배출권 이동 역시 교토의정서 규정에 따라 이루어진다. EU-ETS(European Union Emission Trading Scheme)는 교토의정서 체제 하에서 운영되는 지역 내 거래 시스템의 좋은 예이다.

나) 청정개발체제(Clean Development Mechanism; CDM)
교토의정서 제12조에 정의되어 있는 청정개발체제는 부속서 I 국가(선진국)가 비부속서 I 국가(개발도상국)에 온실가스 감축사업을 실행을 위한 기술 및 자금을 지원하여 달성한 실적을 부속서Ⅰ 국가(선진국)에 할당된 감축목표 달성에 활용할 수 있도록 하는 제도이다.

CDM 사업을 통하여 선진국은 감축목표 달성에 사용할 수 있는 온실가스 감축량을 얻고, 개발도상국은 선진국으로부터 기술과 재정지원을 받음으로써 자국의 지속가능한 개발에 기여할 수 있다.

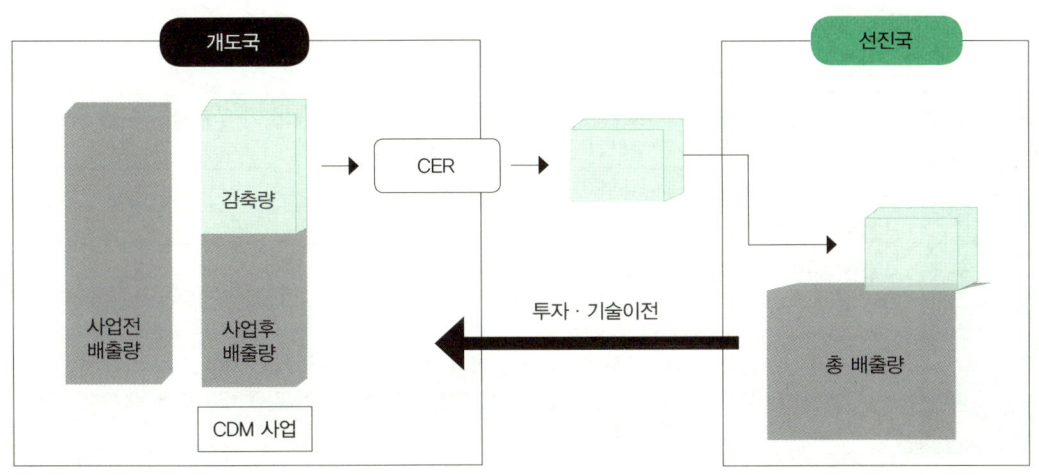

목적	Non-AnnexⅠ국가의 지속가능한 개발에 기여함과 동시에 AnnexⅠ국가(선진국)가 온실가스 감축의무를 비용 효과적으로 달성하도록 도움.
대상	AnnexⅠ국가가 Non-AnnexⅠ국가에 기술 및 자본을 투자하여 온실가스 감축 실적을 인정받음.
주관기관	UNFCCC CDM 집행위원회(Executive Board, EB)
크레딧	CERs (Certified Emission Reductions)
진행절차	사업계획 → 타당성평가 → 승인 및 등록 → 모니터링 → 검증 및 인증 → CERs 발행
사업 인정 기간	Option 1 : 10년 (갱신 불가능) Option 2 : 7년 (갱신가능)

다) 공동이행제도 (Joint Implementation : JI)

교토의정서 제6조에 명기되어 있는 공동이행제도는 부속서Ⅰ 국가들 사이에서 온실가스 감축사업을 공동으로 수행하는 것을 인정하는 것으로 한 국가가 다른 국가에 투자하여 감축한 온실가스 감축량의 일부분을 투자국의 감축실적으로 인정하는 제도로 현재 비부속서Ⅰ 국가인 우리나라가 활용할 수 있는 제도는 아니다.

공동이행제도는 특히 EU에서 동부유럽국가와 공동이행을 추진하기 위하여 활발히 움직이고 있다. 2011년 9월 기준 JI 사업에 참여하는 나라들은 프랑스, 일본, EC를 비롯한 총 35개국이 있고, 뉴질랜드, 독일 등 8개국이 JI 사업 유치국에서 자국 추진사업에 대한 감축량을 검증하는 131개의 track 1사업과 JI 인증기관(IE: Independent Entity)에서 감축량 검증을 하는 16개의 Track 2사업이 평가되었다. 공동이행제도에서 발생되는 이산화탄소 감축분을 ERUs(emission reduction unit)라고 하며, ERUs는 2008년 이후에 발행되고 있다.

목적	Annex I 국가가 다른 Annex I 국가에서의 온실가스 감축 프로젝트에 투자하고 이를 통해 발생되는 크레딧은 공동 분배하여 감축 목표 달성에 사용
주관기관	JI Supervisory Committee(JISC)
크레딧	ERUs(Emission Reduction Units)
진행절차	배출감축량의 검증 방식에 따라 ▶ Track 1 : 규정된 자격요건을 갖춘 투자유치국(Host Party)이 자국 내의 프로젝트를 검증하고 ERUs를 발생함. ▶ Track 2 : JISC 하에서 확립된 검증 절차를 따름. 인정받은 독립기관이 각 프로젝트의 적격성을 검토. 배출감축량은 인정받은 독립기관이 검증하고 이에 대한 ERUs는 관련된 당사국이 발행.

3. 마라케시 합의문(Marrakech Accords)

1) 개요

교토의정서에서는 Annex I 국가에 설정한 온실가스 감축목표의 개괄적인 방법론만 합의가 되었고, 감축의 구체적 이행 방안에 대해서는 결정하지 못하였다. 이러한 이유로, 교토의정서 채택 후 3년간의 협의를 거쳐서 제7차 당사국총회(COP7)에서 마라케시 합의문이 채택되었다. 합의문에는 교토의정서 이행에 대한 법조문 작업을 통해 24개 결정문이 수록되어 있다.

2) 주요 내용

마라케시 합의문의 주요 내용은 아래 표와 같다.

구분	합의 내용	과제 및 문제점
배출량거래	배출한도의 과도한 매매로 운용규칙을 준수하지 못하는 상태를 막기 위한 일정부분 보유 의무화	러시아 등 배출한도잉여분의 매매방지 불충분
공동이행(JI)	• 원자력 이용 금지 • 크레딧을 차기 공약기간으로 이월하는 것은 초기 할당량의 2.5%를 넘지 못함	
청정개발체제(CDM)	• 원자력 이용 금지 • 크레딧을 차기 공약기간으로 이월하는 것은 초기 할당량의 2.5%를 넘지 못함 • ODA 자금의 유용 금지 • 소규모 재생에너지 사업 등의 절차 간소화	베이스라인 과대계산 가능성
목표의무 불이행시	수치목표의 의무를 지키지 않은 경우 1) 저감할 수 없었던 양에 30%를 더해서 차기 공약기간에 덧붙여 저감 2) 준수행동계획을 제정 3) 배출량 거래의 이전 자격 정지	합의한 준수조치에 법적인 구속력이 미흡
개도국 지원	조약 하에 특별기후변화기금 및 후발개도국 기금 설치	선진국 자금 각출은 정치적 문제와 연결
배출량 보고	• 배출량 산정방법 규칙 결정 • 각국의 배출량과 정책, 목표달성 전망에 대해서 전문가 리뷰하고 심사	신속하게 미준수 여부를 파악할 수 있는 체제 구축이 과제

4. 발리 로드맵(Bali Roadmap)

1) 개요

교토의정서에서 주요국의 감축의무를 2012년까지로 규정한 상황에서, 미국, 중국, 인도 등 온실가스 다배출국가의 감축 의무가 포함되어 있지 않다는 점이 한계로 지적되었다. 따라서 교토의정서를 대체할 새로운 협약(post-2012)을 마련할 필요성이 대두되었고, 이를 위하여 2007년 발리에서 개최된 제13차 당사국총회(COP13)에서 발리 로드맵이 채택되었다.

2) 주요 내용

교토의정서 비준을 거부한 미국을 포함한 모든 선진국들과 중국, 인도 등 개도국까지도 온실가스 감축에 동참하도록 했다는 데 가장 큰 의의가 있으며, 주요 내용은 아래 표와 같다.

구분	합의 내용
새 협약을 위한 논의	2년간 협상을 지속해 2009년 덴마크 코펜하겐 총회에서 새 기후변화협약을 결정하기로 함
감축목표	수치화된 목표를 제시하지는 못하였지만, 선진국의 상당한 감축을 목표로 제시하였음. 개도국은 MRV에 의한 감축을 제시
적응기금 마련	탄소배출권거래 시 2%씩 징수하여 개도국의 기후변화 적응기금으로 활용 가뭄, 홍수, 해수면 상승 등 기후변화 피해를 돕는 유엔기금 마련
산림훼손방지	개도국의 산림훼손을 막기 위해 인센티브 부여
기술이전	기후변화 대응을 위해 노력하는 개도국에 과학기술 이전을 촉진하는 제도 확립

5. 칸쿤합의문

기온상승을 산업화 이전 대비 2℃ 이내로 억제하는 것을 장기 목표로 삼고 국제적으로 발표된 감축공약을 공식 확인하여 감축공약 강화 논의를 지속키로 합의했다(개도국은 NAMA 등록, 주기적 국가보고서 /인벤토리 제출, 국내 검증, 국제 리뷰).
녹색기후기금(2013-20년간 연간 1천억 불)과 단기재원(2010-12년간 300억 불)을 재원으로 삼았으며, 칸쿤 적응 체계(Cancun Adaptation Framework) 채택, 적응위원회 설치했다.
기술집행위와 기술센터로 구성된 기술 메커니즘 설립하여 기술 개발 및 이전을 하기로 했다.

1) 의의

UN 의사결정체제에 대한 불신을 극복하고, 당사국 간 신뢰 회복(코펜하겐의 최대 실책), 코펜하겐 합의문의 내용을 구체화하고 발전시켜 유엔체제 내로 수용(향후 협상의 모멘텀 확보).

1) 한계

발표된 감축공약만으로는 2℃ 목표에 턱없이 부족함, 재정 확보 방안, 기존 ODA와의 관계, 재정-적응-기술이전 연계 등 세부 사항 미결.

6. 파리협정

EU, 중국, 인도 등 주요 온실가스 배출국의 빠른 비준으로 파리협정이 국제적으로 2016년 11월 4일 공식적으로 발효되었다.
발효요건은 55개국 이상 비준 및 전 세계 온실 가스 배출량 55% 이상이며, 우리나라는 2016년 11월 3일 비준서를 기탁했고 97번째 비준국이다.

1) 목적

지구 평균기온 상승을 산업화 이전 대비 2℃ 보다 상당히 낮은 수준으로 유지하고, 1.5℃로 제한하기 위해 노력과 감축, 적응, 지속발전, 빈곤퇴치를 위한 재원마련에 합의했다.

2) 감축

감축의무에 대해 선진국은 선도적 역할을 유지하고, 개도국을 포함한 모든 국가가 스스로 결정한 기여방안을 5년 단위로 제출하고 이행하기로 합의했다. 다만 기여방안 제출만 의무, 이행에 대한 국제법적인 구속력 배제. 감축유형은 선진국은 절대량 방식을 유지하며, 개도국은 나라별로 여건을 감안해, 경제 전반을 포괄하는 감축 목표를 점진적으로 채택을 독려하기로 했다.

3) 시장 메커니즘

UN 기후변화협약 중심의 시장 이외에도 당사국 간의 자발적인 시장형태도 인정하는 등 다양한 형태의 국제 탄소시장 메커니즘 설립에도 합의했다.

4) 적응

모든 국가가 적응계획 수립과 이행 등 적응 행동을 적절히 이행하며, 적응계획과 이행 내용 등에 대한 보고서를 제출해야 한다. 보고서를 통해 각국의 적응 정책, 이행사례 등에 대한 정보 공유 등 협력을 강화를 위해서이다. 이밖에 기후변화로 인한 손실 및 피해 대응의 중요성을 인정하며, 향후 관련 분야 국제협력을 강화했다.

5) 이행수단 지원

개발도상국의 기후변화 대응을 위한 재원 공급 의무 주체를 설정하고, 향후 지원규모 확대, 재원 지원에 관한 투명성 향상을 규정. 공급주체(개도국의 기후변화 대응을 위한)는 선진국으로 그들에게는 재원 공급 의무를 규정했으며, 선진국이외국가들에게도자발적인재원공급을 장려키로 했다. 재원조성을 위해 선진국의 선도적인 역할과 이전보다 진전된 재원 조성 노력의 필요성을 확인했다.

6) 기술 및 혁신 메커니즘

감축과 적응에 있어 기술이 핵심이라는 장기비전을 공유하고, 기술협력 확대와 중장기 전략 마련을 위한 기술 프레임워크를 수립하기로 했다.

7) 이행점검 및 이행 투명성 강화

2023년부터 5년 단위로 파리협정 이행 전반에 대한 국제사회 차원의 종합적 이행점검(Global Stocktaking)을 실시키로 합의했다. 종합점검은 개별 국가 단위가 아닌 전 지구적 단위의 감축·적응·재정지원 현황 점검으로 포괄적이며 촉진적 방식으로 시행키로 규정했다. 또 각국의 온실가스 감축과 지원에 대해 이행상황을 보고하고 점검을 받되, 개도국에게는 보고 범위, 주기, 검토 범위 등 유연성을 부여하였고, 지구 온실가스 배출 1, 2위 국가인 중국과 미국을 비롯하여 현재까지 156개국이 INDC를 제출한 상태로, 미국은 2005년 대비 26~28% 감축안을, 중국은 2005년 탄소 집약도(배출량을 경제성장률 등으로 나눈 값) 대비 60~65% 감축안을 내놓았다.
우리 정부도 국제사회의 기대와 위상을 고려하여, 2030년까지 온실가스 감축 노력을 전혀 하지 않았을 때 예상되는 배출량(BAU) 대비 37%를 줄이겠다는 의욕적인 목표를 제시했다.

8) 신기후체제의 의미

(가) 파리협약은 지금까지 선진국에만 부여하던 온실가스 감축의무를 모든 나라에 부여했다는 점에서 의미가 크다.

(나) 논란이 되었던 재정지원에 대해서도 2020년까지 매년 1000억 달러를 조성해 가난한 나라의 기후적응을 돕기로 했다.

(다) 파리합의문만으로는 인류가 기후재앙에서 벗어날 수 있을지 결코 자신할 수 없다는 지적이 바로 그것이다. 1.5℃라는 장기목표와 현재 각국이 수립한 감축목표량(INDC) 사이에는 큰 격차가 있다. 현재 각국의 감축목표량으로는 2.7℃가량의 온도상승이 예상되기 때문이다. 1.5℃는 고사하고 2℃에도 턱없이 못 미친다는 얘기다.

(라) 각국이 제출하는 INDC(자발적 감축목표)에 법적 구속력을 부여하지 못했다는 점도 파리협약의 한계를 보여준다는 분석이다. 각국이 정한 자발적 감축목표를 상향시킬 강제 수단도 없고, 국가별 감축목표를 지키지 않아도 제재할 수 있는 조항도 없다. 신기후체제의 출범은 많은 논란에도 불구하고, 궁극적으로 "화석연료 시대를 인류 스스로 마감해야 한다"는 것에 대해서는 국제적 합의를 한 것으로 평가되고 있다.

9) 신기후체제로 인한 한국의 변화

정부 목표인 BAU(온실가스 방출 전망량) 대비 37% 감축안부터 구체적이고 세심한 이행방안 마련이 필요. 협약이 체결된 만큼 과거처럼 개발도상국 범주에 안주할 수 없는 형편이다. 국제사회의 압박은 갈수록 커질 전망이다. 2018년부터 진행될 장기감축목표 실현 방안 및 5년 주기로 목표조정 과정에서 온실가스 감축목표를 상향 조정하는 것이 불가피한 만큼 사전에 대비가 요구된다.

→ 2030년 100조 원 규모로 예상되는 에너지 新산업분야 기업 육성을 위한 '2030 에너지 신산업 확산전략'을 발표했고, 이를 통해 기후변화 시장을 선점하고 관련 산업을 새로운 수출산업으로 육성하겠다는 계획이다.

교토의정서	구분	파리협정
온길가스 배출량 감축 (1차: 5.2%, 2차: 18%)	목표	2℃목표 1.5℃목표 달성 노력
주로 온실가스 감축에 초점	범위	온실가스 감축만이 아니라 적응, 재원, 기술이전, 역량배양, 투명성 등을 포괄
기후변화협약 Annex I 국가 (선진국)	감축의무국가	모든 당사국

교토의정서	구분	파리협정
하향식	목표설정방식	상향식
징벌적 (미달성량의 1.3배를 다음 공약기간에 추가)	목표 불이행 시 징벌여부	비징벌적
특별한 언급 없음	목표설정기준	진전원칙 (5년 단위 진전된 목표 제출)
공약기간에 종료 시점이 있어 지속가능한지 의문	지속가능성	종료시점을 규정하지 않아 지속가능한 대응 가능

7. GCF(Green Climate Fund)

1) 개요

2010년 제16차 당사국총회(COP16)시 채택된 칸쿤 합의(Cancun Agreement)에 따라 국제사회는 개도국의 온실가스 감축·적응 활동을 지원하기 위한 녹색기후기금(GCF: Green Climate Fund) 설립에 합의했다. 우리나라는 2011년 제17차 당사국총회(COP17)에서 GCF 사무국 유치의사를 공식 표명하였으며, 치열한 유치전 끝에 2012년 10월 사무국의 인천 송도 유치에 성공하였다. 정부는 GCF 본부협정을 체결('13. 6월)하는 등 사무국의 조기운영 개시를 지원하고, 사무국의 조기 안착과 더불어 GCF가 개도국의 기후변화 적응 및 온실가스 감축 노력에 실질적으로 기여할 수 있도록 적극적인 노력을 기울이고 있다.

8. 한국의 INDC

2030년까지 BAU 대비 37% 감축목표 설정 및 UN 제출(2015.6.30)

- '30년 목표배출량이 536백만 톤으로 리마결정문('14.12)에 따라 기존 감축목표('20년 BAU 대비 30%, 543백만 톤)보다 진전
- 국내감축률 25.7%, 해외감축률 11.3%(국제 탄소시장 활용하여 해외배출권 구매)로 설정하되 INDC에는 구체적 수치 미기재
- 산업부분 감축률은 12% 수준으로 유지하되 발전, 수송, 건물 등 타 부분에 대해서는 적극적인 감축수단 발굴

PART 03 기후변화 대응

1. 국제동향

1) 배경

온실가스 감축목표를 제시하는 방식은 크게 기준년도 대비 감축량을 제시하는 절대량 기준 방식과 배출전망치(BAU) 대비 감축량을 제시하는 전망치 기준 방식이 있다. 전자는 주로 Annex I에 속하는 선진국들이 채택하는 방식이고, 후자는 IPCC가 개도국에 권고하는 방식이다. 이 두 가지 방식은 기본적으로 현재 수준에서 획기적으로 감축해야 하는 의무를 가지는 선진국과, 경제성장을 위해 어느 정도 배출량 증가가 불가피한 측면이 있는 개도국 간의 의무부담에 차이를 두기 위한 설정이라고 볼 수 있다.

선진국들을 중심으로 중기(2020년) 및 장기(2050년) 온실가스 감축목표들이 제시되고 있으며, 최근 이러한 목표들이 점차 강화되어 발표되고 있다. 이러한 목표들을 평가하는 기준은 IPCC가 제시한 1990년 대비 25~40% 삭감(선진국) 및 BAU 대비 15~30% 삭감 수준이라고 볼 수 있다.

- 최근 미국은 2030년까지 발전소 부문에서의 이산화탄소 배출을 2005년 대비 30% 감축하는 규제안을 발표하면서 국제사회의 주목을 받음
- 미국은 셰일가스 생산에 힘입어 2007년 이후 온실가스 배출이 감소하고 있으며, 최근의 정책적인 노력을 통해 에너지 문제와 국제사회의 기후변화 이슈에 대처하려 함
- 개도국으로 대표되는 중국 역시 스모그 발생 등 환경문제에 대처하기 위해 노력하고

있으며, EU는 자국의 온실가스 감축 노력을 국제사회에 알리려 함
- 중국은 주요 도시의 스모그 현상 발생 등으로 경제성장 위주의 정책에 가려진 환경문제를 외면하기 어려운 상황이며, EU의 온실가스 배출량은 중국과 미국에 이어 세계 3위 규모이나, 지난 20년간 지속적으로 감소하면서 국제사회의 감축 및 기후변화 대응 노력에 있어 주도적인 역할을 함
- 국제사회의 온실가스 감축 노력은 기후변화에 대처하기 위한 환경문제에 그치지 않고, 이를 바탕으로 에너지 활용 조정 및 환경상품의 무역확대 시도 등으로 연결됨.

2) 미국의 배출현황과 정책대응

미국은 기후변화협약 및 교토의정서 체결을 주도했으나, 부시행정부의 출범과 함께 2001년 3월 교토의정서 비준을 거부하고 기술혁신에 의한 자발적 온실가스 감축을 주장하면서, 국제사회에서 이를 관철시키기 위하여 주요경제국회의(MEM)를 주도하여 UN 차원의 기후변화 논의를 약화시킨 측면이 있었다. 그러나 오바마 행정부의 출범과 함께 다시 UN 기후변화 협상에 복귀를 선언하고, 국내적으로도 온실가스 감축을 위한 대책들을 쏟아내고 있는 상황이다.

(1) 온실가스 배출현황

2000년대 중반까지 세계 최대 온실가스 배출국이던 미국의 2012년 온실가스 배출량은 65억 2,600만 톤으로, 이는 1990년 대비 4.7% 증가한 수치이나, 사상 최고치를 기록했던 2007년 73억 2,500만 톤 대비 10.9% 감소한 수준이다.

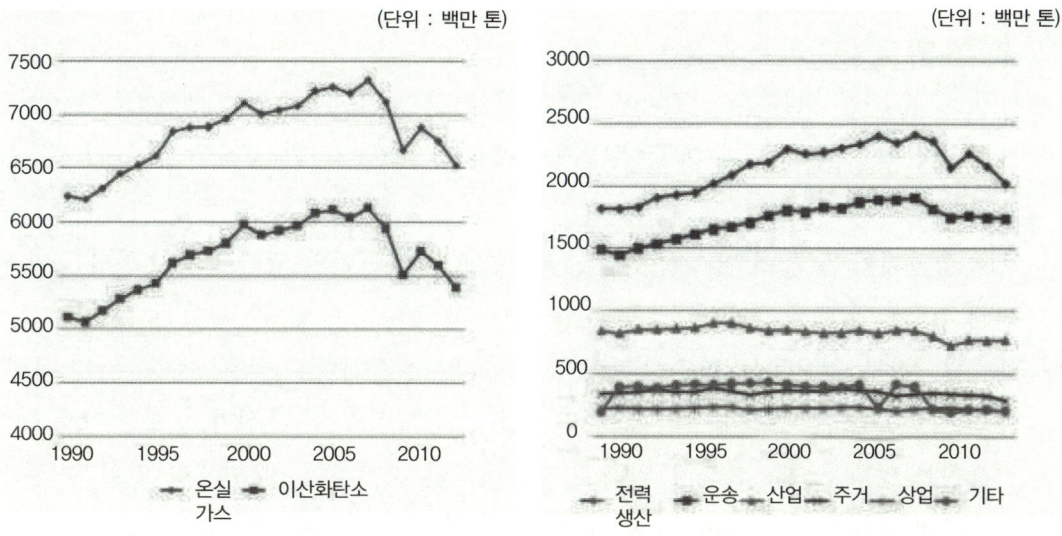

〈출처: U.S EPA(2014), Inventory of U.S. Greenhouse Gas Emissions and Sinks: 1990-2012〉

[미국의 온실가스 배출량 추이]   [미국의 부문별 이산화탄소 배출량]

- 미국 온실가스 배출의 80%를 차지하는 이산화탄소(CO_2)는 화석연료 연소에서 발생하고 있으며, 2012년에는 53억 8,300만 톤으로 1990년 대비 5% 증가했으나 2007년 대비로는 12.1% 감소한 수준
- 지난 20년간 미국에서 배출된 이산화탄소의 약 38%는 전력생산 분야에서 발생했으며, 운송과 산업 분야는 전체 이산화탄소 배출량의 각각 30%와 15%를 차지
- 최근 천연가스 개발 붐에 힘입어 천연가스가 석탄을 제치고 미국 전력산업의 최대 에너지원으로 부상하고 있으나, 여전히 석탄발전에 의한 이산화탄소 배출량은 전력분야 전체 배출량의 70% 이상을 차지

(2) 기존의 정책 대응

가) 2013년 6월 오바마 대통령은 배출량 감축과 청정에너지 확대 정책의 일환으로 기후행동계획(Climate Action Plan)'을 발표했으며, 주요 내용은 아래와 같다.

- 2007년 연방대법원은 환경보호청(EPA)과 매사추세츠 주 간의 소송에 대한 판결에서 이산화탄소를 포함한 온실가스는 기존의 「청정대기법(Clean Air Act)」에 의거해 오염물질로 규정되며, EPA는 국민건강과 복지를 저해하는 온실가스를 규제할 권한이 있음을

명시함. 이후 오바마 정부는 배출량 규제를 위한 연방정부 차원의 법안 및 제도를 마련하기 위한 논의 지속
- EPA는 2010년 1월부터 연간 2만 5,000톤 이상의 이산화탄소를 배출하는 미국 내 대형 발전 및 산업 시설에 대한 '온실가스 배출량 보고(Greenhouse Gas Reporting Program)' 의무화 실시
- '기후행동계획'은 국내 탄소배출량을 감축하고 기후변화의 영향에 대비하며 국제사회의 기후변화 대응 노력 주도 목표
- 배출량 감축방안으로는 발전소 배출량 감축 및 청정에너지 활용, 운송 분야 혁신, 가정·업계·산업시설의 에너지 낭비 개선, 이산화탄소 외 온실가스 배출 감축 등
- 기후변화 영향을 최소화하기 위해 기후탄력적인 지역사회 및 인프라 건설, 기후변화로부터 경제 및 환경보호, 과학기술을 활용한 데이터 구축 및 기후변화 영향 평가 등이 함께 제시
- 아울러 주요 국가들과의 다자간 협력 및 신흥경제와의 양자간 협력, 기후 및 청정대기 연합(CCAC)을 통한 오염물질 감축, 환경상품 및 서비스에 대한 자유무역 촉진, 기후재원 조성, UN기후변화협약(UNFCCC)을 통한 감축 노력 주도 등을 약속

나) 2013년 9월 EPA는 '기후행동계획' 발표 이후 첫 세부 프로그램으로 신규 발전소에서 발생하는 탄소 배출량을 제한하기 위한 '탄소배출량 규제안(Carbon Pollution Standard)'을 발표하였으며, 주요 내용은 아래와 같다.

- 발전 용량 25MW 이상인 신규 화력발전소를 대상으로 하며, 천연가스의 경우 크기에 따라 대형 발전소(시간당 850MMBtu 이상)는 MWh당 1,000파운드, 소형 발전소는 1,100파운드로 배출량을 제한하고 석탄 화력발전소는 조업기간에 따라 MWh당 1,000~1,100파운드까지 배출량을 제한
- 이는 미국 역사상 최초로 국가 차원에서 신규 발전소가 배출할 수 있는 탄소량에 한계를 설정한 조치로, 미 정부는 이러한 규제를 통해 천연가스와 같이 보다 효율적인 에너지원 사용, 이산화탄소 포집 및 저장(CCS) 기술 활용을 촉진할 수 있을 것으로 기대

다) 연방정부 차원으로 배출권거래제를 실시하려 했던「청정에너지 및 안보법」은 2010년 상원에서 부결되었으나, 뉴욕, 매사추세츠 등 동북부 9개 주가 참여하는 'Regional Greenhouse Gas Initiative(RGGI)'와 캘리포니아 주가 자체적으로 진행하는 배출권거래제가 시행되고 있음

- 2009년부터 실시된 RGGI는 미국 최초의 배출권거래제로서 25MWh 이상의 화력발전소를 대상으로 함. RGGI 도입 전 9개 주의 전력발전에 있어 석탄과 석유에 대한 의존도는 각각 23%와 12%(2005년 기준)였으나, 2012년 석탄은 9%, 석유는 1%로 떨어지고 천연가스 비중은 44%까지 높아짐
- 거래량은 2009년 1억 7,200만 톤(4억 9,400만 달러)에서 2013년 6억 5,000만 톤(16억 달러)까지 늘어났지만, 경기침체 및 공급과잉으로 배출권 가격은 톤당 1달러대까지 하락했다가 최근 3달러 수준을 유지
- 2013년부터 자체적인 배출권거래제를 도입한 캘리포니아 주는 2020년까지 온실가스 배출량을 1990년 수준(4억 2,700만 톤)으로 감축하는 것을 목표로 함

(3) 최근 발표된 청정발전계획(Clean Power Plan)

가) EPA는 2014년 6월 '기후행동계획'의 일환으로, 2030년까지 미국 내 발전소의 온실가스 배출량을 2005년 대비 30% 감축하겠다는 이른바 '청정발전계획(Clean Power Plan)'을 발표했으며, 그 내용은 아래와 같다.

- 이는 '기후행동계획'하에서 지난 2013년 신규 발전소에 대한 배출량을 제한했던 '탄소배출량 규제안'의 연장선으로, 이번 조치는 기존에 운영되던 발전소에 의한 배출량을 대폭 감축하는 것을 주요 골자로 함
- EPA는 각 주(州)의 배출량, 에너지믹스, 정책 환경 등을 고려해 감축 목표를 할당했으며, 주정부는 이를 달성하기 위한 계획안을 자체적으로 수립·제출해야 함
- EPA가 제안한 세부 감축 활동으로는 수요 차원의 에너지 효율 개선, 재생 에너지 및 원자력발전 확대, 발전소 효율 개선, 천연가스 병행사용 또는 전환, 신규 천연가스 복합발전소 건설, 전력 전송효율 개선, 에너지 저장기술 개발, 노후 발전소 폐쇄, 시장기반의 배출량거래제 도입 등이 있음

나) 미 정부는 '청정발전계획'을 통해 온실가스 감축은 물론 국민건강 개선, 전력발전 체계 효율화, 관련분야 투자·혁신·고용촉진 효과 등이 있을 것으로 기대하고 있다.

- '청정발전계획'을 통해 발전분야에서 감축될 배출량은 1억 5,000만 대의 자동차에서 나오는 연간 배출량과 비슷한 7억 3,000만 톤에 이를 것으로 예상되며, 온실가스 및 유해물질 감축을 통해 아동과 노인 등 취약계층의 건강개선 효과가 있을 것으로 전망
- EPA에 따르면 본 계획안을 이행하기 위해 필요한 비용은 약 73~88억 달러로 예상되나, 계획안이 충분히 이행될 경우 2030년 기후 및 보건 분야에서 연간 550~930억 달러의 경제적인 혜택이 창출될 것으로 예상
- EPA는 '청정발전계획'을 통해 에너지 효율이 개선된다면 2030년에는 전기료가 기존 대비 약 8%(가정용 전기세 월 8달러) 인하될 것으로 분석했으며, 장기적으로는 석탄발전 의존도를 낮추고 배출량이 적거나 없는 에너지원 비중을 높여 지속가능하고 안정적인 전력 공급체제로의 전환을 목표
- 아울러 미 정부는 전력분야 현대화, 에너지 효율 개선, 청정에너지 활용을 장려하기 위해 관련 산업 및 전문 인력에 대한 투자를 강화할 계획이며, 이를 통해 에너지 및 환경 분야의 고용창출 효과 기대

다) 미국 내 관련업계와 석탄발전 의존도가 높은 일부 지역의 반발이 예상된다.

- 야당인 공화당과 미국 내 석탄 생산업계, 전력소비량이 많은 제조업계, 석탄발전이 지역경제 및 고용의 대부분을 차지하는 도시·주는 '석탄발전 비중 감소 및 2030년이라는 기한'이 전력공급의 안정성을 저해하고 전기세 인상과 실업문제를 야기해 결국 국가경제 및 경쟁력을 약화시킬 수 있다고 지적
- 석탄의존도가 높은 인디애나, 켄터키 주를 비롯하여 일부 주정부는 '청정개발계획'에 강력히 반발하고 있으며, 전미제조업협회(NAM), 미국광산노동자연합(UMWA), 국제전기기술자협회(IBEW) 등의 단체도 우려를 표명
- 그러나 2005~12년 미국 내 발전소의 배출량이 이미 15% 감축되었고, 거의 모든 주에서 에너지 효율화 또는 재생에너지 확대 프로그램을 운영해왔기 때문에 업계나 경

제 전반에 과도한 부담을 지우지 않는 수준에서 충분히 감축목표를 달성할 수 있다는 의견도 제시되고 있음

3) EU의 배출현황과 정책 대응

(1) 온실가스 배출현황

EU의 연간 온실가스 배출량은 중국과 미국에 이어 세계 3위 규모이나 지난 20년간 지속 감소하여 2012년에는 사상 최저치인 45억 4,400만 톤(1990년 대비 19.2% 감소)을 기록하였다.

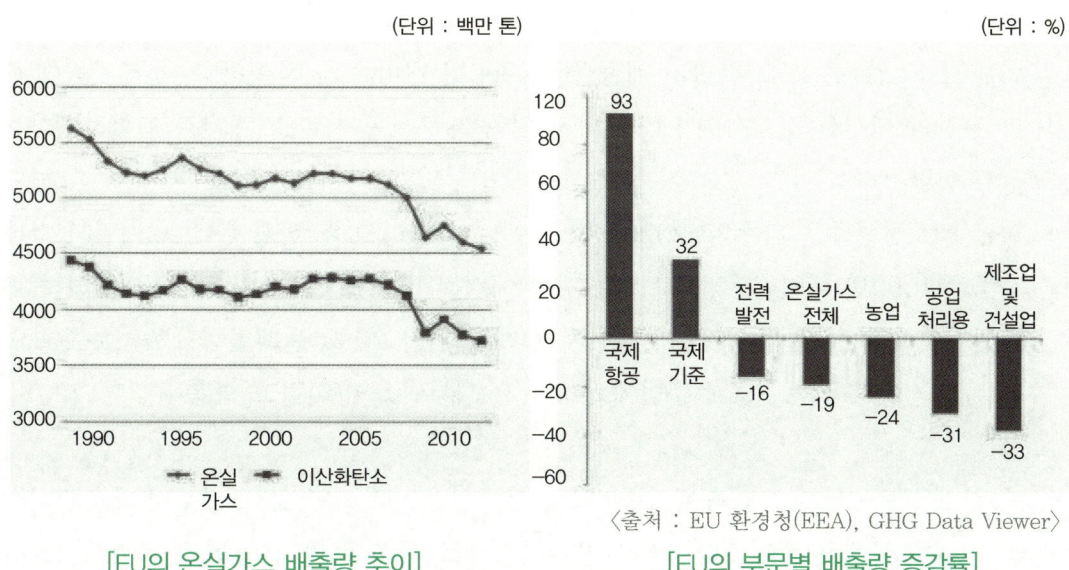

[EU의 온실가스 배출량 추이]   [EU의 부문별 배출량 증감률]

- 분야별로는 전력발전에 의한 온실가스가 전체 배출량의 27%로 최고 비중을 차지했고, 운송 분야는 19.7%, 제조업 및 건설업은 11.7% 수준(2012년 기준)
- 지난 20년간 전력발전 분야에서 16%의 배출량 감축을 달성한 반면, 국제항공과 해운 부문의 배출량은 각각 92%와 32% 증가
- 국가별로는 독일(EU 전체 배출량의 20.6%), 영국(12.7%), 프랑스(10.7%)가 배출량 상위 국가인데(2012년 기준) 지난 20년간 독일, 영국, 프랑스, 라트비아 등은 배출량이 크게 감소한 반면 같은 기간 터키, 스페인, 포르투갈 등은 배출량이 큰 폭으로 증가

(2) 정책 대응

가) EU는 지역 내 온실가스 감축을 위한 중장기 전략으로 '2020 기후·에너지 패키지', '기후 및 에너지 정책을 위한 2030 프레임워크', '2050 저탄소 경제를 위한 로드맵' 등을 운영하고 있으며, 주요 내용은 아래와 같다.

- 2009년 제정된 '2020 기후·에너지 패키지(2020 Climate and Energy Package)'는 2020년까지 역내 온실가스 배출량을 1990년 대비 20% 감축, 역내 에너지 소비량의 20% 이상을 재생 에너지로 공급, 에너지 효율을 20% 개선하는 것을 주요 내용으로 함
- 2011년 채택된 '2050 저탄소 경제를 위한 로드맵(Roadmap for Moving to a Low-carbon Economy in 2050)'은 2050년까지 배출량을 1990년 대비 80% 감축하고, 청정기술에 대한 투자와 혁신을 강화하여 EU 에너지 및 경제구조를 저탄소 체제로 전환하겠다는 장기 전략
- 최근 EU 정상들은 기존의 '2020 기후·에너지 패키지'를 심화시켜 2030년까지 배출량을 1990년 대비 30% 감축하고 재생 에너지 비중을 27% 이상으로 개선하며 배출권거래제를 혁신하는 '기후·에너지 정책을 위한 2030 프레임워크(2030 Framework for Climate and Energy Policies)' 출범에 동의하고 세부안을 마련하고 있음

나) 특히 EU는 온실가스 감축을 위한 핵심 정책수단으로 지난 2005년부터 배출권거래제(EU-ETS)를 시행하고 있으나, 최근 공급과잉으로 배출권 가격이 최초 도입시기보다 70% 이상 급락하면서 배출권거래제에 대한 전면적인 수정이 요구되고 있는 상황이다.

- EU는 1기(2005~07년), 2기(2008~12년)를 거쳐 참여국가, 대상물질, 적용분야 등이 확장된 3기 ETS를 지난 2013년부터 출범시켰으며, 2020년까지 ETS 적용분야에서 발생하는 배출량을 2005년 대비 21%, 2030년에는 43%까지 낮추는 것을 목표로 함
- 연간 거래되는 배출권이 79억 톤(2012년 기준, 560억 유로)까지 증가했으나, 최근 경기침체로 인한 수요 급감으로 배출권 가격이 톤당 3.12유로(2013년 4월)까지 급락하고 배출권 초과공급량이 21억 톤(2013년 말 기준)에 달하면서 시장을 통한 배출량 감축이라는 본래 목표가 희석되고 있다는 비판이 높아짐

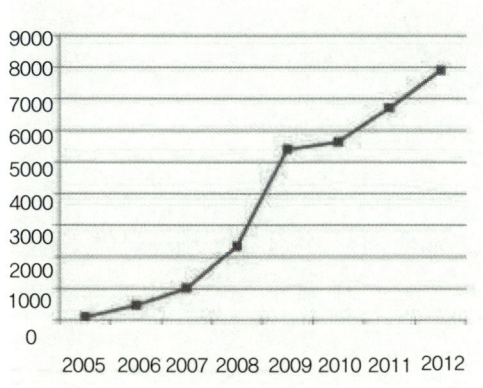

[EU 배출권 거래 규모] (단위 : 백만 톤)

[EU 배출권 가격 추이] (단위 : 유로)

- 이에 EU는 단기적인 조치로써 2014~2016년까지 배정할 예정이었던 총 9억 톤의 배출권 할당을 2019~20년으로 연기하고(back-loading), 장기적으로는 배출권을 비축하여 수급을 조정할 수 있는 제도(Market Stability Reserve)를 오는 2021년부터 도입할 계획임

다) 한편 EU는 당초 역내 상공을 운항하는 외국 항공사도 배출권거래제 대상에 포함시키려 했으나, 미국, 중국 등의 거센 반대와 국제민간항공기구(ICAO)의 중재로 해당 조치는 2017년까지 유예될 예정이다.

- EU는 2012년부터 역내 온실가스의 약 3%를 차지하며 빠른 속도로 증가하고 있는 민간항공 산업을 ETS 대상으로 편입했고, 역내 상공을 지나는 외국 항공사에까지 적용 범위를 확대하려 했으나, 자국 항공산업을 보호하려는 미국, 중국, 브라질 등과의 마찰이 심해짐
- EU는 국제사회의 반대와 ICAO의 중재로 역외 항공사에 대한 ETS 적용을 연기해왔고, 2013년 9월 ICAO는 2016년까지 전 세계 항공업계의 배출량 감축을 위한 방안을 마련하여 2020년부터 실행하겠다고 발표
- 이에 2014년 4월 EU 의회는 투표를 통해 역외 항공사에 대한 ETS 적용을 2017년까지 유예하겠다고 밝혔으나, 오는 2016년까지 ICAO가 국제 항공업계의 온실가스

감축을 위한 의미 있는 조치를 제시하지 못할 시에는 EU가 역외 항공사에 대한 배출량 규제를 다시 시도할 가능성이 있음

4) 중국의 배출현황과 정책 대응

(1) 온실가스 배출현황

중국은 2000년대 중반부터 미국과 EU를 제치고 세계 최대 온실가스 배출국이 되었으며, 2012년 이산화탄소 배출량은 90억 8,600만 톤으로 전 세계 이산화탄소 배출량의 1/3 수준

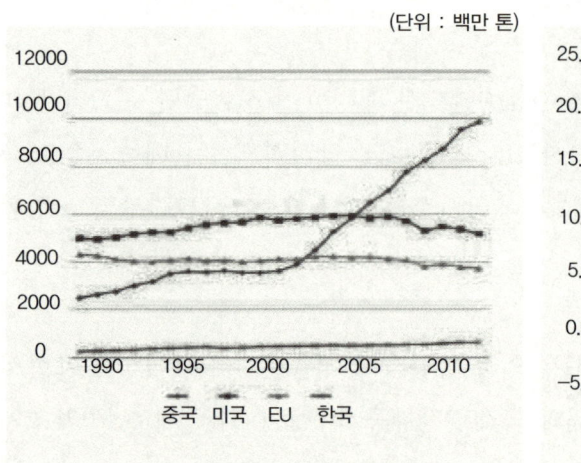

[주요국의 이산화탄소 배출량 추이]   [중국의 GDP와 탄소 배출량 증가율]

- 중국의 이산화탄소 배출량은 지난 20년간 약 3배 증가했으며, 2000년부터 2012년까지 이산화탄소 배출량은 총 840억 톤으로 미국(740억 톤)과 EU(520억 톤)의 누계치를 크게 상회
- 급속한 경제성장·도시화·산업화로 한때 이산화탄소 배출량이 연간 15~17%씩 증가했으나, 최근 경제 성장률이 다소 둔화되고 정부 차원의 온실가스 감축정책이 추진되면서 2012년 탄소 배출량 증가율은 3.2%로 지난 10년 사이 최저치를 기록
- 중국에서 발생하는 온실가스의 대부분은 석탄 연소에 기인하며, 전력생산에서 석탄 발전에 대한 의존도는 70%대를 유지해오고 있음

(2) 정책 대응

가) 중국은 '제12차 5개년 발전계획(2011~2015)', '기후변화 대응을 위한 국가계획(2013~2020)'과 같은 중장기 전략을 바탕으로 원단위 배출량 감축, 에너지믹스 변화, 재생 에너지 사용 확대 등을 추진하고 있다.

- 중국 국가발전개혁위원회(NDRC)는 2011년부터 2015년까지 원단위 배출량(emission per unit of GDP 또는 탄소집약도)을 17%, 2020년까지 2005년 대비 40~45% 감축하겠다는 목표를 갖고 있으며, 2012년 원단위 배출량은 전년대비 5.02% 감소
- 전력발전에서 비(非)화석연료 비중을 2020년까지 15%(2015년까지 11.4%) 이상으로 높이기 위해 재생 에너지 발전 목표를 설정했으며(2017년까지 원자력 50GW, 태양광 70GW, 풍력 170GW, 수력 330GW, 바이오매스 11GW), 이를 통해 화석연료 의존도를 2017년까지 65%로 낮출 계획
- 2014년 내 1,700개 이상의 소형탄광 폐쇄를 추진하고 있는 중국정부는 베이징, 상하이, 광저우 지역에 신규 석탄발전소 설립을 금지시켰으며, 베이징은 2017년까지 역내 석탄화력 발전소를 단계적으로 폐쇄하여 천연가스 발전소로 대체할 계획
- NDRC의 최근 보고서에 따르면 중국은 2012년 한 해 동안 수력발전에 1,277억위안, 원자력발전에 778억 위안, 풍력발전에 615억 위안을 투자하는 등 재생 에너지에 대한 지원을 강화하고 있으며, 2013년 비화석연료 비중은 전체 발전량의 9.8%까지 올라 2014년에 10%를 돌파할 것으로 예상

나) 저탄소 시범도시(1차 13개, 2차 29개 지역)를 운영해 산업·운송 분야의 탄소배출 저감 노력을 지원하고 있으며, 일부 지역에 한해 배출권거래제를 시범실시하고 있는데, 장기적으로는 배출권거래제를 전국 규모로 확대할 계획을 갖고 있다.

- 시범적 배출권거래제는 2013년 5월 선전에서 처음 실시되었으며, 현재는 서로 다른 경제규모를 가진 총 7개 지역(베이징, 상하이, 톈진, 광동, 허베이, 선전, 충칭)에서 운영
- 현재 운영 중인 배출권거래제는 각 지역별로 역내 탄소 배출량의 40~60%를 적용대상으로 하며, 2014년 5월까지 판매된 배출권은 1억 위안(1,600만 달러) 규모
- 중국정부는 제13차 5개년 발전계획(2016~2020)을 통해 배출권거래제를 전국 단위로

확대할 계획을 갖고 있으나, 전문가들은 배출량 감축이라는 본래 목표를 달성하고 국가차원으로 확대하기 위해서는 지역별 배출량, 배출권 규모, 적용산업·기업에 대한 정보공개, 지역별 극심한 배출권 가격차에 대한 분석이 선행되어야 함을 강조

다) 오는 2016년부터 탄소 배출량 상한제를 추진할 가능성이 있음을 밝혔으며, '제6차 미·중 전략 및 경제 대화(U.S.-China Strategic and Economic Dialogue)'에 앞서 미국과 청정에너지 파트너십을 체결하였다.

- 2014년 6월 미국 EPA가 청정발전계획을 발표한 직후, 중국기후변화자문위원회(Advisory Committee on Climate Change) 위원장은 중국이 '제13차 5개년 발전계획(2016~2020)'을 통해 배출량 절대치에 대한 상한제를 오는 2016년부터 실시할 수 있음을 밝힘
- 배출량 절대치에 대한 상한제는 그동안 원단위 배출량 감축 목표를 강조해온 중국이 보다 강력한 온실가스 규제 및 감축 의지를 내비친 것으로 해석할 수 있음
- 아울러 2014년 7월 초 제6차 미·중 전략 및 경제 대화에 앞서 양국은 온실가스 감축 및 기후변화 관련 기술과 정보교류에 대한 협력을 강화하기 위해 민간기업과 학계가 참여하는 상호협력 파트너십을 체결함

※ 스턴(Stern) 보고서
영국은 1994년 1월부터 '영국 기후변화 프로그램(UK's Climate Change Program)'을 수립하여 시행하였으며, 이를 통하여 당시의 온실가스 감축목표인 12.5%를 이미 달성한 바 있다. 이후 영국은 영국정부 및 스코틀랜드, 웨일스, 북아일랜드 등 3개 위임정부의 협조 하에 2000년 11월에는 2010년까지 영국 자체의 감축목표 20%를 설정하는 새로운 영국 기후변화 프로그램을 발표하였다. 영국은 위와 같이 기후변화 프로그램을 시행하는 과정에도 위 프로그램의 문제점 및 개선방향을 끊임없이 검토하여 왔으며, 이를 통해 위 프로그램의 목표달성 가능성을 예측해 왔다. 그런데 2005년경부터는 위 프로그램의 목표가 달성될 수 없을 것이라는 전망이 제기되기 시작했고, 이는 탄소감소정책의 효과는 지나치게 과대평가 되었던 반면 탄소배출에 관한 사회경제적 발전 속도는 지나치게 과소평가되어 있었기 때문인 것으로 밝혀졌다. 특히, 2005년 6월에 발표된 영국 상원 경제위원회의 보고서인 '기후변화의 경제학(The Economics of Climate Change)'은 기존의 기후변화체제의 중심축인 교토의정서 체제 및 기후변화에 관한 정부 간 패널(IPCC)을 비판하는 한편 영국 정부가 감축 및 적응으로 인한 비용과 편익을 평가하기 위해 더 많은 노력을 기울여야 한다고 지적하였다. 이에 2005년 7월 당시 영국 재무장관이었던 고든 브라운은 세계은행(World Bank)의 수석경제학자 출신인 니콜라스 스턴경에게 기후변화의 경제학에 관한 포괄적인 연구를 시행하도록 요청했다고 발표했다. 스턴은 당시의 재무부 소속 경제학자들을 중심으로 이른 바 "스턴팀"을 구성하여 위 연구를 진행하였고, 그 결과 2006년 10월 30일 '기후변화의 경제학에 관한 스턴보고서(Stern Review in the Economics of Climate Change)'를 발표하였다.

2. 우리나라 정책동향

우리나라는 1993년 12월에 47번째로 유엔기후변화협약(UNFCCC)을 비준하고 2002년 10월에는 교토의정서를 비준함으로써 세계의 기후변화 방지노력에 참여하는 제도적인 준비를 마쳤다. 우리나라는 교토의정서에 의한 제1차 공약기간(2008~2012년)에 온실가스 감축 의무부담을 부여받지는 않았지만 선진 개도국으로서의 책임을 다하기 위해 기후변화협약에 의거한 의무를 충실하게 이행할 필요성을 인식하게 되었다. 또한 기후변화협약에 대응하기 위해 1998년 4월에 관계부처 장관회의를 통해 국무총리를 위원장으로 하는 범정부대책기구를 설치하여 기후변화협약에 대응하는 정책추진체제를 갖추었다.

1) 국가 기후변화 종합대책

(1) 제1차 기후변화협약 대응 종합대책(1998)

가) 기본 방향

기후변화협약에 따른 의무부담과 관계없이 온실가스 저감에 최대의 노력을 경주함으로써, (i) 대기오염을 획기적으로 개선하고, (ii) 국제사회에서의 응분의 역할을 분담하며, (iii) 매년 온실가스 배출 현황을 분석하고 장기 전망을 수정·보완하여 이에 적합한 대책을 발굴하는 것을 기본 방향으로 했다.

나) 중점과제
① 산업, 수송, 가정·상업부문에서의 에너지절약 및 온실가스 저감시책 대폭 강화
② 원자력·천연가스 등 청정연료 보급 확대
③ 농림·축산부문 온실가스 저감 및 흡수원 확충
④ 폐기물처리 및 재활용 촉진시책 강화
⑤ 온실가스 저감기술 개발촉진
⑥ 기후변화협약 관련 신축성 제제(flexibility mechanism)의 적극 활용
⑦ 기후변화협약 관련 기본법의 제정 등 온실가스저감을 위한 기반조성대책 강화
⑧ HFC(수소불화탄소), PFC(과불화탄소), SF_6(육불화황) 저감 대책 강화

(2) 제2차 기후변화협약 대응 종합대책(2002)

가) 기본방향
정보통신·미래첨단기술 등 에너지 저소비형 산업으로의 이행을 가속화시켜 에너지 절약형 경제구조를 조기에 구축하고, 이를 바탕으로 지구온난화 방지를 위한 국제적 노력에 기여하고 온실가스 감축부담 협상에 적극 반영하고자 했다.

나) 중점 추진과제
① 장기 에너지 수급전망을 기초로 우리의 적정의무부담 논리를 개발하고 교토의정서 비준·국제공조의 강화·전문인력의 양성 등을 통해 우리의 협상역량을 확충충
② 중·대형 에너지 절약기술, 대체에너지 기술 등 온실가스감축 기술 및 연구 개발을 촉진
③ 통합관리형 에너지절약체제 구축 등 산업·수송·가정·폐기물·농축산 등 각 부문에서의 온실가스 감축시책을 대폭 강화
④ 온실가스 국가등록시스템, 청정개발제도(CDM) 및 배출권 거래제 도입 등 교토 메커니즘의 대응기반 구축 및 활용
⑤ 산업계·시민단체 등과의 파트너십 강화와 함께 교육홍보를 통한 국민적 참여와 협력을 유도

(3) 제3차 기후변화협약 대응 종합대책(2005)

가) 기본방향
지구온난화 문제에 대응하기 위한 국제적 노력에 적극 동참하고, 온실가스 저배출형 경제구조로의 전환을 위한 기반을 구축하며, 기후변화가 국민생활에 미치는 부정적 영향 최소화를 추진 목표로 함

나) 부문별 추진대책
① 협약 이행기반 구축사업 : 의무부담 협상기반 구축, 통계·분석시스템 구축, 기후변화협약 대응 교육·홍보 등
② 기후변화 적응기반 구축사업 : 기후변화 모니터링 및 방재기반 확충, 생태계 및 건강영향평가 등
③ 부문별 온실가스 감축사업 : 통합형 에너지 수요관리, 에너지 공급부문 온실가스 감

축, 에너지 이용 효율개선, 건물에너지 관리, 수송·교통부문, 환경·폐기물 부문, 농축산·임업 부문 사업 추진

(4) 제4차 기후변화대응 종합대책 5개년 계획(2008)
가) 목표
① 온실가스 감축을 위해 부문별 단기 목표 및 중장기 국가 목표 설정
② 기후변화 적응대책의 수립·시행으로 사회·경제·환경적 피해 최소화
③ 선진국 수준의 온실가스 감축 기술 확보

나) 3대 중점 핵심분야
① 온실가스 감축분야 : 에너지수급체계 개편, 신산업구조 유도, 탄소시장 활성화
② 기후변화 적응분야 : 부문별 적응대책 수립·시행, 지자체·산업체의 기후변화 대응 역량강화 및 국민 캠페인 전개
③ 연구개발 분야 : 기후변화대응 기초·원천기술 및 핵심분야 기술개발

2) 녹색성장 기본법

2009년 3월 국무회의를 거친 후 2009년 11월 5일 국회 기후변화대책특위 법안심사소위원회를 통과했다. 저탄소 녹색성장 기본법은 저탄소 녹색성장을 효율적, 체계적으로 추진하기 위해 녹색성장국가 전략을 수립, 심의하는 녹색성장위원회의 설립 등 추진체계를 구축하고, 저탄소 녹색성장을 위한 각종 제도적 장치를 마련한 것이다. 이번에 대안으로 채택된 '저탄소 녹색성장 기본법안'은 정부안을 토대로 자동차분야에서 온실가스 규제를 선택적으로 할 수 있도록 완화하고 원자력산업육성정책을 삭제한 것이 골자이다.

(1) 기본 방향
가) 기후변화대응, 에너지효율화, 신재생에너지, 녹색기술 및 녹색산업발전, 녹색국토 등 녹색성장에 관한 부문을 종합적 포괄적으로 담은 사실상 세계최초 녹색성장 기본법이다.
나) 제반 저탄소 녹색성장 관련대책을 '녹색성장 국가전략'을 정점으로 하여 일관성 있

는 정책방향을 설정하고 체계화했다.
다) 녹색 기술·산업을 신성장동력으로 집중·육성 및 지원했다.
라) 저탄소사회 구현을 위해 기후변화와 에너지 대책을 하나의 법체계 내에서 유기적으로 연계 및 조화시켰다.
마) 에너지 자립, 온실가스 감축 등을 위한 목표설정관리와 추진 성과 점검 및 평가 등 제도적 장치를 마련했다.
바) 친환경 제품생산 및 소비 확대 유도를 위한 환경 친화적인 세제 운영 방향을 제시했다.
사) 온실가스 배출량, 에너지 생산량 등의 보고와 공개를 통한 정확한 통계자료 확보와 기업의 녹색경영 촉진 토대를 마련했다.
아) 세계 탄소시장 참여와 비용 효과적 온실가스 감축수단인 총량제한 배출권거래제도 입 근거를 마련했다.
자) 국토·교통·건물 등 녹색생활, 지속가능발전에 관한 규정을 통해 현세대와 미래세대의 푸르른 삶을 영위할 수 있는 기반을 마련한 계기가 되었다.
차) 녹색생산, 소비문화의 확산을 유도했다.
카) 정부·민간 공동의 녹색산업 펀드조성과 금융·세제 지원 등을 통한 녹색기술, 녹색산업으로의 효율적 재원배분과 투자를 유도했다.

(2) 의의
저탄소 녹색성장 기본법 그동안 모호하고 불명확하게 사용되어온 저탄소 및 녹색성장의 의미를 정의하여 개념상의 혼란을 해소하고, 에너지·지속가능발전기본법 등 관련법에 대한 '상위기본법'으로서의 법적성격을 명확히 하였다는데 큰 의의가 있다. 또한 그간 각 중앙행정기관·지방자치단체에서 각기 추진해 온 각종 저탄소 녹색성장 관련대책을 '녹색성장국가전략'이라는 큰 틀을 구심점으로 하여, 녹색경제 산업·기후변화대응·에너지 등 부문별·소관별로 추진계획을 마련토록 체계화하였다.

(2) 녹색성장 국가전략
2020년까지 세계 7대, 2050년까지 세계 5대 녹색강국 진입이라는 비전으로 3대 추진전략 및 10대 정책 방향을 제시하였다.

① 기후변화 대응 및 에너지 자립
- 효율적 온실가스 감축
- 탈석유·에너지 자립 강화
- 기후변화 적응역량 강화

② 신성장동력 창출
- 녹색기술개발 및 성장동력화
- 산업의 녹색화 및 녹색산업 육성
- 산업구조의 고도화
- 녹색경제 기반 조성

③ 삶의 질 개선과 국가위상 강화
- 녹색국토·교통의 조성
- 생활의 녹색혁명
- 세계적인 녹색성장 모범국가 구현

3) 제2차 녹색성장 5개년 계획(2014)

(1) 개요

'저탄소 녹색성장 기본법 시행령' 제4조에 따라, 정부는 녹색성장 국가전략을 효율적이고 체계적으로 이행하기 위하여 5년마다 「녹색성장 5개년 계획」을 수립하고 있다. 1차 5개년 계획('09~'13)은 장기 국가전략('09~'50) 실행을 위한 중기 전략으로 387개 세부과제로 구성되었다. 1차 5개년 계획의 추진기간이 만료됨에 따라, 정부는 2차 5개년 계획('14~'18)을 수립하였다.

비전	경제와 환경의 조화로운 발전을 통한 국민행복 실현

| 정책목표 | 저탄소 경제·사회구조의 정착 | 녹색기술과 ICT의 융합을 통한 창조경제 구현 | 기후변화에 안전하고 쾌적한 생활기반 구축 |

[제2차 녹색성장 5개년 계획의 기본체제]

(2) 5대 정책방향
제2차 녹색성장 5개년 계획에서 정책목표 달성을 위해 제시하고 있는 5대 정책방향은 다음과 같다.
① 효과적 온실가스 감축: 온실가스 감축로드맵 체계적 이행, 배출권거래제 정착 및 탄소시장 활성화, 장기 국가 감축목표 수립, 탄소흡수원 확충
② 지속가능한 에너지 체계 구축: 에너지 수요관리 강화, 신재생에너지 보급 확대, 분산형 발전시스템 구축, 에너지 시설 안전성 확보
③ 녹색창조산업 생태계 조성: 첨단융합 녹색기술 개발, 녹색창조산업의 육성, 자원순환 경제구조 정착, 규제 합리화 및 녹색인재 양성
④ 지속가능 녹색사회 구현: 기후변화 적응역량 강화, 친환경 생활기반 확대, 녹색 국토공간 조성, 녹색 복지 및 거버넌스 기반 확충
⑤ 글로벌 녹색협력 강화 : 기후 협상 효과적 대응, 녹색성장 지역협력 확대 및 국제적 확산, 개도국 협력 확대 및 내실 제고, GGGI/GCF와의 협력 및 지원 강화

4) 제2차 국가 기후변화 적응대책(2016~2020)
환경부를 총괄부서로 20개 부처 합동으로 수립한 '제2차 국가 기후변화 적응대책'은 지난 2010년 14개 부처 합동으로 수립, 추진했던 '제1차 국가 기후변화 적응대책(2011~2015)'을 기반으로 보완, 발전시켜 과학적 위험관리, 안전한 사회건설, 산업계 경쟁력 확보, 지속가능한 자연관리 등 4개 부문별 적응대책과 이행 기반 마련에 따른 정책과제로 구성되어 있다.

(1) 비전
국가기후변화 적응대책의 비전은 기후변화 적응으로 국민이 행복하고 안전한 사회구축

(2) 목표
기후변화로 인한 위험감소 및 기회의 현실화

(3) 4대정책
① 과학적 위험관리

- 기후변화 감시.예보시스템
- 한국형 기후 시나리오
- 기후영향 모니터링
- 취약성 통합평가 및 통합정보 제공

② 안전한 사회건설
- 기후변화 취약계층 보호
- 건강피해 예방 및 관리
- 취약지역 시설관리
- 재난.재해 관리

③ 산업계 경쟁력 확보
- 산업별 적응역량 강화 및 인프라 확대
- 기후변화 적응 기술개발
- 해외시장 진출기반 조성

④ 지속가능한 자연자원관리
- 생물종 보전.관리
- 생태계 복원.서식처 관리
- 생태계 기후변화 위험요소 관리

(4) 이행기반(국내 · 외 이행기반 마련)
- 적응정책 실효성 강화
- 지역단위 적응활동 촉진
- 적응 국제협력 강화
- 적응 홍보.교육

※ 제1차 국가 기후변화 적응대책(2011~2015년) 분야
 - 부문별 적응대책 분야: 건강, 재난/재해, 농업, 산림, 해양/수산업, 물관리, 생태계
 - 적응기반 대책 분야: 기후변화 감시 및 예측, 적응산업/에너지, 교육홍보 및 국제협력

PART 04 온실가스 산정 표준

1. 2006 IPCC 가이드라인

2006년에 발행된 「국가 온실가스 인벤토리 작성을 위한 2006 IPCC 가이드라인」은 국가 온실가스 배출량 및 흡수량 산정 방법을 제시하고 있으며, 각 국가 혹은 지역별로 시행 중인 배출권 거래제도 하에서 사업장(혹은 기업)의 온실가스 배출량을 산정하는데 널리 활용되고 있다. 우리나라에서 시행 중인 '온실가스·에너지 목표관리제' 및 2015년부터 시행되는 '온실가스 배출권 거래제' 산정 지침에서도 2006 IPCC 가이드라인에 제시된 산정 방법을 활용하고 있다.

1) 특징

2006 IPCC 가이드라인은 각 배출원(emission source)에 대하여, 배출량을 산정할 수 있는 방법을 수준별로 제시하고 있다. 이를 Tier 접근법이라고 하며, 본 가이드라인에서 제시하는 매개변수(발열량, 배출계수 등)를 활용하는 가장 간편한 방법(Tier 1), 해당 국가 고유의 매개변수를 활용하는 등 좀 더 구체적인 방법(Tier 2), 그리고 해당 현장(사업장)에서 자체적으로 측정, 분석하는 값을 활용하여 산정하는 방법(Tier 3)을 제시하고 있다.

또한 각 Tier 등급별로 요구되는 활동자료(activity data) 및 매개변수의 불확도 수준도 차등하여 제시함으로써, 보다 높은 수준의 배출량 산정에 활용되는 변수는 더 높은 정확성과 정밀도를 갖도록 구성되어 있다.

2) 가이드라인 구성

아래 표는 2006 IPCC 가이드라인을 구성하는 다섯 권의 내용을 보여준다.

권(Volume)	장(Chapters)
제1권 : 일반 지침 및 보고	1. 2006 가이드라인 서론 2. 자료 수집에 대한 접근법 3. 불확도 4. 방법론 선택 및 주 카테고리의 확인 5. 시계열 일관성 6. QA/QC와 검증 7. 전구체(Precursors)와 간접적 배출 8. 보고지침 및 표
제2권 : 에너지	1. 서론 2. 고정연소 3. 이동연소 4. 탈루성 배출(Fugitive Emissions) 5. 이산화탄소 수송, 주입 및 지중 저장 6. 기본 접근법
제3권 : 산업공정 및 제품	1. 서론 2. 광물산업 배출 3. 화학산업 배출 4. 금속산업 배출 5. 연료로부터 비에너지 제품 및 용매 사용 6. 전자산업 배출 7. 오존층 파괴물질에 대한 불소화 대체물질의 배출 8. 기타 제품 제조 및 사용
제4권 : 농업, 산림 및 기타 토지 이용	1. 서론 2. 다양한 형태의 토지이용 카테고리에 적용가능한 일반적 방법론 3. 일관성 있는 토지이용의 대표성 4. 임지 5. 농경지 6. 초지 7. 습지 8. 주거지 9. 기타 토지 10. 가축 및 분뇨 관리로 인한 배출 11. 관리 토양에서의 N_2O 배출 및 석회와 요소 사용으로 인한 CO_2 배출 12. 수확된 목제품
제 5권 : 폐기물	1. 서론 2. 폐기물 발생, 조성 및 관리자료 3. 고형 폐기물 매립 4. 고형 폐기물의 생물학적 처리 5. 폐기물의 소각 및 노천 소각 6. 폐수 처리 및 배출

또한, 아래 그림은 본 가이드라인에서 식별한 배출원에 의한 배출 및 흡수원에 의한 흡수의 주 카테고리를 보여준다.

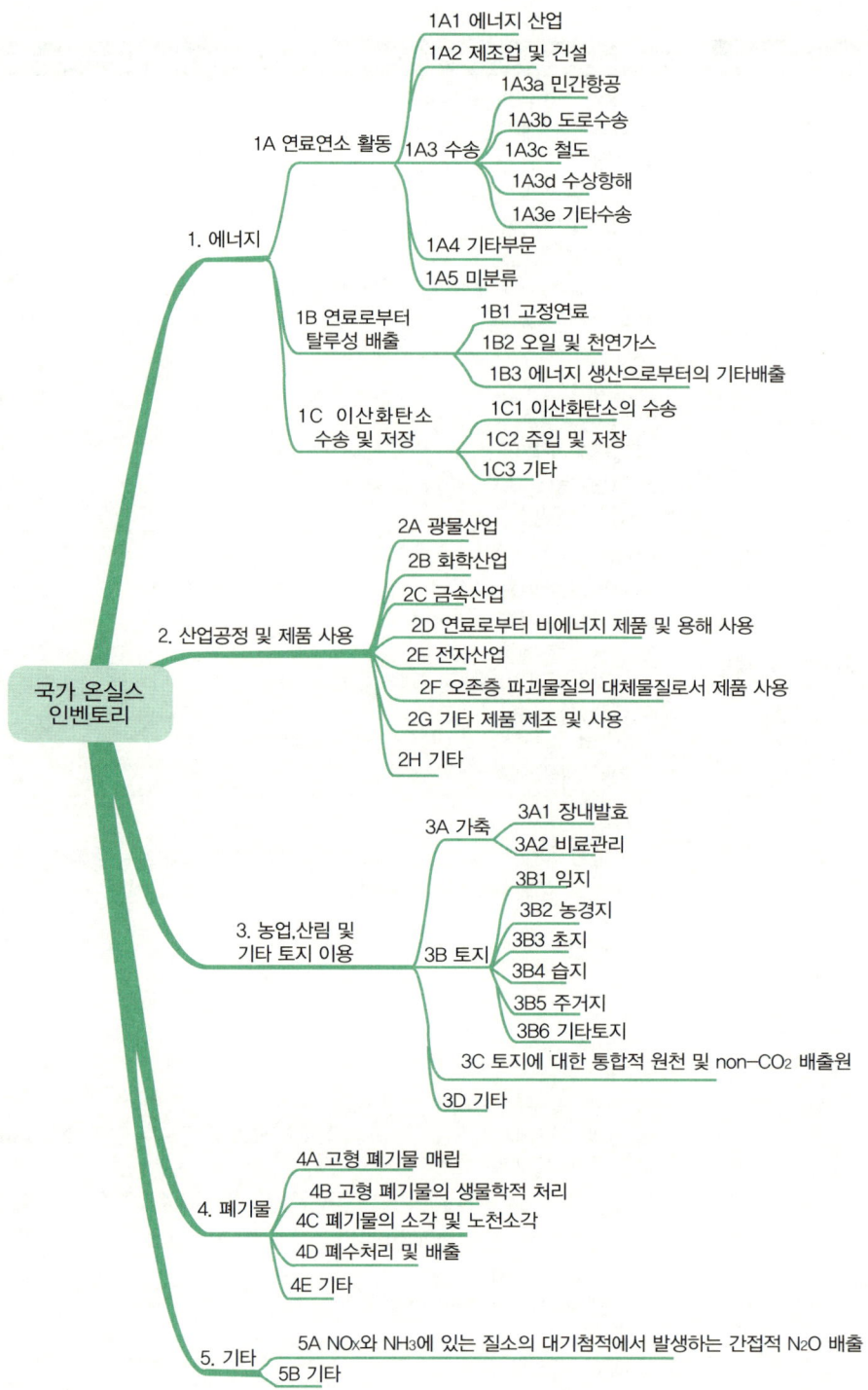

2. ISO 14064

국제표준화기구(ISO)에서 제정한 국제표준으로, 2006 IPCC 가이드라인과 같은 배출원별 산정식이나 계수를 제공하지는 않으며, 온실가스 배출량 및 감축량의 정량화하고 객관적으로 검증하기 위한 원칙들을 담고 있다. 우리나라에서는 본 ISO 표준의 내용과 부합하도록 한 국가표준(KS)을 제정, 공표하였다.

1) 구성

- KS Q ISO 14064-1 : 2006
  온실가스-제1부 : 온실가스 배출 및 제거의 정량 및 보고를 위한 조직 차원의 사용 규칙 및 지침
- KS Q ISO 14064-2 : 2006
  온실가스-제2부: 온가스 배출 감축 및 제거의 정량, 모니터링 및 보고를 위한 프로젝트 차원의 사용 규칙 및 지침
- KS Q ISO 14064-3 : 2006
  온실가스-제3부 : 온실가스 선언에 대한 타당성 평가 및 검증을 위한 사용 규칙 및 지침

위 표준간의 연관성은 아래 그림과 같다.

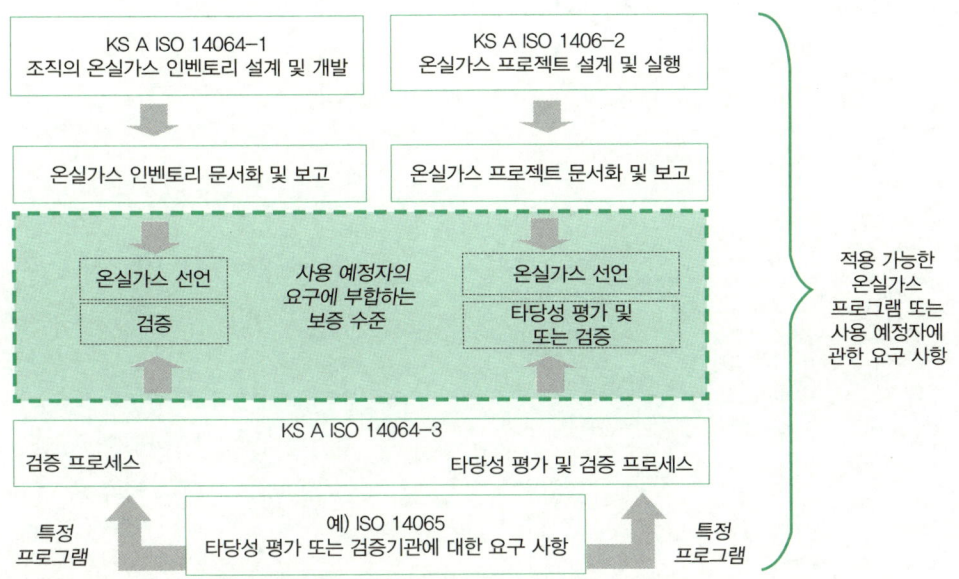

2) 특징

CDM이나 EU-ETS와 같은 특정 온실가스 프로그램 내에서 활용할 목적으로 개발된 표준이 아니며, 온실가스 배출량(혹은 감축량)을 정량화하기 위한 일반적인 원칙을 담고 있다. 이 원칙들은 해외뿐만 아니라 우리나라에서 시행중인 온실가스 프로그램에서도 공통적으로 적용되고 있다.

- 적절성(Relevance) : 사용 예정자 요구에 적합한 온실가스 배출원, 온실가스 흡수원, 온실가스 저장소, 데이터 및 방법론 채택
- 완전성(Completeness) : 모든 관련 온실가스 배출량 및 제거량을 포함. 또한 기준 및 절차를 지원해 주는 모든 관련 정보를 포함
- 일관성(Consistency) : 온실온실가스 관련 정보에 대해 의미 있는 비교가 되도록 함
- 정확성(Accuracy) : 가능한 한, 편향성(bias) 및 부정확도 감소
- 투명성(Transparency) : 사용 예정자가 적절한 확신을 가지고 의사 결정을 할 수 있도록 충분하고 적절한 온실가스 관련 정보 공개
- 보수성(Conservativeness) : 온실가스 배출 감축량 또는 제거량이 과대평가되지 않도록 보수적인 가정값 및 절차를 사용. 보수성의 원칙은 온실가스 프로젝트 차원의 감축량 산정(즉, ISO 14064-2 표준)에만 적용되는 원칙으로, 조직 차원의 온실가스 인벤토리(즉, ISO 14064-1 표준)에서는 적용되지 않음

※ 참고문헌

1) 2006 IPCC 가이드라인
2) 기후변화협약 (United Nations Framework Convention on Climate Change, 1992)
3) 교토의정서 (Kyoto Protocol to the UNFCCC, 1998)
3) KS Q ISO 14064-1:2006
4) KS Q ISO 14064-2:2006
5) KS Q ISO 14064-3:2006
6) 스턴 보고서 (Stern Review on the Economics of Climate Change)
7) 기상청 기후변화정보센터(http://www.climate.go.kr)
8) 기후변화협약 대응 종합대책 (국무조정실, 1998)
9) 기후변화협약 대응 제3차 종합대책 (기후변화협약대책위원회)
10) 기후변화 제4차 종합대책[5개년 계획] (국무조정실, 2007)
11) 제2차 녹색성장 5개년 계획 (2014.06)
12) Energy, Climate Change & Environment 2014 Insight Executive Summary (IEA, 2014)
13) 최근 주요국의 온실가스 감축 노력과 시사점 (대외경제정책연구원, 2014)
14) 주요국의 배출권거래제 추진 현황 및 시사점 (환경포럼, Vol18)
15) 기후변화 이해 및 국내외 대응동향 (한국환경공단, 2012)
16) 기업을 위한 CDM 사업 지침서 (에너지관리공단, 2011)

제1과목

기후변화개론

출제적중 문제

01 기후변화개론

출제적중 문제

001 태양복사 스펙트럼에서 가장 긴 파장부터 순서대로 바르게 나열한 것은?

① 가시광선, 자외선, 적외선
② 가시광선, 적외선, 자외선
③ 자외선, 가시광선, 적외선
④ 적외선, 가시광선, 자외선

해설
적외선 700nm 이상, 가시광선 400~700nm, 자외선 280~400nm [정답 ④]

002 ㉠에 들어갈 올바른 것을 고르시오.

> 이산화탄소는 지구에 들어오는 짧은 파장의 태양에너지는 통과시키고 지구로부터 유출되는 긴 파장의 (㉠) 복사에너지는 흡수하여 지구 기온을 상승시키는 담요 역할을 한다.

① 적외선   ② 자외선   ③ 가시광선   ④ r선

해설
적외선 복사에너지는 대부분 대기에 흡수되고 지구로 재방출된다. [정답 ①]

003 우주공간으로부터 지구에 도달하는 복사에너지를 100%로 봤을 때, 대기의 산란, 지표면의 반사로 인해 바로 우주로 방출되는 에너지를 제외한 지표와 대기에서 흡수되는 양으로 다음 중 가장 적합한 것은? (2014년 산업기사 제4회)

① 약 12%   ② 약 20%   ③ 69%   ④ 약 99%

> **해설**
> 지구 입사량: 342W/㎡, 지표흡수량: 168W/㎡, 대기 흡수량: 67W/㎡ (168+67)/342=0.687　　　　　**[정답 ③]**

004 지기후변화에 따른 우리나라 농업부문 영향으로 가장 거리가 먼 것은? (2014년 산업기사 제4회)

① 작물재배 가능기간이 연장
② 난지과수(감귤, 유자, 참다래 등) 재배 확대가 일반화
③ 재배 작목이 다양화됨
④ 맥류의 안전재배지대 남하 및 수량감소

> **해설**
> 맥류의 안전재배지대 북상 및 수량증가　　　　　**[정답 ④]**

005 다음 중 에너지와 온실효과에 관한 내용으로 옳지 않은 것은? (2014년 산업기사 제4회)

① 대기 중의 온실가스의 농도가 높아지면 지구의 평균기온이 상승한다.
② 태양으로부터 유입된 복사에너지는 지구표면으로부터 적외선으로 방사된다.
③ 대기 온실효과는 지구 재복사의 과정에서 적외선이 지구 바깥으로 과다 방출됨으로써 발생한다.
④ 온실가스의 대기 중 성분비는 매우 작다.

> **해설**
> 대기 온실효과는 지구 재복사의 과정에서 적외선이 지구 바깥으로 과다 지체됨으로써 발생한다.　　　　　**[정답 ③]**

006 다음 중 기후시스템에 관한 내용으로 옳지 않은 것은? (2014년 산업기사 제4회)

① 좁은 의미의 기후는 평균기상을 말한다.
② 넓은 의미의 기후는 통계적 설명을 포함해 기후시스템의 상태를 말한다.
③ 최근에는 대기뿐만 아니라 해양, 빙하, 지표면, 생태계 등에 나타난 변화도 기후변화에 포함되고 있다.
④ 세계기상기구(WMO)가 정한 기후 평균의 산출기간은 5년이다.

> **해설**
> WMO는 30년 기후평년값을 매 10년마다 산출
>
> [정답 ④]

007 대기권의 구조에 관한 설명으로 옳지 않은 것은?

① 지표에서 대류권계면까지는 0.65℃/100m 정도의 감율로 하강하여 이 고도에서는 −55℃ 정도까지 하강한다.
② 성층권은 대기가 매우 안정한 기층이며 오존이 가장 많이 분포한 50km 상공의 오존층은 50ppm 정도에 달한다.
③ 성층권계면에서의 온도는 지표보다는 약간 낮으나 성층권계면 이상의 중간권에서 기온은 다시 하강한다.
④ 열권은 공기가 매우 희박하므로 비록 분자의 운동속도가 커서 고온을 형성하더라도 우리의 피부에 충돌하는 분자의 수가 매우 적어서 뜨겁게 느껴지지 않는다.

> **해설**
> 성층권 오존층은 25km 상공 부근에 위치
>
> [정답 ②]

008 기후변화에 의한 잠재적인 영향과 잔여영향에 관한 설명으로 가장 적합한 것은?(2014년도 관리기사 제4회)

① 잠재적인 영향은 적응을 고려할 경우 나타나는 기후변화로 인한 영향을 의미하며, 잔여영향은 적응으로 회피될 수 있는 영향 부분을 포함한 영향을 말한다.
② 잠재적인 영향은 적응을 고려할 경우 나타나는 기후변화로 인한 영향을 의미하며, 잔여영향은 적응으로 회피될 수 있는 영향 부분을 제외한 영향을 말한다.
③ 잠재적인 영향은 적응을 고려하지 않을 경우 나타나는 기후변화로 인한 영향을 의미하며, 잔여영향은 적응으로 회피될 수 있는 영향 부분을 포함한 영향을 말한다.
④ 잠재적인 영향은 적응을 고려하지 않을 경우 나타나는 기후변화로 인한 영향을 의미하며, 잔여영향은 적응으로 회피될 수 있는 영향 부분을 제외한 영향을 말한다.

> **해설**
>
> [정답 ④]

009 다지구온도 변화를 나타내는 척도와 가장 거리가 먼 것은? (2014년도 관리기사 제4회)

① 해수면 변화, 해양 온도
② 강수 온도, 건축물 온도 측정
③ 빙하, 해빙
④ 위성 온도 측정, 기후 대리변수

> **해설**
> 해수면 변화, 해양 온도, 빙하, 해빙, 위성 온도 측정, 기후 대리변수 등이 지구온도 변화의 척도로 쓰인다. **[정답 ②]**

010 우리나라 안면도에서 1999~2008년까지 측정하여 분석된 이산화탄소 배출특성과 거리가 먼 것은? (2014년도 관리기사 제4회)
(단, 전 지구적인 농도값은 마우나로아에서의 측정값 기준)

① 계절별로 진폭은 다르지만 뚜렷한 일변동 특성을 보이는 경향이 잇다.
② 일변동 폭은 여름에 아주 크고, 겨울에 아주 낮다.
③ 우리나라는 전 지구적인 이산화탄소 농도증가율보다 높은 편이다.
④ 일변동 최고농도가 나타나는 시간은 15~17시 사이이다.

> **해설**
> 일반적으로 대기 중의 이산화탄소 농도는 식물의 광합성으로 밤에는 증가하고 낮에는 감소한다. 계절별로 차이가 있으나, 통상 일변동 최고농도는 5~9시 사이에 나타난다. **[정답 ④]**

011 대기의 연직구조 중 대류권에 관한 설명으로 옳지 않은 것은? (2014년도 관리기사 제4회)

① 눈, 비 등의 기상현상이 일어난다.
② 고도가 올라갈수록 기온은 낮아진다.
③ 고도가 1km 상승함에 따라 온도는 약 6.5℃ 비율로 감소한다.
④ 일반적으로 고위도 지방이 저위도 지방에 비해 대류권의 고도가 높다.

> **해설**
> 대류권은 지표로부터 평균 10~12km까지의 높이이며, 극지방으로 갈수록 낮아진다.
> 적도 16~17km, 중위도 10~12km, 극지방 6~8km **[정답 ④]**

012 지구의 복사 균형이 변하게 되는 주요 3가지 요인으로 거리가 먼 것은? (2014년도 관리기사 제4회)

① 태양복사 입사량의 변화
② 지하 화석연료 개발의 변화
③ 지구에서 외부로 되돌아가는 장파 복사의 변화
④ Albedo의 변화

해설
알베도(Albedo)는 지구에서 반사되는 복사에너지의 양 [정답 ②]

013 기후시스템에서 구름의 영향에 관한 설명으로 가장 적합한 것은? (2014년도 관리기사 제4회)

① 구름과 온난화는 관련이 없다.
② 낮은 구름이 증가하면 온난화 효과가 크다.
③ 높은 구름이 증가하면 지구복사에너지를 더 많이 흡수한다.
④ 현재까지는 온난화로 높은 구름이 감소할 가능성이 지배적인 것으로 알려져 있다.

해설
지구 온난화로 대류권 기온이 높아지면서 구름이 더 위로 상승하고 구름 꼭대기도 높아진다. 높은 구름이 증가하면 구름 두께가 더 두꺼워져 우주로 방출돼야 할 적외선이나 열복사선을 가두는 효과가 생긴다. [정답 ③]

014 미래 기후변화의 영향에 관한 설명으로 가장 거리가 먼 것은? (2014년도 관리기사 제4회)

① 난대성 상록 활엽수인 후박나무는 북부지역으로 확대된다.
② 꽃매미, 열대모기 등 북방계 외래곤충이 감소하고 고온으로 인해 병해충 발생가능성이 감소된다.
③ 농업에 있어서는 생산성 감소의 위협과 신 영농기법 도입의 기회가 공존한다.
④ 산업전반에서는 산업리스크 증가와 새로운 시장 창출기회가 공존한다.

해설
꽃매미, 열대모기 등 북방계 외래곤충이 증가하고 고온으로 인해 병해충 발생가능성이 증가된다. [정답 ②]

015 기후변화 현상이 물 분야에 미치는 영향으로 가장 거리가 먼 것은? (2015년 산업기사 제2회)

① 호우 증가　　② 육지에서 열파증가
③ 저온일 감소　　④ 가뭄지역 감소

해설
열파는 고온의 기단이 밀려들어와 더위가 일정기간 이어지는 현상이다.　　　　　　　　　　　　　　　　[정답 ②]

016 해류의 순환에 영향을 주는 요소로 가장 거리가 먼 것은? (2015년 산업기사 제2회)

① 바람　　② 수온　　③ 밀도　　④ 달의 전기력

해설
바람, 지구의 지형, 밀도, 수온, 지구의 자전 등　　　　　　　　　　　　　　　　[정답 ④]

017 기후시스템의 되먹임현상(feedback)에 관한 설명으로 옳지 않은 것은?

① 기온이 올라가면 수증기량이 증가해서 온도가 다시 상승한다.
② 기온이 올라가 빙하가 녹으면 더 많은 태양에너지를 흡수하여 기온이 더 올라간다.
③ 육지에서 온난화가 지속되면 식생대가 극지 쪽으로 이동해서 더 많은 이산화탄소를 흡수할 수 있다.
④ 인위적 자연적으로 배출된 이산화탄소는 육지식물과 해양에 흡수되어 대기 중의 이산화탄소 농도 증가율을 높인다.

해설
인위적 자연적으로 배출된 이산화탄소는 육지식물과 해양에 흡수되어 대기 중의 이산화탄소 농도 증가율을 낮춘다.　　　　　　　　　　　　　　　　[정답 ④]

018 대기 중의 이산화탄소 농도를 최초로 측정한 관측지점은? (2015년 산업기사 제2회)

① 남극　　② 북극　　③ 케이프타운　　④ 하와이 마우나로아

> **해설**
> 1958년 3월 29일 하와이 마우나로아 관측소(지구급)에서 세계에서 처음으로 이산화탄소 농도 측정하였다. 극지방과 함께 대기가 깨끗한 곳으로 고도가 구름보다 높아 하늘이 흐리거나 비가 올 때가 적은 관측소여서 이산화탄소 농도를 가장 예민하고 정확하게 포착할 수 있다. 마우나로아 관측소에서 측정한 이산화탄소 농도를 바탕으로 킬링곡선이 만들어졌다.
> [정답 ④]

019 현재 나타나고 있는 기후변화의 원인에 관한 설명으로 가장 적합한 것은?

① 자연강제력만으로도 원인을 잘 설명할 수 있다.
② 온실가스보다 에어로졸이 온난화에 미치는 영향이 더 크다.
③ 자연강제력의 영향이 20세기 후반으로 갈수록 인위적 강제력보다 더 커지고 있다.
④ 온실가스와 에어로졸의 농도변화를 고려하여 인위적 강제력으로 20세기 후반의 온난화를 전망할 수 있다.

> **해설**
> 에어로졸은 온실가스와 반대로 태양광을 차단하고 산란시켜 대기를 냉각시키는 역할을 한다.
> [정답 ④]

020 한반도의 온실가스 배출특성에 관한 설명으로 적절한 것은?
(단, 안면도(지역급), 마우나로아(지구급)에서 1999~2008년의 10년간 측정된 자료를 기준으로 함)

① 이산화탄소 농도 증가율은 전 지구적 이산화탄소 증가율보다 낮다.
② 메탄 농도는 전 지구적 메탄농도보다 낮은 편이다.
③ 염화불화탄소 배출량은 지난 10년간 감소하는 추세이다.
④ 아산화질소 농도는 안면도 측정소에서 연평균 150ppb 정도를 보인다.

> **해설**
> 염화불화탄소는 몬트리올 의정서에 의해 사용이 규제된 물질이다.
> [정답 ③]

021 다음 중 IPCC 제4차보고서(2007)에서 제시한 장기 지구온도 목표(산업혁명 이전 수준 대비)와 이에 해당하는 이산화탄소 농도수준을 가장 적합하게 나타낸 것은?

① 1.5℃ 이내, 2500ppm
② 2℃ 이내, 450ppm
③ 3℃ 이내, 150ppm
④ 4℃ 이내, 100ppm

해설

이산화탄소 평균농도가 480ppm을 넘어서면 산업혁명 이전 수준대비 2℃ 이상 기온이 상승할 것으로 예상. **[정답 ②]**

022 기후변화와 관련된 복사법칙 중 "주어진 온도에서 이론상 최대에너지를 복사하는 가상적인 물체를 흑체라 할 때 흑체복사를 하는 물체에서 방출되는 복사에너지는 절대온도(K)의 4승에 비례한다"는 법칙은? (2015년도 관리기사 2회)

① 알베도의 법칙
② 플랑크의 법칙
③ 비인의 변위법칙
④ 스테판볼츠만의 법칙

해설

[정답 ④]

023 온실효과 및 지구환경과 관련된 다음 글에서 (　)안에 들어가는 수치가 순서대로 옳게 가장 적합하게 나열된 것은? (2015년도 관리기사 2회)

> "다른 행성과 달리 이산화탄소를 (　)% 정도 포함하고 있는 대기덕분에 지구의 평균기온은 약 (　)℃ 이내의 생명이 살기 적합한 곳이 되었다. 만일 지구상에 온실효과가 없다면 어떻게 되었을까? 과학자들은 지구 평균기온이 영하(　)℃ 정도로 추정하고 있다.
> 온실효과 덕분에 지구 평균기온은 무려 (　)℃ 나 높아진 것이다."

① 0.3, 18, 45, 15
② 0.3, 15, 18, 33
③ 0.03, 18, 45, 15
④ 0.03, 15, 18, 33

해설

[정답 ④]

024 기후변화 시나리오 예측을 위한 기후모델에 관한 설명으로 옳지 않은 것은? (2015년도 관리기사 2회)

① 지구의 기후시스템은 대기권, 수권, 빙권, 지권 및 생물권으로 구성된다.
② 구성요소 간에 물리과정, 상호작용, 에너지, 물 및 물질순환을 이룬다.
③ 기후과정 외에 인위적인 영향은 배제된다.

④ 기후시스템은 비선형성에 의한 카오스적인 특성을 나타낼 것으로 알려졌다.

해설
인위적인 영향도 포함　　　　　　　　　　　　　　　　　　　　　　　　　　　　　　[정답 ③]

025 기후변화와 관련된 다음 설명 중 옳은 것으로만 나열된 것은? (2015년도 관리기사 2회)

> ㄱ. 기후변화는 인위적 요인에 의한 변화만을 의미한다.
> ㄴ. 킬링곡선은 지구온도상승과 이산화탄소 농도간의 관계를 보여준다.
> ㄷ. 지난 100년간 우리나라의 기온 상승폭이 전 지구 수준의 상승폭보다 크다.
> ㄹ. 가뭄 및 홍수에 물관리시설을 확충정비하는 정책은 기후변화 적응대책에 해당하지 않는다.

① ㄱ, ㄷ　　　　② ㄴ, ㄷ　　　　③ ㄴ, ㄹ　　　　④ ㄱ, ㄹ

해설
기후변화는 자연적 요인과 이산화탄소 배출 증가, 산림벌채 등 인위적 요인에 의한 변화를 의미한다.　　[정답 ②]

026 지구 기후변화의 자연적인 관련 요인으로 가장 거리가 먼 것은? (2015년도 관리기사 2회)

① 가축의 증가　　　　　　　　② 지구의 태양순환 주기
③ 해양 해류흐름의 변화　　　　④ 몬순현상

해설
가축의 증가는 인위적 요인　　　　　　　　　　　　　　　　　　　　　　　　　　　[정답 ①]

027 기후변화의 취약성과 영향에 관한 설명으로 가장 거리가 먼 것은? (2015년도 관리기사 2회)

① 기후변화의 영향이 높고 적응력이 낮을 경우 사회시스템의 기후변화 취약성은 높다고 볼 수 있다.
② 기후변화의 영향이 높고 적응력이 높을 경우 사회시스템은 발전의 기회를 가질 수 있다.

③ 기후변화에 대한 영향과 적응력이 모두 낮을 경우 사회시스템은 잔여위험을 가질 수 있다.
④ 기후변화의 영향이 낮고 적응력이 높을 경우 사회시스템은 지속가능한 발전을 하지 못한다.

> **해설**
> 취약성 = 잠재적 영향(기후노출 + 민감도) - 적응능력 [정답 ④]

028 기후변화가 우리나라 각 부문별 미치는 영향으로 가장 거리가 먼 것은? (2015년도 관리기사 2회)

① 생태계 부문에서는 남해안 식생이 아열대로 변화
② 생태계 부문에서는 쌀 수량이 남부와 중부에서는 감소하는 반면, 북부지역에서는 증가
③ 생태계 부문에서는 서해안에서 냉수성 어종이 증가
④ 농·축산 부문에서는 맥류의 안전재배지대 북상 및 수량 증가

> **해설**
> 서해안에서는 난대성 및 아열대성 어종이 증가 [정답 ③]

029 특정 온도에서 흑체로부터 방사된 열에너지의 파장 분포가 필수적으로 다른 온도의 분포와 같은 모양을 가진다는 빈의 변위법칙에서 흑체에서 빠져나온 파장 중 에너지 밀도가 가장 큰 파장(λ_m)과 흑체의 온도(T) 사이의 관계로 옳은 것은?

① $\lambda_m \propto T^2$
② $\lambda_m \propto \log T$
③ $\lambda_m \propto 1/T$
④ $\lambda_m \propto T^3$

> **해설**
> 빈 변위법칙은 흑체복사의 파장 가운데 에너지 밀도가 가장 큰 파장과 흑체의 온도가 반비례하다는 것을 말하는 법칙이다. [정답 ③]

030 기후변화에 취약한 생태계와 가장 거리가 먼 것은?

① 아열대　　② 고산대　　③ 아고산대　　④ 북방계 극지

> **해설**
> 기온이 높은 지대가 기후변화영향에 대한 취약성이 낮다. [정답 ①]

031
2007 IPCC 제4차 기후변화 보고서에서, 현재의 이산화탄소 배출량 증가추세가 계속될 경우, 2040~2050년경의 대기 중 이산화탄소의 농도와 기온의 상승(산업혁명 이전 대비) 예측치로 다음 중 가장 적합한 것은?

① 330ppm, 1.1℃
② 550ppm, 2.9℃
③ 950ppm, 4.6℃
④ 1500ppm, 5.3℃

해설
550ppm, 2.9℃ [정답 ②]

032
IPCC 기후시나리오에 대한 설명 중 (　)에 알맞은 말은?

> (　　)는 지역주의가 높은 시나리오로서 각 지역을 블록화하고, 인구의 지속적 증가로 세기말 약 150억 정도로 가정하고, 경제발달이 느리며 기술진보도 상대적으로 느린 세계를 설명하는 것으로 2100년까지 CO_2 배출 농도를 830 ppm으로 예상하는 시나리오이다.

① A1 시나리오
② A2 시나리오
③ B1 시나리오
④ B2 시나리오

해설
A2 시나리오: 이산화탄소 배출량이 비교적 급격하게 증가하여 2100년에는 830ppm
B2 시나리오: 이산화탄소 배출량이 완만하게 증가하여 2100년에는 610ppm [정답 ②]

033
보기에서 기후변화의 원인을 모두 선택한 것은?

> [보기]
> ㄱ. 해수의 증발　　ㄴ. 화석연료의 연소　　ㄷ. 온실가스의 발생
> ㄹ. 에너지 수요 증가　　ㅁ. 탄소 순환

① ㄱ, ㄴ, ㄷ
② ㄱ, ㄷ, ㄹ
③ ㄴ, ㄷ, ㄹ
④ ㄴ, ㄹ, ㅁ

해설
[정답 ③]

034 다음의 기후변화 현상을 일컫는 말은? (2016년 산업기사 제2회)

- 보통 3~4년의 주기를 갖고 일어난다.
- 태평양의 해수면 온도가 0.5℃ 이상, 6개월 이상 지속되는 경우에 선포한다.
- 이 현상이 나타날 때 우리나라는 대체로 여름에 저온, 겨울에 고온현상이 나타난다.
- 태평양 페루 부근 적도 해역의 해수 온도가 주변보다 약 2~10℃ 정도 높아진다.

① El Nino ② El Padre ③ La Nina ④ La Mama

해설
라니냐는 적도 무역풍이 평년보다 강해지며, 서태평양의 해수면과 수온이 평년보다 상승하게 되고, 찬 해수의 용승현상 때문에 적도 동태평양에서 저수온 현상이 강화되는 현상으로 해수면의 온도가 6개월 이상 평균 수온보다 0.5℃ 이상 낮은 현상을 말한다.
[정답 ①]

035 기후변화에 의한 영향에 관한 내용 중 틀린 것은? (2015년 산업기사 제2회)

① 명태, 대구와 같은 한대성 어종이 감소하고 있다.
② 봄꽃이 조기 개화하는 현상이 나타나고 있다.
③ 멸종 위기에 놓이는 생물의 종이 갈수록 늘어나고 있다.
④ 기후변화로 인해 농작물의 주산지가 점차 남하하고 있다.

해설
기후변화로 인해 농작물의 주산지가 점차 북상하고 있다.
[정답 ④]

036 기후변화로 인한 해수면 상승에 따른 해안 지역의 영향으로 옳지 않은 것은?

① 범람
② 어류의 감소
③ 연안의 침식
④ 지하수로의 염수 침투

해설
[정답 ②]

037 온실가스 등 기후변화요소를 감시하는 지구급 관측소가 위치한 곳이 아닌 것은?
(2015년 산업기사 제2회)

① 중국의 왈리구안　　　　② 미국의 마우나로아
③ 한국의 안면도　　　　　④ 일본의 미나미도리시마

> **해설**
> 한국의 안면도는 지역급이다.　　　　　　　　　　　　　　　　　　　　　　[정답 ③]

038 1999년~2008년까지 최근 10년간 관측된 한반도(안면도 관측)의 이산화탄소 배출특성과 거리가 먼 것은?

① 월평균 대기 중 이산화탄소 농도 최대값은 4월이다.
② 계절별로 차이가 있으나, 통상 일변동 최고농도는 5~9시 사이에 나타난다.
③ 일변동 폭은 여름철이 가장 크다.
④ 계절별로 진폭은 동일하다.

> **해설**
> 　　　　　　　　　　　　　　　　　　　　　　　　　　　　　　　　　　　[정답 ④]

039 UNDP(2005)에서 적응성과 영향에 관한 함수에서, 기후변화의 영향이 높고 적응력이 낮을 경우 사회시스템의 기후변화 취약성은?

① 높다.　　② 낮다.　　③ 변함없다.　　④ 아무런 관계가 없다.

> **해설**
> 취약성 = 잠재적 영향(기후노출 + 민감도) − 적응능력　　　　　　　　　　[정답 ①]

040 1997년 일본 교토에서 채택된 교토의정서의 내용으로 옳지 않은 것은?

> (　　)(이)란 적도 무역풍이 평년보다 강해지며, 서태평양의 해수면과 수온이 평년보다 상승하게 되고, 찬 해수의 용승현상 때문에 적도 동태평양에서 저수온 현상이 강화되는 현상으로 해수면의 온도가 6개월 이상 평균 수온보다 0.5℃ 이상 낮은 현상을 말한다.

① 엘니뇨　　　② 알베도　　　③ 업웰링　　　④ 라니냐

해설
엘리뇨는 페루와 칠레 앞바다에서 일어나는 해수 온난화 현상이다. 그로 인해 태평양의 무역풍이 약화되고 따뜻한 서태평양의 물이 동태평양으로 흐르게 되어 대기 대순환에 영향을 준다. 해수면의 온도가 평년보다 0.5도 이상 5개월 이상 지속되는 경우와 지구촌 이상기온 현상 모두를 엘리뇨라고 한다. **[정답 ④]**

041 기후변화의 생태-사회-경제적 영향에 대한 설명 중 가장 거리가 먼 것은?

① 지구의 기후체계는 빙하기와 간빙기를 반복해 왔고, 그 변화의 폭도 ± 6℃ 정도였다.
② 기후변화는 물 수급 및 에너지 수급에 영향을 미치고 인구이동의 가속화를 가져올 것이다.
③ 기후변화는 육상과 해상 수송부문에 영향을 미치고 산업구조의 변화도 가져와서 에너지집약산업에 부정적인 영향을 주고 건강과 보건문제도 야기할 것이다.
④ 기후변화의 영향은 지역적으로 고르게 나타나며, 지구온난화는 개도국보다는 선진국에서 더 덥다.

해설

[정답 ④]

042 온실가스 증가 요인과 거리가 먼 것은?

① 석탄의 대량 소비　　　② 천연가스의 연소
③ 비료의 사용　　　　　④ 대규모의 산림 조성

해설
대규모의 산림조성은 온실가스 흡수　　　**[정답 ④]**

043 다음의 기후변화 적응에 관한 내용으로 옳지 않은 것은?

① 적응이란 실재 또는 예상되는 기후변화와 그 영향에 대응하여 생태적, 사회적, 경제적 체제를 조정하는 것을 말한다.
② 적응은 기후변화와 관련된 잠재적인 피해를 완화하기 위해 또는 이와 관련된 기회로부터 이득을 얻기 위해 과정, 관행, 구조에 변화를 주는 것을 뜻한다.
③ 향후 온실가스의 대기 중 농도가 더 이상 증가하지 않는다면, 지구온난화 현상은 사라질 것이다.

④ 적응정책의 핵심은 현재 기후변화 취약성뿐만 아니라 장래 발생할지도 모르는 중장기적 시각에서의 불확실성을 최소화하는 것이다.

> **해설**
> 기후변화로 인한 영향과 적응에 대한 논의는 IPCC 제3차 보고서 이후 본격 시작되었다. 적응이란 실제로 일어나고 있거나 일어날 것으로 예상되는 기후변화에 대응한 자연, 인간시스템의 조절작용과 기후변화의 결과로 발생하는 새로운 기회를 활용하여 기회로 삼는 행동 또는 과정을 포괄한다. 이산화탄소를 포함한 온실가스의 배출을 멈춘다고 하더라도 기후변화의 영향과 양상은 수백 년 동안 지속될 것이며, 배출된 이산화탄소의 20% 이상이 1,000년 이상 대기 중에 남아있을 가능성이 매우 높다. **[정답 ③]**

044 기후변화 적응의 3대 구성요소로 옳지 않은 것은?

① 적응주체   ② 적응기간   ③ 적응대상   ④ 적응유형

> **해설**
> 적응주체: 무엇 또는 누가 적응하는가?
> 적응대상: 어떤 현상에 대해 적응해야 하는가?
> 적응유형: 적응과정과 형태는 어떠한가? **[정답 ③]**

045 기후변화의 적응단계에 대한 설명으로 옳지 않은 것은?

① 감지단계: 기후변화로 인한 위험을 인지
② 의사결정단계: 기후 위해와 그 부정적 영향을 감소시키거나 관리 및 실행
③ 기회모색단계: 기후변화를 궁극적으로 이용
④ 확정단계: 일련의 과정을 검토하여 확정

> **해설**
> 기후변화의 적응단계는 감지단계, 의사결정단계, 기회모색단계이다. **[정답 ④]**

046 남태평양 지역에 위치한 도서국가로서 지구 온난화로 유발된 해수면 상승으로 일부 국민이 자신의 보금자리를 떠난 첫 번째 국가는?

① Papua New Guinea   ② Marshall Islands
③ Solomon Islands   ④ Tuvalu

> **해설**
> 투발루는 9개 섬 가운데 이미 2개 섬이 해수면에 잠겼으면 50년 후에는 사라질 것으로 예상. 아시아 남부 인도양 중북부에 위치한 몰디브도 사라지는 도서국가 중에 하나. **[정답 ④]**

047 지구의 복사평형에 관한 설명으로 가장 거리가 먼 것은? (2015년 관리기사 제4회)

① 지구에 입사되는 태양복사에너지 중 대기분자의 산란으로 25%, 구름의 반사가 3%, 지표면의 반사가 2% 정도로서 30%의 알베도를 가진다.
② 대기권에 흡수된 에너지 70%는 대기분자에 의해 17%, 구름에 의한 흡수 3%, 지표면이 흡수하는 태양에너지의 양 50% 정도이다.
③ 반사되지 않고 지구에 흡수되는 70% 정도의 에너지가 지구온도에 직접적인 원인이 된다.
④ 지구복사와 관련된 용어 중 알베도는 입사에너지에 대한 반사에너지의 비로 나타낸다.

해설
지구 입사량: 342W/㎡, 대기분자의 산란 및 구름의 반사량: 77W/㎡, 지표면 반사량: 30W/㎡   [정답 ①]

048 21세기에 발생할 것으로 예상되는 이상기후 현상으로 가장 거리가 먼 것은? (2015년 관리기사 제4회)

① 보다 집중적인 호우
② 중위도 지역 폭풍의 강도 증가
③ 대부분 중위도 내륙에서의 혹서피해와 한발 위험증가
④ 최고 기온의 하강, 무더운 일수와 혹서기간의 감소

해설
최고 기온의 상승, 무더운 일수와 혹서기간의 증가   [정답 ④]

049 우리나라의 기후변화 취약성 평가방법과 관련된 사항으로 가장 거리가 먼 것은? (2015년 관리기사 제4회)

① 취약성 평가는 영향에 대한 가치판단이 들어가 있는 개념이다.
② 취약성 평가는 과학적 불확실성은 철저히 배제된다.
③ 하향식 접근법은 영향평가를 통한 물리적 취약성을 평가하는 것이다.
④ 상향식 접근법은 적응능력 평가를 통한 사회경제적 취약성을 파악하는 것이다.

해설
시스템에 따라 민감도 및 적응능력의 경우 과학적 확실성만으로 평가 할 수 없다.   [정답 ②]

050 다음 중 기후를 결정하는 가장 중요한 외부요인은? (2015년 관리기사 제4회)

① 태양복사에너지   ② 인간의 소비패턴 변화
③ 생태계의 변화   ④ 물과 탄소순환

> **해설**
> 기후시스템을 움직이는 에너지의 대부분(99.98%)은 태양에서 공급되며, 기후시스템 속에서 여러 형태의 에너지로 변하고 최종적으로 지구장파복사 형태로 우주로 방출된다.
> **[정답 ①]**

051 한국의 지구온난화 현상에 관한 설명으로 가장 거리가 먼 것은? (2015년 관리기사 제4회)

① 최근 100년간(1909년~2008년) 한국의 평균기온이 약 0.74℃ 정도 상승했다.
② 최근 100년간의 데이터를 비교 시 한국의 온난화는 지구온난화보다 2.5배 정도 더 크다고 할 수 있다.
③ 최근 40년간(1969년~2008년)의 한국의 온난화는 약 1.44℃ 정도이다.
④ 한국은 과거보다 온난화가 더 빠르게 진행되고 있다.

> **해설**
> 약 100년간(1912~2008년) 우리나라의 평균 기온은 1.7℃ 상승하였으며, 이는 지구 평균 기온 상승률(전 지구 평균기온 : 0.74℃)과 비교하여 2배 이상에 달한다.
> **[정답 ①]**

052 기후변화감시요소와 세계자료센터가 있는 국가가 잘못 짝지어진 것은? (2016년 관리기사 제2회)

① 온실가스 – 이탈리아
② 성층권 오존 및 자외선 – 캐나다
③ 태양복사 – 러시아
④ 강수화학 · 미국

> **해설**
> 세계기상기구가 분야별로 지정한 지구변화감시 세계자료센터(WDC) 6개소 – 온실가스(일본), 에어로졸(노르웨이), 태양복사(러시아), 성층권 오존 및 자외선(캐나다), 강수화학(미국), 원격탐사(독일)
> **[정답 ①]**

053 극지방의 빙하가 녹게 되면 눈과 얼음에 덮여있던 육지와 수면이 드러나 지구 표면의 온도상승을 가속화시키게 되는데 그 이유로 가장 옳은 것은? (2016년 관리기사 제2회)

① 해수면을 상승시키기 때문에
② 빙하가 융해될 때 잠열이 발생되기 때문에
③ 지구의 알베도(Albedo)를 증가시키기 때문에
④ 지구의 알베도(Albedo)를 감소시키기 때문에

해설
알베도의 감소로 태양복사가 더 많이 흡수된다. [정답 ④]

054 기후변화로 인한 한반도의 환경적 영향과 가장 거리가 먼 것은? (2016년 관리기사 제2회)

① 폐기물의 증가
② 생물 다양성 감소
③ 농수산물 생산 변화
④ 집중호우 등의 자연재해

해설
작물생산량의 감소 및 생물 다양성 감소, 태풍, 게릴라성 집중호우 등과 같은 자연재해 [정답 ①]

055 기후변화의 원인으로 거리가 먼 것은? (2016년 관리기사 제4회)

① 온실가스
② 태양활동
③ 화산폭발
④ 폭설폭우

해설
폭설폭우는 기후변화의 결과 [정답 ④]

056 기후변화에 관한 정부 간 패널(IPCC) 4차보고서(2007년)에서 잠재적으로 복사강제력이 음의 부호를 가진다고 보고한 물질은? (2016년 관리기사 제4회)

① 메테인(메탄) ② 에어로졸 ③ 이산화탄소 ④ 성층권 수증기

해설
화산폭발과 에어로졸 배출 증가는 기온 하강 효과 [정답 ②]

057 기후변화가 수자원 요소에 미치는 영향으로 거리가 먼 것은? (2016년 관리기사 제4회)

① 지하수의 염수화
② 증발산량의 증가
③ 담수자원의 증가
④ 지표 및 지하수의 수질 악화

해설
해수면 상승으로 지하수 및 강주변의 염수화 증가 　　[정답 ③]

058 우리나라의 기후변화 영향과 취약성에 대한 설명으로 틀린 것은? (2016년 관리기사 제4회)

① 가뭄과 홍수 취약지역이 증가한다.
② 식물의 서식지가 이동한다.
③ 직접 또는 간접적으로 식량생산에 영향을 준다.
④ 질병전파 기간이 짧아진다.

해설
　　[정답 ④]

059 IPCC에서 발간한 보고서 중에서 노벨평화상 수상에 기여한 것은? (2016년 관리기사 제4회)

① 제1차 평가보고서
② 제2차 평가보고서
③ 제3차 평가보고서
④ 제4차 평가보고서

해설
IPCC 제4차보고서(2007)로 미국 전 부통령 앨 고어와 함께 2007년 노벨평화상 수상 　　[정답 ④]

060 직접온실가스에 해당되지 않는 것은?

① CO_2
② CH_4
③ N_2O
④ NO_2

해설
직접온실가스는 이산화탄소(CO_2), 메탄(CH_4), 아산화질소(N_2O), 과불화탄소(PFCs), 수소불화탄소(HFCs), 육불화황(SF_6), 염화불화탄소(CFCs), 수증기(H_2O) 등 8종 　　[정답 ④]

061 지구 대기중에 가장 많이 존재하는 온실가스는 무엇인가

① 이산화탄소　　② 메탄　　③ 수증기　　④ 아산화질소

해설
수증기는 대기 중 가장 주요한 온실가스이나 인간의 활동이 수증기 발생에 직접적으로 미치는 영향이 적고 대기 중에 잔존효과가 적어 지구온난화 유발물질로 분류하지 않는다.　　**[정답 ③]**

062 주요 온실가스들 중 온난화에 대한 기여 수준을 지구복사강제력(global radiative forcing)의 기준으로 볼 때 다음 중 기여도(%)가 가장 큰 물질은

① CO_2　　② CH_4　　③ N_2O　　④ SF_6

해설
온실가스별 기여도는 이산화탄소(88.6%), 메탄(4.8%), 아산화질소(2.8%) 기타 수소불화탄소, 과불화탄소, 육불화황을 합쳐서 (3.8%)로 기후변화에 기여한다.　　**[정답 ①]**

063 육불화황(SF_6) 30kg과 이산화탄소 100ton의 합을 배출권으로 환산하면? (단, 육불화황(SF_6)의 지구온난화 지수는 23,900이다.)

① 717　　② 727　　③ 817　　④ 1717

해설
0.03 ×23,900 + 100×1=817ton CO_2-eq　　**[정답 ③]**

064 다음 온실가스 중 지구 온난화지수(Global Warming Potential)가 가장 큰 것은?

① CH_2F_2　　② C_2F_6　　③ C_3HF_6　　④ CH_2FCF_3

해설
CH_2F_2(650), C_2F_6(9,200), C_3HF_6(2,900), CH_2FCF_3(1,300)　　**[정답 ②]**

065 다음 온실가스 배출기업 중 연간 온난화 기여도가 가장 큰 기업은? (2014년도 관리기사 제4회)
(단, 그 밖에 배출하는 온난화 유발물질은 없다고 가정)

① 이산화탄소를 평균 24,000톤/월 배출하는 기업
② 메탄가스를 평균 1,200톤/월 배출하는 기업
③ 아산화질소를 평균 78톤/월 배출하는 기업
④ 육불화황을 평균 1톤/월 배출하는 기업

> **해설**
> ① 24,000 ton, ② 1,200×21=25,200 ton, ③ 78×310=24,180 ton, ④ 1×23,900=23,900 ton [정답 ②]

066 교토의정서상에서 감축 대상가스로 지정한 6대 주요 온실가스에 해당하지 않는 것은? (2014년도 관리기사 제4회)

① 수소불화탄소   ② 염화불화탄소   ③ 육불화황   ④ 과불화탄소

> **해설**
> 교토의정서 6대 온실가스 CO_2, CH_4, N_2O, HFCs, PFCs, SF_6 [정답 ②]

067 아산화질소 0.1톤, 메탄 1톤, 이산화탄소 10톤을 이산화탄소 상당량톤(tCO_2-eq)으로 환산하면? (2014년도 관리기사 제4회)
(단, 아산화질소(N_2O)와 메탄(CH_4)의 GWP는 각각 310, 21이다.)

① 52   ② 53   ③ 62   ④ 152

> **해설**
> 10+0.1×310+1×21= 62 ton CO_2-eq   [정답 ③]

068 A기업이 산업활동을 통해 연간 이산화탄소 100톤, 아산화질소 10톤, 메탄 10톤과 육불화황 1톤을 배출했다고 했을 때, 이 기업은 이산화탄소 기준으로 연간 약 몇 톤의 온실가스를 배출한 것인가? (2015년 산업기사 제2회)

① 20560   ② 27310   ③ 38140   ④ 39440

해설
100×1+10×310+10×21+1×23,900=27,310 ton CO₂-eq   [정답 ③]

069 다음 설명에 해당하는 용어는? (2015년 산업기사 제2회)

> 이산화탄소 1kg과 비교했을 때 어떤 온실기체가 대기 중에 방출된 후 특정기간 그 기체 1kg의 가열효과가 어느 정도인가를 평가하는 척도

① Global Warming Potential
② Albedo
③ Green House effect
④ Carbon Emission factor

해설
지구온난화지수(GWP)는 이산화탄소가 지구온난화에 미치는 정도를 1이라고 기준을 정할 때, 다른 온실가스의 온실효과를 상대적으로 나타난 수치   [정답 ①]

070 온실가스와 관련된 다음 설명으로 옳지 않은 것은? (2015년 산업기사 제2회)

① 온실효과의 주된 원인물질은 다원자 분자인 CO_2와, CH_4, N_2O, CFCs, 기체상태의 H_2O 등이다.
② CFCs는 기후변화협약 인도 뉴델리의 3차 당사국총회를 통해 대표적인 관리대상 온실가스로 지정되었다.
③ 온실가스는 미세한 농도 증가에도 대기의 온도를 민감하게 상승시킬 수 있다.
④ CH_4, N_2O는 기체 상태에서 상대적으로 큰 열용량을 가진다.

해설
온실가스이면서 오존층 파괴물질인 프레온가스(CFCs)는 오존층 파괴물질 규제는 1985년 비엔나협약에 의해 시작되었고, 1987년 몬트리올 의정서를 통해 금지되었다.   [정답 ②]

071 이산화탄소에 관한 설명으로 옳지 않은 것은? (2015년 관리기사 제2회)

① 하와이 마우나로아에서 처음으로 관측했다.
② 여름에 낮고 겨울에 높은 경향을 나타낸다.
③ 우리나라 대표농도는 안면도 기후변화 감시센터에서 측정한 자료이다.

④ 전 세계적으로 매년 8ppm씩 증가한다.

> **해설**
> 1958년 315ppm이던 이산화탄소 농도는 2006년 380ppm을 넘었고 48년 만에 20% 이상 농도가 증가했다(연간 1.4ppm 증가). WMO는 2016년 이산화탄소 농도가 403.3ppm을 기록했고 이는 전년대비 3.3ppm 증가했다.
>
> [정답 ④]

072 다음 중 온실가스이면서 대기 중에 가장 저농도로 존재하는 것은?

① 아산화질소   ② 메탄   ③ 육불화황   ④ 아르곤

> **해설**
> 대류권의 건조공기는 질소(78%), 산소(21%), 아르곤(0.93%) 등이 99.9%를 차지하고 있으며 온실기체인 이산화탄소 (0.03%), 메탄(0.000179%), 아산화질소 (0.00003%)의 낮은 농도를 나타낸다. 2010년 안면도 기후변화감시센터 관측으로는 이산화탄소 394.5ppm, 메탄 1,914ppb, 아산화질소 325.2ppb, 육불화황 7.8ppt로 연평균 농도가 관측되었다.
> * ppm(parts per millions): 백만분의 1
>   ppb(parts per billions): 십억분의 1
>   ppt(parts per trillion): 일조분의 1.
>
> [정답 ③]

073 온실가스에 관한 내용으로 거리가 먼 것은? (2015년 관리기사 제2회)

① 온실가스의 복사 강제력은 다른 기후 강제력에 비해 그 크기와 불확실성이 작다.
② 1999~2008년 동안 이산화탄소 농도의 일변동폭은 여름철이 겨울철보다 크게 나타난다.
③ 메탄의 농도는 산업혁명 이후 급격하게 증가하여 1990년대 후반부터 증가 속도가 둔화되고 있으나 3차 산업의 발달로 2007년에는 전 지구적인 평균농도가 150ppb 정도로 산업화 이전과 유사한 농도를 나타낸다.
④ 온실가스는 대기 중에 체류하는 시간이 길고 비교적 잘 혼합된다.

> **해설**
> 전 지구 메탄농도는 1984년 이후 증가하다가 1999~2006년에는 변동이 거의 없었다. 이후 증가하며 2016년 연평균은 1853ppb, 2016년 12월값은 1863.3ppb를 기록했다. 안면도의 메탄 농도는 그간 꾸준히 증가해 왔으며, 2016년 연평균농도는 1965ppb로 전년도에 비해 13ppb 증가했으며 1999년에 비해 104ppb 증가했다. 이는 산업화 이전 대비 281%이다.
>
> [정답 ③]

074 다음 온실가스의 지구온난화지수(GWP)로 옳지 않은 것은? (2015년 관리기사 제2회)

① CO_2 - 1   ② CH_4 - 21   ③ N_2O - 130   ④ SF_6 - 23,900

> **해설**
> 아산화질소 310
> [정답 ③]

075 다음과 같이 3종류의 온실가스가 각각 배출될 때, 총 배출량(tCO₂-eq)으로 옳은 것은? (2015년 산업기사 제4회)
(단, 각 온실가스의 지구온난화지수는 CH₄:21, N₂O:310, CO₂:1)

CH_4 : 23kg, N_2O : 45kg, CO_2 : 120kg

① 14.36 ② 14.55 ③ 15.36 ④ 15.55

> **해설**
> 0.023×21 + 0.045×310 + 0.12×1 = 0.483 + 13.95 + 0.12 = 14.55tCO₂-eq
> [정답 ②]

076 다음 ( )에 알맞은 것은? (2015년 산업기사 제4회)

> ( )는 일명 '웃음가스'라고 불리우며 비료사용, 화석연료 연소와 같은 인간활동에 의해 주로 배출된다. 토양과 바다에서 자연현상에 의해서도 발생이 가능하다.

① CO_2 ② CH_4 ③ N_2O ④ SF_6

> **해설**
> 아산화질소의 주된 방출원은 토양경작과정, 특히 상업적, 유기화학 비료의 이용하는 대규모 경작, 화석연료의 연소, 질산생성과정, 바이오매스 연소과정이다.
> [정답 ③]

077 다음 중 대기 내에서의 체류기간이 가장 긴 온실가스는? (2015년 산업기사 제4회)

① 육불화황
③ 아산화질소
② 이산화탄소
④ 메탄

> **해설**
> 지구온난화지수(GWP)를 산정하기 위한 고려인자는 복사강제력과 대기체류시간이므로 GWP가 높으면 대기체류시간도 길다.
> [정답 ①]

078 온실가스에 관한 내용으로 옳지 않은 것은?

① 온실가스는 적외선 복사를 흡수하고 방출하여 온실효과를 야기한다.
② 대기에는 할로카본, 염소 함유물질, 브롬 함유물질 등 인위적으로 생성된 온실가스도 있는데, 이 물질들은 몬트리올의정서 등에 의해 통제된다.
③ 온실가스는 지표 대기 구름에 의해 방출된 적외선 복사를 효과적으로 흡수한다.
④ 온실가스가 많이 분포하는 대류권에서는 일반적으로 고도가 높아질수록 기온이 상승한다.

해설
지표면으로부터 약 10Km 높이까지의 구간으로, 100m 올라감에 따라 기온이 0.65℃씩 하강하여 10Km 높이에서는 −50℃가 된다.
[정답 ④]

079 다음 중 UNFCCC에서 규제하는 온실가스가 아닌 것은?

① N_2O ② CFCs ③ PFCs ④ SF_6

해설
교토의정서 6대 온실가스 CO_2, CH_4, N_2O, HFCs, PFCs, SF_6
[정답 ②]

080 공장에서 1년에 CO_2 2000ton, CH_4 12ton, N_2O 3ton을 배출한다고 할 때, 이 공장의 온실가스 배출량을 tCO_2-eq로 환산한 것으로 옳은 것은?
(단, 배출량은 국가 온실가스 배출량 산정방식에 따름)

① 2015 tCO_2-eq
② 2033 tCO_2-eq
③ 3182 tCO_2-eq
④ 3218 tCO_2-eq

해설
$2000 \times 1 + 12 \times 21 + 3 \times 310 = 3,182\ tCO_2-eq$
[정답 ③]

081 온실가스에 관한 설명 중 틀린 것은?

① N_2O는 6대 온실가스에 해당된다.
② CO_2는 산업공정의 소성반응을 통해서도 발생된다.
③ CH_4는 천연가스의 주성분이다.

④ NOx는 온실효과에 직접적으로 관여하는 온실가스에 해당한다.

해설
간접 온실가스는 온실효과에 직접 관여하지는 않으나, 다른 물질과 반응하여 온실가스로 전환이 가능한 물질로서 일반적인 대기오염물질이 여기에 속한다(NOx, SOx, CO, NMVOC: 비메탄계 휘발성 유기화합물). **[정답 ④]**

082 IPCC 2차 보고서에서 제시된 주요 온실가스별 지구온난화 지수(GWP, Global Warming Potential)가 바르게 짝지어지지 않은 것은??

① 이산화탄소(CO_2) - 1
② 육불화황(SF_6) - 23,900
③ 메탄(CH_4) - 190
④ 아산화질소(N_2O) - 310

해설
메탄 21 **[정답 ③]**

083 다음의 온실가스에 관한 내용 중 옳지 않은 것은? (2015년 산업기사 제4회)

① 화석연료의 연소 등 인간활동으로 인하여 인위적 온실효과가 강화된다.
② CO_2는 지구 대기의 약 20% 정도를 구성하고 있다.
③ 태양으로부터 유입된 복사에너지는 지구표면으로부터 적외선으로 방사된다.
④ 6대 온실가스 중 CO_2보다 지구온난화지수가 낮은 온실가스는 없다.

해설
대류권의 건조공기는 질소(78%), 산소(21%), 아르곤(0.93%) 등이 99.9%를 차지하고 있으며 온실기체인 이산화탄소 (0.03%), 메탄(0.000179%), 아산화질소 (0.00003%)의 낮은 농도를 나타내고 있다. **[정답 ②]**

084 다음 중 국내 5가지 온실가스 배출분야에서 배출량이 가장 많은 분야는? (2015년 관리기사 제4회)

① 산업공정
② 에너지
③ 폐기물
④ LULUCF

해설
에너지〉산업공정〉농업〉폐기물〉LULUCF(Land Use-Land Use Change and Forestry) **[정답 ②]**

085 다음 온실가스에 관한 설명으로 옳지 않은 것은? (2015년 관리기사 제4회)

① 온실가스는 지표면에서 대기 중으로 방출되는 복사열을 흡수하여 지구기온이 상승하는 온실효과를 야기하는 기체로 정의된다.
② CO_2의 주요 배출원은 연료사용이나 산업공정이다.
③ CH_4는 다른 물질과 반응해야만 온실가스로 전환될 수 있는 간접 온실가스이다.
④ N_2O는 화학산업의 공정, 에너지의 연소를 통해서 발생한다.

> 해설
> 아산화질소의 주된 방출원은 토양경작과정, 특히 상업적, 유기화학 비료의 이용하는 대규모 경작, 화석연료의 연소, 질산생성과정, 바이오매스 연소과정이다. [정답 ④]

086 온실가스에 관한 설명으로 옳지 않은 것은? (2015년 관리기사 제4회)

① 육불화황은 전기제품이나 변압기 등의 절연체로 사용된다.
② 수소불화탄소와 과불화탄소는 CFCs의 대체물질로 냉매, 소화기 등에 주로 사용된다.
③ 이산화탄소는 탄소 성분과 대기 중의 산소가 결합되는 연소 반응에 의해 발생한다.
④ 아산화질소는 온실가스 중에서 가장 높은 비중을 차지하고 있다.

> 해설
> 이산화탄소는 전체 온실가스 배출량의 약 80%를 차지 [정답 ④]

087 다음 중 UNFCCC에서 규제하고 있는 온실가스가 아닌 것은? (2015년 관리기사 제4회)

① 수소불화탄소 ② 이산화질소 ③ 육불화황 ④ 과불화탄소

> 해설
> 교토의정서 6대 온실가스 CO_2, CH_4, N_2O, HFCs, PFCs, SF_6 [정답 ②]

088 온실가스에 관한 내용 중 옳지 않은 것은? (2016년 관리기사 제2회)

① 전 세계 온실기체 배출량을 대상으로 부문별 배출량 비율을 보면 에너지 부문의 배출량이 가장 많은 비중을 차지하고 있다.
② 온실기체 중 아산화질소의 지구온난화지수와 배출비중은 이산화탄소보다 높다.

③ 수송부문 중 항공운송과 해양운송에 의한 온실기체 배출량이 증가 추세를 보인다.
④ 농업부문에서 주로 배출되는 온실기체는 메탄과 아산화질소이다.

해설
이산화탄소는 전체 온실가스 배출량의 약 80%를 차지 [정답 ②]

089 온실가스의 지구온난화지수가 높은 순서대로 나열된 것은? (2016년 관리기사 제2회)

① 육불화황 > 아산화질소 > 메탄 > 과불화탄소
② 육불화황 > 메탄 > 과불화탄소 > 아산화질소
③ 육불화황 > 아산화질소 > 과불화탄소 > 메탄
④ 육불화황 > 과불화탄소 > 아산화질소 > 메탄

해설
육불화황(23,900), 과불화탄소(6,500~9,200), 아산화질소(310), 메탄(21) [정답 ④]

090 온실가스의 하나인 CH_4의 발생원으로 옳지 않은 것은? (2016년 관리기사 제2회)

① 이탄습지   ② 쓰레기 매립지
③ 소나 흰개미의 내장   ④ 통기성이 원활한 토양

해설
메탄은 쓰레기 매립지에서의 혐기성분해과정, 동물성 폐기물의 분해, 천연가스와 석유 생산, 유통과정, 동물 소화과정, 석탄채굴, 화석연료의 불완전연소 등을 통해 발생된다. [정답 ④]

091 IPCC 가이드라인에서 이동오염원에서 직접 배출되는 온실가스이나 비에너지 온실가스로 구분되어 이동오염원 온실가스 배출량 통계로 집계되지 않는 물질로 옳은 것은? (2016년 관리기사 제2회)

① CO_2 ② CH_4 ③ HFCs   ④ N_2O

해설
이동연소 시 온실가스 CO_2, CH_4, N_2O [정답 ③]

092 교토의정서에서 감축관리 대상이 되는 온실가스가 아닌 것은? (2016년 관리기사 제4회)

① 이산화탄소(CO_2)
② 과불화탄소(PFCs)
③ 육불화황(SF_6)
④ 염화불화탄소(CFC)

해설
교토의정서 6대 온실가스 CO_2, CH_4, N_2O, HFCs, PFCs, SF_6

[정답 ④]

093 다음 중 국가 온실가스 배출량 산정방식에 따라 CO_2-eq로 환산 시 온실가스 배출량이 가장 많은 것은? (2016년 관리기사 제4회)
(단, IPCC 제2차 평가보고서의 지구온난화 지수 적용)

① CO_2 3,000톤을 배출하는 공장
② CH_4 140톤을 배출하는 공장
③ CO_2 1,000톤과 N_2O 6톤을 배출하는 공장
④ CO_2 1,000톤과 CH_4 100톤을 배출하는 공장

해설
① 3,000 tCO_2-eq
② 140×21= 2,940 tCO_2-eq
③ 1,000×1 + 6×310 = 2,860 tCO_2-eq
④ 1,000×1 + 100×21 = 3,100 tCO_2-eq

[정답 ④]

094 온실가스에 대한 설명으로 옳지 않은 것은? (2016년 관리기사 제4회)

① 메탄(CH_4) - 천연가스의 주성분으로 쓰레기 매립가스를 포집하여 활용할 수도 있다.
② 과불화탄소(PFCs) - CFC(염화불화탄소)를 대체하여 쓰고 있으며, 반도체의 세척용으로 활용된다.
③ 아산화질소(N_2O) - 아디프산 생산이나 질소비료를 통해 발생된다.
④ 수불화탄소(HFCs) - 전기제품, 변압기 등의 절연가스로 활용된다.

해설
국내에서 소비되는 HFCs의 99%는 냉매인 HFC-134a임

[정답 ④]

095 온실가스에 관한 내용으로 옳지 않은 것은? (2016년 관리기사 제4회)

① 온실가스는 넓은 파장범위의 적외선을 흡수하여 지구의 온도를 상승시킨다.
② 기후변화협약 제3차 당사국 총회에서 6종의 온실가스에 대해 저감 및 관리대상 온실가스로 규정했다.
③ 화석연료의 연소와 관련된 인간의 활동은 자연적 온실효과를 완화시킨다.
④ 지구온난화지수가 클수록 지구온난화에 대한 기여도가 크다는 의미이다.

해설
이산화탄소의 대기 중 농도는 인간 활동에 의해 가장 크게 좌우되고 주로 화석연료의 연소를 통해 대기 중으로 배출된다. **[정답 ③]**

096 IPCC의 조직 중 다음 업무를 수행하는 그룹으로 가장 적합한 것은? (2014년 산업기사 제4회)?

- IPCC/OECD/IEA가 공동으로 국가 온실가스 배출목록 작성을 위한 프로그램 가동
- 국가 온실가스 배출 가이드 라인 및 최우수사례 가이드 라인 작성
- 배출계수 data base 운영 등으로 구성

① Working Group 1
② Working Group 2
③ Working Group 3
④ Task Force on National Greenhouse Inventories

해설
국가 배출목록 작성 특별 대책반(Task Force on National Greenhouse Inventories; TFI)에 대한 설명 **[정답 ④]**

097 다음 중 2년간의 협상을 지속해 2009년 덴마크 코펜하겐에서 새 기후변화협약을 결정하기로 했으며, 산림훼손방지(REDD)가 주요 논의된 기후변화 당사국총회 장소는? (2014년 산업기사 제4회)

① 발리   ② 마라케쉬   ③ 몬트리올   ④ 나이로비

해설
COP13(2007) 발리 선진국 지원 하에서 개도국이 자발적 감축행동을 취하기로 하는 '발리 행동계획' 채택, Post-2012 기후변화대응체제 논의, REDD:산림훼손방지 논의 **[정답 ①]**

098 다음은 교토 메커니즘의 어느 제도에 관한 설명인가?

> "각국에 할당된 온실가스 배출허용량을 무형 상품으로 간주, 각국이 시장원리에 따라 직접 혹은 거래소를 통해 거래함으로써 배출저감 비용을 줄이고, 저감 실현을 용이하게 하는 제도"

① 청정개발체제 ② 배출권거래제
③ 공동이행제도 ④ 배출감축지원제도

해설
배출권거래제에 대한 설명 **[정답 ②]**

099 청정개발체제(CDM), 배출권거래제(ET) 등 교토 메커니즘 관련 사업의 구체적인 이행방안 추진기반을 마련하기 위한 제7차 기후변화협약 당사국 회의에서 채택한 합의문은?

① 인도 뉴델리 합의문 ② 케냐 나이로비 합의문
③ 모로코 마라케쉬 합의문 ④ 아르헨티나 부에노스아이레스 합의문

해설
교토의정서에서는 Annex I 국가에 설정한 온실가스 감축목표의 개괄적인 방법론만 합의가 되었고, 감축의 구체적 이행 방안에 대해서는 결정하지 못하였다. 이러한 이유로, 교토의정서 채택 후 3년간의 협의를 거쳐서 제7차 당사국총회(COP7)에서 마라케시 합의문이 채택되었다. **[정답 ③]**

100 다음은 기후변화 당사국 총회에서 결정된 기후변화 적응에 대한 주요 결정사항이다. 다음과 같은 내용이 결정된 당사국 총회는?

> - 델리선언(Delhi Ministerial Declaration) 채택
> - 온실가스 저감을 통한 기후변화 완화문제와 함께 기후변화 적응의 중요성 부각
> - 기후변화협약 총회와 교토의정서 총회의 동시 개최 합의

① COP 7 ② COP 8 ③ COP 9 ④ COP 10

해설
COP8(2002) 인도 델리, 개도국 지원을 위한 선진국의 노력을 촉구하는 델리선언 채택기후변화협약 총회와 교토의정서 총회 동시개최 합의 **[정답 ②]**

101 유엔기후변화협약(UNFCCC)에 관한 설명으로 옳지 않은 것은?

① 이행부속기구(SBI)와 과학기술자문부속기구(SBSTA)가 있다.
② 우리나라는 1998년 12월에 57번째로 가입하였다.
③ 지구온난화 방지를 위해 온실가스의 인위적 방출을 규제하기 위한 협약이다.
④ 개발도상국들은 현재의 개발상황에 대한 특수 사항을 배려하여 공통되나 차별화된 책임과 능력에 입각한 의무부담을 갖는 것으로 정하였다.

> **해설**
> 우리나라는 1993년 12월 47번째로 가입했다.　　　　　　　　　　　　　　　　　　　　[정답 ②]

102 유엔 기후변화협약에 관한 사항으로 거리가 먼 것은?

① 유엔 기후변화협약에서는 선진국들이 2000년까지 온실가스 배출을 1900년 수준으로 줄이자는 합의가 도출되었다.
② 유엔 기후변화협약에서는 양대 기준이 되는 2가지의 큰 원칙을 제시하고 있는데, 그 중 하나는 각국은 기후변화에 대처함에 있어서 완전한 과학적 확실성이 미비하더라도 사전예방의 원칙에 따라 필요한 조치를 취한다는 것이다.
③ 유엔 기후변화협약의 산하기구 중 최고 의사결정 기구는 당사국 총회이다.
④ 유엔 기후변화협약의 산하기구 중 이행위원회는 협약의 최고 의사결정 기구로서 기후변화 관련과학, 기술 및 방법론, 각국 보고서의 작성기준 등을 당사국 총회에 보고한다.

> **해설**
> 과학기술자문부속기구 (Subsidiary Body for Scientific and Technological Advice: SBSTA), 당사국총회와 보조기관에 과학/기술 문제에 대한 자문 제공　　　　　　　　　　　　　　　　　[정답 ④]

103 선진국이 개발도상국의 온실가스 감축과 기후변화 적응을 지원하기 위해 UN기후변화협약을 중심으로 만든 국제 금융 기구는?

① IMF　　　　② GCF　　　　③ ESCO　　　　④ COP

> **해설**
> 2010년 제16차 당사국총회(COP16)시 채택된 칸쿤 합의(Cancun Agreement)에 따라 국제사회는 개도국의 온실가스 감축·적응 활동을 지원하기 위한 녹색기후기금(GCF: Green Climate Fund) 설립에 합의　　[정답 ②]

104 선진국과 개도국이 모두 참여하는 Post-2012 체제 구축을 합의한 회의는 무엇인가? (2014년도 관리기사 제4회)

① 제18차 당사국총회(도하 총회)
② 제17차 당사국총회(더반 총회)
③ 제16차 당사국총회(코펜하겐 총회)
④ 제13차 당사국총회(발리 총회)

해설
COP13(2007) 발리 선진국 지원 하에서 개도국이 자발적 감축행동을 취하기로 하는 '발리 행동계획' 채택, Post-2012 기후변화대응체제 논의, REDD: 산림훼손방지 논의   [정답 ④]

105 녹색기후기금(GCF)에 관한 설명으로 가장 거리가 먼 것은? (2014년도 관리기사 제4회)

① 환경 분야의 세계은행이라 할 수 있다.
② 개도국의 온실가스 감축분야만 지원하는 기후변화관련 금융기구로서 더반에서 유치인준을 결정했다.
③ 사무국은 인천 송도이다.
④ GCF는 UN 산하기구로서 Green Climate Fund의 약자이다.

해설
국제사회는 개도국의 온실가스 감축·적응 활동을 지원하기 위한 녹색기후기금(GCF: Green Climate Fund) 설립   [정답 ②]

106 기후변화관련 국제협약이 시대순으로 옳게 나열된 것은? (2014년도 관리기사 제4회)

① 유엔기후변화협약 → 교토의정서 → 발리 행동계획 → 칸쿤 합의
② 교토의정서 → 유엔기후변화협약 → 칸쿤합의 → 발리 행동계획
③ 교토의정서 → 칸쿤합의 → 발리 행동계획 → 유엔기후변화협약
④ 유엔기후변화협약 → 칸쿤합의 → 교토의정서 → 발리 행동계획

해설
유엔기후변화협약(1992) → 교토의정서(1997) → 발리 행동계획(2007) → 칸쿤 합의(2010)   [정답 ①]

107 다음 중 교토의정서상 당사국이 준수해야 하는 사항으로 가장 적합한 것은? (2014년도 관리기사 제4회)

① 고가의 설비 및 장비의 시장 점유율 확대
② 강제적인 감축활동 요구와 기후기금배분의 현실화
③ 국가 경제의 관련 분야에서 에너지 효율성 향상
④ Non-ANNEX 1 국가의 선진화

해설
국가 경제의 관련 분야에서 에너지 효율 증대
온실가스 흡수원에 대한 보호 및 증대
기후 변화 고려 측면에서 지속가능한 형태의 농업 확대
신재생 에너지, 이산화탄소 분리 기술 및 환경 친화적인 기술 개발 등

[정답 ③]

108 기후변화협약 당사국총회의 주요 결과로 거리가 먼 것은? (2014년도 관리기사 제4회)

① 교토에서 교토의정서를 채택했다.
② 더반에서 교토의정서 제2차 공약기간 설정에 합의했다.
③ 코펜하겐에서 개도국의 능동적이고, 자발적 감축행동을 취하기로 하는 행동계획을 채택했다.
④ 나이로비에서 개도국의 기후변화적응 지원에 관한 5개년 행동계획을 채택했다.

해설
COP13(2007) 인도네시아 발리, 선진국 지원 하에서 개도국이 자발적 감축행동을 취하기로 하는 '발리 행동계획' 채택

[정답 ③]

109 Kyoto Flexible Mechanism(Kyoto Protocol)의 3가지 구조에 포함되지 않은 것은? (2014년도 관리기사 제4회)

① 배출권 거래제도(Emissions Trading)
② 지속가능한 개발(Sustainable Development)
③ 청정개발체제(Clean Development Mechanism)
④ 공동이행제도(Joint Implementation)

> **해설**
> 교토 메커니즘
> 배출권 거래제도(Emissions Trading), 청정개발체제(Clean Development Mechanism),
> 공동이행제도(Joint Implementation)
> [정답 ②]

110 기후변화협약의 주요 원칙과 거리가 먼 것은

① 형평성에 입각하여 공동의 차별화적인 책임과 능력에 따라 기후체계를 보호해야 한다.
② 개발도상국의 특수한 사정에 대해 배려해야 한다.
③ 기후변화의 원인 및 부정적 효과를 완화하기 위한 예방적 조치를 취해야 한다.
④ 당사국 중 선진국만 지속가능한 개발을 증진할 권리를 가지며 또한 증진시켜야 한다.

> **해설**
> 기본원칙
> ① 공동의 차별화된 책임
> ② 개발도상국의 특수사정 배려
> ③ 기후변화의 예측, 방지를 위한 예방적 조치 시행
> ④ 모든 국가의 지속가능한 성장을 보장
> [정답 ④]

111 멕시코 칸쿤에서 개최된 제16차 당사국 회의에서 개도국 기후변화 대응을 재정적으로 지원하기 위해 UNFCCC에서 설립한 국제기구는? (2015년 산업기사 제4회)

① GEF ② SBI ③ COP ④ GCF

> **해설**
> 2010년 제16차 당사국총회(COP16)시 채택된 칸쿤 합의(Cancun Agreement)에 따라 국제사회는 개도국의 온실가스 감축·적응 활동을 지원하기 위한 녹색기후기금(GCF: Green Climate Fund) 설립에 합의
> [정답 ④]

112 교토메커니즘의 3제도와 거리가 먼 것은? (2015년 산업기사 제4회)

① JI (Joint Implementation)
② ET (Emission Trading)
③ GCF (Green Climate Fund)
④ CDM (Clean Development Mechanism)

해설
교토 메커니즘
배출권 거래제도(Emissions Trading), 청정개발체제(Clean Development Mechanism),
공동이행제도(Joint Implementation) [정답 ①]

113 기후변화에 대한 정부간 협의체(IPCC)에 관한 설명으로 옳지 않은 것은? (2015년 산업기사 제4회)

① WMO와 UNEP가 공동으로 설립했다.
② 2010년 단독으로 노벨평화상을 수상하였다.
③ 본부는 스위스 제네바에 있다.
④ IPCC는 3개의 워킹그룹과 1개의 태스크포스팀이 있다.

해설
IPCC 제4차보고서(2007)로 미국 전 부통령 앨 고어와 함께 2007년 노벨평화상 수상 [정답 ②]

114 기후변화협약의 주요 내용으로 거리가 먼 것은? (2015년 관리기사 제2회)

① 온실가스 배출원 및 흡수원 목록을 포함하는 국가 보고서 작성 및 제출의무는 선진국에만 적용된다.
② 공통의 그러나 차별화된 책임의 원칙이 적용된다.
③ 모든 당사국은 과학 및 조사연구 등 국제협력을 위해 노력해야 한다.
④ 개도국의 특수한 사정을 배려한다.

해설
공통의무사항
① 모든 협약 당사국들은 온실가스 배출량 감축을 위한 국가전략을 자체적으로 수립·시행하고 이를 공개해야 함
② 온실가스 배출량 및 흡수량에 대한 국가통계와 정책이행 내용을 수록한 국가보고서를 당사국 총회 (Conference of Parties to the UNFCCC: COP)에 제출해야 함 [정답 ①]

115 다음 탄소 배출권의 종류에 관한 설명으로 옳지 않은 것은? (2015년 관리기사 제2회)

① AAU : 교토의정서 Annex 1 국가들에게 할당된 온실가스 배출권
② ERU : EU ETS 하에서의 북미 국가들에게 할당된 배출권
③ CER : 선진국과 개도국 간의 CDM을 통해서 발생되는 배출권

④ RMU : 교토의정서에 명시된 토지이용, 토지 이용변화 및 산림활동에 대한 온실가스 흡수원 관련 배출권

> **해설**
> ERU, 공동이행제도(JI)에서 발생되는 이산화탄소 감축분에 할당된 배출권　　　　　　　　　　　　　　　　　　[정답 ②]

116 유엔 기후변화협약(UNFCCC)과 관련된 기구가 아닌 것은? (2015년 관리기사 제2회)

① COP (Conference of the Parties)
② SBI (Subsidiary Body for Implementation)
③ CST (Committee on Science and Technology)
④ SBSTA (Subsidiary Body for Scientific and Technological Advice)

> **해설**
> 당사국총회(Conference of Parties; COP), 과학기술자문부속기구 (Subsidiary Body for Scientific and Technological Advice; SBSTA), 이행부속기구 (Subsidiary Body for Implementation; SBI), 사무국(Secretariat)　　　[정답 ③]

117 청정개발체제사업에서 배출권의 투명성과 신뢰성 있는 관리를 위하여 구성하고 운영하는 기구와 거리가 먼 것은? (2015년 관리기사 제2회)

① 적응기금(Adaptation Fund)
② 운영기구(Designated Operation Entity)
③ 집행이사회(Executive Board)
④ 국가승인기구(Designated National Authority)

> **해설**
> 적응기금은 GCF(녹색기후기금)과 관련　　　　　　　　　　　　　　　　　　　　　　　　　　　　　　　　[정답 ①]

118 "기후변화에 대한 정부간 패널(IPCC)"의 실행그룹 중 기후변화의 영향평가와 적응 및 취약성 분야의 역할을 담당하는 그룹명은? (2015년 관리기사 제2회)

① Working Group1　　　　　　　② Working Group2
③ Working Group3　　　　　　　④ Task Force

> **해설**
> Working Group 1 (기후변화 과학분야)
> Working Group2 (기후변화에 따른 적응 및 사회경제와 자연시스템의 취약성 평가 분야)
> Working Group3 (배출량 완화, 사회 경제적 비용–편익분석 등 정책 평가 분야)
> 국가 배출목록 작성 특별 대책반(Task Force on National Greenhouse Inventories; TFI)
> [정답 ②]

119 UN 기후변화협약 COP 16 칸쿤 회의에서 개도국의 기후변화대응을 지원하기 위해 설립하기로 합의하고, COP 17 더반 회의에서 UNFCCC의 재정운영체제의 운영기구로 지정한 것은?

① SBSTA ② SBI ③ GCF ④ WHO

> **해설**
> 2010년 제16차 당사국총회(COP16)시 채택된 칸쿤 합의(Cancun Agreement)에 따라 국제사회는 개도국의 온실가스 감축·적응 활동을 지원하기 위한 녹색기후기금(GCF: Green Climate Fund) 설립에 합의했다. 우리나라는 2011년 제17차 당사국총회(COP17)에서 GCF 사무국 유치의사를 공식 표명하였으며, 치열한 유치전 끝에 2012년 10월 사무국의 인천 송도 유치에 성공하였다.
> [정답 ③]

120 기후변화협약의 조직 체계에 속하지 않는 것은?

① 당사국총회(COP) ② 과학기술자문보조기구(SBSTA)
③ 이행보조기구(SBI) ④ 환경과개발세계위원회(WCED)

> **해설**
> 당사국총회(Conference of Parties; COP), 과학기술자문부속기구(Subsidiary Body for Scientific and Technological Advice; SBSTA), 이행부속기구(Subsidiary Body for Implementation; SBI), 사무국(Secretariat)
> [정답 ④]

121 기후변화에 대한 정부 간 패널(IPCC)의 제2실무그룹(Working Group 2)에서 다루는 내용으로 가장 적합한 것은?

① 기후시스템과 기후변화에 관한 과학적 이해
② 온실가스의 배출목록 작성을 위한 프로그램 가동
③ 온실가스 배출량 완화 및 사회 경제적 비용–편익 분석
④ 지구 자연생태시스템, 빙하 및 영구동결층 등에 대한 지구 온난화 영향평가

> **해설**
> Working Group 2 (기후변화에 따른 적응 및 사회경제와 자연시스템의 취약성 평가 분야)
> - 기후변화에 따른 사회경제와 자연시스템에 대한 취약성 평가와 부정적, 긍정적 결과를 평가하고, 적응하기 위한 방법들을 제시
> - 취약성과 적응 그리고 지속가능발전 사이의 상호관련성을 평가
> - 평가 시에는 영역별과 지역별 정보에 의해 평가
>
> **[정답 ④]**

122 유엔산하의 특별전문기구로 지구의 대기, 대기와 바다와의 상호작용, 이로 인한 기후현상과 수자원의 분포 등에 대한 국제연구와 국제협력을 전담하는 조직은?

① IPIECA ② API ③ WHO ④ WMO

> **해설**
> 세계기상협회(World Meteorological Organization, WMO)는 세계적인 기상관측체제의 수립, 관측의 표준화 및 국제적인 교환, 타분야에 대한 기상학의 응용, 그리고 저개발국에서의 국가적 기상 서비스의 개발을 추진하기 위해 설립된 국제연합의 특별전문기구로 1950년 설립되었으며 우리나라는 1956년에 가입하였다.   **[정답 ④]**

123 UNFCCC의 최고 의사결정기구는?

① COP ② DOE ③ EPA ④ IPCC

> **해설**
> 당사국총회(Conference of Parties; COP) : 협약의 최고 기구
> - 협약 이행사항 점검 및 이행에 필요한 조치 결정
> - 교토의정서 당사국회의(MOP: Meeting of Parties)로도 기능.
>
> **[정답 ①]**

124 후기 교토체제 논의의 전개과정에서 2012년에 만료되는 교토의정서의 효력을 2020년까지 연장하기로 합의하고 2020년 이후에 나타날 새로운 기후변화대응체제를 2015년까지 마련키로 합의한 회의는?

① COP 15 코펜하겐 회의
② COP 16 칸쿤 회의
③ COP 17 더반 회의
④ COP 18 카타르 회의

> **해설**
> COP 18 카타르 도하, 2020년까지 교토의정서 연장 합의, 2차 공약기간(2013년~2020년)을 설정하는 의정서 개정안 채택, GCF(녹색기후기금)사무국을 인천 설치 인준   **[정답 ④]**

125 교토 메커니즘에 의한 배출권 종류가 아닌 것은?

① AAU ② ERU ③ CER ④ EUA

> **해설**
> 배출권거래제(AAU), 청정개발체제(CER), 공동이행제도(ERU) [정답 ④]

126 선진국들이 2008년~2012년 사이에 1990년을 기준으로 평균 5.2% 감축을 합의한 회의는?

① 1992년 브라질 유엔환경개발회의
② 1997년 일본 제3차 당사국 총회
③ 2001년 모로코 제7차 당사국 총회
④ 2005년 캐나다 제11차 당사국 총회

> **해설**
> COP3(1997) 일본 교토의정서. 기후변화협약 부속서I 국가는 부속서A에 열거된 온실가스에 대해 2008년에서 2012년 기간 중에 1990년대 배출량 수준의 5% 이상을 감축 [정답 ②]

127 다음 중 교토의정서가 채택되는 데 기여한 IPCC 보고서는? (2016년 산업기사 제2회)

① 제1차 평가보고서   ② 제2차 평가보고서
③ 제3차 평가보고서   ④ 제4차 평가보고서

> **해설**
> 제1차 평가보고서(1990), 제2차 평가보고서(1995), 제3차 평가보고서(2001), 제4차 평가보고서(2007) / COP3(1997) 일본 교토의정서 [정답 ②]

128 녹색기후기금(GCF)에 관한 설명 중 틀린 것은? (2016년 산업기사 제2회)

① 제16차 당사국총회에서 설립하기로 합의되었다.
② 선진국 재원으로 개도국의 온실가스 감축과 적응사업을 지원하는 데에 의의가 있다.
③ 개도국 지원에 그 의의가 있어 기후변화 적응위주로 지원된다.
④ 인천에 GCF 사무국을 개설하였다.

> **해설**
> 개도국의 온실가스 감축·적응 활동을 지원하기 위한 녹색기후기금(GCF; Green Climate Fund) 설립 　　[정답 ③]

129 대기 중 온실가스 농도를 안정화시키는 것을 목적으로 하는 기후변화협약(UNFCCC)에 대한 설명으로 옳지 않은 것은? (2016년 산업기사 제2회)

① 우리나라는 1993년 47번째 가입국으로 등록하였다.
② UN의 주관으로 1987년 캐나다의 몬트리올에서 열린 환경회의에서 채택되었다.
③ 모든 당사국들은 부속서 국가와 비부속서 국가로 구분되어 차별화된 의무부담을 갖는다.
④ 모든 당사국들은 온실가스 배출량 감축을 위한 국가 전략을 자체적으로 수립·시행하고 공개하여야 한다.

> **해설**
> 1992년 6월 브라질 리우데자네이루에서 개최된 유엔환경개발회의(United Natons Conference on Environment & Development; UNCED)를 계기로 채택된 유엔기후변화협약(United Nations Framework Convention on Climate Change; UNFCCC)은 지구온난화를 예방하기 위해 채택된 최초의 국제협약. 　　[정답 ②]

130 IPCC Working Group의 역할로 옳지 않은 것은?

① 국가 온실가스 인벤토리에 관한 연구
② 기후변화 과학에 관한 연구
③ 기후변화 완화에 관한 연구
④ 기후변화 영향·적응·취약성에 관한 연구

> **해설**
> 국가 배출목록 작성 특별 대책반(Task Force on National Greenhouse Inventories; TFI)
> – IPCC/OECD/IEA가 공동으로 국가 온실가스 배출목록 작성을 위한 프로그램 가동
> – 국가 온실가스 배출 가이드라인 및 최우수사례 가이드라인 작성
> – 국가 온실가스 배출량 프로그램(NGGIP)을 운영하고 배출계수 데이터베이스 구축 　　[정답 ②]

131 UN기후변화협약이 온실가스 배출의 감축목표를 실현하기 위해 제시한 원칙과 거리가 먼 것은?

① 공동의 그러나 차별화된 책임　　　　　　　　　② 사전 예방

③ 형평성 ④ 안정성

> **해설**
> UNFCCC 기본원칙
> ① 공동의 차별화된 책임
> ② 개발도상국의 특수사정 배려
> ③ 기후변화의 예측, 방지를 위한 예방적 조치 시행
> ④ 모든 국가의 지속가능한 성장을 보장
>
> [정답 ④]

132 브라질에서 기후변화에 관한 국제연합 기본협약이 채택된 연도와 교토의정서가 채택된 연도로 옳게 짝지어진 것은?

① 1992년, 1995년 ② 1992년, 1997년
③ 1997년, 2005년 ④ 1997년, 2008년

> **해설**
> 유엔기후변화협약(1992, 브라질 리우데자네이루), 교토의정서(COP3, 1997)
>
> [정답 ②]

133 유엔기후변화협약(UNFCCC)의 주요기준이 되는 원칙으로 가장 거리가 먼 것은? (2015년 관리기사 제4회)

① 과학적 확실성의 원칙 ② 공통이지만 차별화된 책임의 원칙
③ 각자 능력의 원칙 ④ 사전예방의 원칙

> **해설**
> UNFCCC 기본원칙
> ① 공동의 차별화된 책임
> ② 개발도상국의 특수사정 배려
> ③ 기후변화의 예측, 방지를 위한 예방적 조치 시행
> ④ 모든 국가의 지속가능한 성장을 보장
>
> [정답 ③]

134 기후변화관련 국제기구 중 UN조직 내 환경활동을 촉진, 조정, 활성화하기 위해 설립된 환경전담 국제정부간 기구로 환경문제에 대한 국제적협력을 도모하기 위한 기구로 가장 적합한 것은? (2015년 관리기사 제4회)

① WCRP ② UNIDO ③ UNDP ④ UNEP

> **해설**
> 유엔환경계획(United Nations Environment Program), 1972년 스웨덴 스톡홀름에서 개최된 유엔인간환경회의의 결의에 따라 지구환경보호를 목적으로 설치된 유엔기관. 각국에 환경문제의 국제협력을 촉구하는 정책권고, 유엔차원의 환경계획실시 등의 활동 **[정답 ④]**

135 기후변화에 관한 정부 간 협의체(IPCC)가 다루지 않는 분야는? (2015년 관리기사 제4회)

① 기후변화 과학
② 배출량 거래제
③ 기후변화 영향평가, 적응 및 취약성
④ 배출량 완화, 사회 경제적 비용·편익분석 등 정책

> **해설**
> Working Group 1 (기후변화 과학분야)
> Working Group2 (기후변화에 따른 적응 및 사회경제와 자연시스템의 취약성 평가 분야)
> Working Group3 (배출량 완화, 사회 경제적 비용–편익분석 등 정책 평가 분야)
> 국가 배출목록 작성 특별 대책반(Task Force on National Greenhouse Inventories; TFI) **[정답 ②]**

136 기후체제가 위험한 인위적 간섭을 받지 않을 수준으로 대기 중 온실가스 농도를 안정화 하는 것을 궁극적 목표로 삼으며, 유엔환경개발회의에서 채택한 것은? (2015년 관리기사 제4회)

① UNFCCC ② UNCED ③ UNEP ④ IPCC

> **해설**
> 1992년 6월 브라질 리우데자네이루에서 개최된 유엔환경개발회의(United Natons Conference on Environment & Development; UNCED)를 계기로 채택된 유엔기후변화협약(United Nations Framework Convention on Climate Change; UNFCCC)은 지구온난화를 예방하기 위해 채택된 최초의 국제협약 **[정답 ①]**

137 기후변화 관련 국제협약에 대한 설명 중 옳지 않은 것은? (2016년 관리기사 제2회)

① 기후변화협약 2차 당사국 총회에서는 감축목표에 대한 법적 구속력 부여에 합의하였다.
② 독일에서 개최된 6차 당사국 총회에서는 미국 및 중국 등 주요 온실가스 배출 국가를 포함한 교토의정서 체계에 합의하였다.
③ 2001년 7차 당사국총회에서 교토 메커니즘 관련 사업의 추진기반을 마련하였다.

④ 3차 당사국 총회에서 교토 메커니즘이 채택되었다.

> **해설**
> COP6(2000) 네델란드 헤이그, 교토의정서 운영규칙 확정 예정이었으나, 미국, 일본, 호주 등 umbrella 그룹과 유럽연합 간의 입장 차이로 합의 결렬
> **[정답 ②]**

138 IPCC 온실가스 시나리오 중에서 인간활동에 의한 영향을 지구 스스로 회복 가능한 시나리오는? (2016년 관리기사 제2회)

① RCP 2.6 ② RCP 4.5 ③ RCP 6.0 ④ RCP 8.5

> **해설**
> RCP 2.6 인간활동에 의한 영향을 지구 스스로가 회복 가능한 경우(실현불가)
> RCP 4.5 온실가스 저감 정책이 상당히 실현되는 경우
> RCP 6.0 온실가스 저감 정책이 어느 정도 실현되는 경우
> RCP 8.5 현재 추세(저감 없이)로 온실가스가 배출되는 경우(BAU시나리오)
> **[정답 ①]**

139 기후변화협약의 모든 당사국이 이행해야 할 사항과 거리가 먼 것은?

① 모든 온실가스의 배출원에 의한 인위적 배출과 흡수원에 의한 제거에 대한 국가통계를 작성하고 당사국총회에 통보한다.
② 기후변화의 부정적 효과에 특히 취약한 개발도상국이 이에 적응하는 데 소용되는 비용을 지원한다.
③ 기후변화의 완화조치와 적절한 대응계획을 세우고 정기적으로 갱신한다.
④ 기후변화와 관련된 과학적, 기술적, 사회경제적, 법률적 정보의 포괄적이고 신속한 교환을 도모하고 이에 협력한다.

> **해설**
> 주요 공통공약사항
> ① 몬트리올 협정에 적용되지 않는 모든 온실가스에 대한 배출원 및 흡수원 인벤토리를 개발하고, 주기적으로 갱신, 공표하여 당사국총회에서 활용
> ② 기후변화 완화를 위한 국가 및 지역의 프로그램을 구축, 실행 및 공표
> ③ 모든 분야의 온실가스 감축기술 및 공정 개발, 적용, 확산 및 이전을 확대
> ④ 바이오매스, 산림, 해양 및 생태계 등 자연적 온실가스 흡수원 보호와 지속가능한 관리 확대
> ⑤ 기후변화 관련 과학, 기술, 사회경제 및 법률정보의 개방을 위한 공동 노력
> **[정답 ②]**

140 기후변화협약 당사국총회의 주요내용에 대한 설명이 가장 적합한 것은? (2016년 관리기사 제2회)

① COP7(마라케시) : 교토 메커니즘, 의무준수체제, 흡수원 등에 대한 합의
② COP13(발리) : 지구온도 2℃ 상승 억제 재확인 및 2050년까지 장기 감축목표에 노력
③ COP15(코펜하겐) : 선진국과 개도국이 모두 참여하는 새로운 기후변화 체제 마련에 합의
④ COP18(도하) : 교토의정서를 2022년까지 연장 합의

해설
COP16(칸쿤) : 지구온도 2℃ 상승 억제 재확인 및 2050년까지 장기 감축목표에 노력
COP17(더반) : 선진국과 개도국이 모두 참여하는 새로운 기후변화 체제 마련에 합의
COP18(도하) : 2020년까지 교토의정서 연장 합의, 2차 공약기간(2013년~2020년)을 설정하는 의정서 개정안 채택력
[정답 ①]

141 교토의정서에 규정되어 있는 사항으로서 선진국인 A국이 개도국 B국에 투자하여 발생된 온실가스 배출 감축분을 자국의 감축실적에 반영할 수 있도록 하는 제도는? (2016년 관리기사 제2회)

① 공동이행제도
② 청정개발체제
③ 배출권거래제도
④ 재정 및 기술이전제도

해설
청정개발체제는 부속서 I 국가(선진국)가 비부속서 I 국가(개발도상국)에 온실가스 감축사업을 실행을 위한 기술 및 자금을 지원하여 달성한 실적을 부속서 I 국가(선진국)에 할당된 감축목표 달성에 활용할 수 있도록 하는 제도이다.
[정답 ②]

142 기후변화 정부간 패널(IPCC)의 기후변화보고서 발표년도가 잘못 짝지어진 것은? (2016년 관리기사 제2회)

① 제1차 보고서 : 1990년
② 제2차 보고서 : 1995년
③ 제3차 보고서 : 2000년
④ 제4차 보고서 : 2007년

해설
제1차 평가보고서(1990), 제2차 평가보고서(1995), 제3차 평가보고서(2001), 제4차 평가보고서(2007), 제5차 평가보고서(2013)
[정답 ③]

143 교토의정서에 대한 내용 중 옳지 않은 것은? (2016년 관리기사 제2회)

① 제3차 당사국총회에서 부속서1 국가들의 온실가스 배출량 감축을 골자로 채택하였다.
② 부속서1 국가들은 2010~2012년까지 1990년 대비 평균 2.2% 감축하기로 했다.
③ 배출권거래제, 공동이행, 청정개발체제 등 시장원리를 도입하였다.
④ 2005년 2월 16일에 공식 발효되었다.

> 해설
> 부속서1 국가들은 2010~2012년까지 1990년 대비 평균 5.2% 감축하기로 했다. [정답 ②]

144 기후변화와 관련된 당사국 회의에 관한 설명으로 옳지 않은 것은? (2016년 관리기사 제4회)

① 제12차 나이로비 총회에서 선진국들의 2차 공약기간 온실가스 감축량 설정을 위한 논의일정에 합의했다.
② 제14차 포츠난 총회는 2010년 이후 선진국 및 개도국이 참여하는 기후변화체제의 본격적인 협상모드 전환을 위한 기반을 마련한 회의였다.
③ 제15차 코펜하겐 총회는 선·개도국 간의 대립으로 난항을 겪었으며, 최종합의는 도출했으나, 법적구속력은 없고, 선·개도국 간의 민감한 주요쟁점들은 미해결과제로 남겼다.
④ 제17차 더반총회에서 2020년 이후 선진국만 참여하는 신기후체제 협상개시에 합의하였다.

> 해설
> 제17차 더반총회, 교토의정서 제1차 공약기간(2008~2012)이 만료됨에 따라 2차 공약기간 설정 약속 및 2020년 이후 신 기후체제에 관한 협상 개시 합의.
> Post-2020신기후체제: 교토의정서에 의해 선진국만이 아닌 개도국을 포함하여 온실가스 감축의무를 부담하는 기후 체제 [정답 ④]

145 유엔기후변화협약의 주요 내용과 거리가 먼 것은? (2016년 관리기사 제4회)

① 모든 당사국의 '공통이지만 차별화된 책임과 각자 능력의 원칙'에 따라 기후변화에 대처하여야 한다.
② 선진국의 의무사항으로 온실가스 배출을 2008~2010년까지 1990년 대비 평균 5.2% 감축하여야 한다.

③ 모든 회원국은 온실가스감축 국가보고서 및 온실가스 배출목록 보고서를 매년 제출하여야 한다.
④ 배출권 거래제도와 공동이행 제도의 도입도 포함된다.

> **해설**
> COP16(2010) 칸쿤합의에따라 우리나라와 같은 개도국은 4년마다(2년마다 업데이트) 국가보고서 및 온실가스 배출목록 보고서를 제출하도록 되어있다. [정답 ③]

146 국제 환경조약 중 오존층을 파괴시키는 물질 규제와 가장 가까운 것은? (2016년 관리기사 제4회)

① 몬트리올의정서   ② 바젤협약   ③ 스톡홀름협약   ④ 교토의 정서

> **해설**
> 온실가스이면서 오존층 파괴물질인 프레온가스(CFCs)에 대한 규제가 시작되었다. 오존층 파괴물질 규제는 1985년 비엔나협약에 의해 시작되었고, 1987년 몬트리올 의정서를 통해 결실을 맺게 되었다. [정답 ①]

147 국제 기후변화 관련 협약이 시대순으로 옳게 나열된 것은? (2016년 관리기사 제4회)

① 마라케시 합의 → 코펜하겐 합의 → 발리 로드맵 → 칸쿤 합의
② 발리 로드맵 → 코펜하겐 합의 → 칸쿤 합의 → 더반 결과물
③ 교토의 정서 → 마라케시 합의 → 더반 결과물 → 칸쿤 합의
④ 코펜하겐 합의 → 발리 로드맵 → 칸쿤 합의 → 더반 결과물

> **해설**
> 발리 로드맵(2007)→코펜하겐 합의(2009)→칸쿤 합의(2010)→더반 결과물(2011) [정답 ②]

148 다음 중 교토의정서의 내용과 가장 거리가 먼 것은? (2016년 관리기사 제4회)

① 교토 메커니즘의 도입
② 온실가스 저감 이행 시 흡수원의 인정
③ 6가지 온실가스의 규제
④ 온실가스 감축 세부전략의 수립·시행 및 보고

> **해설**
> 기후변화협약 공통의무사항
> ① 모든 협약 당사국들은 온실가스 배출량 감축을 위한 국가전략을 자체적으로 수립·시행하고 이를 공개해야 함.
> ② 온실가스 배출량 및 흡수량에 대한 국가통계와 정책이행 내용을 수록한 국가보고서를 당사국 총회(COP)에 제출해야 함.
> **[정답 ④]**

149. 기후변화에 대한 유럽연합의 대응에 관한 설명으로 가장 거리가 먼 것은? (2016년도 관리기사 제4회)

① 유럽에서는 기후변화 문제에 적극적으로 대응해야 한다는 인식이 사회 전반적으로 넓게 퍼져 있었다.
② 2000년 교토의정서 비준논쟁 당시, 유럽연합에서는 산업계와 석유업계를 제외한 유럽연합 차원의 교토의정서 비준을 지지하는 입장을 견지하였다.
③ 유럽연합은 내부적으로 온실가스 감축에 관한 부담공유 협정을 맺고 있었다.
④ 유럽연합의 적극적인 기후변화정책은 유럽연합체제의 독특한 정치적 구조인 분산된 거버넌스를 토대로 하고 있다.

> **해설**
> 2000년 교토의정서 비준논쟁 당시, 유럽연합에서는 산업계와 석유업계를 포함한 유럽연합 차원의 교토의정서 비준을 지지하는 입장을 견지하였다.
> **[정답 ②]**

150. 유럽연합 탄소배출권 거래시장에 관한 내용으로 옳지 않은 것은?

① 유럽연합 탄소배출권 거래시장은 발전, 열·스팀 생산, 정유, 철강, 시멘트, 요업, 제지 등을 거래대상으로 삼고 있다.
② 2008년부터는 거래되는 배출권을 EUAs, CERs, ERUs 등 3가지로 분류하고 있다.
③ 감축에 실패하고 다른 배출권도 구입하지 못해 감축목표량을 채우지 못한 기업에 대해서는 벌과금이 부과된다.
④ 유럽연합 탄소배출권 거래시장에 참여할 수 있는 주체는 기업으로 제한된다.

> **해설**
> 유럽 탄소배출권시장의 시장 참가자는 정부, 기업, 금융기관, 개인거래자 등 모든 주체들에게 거래가 허용되고 있다.
> **[정답 ④]**

151 EU-ETS 시장 참여대상이 아닌 국가는?

① 미국　　　② 노르웨이　　　③ 프랑스　　　④ 독일

> **해설**
> 미국(RGGI: 북동부 9개주 09년부터 시행, WCI: 서부지역 연합 12년부터 시행)　　　[정답 ①]

152 국제 탄소시장에서 가장 큰 규모를 차지하는 할당시장은?

① JVET　　　② US ETS　　　③ RGGI　　　④ EU ETS

> **해설**
> 2005년 1월부터 운영된 EU-ETS는 EU 국가들의 온실가스 감축의무를 원활하게 이행할 수 있게 하기 위해 설립된 거래시스템으로 전세계 탄소배출권의 최대 시장이자 대표시장이다. EU-ETS는 온실가스 중 이산화탄소만을 대상으로 10,000여 개의 온실가스 다배출기업들 간에 할당배출권을 거래하고 있다. 할당배출권의 거래는 각 연도 말(12월)에 인도하는 선물거래 형식이다.　　　[정답 ④]

153 주요국의 배출권 거래제도에 관한 설명으로 옳지 않은 것은? (2015년 관리기사 제4회)

① RGGI는 미국 북동부 및 대서양 연안 중부지역 주에서 시행한 배출권 거래제로서 2009년 1월부터 시작되어 미국 최초로 강제적인 감축의무가 시행되는 프로그램이다.
② WCI와 MGGA는 미국과 캐나다 주정부간의 국경을 뛰어넘는 협정이다.
③ 일본은 2002년 Baseline-and-Credit 방식인 자발적 배출권 거래제도인 JVETS를 도입하여 큰 성과를 보였다.
④ 일본의 JVETS 제도는 일정량의 온실가스 감축을 달성한 참가자에게 CO_2 배출감소 시설의 설치비를 보조하는 제도였다.

> **해설**
> 배출권거래제는 강제 및 통제의 형태가 아닌 시장메커니즘(가격기능)에 의한 감축 프로그램이다.　　　[정답 ①]

154 우리나라의 기후변화 정책에 관한 내용으로 거리가 먼 것은

① 우리나라는 1990년 리우에서 개최된 기후변화협약에 서명하면서부터 범국가적으로 기후변화대책에 대해 큰 관심을 가졌다.

② 우리나라는 1998년 4월 범정부 기후변화대책기구를 구성하고 이 대책기구를 중심으로 제1차 기후변화종합대책을 수립하였다.
③ 제2차 기후변화종합대책은 주로 기후변화협약에 대한 전략과 이행기반 강화 등 기후변화 감축대책을 위주로 한 대책이다.
④ 2009년 2월에는 저탄소녹색성장정책을 주도적으로 기획하고 추진할 대통령 직속 기구로 녹색성장위원회가 구성되었다.

해설
우리나라는 1993년 12월에 47번째로 유엔기후변화협약(UNFCCC)을 비준하고 2002년 10월에는 교토의정서를 비준함으로써 세계의 기후변화 방지노력에 참여하는 제도적인 준비를 마쳤다. **[정답 ①]**

155 국가기후변화적응대책(2011~2015)에 포함되지 않는 분야는?

① 건강　　　② 관광　　　③ 농업　　　④ 생태계

해설
1차 국가기후변화적응대책(2011~2015) 분야(건강, 재난/재해, 농업, 산림, 해양/수산업, 물관리, 생태계) **[정답 ②]**

156 녹색성장의 10대 정책방향으로 거리가 먼 것은?

① 산업구조의 고도화
② 효율적인 온실가스 감축
③ 기후변화 적응역량 강화
④ 석유 중심의 에너지 구조 강화

해설
녹색성장 3대 추진전략 및 10대 정책방향
① 기후변화 대응 및 에너지 자립
 - 효율적 온실가스 감축
 - 탈석유·에너지 자립 강화
 - 기후변화 적응역량 강화
② 신성장동력 창출
 - 녹색기술개발 및 성장동력화
 - 산업의 녹색화 및 녹색산업 육성
 - 산업구조의 고도화
 - 녹색경제 기반 조성
③ 삶의 질 개선과 국가위상 강화
 - 녹색국토·교통의 조성
 - 생활의 녹색혁명
 - 세계적인 녹색성장 모범국가 구현　　**[정답 ④]**

157 우리나라 온실가스 관리체계에 관한 내용으로 옳지 않은 것은?

① 정부는 2009년 11월 국가 중기 온실가스 감축목표를 확정하여 발표하였다.
② 정부의 국가 온실가스 감축목표는 2020년까지 BAU 배출전망치 대비 30%를 감축한다는 것이다.
③ 정부는 2011년 7월에 부문별 업종별, 연도별 감축목표를 확정하여 발표하였다.
④ 정부의 국가 온실가스 감축목표는 2020년까지 2005년 총배출량 대비 8% 감소시키는 것이다.

해설
우리나라는 온실가스 감축목표를 배출전망치(BAU) 대비 감축량을 제시하는 전망치 기준 방식을 채택. BAU대비 2030년까지 37% 감축(2015년 7월)
[정답 ④]

158 우리나라의 기후변화적응대책에 관한 설명으로 거리가 먼 것은?

① 한반도의 기후온난화 현상이 전지구 평균보다 급격히 진행되는 추세여서 온실가스 감축도 중요하지만 기후변화 적응도 매우 중요시 되고 있다.
② 한국 정부는 2008년 '국가 기후변화적응 종합대책'을 수립하고 2009년 7월에는 국가기후변화 적응센터를 설립하였다.
③ 2010년 10월에는 국가 기후변화 적응대책(2011~2015)을 수립하고 2012년에는 광역자치단체의 기후변화 적응대책을 수립토록 하였다.
④ 2012년부터는 기초자치단체도 기후변화 적응대책을 시범사업으로 추진하도록 환경부가 사업재원 전액을 조달하고 있다.

해설
17개 광역시·도 기후변화 적응대책 세부시행계획(2012~2016) 수립·시행
226개 전국 기초 시·군·구 기후변화 적응대책 세부시행계획 수립 및 시행, 33개 시범사업 수행('12~'13년) 후 193개 기초지자체 수립 중('14~'15)
[정답 ④]

159 국가 기후변화 적응대책을 7개 부문별 적응대책과 3개 적응기반 대책으로 분류할 때, 다음 중 적응기반 대책에 해당하지 않는 분야는? (2015년 관리기사 제2회)

① 기후변화감시예측 분야
② 적응산업에너지 분야
③ 교육홍보국제협력 분야
④ 해양수산업 분야

> **해설**
> 제1차 국가 기후변화 적응대책(2011~2015년) 분야
> −부문별 적응대책 분야: 건강, 재난/재해, 농업, 산림, 해양/수산업, 물관리, 생태계
> −적응기반 대책 분야: 기후변화 감시 및 예측, 적응산업/에너지, 교육홍보 및 국제협력
>
> **[정답 ④]**

160 우리나라는 국무총리실에서 범정부 기후변화 대책기구가 구성되면서 제1차~4차까지 기후변화 종합대책을 수립하였는데 이중 기후변화협약 이행기반구축, 부문별 온실가스 감축, 기후변화 적응기반 구축 등 3대 부문 91개 과제를 담고, 처음으로 기후변화 적응문제에 관심을 표명한 것은 제 몇 차 기후변화 종합대책에 해당하는가? (2015년 관리기사 제2회)

① 제1차(1999−2001)
② 제2차(2002−2004)
③ 제3차(2005−2007)
④ 제4차(2008−2012)

> **해설**
> 제3차 기후변화협약 대응 종합대책(2005~2007) 부문별 추진대책
> ① 협약 이행기반 구축사업
> −의무부담 협상기반 구축, 통계·분석시스템 구축, 기후변화협약 대응 교육·홍보 등
> ② 기후변화 적응기반 구축사업
> −기후변화 모니터링 및 방재기반 확충, 생태계 및 건강영향평가 등
> ③ 부문별 온실가스 감축사업
> −통합형 에너지 수요관리, 에너지 공급부문 온실가스 감축, 에너지 이용 효율개선, 건물에너지 관리, 수송·교통부문, 환경·폐기물 부문, 농축산·임업 부문 사업 추진
>
> **[정답 ③]**

161 다음 중 지자체 기후변화 적응대책 수립을 위한 일반적인 행동요령으로 가장 거리가 먼 것은? (2015년 관리기사 제2회)

① 지역 내 기후변화에 관심이 많은 영향력 있는 인물 탐색
② 적응전담 조직의 명확한 임무 설정
③ 기후변화가 지역에 미치는 영향을 지속적으로 관찰
④ 정성적보다 정량적인 취약성 평가 수행

> **해설**
> '취약성=잠재적 영향(기후노출+민감도)−적응능력' 이므로 정성적이고 정량적인 평가 수행
>
> **[정답 ④]**

162 온실가스의 감축목표의 설정·관리에 관한 총괄·조정 기능을 수행하는 부처로 가장 적합한 것은?

① 기획재정부 ② 환경부
③ 해양수산부 ④ 농림축산식품부

해설

[정답 ②]

163 저탄소 녹색성장 기본법과 관련된 기후변화대응의 기본원칙으로 거리가 먼 것은?

① 기후변화 문제의 심각성을 인식하고 범지구적 노력에 적극 참여한다.
② 가격기능과 시장원리에 기반을 둔 비용효과적 방식의 합리적 규제체제를 도입한다.
③ 기후변화로 인한 영향을 최소화한다.
④ 온실가스 배출에 따른 권리·의무의 경계를 모호하게 하여 공동대응이 가능하게 한다.

해설
저탄소녹색성장기본법 제38조 기후변화대응의 기본원칙
1. 지구온난화에 따른 기후변화 문제의 심각성을 인식하고 국가적·국민적 역량을 모아 총체적으로 대응하고 범지구적 노력에 적극 참여한다.
2. 온실가스 감축의 비용과 편익을 경제적으로 분석하고 국내 여건 등을 감안하여 국가온실가스 중장기 감축 목표를 설정하고, 가격기능과 시장원리에 기반을 둔 비용효과적 방식의 합리적 규제체제를 도입함으로써 온실가스 감축을 효율적·체계적으로 추진한다.
3. 온실가스를 획기적으로 감축하기 위하여 정보통신·나노·생명 공학 등 첨단기술 및 융합기술을 적극 개발하고 활용한다.
4. 온실가스 배출에 따른 권리·의무를 명확히 하고 이에 대한 시장거래를 허용함으로써 다양한 감축수단을 자율적으로 선택할 수 있도록 하고, 국내 탄소시장을 활성화하여 국제 탄소시장에 적극 대비한다.
5. 대규모 자연재해, 환경생태와 작물상황의 변화에 대비하는 등 기후변화로 인한 영향을 최소화하고 그 위험 및 재난으로부터 국민의 안전과 재산을 보호한다.

[정답 ④]

164 한국의 부문/업종별 온실가스 감축 목표에서 2020년까지 온실가스 감축률이 가장 큰 부문은?

① 산업 ② 수송 ③ 건물 ④ 폐기물

해설
2020년 부문별 감축률, 수송(34.3%) 〉 건물(26.9%) 〉 발전(26.7%) 〉 산업(18.2%)

[정답 ②]

165 국가 기후변화 적응대책을 수립·시행하여야 하는 기간의 단위로 옳은 것은?

① 매년　　　　② 3년　　　　③ 5년　　　　④ 10년

> **해설**
> 제1차 국가기후변화 적응대책(2011~2015년),
> 제2차 국가기후변화 적응대책(2016~2020년)
> [정답 ③]

166 우리나라의 기후변화 적응대책에 대한 설명 중 틀린 것은?

① 2008년 '국가 기후변화적응 종합대책' 수립
② 2009년 '국가 기후변화 적응센터' 설립
③ 2010년 '국가 기후변화 적응대책(2011-2015)' 수립
④ 2011년 '광역자치단체의 기후변화 적응대책' 수립

> **해설**
> 2010년 10월에는 국가 기후변화 적응대책(2011~2015)을 수립하고 2012년에는 광역자치단체의 기후변화 적응대책을 수립토록 하였다.
> [정답 ④]

167 우리나라의 온실가스 감축 대응에 대한 설명 중 틀린 것은?

① 우리나라의 국가 온실가스 감축 목표는 2020년 BAU 전망 대비 30% 감축이다.
② 국가 온실가스 감축을 위해 배출권거래제와 온실가스 에너지 목표관리를 시행하고 있다.
③ 도로부문 온실가스 감축을 위해 2009년 12월부터 지속가능 교통물류 발전법을 시행하고 있다.
④ 우리나라 정부의 국가 온실가스 감축목표는 2020년까지 2005년 대비 30% 감소시키는 것이다.

> **해설**
> 우리나라는 온실가스 감축목표를 배출전망치(BAU) 대비 감축량을 제시하는 전망치 기준 방식을 채택. BAU대비 2030년까지 37% 감축(2015년 7월)
> [정답 ④]

168 한국정부의 온실가스 감축을 위한 주요 대책과 시행시기가 틀린 것은?

① 2010년까지 건축물의 에너지 소비 총량제를 시행한다.
② 2012년부터는 건축물 매매 및 임대 시에 에너지 소비 증명서의 첨부를 의무화한다.
③ 2011년부터 공공기관 및 연간 에너지 소비량 1만 TOE 이상 대형건물에 대해 에너지 목표관리제를 시행한다.
④ 2020년부터는 일반건물에 대해서도 Zero Energy 빌딩 의무화 제도를 시행한다.

해설
2025년부터는 일반건물에 대해서도 Zero Energy 빌딩 의무화 제도를 시행한다. [정답 ④]

169 다음 중 녹색성장위원회의 위원이 아닌 것은?

① 기획재정부장관
② 미래창조과학부장관
③ 산림청장
④ 방송통신위원회위원장

해설
정부는 국무총리와 민간위원을 공동위원장으로 하는 대통령 소속의 '녹색성장위원회'를 설치하고, 재정부·지경부·환경부·국토부 장관 등 당연직 위원과 대통령이 위촉하는 민간위원 50인 이내로 구성한다. [정답 ③]

170 한국정부의 기후변화 대응정책 추진과정에 대한 설명으로 옳지 않은 것은?

① 1993년 12월 유엔환경개발회의에서 기후변화협약에 비준
② 1998년 '범정부 기후변화 대책기구' 발족
③ 2001년 '기후변화대책 기본법' 제정
④ 2009년 '저탄소 녹색성장 기본법' 제정

해설
[정답 ③]

171 온실가스 감축과 관련된 국가정책 및 제도와 거리가 먼 것은?

① 온실가스·에너지 목표 관리제도
② 국가 기후변화적응 대책
③ 녹색성장 5개년 계획
④ 온실가스 배출권거래제

국가 기후변화적응 대책은 기후변화에 대한 적응과 관련 　　　　　　　　　　　　　　　　　　　　　　　　[정답 ②]

172 다음의 기후변화 관련 국가정책에 관한 내용으로 옳지 않은 것은?

① 우리 정부는 1993년 12월에 유엔기후변화협약을 비준하였다.
② 우리 정부는 2002년 10월에 교토의정서를 비준하였다.
③ 우리나라는 교토의정서에 의한 제1차 공약기간에 온실가스 감축의무를 부여받고 국무총리실에 기후변화대응팀을 구성하였다.
④ 저탄소녹색성장은 녹색기술과 청정에너지로 신성장동력과 일자리를 창출하는 신국가 패러다임이다.

우리나라는 교토의정서에 의한 온실가스 감축의무부담을 부여받지 않았다. 　　　　　　　[정답 ③]

173 정부가 2009년 11월 확정하여 발표한 국가 온실가스 감축목표는 2020년까지 BAU 배출전망치 대비 몇 % 감축 목표를 유지하기로 했는가? (2015년 관리기사 제4회)

① 5%　　　　　② 10%　　　　　③ 20%　　　　　④ 30%

정부의 국가 온실가스 감축목표는 2020년까지 BAU 배출전망치 대비 30%를 감축 　　　　[정답 ④]

174 우리나라 녹색성장 국가전략의 10대 정책목표와 가장 거리가 먼 것은? (2015년 관리기사 제4회)

① 효율적 온실가스 감축　　　　　② 탈석유 에너지 자립 강화
③ 산업구조의 고도화　　　　　　④ 지속가능한 소비발전역량 강화

10대 정책방향
효율적 온실가스 감축, 탈석유·에너지 자립 강화, 기후변화 적응역량 강화, 녹색기술개발 및 성장동력화, 산업의 녹색화 및 녹색산업 육성, 산업구조의 고도화, 녹색경제 기반 조성, 녹색국토·교통의 조성, 생활의 녹색혁명, 세계적인 녹색성장 모범국가 구현.　　　　　　　　　　　　　　　　　　　　　　　　　　　[정답 ④]

175 한국의 2020년도 온실가스 배출전망치와 목표감축률(%)이 대분류기준으로 가장 많은 부문끼리 옳게 짝지어진 것은? (2015년 관리기사 제4회) (단, 대분류는 전환, 산업, 수송, 건물, 공공기타, 농림어업, 폐기물 등 7개 부문으로 구분)

① 배출전망치 – 전환부문, 감축률 – 산업부문
② 배출전망치 – 산업부문, 감축률 – 수송부문
③ 배출전망치 – 건물부문, 감축률 – 전환부문
④ 배출전망치 – 수송부문, 감축률 – 건물부문

해설
감축률(산업 18.2%, 전환 26.7%, 수송 34.3%, 건물 26.9%, 농림어업 5.2%, 폐기물 12.3%, 공공기타 25%)   [정답 ②]

176 한국정부가 범국가적인 관점에서 기후변화문제에 대한 관심을 표명하기 시작한 것은 언제부터인가? (2015년 관리기사 제4회)

① 1992년 기후변화협약에 서명 이후
② 1998년 '기후변화협약 범정부 대책기구' 구성 이후
③ 2007년 '기후변화 대책기획단' 신설 이후
④ 2009년 '저탄소 녹색성장기본법' 제정 이후

해설
[정답 ④]

177 국내 기후변화 적응대책의 10가지 분야에 해당되지 않는 것은? (2016년 관리기사 제2회)

① 교통   ② 건강   ③ 수자원   ④ 재난재해

해설
제1차 국가 기후변화 적응대책(2011~2015년) 분야
 –부문별 적응대책 분야: 건강, 재난/재해, 농업, 산림, 해양/수산업, 물관리, 생태계
 –적응기반 대책 분야: 기후변화 감시 및 예측, 적응산업/에너지, 교육홍보 및 국제협력   [정답 ①]

178 우리나라가 2011년에 세계표준센터를 유치한 온실가스는? (2016년 관리기사 제2회)

① 이산화탄소   ② 메탄   ③ 아산화질소   ④ 육불화황

> **해설**
> 2011년 한국표준과학연구원과 기상청은 유엔기관인 세계기상기구로부터 교토의정서 규제대상 6개 온실가스 중 하나인 육불화황(SF6)에 대한 세계표준센터 유치
> **[정답 ④]**

179 우리나라가 유엔기후변화협약(UNFCCC)을 비준한 시기는? (2016년 관리기사 제4회)

① 1993년 12월   ② 1995년 4월   ③ 1997년 12월   ④ 1999년 4월

> **해설**
> 우리나라는 1993년 12월에 47번째로 유엔기후변화협약(UNFCCC)을 비준
> **[정답 ①]**

180 다음 중 제2차 기후변화협약대응 종합대책에 포함되지 않는 것은? (2016년 관리기사 제4회)

① 의무부담 협상의 회피
② 온실가스 감축 시책의 지속적인 추진
③ 교토 메커니즘 대응기반 구축 및 활용
④ 민간부문의 참여유도 및 대응능력 제고

> **해설**
> 제2차 기후변화협약 대응 종합대책(2002~2004)
> ① 장기 에너지 수급전망을 기초로 우리의 적정의무부담 논리를 개발하고 교토의정서 비준·국제공조의 강화·전문인력의 양성 등을 통해 우리의 협상역량을 확충
> ② 중·대형 에너지 절약기술, 대체에너지 기술 등 온실가스감축 기술 및 연구 개발을 촉진
> ③ 통합관리형 에너지절약체제 구축 등 산업·수송·가정·폐기물·농축산 등 각 부문에서의 온실가스 감축시책을 대폭 강화
> ④ 온실가스 국가등록시스템, 청정개발제도(CDM) 및 배출권 거래제 도입 등 교토메커니즘의 대응기반 구축 및 활용
> ⑤ 산업계·시민단체 등과의 파트너쉽 강화와 함께 교육홍보를 통한 국민적 참여와 협력을 유도
> **[정답 ①]**

181 생활 속 온실가스 저감을 위한 노력으로 적절하지 않은 것은?

① 화석연료 대체를 위해 가스보일러 사용을 줄이고 전기스팀용 난로를 적극 활용한다.
② 제조과정 중 이산화탄소를 적게 배출해 부여받은 인증마크 제품을 구입한다.
③ 공회전 금지 등 생활 속 온실가스 저감 방법을 적극 홍보한다.
④ 가전제품 구매 시 에너지 효율이 높은 제품을 구매하여 활용한다.

해설

[정답 ①]

182 한반도 기후변화 시나리오 산출단계 순서로 가장 적합한 것은? (2014년도 관리기사 제4회)

```
ㄱ. 온실가스 배출시나리오
ㄴ. 온실가스 농도에 따른 복사 강제력
ㄷ. 전지구 기후변화 시나리오
ㄹ. 한반도 기후변화 시나리오
ㅁ. 영향 평가 및 적응 전략 마련
```

① ㄱ→ㄴ→ㄷ→ㄹ→ㅁ
② ㄷ→ㄴ→ㄹ→ㄱ→ㅁ
③ ㄷ→ㄹ→ㄴ→ㄱ→ㅁ
④ ㄴ→ㄱ→ㄹ→ㄷ→ㅁ

해설

[정답 ①]

183 ISO 국제표준(ISO 14064) 지침 원칙이 배출량 산정보고서와 관련하여 충족해야 하는 4가지 조건과 거리가 먼 것은? (2014년도 관리기사 제4회)

① 완전성   ② 추가성   ③ 정확성   ④ 일관성

해설
추가성은 법적·제도적·경제적 측면에서 고려되어야 하는 외부감축사업의 특성으로서, 인위적으로 온실가스를 저감하기 위하여 일반적인 경영여건에서 실시할 수 있는 활동 이상의 추가적인 노력을 말한다. [정답 ②]

184 온실가스와 관련된 ISO 국제표준(ISO 14064)의 구조는 몇 가지로 구분(Part)되는가

① 1   ② 2   ③ 3   ④ 4

해설
- KS Q ISO 14064-1:2006
  : 온실가스-제1부: 온실가스 배출 및 제거의 정량 및 보고를 위한 조직 차원의 사용 규칙 및 지침
- KS Q ISO 14064-2:2006
  : 온실가스-제2부: 온실가스 배출 감축 및 제거의 정량, 모니터링 및 보고를 위한 프로젝트 차원의 사용 규칙 및 지침
- KS Q ISO 14064-3:2006
  : 온실가스-제3부: 온실가스 선언에 대한 타당성 평가 및 검증을 위한 사용 규칙 및 지침

[정답 ③]

185 부문별 관장기관이 생성한 국가 온실가스 배출통계를 최종확정하기까지의 절차를 순서대로 옳게 나열한 것은? (2015년 관리기사 제2회)

> ㄱ. 통계청 및 외부전문가 검증
> ㄴ. 국가 온실가스종합정부센터 검증
> ㄷ. 부문별 관장기관 산정결과 수정
> ㄹ. 국가 온실가스 통계관리위원회 확정

① ㄴ→ㄱ→ㄷ→ㄹ   ② ㄴ→ㄷ→ㄹ→ㄱ
③ ㄴ→ㄹ→ㄷ→ㄱ   ④ ㄱ→ㄴ→ㄹ→ㄷ

해설

[정답 ①]

186 선도, 선물과 관련된 설명으로 가장 거리가 먼 것은?

① 선도계약이란 두 거래 당사자가 미래에 정해진 가격으로 특정한 상품을 매입, 매도하기로 체결하는 것이다.
② 선도계약은 비유동화 가능성이 작다는 단점이 있다.
③ 선물계약은 거래소에서 거래되는 표준화된 계약을 말한다.
④ 선물거래와 관련된 용어 중 마진콜(Margincall)이란 계좌의 증거금이 적정수준 이하로 내려갈 때 중개인이 추가 증거금 예치를 요구하는 것이다.

[정답 ②]

187 다음 중 국가 온실가스 인벤토리 산정원칙으로 가장 거리가 먼 것은?

① 투명성　　　② 정확성　　　③ 완전성　　　④ 보존성

> **해설**
> 적절성(relevance) : 사용 예정자 요구에 적합한 온실가스 배출원, 온실가스 흡수원, 온실가스 저장소, 데이터 및 방법론을 채택한다.
> 완전성(completeness) : 모든 관련 온실가스 배출량 및 제거량을 포함한다. 또한 기준 및 절차를 지원해 주는 모든 관련 정보를 포함한다.
> 일관성(consistency) : 온실가스 관련 정보에 대해 의미 있는 비교가 될 수 있도록 한다.
> 정확성(accuracy) : 가능한 한, 편향성(bias) 및 불확도를 감소시킨다
> 투명성(transparency) : 사용 예정자가 적절한 확신을 가지고 의사 결정을 할 수 있도록 충분하고 적절한 온실가스 관련 정보를 공개한다.　　　**[정답 ④]**

188 국내 온실가스 배출량 산정 가이드라인에 대한 설명으로 옳지 않은 것은?

① 기후변화에 관한 정부간 협의체에서 발간한 지침을 주로 사용한다.
② 배출계수의 경우, IPCC의 권고에 따라 IPCC에서 제시하는 기본계수를 사용한다.
③ 국가 배출량 산정 시 활용되는 활동자료는 국가 공식 통계가 아닌 자료도 존재한다.
④ 목표관리제에서 업체의 배출량 산정 시, 사업장에서 개발한 배출계수도 활용가능하다.

> **해설**
> IPCC 가이드라인은 각 배출원(emission source)에 대하여, 배출량을 산정할 수 있는 방법을 수준별로 제시하고 있다. 이를 Tier 접근법이라고 하며, 본 가이드라인에서 제시하는 매개변수(발열량, 배출계수 등)를 활용하는 가장 간편한 방법(Tier 1), 해당 국가 고유의 매개변수를 활용하는 등 좀 더 구체적인 방법(Tier 2), 그리고 해당 현장(사업장)에서 자체적으로 측정, 분석하는 값을 활용하여 산정하는 방법(Tier 3)을 제시　　**[정답 ②]**

189 다음 중 온실가스 인벤토리 구축 목적이 다른 것은

① 취약성 평가　　　　　　　② 미래 배출량 전망
③ 온실가스 감축잠재량 예측　　④ 사업장 온실가스 감축 목표 설정

> **해설**
> 기후변화 정책은 기후변화의 "취약성"평가를 기반으로 수립되는데 적응대책과 완화대책은 서로 별개의 것이 아니라 균형 잡힌 완화와 적응간의 정책 포트폴리오를 가지는 것이 중요하다.　　**[정답 ①]**

190 우국가온실가스 배출량 확정 단계에 포함되지 않는 것은

① 배출량 추정 ② 배출량 검증
③ 배출량 확정 ④ 배출량 산정 및 보고

해설
배출량 산정 및 보고, 배출량 검증 그리고 배출량 확정 [정답 ①]

191 이동오염원의 탄소배출량 저감방법으로 가장 거리가 먼 것은? (2016년 관리기사 제2회)

① 바이오연료 사용 ② 에코드라이빙 교육
③ 공기역학기술 적용차량 보급 ④ 단거리 물류운송차량의 대형화

해설
[정답 ④]

192 국내 온실가스 배출권 거래제 운영절차를 바르게 나열한 것은? (2016년 관리기사 제2회)

> ㄱ. 배출권 총수량·업종별 할당량 결정
> ㄴ. 배출활동·감축·거래
> ㄷ. 국가감축목표 설정
> ㄹ. 할당대상업체 지정
> ㅁ. 실적 검증
> ㅂ. 배출권 제출&이월·차입
> ㅅ. 업체별 배출권 할당

① ㄷ→ㄱ→ㄹ→ㅅ→ㄴ→ㅁ→ㅂ   ② ㄷ→ㄱ→ㄹ→ㅅ→ㄴ→ㅂ→ㅁ
③ ㄱ→ㄷ→ㄹ→ㅅ→ㄴ→ㅁ→ㅂ   ④ ㄱ→ㄷ→ㄹ→ㅅ→ㄴ→ㅂ→ㅁ

해설
[정답 ①]

193 배출권 거래제도에 관한 설명 중 옳지 않은 것은? (2016년 관리기사 제2회)

① 배출권 거래제도는 시장원리에 기반한 제도이다.
② 배출권 거래제도는 자발적인 제도로서 의무를 수반하지 않는다.
③ 배출권 거래제도는 배출총량이 고정되어 있다.
④ 배출권 거래제도의 운영에는 일정 수준의 거래비용이 발생한다.

> **해설**
> 할당대상업체 지정
> – 배출권을 할당받는 업체의 범위를 「저탄소 녹색성장 기본법」에 따른 관리업체 중 온실가스 배출량이 대통령령으로 정하는 기준량 이상인 업체와 할당업체로 지정받기 위하여 신청한 업체로 선정한다.
> – 대통령령으로 정하는 기준량은 최근 3년간 연평균 12만 5천 tCO_2 이상 배출업체 또는 2만 5천 tCO_2 이상 배출 사업장이다.
> [정답 ②]

194 1996년 IPCC 가이드라인상에서 국가온실가스 인벤토리에 포함된 분야가 아닌 것은? (2016년 관리기사 제4회)

① 농업　　② 에너지　　③ 생태계　　④ 폐기물

> **해설**
> 제1권 – 일반 지침 및 보고, 제2권 – 에너지, 제3권 – 산업공정 및 제품 사용, 제4권 – 농업, 산림 및 기타 토지 이용, 제5권 – 폐기물
> [정답 ③]

195 2020년 기준 국가온실가스 배출 전망치 가운데 가장 높은 비율을 차지하는 부문은? (2016년 관리기사 제4회)

① 수송　　② 산업　　③ 공공　　④ 폐기물

> **해설**
> [정답 ②]

196 우리나라 온실가스 감축목표 달성을 위한 부문별 감축량이 가장 큰 순서로 옳은 것은?

① 산업〉발전〉건물〉수송　　② 산업〉발전〉수송〉건물
③ 발전〉산업〉건물〉수송　　④ 발전〉산업〉수송〉건물

> **해설**
> 부문별 감축량은 2020년 전망치 대비 수송 약 3700만 CO₂톤, 건물 약 4800만 CO₂톤, 발전 약 6800만 CO₂톤, 산업 약 8300만 CO₂톤이다.　　　　　　　　　　　　　　　　　　　　　　　　　　　　　　　　　　　　　　　[정답 ①]

197 우리나라 온실가스 감축목표 달성을 위한 부문별 감축률이 가장 큰 순서로 옳은 것은?

① 수송>건물>발전>산업　　　　② 수송>건물>산업>발전
③ 건물>수송>발전>산업　　　　④ 발전>산업>수송>건물

> **해설**
> 부문별 감축률(%)은 2020년 전망치 대비 수송 34.3%, 건물 26.9%, 발전 26.7%, 산업 18.2%이다.　　　　[정답 ①]

198 기후변화 적응기술 및 정책에 대한 내용으로 가장 거리가 먼 것은? (2016년 관리기사 제4회)

① 무경농법은 수확한 농토를 갈지 않고 그루터기에 파종하는 방법이다.
② 보호지역제도 관리대안으로 UNESCO는 생물권 보전지역 지정제도를 운영하고 있다.
③ 산림이 농경지나 산업용지, 도시용지로 바뀌면 자연의 이산화탄소 흡수능력이 약화되므로 토지이용형태를 고려해야 한다.
④ 생물 멸종을 막기 위해서는 특히 먹이사슬의 아래쪽에 있는 동물의 멸종을 막도록 하는 것이 보다 중요하다.

> **해설**
> 생물권보전지역(Biosphere Reserves)은 유네스코가 주관하는 보호지역(생물권보전지역, 세계유산) 중 하나로, 생물다양성의 보전과 주민소득 증진 등 지속가능한 이용을 조화시키기 위해 등재하는 제도다.　　　　[정답 ④]

199 온실가스 조기감축 실적 인정에 대한 설명으로 옳지 않은 것은? (2016년 관리기사 제4회)

① 감축목표 이행실적의 평가단계에서 반영한다.
② 사업장단위와 사업단위 감축실적 모두 인정한다.
③ 연간 인정총량은 전체 관리업체 목표총량의 5%로 설정한다.
④ 감축실적을 정부재정으로 보상한 경우는 인정에서 제외된다.

해설
조기감축 실적 인정총량은 제1차 계획기간 할당계획에 따라 배출허용총량의 약 100분의 2.5로 설정하였으나 시행령 개정('16.6.1)으로 총량 한도가 철폐된 상태임
[정답 ③]

200 기후에 대한 설명 중 올바르지 않은 것은?

① 수개월에서 수백 년까지(일반적으로 30년) 일정기간 동안 기온의 평균 및 변동성, 강수, 바람 측면에서 설명된다.
② 기후계의 원동력은 태양복사이다.
③ 기후에 영향을 주는 내부강제력에는 화산분출이나 태양활동의 변화와 같은 자연현상이다.
④ 기후는 종종 평균기상(Average Weather)으로 정의된다.

해설
외부강제력에는 태양활동의 변화나 화산분출과 같은 자연현상뿐만 아니라 인간에 의한 대기조성변화 등 인위적 변화도 포함된다.
[정답 ③]

MEMO

MEMO

제2과목

온실가스 배출의 이해

PART 01 고정연소 및 이동연소의 온실가스 배출

1. 고정연소

1) 개요

특정 시설에 열을 제공하고 이를 열 혹은 기계적인 일(mechanical work)로 공정에 제공하거나 장치로부터 멀리 떨어져 이용하기 위해 설계된 장치 내에서 화석연료의 의도적인 연소가 이루어지는 공정이다.

2) 공정

(1) 고체연료 연소공정

연료명	유연탄			무연탄		갈탄
연소	유동상 연소		격자연소	화상연소		
	미분탄연소로	사이클론식로	상하부급탄식 스토커	이동격자식 스토커로	소형수동식 연소설비	
주용도	유틸리티 또는 산업용보일러	유틸리티 생산 또는 대규모 산업설비		난방용, 스팀 및 전기 생산, 코크스제조, 소결 및 펠릿화, 기타산업용		발전소

가) 유연탄 연소

유동상연소와 격자연소의 2가지 방법이 있음. 유동상연소는 미분탄 연소와 사이클론식로에서 주로 적용하고, 격자연소는 상하부급탄식 스토커에서 주로 적용.

나) 무연탄 연소

무연탄은 유연탄이나 갈탄에 비하여 고정탄소가 많고 휘발성분이 적은 고급탄임. 높은 점화온도와 높은 회분의 용해온도를 가지며 휘발성분이 적고 클링카 형성이 미미함으로 중소규모의 이동격자식스토커로나 소형 수동식 연소설비에 많이 사용.

다) 갈탄 연소

생성연륜이 비교적 짧은 석탄으로서 유연탄과 토탄의 중간 성질을 가지고 있음. 높은 수분함량을 가지며, 저위발열량도 낮고 발전소에서 전기와 스팀을 생산하는데 주로 사용.

(2) 액체 및 기체연료 연소공정

성상 종류	액체연료		기체연료	
	증류유 연소	잔사유 연소	천연가스 연소	LPG 연소
주용도	가정 또는 소규모 상업용 설비	유틸리티, 산업시설, 대형 상업용의 정교한 연소설비	발전소용, 산업공정의 스팀과 열 생산용, 가정 및 산업용 공간난방	가정 및 상업용, 화학공업용 내연기관

가) 증류유 연소

주로 손쉽게 연소를 해야 하는 가정이나 소규모 상업용 설비에 사용됨. 잔사유에 비하여 훨씬 휘발성이 크고 점성이 작으며, 회분과 질소분은 무시할 정도이며, 황성분이 보통 0.3wt% 이하.

나) 잔사유 연소

유틸리티, 산업시설 그리고 대형 상업용의 정교한 연소 설비가 있는 곳에 주로 사용함. 증류유보다 점성도가 더 크고 휘발성이 적기 때문에 취급이 용이.

다) 천연가스 연소

주성분은 주로 메탄이며, 그 외 가변량의 에탄과 소량의 질소, 헬륨, 이산화탄소도 포함되어 있음. 가정이나 상업용 공간난방, 발전소용, 산업공정의 열 생산용에 주로 사용.

라) 액화석유가스(LPG) 연소
- 부탄, 프로판 혹은 두 가지 가스의 혼합물과 미량의 프로필렌과 부틸렌으로 구성되어 있으며 이 가스는 유정이나 가스정에서 가솔린 정제부산물로 얻고, 고압력 하의 금속의 실린더 속에 액체상태로 충전하여 판매.
- LPG는 최대 증기압에 따라 등급을 정하는데, 등급 A는 주로 부탄이, 등급 F는 주로 프로판이, 그리고 등급 B 또는 E는 부탄과 프로판의 혼합정도에 따라 결정됨. 최대용도는 가정용이나 상업용으로 사용.

3) 온실가스 보고대상 배출시설

(1) 화력발전시설
- 석탄, 유류 등을 연소시켜 발생된 열로 물을 끓이고 이때 발생된 증기를 압축시켜 터빈을 돌려 전기를 생산하는 시설.
- 터빈이라 함은 유체를 움직이는 터빈 날개에 부딪히게 하여 그 운동에너지를 회전운용으로 바꾸어 동력을 얻게 하는 회전식원동기를 말함. 수력터빈, 증기터빈, 가스터빈 등이 있음. 여기서는 주로 증기터빈을 말함.

(2) 열병합발전시설
압축증기터빈을 이용하는 화력발전소는 보통 연료의 에너지 함량의 35%정도만 전력화되며, 나머지 65%는 냉각·낭비되는데 이러한 냉각 낭비되는 에너지를 모아 별도의 System을 통해 공정에 재이용되거나 발전소 인근 지역의 난방 등에 사용될 수 있는 System으로 설계된 발전소임.

(3) 발전용 내연기관
- 실린더 내에서 공기와 혼합된 연료를 폭발적으로 연소시켜 피스톤의 왕복운동에 의해 전기를 생산하는 시설.
- 실린더(Cylinder): 유체를 밀폐한 원통형의 용기로서 피스톤링, 피스톤, 연접봉, 크랭크, 점화플러그, 흡·배기밸브 등으로 구성. 여러 개의 실린더를 함께 묶어 하나의 몸으로 만든 것을 실린더블록이라 함.

- 도서지방용, 비상용 및 수송용은 제외.
  - 도서지방용 : 섬, 산간벽지 등 전기의 공급이 불가능한 지역에서 자체적으로 설치되어 운영되는 내연용 발전시설.
  - 비상용 : 외부로부터 전기의 공급이 중단된 경우에 한하여 자체사업용으로 가동하는 발전시설.
  - 수송용 : 기차, 선박 등 수송차량 등에서 자체소비를 목적으로 전기를 생산하거나 트레일러 등에 발전시설이 설치되어 장소를 이동하면서 전기를 생산하는 시설.

(4) 일반 보일러시설
- 연료의 연소열을 물에 전달하여 증기를 발생시키는 시설.
- 물 및 증기를 넣는 철제용기(보일러 본체)와 연료의 연소장치 및 연소실(화로)로 구성.
- 본체의 구조형식에 따라 원통형보일러, 수관보일러, 주철형보일러로 구분.

가) 원통형 보일러
- 구멍이 큰 원통을 본체로 하여 그 내부에 노통화로 연관 등을 설치한 것으로 구조가 간단하고 일반적으로 널리 쓰리고 있으나, 고압용이나 대용량에는 적합지 않음.
- 종류 : 입식보일러, 노통보일러, 연관보일러, 노통연관보일러 등.

나) 수관식 보일러
- 작은 직경의 드럼과 여러 개의 수관으로 나누어져 있으며, 수관 내에서 증발이 일어나도록 되어 있음. 고압, 대용량으로 적합.
- 종류 : 자연순환식, 강제순환식, 관류식 등.

다) 주철형 보일러
- 주물계의 Section을 몇 개 전후로 짜 맞춘 보일러로서 하부는 연소실, 상부는 굴뚝으로 되어 있음.

- 주로 난방용의 저압증기 발생용 또는 온수보일러로 사용.

(5) 공정연소시설
- 공정연소시설이란 상기 제시된 화력발전시설, 열병합 발전시설, 내연기관 및 일반 보일러를 제외하고, 제품 등의 생산공정에 사용되는 특정시설에 열을 제공하거나 장치로부터 멀리 떨어져 이용하기 위해 연료를 의도적으로 연소시키는 시설.
- 공정연소시설의 세부 종류는 다음과 같음.

[연료 종류별 공정연소시설의 종류]

연료의 종류	공정연소시설의 종류
고체연료	건조시설, 가열시설, 용융·용해시설, 소둔로, 기타로
기체연료	건조시설, 가열시설, 나프타 분해시설(NCC), 폐가스 소각시설, 용융·용해시설, 소둔로, 기타로
액체연료	건조시설, 가열시설, 나프타 분해시설(NCC), 용융·용해시설, 소둔로, 기타로

가) 건조시설
- 전기나 연료, 기타 열풍 등을 이용하여 제품을 말리는 시설
- 습윤 상태에 있는 물질은 수송이나 저장이 불편하고, 제품의 응집이나 고형화가 쉽게 일어날 수 있으므로 이러한 상태를 예방하고 제품이 요구하는 수준의 수분을 함유하기 위해 건조작업이 행하여지는데 여기에 건조시설이 필요함.
- 건조시설은 건조에 필요한 열을 전하는 방식에 따라 열풍수열식과 전도수열식으로 구분됨.
  - 열풍수열식 : 열풍과 피건조재료가 직접 접촉함으로서 열의 전달이 이루어지며, 열풍이 재료이동방향과 같은 경우에는 병류식, 역방향인 경우에는 향류식이라 함.
  - 전도수열식 : 일반적으로 금속벽을 통해 열원으로부터 피건조재료에 간접적으로 열의 전달이 이루어짐. 열손실이 적고 건조의 효율이 높으나 금속벽의 열용량이 크므로 효과적으로 건조하는 데는 약간의 문제점이 있음.
- 재료의 이동방법에 따라 본체회전식, 교반기식, 공기수송식, 유동층식, 벨트이동식 으

로 구분. 이들 이동방식을 2가지 이상 조합하여 하나의 건조시설로 하는 방식도 있음.

나) 가열시설(열매체 가열을 포함한다)

- 어떤 방법으로 물체의 온도를 상승시키는데 사용되는 시설
- 보일러도 일종의 가열시설로 볼 수 있으나, 일반적으로 석유화학 및 유기화학공업 등의 각종 공정에 쓰이는 관식가열로(Tubular Heater)등을 말함. 이는 Pipe Still Heater 라고도 불리며, 피가열물체가 기체 또는 액체 등의 유체에 한정되며 거의 연속운전인 점 그리고 열원으로서 가스 또는 액체연료를 사용하며, 가열방법이 모두 직화 방식인 특징이 있음.
- 외관형상으로는 직립원통형, 캐빈형, 상자형으로 구분
  - 직립원통형: 전복사형(헬리킬코일 및 수직관식) 복사대류일체형, 복사·대류분리형(수직관식, 대류부수평관식) 등이 있음.
  - 상자형: 수평관식-수직연소식, 수직관식-수평연소식, 수직관식-특수연소식, 수평관식-특수연소식 등이 있음.

※ 열매체

- 장치를 일정한 조작온도로 유지하기 위하여 가열 또는 냉각에 사용되는 각종 유체
- 조작온도 내에서는 유체로서 취급될 수가 있어야 하며, 열적으로 안정되고, 단위체적당 열용량이 크며, 사용압력범위도 적당하고, 전달계수가 높아야 함. 또한 장치에 대한 부식이 적고, 불연성이며, 값싸고 무독인 특성을 가져야 함.
- 대표적 열매체:
  - 액상 : 유기열매체(디페닐에트드, 디페닐 등의 혼합물), 수은, 열유, 온수유기열매체, HTS($NaOH+NaNO_3+KNO_3$) 등
  - 기체상 : 과열수증기, 굴뚝가스, 공기 등

다) 용융·용해시설

- 고체상태의 물질을 가열하여 액체상태로 만드는 시설을 용융시설. 기체, 액체, 또는 고체물질을 다른 기체, 액체 또는 고체물질과 혼합시켜, 균일한 상태의 혼합물 즉, 용체를 만드는 시설을 용해시설이라 함.
- ※ 용체: 균일한 상을 만들고 있는 혼합물로서 액체상태인 경우에는 용액, 고체상태인

경우에는 고용체, 기체상태일 때는 혼합기체라 함.
여기서는 동일상태의 서로 다른 물질을 혼합시켜 원래상태의 물질이 물리·화학적 성질 변화를 일으키는 경우의 시설에 적용되며, 그렇지 않고 원래상태의 물질이 물질화학적 성질의 변화가 없이 단순히 혼재되어 있는 경우의 시설은 혼합시설로 구분.

라) 소둔로
- 열처리시설의 일종으로 강재의 기계적 성질 또는 물질적 성질을 변화시켜서 강재의 결정조직을 조정하여 내부응력을 제거하거나 가스를 제거할 목적으로 가열냉각 등의 조작을 하는 로
- 보통 내부응력의 제거와 연화를 목적으로 사용함. 내부응력의 제거 또는 연화를 목적으로 할 경우에는 적당한 온도로 가열 후 서냉함
- 이외 결정조직의 조정을 목적으로 할 경우에는 Ac3 변태점(가열 중에 페라이트 또는 페라이트와 시멘타이트에서 오오스티나이트 형태로 변태가 완료하는 온도)보다 약 50℃ 정도 높은 온도로 가열한 후 노냉(爐冷) 또는 탄냉(炭冷)함

마) 기타로(상기 공정 연소시설에 제시되지 않는 기타 연소시설)

(6) 대기오염물질 방지시설
연소 배가스의 황산화물(SOx) 및 질소산화물(NOx)의 오염물질을 처리하는 시설

가) 배연탈질시설
- 습식 탈황: 현재 화석연료 연소공정에서 가장 널리 사용되고 있는 방식으로서 석회를 함유한 액체에 황산화물을 함유한 가스를 통과시켜 제거하는 습식탈황시설로 기술적인 완성도 및 신뢰성 면에서 가장 우수하다고 알려져 있음. 초기 투자비가 크고, 넓은 부지를 필요로 하며 폐수처리 및 장치의 부식문제가 있음
- 건식 탈황: 일반적으로 초기투자비 및 에너지소모율이 낮고, 부산물의 처리비용도 상대적으로 적은 장점이 있지만, 제거 효율이 낮고 대형시설에 대해서 아직 그 적용성이 검증되지 않았음
- 반건식 탈황: 건식법보다 높은 처리효율과 습식에서 발생하는 폐수처리에 대한 고려

가 필요하지 않지만, 처리된 가스 중의 황산칼슘염의 점도가 높은 먼지상태로 배출되기 때문에 후단의 집진기에서 집진 효율을 떨어뜨리는 원인이 되기도 함
- 대표적인 배연탈황시설의 반응은 다음과 같음

$SO_2 + H_2O \rightarrow H_2SO_3$
$CaCO_3 + H_2SO_3 \rightarrow CaSO_3 + CO_2 + H_2O$
$CaSO_3 + 1/2O_2 + 2H_2O \rightarrow CaSO_4 \cdot 2H_2O$(석고)
$CaCO_3 + SO_2 + 1/2O_2 + 2H_2O \rightarrow CaSO_4 \cdot 2H_2O$(석고) $+ CO_2$
$CaSO_3 + 1/2H_2O \rightarrow CaSO_3 \cdot 1/2H_2O$

배연탈황시설의 온실가스 배출활동은 '탄산염(주로 석회석)의 기타공정 사용'에서 보고되어야 하며, 벤치마크 계수 또한 해당 배출활동에서 개발되어 관리되어야 함

나) 배연탈황시설
- 배연탈질기술 중 현재 건식법이 상용화되어 있으며 이는 선택적 촉매환원법(SCR, Selective Catalytic Reduction)과 선택적 비촉매환원법(SNCR, Selective Non-Catalytic Reduction)으로 구분할 수 있음
- 이중 선택적 촉매환원법(SCR)은 오염물질 처리단계에서 추가적인 에너지 사용(연료연소활동) 및 온실가스 배출이 발생함

4) 온실가스 배출특성

배출시설	배출반응	온실가스
화력 발전시설 열병합 발전시설 발전용 내연기관 일반보일러 시설 공정연소시설	• 화석연료의 의도적인 연소로부터 발생 • CO_2 : 화석연료의 탄소성분 산화 • CH_4 : 화석연료의 탄소성분 불완전연소 • N_2O : 질소성분의 불완전연소	CO_2 CH_4 N_2O
대기오염물질(NO_x) 방지시설 (SCR, 선택적촉매환원법)	• 고정연소 : 대기오염물질 처리에 필요한 추가적인 에너지 사용(연료연소활동)에 의한 온실가스 배출 • 공정배출 : SCR에서 NO_x의 환원처리 시 중간생성물로 N_2O 발생가능	

> **확인문제**
>
> 고정연소 온실가스 배출시설 중 공정연소 시설에 해당하지 않는 시설은?
> (단, 온실가스·에너지 목표관리 운영 등에 관한 지침 기준)
> (2015년 관리기사 제2회)
>
> ① 배연탈황시설 ② 건조시설
> ③ 가열시설 ④ 용융융해시설
>
> **해설**
> 공정연소시설에는 건조시설, 가열시설, 용융·융해시설, 소둔로, 기타로, 나프타 분해시설(NCC), 폐가스 소각시설이 있으며, 배연탈황시설은 대기오염물질 방지시설에 포함된다. [정답 ①]

2. 이동연소

1) 개요

수송용 내연기관에 의한 연소로, 기차, 선박, 항공기, 도로 등 수송차량에서 자체소비를 목적으로 동력이나 전기를 생산하는 시설

2) 공정

(1) 항공

항공기 내연기관에서 제트연료(Jet Kerosene)나 항공 휘발유(Aviation Gasoline) 등의 연소에 의해 온실가스가 발생하는 배출활동으로, 항공기 엔진의 연소가스는 대략 CO_2 70%, H_2O 30% 이하, 기타 대기오염물질 1% 미만으로 구성되어 있음. 최신 기술이 적용된 항공기에서는 CH_4와 N_2O는 거의 배출되지 않음.

항공부문의 온실가스 배출량은 항공기의 운항횟수, 운전조건, 엔진효율 비행거리, 비행단계별 운항시간, 연료 종류 및 배출고도 등에 따라 달라지며, 항공기의 운항은 이착륙단계(LTO, Landing/Take-off)와 순항단계(Cruise)로 구분됨. 항공기에서 배출되는 오염물질의 약 10%는 공항 내에서의 운행과 이착륙 중에 발생하고, 90%가량이 높은 고도에서 발생함.

(2) 도로

도로차량의 연료 사용으로부터 발생하는 모든 연소 배출을 포함함. 자동차는 내연기관에서의 화석연료 연소에 의해 CO_2, CH_4, N_2O 등 온실가스가 배출되며, 건설기계, 농기계 등 비도로 차량에 의한 온실가스 배출 또한 별도의 구분 없이 배출량을 산정함.

(3) 철도

철도 부문은 일반적으로 디젤, 전기, 증기 세 가지 중 하나를 사용하여 구동하는 철도 기관차에서 배출되는 온실가스 배출량을 산정함.

(4) 선박

휴양용 선박에서 대형 화물 선박까지 주로 디젤 엔진 또는 증기나 가스터빈에 의해 운항되는 모든 수상 교통(선박)에 의해 배출되는 온실가스가 포함되며, 선박의 운항에 의해 CO_2, CH_4, N_2O 등 온실가스와 기타 대기오염물질이 배출됨.

3) 이동연소시설의 온실가스 배출특성

(1) 항공

가) 국내항공 : 이착륙을 같은 나라에서 하는 민간 국내 여객 및 화물항공기(상업수송기, 개인비행기, 농업용)로부터의 배출이 포함됨.

나) 기타항공 : 동일 부문의 보고 대상에서 지정되지 않은 모든 항공 이동원의 연소배출이 포함됨.

- 국제선 운항(국제벙커링)에 따른 온실가스 배출량 등은 산정·보고에서 제외함.
- 군용항공기도 여기에 포함될 수 있으나 대외비이므로 군용항공기에 의한 온실가스 배출은 산정하지 않고 있음.

(2) 도로

[도로부문의 보고대상 배출시설]

종류	경형	소형	중형	대형
승용자동차	배기량이 1000cc 미만으로서 길이 3.6미터·너비 1.6미터·높이 2.0미터 이하인 것	배기량이 1,600cc 미만인 것으로서 길이 4.7미터·너비 1.7미터·높이 2.0미터 이하인 것	배기량이 1,600cc 이상 2,000cc 미만이거나 길이·너비·높이 중 어느 하나라도 소형을 초과하는 것	배기량이 2,000cc 이상이거나, 길이·너비·높이 모두 소형을 초과하는 것
승합자동차	배기량이 1000cc 미만으로서 길이 3.6미터·너비 1.6미터·높이 2.0미터 이하인 것	승차정원이 15인 이하인 것으로서 길이 4.7미터·너비 1.7미터·높이 2.0미터 이하인 것	승차정원이 16인 이상 35인 이하이거나, 길이·너비·높이 중 어느 하나라도 소형을 초과하여 길이가 9미터 미만인 것	승차정원이 36인 이상이거나, 길이·너비·높이 모두가 소형을 초과하여 길이가 9미터 이상인 것
화물자동차	배기량이 1000cc 미만으로서 길이 3.6미터·너비 1.6미터·높이 2.0미터 이하인 것	최대적재량이 1톤 이하인 것으로서, 총 중량이 3.5톤 이하인 것	최대적재량이 1톤 초과 5톤 미만이거나, 총 중량이 3.5톤 초과 10톤 미만인 것	최대적재량이 5톤 이상이거나, 총 중량이 10톤 이상인 것
특수자동차	배기량이 1000cc 미만으로서 길이 3.6미터·너비1.6미터·높이 2.0미터 이하인 것	총 중량이 3.5톤 이하인 것	총 중량이 3.5톤 초과 10톤 미만인 것	총 중량이 10톤 이상인 것
이륜자동차		배기량이 100cc 이하(정격출력 1킬로와트 이하)인 것으로서, 최대적재량(기타형에 한한다)이 60킬로그램 이하인 것	배기량이 100cc초과 260cc이하(정격출력 1킬로와트 초과 1.5킬로와트 이하) 인 것으로서, 최대적재량이 60킬로그램 초과 100킬로그램 이하인 것	배기량이 260cc(정격출력 1.5킬로와트)를 초과하는 것
비도로 및 기타 자동차	건설기계, 농기계 등 비도로 차량 및 위에서 규정되지 않은 기타 차량			

(3) 철도

철도 부문의 보고대상 배출시설 : 고속차량, 전기기관차, 전기동차, 디젤기관차, 디젤동차, 특수차량

※ 이중 고속차량, 전기기관차, 전기동차는 전기를 동력원으로 사용
  디젤기관차, 대젤동차, 특수차량을 디젤유를 사용

- 디젤기관차: 디젤유를 연료로 사용하는 내연기관에 의해 발전한 전기동력을 이용하여 모터를 돌려 열차를 견인
- 디젤동차, 특수차량: 디젤유를 연료로 하는 내연기관에 의해 철도차량을 움직임

(4) 선박

국제수상 운송에 의한 온실가스배출량은 산정보고에서 제외됨

배출원	적용범위
수상항해	수상 선박을 추진하기 위해 사용된 연료로부터의 모든 배출 호버크라프트(Hovercraft)와 수중익선(Hydrofoils)이 포함되며, 어선은 제외. 국제/국내 항해의 구분은 출발항만과 도착항만을 기준으로 구분
국내항해	동일 국가 내에서 출항 및 입항하는 모든 선박으로부터의 배출(어업과 군용은 제외)을 의미
어 선	내륙, 연안, 심해 어업에서의 연료 연소로부터의 배출 어업은 그 나라 안에서 연료보급이 이루어진 모든 국적의 선박을 포함
기 타	다른데서 지정되지 않은 모든 연료연소로부터의 수상 이동 배출

※ 국내 및 국제 구분기준(항공, 선박)

구 분	두 공항 사이의 항해 유형
국내선	동일 국가에서의 출발과 도착
국제선	한 나라에서 출발 후 다른 나라에 도착

4) 이동연소의 보고 대상 배출시설 및 온실가스 배출특성

배출시설		배출반응	온실가스
항공	국내항공기 기타항공기	• 항공기 내연기관에서 제트연료(Jet Kerosene)나 항공 휘발유(Aviation Gasoline) 등의 연소에 의해 온실가스 발생 • 항공기 엔진의 연소가스 CO_2 70%, H_2O 30% 이하, 기타 대기오염물질 1% 미만 • 최신 기술이 적용된 항공기에서는 CH_4와 N_2O 배출 거의 없음 • 항공기에서 배출되는 오염물질의 약 10%는 공항 내에서의 운행과 이착륙 중에 발생하고, 90%가량이 높은 고도에서 발생	CO_2 CH_4 N_2O
도로	승용자동차 승합자동차 화물자동차 특수자동차 이륜자동차 비도로 및 기타 자동차	• 도로차량의 연료 사용으로부터 발생	
철도	고속차량 전기기관차 전기동차 디젤기관차 디젤동차 특수차량	• 디젤, 전기, 증기 세 가지 중 하나를 사용하여 구동하는 철도 기관차에서 배출	
선박	수상항해선박 어선 기타선박	• 휴양용 선박에서 대형 화물 선박까지 주로 디젤 엔진 또는 증기나 가스터빈에 의해 운항되는 모든 수상 교통(선박)에 의해 배출	

확인문제

온실가스 배출시설의 종류 중 이동연소 도로차량에 해당하지 않는 것은?
(단, 온실가스·에너지 목표관리 운영 등에 관한 지침 기준)
(2015년 관리기사 제4회)

① 승용자동차　　　　　　　　② 무동력 자전거
③ 화물자동차　　　　　　　　④ 농기계

해설
무동력 자전거는 수송용 내연기관에 의한 연소가 일어나지 않으므로 온실가스를 배출하는 이동연소 도로차량에 해당하지 않는다.

[정답 ②]

PART 02 철강 및 금속

1. 철강생산

1) 정의
불순물을 함유한 산화철을 순수 철(환원상태)로 만드는 과정

2) 공정

(1) 제선공정

철광석에서 선철을 제조하는 공정이며, 원료공정, 코크스공정, 소결공정, 고로공정으로 이루어짐.

가) 원료공정

철광석 및 석회석 하역: 해안의 부두 하역설비에서 원료를 하역하여 저장

나) 코크스공정

원료탄(유연탄)을 코크스로(Cokes Oven)에 넣어 1,000~1,300℃의 고온에서 구워 코크스를 만드는 공정

다) 소결공정(Sintering)

철광석 가루를 일정한 크기로 만드는 과정

- 소결공정의 유출물질: 소결광, CO_2, 대기오염물질, 폐수 등

라) 고로 공정

코크스가 연소하며 발생하는 CO가 철광석과 환원반응을 일으키며 쇳물이 생산되는 공정.

※ 제선공정에서 석회석 및 유연탄의 역할

1. 석회석($CaCO_3$)의 역할 : 선철의 불순물 제거
- SiO_2 등의 불순물을 제거하는 용도로 사용
- 불순물들은 석회석과 반응하여 슬래그(Slag)를 형성하고 이 슬래그는 비중이 철보다 가벼워서 부상분리

$$CaCO_3 \rightarrow CaO + CO_2 \ / \ CaO + SiO_2 \rightarrow CaSiO_3 \text{ (슬래그 형성)}$$

2. 유연탄의 역할

1) 환원제
- 유연탄으로 코크스를 만들어 산화철의 환원과정에 필요한 환원제로 사용(철은 철광석 내의 산화철을 환원하여 생산됨)
- 코크스에 의한 환원반응은 직접환원반응, 간접환원반응 두 가지 반응으로 일어남

> 직접 환원 반응 : $FeO + C$(코크스) $\rightarrow Fe + CO$
> 간접 환원 반응 : $FeO + CO \rightarrow Fe + CO_2$

2) 열원으로서의 역할
- 코크스가 송풍기로부터 공급된 공기 중 산소를 이용하여 연소되면서 연소열을 발생 → 이 열은 철광석의 용융 및 환원에 필요한 열량으로 공급

3) 통기성 및 통액성 확보
- 고로 내부 가스 흐름의 균일화와 원활함이 코크스의 입도와 강도에 의하여 결정(통기성)
- 고로 하부에서 액체상태의 쇳물과 슬래그가 원활하게 노상으로 떨어질 수 있는 공간 확보에 고체상태의 코크스가 중요한 역할(통액성)

(2) 제강공정
선철을 이용하여 용강을 제조하는 공정이며, 전로공정, 전기로 공정이 있음.

가) 전로(Converter) 제강 공정
- 고로에서 생산된 쇳물(용선)로부터 용강을 생성하는 과정
- 탄소함량이 높고 인, 황과 같은 불순물을 포함하고 있는 쇳물(용선)의 불순물을 줄이고 강도를 높이기 위해 재정련하는 과정
- 전로에 70~90%의 용선(Pig Iron)과 10~30%의 철스크랩(Steel Scrap)을 함께 넣은 후 산소(고압의 순수산소)를 불어넣어 불순물인 탄소, 인, 황 등을 제거

나) 전기로(EAF, Electric Arc Furnace) 제강공정
- 철스크랩으로부터 강을 제조하는 공정
- 전기로는 전열을 이용하여 강을 제조하며, 아크로와 유도로 2가지 방식이 있음 → 막대한 전력이 소요

> - 아크로 : 전기양도체인 전극에 전류를 통하여 철스크랩(Steel Scrap) 사이에 발생하는 아크(Arc) 열에 의하여 철스크랩을 정련
> - 유도로 : 도가니의 주위를 감은 코일에 전열을 통해서 유도전류에 의한 저항열로 정련

- 전기로에서 용해된 쇳물은 래들(Ladle)에 의해 LF(Ladle Furnace)로 이송

> - LF(Ladle Furnace) : 쇳물의 화학성분을 더욱 세밀하게 조절하며 불순원소(유황, 가스)를 제거하여(정련) 고순도의 쇳물을 생산

(3) 연주공정
액체형태의 용강이 주형에 주입되고 연속주조기를 통과하면서 냉각, 응고되어 슬래브, 블룸, 빌릿 등 중간소재로 만드는 공정

(4) 압연공정
중간소재(슬래브, 블룸, 빌릿)를 압연하기 적당한 온도인 1,100~1,300℃로 가열한 후 회전하는 다수의 롤(roll) 사이를 통과시켜 늘리거나 얇게 만드는 과정

※ 철강공정 부생가스
BFG(Blast Furnace Gas) : 고로가스
COG(Coke Oven Gas) : 코크스오븐가스
LDG(Linz-Donawitz Converter Gas) : 전로가스
BOF(Basic Oxygen Furnace, 전로의 일종) : 전로가스
FOG(Finex Off Gas) : 차세대 철강생산기술인 파이넥스 설비에서 발생하는 부생가스

---

3) 보고 대상 배출시설

(1) 일관제철시설
- 철광석으로부터 철을 제련하기 위한 기본 공정인 제선, 제강, 압연의 세 공정을 같이 보유하고 있는 종합공정임.
- 일관제철공정은 많은 세부공정이 유기적으로 연계되어 있고 부생가스와 유틸리티(전력, 스팀, 공기, 산소, 질소, 알곤, 수소, 정수 등)의 2·3차 변환에너지들이 사업장 내 공정에 연료 및 에너지로 사용되기 때문에 배출시설별로 구분이 어려움에 따라 일관제철소에 대해서는 전체를 하나의 경계(boundary)로 설정한 일관제철공정으로 간주하고 물질수지(mass-balance) 방법을 적용하여 공정배출량을 산정함.

(2) 코크스로
야금코크스는 부상된 코크스 오븐전지에서 석탄의 분해증류에 의해 제조되며 "Coking" 이라 칭하는 증류는 무산소 상태의 오븐에서 진행됨.

(3) 소결로

- 분체를 융점 이하 또는 그 일부에서 액상이 생길 정도로 가열하여 구우면서 단단하게 하여 어느 정도의 강도를 가진 고체로 만드는 로를 말함.
- 여기에서는 주로 금속정련 특히 용광로에서 널리 사용되는 분광괴성법으로서 미세한 분 철광석을 부분 용융에 의하여 괴성광으로 만드는 데 사용되는 로를 말함.
- 세계적으로 연속식인 DL이 많이 사용되고 있음. 그 과정은 철광석, 석회석, 코크스 등 각종 원료를 일정한 비율로 혼합기에서 혼합시켜 조립한 다음 이것을 로 내에 장입하고 점화로에서 그 표면에 착화시키면 원료 중의 코크스가 연소되면서 1,300~1,480℃의 온도에서 소결이 진행되고 다시 냉각, 파쇄, 체질을 하여 용광로에 투입하기에 적당한 소결광으로 만들어 용광로에 보내어짐. 연소용 공기는 공기 속에 포함된 각종 먼지 등 이물질을 제거시킨 후에 소결로 옆에 붙어 있는 Wind box를 통해 공급됨.

(4) 용선로 또는 제선로(고로)

- 철광석을 용해하여 선철을 생산하는 로로서 일반적으로 고로 또는 용광로라고 함.
- 본체는 원탑형으로 되어 있으며, 외체는 두꺼운 철판으로 되어 있고 내부는 내화벽돌로 두껍게 쌓여져 있음.
- 원료로는 철광석, 코크스, 석회석 등이 사용되고 이들 원료는 운송장치에 의하여 자동으로 로상부에 운반되어 장입됨.
- 로내의 온도는 상부 200~300℃이고 하부로 내려갈수록 고온이 되어 송풍구 부분에서는 1,500~2,000℃에 달하게 됨.
- 철광석은 하부에서 올라오는 고온의 코크스 연소가스에 의하여 가열되며, 가스 중의 CO에 의해 간접 환원되면서 하강함. 그 후에는 코크스의 탄소에 의하여 직접 환원되어 선철로 용해되면서 최하부의 탕류에 부분에 모이게 됨.
- 한편 장입원료 중 맥석 등 불순물은 대부분 용해되어 석회석과 화합하여 광재가 되고, 이것은 비중이 낮으므로 탕류부분 용선의 상층으로 부상하게 됨.

(5) 전로

- 용광로에서 제조된 선철(용선)을 정련하여 용강으로 만드는데 사용되며, 주로 탈탄 또는 탈인반응에 이용됨.
- 산성전로법과 염기성전로법이 있으며, 원료로 용선과 소량의 고철을 사용함.
- 산화제로는 순산소가스(순도99.5%이상)를 이용하고 용제(Flux)로는 석회석과 형석이 사용됨.
- 초음속의 순산소제트를 용선에 불어넣어 약 40분이내에 급속히 정련시키므로 비교적 제강시간이 짧고 고철의 사용비가 적음. 또한 생산비가 낮으며, 품질은 양호한 편으로 순산소 상취전로(LD로)가 전세계 조강생산의 약 60%이상을 점유하고 있음.
- 최근에는 BBM (Bottom Blowing Method) 또는 Q-BOP(Quicker Refining Basic Oxygen Process)라고 하는 저취전로가 가동되고 있기도 함.

(6) 전기로(전기아크로, 전기유도로)

- 전기로는 크게 나누어 아크로(Arc Furnace)와 유도로(Induction Furnace)가 있음.
- 아크로는 주로 대용량의 연강(Mild Steel) 및 고합금강의 제조에 사용되고 유도로는 주로 고급특수강이나 주물을 주조하는데 사용됨.
- 아크로는 전기양도체인 전극(탄소봉)에 전류를 통하여 고철과 전극사이에 발생하는 Arc열을 이용하여 고철 등 내용물을 산화·정련하며, 산화정련 후 환원성의 광재로 환원정련함으로서 탈산·탈황작업을 하게 됨. 원료로는 선철이나 고철이 사용되며, 보통 1회에 2~3번의 원료투입(장입)이 이루어지는데 원료 투입 시에는 로 상부의 선회식 뚜껑이 열리고 드롭보터믹 바켓(Dropbottom bucket)에 담겨진 고철 등을 기중기를 이용하여 로 상부에 투입됨.
- 로의 형식에 따라 고정식과 경동식이 있으며 고정식은 출강구를 통하여 경동식은 로 자체를 일정한 기울기만큼 기울여 출강함.

(7) 평로

- 제선로(용광로)에서 만들어진 선철(용선)중의 불순물 제거, 탈탄처리, 합금원소 첨가 등 정련작업을 하여 소정 품질의 강재를 생산하는데 사용되는 로를 말함.
- 얇은 직사각형의 구조를 가지는 것이 보통이며 원료로는 중유, 미분탄, 발생로 가스

등을 사용함. 제강용 로 중에서 비교적 규모가 큰 편으로 대규모생산에 유리하나 단위생산성이 비교적 낮은 관계로 전 세계적으로 감소추세에 있음.
- 로 바닥에는 백운석으로 채워져 있으며, 원료로는 선철 60% 그리고 편철류(Scrap) 약 40%로 구성됨. 원료 투입 시에는 먼저 석회석과 편철류를 투입하여 편철류를 완전히 용융시킨 다음 선철을 투입함.
- 로 내부의 온도가 증가하면 석회석의 분해가 이루어지면서 CO_2가 발생되고 이 CO_2는 로 내부의 물질들을 서로 교반시키는 역할을 하게 됨.
- 강재의 성분조성 또는 탈탄작업을 위하여 산소를 주입하기도 하며 한 공정이 끝나기까지는 대략 8~10시간 정도가 소요됨.

4) 온실가스 공정배출시설 및 온실가스

배출시설	배출반응	온실가스
코크스로	• 석탄의 열분해를 통한 코크스 생산 과정에서 CO_2, CH_4 배출	CO_2 CH_4
소결로	• 철광석 입자, 코크스, 용제의 혼합물 연소 환원반응을 통한 괴광 제조 과정에서 CO_2, CH_4 배출	
용선로 (고로)	• 코크스에 의한 철광석 환원 과정에서 CO_2 배출 ※ 환원반응 • 직접 환원반응 제1산화철 : $Fe_3O_4 + 2C \rightarrow 3Fe + 2CO_2$ 제2산화철 : $Fe_2O_3 + 1.5C \rightarrow 2Fe + 1.5CO_2$ • 간접 환원반응 : $FeO + CO \rightarrow Fe + CO_2$	
전로	• 용선 중의 탄소 불순물 산화분해로 CO_2 배출(순산소 주입에 의한 탄소 산화)	
전기로	• 용선 및 철스크랩 중의 탄소 불순물 산화분해로 CO_2 배출	
평로	• 용강 중의 탄소 불순물 산화분해로 CO_2 배출	

> **확인문제**
>
> 다음 배출 시설 중 철강생산 공정배출 시설과 가장 거리가 먼 배출시설은?
> (단, 온실가스·에너지 목표관리 운영 등에 관한 지침 기준)
> (2016년 관리기사 제2회)
>
> ① 코크스로 ② 가열로
> ③ 고로   ④ 전로
>
> **해설**
> 철강생산공정의 온실가스 공정배출에는 일관제철시설, 코크스로, 소결로, 고로, 전로, 전기로, 평로가 있으며 가열로는 물체의 온도를 상승시키는데 사용되는 시설로서 고정연소의 공정연소시설로 분류된다. [정답 ②]

2. 합금철 생산

1) 개요

합금철은 철과 하나 이상의 금속(실리콘, 망간, 크롬, 몰리브덴, 바나듐, 텅스텐 등)이 농축된 합금으로 철강 제련과정에서 용탕(쇳물)의 탈산 혹은 탈류 등 불순물을 제거하거나, 철 이외의 성분 원소 첨가를 목적으로 제조·사용됨.

2) 공정

[합금철 제조공정 개요]

(1) 원자재 투입
- 철광석, 철 이외의 금속(실리콘, 망간, 크롬, 몰리브덴, 바나듐, 텅스텐 등), 탄소성 환원제(석탄, 코크스, 일부에서는 목탄과 나무 등 사용) 등을 혼합 투입하는 공정
- 고로를 사용하는 경우에는 탄소성 환원제를 사용, 전기로를 사용하는 경우에는 전기 양도체인 전극으로 탄소봉을 사용(탄소봉이 환원제 역할)

(2) 원료 배합
- 투입된 원자재가 균일하게 혼합될 수 있도록 배합하는 공정
- 제품의 목표 물성과 제련로(주로 전기로)의 반응 특성을 고려하여 투입 원자재의 배합 비율을 결정

(3) 정련 및 출탕
- 전기아크로(Electric Arc Furnaces, EAF)에서 전기의 양도체인 전극(탄소봉)에 전류를 통하여 충진된 물질(철 스크랩 등)과 전극 사이에 아크열을 발생시키고 이 전기열을 이용하여 철과 여타 금속을 산화 정련 한 후 환원제(환원성의 광재)를 이용하여 환원 정련(탈산 및 탈황) → 합금철이 생산 및 출탕
- 보통 1회에 2~3번의 원료투입(장입)이 이루어지는데 원료 투입시에는 로 상부의 선회식 뚜껑이 열리고 드롭보텀식 바켓(Drop bottom bucket)에 담겨진 충진물질 등을 기중기를 이용하여 로 상부에서 투입함. 로의 형식에 따라 고정식과 경동식이 있으며 고정식은 출강구를 통하여, 경동식은 로 자체를 일정한 기울기만큼 기울여 출강함
- 환원제로 코크스 또는 탄소봉이 이용되며, 이 과정에서 온실가스(CO_2) 배출

    $FeO + C \rightarrow Fe + CO$
    $FeO + CO \rightarrow Fe + CO_2$
    $MnO_2 + 2C \rightarrow Mn + 2CO$

(4) 기계적 파쇄
- 출탕공정 후 생산된 합금철을 제품 규격에 맞추어 기계적으로 파쇄하는 공정

(5) 선별 및 건조 후 출하
- 생산된 합금철 중에서 원하는 크기로 선별, 품질 검사, 제품 건조 후 출하

3) 보고 대상 배출시설

(1) 전로
'철강생산'의 보고 대상 배출시설 '전로'의 내용과 동일함.

(2) 전기아크로
'철강생산'의 보고 대상 배출시설 '전기로'의 내용과 동일함.

4) 온실가스 공정배출시설 및 온실가스

배출시설	배출반응	온실가스
전로	• 환원제(코크스)의 야금환원반응에서 CO_2 발생 • 실리콘(Si)계 합금철 생산 시 CH_4 발생	CO_2 CH_4
전기로 (전기아크로)	• 탄소봉 탄소의 산화로 CO_2 발생(금속산화물은 환원) $FeO + C \rightarrow Fe + CO$ / $FeO + CO \rightarrow Fe + CO_2$ $MnO_2 + 2C \rightarrow Mn + 2CO$ • 실리콘(Si)계 합금철 생산 시 CH_4 발생	

확인문제

다음 설명에서 ( )에 알맞은 것은?

> 합금철 생산공정은 전기로에서의 전기열로 인하여 제련되고 탄소봉 탄소의
> ( )로 온실가스(CO_2)가 배출된다.

(2016년 산업기사 제2회)

① 배소 ② 산화
③ 환원 ④ 소결

해설
합금철 생산에서 대상 금속산화물은 환원되고 전기로의 탄소봉 탄소는 산화가 되어 CO_2가 발생한다. [정답 ②]

3. 아연 생산

1) 개요
원광석을 사용하는 1차 생산공정과 재활용 아연을 사용하는 2차 생성공정으로 구분
- 1차 아연 생산공정: 원광석에서 대부분의 아연은 황화합물(ZnS) 형태인 섬아연광이며, 황을 분리하여 유리된 아연 생산
- 2차 아연 생산공정: 제강분진과 비철금속 제련 부산물의 제련과정을 통해 아연 생산

2) 공정

(1) 1차 아연생산공정
원광석을 사용하며 아연정광공정과 아연제련 생산공정이 있음.
- 아연정광 공정 : 아연광석을 조분쇄, 미분쇄, 부유선광 등의 과정을 통해 아연 품위가 50% 가량인 아연정광을 생산하는 공정.
- 아연제련 생산공정 : 아연정광을 이용하여 아연 괴를 생산하는 공정이며, 습식아연 제련법(전해법)과 건식 야금법이 있음.

(2) 2차 아연생산공정
재활용 아연을 사용하며, Waelz Kiln공정과 Fuming 공정이 있음.

1차 아연생산			2차 아연생산	
습식아연제련법 (전해법)	건식제련법		Waelz Kiln 공정	Fuming 공정
	전열 증류법	ISF(건식야금)		
배소공정 ↓ 용융·용해공정 ↓ 정액공정 ↓ 전해공정 ↓ 주조공정	배소로 ↓ 증류로 ↓ 농축기	소결공정 ↓ 용융공정 ↓ 아연/납 분리공정	원료처리 공정 ↓ Rotary Kiln 공정 ↓ Gas처리공정	용융로 / 휘발로 ↓ Slag 형성 ↓ 용해로(Zn/Pb 회수)

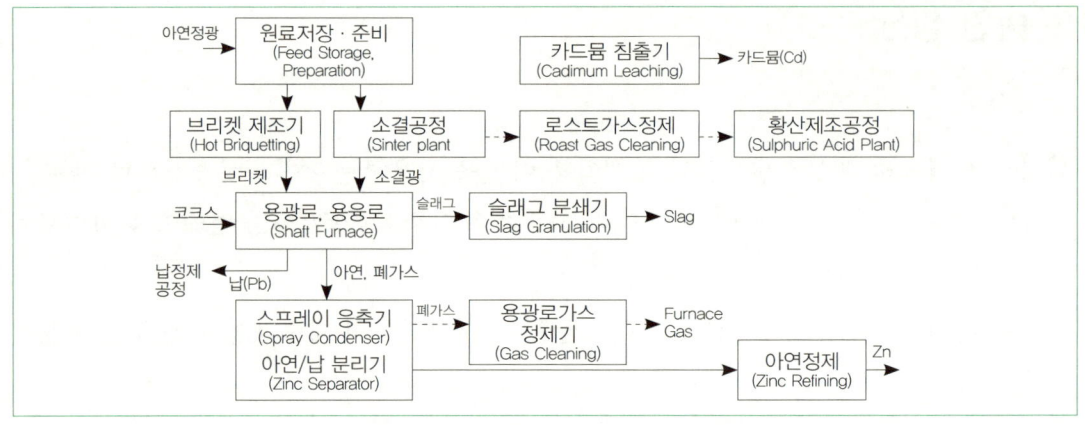

〈출처 : 온실가스 에너지 목표관리 운영 등에 관한지침 (2014)〉

[ISF(Imperial Smelting Furnace) 공정]

(3) 공정 세부설명

가) 습식아연제련법(전해법)

1차 아연생산공법. 온실가스 공정배출 없음.

희석황산에 용해되어 있는 황화아연(ZnS)으로부터 전기분해를 통해 아연을 생산하는 방법. 황화아연이 배소되어 생산된 산화아연(ZnO)은 황산에 침지되어 철 불순물, 구리 및 카드뮴 등이 제거된 후 전기분해를 통해 아연을 추출함.

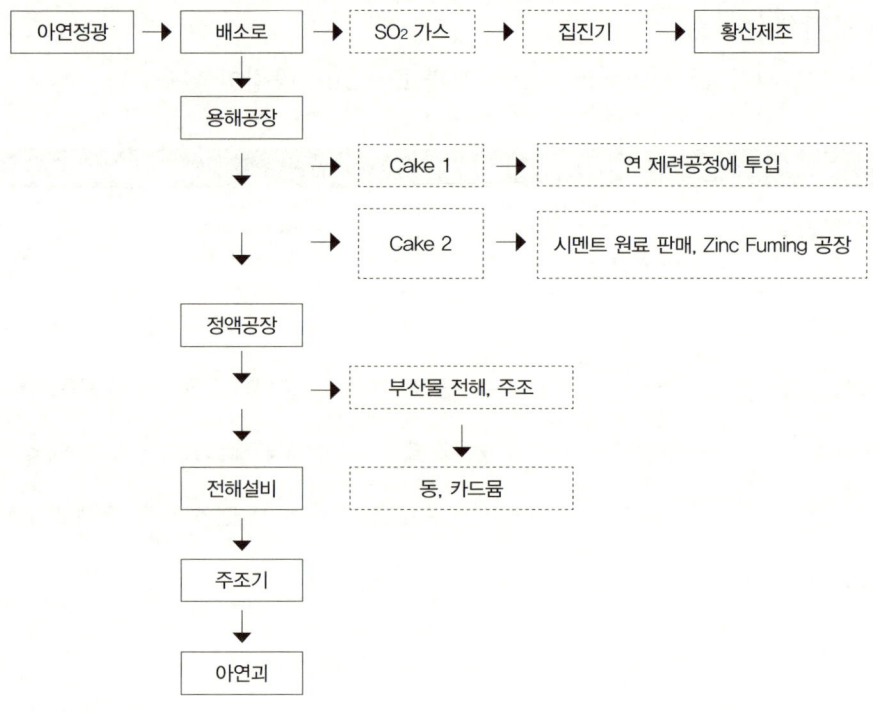

① 배소공정
- 아연정광 중의 황화아연(ZnS)을 황산에 용해되기 쉬운 산화물 형태의 소광(ZnO)으로 산화시키는 공정(약 950℃에서 공기 중의 산소와 반응)

$$ZnS + 1.5O_2 \rightarrow ZnO + SO_2$$

- 배소로 종류는 유동배소로(Fluidized Roaster), 다단배소로, 로터리 킬른(Rotary Kiln)등이 있으며, 그 중에서 유동배소로를 가장 많이 사용
- 배소로에서 발생한 가스는 SO_2를 함유하고 있어 세정 및 흡수과정을 거쳐 황산제조 설비로 유입
- 배소시의 열원은 자체 발열반응의 열을 이용 → 별도의 연료 공급이 불필요
- 배소공정은 생산 목표 물질에 따라 구분 → 목표 물질이 산화물인 경우 산화배소, 황산염인 경우 황산화배소, 염화물인 경우 염화배소라 부르며, 산화물 광석을 환원하는 환원배소, 물에 가용인 나트륨염으로 하는 소다 배소 등이 있음.

② 용융·용해공정
- 배소공정에서 생성된 소광(ZnO)을 황산으로 용해시켜 황화아연용액인 아연 중성액을 만드는 공정

$$ZnO + H_2SO_4 \rightarrow ZnSO_4 + H_2O$$

- 용해공정에서는 아연 이외 다른 금속 불순물(Fe, Cu, Pb, Ni, Co 등)도 함께 용해되므로 불순물 함량을 분리 추출하여 최소화하기 위해 pH가 다른 여러 공정으로 구성
- 불순물은 잔류 고상물질(Residue) 형태로 분리되며, 이 고상물질에는 중금속 및 여러 유가금속이 함유되어 있으므로 유가금속 회수 및 안정화 처리가 필요

③ 정액공정
- 용해공정에서 생성된 아연중성액에서 금속류 불순물을 제거하는 공정
- 아연 전해에 문제를 일으킬 수 있는 Cu, Cd, Co, Ni 등을 아연말을 투입하여 침전·제거

$$MeSO_4 + Zn \rightarrow ZnSO_4 + Me \quad (Me : Cu, Cd, Co, Ni)$$

- 제거된 불순물은 부산물 회수 공정에서 완제품 또는 반제품의 형태로 회수

④ 전해공정
- 이온 전도체에 전류를 통해서 화학변화를 일으키는 공정(공정온도 950~1,000℃)
- 전해액 냉각을 위한 냉각탑을 설치 운영
- 정액공정을 통해 정제된 아연액은 전해공정에서 순수 아연으로 음극판에 전착

$$\text{양극(Anode)} : H_2O \rightarrow 2H^+ + 0.5O_2 + 2e^- \text{ / 음극(Cathode)} : Zn^{2+} + 2e^- \rightarrow Zn$$

- 아연전착 후 남은 미액은 유리된 황산 성분을 함유하므로 용해공정(소광용해)에 재이용
- 아연이 전착된 음극판은 주기적으로 박리하여 주조공정으로 이송
- 전해공정은 전체 공정에서 전력 사용의 85%를 차지하는 에너지다소비 공정 → 일정한 아연 생산량을 유지하기 위한 일정한 전력량이 반드시 필요

⑤ 주조공정
- 박리된 아연 음극판을 저주파 유도로에 용융시켜 여러 종류의 아연제품(아연괴)을 생산하는 공정(정액공정에서 불순물 제거를 위해 필요한 아연말도 생산)
- 고순도 아연의 경우 순도는 99.995% 이상(건식제련 생산 아연보다 높음)

※ 습식아연제련법(전해법) 공정 요약

- 배소공정 : 아연정광(ZnS)이 공기 중의 산소와 반응하여 황산에 용해되기 쉬운 소광(ZnO)으로 되는 공정

$$ZnS + 1.5O_2 \rightarrow ZnO + SO_2$$

- 용융용해공정 : 소광이 황산에 용해되어 황화아연용액인 아연중성액을 만드는 공정

$$ZnO + H_2SO_4 \rightarrow ZnSO_4 + H_2O$$

- 정액공정 : 아연중성액에서 금속류의 불순물(Cu, Cd, Co, Ni 등)을 제거하는 공정

$$MeSO_4 + Zn \rightarrow ZnSO_4 + Me \text{ (Me : Cu, Cd, Co, Ni)}$$

- 전해공정 : 정제된 아연액에 직류전류를 통전하여 순수한 아연을 음극판에 전착시키는 공정

> 양극(Anode) : $H_2O \rightarrow 2H^+ + 0.5O_2 + 2e^-$
>
> 음극(Cathode) : $Zn^{2+} + 2e^- \rightarrow Zn$

- 주조공정 : 음극(Cathode)에 생산된 아연을 주조로에서 최종제품인 아연괴를 생산하는 공정

나) 건식제련법
- 1차 생산방법인 건식제련법에는 전열증류법(전기·열증류법)과 건식 야금법(ISF)이 있음.

① 전열증류법(전기·열증류법) : 세계 아연 생산의 2%

배소된 광석과 2차 아연을 융합하여 생성된 sinter feed에서 할로겐 화합물, 카드뮴 및 기타 불순물을 제거한 후 ERF(Electric Retort Furnace)에서 야금 코크와 결합하여 산화아연을 환원 → 아연생산

- 배소공정 : 정광을 배소시켜 산화아연으로 만드는 공정
- 증류공정 : 가열 증류시켜 아연증기를 생성하는 공정
- 농축공정 : 아연증기를 응축하여 금속아연을 제조하는 공정

② 건식 야금법(ISF, Imperial Smelting Furnace) : 세계 아연 생산의 10% 차지
- ISF의 생산공정은 소결공정, 용융공정, 아연/납 분리공정으로 구성
- 코크스를 환원제로 이용하여 아연정광과 산화물 형태의 납을 동시에 환원시켜 아연과 납을 동시에 생산하는 방식(아연 2톤당 납 1톤가량 생산)

다) Waelz Kiln공정
- Waelz Kiln 공정은 20세기 초에 아연산화광을 처리하기 위하여 개발
  아연 함유 2차 원료, 특히 전기로 제강 분진(연진, flue dusts)을 처리하기 위하여 사용되는 공법. 연진, 슬러지, 슬래그 및 기타 아연 함유 물질 내의 아연을 농축하는데 사용되며 환원제로 야금 코크가 사용됨
- Walez Kiln 공정의 생산공정은 원료 처리공정, Rotary Kiln 공정, Gas 처리 공정으로 구분

① 원료 처리공정 : 2차 원료인 전기로 제강분진 등을 코크스, 용제와 함께 Pellet형태로 제조
② Rotary Kiln 공정 : 1,200℃ 가량의 조업 온도에서 강환원성 분위기(코크스가 환원제 역할)로 인하여 아연과 납이 환원되어 가스 상태로 증발 배출
③ 가스 처리공정
- 조분진을 제거하기 위한 챔버와 물로 가스를 냉각하기 위한 냉각단계, Waelz 산화물을 제거하기 위한 정전기 집진기로 구성
- 환원된 후 증발되어 재산화되기 때문에 집진기에는 산화물 형태(Waelz Oxide)로 포집

라) Fuming 공정(슬래그 환원)
- 아연 제련 공정에서의 용융 슬래그 내 아연 농축에 사용되며 환원제로서 석탄이나 다른 탄소원이 사용됨
- Zn(아연), Fe(철), Pb(납), Au(금), Cu(구리), In(인듐) 등의 금속을 함유한 비철제련 공정 부산물을 용융로와 휘발로의 상부에 설치된 TSL(Top Submerged Lance)을 이용하여 분해·용융·환원하는 공정
- 고온고압의 연소용 가스(석탄, 연소용 공기, 산소 등)를 로의 용탕 속으로 직접 주입하여 강력한 Turbulence를 유발시킴으로써 고온 휘발·용융 환원된 유가 금속을 회수(잔류물은 불용성 슬래그로 안정화)
- Fuming 공정의 생산 공정은 용융공정, Slag형성 공정, 회수공정으로 구분

3) 보고 대상 배출시설
(1) 배소로
- 광석이 융해되지 않을 정도의 온도에서 광석과 산소, 수증기, 탄소, 염화물 또는 염소 등을 상호작용시켜서 다음 제련조작에서 처리하기 쉬운 화합물로 변화시키거나 어떤 성분을 기화시켜 제거하는 데 사용되는 로를 말함.
- 목적물이 각각 산화물, 황산염, 염화물인 경우 각각 산화배소, 황산화배소, 염화배소라고 부르며 산화물광석을 환원하는 환원배소, 물에 가용인 나트륨염으로 하는 소-다배소 등이 있음.
- 종류 : 다단배소로, Rotary Kiln, 유동배소로 등

(2) 용융 · 융해로

- 금속을 용융 · 용해시키는 데 사용되는 각종 로를 총칭
- 용융로 : 고상인 물질이 가열되어 액상의 상태로 되는데 사용되는 로 ex) 용광로, 단지(Pot)
- 용해로 : 액체 또는 고체물질이 다른 액체 또는 고체물질과 혼합하여 균일한 상의 혼합물 즉 용체를 만드는데 사용되는 로. ex) 도가니로, 반사로, 전로, 평로, 전기로, 용선로 등

(3) 전해로

- 전해질용액이나 용융전해질 등의 이온전도체에 전류를 통해서 화학변화를 일으키는 로
- 주로 비철금속 계통의 물질을 용융시키는데 이용되며 대표적인 것으로 알루미늄전해로가 있음.

※ 알루미늄 전해로

로의 내면은 탄소로 입혀져 있으며 보통 직사각형의 구조를 가진 Shell 또는 Pot형으로 되어있고, 그 내부에 탄소전극봉이 꽂혀있음. 탄소전극봉에서는 양극을 제공하며 로의 내변에 코팅된 탄소는 음극을 제공함으로서 양극사이에 전류가 형성됨. 이때 용융된 빙정석은 전해질 역할을 하게되고 두극사이의 전류의 흐름으로 인해 발생되는 저항열 때문에 로 내의 온도가 유지됨. 보통 로내 온도는 950~1,000℃ 정도이며, 알루미늄은 음극 쪽으로 모이게 되어 욕조의 표면 바로밑에 용융된 상태로 존재함.

(4) 기타제련공정(TSL 등)

4) 아연생산의 주요 온실가스 공정배출시설 및 온실가스

배출시설	배출반응	온실가스
배소로	• 배소된 광석과 2차 아연 생산물을 융합하여 sinter feed를 생성해내기 위한 과정으로, 생성된 결정을 환원시키기 위한 환원제 사용으로 CO_2 배출	CO_2
용융·융해로	• ZnO(소광)의 환원반응으로 CO_2 배출 $ZnO + CO \rightarrow Zn + CO_2$	

확인문제

온실가스·에너지 목표관리 운영 등에 관한 지침상 아연생산 공정 중 공정배출시설로 '광석이 융해되지 않을 정도의 온도에서 광석, 산소, 수증기, 탄소, 염화물 또는 염소 등을 상호작용시켜 다음 제련조작에서 처리하기 쉬운 화합물로 변화시키거나 어떤 성분을 기화시켜 제거하는 데 사용되는 로'와 가장 가까운 것은?
(2016년 산업기사 제4회)

① 전해로 ② 용광로
③ 배소로 ④ 용융·용해로

해설
전해로 : 전해질용액이나 용융전해질 등의 이온전도체에 전류를 통해서 화학변화를 일으키는 로
배소로 : 광석이 융해되지 않을 정도의 온도에서 광석과 산소, 수증기, 탄소, 염화물 또는 염소 등을 상호작용시켜서 다음 제련조작에서 처리하기 쉬운 화합물로 변화시키거나 어떤 성분을 기화시켜 제거하는 데 사용되는 로
용융·융해로 : 금속을 용융·용해시키는 데 사용되는 각종 로를 총칭하는 것으로서 용융로는 고상인 물질이 가열되어 액상의 상태로 되는데 사용되는 로

[정답 ③]

4. 납 생산

1) 개요

(1) 1차 납 생산공정
원광석을 사용하여 납을 생산

(2) 2차 납 생산공정
재활용 납(대부분이 납을 사용하는 배터리 스크랩)을 제련하여 납을 생산

2) 공정

(1) 1차 납 생산공정

가) 소결/제련 공정 : 소결과 제련과정을 연속적으로 거침. 1차 납생산 공정의 약 78%를 차지

나) 직접 제련 공정 : 소결과정이 생략되며 이 공정은 1차 납 생산 공정의 22%를 차지

가) 소결/제련 공정

① 원료준비공정
- 1차원료(황화물형태의 연정광)와 2차 원료(재활용 납)를 소결제련공정에 적합하도록 원료를 분쇄 전처리

② 소결공정
- 용융점 이하의 온도구간에서 가열하여 분말형태의 연정광을 소결광으로 전환제조
- 연정광을 재활용 소결물, 석회석과 실리카, 산소, 납 고함유 슬러지 등과 혼합하여 황과 휘발성 금속을 연소를 통해 제거. 산화납과 다른 금속 산화물을 함유한 소결물을 생산하는 공정은 이산화황(SO_2)을 배출하고 납을 가열하는 천연가스로부터 에너지 관련 이산화탄소(CO_2)를 배출. 이 소결물은 다시 다른 금속을 포함한 원석, 공기, 용해 부산물 및 야금 코크 등과 함께 고로에 투입

③ 제련공정
- 코크스는 공기와 연소되면서 일산화탄소(CO)를 생성 → 생성된 일산화탄소는 산화납을 환원시켜 제련
- 제련공정은 고로 또는 ISF를 이용하고 납산화물의 환원과정에서 CO_2가 배출

④ 침전조
- 제련공정을 거친 용융상태의 생성물이 침전조에 체류하면서 냉각
- 저밀도의 슬래그는 표면으로 부상분리, 납생성물은 침전조 하단으로 배출되어 2차 처리과정을 위해 이송

나) 직접 제련공정(소결공정 생략)
- 연정광과 다른 물질들이 직접 로(고로)에 투입되어 용융, 산화

- 석탄, 야금코크, 천연가스 등 다양한 물질들이 공정 중 환원제로 사용
- 로의 타입에 따라 환원제의 사용량이 다름 → CO_2의 배출수준 다름
- 직접제련공정에 이용되는 로의 종류 :
- 용융제련(bath smelting) : Isasmelt-Ausmelt, Queneau-Schumann-Lurgi 및 Kaldo로
- 플래시용련(flash smelting) : Kivcet로

(2) 2차 납 생산공정
- 재활용납을 재사용하기 위한 과정으로서 납을 함유하고 있는 스크랩으로부터 납이나 납 합금을 생산
- 납의 60% 이상이 자동차 배터리의 스크랩으로부터 생산
- 스크랩의 전처리, 용해, 정제의 3가지 주요 조업으로 구성

가) 전처리
- 납 함유 스크랩이나 잔류물에서 금속 및 비금속 오염물을 일부 제거하는 공정 → 배터리의 파쇄 및 분해 과정을 의미(배터리 분해 이후 납을 분리)
- 납산배터리는 해머밀로 분쇄되어 탈황공정을 거치거나 거치지 않고 제련 공정으로 투입되기도 하고 분쇄되지 않고 통째 제련되기도 함. 일반적인 고로, ISF, EAF, ERF, RF, IF, ASL 및 Kivcet 로 등이 모두 이 배터리와 다른 재활용 스크랩납의 제련에 사용가능

나) 용해
- 분리된 납 스크랩은 반사로 혹은 회전형 가열로에서 납을 분리, 환원시켜 금속 납을 생산
  ※ 회전형 가열로 : 납 함유가 낮은 스크랩이나 잔류물을 처리할 때 사용
  ※ 반사로 : 납 함량이 높은 스크랩을 처리할 때 사용
- 가열로에 유입된 공기와 코크가 폭발적으로 반응하여 납의 용융에 필요한 에너지를 공급. 코크 일부는 유입물을 용융시키기 위해 연료로 사용되며 다른 일부는 산화납을 환원시켜 금속 납을 생성하는데 사용

다) 정제
- 납의 정제와 주조(Casting)는 순도와 합금형태에 따라 연화(Softening), 합금(Alloying) 및 산화공정으로 구성
- 합금가열에서 용융과 혼합이 이루어짐(납 강괴+합금물질)
- 솥 형태나 반사식의 산화 가열로가 납을 산화하기 위하여 사용되며, 연소 공기 중에 함유되어 있는 납을 부유시켜 고효율 여과 집진기에서 회수
- 가장 널리 쓰이는 합금물질 : 안티몬, 주석, 비소, 구리, 니켈

3) 납생산의 보고 대상 배출시설
(1) 배소로
(2) 용융 · 융해로
(3) 기타제련공정(TSL 등)

4) 온실가스 공정배출시설 및 온실가스
- 배출되는 CO_2는 사용하는 환원제의 종류에 양에 따라 달라짐. 환원제로는 석탄, 천연가스, 야금 코크 등이 사용(ERF는 석유코크를 사용)

배출시설	배출반응	온실가스
배소로	• 연정광 및 야금코크스 혼합물의 연소 환원반응으로 CO_2발생	CO_2
용융 · 융해로	• 코크스 연소로 발생한 CO에 의한 산화납 환원반응으로 CO_2 배출	

> **확인문제**
>
> 1차 납 생산공정에 대한 설명이다. 옳지 않은 것은?
> (2016년 산업기사 제4회)
>
> ① 연정광으로부터 미가공 조연(Bullion)을 생산하며 소결제련공정과 직접제련공정 2가지로 구분된다.
> ② 소결/제련 공정은 소결과 제련과정을 연속적으로 거치며 전체 1차 납생산 공정의 약 78%를 차지한다.
> ③ 직접 제련공정은 소결과정이 생략되며 1차 납 생산 공정의 22%를 차지한다.
> ④ 재활용납을 재사용하기 위한 준비과정까지 포함된다.
>
> **해설**
> 재활용납의 재사용을 위한 준비과정은 2차 생산공정에 속한다.   [정답 ④]

5. 마그네슘 생산

1) 개요

- 마그네슘 산업에서는 다수의 잠재적인 온실가스 배출원과 온실가스가 존재함
- 마그네슘 산업에서의 온실가스 배출은 1차 마그네슘 생산 공정에서 사용되는 원료와 마그네슘 주조 및 처리공정에서 융해된 마그네슘의 산화를 방지하기 위해 사용한 표면가스(cover gas)에 따라 달라짐.

2) 공정

(1) 1차 생산 공정

- 광물 자원에서 추출한 금속성 마그네슘을 1차 마그네슘이라 하며, 전해 공정이나 열환원 공정 등을 통해 생산됨
- 마그네슘 생산을 위해 사용되는 다양한 원료 중 돌로마이트($Ca \cdot Mg(CO_3)_2$)와 마그네사이트($MgCO_3$)와 같은 광물의 배소(calcination) 시 CO_2가 배출됨.

(2) 주조 공정(1차 생산 공정과 2차 생산 공정 포함)

- 마그네슘 주조 공정은 1차 마그네슘 생산 공정과 마그네슘 함유 스크랩에서 마그네슘을 회수하고 재활용하는 2차 마그네슘 생산 공정을 포함
- 융해된 순수 마그네슘과 마그네슘 고함유 합금은 Gravity casting, Sand casting, Die casting 등의 다양한 방법으로 주조됨
- 융해된 마그네슘은 대기 중 산소에 의해 자발적으로 산화되는데, 이를 방지하기 위해 마그네슘의 사용 및 처리 공정에서는 SF_6와 같이 GWP 값이 높은 온실가스를 표면가스로 사용하고 이때 사용된 온실가스가 대기 중으로 배출됨
- 일반적으로 마그네슘 산업에서는 SF_6를 표면가스로 사용하지만 향후 HFC-134a나 FK 5-1-12 ($C_3F_7C(O)C_2F_5$)가 SF_6를 대체할 수 있을 것으로 예상되고 있음.

3) 보고 대상 배출시설

(1) 배소로
(2) 소성로
(3) 용융·융해로
(4) 주조로
- 1차 잉곳 주조(Primary ingot casting)
- 다이캐스팅(Die casting)
- 중력 단조(Gravity casting)
- 기타 주조 방법

4) 온실가스 공정배출시설 및 온실가스

배출시설	배출반응	온실가스
1차 생산공정	마그네슘 생산을 위해 사용되는 다양한 원료 중 돌로마이트 ($Ca \cdot Mg(CO_3)_2$)와 마그네사이트($MgCO_3$)와 같은 광물의 배소 (calcination)시 CO_2 배출	CO_2

배출시설	배출반응	온실가스
주조공정	융해된 마그네슘의 산화방지를 위한 불소계 온실가스 사용으로 인해 대기 중으로 배출	PFCs, HFCs, SF_6

> **확인문제**
>
> 온실가스·에너지 목표관리 운영 등에 관한 지침상 마그네슘 생산 시 주조공정에서 용융된 마그네슘의 사용 및 처리공정에서 사용하는 표면가스로 가장 적합한 것은?
> (2016년 관리기사 제4회)
>
> ① SF_6
> ② CH_4
> ③ N_2O
> ④ CO_2
>
> **해설**
> 주조공정에서 융해된 마그네슘의 자발적 산화를 방지하기 위해 불소계 온실가스가 사용된다.　　　　　　　　　　　　**[정답 ①]**

PART 03 전자산업

1) 개요

전자산업은 반도체, 박막 트랜지스터 평면 디스플레이(TFT-FPD), 광전지(PV) 제조업 등을 포함함. 전자 산업에서는 실온에서 가스 상태인 CF_4, C_2F_6, C_3F_8, $c-C_4F_8$, $c-C_4F_8O$, C_4F_6, C_5F_8, CHF_3, CH_2F_2, NF_3, SF_6 등의 불소화합물이 사용되며 주로 실리콘 포함 물질의 플라즈마 식각, 실리콘이 침전되어 있던 화학증착(CVD) 기구의 내벽을 세정하는데 사용됨. 생산과정에서 사용되는 불소화합물들 중 일부분은 부산물인 CF_4, C_2F_6, CHF_3, C_3F_8로 전환되기도 함.

2) 공정

웨이퍼 제조공정, 웨이퍼 가공공정, 조립 및 가공공정의 세 가지 주요 공정으로 구성

웨이퍼 제조공정	실리콘 원석에서 웨이퍼 제작
	1) 단결정 성장, 2) 절단, 3) 경면연마, 4) 세척과 검사
웨이퍼 가공공정	제조된 웨이퍼를 이용하여 웨이퍼 표면에 집적회로 형성
	1) 산화공정, 2) 감광액 도포, 3) 노광, 4) 현상, 5) 식각, 6) 이온 주입, 7) 화학 기상 증착, 8) 금속배선
조립 및 검사	가공된 웨이퍼로 칩(Chip) 제작하는 공정으로, Package 조립공정 및 Package를 Module에 부착하여 완전한 기능을 하는 제품으로 제작하는 Module 조립공정으로 나눌 수 있음.
	1) 웨이퍼 자동선별, 2) 웨이퍼 절단, 3) 칩 접착, 4) 금(金)선 연결, 5) 성형, 6) 최종 검사

(1) 웨이퍼가공 공정의 세부설명

가) 산화공정 : 고온 800~1200℃에서 산소나 수증기를 웨이퍼 표면에 뿌려 산화막 형성

나) 감광액 도포 : 웨이퍼 표면에 감광액을 고르게 바른 후 살짝 구워 사진촬영장치(Aligner)로 보내는 공정
다) 노광 : 포토마스크를 위에 얹고 강한 자외선을 통과 → 자외선 빛은 마스크 위의 회로패턴을 웨이퍼에 그려준다(빛을 받은 부분, 받지 않은 부분이 생김).
라) 현상 : 현상액을 웨이퍼에 도포 → 노광과정에서 빛을 받은 부분의 현상액은 나아가고 빛을 받지 않은 부분은 현상액이 그대로 남음.
마) 식각(Etching) : 웨이퍼에 회로패턴을 만들어주기 위해 화공약품(습식)이나 부식성가스(건식)를 이용해 필요 없는 부분을 선택적으로 제거. 식각이 끝나면 감광액도 황산용액으로 제거.
바) 이온주입 : 불순물을 미세한 가스입자 형태로 침투시킴 → 전기소자의 특성을 만들어 줌.
사) 화학기상증착(Chemical Vapor Deposition) : 가스의 화학반응으로 형성된 입자들을 웨이퍼 표면에 수증기 형태로 쏘아(증착) 절연막이나 전도성막을 형성
아) 금속배선 : 웨이퍼 표면에 형성된 각각의 회로를 금, 은, 알루미늄 선으로 연결

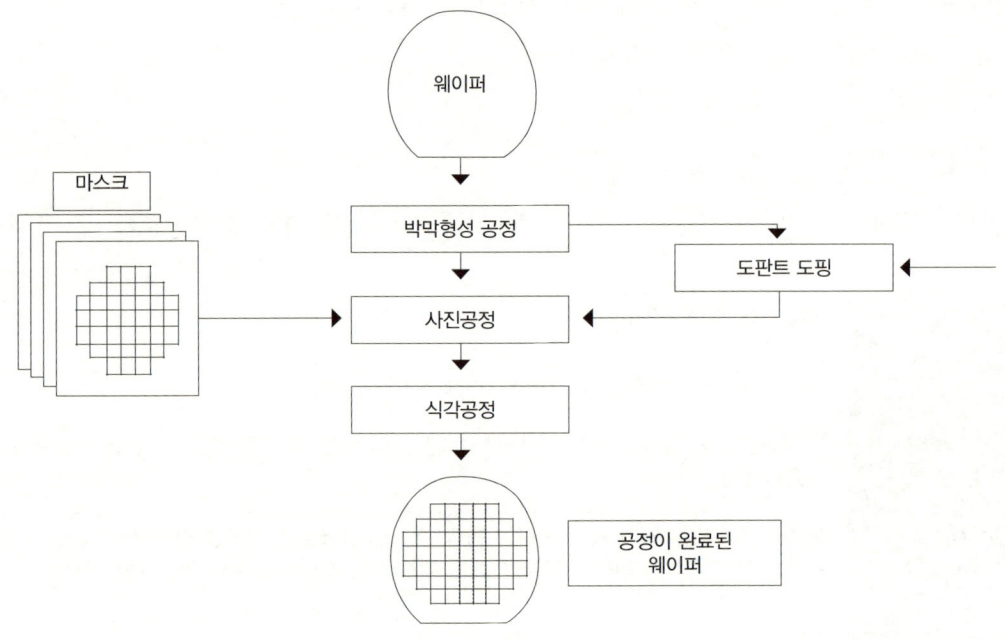

〈출처 : 온실가스 · 에너지 목표관리 운영 등에 관한 지침, 2014〉
[반도체 생산 중 웨이퍼 가공 공정]

3) 보고 대상 배출시설

(1) 식각시설
- 산이나 알칼리 용액에 어떤 제품을 표현처리하기 위하여 담구거나 원료 및 제품을 중화시키는 시설을 말함.
- 대표적인 것으로서 전자산업에서의 화학약품을 사용하여 금속표면을 부분적 또는 전면적으로 용해제거하는 부식(식각)시설이 있음.

(2) 증착시설(CVD 등)
- 반도체 공정에 주로 이용되는 화학기상증착법(CVD)은 기체, 액체 혹은 고체상태의 원료화합물을 반응기 내에 공급하여 기판 표면에서의 화학적 반응을 유도함으로써 반도체 기판 위에 고체 반응생성물인 박막층을 형성하는 공정
- CVD는 공정 중의 반응기의 진공도에 따라 대기압 화학기상증착(APCVD)과 감압 화학기상증착(LPCVD)으로 구분
- CVD방법을 통해 얻어지는 박막의 물리, 화학적 성질은 증착이 일어나는 기판의 종류 및 반응기의 증착조건(온도, 압력, 원료공급 속도 및 농도 등)에 의하여 결정됨
- 일반적인 CVD 장치는 크게 원료수송부, 반응기, 부산물 배출구의 세부분으로 나눌 수 있음.
- 이종반응(heterogeneous reaction) : CVD법에 의한 대표적인 화학반응. 이 반응은 기판 표면에서 일어나며 양질의 박막을 얻기 위한 필수적인 반응임. 물질의 확산에 의해 기판으로 공급되는 반응물은 기판 표면에 흡착하게 되어 초기 핵형성(nucleation)이 진행되기 시작하며 핵의 크기가 임계크기 이상이 되는 조건에서 핵이 점차 성장하기 시작하여 박막이 형성되기 시작함. 표면반응으로 인해 생길 수 있는 부생성물은 기판 표면으로부터 탈착하여 경계층 밖으로 확산이 되면서 제거됨.

4) 온실가스 공정배출시설 및 온실가스

배출시설	배출반응	온실가스
식각공정	• 실리콘 포함 물질의 플라즈마 식각 시 불소화합물 배출	FC_s
화학기상 증착공정	• 실리콘이 침전되어 있던 화학증착(CVD) 기구의 내벽을 세정 시 불소화합물 배출	

> **확인문제**
>
> 반도체 및 기타 전자부품 제조시설에서 온실가스 공정배출시설이 옳게 짝지어진 것은?
> (2016년 관리기사 제2회)
>
> ① 식각시설, 증착시설
> ② 식각시설, 결정성장로
> ③ 결정성장로, 증착시설
> ④ 웨이퍼 세정시설, 잉곳 절단 시설
>
> **해설**
> 식각공정 : 실리콘 포함 물질의 플라즈마 식각에 불소화합물을 사용함에 따라 불소화합물(FCs)을 배출한다.
> 화학기상증착 공정: 실리콘이 침전되어 있던 화학증착(CVD) 기구의 내벽 세정에 불소화합물을 사용함에 따라 불소화합물(FCs)을 배출한다. **[정답 ①]**

PART 04 화학

1. 암모니아 생산

1) 개요

- 암모니아 생산공정은 수소와 질소를 3:1의 몰비로 고온 고압에서 촉매반응을 통해 암모니아로 합성하는 공정($N_2+3H_2 \rightarrow 2NH_3$). 이후 압축되어 33℃까지 냉각
- 질소는 대기로부터 분리 정제하여 사용하거나 대기 중 공기를 직접 사용할 수 있는 반면에 수소는 천연가스(메탄) 또는 납사의 수증기 분해(촉매 변환), 염소 생산시설에서 염수의 전기분해 등으로 얻음. 국내에서는 대부분의 합성 암모니아가 천연가스의 수증기 개질(촉매변환)에 의해 생산

2) 공정

	합성원료제조공정			정제공정		암모니아합성공정	
탈황공정	개질공정 (수소제조공정)	변성공정 (일산화탄소의 전환)	흡수탑 (CO_2제거 및 회수공정)	메탄화 공정	합성탑	암모니아 분리공정
	※ 수소제조방법 – 수증기개질법 (수증기 1차 개질, 2차 개질) – 부분산화법						

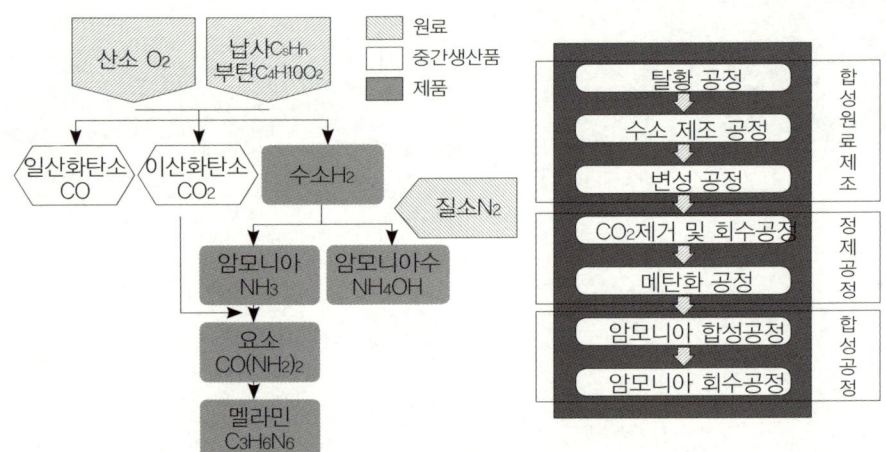

〈출처 : 온실가스 에너지 목표관리 운영 등에 관한지침 (2014)〉

[암모니아 생산공정도]

(1) 탈황 공정 : 수소화를 위한 전처리공정
- 중질유분에 포함되어 있는 황(촉매 피독작용)을 제거하는 공정
- 원료의 종류, 황화합물의 정도, 황화합물의 형태 등을 고려하여 탈황방식을 선정
- 황 화합물이 적은 경우(ex. 천연가스)에는 상온에서 활성탄에 의한 흡착탈황을 많이 사용
- 황화합물이 많이 포함된 원료에 대해서는 예비탈황과 마감탈황의 두 단계로 처리
  - 예비탈황 : Co-Mo계 촉매를 이용하는 수소첨가탈황, 약 5ppm까지 제거
  - 마감탈황 : Co-Mo계 촉매와 ZnO 촉매의 조합에 의한 흡착탈황, 약 0.1ppm까지 제거

(2) 수소 제조 공정(수증기 개질법 / 부분산화법)
- 암모니아 합성에 필요한 수소(H_2)를 제조하는 단계
- 우리나라 일본에서는 납사가 가장 많이 소비되고, 그 다음으로 부탄을 중심으로 한 석유 잔사 가스, LPG 등이 사용
- 수증기 개질법, 부분산화법의 두 가지 방법이 가장 많이 이용됨.

가) 수증기 개질법(1차개질 / 2차개질) : 메탄과 납사까지의 경질유분에 적용하는 가압식 방법

> 원료납사의 예열 · 증발 → 탈황 → 수증기개질 → CO전환 → CO_2제거 → 메탄화 → 원료 H_2

① 1차 개질 : 과열수증기와 혼합된 납사에서 CO_2, H_2, CH_4를 생산(니켈촉매 이용)

$$CH_4 + H_2O \rightarrow CO + 3H_2$$
$$2C_7H_{15} + 14H_2O \rightarrow 14CO + 29H_2$$
$$CO + H_2O \rightarrow CO_2 + H_2$$

② 2차 개질 : 1차개질보다 고온으로 공기가 주입 되며 메탄을 제거

$$CH_4 + 공기 \rightarrow CO + 2H_2 + 2N_2$$

- 수증기 개질법은 1,000℃ 이상의 고온을 필요로 하므로 고가의 반응관을 사용하여야 하나, 2단계의 공정으로 나누어 개질할 경우 1차 개질에서 메탄 잔류가 허용됨에 따라 개질로의 부담이 분산되어 촉매온도를 낮게 설정할 수 있음.
- 2차 개질에서는 고가의 순수 산소제조장치가 필요 없이 공기를 직접 사용할 수 있으며, 질소도 동시에 생산할 수 있는 이점이 있음.

나) 부분 산화법(비접촉식 / 접촉식) : 중질유분, 콜타르, 석탄까지 사용 가능한 상압식 방법
- 부분 산화란 탄화수소를 불완전 연소시켜 CO와 H_2를 얻는 반응
- 순수한 산소를 필요로 하며, 강한 발열 연소반응이므로 촉매를 사용하지 않아도 되는 장점이 있음.

$$C_nH_m + \frac{n}{2}O_2 \rightarrow nCO + \frac{m}{2}H_2$$

- 비접촉식과 접촉식의 두 종류가 있는데 비접촉식 방법이 보편적 방법

(3) 변성 공정
- 개질공정의 공정가스 중에 함유된 CO가 스팀과 반응하여 CO_2와 H_2를 생산

$$CO + H_2O \rightarrow CO_2 + H_2$$

(4) CO_2 제거 및 회수 공정
- 수증기 개질공정 및 변성공정에서 발생한 CO_2를 제거하는 과정
- 탄산칼륨 수용액(aNDEA)을 이용하여 제거하는 방법이 가장 많이 사용

$$CO_2 + H_2O + K_2CO_3 \rightarrow 2KHCO_3$$

- 생산과정에서 배출된 CO_2를 흡수시킨 후, 탄산칼륨과 모노에탄올아민(MEA)과 같은 포화된 가스세정액을 활용하여 다음 반응과 같은 수증기 스트리핑(stripping)이나 가열을 통해 CO_2 제거 → 탄산칼륨 수용액 재사용

$$2KHCO_3 \xrightarrow{\text{가열}} K_2CO_3 + H_2O + CO_2$$
$$(C_2H_5ONH_2)_2 + H_2CO_3 \xrightarrow{\text{가열}} 2C_2H_5ONH_2 + H_2O + CO_2$$

(5) 메탄화 공정
- CO_2제거장치에서 나온 가스에 포함된 미량의 CO와 CO_2(암모니아 합성촉매에 피독작용)를 수소와 반응시킨 후 메탄으로 전환시켜 제거
- 메탄화 반응은 300~400℃에서 Ni계 촉매를 사용하여 실시

$$CO + 3H_2 \rightarrow CH_4 + H_2O \ / \ CO_2 + 4H_2 \rightarrow CH_4 + 2H_2O$$

(6) 암모니아 합성공정

- 고온·고압에서 수소와 질소를 3:1비로 맞추어 암모니아로 합성하는 공정(촉매 : Fe)
- N_2 또는 H_2가 과잉으로 존재하면 순환 중에 축적되어 합성반응을 저해

$$N_2 + 3H_2 \rightarrow 2NH_3$$

- 암모니아 합성은 다음의 조건에 따라 생산 능률이 결정됨
① 압력 : 압력이 높을수록 원료 가스로부터 얻어지는 암모니아 수율 상승, 300atm에서 25~30%, 150atm에서 10~15%의 수율
② 온도 : 온도를 높이면 반응속도 상승, 평형 암모니아 농도 감소, 장치 재료의 부식 발생 용이. 사용하는 촉매에 대한 최적온도 제한으로 합성탑의 온도를 500±50℃의 범위에서 유지하는 방법을 많이 사용
③ 공간속도 : 일정 온도의 조건에서는 공간 속도가 크면 합성탑 출구 가스 중의 암모니아 농도는 감소하나, 단위 촉매량, 시간당의 암모니아 생성량은 증가. 이를 고려하여 경제적인 공간속도를 결정하게 되는데 일반적으로 15,000~50,000㎥/㎥-촉매/hr의 공간 속도를 많이 사용
④ 촉매 : 암모니아 합성공업에서 가장 큰 비중을 차지하는 것은 촉매로써, 가능한 저온에서 반응속도를 촉진시킬 수 있는 촉매를 사용
⑤ 이외 연료의 온도 및 양 등에 따라 암모니아의 수율 등이 결정

(7) 암모니아 회수공정

- 암모니아의 합성이 고압법(300atm이상)에서 이루어질 경우 합성탑 출구가스 중의 암모니아 농도가 높으므로 반응가스를 열회수한 다음 물로 냉각하여 암모니아를 냉각·분리가 가능
- 암모니아의 합성이 저압법에서 이루어질 경우 압력과 농도가 낮아 고압법의 회수 과정을 수행한 후 다시 저온(약 -20℃) 처리가 필요
- 암모니아를 액화, 분리한 후의 미반응 가스는 순화 압축기에서 합성탑으로 재순환

3) 보고 대상 배출시설

암모니아 생산시설 ('화학비료 및 질소화합물 제조시설' 중 암모니아 생산시설을 말함)

4) 온실가스 공정배출시설 및 온실가스

배출시설	배출반응	온실가스
수증기 개질공정	수증기를 이용한 수소생성 반응에서 배출 $CH_4 + H_2O \rightarrow CO + 3H_2$ $CO + H_2O \rightarrow CO_2 + H_2$	CO_2
변성공정	개질공정에서 생성된 CO와 수증기(H_2O)의 반응에서 배출 $CO + H_2O \rightarrow CO_2 + H_2$	
CO_2제거 및 회수공정 (CO_2흡수용액 재사용 공정)	공정에서 배출된 CO_2를 회수한 CO_2 흡수용액을 재사용하기 위해 CO_2를 제거하는 과정에서 배출 $2KHCO_3 \rightarrow K_2CO_3 + H_2O + CO_2$ $(C_2H_5ONH_2)_2 + H_2CO_3 \rightarrow 2C_2H_5ONH_2 + H_2O + CO_2$	

* 천연가스 또는 석유 대신에 수소를 사용하는 공장들은 암모니아 합성과정에서는 CO_2를 배출하지 않음

확인문제

암모니아 생산 공정의 순서로 옳은 것은?
(단, 온실가스·에너지 목표관리 운영 등에 관한 지침 기준)
(2015년 관리기사 제2회)

① 수소 제조공정 → 변성공정 → 탈황공정 → 이산화탄소제거 및 회수공정 → 메탄화공정 → 암모니아 합성공정 → 암모니아 회수공정
② 수소 제조공정 → 탈황공정 → 변성공정 → 이산화탄소제거 및 회수공정 → 메탄화공정 → 암모니아 합성공정 → 암모니아 회수공정
③ 탈황공정 → 변성공정 → 수소 제조공정 → 이산화탄소제거 및 회수공정 → 메탄화공정 → 암모니아 합성공정 → 암모니아 회수공정
④ 탈황공정 → 수소 제조공정 → 변성공정 → 이산화탄소제거 및 회수공정 → 메탄화공정 → 암모니아 합성공정 → 암모니아 회수공정

해설
194쪽 암모니아 생산 / 암모니아 생산공정도 참조   [정답 ④]

2. 질산 생산

1) 개요

질산(HNO₃) 생산은 질소비료 제조뿐만 아니라 아디프산, 폭발물 생산, 비철금속 공정 등 다양한 부문에서 이용됨.

2) 공정

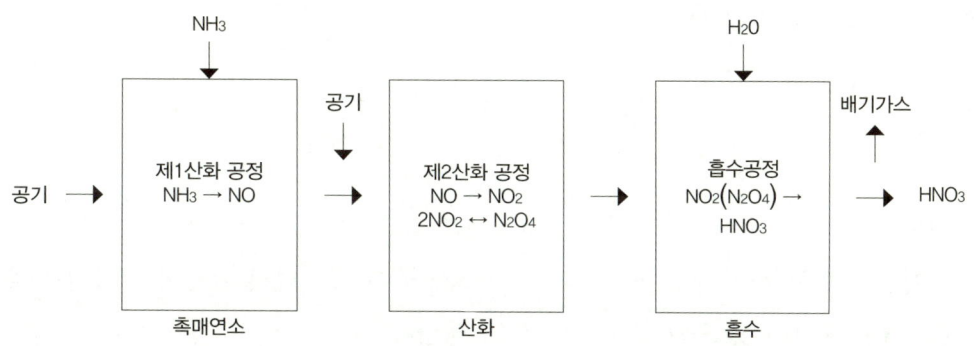

〈출처 : 온실가스 · 에너지 목표관리 운영 등에 관한 지침, 2014〉

[질산 생산 공정]

(1) 제1산화 공정

- 암모니아 산화반응은 700~1,000℃에서 백금 또는 5~10%의 로듐이 포함된 촉매를 이용하여 산소와 암모니아를 반응시켜 NO를 생성시키는 공정

$$4NH_3(g) + 5O_2(g) \rightarrow 4NO(g) + 6H_2O(g)$$

※ N_2O를 생성하는 제1산화공정의 부반응

$$NH_3 + O_2 \rightarrow 0.5N_2O + 1.5H_2O$$
$$NH_3 + 4NO \rightarrow 2.5N_2O + 1.5H_2O$$
$$NH_3 + NO + 0.75O_2 \rightarrow N_2O + 1.5H_2O$$

※ 질산 생산 시 매개가 되는 NO는 NH_3를 30~50℃의 온도와 높은 압력 하에서 N_2O와 NO_2로 분해하게 됨.

(2) 제2산화 공정

- 암모니아 산화 반응기를 나온 반응가스를 냉각함으로(100°F(38°C) 이하) 가스 중의 NO와 과잉(잔류) 산소로부터 NO_2를 생성하는 공정

$$NO(g) + 0.5O_2 \rightarrow NO_2(g) + 13.45 \text{ kcal}$$

- 600°C 정도에서 이산화질소가 생성되기 시작하여 150°C 정도가 되면 대부분이 이산화질소가 됨. 이 이산화질소를 상온부근까지 냉각시키면 이산화질소 이분자가 중합하여 사산화질소가 됨.

$$2NO_2 \leftrightarrow N_2O_4 + 13.8 \text{ kcal}$$

(3) 흡수 공정

- 이산화질소 또는 사산화질소를 함유한 가스가 물에 흡수되어 질산이 생성되는 공정
- 보통 55~63wt % 정도의 묽은 질산으로 생성

$$3NO_2(g) + H_2O(l) \rightarrow 2HNO_3(aq) + NO(g) + 32.3 \text{ kcal}$$
$$3N_2O_4(g) + 2H_2O(l) \rightarrow 4HNO_3(aq) + 2NO(g) + 64.4 \text{ kcal}$$

(4) 농축공정

- 흡수공정에서 얻어진 낮은 농도(68% 이하)의 질산을 98~100%로 농축하는 공정
- 질산은 68%에서 최고 공비점(azeotropic point)을 가지므로, 68% 이상의 질산 제조는 증발농축으로 제조
- 묽은 질산에 진한 황산을 가하여 증류하는 Pauling식이나, 탈수제로 $Mg(NO_3)_2$를 가하여 탈수 농축하는 Maggie 식 등이 있음.(Pauling 방식을 많이 사용)

3) 보고 대상 배출시설

질산 제조 시설 ('기초 무기화합물 제조시설' 중 질산제조시설을 말함)

4) 온실가스 공정배출시설 및 온실가스

- 제1산화공정의 부반응은 저산소, 높은 NO 농도에서 잘 일어남. 따라서 과잉공기 공급 및 NO의 원활한 배출로 부반응의 발생가능성을 낮출 수 있음.

배출시설	배출반응	온실가스
질산 제조시설 (제1산화공정)	• 암모니아의 촉매산화 시 일어나는 부반응에서 배출 $NH_3 + O_2 \rightarrow 0.5N_2O + 1.5H_2O$ $NH_3 + 4NO \rightarrow 2.5N_2O + 1.5H_2O$ $NH_3 + NO + 0.75O_2 \rightarrow N_2O + 1.5H_2O$	N_2O

※ 이외 공정 특성 상 NO_x 생산이 높기 때문에 배가스 처리시설로서 SCR(Selective Catalytic Reduction : 선택적촉매환원법)이 설치 운영되고 있음. 이 공정에서도 N_2O가 배출될 수 있으나 미량이고 체계적으로 조사 분석되어 보고된 사례는 거의 없음. 이에 따라 SCR을 배출공정에서 제외함.

※ 암모니아 공정에서 형성되는 N_2O의 양에 대한 영향 인자

암모니아 공정에서의 N_2O 발생량은 연소 조건, 촉매 구성물과 사용 기간, 연소기의 디자인에 따라 달라지기 때문에 연료의 투입과 N_2O 형성의 정확한 관계 도출에 어려움이 있음. 또한 N_2O 배출은 생산 공정에서 재생된 양과 그 후의 완화 공정에서 분해된 양에 따라 차이가 있음.

※ N_2O 저감 대책

- 1차 저감 대책 : 암모니아 연소기에서 형성되는 N_2O 저감을 목적으로, 이는 암모니아의 산화 공정과 산화 촉매 변형을 포함
- 2차 저감 대책 : 암모니아 전환기와 흡수 칼럼 사이에 존재하는 NO_x 가스로부터 N_2O를 제거
- 3차 저감 대책 : N_2O를 분해시키는 흡수 칼럼에서 배출되는 배출 가스(Tail-Gas)의 처리를 포함
- 4차 저감 대책 : 순수 배출구 방법(Pure End-of-pipe Solution)으로, 배출 가스는 굴뚝으로 나가는 팽창기의 하단에서 처리

> **확인문제**
>
> 온실가스·에너지 목표관리 운영 등에 관한 지침상 질산 생산에서 온실가스가 발생되는 주요 공정은 제1산화 공정의 부반응에 의한 것이다. 다음 중 제1산화 공정의 반응과 가장 거리가 먼 것은?
> (2016년 관리기사 제4회)
>
> ① $2NH_3 \rightarrow N_2 + 3H_2$
> ② $4NH_3 + 6NO \rightarrow 5N_2 + 6H_2O$
> ③ $NO(g) + 0.5O_2 \rightarrow NO_2(g) + 13.45kcal$
> ④ $NH_3 + 4NO \rightarrow 2.5N_2O + 1.5H_2O$
>
> **해설**
> 제1산화공정의 반응물질은 NH_3이다. ③의 반응식은 NO가 반응물질로서 NO_2를 형성하는 제2산화공정에 해당하는 반응식이다.
> [정답 ③]

3. 아디프산 생산

1) 개요

아디프산($HOOC(CH_2)_4COOH$) : 합성섬유, 코팅, 플라스틱, 우레탄 포말, 합성윤활유의 생산에 사용되는 백색결정의 고체로서 국내 생산되는 아디프산의 대부분은 나일론 6.6을 생산하는 데 사용됨.

2) 공정

- 아디프산 생산 원료인 시클로헥산과 시클로헥사논은 반응조에 옮겨져서 130~170℃에서 산화되어 알콜인 시클로헥사놀(Cyclohexanol 또는 사이클로헥세인)과 케톤인 시클로헥사논(Cyclohexanone 또는 사이클로헥세온) 혼합물을 형성함.
- 이후 2차 반응조에서 질산과 촉매(질산동과 바나듐 암모니아염의 혼합물)로 70~100℃에서 산화되어서 아디프산을 형성함.

$(CH_2)_5CO + (CH_2)_5CHOH + wHNO_3 \rightarrow$
$HOOC(CH_2)_4COOH(아디프산) + xN_2O + yH_2O$

※ Cyclohexanone: $(CH_2)_5CO$ / Cyclohexanol: $(CH_2)_5CHOH$

> ※ Farbon 법
> 시클로헥산으로부터 아디프산을 합성하는 또 다른 방법으로 다음의 두 가지 공기산화 단계를 포함함.
> ① 시클로헥산을 산화하여 시클로헥사놀과 시클로헥사논을 생성, ② 시클로헥사놀과 시클로헥사논을 다시 산화하여 아디프산을 생성.
>
> 제2반응기로부터의 생성물은 표백기로 들어가고 용존 NOx가스는 공기와 수증기로 인해 아디프산 및 질산 용액으로부터 탈기됨. 여러 가지 유기산 부산물, 아세트산, 글루타린산 및 호박산 등이 형성 및 회수되어 판매됨. 아디프산 및 질산용액은 냉각된 후 결정화기로 보내어져 아디프산 결정이 됨.

(1) 원료 투입
KA oil (ketone-alcohol oil, 사이클로헥세온 60%, 사이클로헥세인 40% 혼합용액)과 질산을 투입

(2) 반응 공정
산화반응기에서 KA oil과 질산이 혼합되며 반응 개시

(3) 결정화공정
반응공정의 생성물을 고체상의 결정으로 생산하는 공정

(4) 정제공정
아디프산의 순도를 일정하게 관리하기 위해 정제하는 공정

(5) 건조공정
조립공정에서 이송된 생산품을 고온으로 건조하는 공정

(6) Silo 및 포장공정
일정크기로 선별하여 저장하고 포장하는 공정

(7) 가열로 공정
열분해 과정을 통해 N_2O의 99% 이상 분해

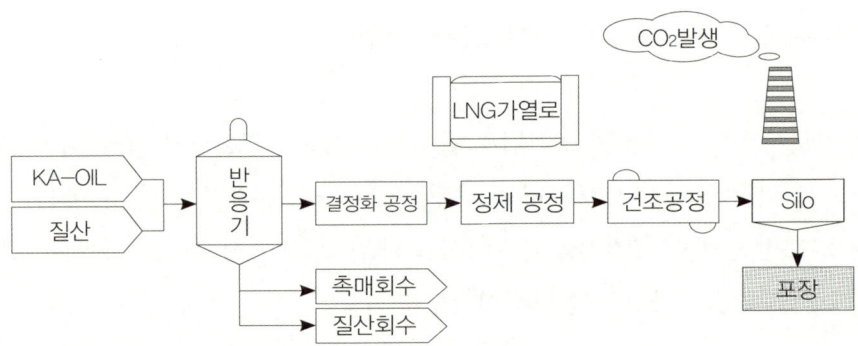

〈출처 : 온실가스 에너지 목표관리 운영 등에 관한지침 (2014)〉

[아디프산 제조공정 개요]

3) 보고 대상 배출시설
아디프산 생산시설

4) 온실가스 공정배출시설 및 온실가스
- 아디프산 공정에서 온실가스(N_2O)가 발생하는 시설은 산화반응 공정으로 KA Oil 혼합과정에서 공정 중 질소가 고농도로 존재함에 따라 아산화질소(N_2O)가 발생하게 되는 가능성이 높음.
- 후단의 가열로 공정에서 공정 중 발생하는 N_2O를 LNG 가열로에서 약 99% 이상을 분해하면서 CO_2가 발생(연료 연소).
- 일부 사업장에서는 KA Oil 혼합공정으로 아디프산 1kg를 생산하는데 0.27kg의 N_2O가 배출

배출시설	배출반응	온실가스
아디프산 생산시설 (산화반응공정)	KA Oil 용액과 질산과의 산화반응에 의해 N_2O 배출 $(CH_2)_5CO + (CH_2)_5CHOH + wHNO_3 \rightarrow$ $HOOC(CH_2)_4COOH + xN_2O + yH_2O$	N_2O

> **확인문제**
>
> Ketone-Alcohol Oil (Cyclohexanone: Cyclohexanol = 6:4)을 질산과 반응시킨 후 결정 및 정제, 건조 공정을 통해서 생산되는 물질은?
> (2015년 관리기사 제4회)
>
> ① 암모니아 ② 우레아
> ③ 요소 ④ 아디프산
>
> **해설**
> 아디프산은 KA oil (ketone-alcohol oil, 사이클로헥세온(Cyclohexanone) 60%, 사이클로헥세인(Cyclohexanol) 40% 혼합용액)과 질산을 원료로 투입한 후 반응기에서 산화반응을 통해 생성됨. **[정답 ④]**

4. 카바이드 생산

1) 개요

원료 종류에 따라 칼슘카바이드(CaC_2) 생산공정, 실리콘카바이드(SiC) 생산공정으로 구분

(1) 칼슘카바이드 생산공정 : 석유코크스와 생석회(CaO)를 원료로 사용

(2) 실리콘카바이드 생산공정 : 석유코크스와 규사(SiO_2)를 원료로 사용

2) 공정

(1) 칼슘카바이드 생산공정

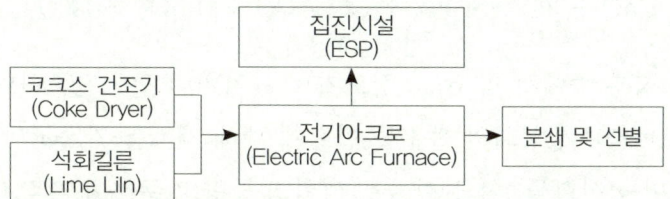

〈출처 : 온실가스 에너지 목표관리 운영 등에 관한지침 (2014)〉

- 1) 코크스 건조공정, 2) 생석회 생산공정, 3) 카바이드 생산공정(전기아크로), 4) 분쇄 및 선별공정의 4단계로 구성됨. 이외 공정 특성상 분진 발생이 높아 집진설비를 일반적으로 설치 운영하고 있음.

가) 코크스 건조공정
- 칼슘카바이드의 생산공정에서 코크스는 주요 반응물질(환원제와 산화제 역할을 동시에 수행)로 사용되며 대기 중의 수분 흡수 능력이 높아 공정투입에 앞서 코크스를 건조할 필요가 있음.

나) 생석회 생산공정
- 생석회는 칼슘카바이드의 주요 원료로서 이를 생산하기 위해 석회석($CaCO_3$)을 고온()1,000℃)에서 소성하여 생석회를 생산하며 이 과정에서 공정부산물로서 CO_2가 배출됨(생석회 생성반응 : $CaCO_3 + \Delta h \rightarrow CaO + CO_2$).
- 반응로는 일반적으로 로터리 킬른(Rotary Kiln)을 많이 사용하며, 소성의 경우는 고온 반응으로 인하여 직화 방식을 택하고 있음. 소성 공정은 고온이므로 폐열을 회수하여 코크스 건조로에서 사용하는 에너지순환 재이용 공정이 적용되고 있음.

다) 전기아크로
- 전기아크로는 1,900℃ 이상의 고온에서 주원료인 석유코크스, 무연탄, 생석회를 혼합하여 칼슘카바이드를 생산하는 반응로임. 생석회가 코크스와 반응하여 칼슘카바이드를 생성하며, 코크스는 산화제와 환원제의 역할을 동시에 수행함. 이 과정에서 CO가 생성되고, CO는 산소와 반응하여 최종적으로 CO_2로 전환배출됨.

> ※ 칼슘카바이드 생산반응
>
> $$CaO + 3C \rightarrow CaC_2 + CO \;/\; CO + 0.5O_2 \rightarrow CO_2$$
>
> 석유코크스 탄소성분 중에서 약 67% 정도가 칼슘카바이드에 잔존하며(나머지 33%는 CO와 CO_2로 배출), 생석회의 불순물 함량에 대해 제재를 가하고 있으며, 마그네슘 산화물, 알루미늄 산화물, 철 산화물은 생석회 중량 기준하여 각각 0.5% 이내, 인 화합물은 0.004% 이하를 유지토록 하고 있음.

라) 분쇄 및 선별
- 전기아크로에서 생성된 칼슘카바이드는 냉각과정을 거치면서 굳어진 후 분쇄 과정을 거친 다음에 크기별로 선별되어 최종 출하됨.

(2) 실리콘카바이드 생산공정
- 칼슘카바이드 생산공정과 매우 유사하며, 원료만 다름(생석회 대신에 규소 사용).
- 실리콘카바이드는 탄소와 규소의 결합체로서 반짝이는 흑색을 띠며, 고온 강도가 높고 내마모성, 내산화성, 내식성 등이 우수하여 비산화물계 고온 구조 재료로서 주로 사용됨.
- 고온의 전기저항가마에서 고순도 규소와 저유황 석유 코크스를 1:3의 몰 비율(Mole Ratio)로 혼합하여 2,200~2,500℃에서 반응하여 생성됨.

※ 실리콘카바이드 생산반응
1 : $SiO_2 + 2C \rightarrow Si + 2CO$
  $Si + C \rightarrow SiC$
2 : $SiO_2 + 3C \rightarrow SiC + 2CO$
3 : $CO + 0.5O_2 \rightarrow CO_2$
이상의 반응을 통해 사용된 원료 중 약 35%의 탄소는 생산물 안에 함유되고 나머지 65%는 산소와 반응하여 CO와 CO_2의 형태로 대기 중에 배출

3) 보고 대상 배출시설
(1) 칼슘카바이드 제조 시설

(2) 실리콘카바이드 제조 시설

4) 온실가스 공정배출시설 및 온실가스

배출시설	배출반응	온실가스
칼슘카바이드 제조시설	• 생석회 생산공정 : 석회석를 생석회로 전환 시 배출 ($CaCO_3 \rightarrow CaO + CO_2$) • 전기아크로 : 석회와 탄소혼합물과의 산화 환원에서 배출 $CaO + 3C \rightarrow CaC_2 + CO(+0.5O_2 \rightarrow CO_2)$	CO_2
실리콘카바이드 제조시설	• 실리콘 카바이드 제조에 사용된 탄소의 약 35%는 카바이드에 함유되고, 나머지는 CO_2로 배출 $SiO_2 + 2C \rightarrow Si + 2CO$ / $Si + C \rightarrow SiC$ $SiO_2 + 3C \rightarrow SiC + 2CO(+O_2 \rightarrow 2CO_2)$	
카바이드 제조시설	• 석유코크스에서 CH_4의 탈루배출	CH_4

확인문제

아세틸렌의 원료로 사용되는 카바이드는 아래 반응식과 같이 생산된다.
이때 ( )에 들어갈 화학식은?

(단, 온실가스 · 에너지 목표관리 운영 등에 관한 지침 기준)
(2015년 산업기사 제2회)

$$CaCO_3 \rightarrow CaO + CO_2$$
$$CaO + 코크스 \rightarrow (\ ) + CO$$

① CaC ② CaC_2
③ CaC_3 ④ CaC_4

해설
칼슘카바이드 생산반응 : $CaO + 3C \rightarrow CaC_2 + CO$ [정답 ②]

---

5. 소다회 생산

1) 개요

(1) 합성소다회법(75%)

NaCl을 원료로 합성하는 방법으로 Leblanc법, 암모니아 소다법(Solvay법), 염안 소다법이 있음

(2) 천연소다회 공정(25%)

천연에 존재하는 탄산나트륨염(탄산염베어링(bearing)퇴적물)을 원료로 하는 천연소다회 공정

2) 공정

(1) 암모니아 소다회 공법(solvay법) 공정

- 약 1세기 동안 거의 모든 탄산나트륨이 암모니아 소다회공정에 의해 생성되었으나 1960년대 중단 이후 자연적인 공정에 의해 대치되어 지금은 거의 쓰이지 않고 있음
- 국내에서는 1개 회사가 Solvay법 사용하고 있었으나, 현재는 경제성 등의 사유로 운영되지 않고 있음

가) 암모니아 소다회 공법의 공정도

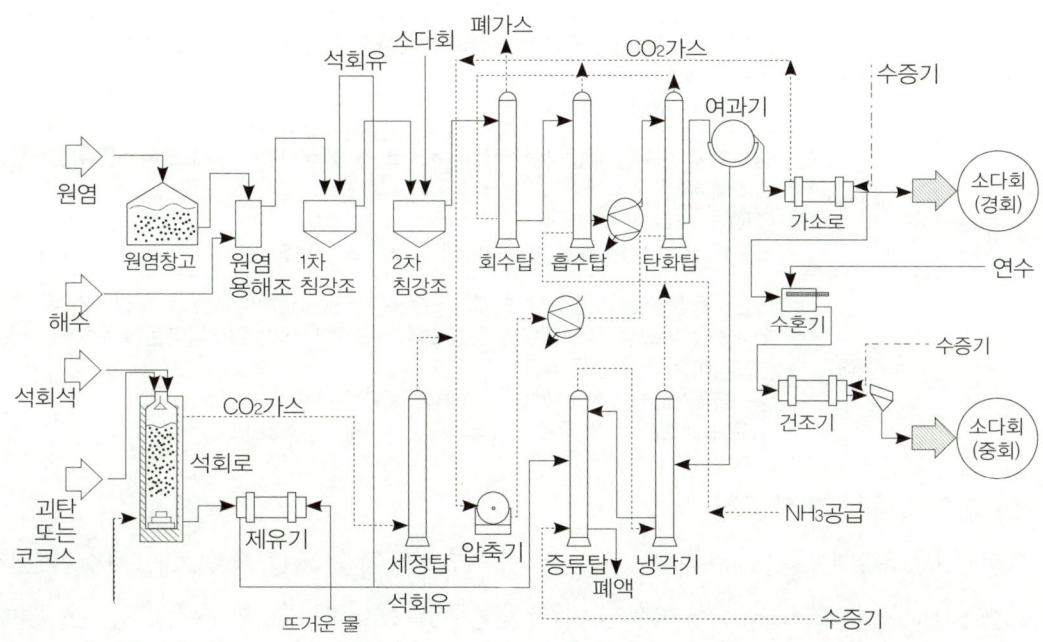

〈출처 : 온실가스 에너지 목표관리 운영 등에 관한지침 (2014)〉

나) 암모니아 소다회 공법의 공정 설명

공정		내용
생산 설비	원염용해조	원염(NaCl)을 녹여 포화상태에 가까운 식염용액을 생성
	1차침강조	식염용액에 석회유(소석회 : Ca(OH)$_2$)를 가하여 Mg^{2+} 등 불순물을 침전 제거하여 정제용액인 1차 간수를 생성 Mg^{2+} + Ca(OH)$_2$ → Mg(OH)$_2$↓ + Ca^{2+}
	2차침강조	1차 간수에 소다회를 가하여 Ca^{2+}를 침전시켜 2차 간수를 생성 Ca^{2+} + Na$_2$CO$_3$ → CaCO$_3$↓ + 2Na$^+$
	흡수탑	2차 간수를 흡수탑 상부에 주입하고 하부로부터는 암모니아 가스를 함유하고 있는 CO$_2$를 주입하여 암모니아 간수를 생성 NH$_3$ + CO$_2$ + H$_2$O → NH$_4$HCO$_3$
	탄산화탑	암모니아성 간수의 온도를 20~30℃로 유지하면서 석회로에서 오는 CO$_2$를 포화시켜 탑 바닥에 NaHCO$_3$ 결정을 석출 NaCl + NH$_4$HCO$_3$ → NaHCO$_3$ + NH$_4$Cl
	여과기	탄산수소나트륨의 결정을 함유한 용액을 모액과 분리하고 소량의 물로 세척
	가소로	외부에서 열을 가하여(하소) 소다회 생성 2NaHCO$_3$ → Na$_2$CO$_3$ + CO$_2$ + H$_2$O
부대 설비	석회로	코크스를 석회석과 혼합 하소하여 생석회를 생성하는 반응으로서 부산물인 CO$_2$는 탄산화탑에서 활용 CaCO$_3$ → CaO + CO$_2$
	제유기	생석회에 온수를 투입하여 석회유(소석회)를 생성하는 반응조로서 석회유를 1차 침강조에 투입 CaO + H$_2$O → Ca(OH)$_2$ ※ 석회유는 1차침강조와 증류탑에 공급되어 사용됨.
	증류탑	탄산나트륨을 분리한 모액 속에는 반응하지 않은 염화나트륨 및 탄산수소나트륨 이외에 탄산암모늄, 염화암모늄 등을 증류탑으로 보내어 암모니아를 회수하고 회수된 암모니아를 흡수탑에 공급 충전탑(탑 상부) : NH$_4$HCO$_3$ → NH$_3$ + CO$_2$ + H$_2$O 포종탑(탑 하부) : 2NH$_4$Cl + Ca(OH)$_2$ → 2NH$_3$ + CaCl$_2$ + 2H$_2$O

(2) 천연소다회 생산공정

트로나(trona)광석(Na$_2$CO$_3$·Na$_2$HCO$_2$·2H$_2$O)의 자연추출물에서 또는 Na$_2$CO$_3$, 세스퀴탄산나트륨(Sodium Sesquicarbonate)를 함유한 소금물로부터 Na$_2$CO$_3$을 회수함. 트로나 광석은 86~95%의 세스퀴탄산나트륨과 5~12%의 맥석(점토나 불용성불순물)과 물로 구성됨.

가) 공정 세부설명

공정	내용
분쇄기	트로나 광석($Na_2CO_3 \cdot Na_2HCO_2 \cdot 2H_2O$)을 미세 분말로 분쇄
가소로	분쇄된 트로나 광석에서 불필요한 휘발성 가스를 제거하고, 천연 탄산나트륨으로 전환하기 위한 가열 공정
여과기 탱크	물을 투입하여 천연 탄산나트륨을 녹인 다음에 여과장치로 통과시켜 고형 불순물을 1차적으로 제거하는 정제공정
농축장치	중력 작용으로 연속적으로 침전 농축을 수행하고, 농축 침전된 슬러리는 외부로 배출하고, 정제된 용액은 상부로 유출되는 장치로서 고형 불순물을 2차적으로 제거하는 공정
정화필터	농축장치에서 나온 액체를 여과장치를 통해 정화하는 공정으로 미세 고형 물질을 3차적으로 제거하는 공정
다중효용증발기	용존성 불순물을 제거하는 방식으로 증발 방식을 통해 결정체 형성 : $Na_2CO_3 \cdot H_2O$
결정원심분리기	소다회 결정에 잔류하는 수분 분리
건조기	소다회 결정의 건조를 통한 최종 소다회 생산 Rotary steam tube, 유동상 Steam tube, Rotary 가스연소 건조기 등이 있음.

3) 온실가스 공정배출시설 및 온실가스

배출시설		배출반응	온실가스
암모니아소다회 제조시설 (Solvay공정)	석회로	• 석회석 소성에 의한 배출 $CaCO_3 \rightarrow CaO+CO_2$	CO_2
	가소로	• $NaHCO_3$ 하소에 의한 배출 $2NaHCO_3 \rightarrow Na_2CO_3+CO_2+H_2O$	
천연소다회 생산공정	가소로	• 트로나 광석의 소성으로 인한 배출	

확인문제

소금을 원료로 하여 소다회를 생산하는 제법으로 틀린 것은?
(단, 온실가스 · 에너지 목표관리 운영 등에 관한 지침 기준)
(2014년 관리기사 제4회)

① 르블랑(Leblanc)법 ② 암모니아 소다법
③ 메록스(Merox)법 ④ 염안 소다법

해설
합성소다회법 : NaCl을 원료로 합성하는 방법으로 Leblanc법, 암모니아 소다법(Solvay법), 염안 소다법이 있음. 메록스법은 석유정제 관련 제법이다.

[정답 ③]

6. 석유정제

1) 개요

석유정제 공정은 비등점 차이를 이용하여 원유를 휘발유, 등유, 경유 등과 같은 석유제품과 나프타와 같은 반제품을 제조하는 공정

2) 공정

증류, 전환 및 정제, 배합의 세 단계로 구분

석유정제과정		내용	종류
증류(Distillation)		탈염 장치등 전처리과정을 거친 후 증류탑에서는 비등점 차이에 의해 가벼운 성분부터 상부로 분리	상압증류 감압증류
정제 (Purification)	전환 단계	활용가치가 낮은 석유 유분을 여러 방법으로 화학변화를 주어 활용성이 우수한 석유제품으로 전환하는 과정	크래킹 개질 수소화 분해 등
	정제 단계	증류탑으로부터 유출된 유분 중의 불순물을 제거하고, 제품별 특성을 충족시키기 위하여 2차처리 공정을 거치게 함으로써 품질성상을 향상	메록스 공정 접촉개질공정 수첨 탈황공정 등
배합(Blending)		제품별 규격에 맞게 적당한 비율로 혼합하거나 첨가제를 주입하여 배합	

(1) 석유정제공정도

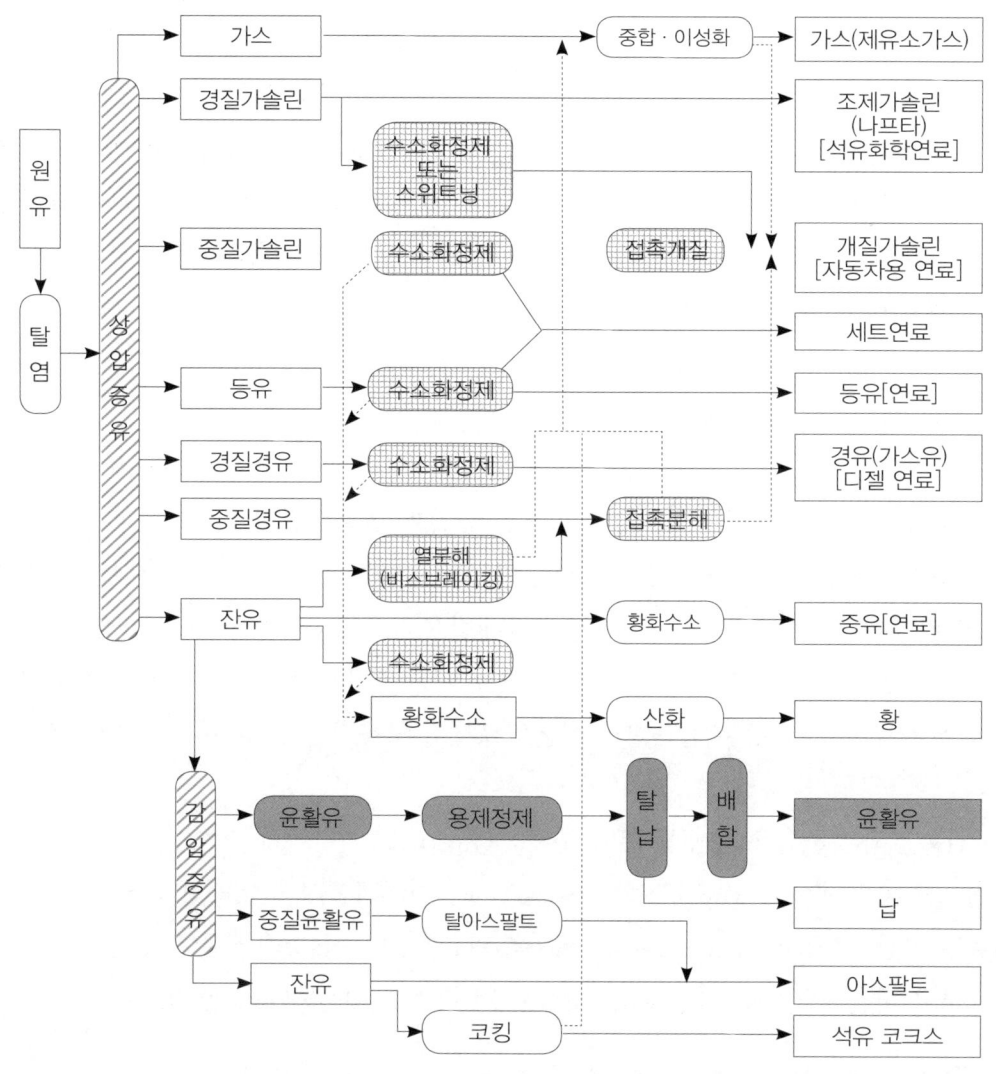

〈출처 : 온실가스 에너지 목표관리 운영 등에 관한지침 (2014)〉

(2) 석유정제의 주요 공정 설명

가) 상압증류 공정(Atmospheric Distillation Unit)

정유공정 중 가장 중요하고 기본이 되는 공정으로, 증류의 원리에 의해서 원유를 가열, 냉각 및 응축과 같은 물리적 변화과정을 통하여 일정한 범위의 비점을 가진 석유 유분을 분리시키는 공정

나) 감압증류공정(Vacuum Distillation Unit, VDU)
- 고비점 유분을 고온에서 증류하면 열분해가 발생하여 품질 및 수율저하와 가열관내 코크스 생성·부착에 따른 가열관 손상을 초래하게 되므로 열분해 방지를 위해서 증류탑의 압력을 감압상태로 하여 유분의 비점을 저하시켜 증류시키는 공정
- 상압증류탑에서 분리된 상압잔사유(AR, Atmospheric Residue)를 감압상태에서 증류하여 중질유 수첨분해공정의 원료로 사용되는 감압경질유분(VGO, Vacuum Gas Oil)과 중질유 수첨탈황공정 및 아스팔트산화공정의 원료로 사용되는 감압잔사유(VR, Vacuum Residue)를 생산하고 직접 아스팔트도 생산

다) 접촉 개질공정(Plat Forming Unit)
- 리포오밍(Reforming) : 옥탄가가 낮은 경질유분의 탄화수소 구조를 바꾸어 옥탄가가 높은 유분으로 변환시키는 방법. 대표적인 방식이 접촉개질법
- 접촉개질공정은 저옥탄가의 나프타를 백금계 촉매하에서 수소를 첨가, 반응시킴으로써 휘발유의 주성분인 고옥탄가의 접촉개질유(Reformate)를 생산하는 공정
- 접촉개질유에는 방향족화합물이 다량 함유되어 있으므로 벤젠, 톨루엔, 자일렌을 생산하기 위한 방향족 추출공정의 기본원료로도 사용

라) 접촉분해 : 중질유 유동상 촉매 분해공정(RFCC)
중질유 탈황공정(Residue Hydro-Desulfurization Unit)에서 생산된 저유황 연료유(L/S Fuel Oil)와 저유황 상압잔사유(L/S Atmospheric Residue)를 원료로 유동상 촉매분해를 통해 휘발유 원료 등을 생산하는 공정. MTBE, Alkylation, PRU 등의 위성공정이 있음.

[중질유 유동성촉매분해공정(RFCC)의 위성공정]

위성공정	내용
MTBE 공정 (Methyl Tertiary Butyl Ether Unit)	중질유 유동상촉매분해공정(RFCC)에서 생산된 C_4 유분 중 iso-Butylene을 메탄올과 반응시켜 고옥탄 함산소 유분인 MTBE(Methyl Tertiary Butyl Ether)를 생산하는 공정
알킬화 공정 (Alkylation Unit)	MTBE공정에서 생산되는 C_4 Raffinate중 Butylene을 iso-Butane과 반응시켜 옥탄가가 높은 고청정 휘발유 배합유분인 Alkylate를 생산하는 공정
프로필렌 회수 공정 (PRU, Propylene Recovery Unit)	중질유 유동상촉매 분해공정(RFCC)에서 생산되는 Gas Stream 중 프로필렌(Propylene)을 회수하는 공정

마) 메록스 공정 (Merox Unit)

상압증류공정에서 생성된 경질유분에 함유된 황화수소(H_2S)를 제거하고 악취가 심한 머캡탄(Mercaptan) 성분을 악취가 덜 나는 이황화물(Disulfide)로 전환 또는 제거하는 공정

[메록스 공정별 특성]

세부공정	주요특성
액화석유가스 메록스 (LPG Merox)	액화석유가스(LPG) 중에 있는 유황성분 (H_2S 및 머캡탄)을 제거하는 공정
직류가솔린 메록스 (LSR Merox)	LSR(Light Straight Run Naphtha) 유분 중 유황성분을 제거하여 휘발유 배합 원료를 제조하는 공정
고정상 메록스 (Solid Bed Merox)	조등유 중에 있는 H_2S를 제거하고 머캡탄을 전환하여 등유 및 항공유의 배합원료를 제조하는 공정.

바) 가스회수공정(Gas Concentration Unit, GCU)

상압증류공정 및 접촉개질공정(Plat Forming Unit)에서 생성된 프로판-부탄 혼합가스로부터 90~95% 이상의 순수한 프로판과 부탄을 분리 회수하는 공정

사) 수첨 탈황 공정(Hydro Desulfurization Unit)

상압증류공정에서 생성된 조나프타(Raw Naphtha), 조등유(Raw Kerosene), 경질가스유(LGO) 등을 촉매 하에서 수소를 첨가, 반응시킴으로써 유황분을 비롯한 질소 및 금속 유기화합물 등 각종 불순물을 제거하고 품질을 개선시키는 공정

아) 아스팔트 산화공정(Asphalt Oxidizing Unit, AOU)

감압증류공정에서 경질유분을 분리하고 남은 감압잔사유(Vacuum Residue)를 압축공기로 산화·중합시켜 아스팔트 제품을 생산하는 공정

자) 중질유 수첨 분해공정(Unicracking Unit, UC)

감압증류공정에서 생산된 감압경질유분(Vacuum Gas Oil)을 촉매 존재 하에 수소를 첨가하여 분해 및 탈황시켜 초저유황 등·경유 등의 경질석유제품으로 전환하는 공정

차) 감압 잔사유 탈황공정(Vacuum Residue Desulfurization Unit, VRDS)
감압증류공정에서 생산된 감압잔사유(Vacuum Residue)와 상압잔사유(Atmospheric Residue)를 원료로 촉매 존재 하에 수소를 첨가하여 탈황시켜 초저유황 B-C(유황함량 0.5wt% 이하) 및 경유를 생산하는 공정

카) 유황 회수 공정(Sulfur Recovery Plant, SRP)
중질유 분해 및 탈황공정에서 생성된 H_2S 가스를 촉매 존재 하에 반응시켜(Claus 반응: H_2S를 O_2와 반응시킴) 99.9%의 순도를 지닌 용융황(Molten Sulfur)를 회수하는 공정

타) 윤활기유 제조시설(Lube Base Oil Plant, LBO)
중질유 수첨분해공정 미전환유(Unconverted Oil)를 촉매 존재 하에 수첨 처리하여 Wax성분을 제거한 뒤 방향족성분을 포화시켜, 윤활유의 원료인 고점도지수(Very High Viscosity Index) 윤활기유(Lube Base Oil)를 생산하는 시설

파) 중질유 탈황공정(Residue Hydro-Desulfurization Unit, RHDS)
고유황 상압잔사유(H/S Atmospheric Residue)를 고온·고압 하에서 수소를 첨가 탈황하여 유동상촉매 분해공정의 원료가 되는 저유황 연료유(L/S Fuel Oil)와 경유 등을 생산하는 공정

3) 보고 대상 배출시설

(1) 수소제조시설 (Hydrogen Plant)
경질나프타, 부탄 또는 부생연료를 촉매 존재 하에서 수증기와의 접촉반응에 의해서 약 70% 순도의 수소를 제조하고, PSA(Pressure Swing Adsorption) 공정을 거쳐 불순물을 제거함으로써 순도 99.9% 이상의 수소를 제조하는 공정이며, 이때 CO_2가 배출되고, 그 배출량은 원료 중의 수소와 탄소의 비율에 따라 달라짐.

$$CxH(2x+2) + 2X \cdot H2O \rightarrow (3X+1)H_2 + XCO_2$$

※ PSA공정
- PSA공정, 즉 압력순환흡착공정은 기체 혼합물로부터 특정 성분을 분리하거나 혹은 제거시켜 기체를 분리, 정제하는데 사용되는 공정
- PSA공정의 기본원리는 Molecular sieve 흡착제로 채워진 흡착탑을 원료기체가 고압상태로 통과하면서 선택도가 높은 성분들을 우선 흡착하게 되고 선택도가 낮은 성분들은 흡착탑 밖으로 배출

(2) 촉매재생시설 (Catalytic Cracker Regeneration)
- 촉매에 축적된 Coke를 제거하여 촉매를 재생하는 공정이며 이때 CO_2가 배출
- 촉매 재생기에서 Coke 제거 시 발생하는 CO_2 배출량은 유입공기, 점착된 Coke량, Coke 중 탄소비율 등을 이용하여 산정
- ※ 촉매에 축적된 Coke는 촉매독으로 작용하여 촉매의 활성도를 저하

(3) 코크스 제조시설 (Coking)
- 일반적으로 석유계 중질유를 약 500℃의 고온으로 열분해하여 가스나 분해유출유, 코크스를 생산
- 지연코킹법(Delayed Coking)과 유체코킹법(Fruid Coking), 플렉시코킹법(Flexicoking)이 있음.
- 지연코킹법, 유체코킹법, 플렉시코킹법 중에서 유체코킹법과 플렉시코킹법의 코크스 버너에서 CO_2가 배출됨. 코크스 버너에 의한 CO_2 배출은 코크스에 함유된 탄소가 100% 산화되는 것으로 가정. 코크스 버너의 배출가스가 CO_2 회수를 위해 보내지거나 발열량이 낮은 연료가스로 연소되는 경우에는 이를 차감. 지연코킹법에서는 고정연소배출 외에 공정에서의 CO_2 배출은 없음.

4) 온실가스 공정배출시설 및 온실가스

배출시설	배출반응	온실가스
수소제조시설	• PSA공정에 의한 99.9%의 고순도 수소를 제조하는 과정에서 온실가스가 반응 부산물로 배출	CO_2
촉매재생시설	• 촉매에 축적된 Coke 제거 시 배출됨($C + O_2 \rightarrow CO_2$)	
코크스 제조시설	• 유체코킹법과 플렉시코킹법에서 코크스가 산화되면서 CO_2가 배출	

※ 석유정제공정의 온실가스 배출의 종류
- 고정연소배출 : 원유 예열시설, 증류공정 등
- 공정배출 : 수소제조공정, 촉매재생공정 및 코크스 제조공정 등
- 탈루성 배출 : 배기(venting) 및 폐가스 연소처리(flaring) 등

확인문제

석유정제공정의 보고대상 배출시설이 아닌 것은?
(2016년 관리기사 제2회)

① 카본블랙 반응시설   ② 수소제조시설
③ 촉매재생시설   ④ 코크스 제조시설

해설
석유정제공정의 보고대상 배출시설 : 수소제조시설, 촉매재생시설, 코크스 제조시설 카본블랙 생산은 석유정제공정이 아니라 석유화학제품 생산에 포함되는 배출임.   [정답 ①]

---

7. 석유화학제품 생산

1) 개요

석유화학산업은 정유정제품인 나프타와 에탄, LPG 등 천연가스 추출물을 원료로 사용하여 석유화학제품을 생산. 국내의 경우 주로 나프타를 분해 설비(Naphtha Cracking Center, NCC)에 투입하여 에틸렌, 프로필렌 등 기초 유분을 생산하고 이 과정에서 온실가스가 배출.

2) 공정

(1) 메탄올 생산

● 수증기 개질공정, 메탄올 생산공정, 메탄올 생산정제, 에너지회수 공정으로 구성

증기 개질반응	메탄올 생산반응
$2CH_4 + 3H_2O \rightarrow CO + CO_2 + 7H_2$	$CO + CO_2 + 7H_2 \rightarrow 2CH_3OH + 2H_2 + H_2O$

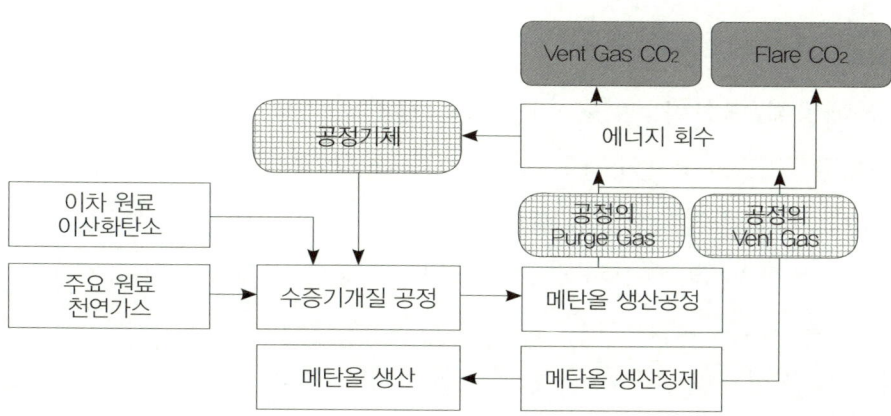

〈 출처 : 온실가스 에너지 목표관리 운영 등에 관한지침, 2014 〉

(2) 에틸렌 생산

- 나프타 증기 분해를 통해 제조, 천연가스로부터의 제조, 석유정제 공정의 부생가스로부터의 제조 등이 있음.
- 나프타 분해 공정의 에틸렌 생성 반응식은 다음과 같음.

증기분해
나프타 → $C_2H_4 + H_2$

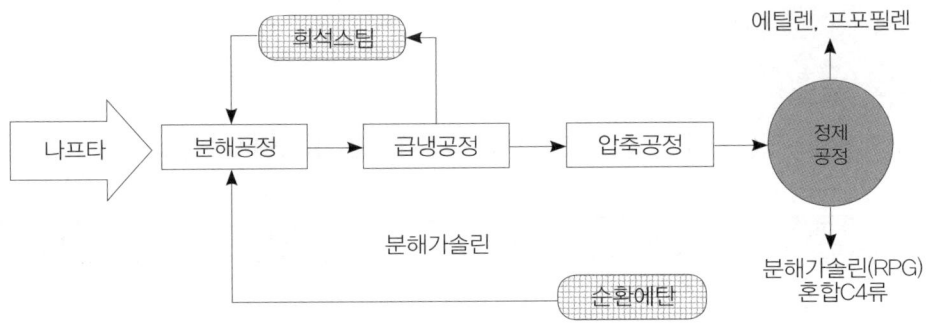

〈출처 : 온실가스 에너지 목표관리 운영 등에 관한지침, 2014〉

(3) 이염화에틸렌/염화비닐모노머(EDC/VCM) 생산

- 이염화에틸렌(EDC) 생산의 경우 직접염소화 반응과 산화염소화 반응공정이 있고 이 중 산화염소화 공정에서 에틸렌 산화 반응의 부산물로 CO_2가 발생
- 염화비닐모노머(VCM) 생산의 경우 EDC의 열분해에 의해 생산되며, CO_2는 공정배출되지 않음
- 산화염소화/직접적인 염소화 공정, 정제공정 및 공정의 Vent Gas, Vent Gas 소각로로 구성

직접적 염소화반응(EDC 생산) : $C_2H_4 + Cl_2 \rightarrow C_2H_4Cl_2$

산화염소화반응(EDC 생산) : $C_2H_4 + \frac{1}{2}O_2 + 2HCl \rightarrow C_2H_4Cl_2 + H_2O$
$[C_2H_4 + 3O_2 \rightarrow 2CO_2 + 2H_2O]$

VCM 생산 (EDC 열분해) : $2C_2H_4Cl_2 \rightarrow 2CH_2CHCl + 2HCl$

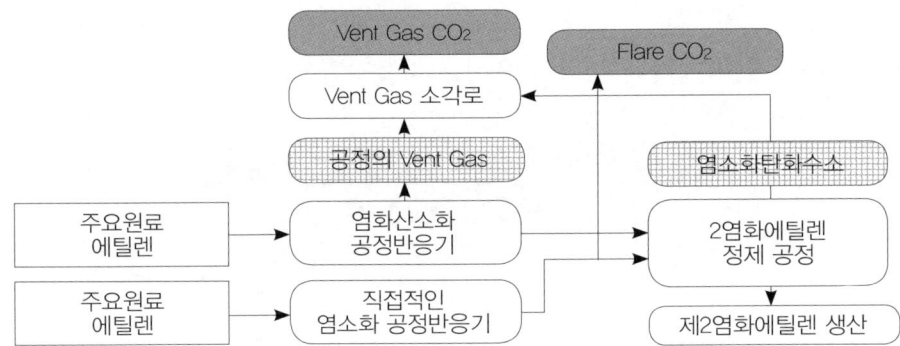

〈출처 : 온실가스 에너지 목표관리 운영 등에 관한지침, 2014〉

(4) 에틸렌 옥사이드(EO) 생산

- 촉매 상에서 에틸렌과 산소의 직접 반응(발열반응)에 의해 제조
- 에틸렌과 산화에틸렌으로부터 부산물인 이산화탄소와 물이 생성

에틸렌과 산소의 촉매반응	에틸렌의 산화반응
$C_2H_4 + ½O_2 \rightarrow C_2H_4O$	$C_2H_4 + 3O_2 \rightarrow 2CO_2 + 2H_2O$

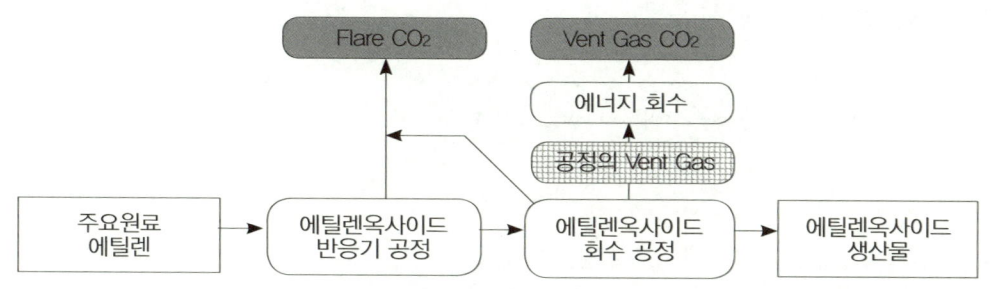

〈출처 : 온실가스 에너지 목표관리 운영 등에 관한지침, 2014〉

(5) 아크릴로니트릴(AN) 생산

프로필렌과 암모니아의 산화반응으로 생산하며 이 과정에서 온실가스가 배출

아크릴로니트릴 생산반응	프로필렌의 산화반응
$CH_2=CHCH_3 + 1.5O_2 + NH_3 \rightarrow$ $CH_2=CHCN + 3H_2O$	$C_3H_6 + 4.5O_2 \rightarrow 3CO_2 + 3H_2O$ $C_3H_6 + 3O_2 \rightarrow 3CO + 3H_2O$

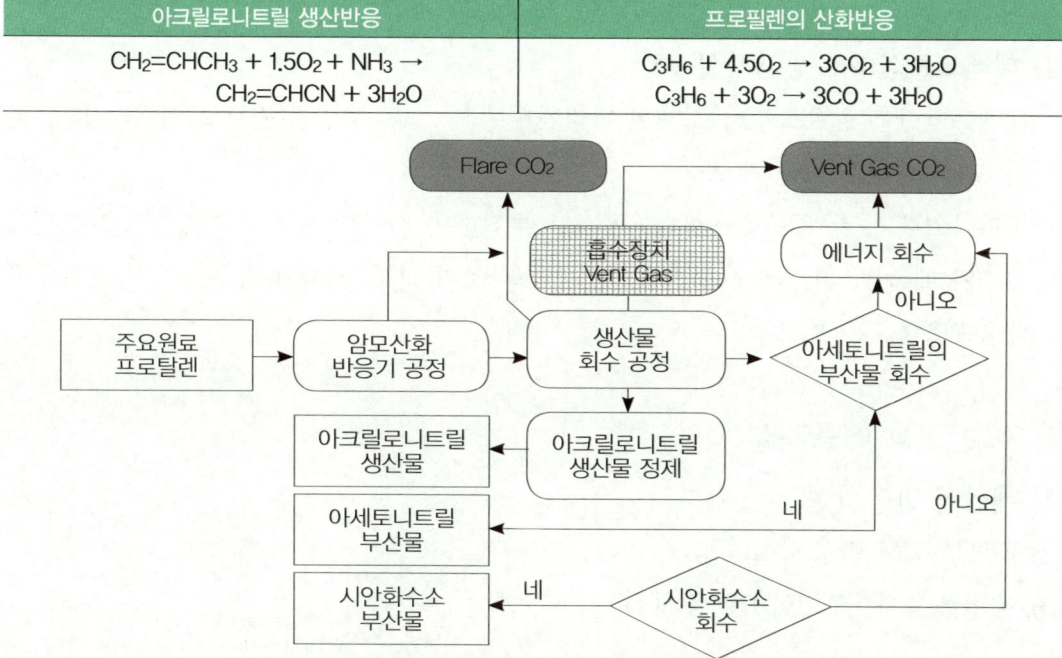

〈출처 : 온실가스 에너지 목표관리 운영 등에 관한지침, 2014〉

(6) 카본블랙 생산

- 1,300~1,500oC(2,400~2,800oF) 온도의 로(furnace)에서 한정된 연소공기의 공급으로 오일 또는 가스와 같은 탄화수소 연료의 반응에 의해 카본블랙이 생성
- 미국에서 사용되는 카본블랙의 제조공정은 오일로(oil furnace) 공정과 열적(thermal) 공정임(오일로 생산 약 90%, 열적 공정 생산 약 10%, USEPA, 2001)
- 내화로 내에서 연료유를 연소시킨 고온 열풍 속에 원료유를 분사, 연속적으로 열분해시키는 방법이 주로 사용됨.

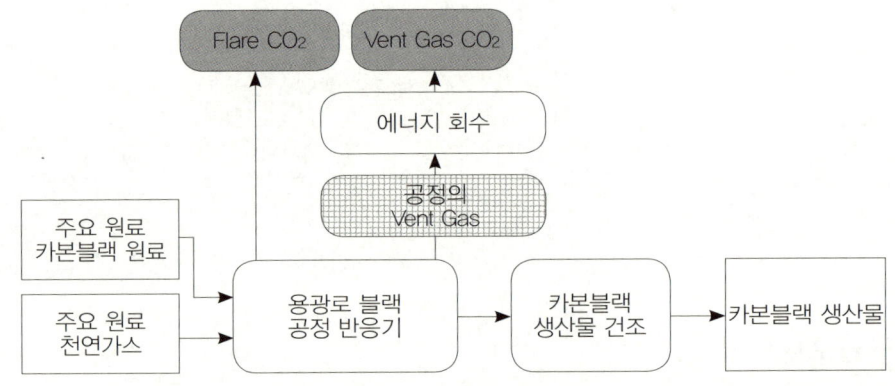

〈출처 : 온실가스 에너지 목표관리 운영 등에 관한지침, 2014〉

(7) 테레프탈산(TPA) 생산시설

- 테레프탈산은 원유로부터 정제된 파라자일렌(Para Xylene)을 주원료로 산화, 정제, 분리, 건조 공정을 거쳐 제조
- 파라자일렌과 함께 용매(초산 등), 공기를 투입하며 산화반응기나 결정화조에서 온실가스가 배출됨. 따라서 산화반응기와 결정화조가 모두 설치된 경우, 각 시설에 대한 배출량을 산정·보고함

3) 보고 대상 배출시설

(1) 메탄올 반응시설
(2) EDC/VCM 반응시설
(3) 에틸렌옥사이드(EO) 반응시설

(4) 아크릴로니트릴(AN) 반응시설
(5) 카본블랙(CB) 반응시설
(6) 에틸렌 생산시설
(7) 테레프탈산(TPA) 생산시설

4) 온실가스 공정배출시설 및 온실가스

배출시설	배출반응	온실가스
메탄올 생산시설	• 증기개질반응에 의한 배출(CO_2, CH_4) $2CH_4 + 3H_2O \rightarrow CO + CO_2 + 7H_2$	CO_2 CH_4
2염화에틸렌 생산시설	• 산화염소화 공정에서 에틸렌 산화 반응의 부산물로 배출(CO_2) $C_2H_4 + 3O_2 \rightarrow 2CO_2 + 2H_2O$	
에틸렌옥사이드 생산시설	• 에틸렌옥사이트 제조반응 중 부산물로 생성 배출(CO_2, CH_4) $C_2H_4 + 3O_2 \rightarrow 2CO_2 + 2H_2O$	
아크릴로니트릴 생산시설	• 프로필렌의 산화 반응에 의해 배출(CO_2, CH_4) $C_3H_6 + 4.5O_2 \rightarrow 3CO_2 + 3H_2O$ $C_3H_6 + 3O_2 \rightarrow 3CO + 3H_2O$	
카본블랙 생산시설	• 원료(카본블랙원료 및 천연가스)의 산화반응에의한 배출 (CO_2, CH_4)	

확인문제

다음 중 "석유화학 제품 생산 배출시설"과 가장 거리가 먼 것은?
(2015년 관리기사 제2회)

① 수소 생산시설
② 나프타 분해시설
③ 에틸렌옥사이드 생산시설
④ 카본블랙 생산시설

해설
지침의 석유화학제품 생산 배출시설은 메탄올 반응시설, EDC/VSM 반응시설, 에틸렌옥사이드(EO) 반응시설, 아크릴로니트릴(AN) 반응시설, 카본블랙(CB) 반응시설, 에틸렌 생산시설(나프타 분해시설에 의해 생산), 테레프탈산(TPA) 생산시설이 있음. 수소생산시설은 석유화학제품에 해당되지 않음

[정답 ①]

8. 불소화합물 생산

1) 개요
반도체를 비롯한 각종 전자산업의 세척제뿐만 아니라 발포제, 냉매, 소화기, 비에어로졸 용매 등의 제품 원료를 생산하는 공정. 생산제품인 불소화합물들(HFCs, PFCs, SF_6)은 온실가스로서 생산과정에서 일부 부산물로 생산되어 대기 중으로 배출됨. 주요 온실가스 배출원은 불소화합물을 생성시키는 반응시설로서, HCFC-22 생산 공정, CFC-11 및 CFC-12 생산 공정, PFCs 물질의 할로겐 전환 공정, NF_3 제조 공정, 불소비료나 마취제용 불소화합물 생산 공정들에서 불소화합물이 배출됨.

2) 공정
(1) HCFC-22 생산 공정

원료투입(HF+$CHCl_3$) → 합성제조공정(촉매 $SbCl_5$사용) → 분리공정(불순물인 HFC-23, HCl 등을 분리) → 세정공정(잔존 HFC-23 제거) → 제품화공정(중화→건조→압축)

- HCFC-22는 $SbCl_5$ 촉매의 존재시 불화수소(HF)와 클로로포름($CHCl_3$)의 반응에 의해 생산
- CFC 대체물질인 HCFC-22는 생산과정에서 HFC-23를 부산물 형태로 배출
- HFC-23를 포함한 HFCs, PFCs, SF_6 등 불소화합물들은 액체세정공정에서 잘 제거되지 않고 대기 중으로 배출
- 합성제조공정 반응식

  주반응(HCFC-22 생성): $CHCl_3 + 2HF \rightarrow CHClF_2 + 2HCl$

  부반응(HCF-23 생성): $CHCl_3 + 3HF \rightarrow CHF_3 + 3HCl$

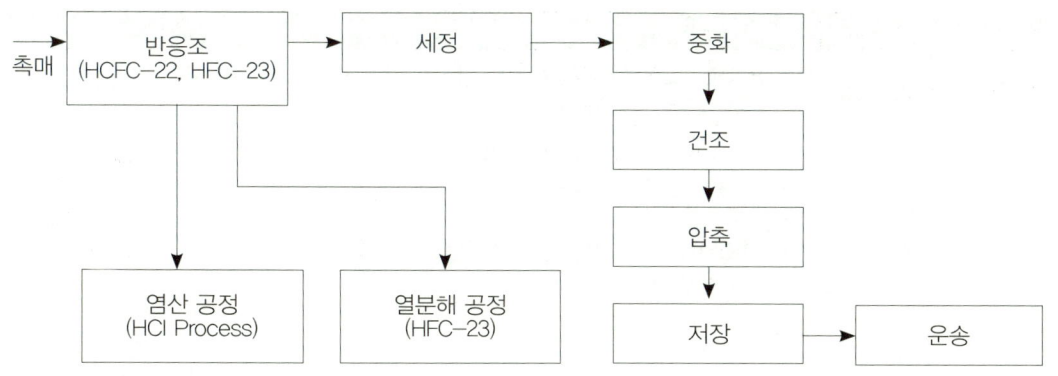

〈출처 : 온실가스・에너지 목표관리 운영 등에 관한지침, 2014〉

(2) 기타 불소화합물 생산
- 불소화합물 생산 공정에서 배출되는 불소화합물 부산물은 SF_6, CF_4, C_2F_6, C_3F_8, C_4F_{10}, C_5F_{12}, C_6F_{14} 등이 있음.
- 기타 불소화합물 생산과정의 온실가스배출 보고대상 공정
  ㉠ CFC-11 생산시설 ㉡ CFC-12 생산시설
  ㉢ PFC_s 물질의 할로겐 전환시설 ㉣ 불소비료 및 마취제용 화합물 생산시설
  ㉤ SF_6 생산시설

3) 보고 대상 배출시설
(1) HCFC-22 생산시설
(2) 기타 불소화합물 생산시설

4) 온실가스 공정배출시설 및 온실가스
- HCFC-22 생산 과정에서 배출되는 HFC-23의 양은 공정의 운영 방법과 최적화 정도에 따라 다름(예 : 공정이 HFC-23의 발생을 억제하기 위해 완전히 최적화 되어 있지 않은 경우 배출량은 HCFC-22 생산량의 약 3~4%).
- HFC-23의 생성에 영향을 주는 반응인자 : 온도, 압력, 원료 투입률, 촉매 농도 및 활성도 등 → 일반적으로 촉매 농도가 높고 압력이 높으면 HFC-23 생산량 증가

배출시설	배출반응	온실가스
HCFC-22 생산시설	• HCFC-22 생산 공정 중 극소량의 HFC-23이 반응시설에서 부수적으로 생성되어 배출	HFC-23
기타 불소화합물 생산시설	• CFC-11 및 CFC-12 생산공정 • PFC_s의 할로겐전환 공정 • NF_3 제조 공정 • 불소비료나 마취제용 불소화합물 생산공정 • SF_6 생산시설	SF_6, CF_4, C_2F_6, C_4F_{10}, C_5F_{12}, C_6F_{12}

※ HCFC-22 생산 공정 중 HFC-23이 배출되는 주요 과정

환기과정(Condenser vent)에서의 배출	HCFC-22 생산 공정 중 주요 배출지점으로 HCFC-22에서 분리된 후 공기 중으로 배출되며, 생성된 HFC-23의 약 98~99%가 이 공정에서 배출
탈루배출 (Fugitive emission)	컴프레서, 밸브, 플랜지 등을 통해 배출
습식스크러버로 부터의 액상 세정	세정액에 포함된 HFC-23의 농도의 수 ppm 정도로 미량임
HCFC-22 생산물과 함께 제거	HFCF-22 생산 제품에 극소량의 HFC-23이 포함되어 배출됨
HFC-23 회수시 저장 탱크로부터의 누출	고압 저온 하에서의 농축에 의해 누출됨

〈출처 : 온실가스 · 에너지 목표관리 운영 등에 관한지침, 2014〉

확인문제

다음 중 불소화합물이 배출되는 기타 불소화합물 생산에 해당되지 않는 공정은?

① CFC-11, CFC-12 생산공정
② 냉동 및 냉방설비 생산시설
③ PFCs 물질의 할로겐 전환 공정
④ 불소비료 및 마취제용 화합물 생산시설

해 설
불소화합물 생산의 보고 대상 배출시설은 다음과 같음
① HCFC-22 생산시설
② 기타 불소화합물 생산시설
 ㉠ CFC-11 생산시설   ㉡ CFC-12 생산시설
 ㉢ PFCs 물질의 할로겐 전환시설 ㉣ SF_6 생산시설
 ㉤ 불소비료 및 마취제용 화합물 생산시설
냉동 및 냉방설비 생산시설은 오존층파괴물질(ODS)의 대체물질 HFCs를 사용하는 시설이다. [정답 ②]

9. 카프로락탐 생산

1) 개요

원료에 따라 싸이클로헥산, 페놀 및 톨루엔 3가지로 생산공정이 구분되며, 원료별 사용 비율에 따른 전 세계 카프로락탐 생산능력은 싸이클로헥산이 70%, 페놀이 25%, 나머지는 톨루엔이 차지. 우리나라의 경우 주로 싸이클로헥산을 출발 원료로 하여 카프로락탐을 생산

2) 공정

- 촉매 존재 하에 싸이클로헥산이 싸이클로헥사논과 싸이클로헥사놀로 산화
- 생산된 산화물은 싸이클로헥사놀이 60%, 싸이클로헥사논이 40%로 구성되어 있으며, 싸이클로헥사놀은 탈수소 촉매 하에서 싸이클로헥사논으로 전환
- 싸이클로헥사논은 하이드록실아민 설페이트 용액과의 반응을 통해 싸이클로헥사논 옥심으로 전환
- 싸이클로헥사논 옥심(카프로락탐과 분자식은 동일하나 구조식이 다름)은 전위공정에서 발연황산의 존재 하에 BECKMAN 전위를 이루어 불순물이 함유된 카프로락탐이 생성
- 여러 단계의 정제공정을 통해 고순도의 카프로락탐이 생산

3) 보고 대상 배출시설

(1) CO_2 제조공정
(2) 하이드록실아민 공정
(3) 기타 제조공정

4) 온실가스 공정배출시설 및 온실가스

배출시설	배출반응	온실가스
CO_2 제조공정	납사를 원료로 발생된 CO_2가 암모니아수(NH_4OH) 및 공정 중의 질소 산화물과 반응하여 아질산암모늄(NH_4NO_2)을 생성하는 과정에서 CO_2가 배출	CO_2
수소 제조공정	카프로락탐 생산에 필요한 수소를 공급하기 위한 납사와 스팀의 개질 반응에서 CO_2발생	
폐수소각시설	폐수와 농축폐액 OCE(Organic Caustic Effluents)의 소각 산화 반응에 의해 CO_2가 배출	
하이드록실아민 공정	암모니아 산화반응, 가수 분해반응 및 아민 제조공정을 통해 대기 중으로 N_2O를 배출	N_2O

※ CO_2의 일부가 탄산소다제조공정에서 탄산소다로 전환되므로 탄산소다로 전환되는 양을 제외한 나머지 CO_2가 배출됨.

> **확인문제**
>
> 다음 중 카프로락탐 생산시설에 있는 다음과 같은 온실가스 공정배출시설 중 온실가스 종류가 다른 시설은?
>
> ① CO_2 제조공정 ② 하이드록실아민 공정
> ③ 수소 제조공정 ④ 폐수소각시설
>
> **해설**
> 카프로락탐 생산 공정의 온실가스 배출 단위공정은 배출되는 온실가스의 종류에 따라 CO_2 배출공정과 N_2O 배출공정으로 구분할 수 있음.
> – CO_2 제조공정, 수소 제조공정, 폐수소각시설: CO_2 배출
> – 하이드록실아민 공정: N_2O 배출
>
> [정답 ②]

PART 05 광물

1. 시멘트 생산

1) 개요

시멘트는 주로 석회질 원료와 점토질 원료를 적당한 비율로 혼합하여 미분쇄한 후 약 1,450℃의 고온에서 소성하여 얻어지는 클링커에 적당량의 석고(응결조절제)를 가하여 분말로 생산

2) 공정

원분공정						소성공정				제품공정		
채광공정		원료분쇄(원분) 공정				예열기	소성로	냉각기	클링커 저장	시멘트 분쇄	시멘트 저장	제품 출하
석회석 채광	1, 2차 조쇄 공정	석회석 혼합기	부원료 치장	원료 분쇄기	원료 저장기							

(1) 원분 공정

가) 석회석 및 부원료 저장시설

시멘트 제조에 필요한 석회석 및 부원료(점토, 납석, 규석, 철광석, 경석, 전로 스라그, 플라이 애쉬 등) 등을 저장하는 시설로써 천정 크레인을 이용하여 호퍼(Hopper)에 투입하거나 직투입시설에 의해 Hopper에 투입함.

나) 조합원료 분쇄 및 저장
석회석 및 부원료를 각 배합비에 맞게 정확히 조합하여 혼합한 후 Raw Mill에서 킬른 폐열을 이용하여 건조함과 동시에 분쇄하며, 분쇄기에서 분쇄된 분말은 분급기(Separator)에서 미분과 조분으로 분리돼 재분쇄되는 공정을 가지며, 미분원료는 원료 저장시설(Silo)로 이송 저장됨.

(2) 소성공정
시멘트 제조공정 중 제일 핵심부위로서 예열기(Preheater)를 거친 원료가 소성로(Kiln)에서 1,350~1,450℃ 정도의 열에 의해 용융·소성된 후 냉각기(Cooler)에서 냉각되고 20~60mm 정도의 동그란 덩어리인 시멘트 반제품인 클링커(Clinker)를 생산함.

(3) 제품 및 출하 공정
가) 클링커 저장 및 부원료 저장시설
냉각된 클링커는 이송시설에 의해 클링커 치장 또는 Silo에 저장된 후 클링커 분쇄공정에 투입됨.

나) 클링커 분쇄
클링커에 3~5%의 석고를 첨가하여 시멘트 분쇄기(Cement Mill)에서 분쇄를 하는데 여기서 생산된 미세 분말가루가 시멘트임.

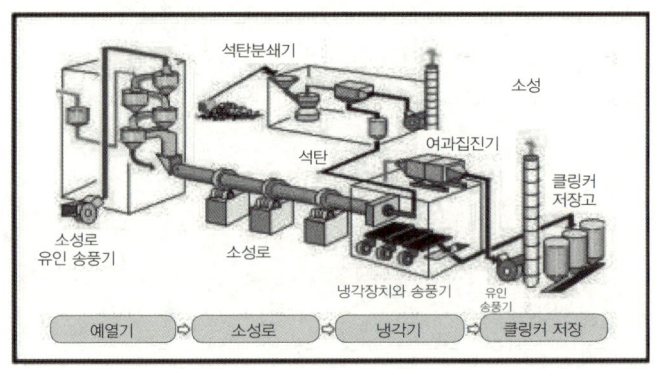

〈출처 : 온실가스·에너지 목표관리 운영 등에 관한지침, 2014〉

[소성 공정 개요]

3) 보고 대상 배출시설 : 소성시설(kiln)

물체를 높은 온도에서 구워내는 시설로서 일종의 열처리시설임. 소성의 목적은 소성물질의 종류에 따라 다소 다르나 보통 고온에서 안정된 조직 및 광물상으로 변화시키거나 충분한 강도를 부여함으로써 물체의 형상을 정확하게 유지시키기 위한 목적으로 이용되는 경우가 많음.

소성시설에는 원형, 각형, 통형 등의 시설이 있고, 연속소성시설에는 수직형, 회전형, 링형, 터널형 등 그 종류가 다양함. 도기·자기·구조검토용 제품 등 특수용도에 사용되는 것 이외에는 대부분이 회전형시설을 사용하며, 회전형시설에도 그 길이에 따라 Short Kiln, Long Kiln, 등이 있고, 그 형태에 따라 Lepol Kiln, Suspension Preheater Kiln, Shaft Kiln 등 다양하게 분류됨.

4) 온실가스 공정배출시설 및 온실가스

시멘트 공정에서의 온실가스 배출원은 클링커의 제조공정인 소성 공정에서 탄산칼슘의 탈탄산 반응에 의하여 이산화탄소가 배출됨.

$$CaCO_3 + Heat \rightarrow CaO + CO_2$$

소성로에서 발생되는 비산먼지인 Cement Kiln Dust(CKD)는 소성공정의 회수시스템에 의해 다량 회수되어 소성공정에 재사용되므로, 회수되지 못한 CKD 내 탄산염 성분은 탈탄산 반응에 포함되지 않으므로 보정이 필요함(CKD가 완전히 소성되거나 모두가 킬른으로 회수된다면 CKD에 의한 보정은 필요없음).

시멘트 공정의 CO_2 배출특성은 소성시설(kiln)의 생석회 생성량, 연료사용량 및 폐기물 소각량의 영향을 받으며 이 외 주원료(석회석)와 부원료(점토 등)의 사용량에 영향을 받을 수 있음.

바이오매스(목재 등) 연료의 경우 배출량 산정에서 제외하여야 하나 합성수지 및 폐타이어 등 폐연료와 같이 화석연료에 해당하는 경우는 배출량 산정 시 포함되어야 함.

시멘트는 수입된 클링커로부터 전적으로 생산(분쇄)될 경우 시멘트 생산공정(소성공정)에서의 CO_2 배출은 0이 됨.

배출시설	배출반응	온실가스
소성시설 (Kiln)	• 탄산칼슘의 탈탄산 반응에 의해 배출 $CaCO_3 + Heat \rightarrow CaO + CO_2$	CO_2

> **확인문제**
>
> 시멘트를 생산하는 공정 중에서 다량의 온실가스를 발생하는 시설(공정)로 가장 옳은 것은?
> (단, 온실가스·에너지 목표관리 운영 등에 관한 지침 기준)
> (2015년 관리기사 제2회)
>
> ① 가스회수시설 ② 소성시설
> ③ 접촉 재질시설 ④ 세척시설
>
> **해설**
> 소성시설은 시멘트 생산의 온실가스 배출시설로서 탄산칼슘의 탈탄산 반응에 의해 CO_2가 배출된다. [정답 ②]

2. 석회 생산

1) 개요

석회는 원료로 석회석을 주로 사용하거나 Dolomite 또는 Dolomite Limestone(석회석에 탄산마그네슘이 포함)을 사용하여 소성로에서 900~1,500℃에서 다음의 반응에 의하여 석회를 생산

$$CaCO_3 + Heat \rightarrow CO_2 + CaO \text{(High Calcium Lime) 혹은}$$
$$CaCO_3 \cdot MgCO_3 + Heat \rightarrow CO_2 + CaO \cdot MgO \text{(Dolomite Lime)}$$

2) 공정

석회석 채광					원료 석회석 준비			연료준비및저장
표토층 제거	암석폭파	폭파된 암석상차	분쇄	선별공정 으로이송	석회 석분쇄	세척	건조	

소성공정			석회공정				저장 및 이송
예열대	소성대	냉각대	생석회공정		소석회 공정	건조	
			ROK공정	분쇄생석회 공정			

(1) 석회석 채광
석회석은 노천광에서 채광, 일부는 바다 준설 및 치하 채광에서 얻을 수 있으며, 채광 공정으로는 표토층 제거, 암석 폭파, 폭파된 암석의 상차, 분쇄 및 선별공정으로 이송 으로 구성됨.

(2) 원료 석회석 준비
가) 석회석 분쇄
1차 분쇄, 2차 분쇄가 있으며, 일정 범위의 크기로 분쇄

나) 세척
석회석의 불순물(실리카, 점토, 미세 석회석 가루 등)을 제거하기 위하여 세척제(scrubber)를 활용하여 세척

다) 건조
석회석이 슬러지나 filter cake에서 얻어지는 경우 킬른 배가스의 열을 이용하여 건조

(3) 연료의 준비 및 저장
석회 제조 공정에서 이용되는 연료는 천연가스, 석탄, 코크스, 연료유 등이 있음. 연료 비가 석회 생산단가의 40~50%를 차지하고, 부적절한 연료는 운전비를 상승하며 제품

의 품질(잔존 CO₂ 수준, 반응성, 황함량 등)과 연료 중 중유는 대기오염물질 배출에 영향을 주기 때문에 연료의 선택이 중요함.

[킬른에서 사용하는 연료의 종류]

연료 구분	주로 사용	때때로 사용	드물게 사용
고체연료	유연탄, 코크스	무연탄, 갈탄 등	토탄, oil shale
액체연료	중유	중질유	경질유
기체연료	천연가스	부탄/프로판, 공정가스	도시가스
기타	–	목재/톱밥, 폐타이어, 종이 등	폐 액상·고상연료

〈출처 : 온실가스 · 에너지 목표관리 운영 등에 관한 지침, 2014〉

(4) 석회 소성 공정

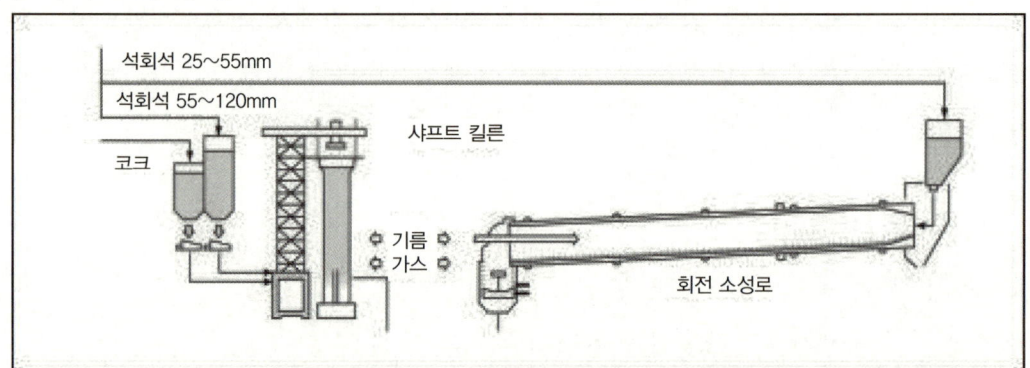

〈출처 : 온실가스 · 에너지 목표관리 운영 등에 관한 지침, 2014〉

[석회 소성 공정도]

- 석회공정의 핵심은 소성 공정으로 대부분이 수직형 킬른(Shaft kiln)으로 설치되어 있으며 주 사용연료는 석탄, 오일, 가스 등임.
- 수직형 킬른(Shaft kiln)은 상부에서 장입되어 하부로 이동되는 방식의 킬른이며 에너지효율이 높은 장점이 있으나 생산율이 낮고 석탄을 사용하는 경우 품질저하를 가져오는 단점이 있음.
- 소성시설의 종류에는 다양한 유형이 있는데 롱킬른(Long Rotary kiln), 프리히터 로터리킬른(Preheater-Rotary kiln), 평행류 재생 킬른(Parallel flow regenerative kiln), 관통 고로(Annular Shaft kiln) 등이 있음.

> ※ 소성공정(킬른)의 3단계 열전달 과정
> - 예열 구역 : 석회석의 온도가 소성 구역을 지난 가스에 의해 800℃로 상승
> - 소성 구역 : 연료는 예열된 공기와 연소하여 900℃ 이상에서 석회석($CaCO_3$)을 생석회(CaO)와 CO_2로 분해
> - 냉각 구역 : 소성지역을 지난 생석회를 냉각용 공기로 냉각

(5) 석회 공정 : 생석회공정과 소석회공정으로 구분

가) 생석회 공정 : ROK 공정 및 분쇄 생석회 공정으로 구분

① ROK(Run of Kiln) 공정
- 입경 45mm 이상인 생석회를 선별하여 입경 5~45mm로 파쇄하는 공정. 이후 생석회를 저장하여 분쇄 및 수화공정으로 이송

② 분쇄 생석회 공정
- 생석회를 파쇄하여 요구되는 입경으로 제조한 이후 제품으로 출하하거나 수화공정(소석회 공정)으로 이송

나) 소석회 공정
- 생산되는 모든 석회의 약 15%는 수화석회(소석회)로 생산

> 생석회의 수화반응 : CaO(생식회) + $H_2O \rightarrow Ca(OH)_2$ (소석회)

(6) 제품의 저장 및 이송

생석회는 수분과 격리되어 저장되어야 하고, 소석회는 대기 중 CO_2를 흡수하여 탄산칼슘 및 물이 되므로 Dry Draft-Free 조건에서 저장

3) 보고 대상 배출시설

소성시설(kiln)

4) 온실가스 공정배출시설 및 온실가스

배출공정	배출원인	온실가스
소성시설	• 석회석 혹은 Dolomite 등 원료의 탈탄산 반응에서 발생 $CaCO_3 \rightarrow CaO + CO_2$ $CaCO_3 \cdot MgCO_3 + Heat \rightarrow 2CO_2 + CaO \cdot MgO$	CO_2

- 연수를 위한 소석회의 사용은 CO_2와 석회의 반응으로 탄산칼슘($CaCO_3$)를 재생성하여 대기 중으로의 CO_2 순배출을 발생하지 않음.
- 석회의 생산 동안 석회 킬른 먼지(Lime kiln dust, LKD)가 생성되며 이는 배출량 산정 시 고려되어야 함.

확인문제

석회 생산 공정(산업)에 대한 설명으로 가장 거리가 먼 것은?
(단, 온실가스·에너지 목표관리 운영 등에 관한 지침 기준)
(2015년 관리기사 제4회)

① 석회 소성 공정 중 킬른 내 3단계의 열전달과정은 예열 구역, 소성 구역, 냉각 구역이 있다.
② 생석회 공정은 ROK(Run of Kiln)공정 및 분쇄 생석회 공정으로 구분한다.
③ 석회 생산 산업은 에너지 집약적인 산업으로 에너지의 선택이 중요한데, 바이오매스 연료의 사용으로 화석연료를 줄일 수 있다.
④ 폐기물연료는 화석연료의 사용을 감소시켜 주나 CO_2 배출량을 증가시킨다.

해설
폐기물 종류에 따라 CO_2의 배출계수가 다르나 폐기물 내의 바이오매스에 의한 CO_2는 산정에서 제외되므로 CO_2 배출량을 감소시킨다.

[정답 ④]

---

3. 탄산염의 기타공정사용

1) 개요

세라믹 생산, 유리생산, 펄프 및 제지생산, 배연탈황시설 등에서 탄산염이 여러 용도로 사용됨. 석회사용에 대한 중복 산정을 방지하기 위하여 "탄산염의 기타공정사용"으로 시멘트 제조 및 석회 제조에 의한 탄산염 사용과 구별함. 또한 석회질 비료의 소비와 같이 농업활동에서의 탄산염 소비 등 보고 항목이 아닌 활동은 제외함.

2) 공정

구분	공정순서	탄산염의 사용 용도
세라믹 생산	원료공정(혼련) → 성형공정 → 소성공정 → 가공공정 → 검사공정 → 제품공정	원료 및 첨가제
펄프 및 제지 생산	목재칩 투입 → 증해공정 → 세척공정 → 1차 정선공정 → 표백공정 → 2차 정선공정 → 건조공정 → 마감 및 운송공정	약품 회수 과정에서 보조물질
배연탈황시설	배기가스설비 → 흡수탑 → 석회석 준비설비 → 석고탈수 설비	흡수제

(1) 세라믹 생산

가) 원료 공정

세라믹은 점토류, 광물류 및 탄산염류 등을 원료로 사용하므로 원료의 성형 밀도를 조정하여 치밀한 조성을 갖도록 하여 원하는 크기별로 분쇄하는 공정. 이때 입도 및 종류가 다른 원료 분말을 특성에 적합하도록 균일하게 혼합한 후 일정량의 수분을 첨가하여 성형의 용이성 제고

나) 성형 공정

성형체의 치밀한 구조를 위해 혼련이 완료된 원료를 형틀에 넣어 가압 또는 진동을 주어 형상화하고, 성형체의 수분을 제거

다) 소성 공정

건조가 완료된 제품을 고온에서 소성함으로써 제품이 사용되는 고온 분위기에서 안정성 확보 및 변형 방지를 위한 필수적인 공정

라) 가공 공정

소성 과정을 거쳐 생산된 세라믹을 다양한 용도에 맞게 가공

마) 검사 공정
출하하기 전에 제품 품질 요건에 적합하도록 엄격한 품질관리를 실시하는 단계

바) 제품 공정
품질관리를 거친 세라믹 제품이 제품화되어 포장 출하

(2) 펄프 및 제지 생산(화학펄프 생산)

가) 목재칩 투입
원료 준비공정. 사용원목을 건조 후 박피하여 쇄목기로 목재칩으로 가공

나) 증해공정
증해약품을 이용해 목재칩을 고온, 고압의 압력 용기인 증해기에서 증해함으로써 섬유질과 섬유질을 결속시키는 리그닌을 약화시키는 공정. 또한 이때 증해공정에서 발생되는 유기물의 폐기는 공해와 비용상 문제가 되므로, 몇 단계 과정을 거쳐 약품 회수하여 재사용. 본 단계는 흑액 회수 → 흑액 농축 → 녹액 생성 → 가성화조 공정 → 석회소성 공정으로 구분

다) 세척공정
증해공정을 거친 섬유소(Fiber)에서 분리된 리그닌을 물로 세척하는 공정

라) 1차 정선공정
세척공정을 거친 섬유소에서 이물질을 분리하고 순수 펄프성분만 건져내는 공정

마) 표백공정
표백약품을 사용해 산화, 환원 반응을 통해 미표백 펄프 속에 함유되어 있는 착색 성분을 탈색 또는 제거하여 원하는 수준의 백색도를 얻는 공정

바) 2차 정선공정
1차 정선 공정 및 표백 공정을 거친 펄프의 미세한 이물질을 분리하는 공정

사) 건조공정
표백된 펄프를 건조시키는 공정으로써, 크게 초지부, 압착부, 건조부 3단계로 구분되며, 이 과정을 거치면서 2~80% 수준까지 펄프를 건조

아) 마감 및 운송공정
최종 제품을 일정 크기 및 무게로 포장하여 야적 및 운송하는 공정

(3) 배연탈황시설

가) 배기가스 설비
연소시스템에서 발생된 배기가스를 집진기(EP)에서 분진을 제거하고, 배기가스가 흡수탑으로 유입되기 전에 고온으로부터 설비 보호 및 흡수탑에서 석회석과 반응시 증발을 방지하기 위하여 85℃ 이하 저온으로 냉각

나) 석회석 준비 설비
배연가스의 SO_2를 제거하기 위한 석회석 준비 공급. 이 단계에서는 석회석($CaCO_3$) 덩어리들을 계량공급용 계량대를 통과시켜 선별하여 습식 볼 파쇄기(Wet Ball Mill)로 미세하게 분쇄하여 석회석 사일로에 저장하였다가 분체 이송설비에 의해 석회석 일일 저장탱크로 이송되어 흡수탑에 공급

다) 흡수탑
배연탈황설비의 주설비로서 발전설비 연소가스 중의 황산화물이 습식·석회석 석고반응으로 제거
$$CaCO_3 + H_2SO_3 \rightarrow CaSO_3 + CO_2 + H_2O$$

라) 석고탈수 설비
흡수탑에서 나오는 석고 슬러리를 농축, 탈수의 과정을 거쳐 시멘트첨가제, 토양 개발제, 또는 석고보드 제품에 사용하는 석고고체로 만들어내는 설비

3) 보고 대상 배출시설

(1) 소성시설 ('도자기 · 요업제품 제조시설' 중 소성시설을 말한다)
- 도자기 · 요업제품 제조공정(세라믹 생산공정)에서의 온실가스 배출은 첨가제의 첨가뿐만 아니라 점토 내 탄산염의 소성에서 발생
- 소성시설에서는 시멘트 및 석회의 생산공정과 유사하게, 탄산염이 소성로(kiln)에서 고온으로 가열되어, 산화물과 CO_2를 생산
- CO_2 배출은 원료 (특히, 점토, 혈암, 석회석($CaCO_3$), 백운석($CaMg(CO_3)_2$), 및 위더이트(witherite))의 소성 및 융제로서의 석회석 사용에서 발생

(2) 용융 · 용해시설 ('도자기 · 요업제품 제조시설' 중 용융 · 용해시설을 말한다)
- 용융시설 : 고체상태의 물질을 가열하여 액체상태로 만드는 시설을 용융시설
- 용해시설 : 기체, 액체, 또는 고체물질을 다른 기체, 액체 또는 고체물질과 혼합시켜, 균일한 상태의 혼합물 즉, 용체를 만드는 시설
- 융해 공정 동안 CO_2를 배출하는 주요한 유리 원료는 석회석($CaCO_3$), 백운석($CaMg(CO_3)_2$) 및 소다회(Na_2CO_3)임.
- 광물이 유리 산업에서 사용되기 위해 탄산염 광물로 채굴되는 경우에는 주된 CO_2 생산을 초래함으로 배출량 산정에 포함되어야 하나 수산화물(hydroxide)의 탄산염화를 통해 탄산염 광물이 생성되는 경우에는 순 CO_2 배출을 초래하지 않으므로 배출량 산정에 포함되지 않음.
- CO_2를 배출하는 보조 유리 원료는 탄산바륨 ($BaCO_3$), 골회($3CaO_2P_2O_5 + XCaCO_3$), 탄산칼륨(K_2CO_3) 및 탄산스트론튬 ($SrCO_3$)이 있음.
- 녹은 유리의 환원조건을 생성하기 위해 추가적으로 분쇄한 무연탄 내지 기타 유기물이 추가되고 녹은 유리의 이용가능한 산소와 결합하여 CO_2를 생산함.

(3) 약품회수시설 ('펄프 · 종이 및 종이제품 제조시설' 중 약품회수시설을 말한다)
- 화학펄프 제조는 나무의 섬유소(Cellulose)와 서로 결합되어 있는 목질소(lignin)를 화학 약품과 열로써 용출시켜 나무로부터 셀룰로오스를 추출하여 이루어짐.

- 주로 사용되는 제조법은 크라프트법(Kraft process), 아황산염법(Sulfite process), 중성아황산반화학법(Neutral Sulfide semichemical process, NSSC), 소다법(Soda process) 등이 있으며 이 중에서 크라프트공법이 세계적으로 가장 널리 사용되고 있음.
- 증해기(Digester)는 열, 압력, 화학약품을 이용하여 목재칩을 쪄서 펄프의 원료인 섬유소만 뽑아내는 설비로서, 증해공정(Cooking)은 펄프제조를 위해 목재칩을 가성소다와 황화나트륨의 혼합액인 증해액(백액, White liquor)에 넣고 목재 속의 섬유질을 연결하고 있는 리그닌을 용출시킴. 증해는 일반적으로 온도 150~170℃, 압력 6~8kg/㎠·g 조건에서 이루어지며 공정은 단속식(Batch Digester)과 연속식(Continuous Digester)으로 구분됨.

(4) 배연탈황시설
- '고정연소'의 보고 대상 배출시설 중 '대기오염방지시설'의 '배연탈황시설'의 내용과 동일함.

3) 온실가스 공정배출시설 및 온실가스

구분	배출원인	온실가스
세라믹 생산	• 소성시설에서의 석회석 사용으로 배출 $CaCO_3 \rightarrow CaO + CO_2$	CO_2
펄프 및 제지 생산	• 약품회수시설 중의 가성화에 필요한 생석회를 생산하는 석회소성공정에서 발생 $CaCO_3 \rightarrow CaO + CO_2$	
배연탈황시설	• 흡수탑에서 탈황을 위한 탄산염 사용으로 배출	

확인문제

'탄산염의 기타 공정 사용'에서의 배출시설로 가장 거리가 먼 것은?
(단, 온실가스·에너지 목표관리 운영 등에 관한 지침 기준)
(2015년 산업기사 제4회, (변형))

① 도자기요업제품 제조시설 중 소성시설　　② 전기로 시설
③ 배연탈황시설(스크러버)　　　　　　　　④ 약품회수시설

해설
'탄산염의 기타 공정 사용'에서의 보고 대상 배출시설에는 소성시설('도자기·요업제품 제조시설' 중 소성시설을 말한다), 용융·용해시설('도자기·요업제품 제조시설' 중 용융·용해시설을 말한다), 약품회수시설('펄프·종이 및 종이제품 제조시설' 중 약품회수시설을 말한다), 배연탈황시설이 있다.

[정답 ②]

4. 유리 생산

1) 개요

- 유리생산 활동에서의 융해 공정 중 CO_2를 배출하는 주요 원료는 석회석($CaCO_3$), 백운석($CaMg(CO_3)_2$) 및 소다회(Na_3CO_3)이며 이외 재활용된 유리 파편인 컬릿(Cullet)도 일정량(40~60%) 사용됨. 그러나 컬릿 사용은 유리 품질관리 차원에서 사용이 제한되기도 함.
- 절연 섬유유리는 이보다 적은 컬릿을 사용함. 배출원 카테고리에는 유리 생산 뿐만 아니라 생산공정이 유사한 글래스울(glass wool) 생산으로 인한 배출도 포함됨.

2) 공정

구분	공정순서	탄산염의 사용 용도
유리생산	혼합공정 → 용융공정 → 성형공정 → 서냉공정 → 검사/포장공정 → 제품공정	원료

가) 혼합 공정
- 주원료인 규사, 석회석, 소다회 등을 유리성형에 알맞은 원료조합비에 따라 적정량의 파유리를 혼합하고 부원료를 배합하는 공정

나) 용융시설 공정
- 배합원료를 1,500℃ 이상의 고열로 용해시키는 공정. 원료가 용해로 내에서 가열, 용해되어 제품 성형에 적합한 유리물로 되는 일련의 공정

다) 성형 공정
- 용해로에서 제품 성형에 알맞게 용해된 유리물을 제품의 중량에 맞게 절단하고 여러 가지 성형기계를 이용하여 제품이 만들어지는 공정

라) 서냉 공정
- 성형된 제품을 Annealing Poing(약 550℃)까지 가열했다가 서서히 냉각하여 불균일한 잔류 용력을 없애는 공정

마) 검사/포장 공정
- 서냉 공정을 거친 제품을 소비자가 요구하는 품질에 만족되도록 규격검사, 자동검사, 육안검사를 한 후 자동기계나 수작업을 통하여 Bulk나 지상자로 포장하는 공정

바) 제품 공정
- 용도에 맞게 가공된 제품이 포장공정을 거친 후 제품화되어 배송하는 공정

3) 보고 대상 온실가스
용융ㆍ용해시설 ('유리 및 유리제품 제조시설'의 용융ㆍ용해시설)

4) 온실가스 공정배출시설 및 온실가스

구분	배출원인	온실가스
유리 생산	용융ㆍ용해시설에서 유리원료의 융해 공정 시 배출 CO_2 배출 원료: 석회석($CaCO_3$), 백운석($CaMg(CO_3)_2$) 및 소다회(Na_3CO_3), 탄산바륨($BaCO_3$), 골회(bone ash), 탄산칼륨(K_2CO_3) 및 탄산스트론튬($SrCO_3$)	CO_2

> **확인문제**
>
> 유리 생산 공정 중 융해 공정에서 CO_2를 배출하는 주요원료(첨가제)와 가장 거리가 먼 것은?
> (단, 온실가스ㆍ에너지 목표관리 운영 등에 관한 지침 기준)
> (2014년 관리기사 제4회)
>
> ① 생석회 ② 소다회
> ③ 백운석 ④ 석회석
>
> **해설**
> 유리생산 활동에서의 융해 공정 중 CO_2를 배출하는 주요 원료는 석회석($CaCO_3$), 백운석($CaMg(CO_3)_2$) 및 소다회(Na_3CO_3)이며, 생석회는 CaO로서 CO_2를 배출하는 원료가 아니다. [정답 ①]

5. 인산 생산

1) 개요
일반적으로 비료용 인산은 황산과 인광석의 분해반응에 의해 생산되며, 이 분해반응에는 여러 가지의 복잡한 화학반응이 동시에 일어남.

2) 보고 대상 배출시설
인산 제조 시설(황인으로부터 인산을 제조하는 건식법은 제외한다.)

3) 온실가스 공정배출시설 및 온실가스

배출시설	배출반응	온실가스
인산제조시설	인광석 내의 주요 불순물인 탄산칼슘은 황산과 반응하여 석고를 형성하는 동시에 CO_2를 배출함. 또한, 탄산칼슘 이외의 탄산염에 의해서도 CO_2가 배출될 수 있음. $CaCO_3 + H_2SO_4 \rightarrow CaSO_4 + CO_2 + H_2O$	CO_2

확인문제

다음 중 인산제조시설에 대한 설명으로 틀린 것은?
(단, 온실가스·에너지 목표관리 운영 등에 관한 지침 기준)

① 비료용 인산은 일반적으로 황산과 인광석의 분해반응에 의해 생산한다.
② 인산제조시설의 CO_2는 인광석 내의 주요 불순물인 탄산칼슘이 황산과 반응하면서 발생한다.
③ 보고 대상 배출시설에는 황인으로부터 인산을 제조하는 건식법도 포함된다.
④ 인산제조시설의 CO_2는 탄산칼슘 이외의 탄산염에 의해서도 배출될 수 있다.

해설
황인으로부터 인산을 제조하는 건식법은 제외한다.　　　　　　　　　　　　　　　　　[정답 ③]

PART 06 농·축산·임업

1) 개요

AFOLU 부문에서 흡수 또는 배출에 관련된 온실가스는 CO_2, CH_4, N_2O로써 농업, 축산, 임업 및 기타 토지이용 모든 부문이 유기적으로 연계되어 배출에 영향

※ AFOLU (Agriculture, Forestry and Other Land Use) : 농업, 축산, 임업 및 기타 토지이용 분야에서의 온실가스 배출과 흡수를 말함. 2006년 IPCC 가이드라인에서는 기존 지침에서 농업과 LULUCF(토지이용, 토지이용 변화 및 임업, Land Use-Land Use Change and Forestry)가 구분되어 있던 것을 통합하여 AFOLU라고 통칭함.

2) AFOLU 부문 흡수원 및 배출원

구분	온실가스	배출원인
축산	CH_4	가축 장내발효
	CH_4, N_2O	가축 분뇨처리
임업 및 기타토지 이용	CO_2	임지
	CO_2	농경지
	CO_2	초지
	CO_2, CH_4	습지
	CO_2	거주지
	CO_2	기타토지

구분	온실가스	배출원인
농업 및 non-CO$_2$ 통합배출	CH$_4$, N$_2$O	바이오매스 연소
	CO$_2$	석회사용
	CO$_2$	요소시비
	N$_2$O	관리토양에서의 직접배출(N$_2$O)
	N$_2$O	관리토양에서의 간접배출(N$_2$O)
	N$_2$O	가축분뇨 비료에서의 간접배출(N$_2$O)
	CH$_4$	벼 재배
		목제품

(한국환경공단, 2012)

(1) 축산
- 축산업의 온실가스는 가축의 장내발효와 분뇨처리과정에서 발생되며 이 중에서 장내발효에 의한 온실가스 배출이 대부분을 차지함. 그리고 가축 장내발효에서 기인한 총 메탄 발생량의 약 75% 정도를 소가 차지한다고 보고된 바가 있음.
- 축산업의 메탄 발생량의 비중은 작지만 육류소비 증가에 따라 점차 발생량의 기여도가 증가할 것으로 예상함.
- 가축의 호흡에 의한 CO_2 배출은 사료작물이 광합성으로 CO_2를 흡수한 것으로서, 자연계에서 순환되므로 배출량 산정 시 고려되지 않음.
- CH_4는 장내발효와 가축분뇨를 처리하는 과정에서 발생하고 N_2O는 가축의 분뇨처리과정에서 배출됨.

(2) 임업 및 기타토지 이용
- 임업 및 기타 토지 이용은 기존의 LULUCF에 해당하며 LULUCF의 온실가스 배출은 산림과 기타 토지의 용도 변경으로 인한 탄소축적, 즉 온실가스 상쇄의 변화에서 기인함. 예) 산림이 농경지 또는 주거지로 변경된 경우 온실가스 축적량이 감소되어 배출량이 증가함.
- 임업 및 기타 토지 이용에서는 이와 같은 온실가스의 배출 및 제거의 특성이 있으며 다음과 같은 토지 범주별 온실가스 배출 및 흡수 특성을 나타냄.

[토지 범주별 온실가스 배출/흡수 특성]

구분	배출/흡수 특성
임지	• 임지로 유지되는 임지에서의 바이오매스 및 토양탄소의 변화, 임지로 전환된 토지에 따른 탄소 축적량의 변화 • 바이오매스(지하부/지상부), 고사유기물(고사목, 낙엽층 등), 토양탄소(유기토양/무기토양)
농경지	• 농경지로 유지되는 농경지와 농경지로 전환된 토지에 의한 탄소 축적량의 변화 • 바이오매스, 토양탄소(유기토양/무기토양)
초지	• 목재 바이오매스의 수확, 방목장의 방해, 목초지화, 산불, 재건, 목초지 경영 등을 포함하는 인간활동과 자연적 장애요인, 지하 바이오매스 및 토양 유기물에 의한 탄소축적량의 변화 • 바이오매스, 토양탄소(유기토양/무기토양)
습지	• 1년 내내 혹은 일부 기간 동안 물을 흡수하거나 배수된 토지 또는 다른 토지로 용도 변경된 토지에 따른 탄소 축적량 변화 • 습지로 전환된 토지에서 이탄추출물로 인한 탄소 축적량의 변화와 침수지로 전환된 토지에서의 탄소축적량 변화 • 이탄지의 배수와 침수지에서 배출된 N_2O와 침수지에서 배출된 CH_4 배출 • 침수지로 전환된 토지에서 살아있는 바이오매스에 의한 탄소축적
주거지	• 모든 형태의 도시림과 마을근교 숲 포함 • 주거지로 전환된 토지의 살아있는 바이오매스에 의한 탄소축적
기타 토지	• 기타 토지로 전환된 토지에서 살아있는 바이오매스와 토양 탄소에 의한 탄소축적량 변화

(국립산림과학원, 산림부문 온실가스흡수원·배출원 인벤토리 평가, 2007)

(3) 농업 및 non-CO_2 통합배출

- 지구전체 온실가스 배출량의 72%를 농업이 차지할 정도로 비중이 크다고 할 수 있으나 CO_2의 경우는 광합성에 의해 다시 흡수되므로 배출량 산정에 포함되지 않음.
- 농업에서의 온실가스 배출의 특성은 다음과 같음.

[농업부문 온실가스 배출특성]

㉠ 바이오매스 연소로 인한 온실가스 배출 : 토지의 바이오매스 연소로 인한 non-CO_2 배출(CH_4, N_2O)

㉡ 석회사용 : 석회비료의 중탄산염 전환 후 CO_2와 H_2O로 배출(CO_2)

㉢ 요소시비 : 요소가 암모늄, 수산화이온, 중탄산염으로 전환 후 CO_2와 H_2O를 배출(CO_2)

㉣ 관리토양에서의 직접적 N_2O 배출 : 토양 내에 유입된 질소가 다음과 같은 질산화 및 탈질 반응을 거쳐 배출(N_2O)

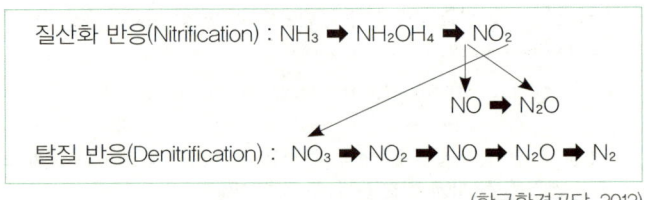
(한국환경공단, 2012)

㉤ 관리토양에서의 간접적 N_2O 배출: 토양 내 NH_3 및 NOx가 휘발되거나 무기질소가 용탈, 용출됨에 따라 배출(N_2O)

㉥ 분뇨관리에서의 간접적 N_2O 배출: 분뇨수집 및 저장과정에서 휘발성 유기질소가 NH_3과 NOx로 변환하면서 발생(N_2O)

㉦ 벼 경작 : 논에서의 혐기성분해로 인해 배출(CH_4)

확인문제

관리토양에서 직·간접적 N_2O 배출량 산정 시, 질소공급원으로 고려되지 않는 것은?
(2016년 산업기사 제2회)

① 유기질 비료 ② 석회 비료
③ 작물 잔사 ④ 방목가축의 분뇨

해설
석회비료는 석회 용해로 중탄산염으로 전환된 후 CO_2와 H_2O로 배출되는 것으로 CO_2를 배출하는 원인이며 질소 공급원이 아니다.

[정답 ②]

PART 07 폐기물

1. 고형폐기물의 매립

1) 개요

- 매립은 토양에 폐기물을 처분하기 위하여 사용되는 물리적 시설
- 매립지에 폐기물을 처분하는 것으로 반입되는 폐기물을 감시하고 배치 및 압축하는 작업

> ※ 매립장의 기능
>
> 1) 저류기능
> 매립구획에 따라 순차적으로 일정 기간 동안 지장 없이 진행되며, 그 구획에 매립이 종료된 후에 소정의 기간 동안 안정하게 저류 가능한 구조이어야 함
>
> 2) 차수기능
> 차수 기능은 폐기물이 함유한 물과 매립지에 유입된 우수 등이 지하수에 침출되어 오염물질을 매립지 외로 운반하여 공공의 수역 및 지하수를 오염시키는 것을 방지하기 위한 기능. 매립지내부의 물은 반드시 침출수집배수시설, 처리시설을 통해 처리한 후 최종처분장 밖으로 배출되도록 매립지의 저부와 주변부를 차수하는 것이 요구됨
>
> 3) 처리기능
> 매립지에서 발생하는 침출수와 유해가스 등이 생활환경과 주변자연환경에 지장을 주지 않도록 침출수처리시설과 발생가스 처리시설을 설치, 운영

2) 공정

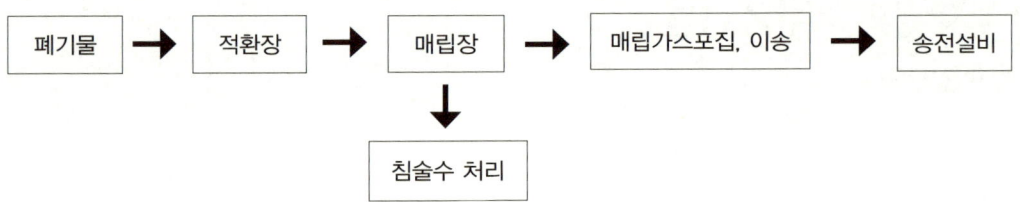

3) 보고 대상배출시설

(1) 차단형 매립시설
- 주변의 지하수나 빗물의 유입으로부터 폐기물을 안전하게 저류하기 위한 시설로서 보통 콘크리트 구조물을 설치하고 그 내·외부를 방수 처리한 매립시설
- 차단형 매립시설에는 추가적인 분해가 필요 없는 무기성 폐기물만을 매립하여야 하며, 가능한 한 폐기물 내에 수분이 없도록 건조시킬 필요가 있음.
- 차단형 매립시설은 폐기물 처리용량에 비하여 설치공사가 많이 소요되는 단점과 폐기물 발생량이 많은 경우 경제성이 떨어진다는 한계가 있으므로 무기성 폐기물로서 발생량이 적고 설치부지가 협소한 특수 경우에 적용가능하며, 이러한 경우가 아니면 설치하지 않는 것이 바람직함.

(2) 관리형 매립시설
- 침출수가 매립시설에서 흘러 나가는 것을 방지하기 위해 매립시설의 바닥과 측면을 폐기물의 성질·상태, 매립 높이, 지형조건 등을 고려하여 점토류 라이너 및 토목합성수지 라이너 등의 재질로 이뤄진 차수시설을 설치·운영하는 매립시설
- 주요시설에 기초지반, 저류구조물, 차수시설, 우수집배수시설, 침출수집배수시설, 침출수처리시설, 매립가스처리시설 등이 있음.

(3) 비관리형 매립시설
- 관리형 매립시설의 설치기준에 적합하지 않은 시설

4) 온실가스 공정배출시설 및 온실가스

배출시설	배출반응	온실가스
매립시설	• 매립지의 혐기성 분해에 의해 배출 • 매립지에서 발생하는 CO_2는 생물기원 CO_2로서 온실가스에서 제외	CH_4

- 매립에서 CH_4는 매립된 폐기물 중 분해 가능한 유기탄소가 수십년에 걸쳐 서서히 혐기성 분해되어 발생됨. 지침에서는 이러한 분해과정을 1차 반응(FOD; First Order Decay)으로 가정함.
- 일정 조건에서의 CH_4는 전적으로 잔존하는 탄소량에 의존하여 생성됨. 이에 따라 매립 초기에 배출량이 가장 크다가 이후 분해 박테리아에 의해 분해 가능한 탄소가 소비되어 감소하면 그 발생량이 점차 감소하게 됨.

※ 매립시설에서의 LFG 및 CH_4 배출 경로
- 포집정을 통한 LFG 회수로서 대부분 포집·회수
- 매립지 표면을 통해 확산되어 대기로 배출
- 매립지 표면의 구조적 결함으로 금이 간 곳 또는 취약한 지점을 통해 표면배출(온실가스 배출 측면에서 고려해야 할 경로)

확인문제

매립지의 기능을 3가지로 대별한 구분으로 틀린 것은?
(단, 온실가스·에너지 목표관리 운영 등에 관한 지침 기준)
(2015년 관리기사 제2회)

① 저류기능 ② 회복기능
③ 차수기능 ④ 처리기능

해설
매립장의 기능에는 저류기능, 차수기능, 처리기능이 있다.

[정답 ②]

2. 고형폐기물의 생물학적 처리

1) 개요

- 폐기물의 생물학적 처리의 목적은 폐기물의 부피 감소, 폐기물의 안정화, 폐기물의 병원균 사멸, 에너지로 이용하기 위한 바이오 가스의 생산 등이 있음.
- 퇴비화, 혐기성 소화, 기계-생물학적(MB) 처리로 구분

(1) 퇴비화(Composting)

- 퇴비화는 혐기성 과정이며, 퇴비화의 혐기성 영역에서는 CH_4가 생성되지만, 퇴비화의 호기성 영역에서는 대부분 산화
- 대기중으로 배출된 CH_4의 산정값은 물질 내 초기 탄소함량의 1% 미만부터 수%까지 해당하고 N_2O배출량은 물질의 초기 질소 함량의 0.5% 미만부터 5%까지 다양

(2) 유기 폐기물의 혐기성 소화(Anaerobic Digestion of Organic Waste)

- 유기 폐기물의 혐기성 소화는 온도, 수분함량, pH를 최적값에 가깝게 유지함으로써 산소가 없는 상태에서 유기 물질의 자연적인 분해를 의미
- 혐기성 소화과정에서 발생되는 CH_4 배출량을 산정하며, 이 과정에서 N_2O 배출은 매우 적기 때문에 산정 시 제외

(3) 폐기물의 기계-생물학적(MB) 처리(Mechanical-Biological Treatment)

- 폐기물의 기계-생물학적(MB) 처리 과정은 폐기물의 최종 처리인 매립으로 인한 배출량을 줄이기 위해 폐기물을 안정화하고, 부피를 감소시키기 위한 목적으로 수행되는 활동(기계적이고 생물학적인 작용)이며, 이 과정에서 CH_4 및 N_2O가 발생
  - 기계적인 작용 : 물질의 분리(Separation), 파편화(Shredding), 압착(Crushing)을 포함
  - 생물학적인 과정은 퇴비화와 혐기성 소화를 포함

2) 보고 대상배출시설

(1) 사료화 · 퇴비화 · 소멸화 · 부숙토생산 시설
- 폐기물을 선별 · 파쇄 · 혼합 · 발효 · 건조 · 소멸 · 소화 등의 공정을 거쳐 물리적 · 생물학적으로 안정된 상태의 물질로 만드는 시설
- 사료화 시설 : 배합사료, 보조사료, 단미사료제조업의 기준에 적합한 시설을 갖추어야 하고, 시설에는 공장건물, 저장시설, 분쇄시설, 배합시설, 계량시설, 정선시설, 먼지제거시설, 포장시설, 수송장치, 작업공장 등이 있음.
- 퇴비화 시설 : 검량포장장치(포장하여 판매하는 경우)와 발효시설 등의 생산시설을 갖추어야 함.
- 부숙토 생산시설 : 제품명 및 원료 등을 표시하고 제품의 제조에 관한 기록을 보존하여야 함.

(2) 혐기성 분해시설
- 호기성 · 혐기성 분해시설은 미생물을 이용하여 생물학적으로 안정된 물질을 만드는 시설
- 분해 결과 발생된 가스를 처리하는 시설을 갖추어야 함.

3) 온실가스 공정배출시설 및 온실가스

배출시설	배출반응	온실가스
퇴비화, 사료화	혐기성 조건에서 생물학적분해로 인한 CH_4 배출 유기성 질소성분에 의한 N_2O 배출	CH_4, N_2O
혐기성 소화	혐기성 조건에서 생물학적분해로 인한 CH_4 배출 ※ N_2O 배출은 매우 적기 때문에 산정 시 제외	CH_4

> **확인문제**
>
> 고형 폐기물의 생물학적 처리 구분으로 틀린 것은?
> (단, 온실가스·에너지 목표관리 운영 등에 관한 지침 기준)
> (2015년 관리기사 제2회)
>
> ① 퇴비화
> ② 고도처리
> ③ 유기 폐기물의 혐기성 소화
> ④ 폐기물의 기계–생물학적(MB) 처리
>
> **해설**
> 고형 폐기물의 생물학적 처리는 퇴비화, 혐기성 소화 및 MB 처리로 구분하며, 고도처리는 하수처리를 위한 공법이다.
>
> **[정답 ②]**

3. 하·폐수처리

1) 개요

(1) 하수처리시설

하수 중의 부유물질과 BOD를 환경에 미치는 영향이 없을 정도의 수준으로 제거 처리

(2) 폐수처리시설

산업공정에서 발생하는 폐수를 처리

2) 공정

(1) 하수처리

가) 1차처리

비교적 큰 입자성 부유물질의 제거를 목적으로 하며, 주로 침전 등의 물리학적 처리방법을 이용

나) 2차처리

1차 처리후에 잔류하는 입자성 부유물질과 용존 유기물의 제거를 목적으로 하며, 주로

미생물을 이용한 생물학적 처리방법

다) 고도처리
1차 및 2차처리 방법 이상의 수질을 정화하는 것을 목적으로 행하여지는 모든 처리를 통칭하며, 주로 질소나 인과 같은 영양염류의 제거를 위해 실행

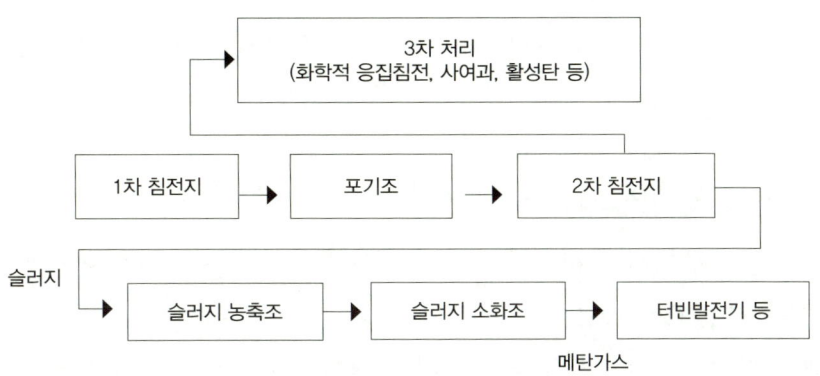

〈출처 : 온실가스 · 에너지 목표관리 운영 등에 관한 지침, 2014〉

[하수처리공정(활성슬러지법)]

3) 보고 대상 배출시설

(1) 가축분뇨공공처리시설
가축 분뇨 및 가축사육 과정에서 사용된 물 등이 분뇨에 섞여서 배출되는 것을 자원화 또는 정화하기 위해 지방자치단체의 장이 설치하는 시설

(2) 가축분뇨공공처리시설
폐수종말처리시설은 각 사업장에서 배출되는 수질오염물질을 공동으로 처리하여 공공수역에 배출하게 하기 위하여 국가 · 지방자치단체 등이 설치하는 시설

(3) 공공하수처리시설
공공하수처리시설은 사람의 생활이나 경제활동으로 인하여 액체성 또는 고체성의 물질이 섞이어 오염된 물과 건물 · 도로 그 밖의 시설물의 부지로부터 하수도로 유입되는 빗물 · 지하수를 처리하는 시설. 기존에 처리용량(500m^3/일) 기준으로 나누던 하수종말

처리시설과 마을하수도가 포함

(4) 분뇨처리시설
분뇨를 침전·분해 등의 방법으로 처리하는 시설

(5) 기타 하·폐수 처리시설
오수처리시설 등 하·폐수를 처리하는 시설 중 위의 배출시설 분류에 포함되지 않는 모든 배출시설

4) 온실가스 공정배출시설 및 온실가스

- 하·폐수는 현장에서 처리되거나, 중앙 집중화된 시설을 통해 처리되며, 처리 과정에서 CH_4 및 N_2O를 배출
- 하·폐수 처리에서의 CH_4는 유기물이 분해되는 과정에서 배출되며, 기본적으로 폐수 내의 분해 가능한 유기물질, 온도, 처리시스템의 유형에 따라 배출량이 다름
- N_2O의 경우에는 폐수가 아닌 질소성분(요소, 질산염, 단백질)을 포함한 하수 처리 과정에서 배출되며, 질산화 및 탈질화 작용을 통해 발생

배출시설		배출반응	온실가스
활성슬러지 공법시설	폭기조	• 탈질과정에 의한 배출	N_2O
	2차 침전지	• 유기물질의 혐기분해에 의해 배출	CH_4
		• 유기질소의 불완전분해에 의한 배출	N_2O
A2O 공법시설	혐기조	• 유기물질의 혐기분해에서 배출	CH_4
	무산소조, 호기조	• 탈질반응에 의해 배출	N_2O

※ 하·폐수로부터 배출되는 CO_2는 생물 기원으로 배출량 산정 시 제외

> **확인문제**
>
> 하·폐수처리의 온실가스 배출시설이 아닌 것은?
> (단, 온실가스·에너지 목표관리 운영 등에 관한 지침 기준)
> (2014년 관리기사 제4회)
>
> ① 수질오염방지시설 ② 폐수종말처리시설
> ③ 분뇨처리시설 ④ 부숙토처리시설
>
> **해설**
> 하·폐수처리의 온실가스 배출시설에는 가축분뇨공공처리시설, 폐수종말처리시설, 공공하수처리시설, 분뇨처리시설, 기타 하·폐수 처리시설임. 부숙토처리시설은 부숙토생산시설로서 고형 폐기물의 생물학적 처리에 해당하는 시설이며 하·폐수처리에 해당하지 않는 시설이다.
>
> [정답 ④]

4. 폐기물 소각

1) 개요

가연성분 폐기물이 공기 중의 산소와 반응하여 열에 의해 산화 분해되면서 CO_2, H_2O, 소각잔재로 전환되는 발열반응으로 소각되는 폐기물 유형은 도시고형폐기물, 사업장폐기물, 지정폐기물, 하수 슬러지 등이 있음.

2) 공정

(1) 폐기물 소각 공정 순서

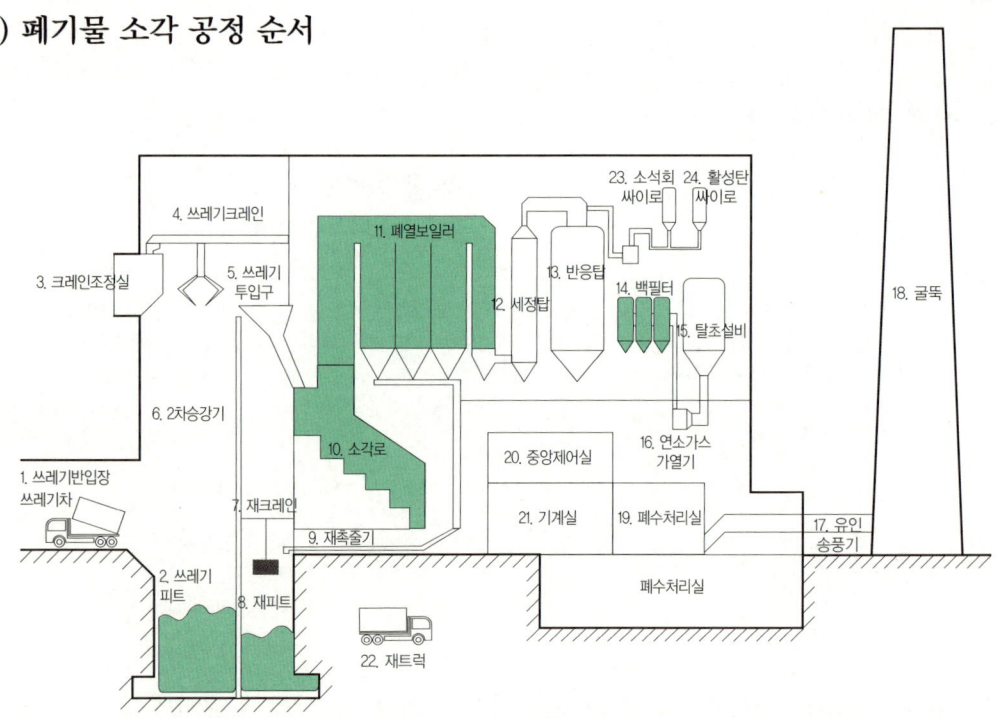

〈출처 : 온실가스 · 에너지 목표관리 운영 등에 관한 지침, 2014〉

[폐기물 소각공정]

(2) 폐기물 소각의 세부공정 설명

가) 폐기물 반입장
- 수거차량에 의해 반입된 폐기물은 계근대를 통과하여 반입된 폐기물에 대한 성상검사를 실시, 가연성 생활폐기물만 지정된 투입문을 통해 폐기물 피트에 투입, 비가연성 폐기물은 반출

나) 쓰레기 크레인 : 쓰레기를 소각로로 투입

다) 소각시설(계단형 스토커식)
- 수거 폐기물을 소각시키는 장치

- 폐기물 급진장치에 의하여 화격자로 이송된 폐기물이 건조 연소 및 후연소의 과정을 거치면 재축출기에서 재가 배출되고 폐열(연소가스 850~1,100℃)은 폐열보일러로 유입

라) 연소가스 냉각설비
- 소각로에서 발생되는 고온(850~1,100℃)의 연소가스를 이용하여 과열증기를 발생시키는 자연순환식 증기 발생장치

마) 폐열보일러
- 소각로에서 발생되는 고온의 연소가스를 회수하여 발전 및 냉난방에 이용하는 설비, 증기터빈, 탈기기, 공기예열기, 복수기 등으로 스팀을 공급

바) 터빈 발전기
- 폐기물 연소 시 폐열보일러에서 발생되는 증기로 증기터빈을 구동하여 전력을 생산

사) 폐열(여열) 공급설비
- 폐열 보일러에서 발생되는 증기를 집단에너지 공급시설용 열원설비로 보내 증기터빈(Steam Turbine)을 가동하여 전기를 생산하고, 배출되는 증기는 온수 열교환기를 거쳐 인근 주거지역의 지역난방용 온수로 공급

아) 활성탄 주입설비
- 다이옥신 흡착 제거를 위한 활성탄 공급 설비로 활성탄은 브로워 공기압으로 반응탑에 균일하게 분사

자) 반건식 반응탑
- 소각로에서 배출되는 유해가스 중 먼지, HCl, SO_x, NO_x, Dioxin 등을 제거하는 설비
- 소석회가 작은 물방울 상태로 분사되어 그 속에 있는 $Ca(OH)_2$ 입자가 유해가스와 반응

차) 선택적 촉매환원설비(SCR)
- 소각과정에서 발생된 질소산화물은 NO와 NO_2로 구성되어 있기 때문에 이 연소가스를 촉매탑을 통과시키면 암모니아와 반응하여 N_2와 H_2O의 환원 반응으로 NO_x를 제거

카) 재반출 설비
- 연소과정이 완료된 소각재와 오염방지시설에서 집진된 분진은 재축출기로 이송되어, 재이송 콘베이어를 거쳐 재(ash)피트로 이송되며 모인 재는 재(ash)크레인에 의해 재반출 트럭에 적재, 매립지로 운반

타) 폐수 처리 설비
- 생물학적, 화학적처리 시설을 이용하여 자원회수시설에서 발생하는 각종 공정 폐수를 처리 후 하수처리장으로 이송

3) 보고 대상배출시설

(1) 소각보일러
폐기물 등을 소각시켜 발생되는 열을 회수하여 보일러는 가동하고 이때 생산되는 증기나 열을 작업공정이나 난방 등에 재이용할 목적으로 보일러 등 열회수장치가 설치된 소각시설

(2) 특정폐기물 소각시설
- 특별히 고안된 폐쇄구조에서 특정폐기물을 연소시켜 그 양을 감소하든지 재이용할 수 있게 하는 시설
- 소각시설 구조에 따라 크게 나누어 단실소각시설, 다실소각시설, 이동다실소각시설로 구분
    - 단실소각시설은 점화, 연소, 연소찌꺼기의 제거 등이 모두 동일한 방에서 이루어짐.
    - 다실소각시설은 2개 이상의 내화벽돌로 설치된 연소실이 병렬로 연결된 형태로서

각 실은 내화벽으로 구분되어 있음. 연소가스 통로는 서로 연결되어 있고 폐기물의 연소효율을 최대로 하기 위한 모든 장치가 설치된 시설
- 이동다실소각시설은 연소실 내부의 화상을 가벼운 자재로 하고 바퀴가 있어 유동이 가능하게 만든 시설. 유동층 소각시설이라고도 함.

이외 최근 소각물질을 직접 연소하지 않고 건류시키거나 소각물질에 포함된 유기화합물을 열분해 함으로서 발생되는 가스를 소각시키는 건류 또는 열분해소각시설이 개발되고 있음.

(3) 일반폐기물 소각시설
- 특별히 고안된 폐쇄구조에서 일반폐기물을 연소시켜 그 양을 감소하든지 재이용할 수 있게 하는 시설
- 이하 '특정폐기물 소각시설'의 내용과 동일함

(4) 폐가스 소각시설
- 제조공정 중에 발생되는 각종 휘발성유기물질이나 가연성가스 또는 냄새가 심하게 나는 물질들을 모아 산화시키는 시설. 크게 직접연소시설, 촉매산화시설로 구분
  - 직접 연소시설 : 내화물질로 구성된 연소시설과 한 개 또는 둘 이상의 연소장치, 온도조정장치, 안전장치, 그리고 열교환기와 같은 연회수장치들로 구성되어 있음. 가스는 연소실 상부에서 화염과 혼합되어 산화되며 연소실 내의 연도를 따라 밖으로 배출. 연소실의 형태는 보통 원형이나 각형으로 되어있고 내부는 내화물질로, 외부는 강철로 되어 있음.
  - 촉매산화연소시설 : 주로 직접연소의 효율이 떨어지는 가스상 물질을 촉매층을 통과시켜 연소하기 쉬운 물질로 만든 후에 산화시키는 시설. 직접연소법에 비하여 비교적 내부 온도가 낮은 상태에서도 산화가 잘 이루어짐. 예열연소장치와 촉매층이 부착된 연소실, 주연소시설, 온도조정장치, 안전장치, 그리고 열회수 장치로 구성되어 있음.
    ※ 예열연소장치는 가스를 촉매층에 통과시키기 전에 일정한 온도를 유지시켜 줌

으로서 산화와 연소가 비교적 쉽게 일어나게 하기 위한 시설
- 이외 플래어 스택(배출가스 연소탑, Flare Stack) 등이 있음.

(5) 적출물 소각시설
- 의료법 규정에 의한 병원 적출물(피, 고름이 묻은 탈지면, 붕대, 일회용주사기, 수액셋트 등)을 처리하기 위한 시설. 다습성 적출물과 수지계적출물로 구분
  - 다습성 적출물 : 수분함량이 높고 발열량이 낮아 자체의 열량으로 연소가 불가하므로 보조열원(버너)를 사용하는 2단 연소 소각로가 적합
  - 수지계 적출물 : 적출물중 일회용 주사기, 수액세트 등의 적출물로써 수분함량이 낮고 고분자화합물로서 다량의 대기오염물질이 배출될 가능성이 있으므로 건류식 또는 수냉식의 2단연소 소각로를 적용하는 것이 적합

(6) 폐수소각시설
폐수 중에 휘발성 물질이나 농도가 높은 폐수를 소각처리하기 위한 시설

4) 온실가스 공정배출시설 및 온실가스

배출시설	배출반응	온실가스
폐기물 저장소	• 유기물질의 혐기분해에 의해 배출	CH_4
소각로	• 유기물질의 연소분해에 의한 배출	CO_2
	• 유기물질의 불완전연소에 의한 배출	CH_4
SNCR(비선택적촉매환원법) SCR(선택적촉매환원법)	• 유기질소의 불완전연소에 의한 배출 • NO_x 처리시설의 중간반응물질 생성에 의해 배출	N_2O

- 바이오매스 폐기물(음식물, 목재 등)의 소각으로 인한 CO_2 배출은 생물학적 배출량이므로 배출량 산정시 제외
- 화석연료로 인한 폐기물(플라스틱, 합성 섬유, 폐유 등)의 소각으로 인한 CO_2만 배출량에 포함

> **확인문제**

폐기물 소각에 따른 온실가스 배출 시설과 가장 거리가 먼 것은?
(단, 온실가스·에너지 목표관리 운영 등에 관한 지침 기준)
(2015년 관리기사 제2회)

① 소각보일러 ② 열분해 소각시설
③ 폐가스 소각시설 ④ 폐수 소각시설

해설
폐기물 소각에 따른 온실가스 배출 보고 대상 시설은 소각보일러, 특정폐기물 소각시설, 일반폐기물 소각시설, 폐가스 소각시설, 적출물 소각시설, 폐수 소각시설이 있다.

[정답 ②]

PART 08 간접배출

1) 개요

(1) 전기

- 외부로부터 공급된 전력사용으로 인해 발생
- 관리업체가 소유 및 통제하는 설비와 사업활동에 의한 전력사용으로 인해 발생하는 간접적 온실가스 배출은 연료연소, 원료사용 등으로 인한 직접적 온실가스 배출과 함께 관리업체의 온실가스 배출량에 포함되어야 함. 이러한 정보가 향후 온실가스와 관련된 다양한 프로그램에 적용될 수 있기 때문임.
- 관리업체의 조직경계 내에 발전설비가 위치하여 생산된 전력을 자체적으로 사용할 경우에는 간접적 온실가스 배출량 산정에서 제외. 이는 발전설비에 의한 전력 생산으로 인해 배출된 직접적 온실가스가 해당 관리업체의 배출량으로 이미 산정되었기 때문이며, 자체 생산한 전력의 자체 사용에 따른 간접적 온실가스 배출량을 포함할 경우 직접적 온실가스 배출량과 함께 중복산정을 초래하기 때문임.
- 외부에서 공급된 전기 사용에 따른 간접배출량의 산정·보고 범위는 배출시설 단위가 아닌 사업장 단위로 함. 다만, 제품생산 용도가 아닌 업무용 건물, 폐기물처리시설, 전력 다소비 시설인 전기로에 대해서는 전기사용량과 이에 따른 간접배출량을 구분하여 산정·보고하여야 함.
- 기타 전력량계(법정계량기 및 내부관리용 계량기를 포함한다)가 부착되어 있는 배출시설의 경우 배출시설별로 전기사용량 등을 구분하여 보고할 수 있으며 이 경우 각 배출시설별 전력사용량의 합계는 사업장 단위 총 사용량과 일치하여야 함.

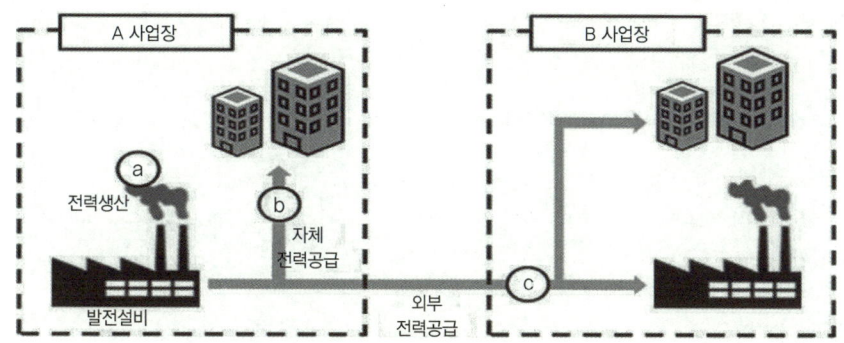

[전력 사용에 따른 간접 온실가스 배출경로]

ⓐ : A 사업장 내에 위치한 발전설비에서의 전력생산에 따른 직접 온실가스 배출량(A 사업장의 직접적 온실가스 배출량으로서 보고)

ⓑ : A 사업장에서 생산한 전력을 A사업장 내에서 자체적으로 공급한 경우 (전력사용에 따른 간접적 온실가스 배출량산정에서 제외)

ⓒ : A 사업장에서 생산한 전력을 B 사업장에 공급한 경우(B 사업장의 간접적 온실가스 배출량으로서 보고)

〈출처 : 온실가스 · 에너지 목표관리 운영 등에 관한 지침, 2016〉

(2) 열
- 모든 사업장에서는 제품 생산공정 또는 이와 관련된 각종 장치 및 설비(Unit) 등을 가동하기 위하여 열에너지를 사용함에 따라 온실가스 간접배출이 발생
- 관리업체가 소유 및 통제하는 설비와 사업활동에 의한 열(스팀)사용으로 인해 발생하는 간접적 온실가스 배출은 연료연소, 원료사용 등으로 인한 직접적 온실가스 배출과 함께 관리업체의 온실가스 배출량에 포함되어야 함.
- 외부에서 공급된 열(스팀) 사용에 대한 간접배출량의 산정 · 보고범위는 관리업체 사업장 단위로 함.

2) 온실가스 공정배출시설 및 온실가스

외부 전기 · 열 사용설비	배출반응	온실가스
조명설비, 기계설비, 환기설비, 냉난방 설비 등 종류가 매우 다양	• 각 설비 가동을 위한 외부전기 또는 열(스팀) 사용으로 인한 간접배출	CO_2 CH_4 N_2O

> **확인문제**

'조직의 구매전기, 구매열(스팀)의 사용으로부터 발생된 온실가스 배출'과 가장 가까운 것은?
(단, 온실가스·에너지 목표관리 운영 등에 관한 지침 기준)
(2016년 산업기사 제4회)

① 제품탄소 배출
② 직접 온실가스배출
③ 에너지 간접 온실가스 배출
④ 그 밖의 간접 온실가스 배출

해설
문제에서의 전기, 열은 구매한 에너지이므로 외부로부터 공급된 에너지(전기, 열) 사용에 의한 간접 배출에 해당한다.

[정답 ③]

PART 09 탈루배출

1. 석탄 채굴 및 처리활동에서의 탈루 배출

1) 개요

- 석탄을 채굴 및 처리하는 과정에서 온실가스가 대기로 누출되어 배출. 석탄을 채굴 및 처리하는 탄광은 석탄을 경제적으로 채굴·선별한 후 상품으로 시장에 공급하는 사업소 또는 석탄을 채굴하는 광산을 의미하며, 채굴 광산의 형태에 따라 지하탄광과 노천탄광으로 구분
- 우리나라의 탄광은 모두 석탄층까지 땅 속으로 터널을 뚫어 각종 장비를 이용하여 석탄을 생산하는 지하탄광으로 노천탄광은 존재하지 않음.

2) 보고 대상 배출시설

(1) 지하탄광
(2) 처리 및 저장에 의한 탈루배출 시설

3) 온실가스 탈루배출시설 및 온실가스

외부 전기·열 사용설비	배출반응	온실가스
지하탄광	석탄의 지질학적 형성과정은 지층가스(seam gas)인 메탄(CH_4)을 생성하며, 메탄(CH_4)은 석탄을 채굴하기 전까지 석탄층에 잡혀 있다가 석탄을 채굴 및 처리하는 과정에서 대기로 배출	CH_4
처리 및 저장에 의한 탈루배출 시설	채굴한 석탄을 파쇄, 가공, 저장하는 동안 배출	

※ 채굴이 중단된 이후에도 폐쇄탄광에서는 미량의 메탄이 지속적으로 배출되지만, 그 양은 극히 미미한 것으로 알려져 있음.

2. 석유 산업에서의 탈루 배출

1) 개요
석유산업은 석유를 탐사·개발 및 채굴·수송·정제·판매하는 산업으로 이러한 과정에서 온실가스가 누출되어 배출

2) 공정
석유를 채취하여 최종 소비자에게 공급하기까지 아래와 같이 크게 4단계로 구분
- 원유생산 : 석유를 발견하기 위한 탐광시추·유전개발·석유채취 등
- 원유정제 : 원유를 휘발유·등유 등으로 분류
- 제품판매 : 공장도판매·도매·소매를 포함하며, 제품을 정유공장에서 대수요처·주유소 등에 공급
- 원유 및 제품 수송 : 원유생산과 석유정제 또는 석유정제와 제품판매를 연결시키는 과정. 우리나라는 원유생산 단계 없이 원유를 직접 수입하여 정제, 판매함.

3) 보고 대상 배출시설
(1) 원유 저장시설
(2) 원유 입하시설

4) 온실가스 탈루배출시설 및 온실가스

배출시설	배출반응	온실가스
원유 저장시설	석유 산업에서의 탈루 배출이라 함은 원유를 탐사, 생산, 수송, 처리(정제), 분배하는 과정에서 원유에 함유되어있는 온실가스가 배관 시스템을 통하여 누출(leak)되거나, 저장시설 등을 통하여 증발배출(Flashing lose)되는 것과 공정 중 발생 배기(Venting)가스에서 온실가스가 배출되는 것 모두를 포함 ※ 배관 시스템 : 벨브, 플렌지, 커넥터 등	CH_4
원유 입하시설		

- 일반적으로 원유가 매장되어 있는 유전(Oil Field)에서는 원유와 함께 가스가 산출되며, 산출된 가스에는 미량의 메탄(CH_4)이 함유되어 있는 것으로 알려져 있음.

- 원유에 함유된 메탄(CH_4)은 원유생산 및 수송단계에서 대부분 배출되고, 정제활동에 의하여 생산된 석유제품(휘발유, 등유 등)에는 메탄이 함유되어있지 않은 것으로 알려져 있음.

3. 천연가스 산업에서의 탈루 배출

1) 개요

천연가스 산업은 크게 천연가스를 탐사하는 단계, 생산단계(처리시설까지의 연결지점 및 전송 시스템과의 연결지점까지를 포함), 처리단계(수분 및 황 제거 등), 공급(판매) 지점으로 이송 및 저장하는 단계, 천연가스를 공급 및 판매하는 분배단계로 구분하며 이러한 과정에서 온실가스 누출되어 배출

2) 보고 대상 배출시설

(1) 저장시설
(2) 공급시설

3) 온실가스 탈루배출시설 및 온실가스

배출시설	배출반응	온실가스
저장시설	천연가스를 탐사, 생산, 처리, 전송 및 저장, 분배하는 과정에서 천연가스에 함유된 온실가스가 배관 시스템을 통하여 누출되거나, 저장시설에서의 손실, 천연가스 탐사 및 생산단계에서 발생하는 파이프라인 파손 및 유정 파열(well blowouts)등에 따른 기타 venting되는 것, 공정 중 발생하는 가스의 flaring에 따른 온실가스 배출을 모두 포함 ※ 배관 시스템 : 벨브, 플렌지, 커넥터 등	CH_4
공급시설		

> **확인문제**
>
> 석탄 채굴 및 처리활동에서 탈루배출과 가장 거리가 먼 것은?
> (단, 온실가스·에너지 목표관리 운영 등에 관한 지침 기준)
> (2016년 산업기사 제4회)
>
> ① 지하탄광 ② 석탄의 처리
> ③ 노천 소각 ④ 석탄의 저장
>
> **해설**
> 석탄 채굴 및 처리활동에서의 보고 대상 배출시설은 지하탄광, 처리 및 저장에 의한 탈루배출 시설이 해당된다.
>
> [정답 ③]

PART 10 오존파괴물질(Ozone Depleting Substance; ODS)의 대체물질 사용

1) 개요

불소계 온실가스는 화학 산업이나 전자 산업 등에서 제품 생산 공정 외 생산된 설비의 충진물 등 다양한 용도로도 소비되는데, 본 장에서 정의하는 오존파괴물질의 대체물질 사용은 제품 제작단계에서 주입 또는 사용되는 것을 의미함.

비에어로졸 용매: 불소계 온실가스 중에서 HFCs가 몬트리올 의정서에 의해 규제물질로 지정된 CFC-113을 대체하여 용매로 사용됨.

- 에어로졸 : 에어로졸 중 추진제로 사용되는 물질은 HFC-134a, HFC-227ea, HFC-152 등이 있고 HFC-245fa, HFC-365mfc, HFC-43-10mee는 용매로 사용
- 발포제 : CFCs를 사용해왔으나 몬트리올 의정서에 의해 CFCs가 규제된 이후 현재는 대체물로 주로 HFCs를 사용
- 냉동 및 냉방 : CFCs와 HCFCs를 대체하여 현재는 주로 HFCs가 사용
- 소방부문 : 할론에 대한 부분적인 대체물로 HFCs와 PFCs가 사용
- 전기 설비 : 주로 SF_6와 PFCs를 사용

2) ODS 사용 공정

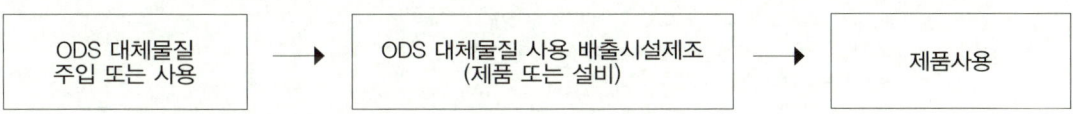

※ 전기설비를 제외한 사용 단계에서의 탈루성 배출은 보고대상으로 정하지 않음.
(온실가스·에너지 목표관리 운영 등에 관한 지침, 2014).

3) 온실가스 공정배출시설 및 온실가스

배출시설	배출반응	온실가스
비에어로졸 용매	제품 제조 및 사용 과정에서 배출	HFCs PFCs SF_6
에어로졸	제품 제조 및 사용 과정에서 배출	
발포제	개방형 기포 : 제품 제조과정 및 제조 직후 탈루배출 폐쇄형 기포 : 제품 사용 중 탈루배출	
냉동 및 냉방	생산과정, 제품 사용 과정에서 탈루배출	
소방부문	생산과정, 제품 사용 과정에서 탈루배출	
전기설비	생산, 설치, 사용, 유지관리, 폐기 과정에서 탈루배출	

PART 11 연료전지

1) 개요

연료전지는 외부에서 수소와 산소를 공급받아 수용액에서 전자를 교환하는 산화·환원 반응을 하며, 해당 반응에서 생성된 화학적 에너지를 전기에너지로 변환시키는 발전장치

2) 온실가스 공정배출시설 및 온실가스

배출시설	배출반응	온실가스
연료전지	수소를 생산하기 위한 탄화수소와 물의 반응과정에서 CO_2가 발생	CO_2

PART 12 기타 온실가스 배출

1) 개요

기타 온실가스 사용에 따른 배출량 등 지침에서 산정방법 등이 제시되지 않은 기타 온실가스 배출

2) 보고 대상 배출시설

(1) 대기오염방지시설
(2) 식각시설, 증착시설
(3) 기타

3) 온실가스 공정배출시설 및 온실가스

배출활동	온실가스
요소수 사용에 따른 온실가스 배출 $CO(NH_2)_2 + 2NO + \frac{1}{2}O_2 \rightarrow 2N_2 + CO_2 + 2H_2O$ 아세틸렌 사용에 따른 온실가스 배출 $C_2H_2 + 5/2O_2 \rightarrow 2CO_2 + H_2O$ 황연제거설비의 탄화수소류 사용에 따른 온실가스 배출 에탄올(C_2H_5OH): $C_2H_5OH + 3O_2 \rightarrow 2CO_2 + 3H_2O$ 에틸렌글리콜($C_2H_6O_2$): $C_2H_6O_2 + 5/2O_2 \rightarrow 2CO_2 + 3H_2O$	CO_2
식각·증착 시설에서의 N_2O 등 non-FC 가스 사용에 따른 온실가스 배출	CO_2, N_2O, CH_4

PART 13 기타 온실가스 사용

1) 개요

- 제품의 제작단계에서 보고되는 오존층파괴물질(ODS) 대체물질을 제외한, 온실가스의 기타 사용량은 이 배출활동에서 보고
  예) 냉각·냉동설비 및 소화설비에서의 냉매나 소화제의 충진량(기기 사용에 따른 재충진량 포함), 치환용 CO_2 구입양 등
- 여기에서 보고되는 항목은 관리업체의 온실가스 총 배출량에 합산하지 않음.

제2과목

온실가스 배출의 이해

출제적중 문제

02 온실가스 배출의 이해 — 출제적중 문제

001 다음 중 고정연소시설의 배출시설 종류가 아닌 것은?

① 발전용 내연기관
② 소둔로
③ 열병합발전시설
④ 질산생산 제2산화시설

> **해설**
> 고정연소의 배출시설에는 화력발전시설, 열병합발전시설, 발전용내연기관, 일반보일러시설, 공정연소시설(건조시설, 가열시설, 용융·용해시설, 소둔로, 기타로), 배연탈질시설이 있다.
> 질산생산 제2산화 공정은 암모니아 산화 반응기를 나온 반응가스를 냉각하여 가스 중 NO성분을 NO_2로 산화하는 반응으로 질산생산시설에 해당하며 고정연소시설에 해당하지 않는다. **[정답 ④]**

002 본체 내부에 노통화로, 연관 등을 설치한 것으로 구조가 간단하고 일반적으로 널리 쓰이고 있으나, 고압용이나 대용량에는 적합하지 않은 배출시설은?
(2016년 관리기사 제4회)

① 수관식 보일러   ② 주철형 보일러   ③ 원통형 보일러   ④ 소각 보일러

> **해설**
> 수관식 보일러 : 작은직경의 드럼과 여러 개의 수관으로 나누어져 있으며, 수관내에서 증발이 일어나도록 되어 있음. 고압, 대용량으로 적합하다.
> 주철형 보일러 : 주물계의 Section을 몇 개 전후로 짜맞춘 보일러로서 하부는 연소실, 상부는 굴뚝으로 되어있음. 주로 난방용의 저압증기 발생용 또는 온수보일러로 사용된다.
> 소각 보일러 : 폐기물 등을 소각시켜 발생되는 열을 회수하여 보일러는 가동하고 이때 생산되는 증기나 열을 작업공정이나 난방 등에 재이용할 목적으로 보일러 등 열회수장치가 설치된 소각시설   **[정답 ③]**

003 일반보일러시설에 대한 설명으로 옳지 않은 것은?

① 연료의 연소열을 물에 전달하여 증기를 발생시키는 시설을 말한다.

② 물 및 증기를 넣는 철제용기(보일러 본체)와 연료의 연소장치 및 연소실(화로)로 이루어져 있다.
③ 보일러는 본체의 구조형식에 따라 원통형보일러, 수관보일러, 주철형보일러로 나눌 수 있다.
④ 원통형보일러에는 자연순환식, 강제순환식, 관류식 등이 있다.

해설
원통형보일러에는 입식보일러, 노통보일러, 연관보일러, 노통연관보일러 등이 있다. 자연순환식, 강제순환식, 관류식 등은 수관식보일러에 해당한다. [정답 ④]

004 다음 중 고정연소시설에 대한 설명으로 틀린 것은?

① 열병합 발전시설 : 냉각·낭비되는 에너지를 모아 별도의 System을 통해 공정에 재이용되거나 발전소 인근 지역의 난방 등에 사용될 수 있는 System으로 설계된 발전소를 말한다.
② 발전용 내연기관 : 실린더 내에서 공기와 혼합된 연료를 폭발적으로 연소시켜 피스톤의 왕복운동에 의해 전기를 생산하는 시설을 말하며 도서지방용, 비상용 및 수송용을 포함한다.
③ 일반 보일러시설 : 연료의 연소열을 물에 전달하여 증기를 발생시키는 시설을 말한다.
④ 공정연소시설 : 제품 등의 생산공정에 사용되는 특정시설에 열을 제공하거나 장치로부터 멀리 떨어져 이용하기 위해 연료를 의도적으로 연소시키는 시설을 말한다.

해설
도서지방용, 비상용 및 수송용 발전용 내연기관은 제외한다. [정답 ②]

005 다음 중 공정연소시설로 분류된 것들로만 짝지어지지 않은 것은?

① 건조시설, 가열시설, 기타로
② 가열시설, 용융·용해시설, 소둔로
③ 가열시설, 수관식발전시설, 용융·용해시설,
④ 건조시설, 나프타 분해시설(NCC), 기타로

해설
공정연소시설 : 건조시설, 가열시설, 나프타 분해시설(NCC), 용융·용해시설, 소둔로, 기타로 [정답 ③]

006 다음은 일반적인 연소시설의 물질·에너지 수지를 나타낸다. 각 번호에 해당하는 말 중 틀린 것은?

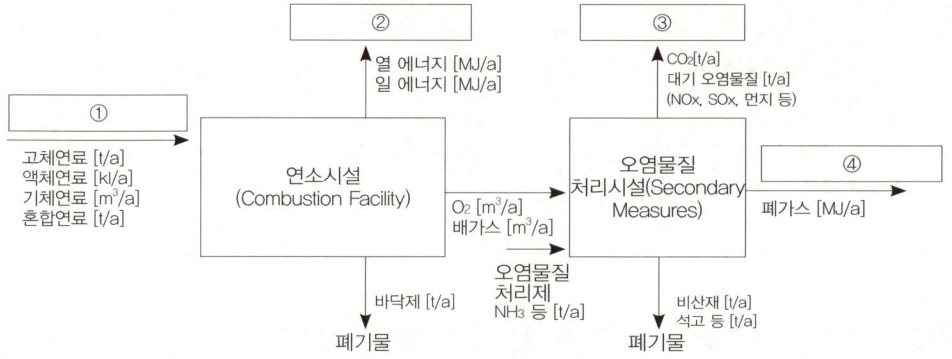

① 기타원료(에너지) ② 에너지생산
③ 온실가스배출 ④ 폐열(에너지)

해설
연소시설에서는 원료가 아니라 연료로서 투입된다. [정답 ①]

007 다음 중 배출활동이 다른 것은?

① 석탄, 유류 등을 연소시켜 발생된 열로 물을 끓이고 이때 발생된 증기를 압축시켜 터빈을 돌려 전기를 생산하는 시설
② 실린더 내에서 공기와 혼합된 연료를 폭발적으로 연소시켜 피스톤의 왕복운동에 의해 전기를 생산하는 시설
③ 제품 등의 생산공정에 사용되는 특정시설에 열을 제공하거나 장치로부터 멀리 떨어져 이용하기 위해 연료를 의도적으로 연소시키는 시설
④ 화석연료 연소공정에서 가장 널리 사용되고 있는 배연탈황시설

해설
① 화력발전시설, ② 발전용내연기관, ③ 공정연소시설은 고정연소배출
④는 탄산염(주로 석회석)사용시설로 기타공정 배출 [정답 ④]

008 고정연소시설의 대기오염물질 방지시설인 배연탈황시설에 관한 내용으로 틀린 것은?
(단, 온실가스·에너지 목표관리 운영 등에 관한 지침 기준)
(2015년 관리기사 제2회)

① 습식탈황시설은 선택적 촉매와 비선택적 촉매로 구분 된다.
② 습식탈황시설은 폐수처리 및 장치의 부식문제가 있다.
③ 습식탈황시설은 초기 투자비가 크고 넓은 부지를 필요로 한다.
④ 습식탈황시설은 기술적인 완성도 및 신뢰성에서 우수하다.

해설
선택적 촉매와 비선택적 촉매로의 구분은 배연탈질시설에 관한 내용이다.　　　　　　　　　　　　　　　　　　[정답 ①]

009 다음은 배연탈질시설의 물질수지표이다. 각 번호에 들어갈 적당한 용어로 틀린 것은?

Input	단위	값(Value)	Output	단위	값(value)
①			폐열		
액체연료	MJ/MJ input		②		
기체연료	MJ/MJ input				
에너지합계	MJ/MJ input	1.0			
			온실가스배출		
			CO_2eq	tCO_2eq/MJ input	
③			④		
암모니아	kg/MJ-input		황산암모늄	kg/MJ input	
요소	kg/MJ-input		비산재	kg/MJ input	
촉매	kg/MJ-input		폐수	kg/MJ input	

① 원료　　　　② 열(스팀)　　　　③ 환원제　　　　④ 기타부산물

해설
배연탈질시설의 Input 요소로 연료(에너지), 환원제 등이 있다.　　　　　　　　　　　　　　　　　　　　[정답 ①]

010 고정연소공정에서 배출하는 6대 온실가스의 온실가스 배출원인에 해당하지 않는 것은?

① CO_2 : 화석연료 중의 탄소성분의 산화
② CH_4 : 탄소성분의 불완전연소에 의한 배출
③ NO_3 : 질소성분의 완전연소에 의한 배출
④ N_2O : 질소성분의 불완전연소에 의한 배출

해설
NO_3는 6대 온실가스에 해당되지 않는다.　　　　　　　　　　　　　　　　　　　　　　　　　　　　[정답 ③]

011 다음은 어떤 연료에 대한 설명이다. 괄호 안에 들어갈 연료명은?

( )는 연료 중에 포함된 성분의 종류, 성분별 함량, 밀도 및 표준온도로의 환산 값 등이 온실가스 배출량 산정에 영향을 미칠 수 있으므로 이들 항목에 대한 조사가 필요하다.

① 고체연료　　② 기체연료　　③ RPF　　④ RDF

해설
RPF(Refuse Plastic Fuel, 폐플라스틱고형연료), RDF(Refuse Derived Fuel, 폐기물 고형연료)　　[정답 ②]

012 다음은 어느 연료를 설명한 것인가?

탄소 3~4개로 이루어진 탄소화합물(프로판, 부탄 또는 두 가지 가스의 혼합물과 미량의 프로필렌과 부틸렌으로 구성)이 섞여 있는 혼합물이다. 이 가스는 유정이나 가스정에서 가솔린 정제부산물로 얻고, 고압력 하에 금속의 실린더 속에 액체 상태로 충전하여 판매한다. 대중기압에 따라 등급을 정하는데, 등급A는 주로 부탄이, 등급 F는 주로 프로판이, 그리고 등급 B 또는 E는 부탄과 프로판의 혼합정도에 따라 결정된다. 가정용, 공업용, 자동차를 포함한 내연기관 연료로 쓰인다.

① 천연가스　　② 도시가스　　③ LPG　　④ B-C유

해설
LPG(액화석유가스): 유전에서 원유를 생산하거나 원유를 정제할 때 나오는 탄화수소를 비교적 낮은 압력을 가하여 냉각·액화시킨 것이다.　　[정답 ③]

013 다음 중 종류가 다른 연료는 어느 것인가?

① 액화석유가스　　② 유연탄　　③ 석유코크스　　④ 나프타

해설
유연탄은 고체연료, 나머지는 액체연료　　[정답 ②]

014 액체연료 중 잔사유에 관한 설명으로 틀린 것은?
(단, 온실가스·에너지 목표관리 운영 등에 관한 지침 기준)
(2015년 관리기사 제2회)

① 유틸리티, 산업시설 그리고 대형 상업용의 정교한 연소설비가 있는 곳에 주로 사용한다.
② 중질의 잔사유는 증류유보다 점성도가 더 크고 휘발성이 높아 취급이 어렵다.
③ 중질의 잔사유는 적절한 분사를 하기 위하여 가열하여야 한다.
④ 원유에서 경질유분을 제거한 후 만들기 때문에 상당량의 회분과 질소, 유황을 함유한다.

해설
중질의 잔사유는 증류유보다 점성도가 더 크고 휘발성이 적기 때문에 취급을 용이하다. **[정답 ②]**

015 다음 중 바이오매스에 해당되지 않는 것은?

① 볏짚 ② 바이오디젤 ② 슬러지 ③ 폐지

해설
바이오디젤은 바이오 에너지에 해당한다. **[정답 ②]**

016 다음 중 바이오에너지에 대한 설명으로 옳지 않은 것은?

① 폐기물 에너지는 각종 사업장 및 생활시설의 폐기물을 변환시켜 얻어지는 기체, 액체, 고체의 연료이다.
② 화석탄소기원의 폐기물이 10% 미만 혼합된 경우, 이를 포함하여 바이오매스로 본다.
③ 바이오에너지는 바이오매스를 원료로 하여 얻어지는 에너지이다.
④ 바이오에너지의 기준은 『신에너지 및 재생에너지 개발·이용·보급촉진법 시행령 별표1』을 따른다.

해설
화석탄소 기원의 폐기물(예 : 플라스틱, 합성섬유 등) 등과 혼합된 경우에는 바이오매스 부분만을 포함하며, 구분이 불가능할 경우에는 전체를 바이오매스에서 제외한다. **[정답 ②]**

017 온실가스·에너지 목표관리 운영 등에 관한 지침상 다음 설명하는 연료와 가장 관계가 깊은 것은?

(2016년 관리기사 제4회)

오수 및 동물성 현탁액(slurries)으로부터 바이오매스 및 고체 폐기물의 혐기성 발효(anaerobic fermentation)로부터 발생하는 가스를 말하며, 회수되어 열 및 전력을 생산하는 데 사용된다.

① 매립 가스(Landfill gas)
② 슬러지 가스(Sludge gas)
③ 바이오디젤(Biodiesel)
④ 바이오가솔린(Biogasoline)

> **해설**
> 매립가스(Landfill gas) : 매립지에서 발생하는 가스이다. 바이오매스 및 고체 폐기물의 혐기성 발효(anaerobic fermentation)로부터 발생한다. 주로 열 및 전력 생산에 사용된다.
> 바이오디젤(Biodiesel) : 식물성 기름(쌀겨 기름이나 식용유 등)을 특수 공정으로 가공한 후 경유와 섞어서 만든 디젤 기관의 연료이다. 경유와 비슷한 특성을 나타내지만, 연소 시 공해를 거의 발생하지 않는 특징이 있다.
> 바이오가솔린(Biogasoline) : 바이오매스(해조류)를 사용하여 생산하는 가솔린(분자당 6~12의 탄소)이다.
> [정답 ②]

018 고정연소시설(고체, 액체, 기체 연료) 연소 공정 개요 중 무연탄 연소에 관한 내용으로 옳은 것은?

(단, 온실가스 · 에너지 목표관리 운영 등에 관한 지침 기준)
(2015년 관리기사 제2회)

① 무연탄은 유연탄이나 갈탄에 비하여 고정탄소가 많고 휘발성분이 적은 고급탄이다.
② 무연탄은 유연탄이나 갈탄에 비하여 고정탄소가 적고 휘발성분이 많은 고급탄이다.
③ 무연탄은 유연탄이나 갈탄에 비하여 고정탄소와 휘발성분이 많은 고급탄이다.
④ 무연탄은 유연탄이나 갈탄에 비하여 고정탄소와 휘발성분이 적은 고급탄이다.

> **해설**
> 〈무연탄 연소〉
> 무연탄은 유연탄이나 갈탄에 비하여 고정탄소가 많고 휘발성분이 적은 고급탄이며, 높은 정화온도와 높은 회분의 용해온도를 갖는다.
> 휘발성분이 적고, 클링카 형성이 미미함으로 중소규모의 이동격자식 스토카로나 소형 수동식 연소설비에 많이 사용하고 있다.
> 몇가지 무연탄은 때때로 석유코크스와 함께 또는 유연탄과 혼합해서 미분탄 연소 보일러에 사용된다. 분산식 스토카에는 무연탄은 사용되지 않는다.
> 유황함량이 적고 연기가 적어 무연탄 이용이 가능한 곳에서는 상대적으로 이상적인 고체연료로 생각되고 있다.
> 무연탄의 가장 큰 용도는 난방용이고, 그 외 스팀, 전기의 생산, 코크스 제조, 소결 및 펠릿화 그리고 기타 산업용으로 일부 사용된다.
> [정답 ③]

019 기후변화 대응 및 에너지 비용 저감 차원에서 많은 기업들이 화석 연료 대신에 이용하는 바이오매스가 아닌 것은?

(단, 온실가스·에너지 목표관리 운영 등에 관한 지침 기준)
(2015년 관리기사 제4회)

① 볏짚
② 폐목재
③ 음식물 쓰레기
④ 폐타이어

해설

바이오매스 : 생물유기체, 유기성폐기물, 동물·식물의 유지(油脂) 등으로 생물 또는 생물 기원의 모든 유기체 및 유기물을 말한다.

형태	항목
농업 작물	유채, 옥수수, 콩, 사탕수수, 고구마 등
농임산 부산물	임목 및 임목부산물, 볏짚, 왕겨, 건초, 수피 등
유기성 폐기물	폐목재, 펄프 및 제지(바이오매스 부문만 해당), 펄프 및 제지 슬러지, 흑액, 동/식물성 기름, 음식물 쓰레기, 축산 분뇨, 하수슬러지, 식물류폐기물 등
기타	해조류, 조류, 수생식물 등

[정답 ④]

020 다음 중 이동연소에서 온실가스 배출산정 제외에 대한 내용으로 옳은 것은?

① 비도로 및 기타 자동차에 의한 온실가스 배출은 산정하지 않고 있다.
② 선박에서 수상항해 선박과 어선은 산정에 포함하고 이외 기타 선박에 대한 온실가스 배출은 산정하지 않고 있다.
③ 군용항공기는 대외비이므로 군용항공기에 의한 온실가스 배출은 산정하지 않고 있다.
④ 철도의 특수차량에 의한 온실가스 배출량은 산정하지 않고 있다.

해설

비도로 및 기타 자동차, 수상항해 선박과 어선, 기타 선박, 철도의 특수차량에 의한 온실가스 배출량도 산정에 포함하도록 하고 있다.

[정답 ③]

021 이동연소 범위에 대한 설명으로 틀린 것은?

① 이동연소부문의 배출시설은 수송용 내연기관을 일컫는다.
② 기차, 선박, 항공기, 도로 등 수송차량에서 자체 소비를 목적으로 동력이나 전기를 생산하는 시설을 의미한다.
③ 목표관리에서 교통분야 관리업체가 소유 또는 운영하고 있는 개별 차량이나 기관차별로 목표를 설정하는 것이다.
④ 운송수단 종류별로 구분하여 배출량 합계치에 대하여 목표를 설정 관리한다.

해설
목표관리에서 유의할 사항으로는 교통분야 관리업체가 소유·운영하고 있는 개별 차량이나 기관차별로 목표를 설정하는 것이 아니라, 운송수단 종류별로 구분하여 배출량 합계치에 대하여 목표를 설정·관리한다는 점이다.

[정답 ③]

022 이동연소시설에 관한 내용 중 바이오 에탄올에 관한 내용으로 틀린 것은?
(단, 온실가스·에너지 목표관리 운영 등에 관한 지침 기준)
(2015년 산업기사 제2회)

① 이론적으로 모든 식물을 원료로 가능한 장점이 있다.
② 연소율이 높고 오염물질 발생이 적은 장점이 있다.
③ 유지작물에서 식물성 기름을 추출하여 생산한다.
④ 가솔린 옥탄가를 높이는 첨가제로 사용한다.

해설
③은 바이오 디젤에 대한 내용이다.

〈바이오 에탄올과 바이오디젤 비교〉

구분	바이오 에탄올	바이오 디젤
추출	• 녹말(전분)작물에서 포도당을 얻은 뒤 발효 (사탕수수, 밀, 옥수수, 감자, 보리, 고구마)	• 유지작물에서 식물성 기름을 추출 (팜유, 폐식용유, 유채유, 콩)
활용	• 가솔린 옥탄가를 높이는 첨가제로 주로 사용 • 기존 첨가제인 MTBE를 대체용도로 사용	• 석유계 디젤과 혼합하여 사용 • 선진국: 바이오 디젤을 10~20% 섞은 혼합형 태로 유통
장점	• 이론적으로 모든 식물을 원료로 가능 • 연소율 높고 오염물질 발생 적음	• 비교적 단기간 내에 보급이 확대 가능
단점	• 곡물가격이 높기 때문에 값싼 원료를 선정하는 것이 중요	• 추출 가능한 원재료가 제한적
사용 지역	• 미국, 중남미 등 주요 곡물수출국	• 유럽, 미국, 동남아시아

[정답 ③]

023 이동연소 항공에 대한 설명으로 틀린 것은?

① 온실가스 배출량은 항공기의 운항 횟수, 운전 조건, 엔진 효율, 비행 거리, 비행단계별 운항시간, 연료 종류 및 배출 고도 등에 따라 달라진다.
② 항공기 운항은 이착륙단계(LTO, Landing/Take-off)와 순항단계(Cruise)로 구분된다.
③ 항공기에서 배출되는 오염물질은 공항 내에서의 운행과 이착륙 중에 주로 발생하

고, 높은 고도에서는 비교적 발생량이 적다.
④ 항공기 엔진의 연소가스는 대략 CO_2 70%, H_2O 30% 이하, 기타 대기오염물질 1% 미만으로 구성되어 있다.

> **해설**
> 항공기 운항은 이착륙단계(LTO, Landing/Take-off)와 순항단계(Cruise)로 구분되고, 항공기에서 배출되는 오염물질의 약 10%는 공항 내에서의 운행과 이착륙 중에 발생하고, 90%가량이 높은 고도에서 발생한다. **[정답 ③]**

024 다음 중 도로에 대한 설명으로 틀린 것은?

① 도로차량의 연료 사용으로부터 발생하는 모든 연소 배출을 포함한다.
② 자동차는 내연기관에서의 화석연료 연소에 의해 CO_2, CH_4, N_2O 등 온실가스가 배출된다.
③ 건설기계, 농기계 등에 의한 온실가스 배출은 산정에서 제외한다.
④ 도로부문의 보고대상 배출시설에는 승용자동차, 승합자동차, 화물자동차, 특수자동차, 이륜자동차, 비도로 및 기타 자동자가 포함된다.

> **해설**
> 건설기계, 농기계 등은 비도로 차량으로서 도로 부문 배출시설에 포함된다. **[정답 ③]**

025 두 가지 이상의 에너지원을 이용하여 움직이는 자동차는?
(단, 온실가스 · 에너지 목표관리 운영 등에 관한 지침 기준)
(2014년 산업기사 제4회)

① 플러그-인 자동차   ② 연료전지 자동차
③ 하이브리드 자동차   ④ 대체연료 자동차

> **해설**
> 하이브리드카는 두 가지 이상의 구동장치를 탑재함에 따라 두 가지 이상의 동력원을 이용할 수 있는 차이다.
> 예) 전기모터와 가솔린엔진 **[정답 ③]**

026 도로 차량의 종류를 설명한 것 중 옳지 않은 것은?
(단, 온실가스 · 에너지 목표관리 운영 등에 관한 지침 기준)
(2016년 관리기사 제2회)

① 승용자동차, 소형 - 배기량이 1600cc 미만인 것

② 화물자동차, 경형 – 배기량이 1000cc 미만인 것
③ 특수자동차, 대형 – 최대적재량이 5톤 이상인 것
④ 이륜자동차, 중형 – 배기량이 100cc 초과 260cc 이하인 것

> **해설**
> 특수자동차, 대형 – 최대적재량이 10톤 이상인 것
> [정답 ③]

027 온실가스 직접배출 시설 중에는 이동연소(도로) 배출시설도 포함된다. 다음 중에서 직접연소 이동연소(도로) 배출시설과 가장 거리가 먼 것은?

① 휘발유 승용자동차
② 경유 승합자동차
③ 디젤 화물자동차
④ 전동 지게차

> **해설**
> 전동지게차는 전기(배터리)에 의해 움직이므로 연료의 직접연소에 의한 배출시설이 아니다.
> [정답 ④]

028 철도에 대한 설명으로 틀린 것은?

① 일반적으로 디젤, 전기, 증기 세 가지 중 하나를 사용하여 구동하는 철도 기관차에서 배출되는 온실가스 배출량을 산정한다.
② 보고대상은 고속차량, 전기기관차, 전기동차, 디젤기관차, 디젤동차이며 특수차량은 제외한다.
③ 외부로부터 구매한 전기를 동력원으로 하는 철도차량에 의한 배출은 간접배출(Scope2)에 해당한다.
④ 디젤유를 연료로 사용하는 내연기관에 의해 발전한 전기 동력을 이용하여 모터를 돌려 열차를 견인하는 디젤기관차의 온실가스 배출은 직접배출(Scope1)에 해당한다.

> **해설**
> 철도차량은 고속차량, 전기기관차, 전기동차, 디젤기관차, 디젤동차, 특수차량 등 6종류가 있다.
> [정답 ②]

029 다음 선박부문 배출원별 적용범위 중 틀린 것은?

① 수상항해: 수상 선박을 추진하기 위해 사용된 연료로부터의 모든 배출이며, 호버크라프트(Hovercraft)와 수중익선(Hydrofoils), 어선이 포함된다.

② 국내항해: 동일 국가 내에서 출항 및 입항하는 모든 선박으로부터의 배출을 의미하며 어업과 군용은 제외한다.
③ 어선: 내륙, 연안, 심해 어업에서의 연료 연소로부터의 배출이며, 그 나라 안에서 연료보급이 이루어진 모든 국적의 선박을 포함한다.
④ 기타: 다른 데서 지정되지 않은 모든 연료연소로부터의 수상 이동 배출을 포함한다.

해설
수상항해에 어선은 포함되지 않는다. **[정답 ①]**

030 다음 이동연소에 관한 내용 중 옳지 않은 것은?

① 이·착륙을 포함하는 국내 및 국제 민간 항공에 의한 배출은 여객선의 국적에 따라 구분한다.
② 철도차량은 고속차량, 전기기관차, 전기동차, 디젤기관차, 디젤동차, 특수차량 등 6종류가 있으며 이중 발전소에서 생산된 전기를 동력원으로 하는 철도차량으로는 고속차량, 전기기관차, 전기동차 등이 이에 해당된다.
③ 증기기관차는 발생되는 온실가스가 상대적으로 적으며, 일반적으로 관광용 같은 국한된 용도로만 사용하고 있다.
④ 국내수상운송과 국제수상운송 구분 기준은 출항과 입항 지점으로 구분한다.

해설
국제/국내 항공은 비행기의 국적이 아닌 각 비행의 이·착륙지점으로 구분한다. **[정답 ①]**

031 다음은 철강생산 공정에 대한 설명이다 옳지 않은 것은?

① 제선공정은 철광석에서 선철을 만드는 과정으로 원료 공정, 소결공정, 코크스 공정, 고로 공정으로 구분한다.
② 제강공정은 선철을 이용하여 강을 제조하는 전로공정과 철스크랩을 이용하여 강을 제조하는 전기로 공정으로 나눌 수 있다.
③ 철강생산에서 유연탄은 환원제, 열원, 통기성 및 통액성 확보의 역할을 한다.
④ 철강 생산공정은 고철을 원료로 하는 일관제철공정과 철광석을 원료로 하는 전기로 공정으로 구분한다.

해설
철강생산공정은 철광석을 원료로 하는 일관제철공정과 고철을 원료로 하는 전기로 공정으로 구분한다. **[정답 ④]**

032 철강제조공정 순서를 바르게 나타낸 것은?

① 제선공정 → 제강공정 → 연주공정 → 압연공정
② 압연공정 → 제강공정 → 제선공정 → 연주공정
③ 연주공정 → 제선공정 → 제강공정 → 압연공정
④ 제강공정 → 제선공정 → 연주공정 → 압연공정

해설
철강제조공정
① 제선공정 : 철광석에서 선철을 제고하는 공정
② 제강공정 : 선철을 이용하여 용강을 제조하는 공정
③ 연주공정 : 액체형태의 용강이 주형에 주입되고 연속주조기를 통과하면서 냉각, 응고되어 슬래브, 블룸, 빌릿 등 중간소재로 만드는 공정
④ 압연공정 : 중간소재(슬래브, 블룸, 빌릿)를 늘리거나 얇게 만드는 공정
[정답 ①]

033 다음은 제선공정에 대한 세부공정설명 중 틀린 것은?

① 원료공정 : 해안의 부두 하역설비에서 원료를 하역하여 원료 저장고에 보관 저장하는 공정
② 소결공정 : 고로에 투입하기 전에 철광석 가루를 고형화하여 일정한 크기의 소결광을 제조하는 공정
③ 코크스공정 : 유연탄을 코크스로에서 가열하여 코크스를 생산하는 공정
④ 고로공정 : 고로에 철광석, 소결광, 코크스를 함께 투입하여 코크스 연소과정에서 생성된 CO에 의해 철광석과 소결광이 산화되면서 선철을 생성하는 공정

해설
고로공정 : 코크스 연소과정에서 생성된 CO에 의해 철광석과 소결광이 환원되면서 선철을 생성하는 공정
[정답 ④]

034 철강제조공정 중에서 온실가스배출비중이 가장 큰 공정은?

① 제선공정　　② 제강공정　　③ 연주공정　　④ 압연공정

해설
제선공정은 많은 에너지와 환원제가 필요한 공정으로서 철강공정에 의한 온실가스량의 약 80% 이상을 차지한다.
[정답 ①]

035 철강 생산공정에서 석탄(유연탄)의 역할에 대한 설명으로 옳지 않은 것은?

① 고로에 투입되는 유연탄은 연료가 아닌 원료로서 사용된다.
② 유연탄으로 코크스를 만들어 산화철을 환원하는 환원제로서 다음과 같은 직접 환원 반응을 나타낸다. $FeO + CO \rightarrow Fe + CO_2$
③ 철광석의 용융 및 환원에 필요한 열량 공급을 위한 열원이 된다.
④ 균일하고 원활한 고로 내부 가스 흐름과 고로 하부의 원활한 쇳물과 슬래그 흐름을 위한 통기성 및 통액성 확보 기능이 있다.

> **해설**
> 유연탄의 환원반응
> 직접 환원 반응 : $FeO + C(코크스) \rightarrow Fe + CO$
> 간접 환원 반응 : $FeO + CO \rightarrow Fe + CO_2$
> **[정답 ②]**

036 다음 중 철강 생산공정의 부생가스가 아닌 것은?

① BFG
② LFG
③ COG
④ LDG

> **해설**
> 철강공정 부생가스
> BFG : Blast Furnace Gas, 고로가스
> COG : Coke Oven Gas, 코크스오븐가스
> LDG : Linz-Donawitz Converter Gas, 전로가스
> FOG : Finex Off Gas, 차세대 철강생산기술인 파이넥스 설비에서 발생하는 부생가스인 파이넥스 부생가스
> LFG : Land Fill Gas, 매립지에서 발생하는 가스
> **[정답 ②]**

037 다음 중 공정배출에 해당하지 않는 것은?

① 원료공정
② 코크스공정
③ 고로공정
④ 소결공정

> **해설**
> 원료공정은 원료를 하역하여 원료저장고에 보관 저장하는 공정으로서 전기, 용수, 분진비산방지를 위한 전력사용에 의한 배출이 있을 수 있으며 이는 공정배출에 해당되지 않는다.
> **[정답 ①]**

038 철강생산에 의한 온실가스 배출특성에 관한 내용으로 틀린 것은?

① 주요공정배출 온실가스는 CO_2, CH_4이다.

② 코크스로는 석탄을 열분해하여 코크스를 생산하며 반응특성 상 CH_4 배출이 높다.
③ 소결로는 철광석 입자를 코크스, 용제와 혼합한 다음에 연소 환원반응을 거쳐 괴광을 제조하는 과정이며, 반응 특성 상 CO_2 배출이 높다.
④ 전기로(전기아크로)는 용선과 철스크랩 중의 탄소 불순물이 산화 분해되면서 CH_4가 주로 배출된다.

해설
전기로(전기아크로)는 CO_2가 주로 배출된다.

[정답 ④]

039 철강 생산공정의 온실가스배출활동에 대한 설명 중 옳지 않은 것은?

① 코크스공정 : 석탄의 열분해 과정에서 CO_2와 CH_4가 생성 배출되며 특히 반응 특성 상 CH_4 배출이 높다.
② 소결공정 : 철광석 입자를 코크스, 용제와 혼합한 후 연소 환원반응을 거치는 과정에서 CO_2와 CH_4가 생성 배출되며 반응 특성 상 CO_2 배출이 높다.
③ 고로 : 철광석이 코크스와 반응하여 산화되는 과정에서 CO_2가 주로 배출된다.
④ 전기로 : 철 스크랩을 산화 정련하는 과정에서 CO_2가 주로 배출된다.

해설
고로공정은 철광석이 코크스와 반응하여 환원되는 과정에서 CO_2가 주로 배출된다.

[정답 ③]

040 철강생산시설의 운영경계 내에 존재 가능한 배출원 중 분류가 다른 하나는?

① 고정연소   ② 이동연소
③ 외부전기 및 외부 열 사용   ④ 공정배출원

해설
외부전기 및 외부열사용은 간접배출(scope2)에 해당하고 나머지는 직접배출(Scope1)해당한다.

[정답 ③]

041 철강 생산공정에서 사용되는 석회석의 역할은 무엇인가?

① 환원제의 역할   ② 선철의 불순물 제거
③ 응고제의 역할   ④ 중화제의 역할

해설
선철의 불순물이 석회석($CaCO_3$) 과 반응하여 슬래그를 형성하고 형성된 슬래그는 철에 비해 비중이 낮으므로 고로 상부로 부상 분리된다.
• 슬래그 형성 반응식: $CaO + SiO_2 \rightarrow CaSiO_3$(슬래그)

[정답 ②]

042 다음은 고로공정에서 CO_2가 발생하는 직접환원과 간접환원 반응식이다. 각각의 빈칸에 들어가는 물질로 옳지 않은 것은?

> 직접환원반응
> FeO + (①) → Fe + (②)
> 간접환원반응
> FeO + (③) → Fe + (④)

① C ② CO ③ CO ④ CO

해설
- 고로공정의 환원반응식
직접환원반응 : FeO + C(코크스) → Fe + CO
간접환원반응 : FeO + CO → Fe + CO_2

[정답 ④]

043 다음은 선철의 불순물제거를 위한 생석회를 생성하는 반응이다. 본 반응에서 발생하는 CO_2 배출은 어디에 해당하는가?

> $CaCO_3$ →(가열) $CaO + CO_2$

① 공정배출 ② 연소배출 ③ 탈루배출 ④ 간접배출

해설
공정배출이란 제품의 생산공정에서 원료의 물리화학적 반응 등에 따라 발생하는 온실가스 배출을 말하며, 문제에 주어진 반응식은 석회석의 소성반응으로써 공정배출에 해당한다.

[정답 ①]

044 제강공정의 설명으로 옳지 않은 것은?

① 용선의 불순물 제거를 통해 철의 강도를 높이는 공정이다.
② 제강공정에는 크게 전로(Converter)제강공정과 전기로(Electric Arc Furnace)제강공정으로 구분할 수 있다.
③ 전로 속에는 70~90%의 용선(Pig Iron)과 10~30%의 철스크랩(Steel Scrap)을 함께 넣은 후 산소를 불어넣는다.

④ 전기로는 고온의 1,200℃의 열풍을 불어넣어 철스크랩(Steel Scrap)을 녹임으로써 강을 제조한다.

해설
전기로는 전열을 이용하여 강을 제조하는 노(Furnace)로서, 전기양도체인 전극에 전류를 통하여 철스크랩 사이에 발생하는 아크(Arc) 열에 의해 철스크랩이 녹는다. [정답 ④]

045 다음 중 전기로에 해당하는 내용으로만 묶인 것은?

① 70~90%의 용선과 10~30%의 철스크랩을 전기로에 투입하고 고압의 순산소를 주입하여 불순물을 제거한다.
② 아크열에 의해 철스크랩을 녹이는 반응로와 유도전류에 의한 저항열로 정련하는 유도로 두 방식이 있다.
③ 전력소모가 높은 단점이 있다.
④ 순도를 높이기 위해 2차 정련을 거친다.

① ①-②-③
② ②-③-④
③ ①-③-④
④ ①-②-④

해설
①의 내용은 전로제강공정에 대한 내용이다. [정답 ②]

046 다음은 철강생산업체 A가 온실가스 배출량 산정에 포함해야 하는 직접배출원의 종류이다. 관련 온실가스 종류가 잘못 연결된 것은?

① 공정연소 : CO_2, CH_4, N_2O
② 이동연소 : CO_2, CH_4, N_2O
③ 탈루배출 : CH_4
④ 공정배출 : CO_2, CH_4, N_2O

해설
코크스공정, 소결공정, 고로공정, 전로공정, 전기로 공정에서 CO_2, CH_4가 공정배출로 발생한다. [정답 ④]

047 다음 중 일관제철소에서 온실가스배출을 야기하는 물질이 아닌 것은?

① 유연탄 ② PCI탄 ③ 석회석 ④ 생석회

> **해설**
> 생석회는 CaO로서 CO_2 발생이 없다.
> • 생석회의 슬래그 형성반응식 : $CaO + SiO_2 \rightarrow CaSiO_3$(슬래그)
> [정답 ④]

048 다음 반응식은 합금철 생산공정 중 어느 공정에 해당하는가?

$$FeO + C \rightarrow Fe + CO$$
$$FeO + CO \rightarrow Fe + CO_2$$
$$MnO_2 + 2C \rightarrow Mn + 2CO$$

① 원자재 전처리 공정 ② 원료의 배합 공정
③ 정련 및 출탕 공정 ④ 합금철 변형 공정

> **해설**
> 합금철 생산은 일반적으로 원자재 투입, 원료배합, 정련 및 출탕, 기계적 파쇄 4단계로 구분하며, 위 반응은 정련 및 출탕공정에서 일어난다.
> [정답 ③]

049 합금철 생산시설의 온실가스 배출활동 중 CH_4 발생 배출원인에 해당되지 않는 것은?

① 연료연소 ② 탈루배출
③ 전로의 코크스 야금 환원 ④ 실리콘계 합금철 생산

> **해설**
> • 전로에서의 코크스 야금환원과 전기로에서의 탄소봉에 의한 금속산화물 환원에 의해 CO_2가 발생한다. 단, 실리콘계 합금철을 생산할 경우 전로, 전기로에서 CH_4가 발생한다.
> • 연료연소 : CO_2, CH_4, N_2O가 발생한다.
> • 탈루배출 : 화석연료와 관련하여 CH_4가 발생한다.
> [정답 ③]

050 다음 중 합금철 생산공정에서 온실가스의 주된 배출 시설은?
(단, 온실가스 · 에너지 목표관리 운영 등에 관한 지침 기준)
(2015년 관리기사 제2회)

① 전로 ② 배소로 ③ 소결로 ④ 용융 · 용해로

> **해설**
> 합금철 생산은 '원자재 투입 → 원료배합 → 정련 및 출탕 → 기계적 파쇄 → 합금철 제품'에 따라 이루어지며 이 중에서 정련 및 출탕공정에서 온실가스 공정배출이 일어난다. 정련 및 출탕에는 전로와 전기아크로 시설이 사용된다. **[정답 ①]**

051 합금철 생산에서 발생하는 공정배출은 정련 및 출탕 공정에서 일어난다. 본 공정에 대한 설명으로 옳지 않은 것은?

① 전기양도체인 전극(탄소봉)에 전류를 통하여 충진된 물질(철 스크랩 등)과 전극사이에 아크열을 발생시킨다.
② 아크열은 철 및 금속을 환원정련 하는 데 이용되고, 이때 탈황작업을 하게 된다.
③ 환원제로는 코크스 또는 탄소봉이 사용되며, 이는 아크열로 산화된 금속을 환원정련 하는 데 이용된다.
④ 합금철 제조공정에서의 CO_2 배출은 환원제의 야금환원(metallurgical reduction) 과정 및 전극봉 사용에 의해서 발생한다.

> **해설**
> 전기양도체인 전극(탄소봉)에 전류를 통하여 고철과 전극 사이에 발생하는 Arc열을 이용하여 고철 등 내용물을 산화·정련하며, 산화정련 후 환원성의 광재로 환원정련 함으로써 탈산·탈황작업을 하게 된다. **[정답 ②]**

052 합금철 생산에서 전기아크로에 투입되는 원료로 볼 수 없는 것은?
(단, 온실가스·에너지 목표관리 운영 등에 관한 지침 기준)
(2015년 관리기사 제4회)

① 철스크랩　　② 석회　　③ 슬랙　　④ 흑연전극

> **해설**
> ① 철스크랩, ② 석회, ④ 흑연전극은 원료로 투입되고 ③ 슬랙은 부산물로 발생하는 유출(Out) 폐기물이다. **[정답 ③]**

053 아연 생산공정에 대한 설명으로 옳지 않은 것은?

① 아연 생산방법에는 원광석을 사용하는 1차 생산공정과 재활용 아연을 사용하는 2차 생산공정이 있다.
② 1차 아연 생산에는 Waelz Kiln Process, Fuming 공법이 있고, 2차 아연생산에는

건식 및 습식 야금술이 있다.
③ 아연정광공정은 아연함량이 5~15% 가량인 아연광석을 50% 가량의 순도를 갖는 아연정광을 생산하는 공정이며, 조분쇄, 미분쇄, 부유선광 등의 과정으로 이루어져 있다.
④ 아연제련 생산공정은 아연정광으로부터 아연 괴를 만드는 공정이며, 배소공정, 황산제조공정, 용해공정, 주조공정 등으로 이루어져 있다.

해설
1차 아연생산: 습식야금술, 건식야금술(전기·열증류법, ISF)
2차 아연생산: Waelz Kiln Process, Fuming 공법

[정답 ②]

054 아연 생산공정 중 온실가스배출량 보고대상 배출시설에 해당하지 않는 것은?

① 배소로
② 용융·융해로
③ 전해로
④ 증류로

해설
온실가스·에너지목표관리제에서 정하는 보고대상 배출시설은 배소로, 용융·융해로, 전해로, 기타제련공정이다.

[정답 ④]

055 습식 아연제련공정의 순서로 맞는 것은?

① 용융·용해공정 → 정액공정 → 전해공정 → 배소공정 → 주조공정
② 배소공정 → 용융·용해공정 → 전해공정 → 정액공정 → 주조공정
③ 배소공정 → 용융·용해공정 → 정액공정 → 전해공정 → 주조공정
④ 배소공정 → 정액공정 → 용융·용해공정 → 전해공정 → 주조공정

해설
습식 아연제련법(전해법) 공정
배소공정 : 아연정광을 소광(ZnO)으로 변형시키는 공정. 변형된 소광은 황산에 용해되기 쉽다.
용융·용해공정 : 소광을 황산으로 용해하는 공정. 이 용액을 아연중성액($ZnSO_4$)이라고 한다.
정액공정 : 아연중성액에서 Cu, Cd, Co, Ni 등의 불순물을 제거하는 공정
전해공정 : 아연중성액을 전기분해하는 공정. 음극(Cathode)에 아연이 점착·생산된다.
주조공정 : 음극(Cathode)에 생산된 아연을 주조로에서 최종제품인 아연괴를 생산하는 공정

[정답 ③]

056 다음은 주요 습식 아연제련 생산공정이다. 올바르게 연결된 것은?

㉠ 배소공정	㉮ 아연중성액을 전기분해하는 공정
㉡ 용융·용해공정	㉯ 소광을 황산으로 용해하여 아연중성액($ZnSO_4$)을 생산하는 공정
㉢ 정액공정	㉰ 최종제품인 아연 괴를 생산하는 공정
㉣ 전해공정	㉱ 아연정광을 소광(ZnO)으로 변형하는 공정

① ㉠ → ㉱   ② ㉡ → ㉮   ③ ㉢ → ㉰   ④ ㉣ → ㉯

해설
55번 문제 해설 참조   [정답 ①]

057 1차 아연생산방법의 습식아연제련법에 의한 공정 중 배소공정에 관한 내용으로 틀린 것은?

① 배소로에 투입된 아연정광은 공기 중의 산소와 약 950℃에서 반응하여 $ZnS + 1.5O_2 \rightarrow ZnO + SO_2$와 같이 소광(ZnO)으로 변형된다. 이때 발생한 SO_2는 세정 및 흡수과정을 거쳐 황산제조설비로 유입된다.
② 목표물질이 산화물인 경우 산화배소, 황산염인 경우 황산화배소, 염화물인 경우 염화배소 등 생산목표물질에 따라 공정이 구분되며, 이외 산화물 광석을 환원하는 환원 배소, 물에 가용인 나트륨염으로 하는 소다 배소 등이 있다.
③ 다단배소로, Rotary Kiln, 유동배소로 등의 배소로가 있으며, 이 중 유동배소로가 가장 많이 사용되는 배소로이다.
④ 배소에 필요한 열공급을 위해 연료연소가 필요하며 이때 발생하는 온실가스는 고정연소에 의한 배출에 해당한다.

해설
배소시의 열원은 자체발열반응의 열을 이용하므로 외부에서 특별한 연료공급 없이 자생적으로 반응이 이루어진다. [정답 ④]

058 아연제련 생산공정으로 가장 거리가 먼 것은?
(단, 온실가스·에너지 목표관리 운영 등에 관한 지침 기준)
(2014년 관리기사 제4회)

① 배소공정   ② 황산제조공정   ③ 결합공정   ④ 주조공정

해 설

아연제련 생산공정에서는 배소공정, 용해용융공정, 정액공정, 전해공정, 주조공정이 있으며 이외 배소공정에서 생성된 소광(ZnO)을 용해하는 데 필요한 황산을 제조하는 황산제조공정이 있다.

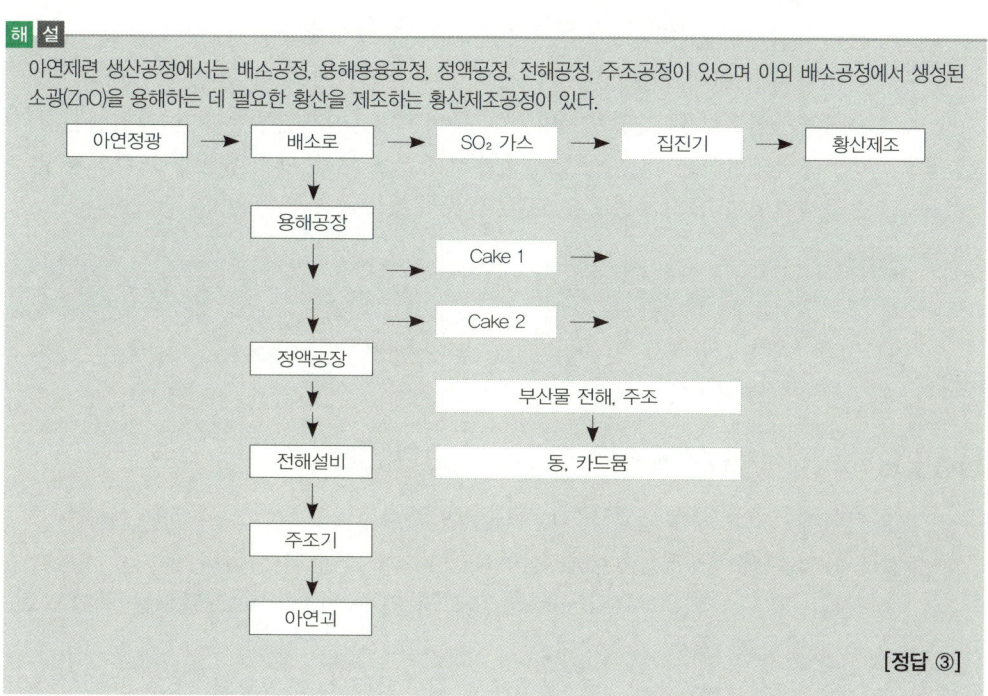

[정답 ③]

059 다음 설명은 습식아연제련공정 중 어느 공정에 대한 내용인가?

- 아연 음극판을 저주파 유도로에 용융시켜 각각의 종류에 따라 아연제품 생산
- 최종 제품인 아연 괴 및 정액공정에서 불순물 제거를 위한 아연말 생산
- 부산물 아연 산화물인 드로스는 배소공정으로 이송하여 아연 회수

① 용융·용해공정 ② 정액공정 ③ 전해공정 ④ 주조공정

해 설

용융·용해공정 : 소광을 황산으로 용해하여 아연중성액($ZnSO_4$)을 생산
정액공정 : 아연중성액에서 불순물인 Cu, Cd, Co, Ni 등을 제거하는 공정
전해공정 : 아연중성액을 전기분해하여 음극(Cathode)에 아연을 점착·생산
주조공정 : 아연캐소드를 주조로에서 최종제품인 아연괴를 생산하는 공정

[정답 ④]

060 아연제련에서 습식제련법과 건식제련법에 대한 비교로 틀린 것은?

① 습식제련법에 의한 아연은 순도 99.995% 이상으로 건식제련을 통해 생산된 아연보다 순도가 높다.

② 습식아연제련법은 배소공정, 용융·용해공정, 정액공정, 전해공정, 주조공정으로 이루어지고 건식제련법은 증류법과 건식야금법에 따라 공정이 다르다.
③ 습식제련법은 1차 아연생산방법에 속하고, 건식제련법은 2차 아연생산방법에 속하며, 습식제련법은 CO_2 배출이 발생하지 않으므로 보고대상에 포함되지 않는다.
④ 습식제련법과 건식제련법은 모두 원광석을 사용하여 아연을 생산한다.

해설
습식야금술, 건식야금술(전기·열증류법, ISF) 모두 1차 아연생산방법이므로 원광석을 원료로 사용한다.
2차 아연생산방법에는 Waelz Kiln Process, Fuming 공법이 있으며 재활용아연을 원료로 사용한다. **[정답 ③]**

061 다음은 건식제련법에 관한 내용이다. 옳지 않은 것은?

① 건식제련법은 증류법과 건식 야금법이 있다.
② 증류법은 배소공정, 증류공정, 농축공정으로 구성되어 있다.
③ 전기·열 증류법은 로(Furnace) 내를 전기를 이용하여 가열하는 방법으로 세계 아연 생산능력 2%에 불과하다.
④ ISF는 고로에서 코크스를 산화제로 활용하여 아연정광과 납을 산화시킴으로 아연과 납을 동시에 생산하는 방식이다.

해설
ISF는 코크스를 환원제로 활용하여 아연과 납을 동시에 생산할 수 있는 방식이다.
※ 건식제련법
1차 생산방법에 속하며, 증류법과 건식 야금법이 있다.
- 증류법 : 배소공정(정광을 산화아연으로 환원), 증류공정(가열하여 아연증기를 생성), 농축공정(아연증기를 응축)으로 구성된다. 증류법에는 세부적으로 수평 증류법, 수형 증류법, 전기·열 증류법이 있으며, 이 중에서 전기·열 증류법은 수형 증류기로 연속 증류시키기 위해 전기를 이용하여 가열하는 방법으로서 개량형이 개발되어 왔으나, 아연 생산능력은 세계 2%에 불과하다.
건식 야금법에는 ISF(Imperial Smelting Furnace)가 있는데 이 방법은 아연과 납을 한 개 로에서 동시에 환원할 수 있으며 코크스를 고로 환원제로 사용한다. 두 금속의 생산비율은 아연 2톤당 납 1톤가량이다. **[정답 ④]**

062 다음은 1차 납 생산공정 설명 중 바르지 않은 것은?

① 원료준비공정 : 소결·제련공정을 위한 원료의 분쇄 전처리과정이다.
② 소결공정 : 용융점 이하의 온도에서 가열함으로써 연정광(분말형태)을 소결광으로 전환하는 공정이며 납을 가열하기 위한 천연가스로부터 에너지 관련 CO_2배출이 있다.
③ 제련공정 : 소결물을 원석, 공기, 야금코크스, 용해부산물과 함께 투입하며, CO_2 배출 원인반응공정이다.
④ 침전조: 냉각과정에서 고밀도의 슬래그가 하부로 침전하면서 분리되는 과정이다.

해설
침전조 : 저밀도의 슬래그는 표면으로 부상하면서 분리되고 납 생성물은 침전조 하단으로 배출되어 2차 처리과정을 위해 이송된다.　　[정답 ④]

063 다음 중 납 생산시설의 공정배출 온실가스종류로 맞는 것은?

① CO_2
② CO_2, CH_4
③ CO_2, CH_4, N_2O
④ CH_4, N_2O

해설
소결로와 용융·융해로에서 환원반응에 의해 CO_2가 배출된다.　　　　　　　　　　　　　　　　　　　[정답 ①]

064 2차 납 생산방법은 납을 함유하고 있는 스크랩 원료로부터 납 또는 합금을 생산하는 공정으로 납의 60% 이상이 자동차 배터리의 스크랩에서 생산한다. 본 공정에 대한 다음 내용 중 옳은 것은?

① 스크랩의 전처리는 금속 및 비금속 오염물 일부를 제거하는 공정으로서 주로 용융분해과정이라고 할 수 있다.
② 전처리된 납스크랩은 반사로 또는 회전형 가열로에서 높은 용융온도의 금속 추출물로부터 납을 분리하는데 납함유가 높은 경우 회전형 가열로, 납 함량이 낮은 경우 반사로를 사용한다.
③ 오염물이 제거된 납산화물은 폭발로, 반사로, 회전형 가마로에서 환원반응을 거쳐 납을 생산하는데 유입공기와 코크의 폭발적 반응을 통해 납의 용융에 필요한 에너지를 공급한다. 이때 코크는 전량 유입물을 용융시키기 위한 연료로 사용된다.
④ 생산된 납은 연화, 합금, 산화공정으로 구성된 정제 및 주조공정을 거치며, 순도와 합금형태에 따라 다르다.

해설
전처리는 주로 파쇄 및 분해과정이라고 할 수 있다.
납 함유가 낮은 경우 회전형 가열로, 납 함량이 높은 경우 반사로를 사용한다.
코크 일부는 유입물을 용융시키기 위해 연료로 사용되며 다른 일부는 산화납을 환원시켜 금속납을 생산하는 데 사용된다.　　　[정답 ④]

065 반도체 제조공정에 대한 설명이다. 옳지 않은 것은?

① 웨이퍼 제조공정, 웨이퍼 가공공정, Package 조립공정, Module조립공정 크게 4가지 공정으로 구별할 수 있다.
② 웨이퍼제조공정은 단결정 성장(Crystal Growing), 절단(Shaping), 경면연마(Polishing), 세척과 검사(Cleaning & Inspection) 공정으로 구성된다.
③ 웨이퍼 가공은 웨이퍼 표면에 반도체 소자난 IC를 형성하는 제조공정을 말하며, 반도체 제조 회사라고 하면 일반적으로 웨이퍼 가공부터 시작하는 회사를 말한다.
④ 온실가스 배출시설 종류는 식각시설과 (화학기상)증착시설이며 이들은 웨이퍼제작공정에 속한다.

해설
온실가스 배출시설 종류는 식각시설과 (화학기상)증착시설이며 이들은 웨이퍼가공공정에 속한다. **[정답 ④]**

066 다음 내용이 설명하는 반도체 제조공정의 주요 온실가스 배출공정은?

> 가스의 화학반응으로 형성된 입자들을 웨이퍼 표면에 수증기 형태로 쏘아 절연막이나 전도성막을 형성시킨다. 일종의 보호막과도 같은 역할을 한다.

① 식각시설   ② 증착시설   ③ 감광액 도포   ④ 현상

해설
식각시설 : 웨이퍼에 회로 패턴을 형성시킨다.
감광액 도포 : 감광액을 웨이퍼 표면에 고르게 바른다.
현상 : 현상액을 웨이퍼에 뿌려 노광과정 중 노광 부분의 현상액만 날아가게 한다. **[정답 ②]**

067 다음은 전자부문의 주요 온실가스 배출공정인 웨이퍼 가공공정의 세부 과정이다. 순서대로 바르게 나열한 것은?

① 현상 (Development)
② 이온 주입 (Ion Implantation)
③ 감광액 (Photoresist) 도포
④ 노광 (Exposure)
⑤ 산화 (Oxidation) 공정
⑥ 금속배선 (Metalization)
⑦ 화학 기상 증착 (CVD)
⑧ 식각 (Etching)

① ⑤ → ③ → ④ → ① → ⑧ → ② → ⑦ → ⑥
② ③ → ⑤ → ① → ④ → ⑧ → ② → ⑦ → ⑥
③ ⑤ → ③ → ④ → ⑧ → ② → ① → ⑦ → ⑥
④ ③ → ⑤ → ④ → ① → ⑧ → ② → ⑦ → ⑥

해설
웨이퍼가공공정 순서
산화공정 – 감광액도포 – 노광 – 현상 – 식각 – 이온주입 – 화학기상증착 – 금속배선

[정답 ①]

068 다음 중 전자산업의 온실가스 공정배출 원인으로만 바르게 짝지어진 것은?

배출원인
㉠ 화학증착(CVD)기구 내벽 세정 시 배출
㉡ 현상액을 웨이퍼에 도포 시 배출
㉢ 실리콘 웨이퍼 표면에 산화막 형성 시 배출
㉣ 실리콘 포함 물질의 플라즈마 식각 시 배출

① ㉠ – ㉡   ② ㉡ – ㉢   ③ ㉢ – ㉣   ④ ㉠ – ㉣

해설
전자산업의 온실가스 공정배출시설 및 온실가스

배출시설	배출반응
식각공정	· 실리콘 포함 물질의 플라즈마 식각 시 불소화합물 배출
화학기상 증착공정	· 실리콘이 침전되어 있던 화학증착(CVD) 기구의 내벽을 세정 시 불소화합물 배출

[정답 ③]

069 암모니아 생산공정에 대한 설명으로 맞는 것은?

① 암모니아 생산공정은 수소와 질소를 저온저압에서 촉매반응을 통해 암모니아로 합성하는 공정이다.
② 반응식은 $N_2 + 3H_2 \rightarrow 2NH_3$로서 원료가 질소와 수소이다.
③ 질소는 대기 중의 질소를 분리 정제한 순수 질소를 사용해야 한다.
④ 수소는 탄화수소를 완전산화하여 생성함으로써 사용한다.

해설
암모니아 생산을 위한 수소와 질소의 합성은 고온고압하에서 촉매반응에 의해 이루어진다. 이때 질소는 대기로부터 분리 정제하거나 직접공기를 사용하는 것도 가능하고, 수소는 납사, 천연가스, LPG 등의 탄화수소를 부분산화하여 생성한다.

[정답 ②]

070 다음은 암모니아 생산공정이다. 빈칸에 들어갈 말이 순서대로 알맞은 것은?

탈황공정 → (㉠) → (㉡) → CO₂제거 및 회수공정 → (㉢) → 암모니아 합성공정 → 암모니아 회수공정

① ㉠ 수소제조공정 ㉡ 변성공정   ㉢ 메탄화공정
② ㉠ 변성공정   ㉡ 수소제조공정 ㉢ 메탄화공정
③ ㉠ 변성공정   ㉡ 메탄화공정   ㉢ 수소제조공정
④ ㉠ 수소제조공정 ㉡ 메탄화공정   ㉢ 변성공정

해설

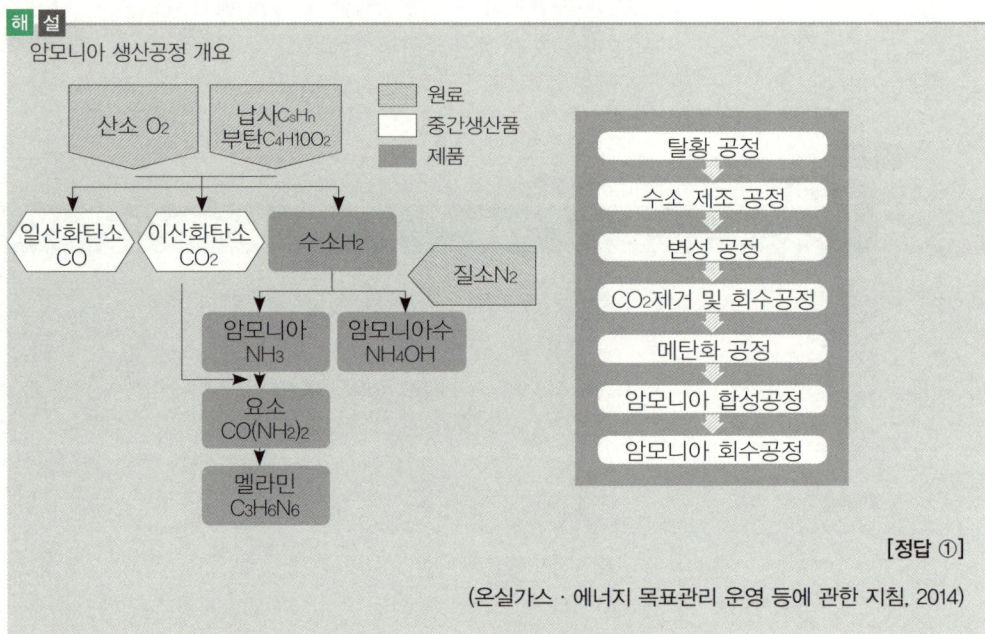

[정답 ①]

(온실가스 · 에너지 목표관리 운영 등에 관한 지침, 2014)

071 다음 중 암모니아 생산에서 수소제조공정에 대한 설명으로 맞지 않는 것은?

① 암모니아 합성을 위한 수소(H_2)를 제조하는 단계로써, 우리나라에서는 납사가 가장 많이 소비되며, 그 다음으로 부탄을 중심으로 한 석유 잔사 가스, LPG 등이 사용된다.

② 수증기 개질법은 메탄에서 납사까지의 경질유분에 적용하며 영국의 ICI법이 대표적이다.
③ 부분 산화법은 메탄에서 중질유분, 중유, 콜타르, 석탄까지 여러 종류의 원료를 사용할 수 있다는 장점이 있다.
④ 부분산화법 중 1차 개질은 과열수증기와 혼합된 납사를 니켈촉매를 이용한 반응으로 CO_2, H_2, CH_4를 생산하고, 2차 개질은 공기가 주입되어 메탄을 제거한다.

해설
1차 및 2차 개질은 부분산화법이 아니라 수증기 개질법에 해당하는 내용이다.   [정답 ④]

072 다음은 암모니아 생산에서 수증기 개질법에 대한 반응식들이다. 이중 1차 개질에 해당하지 않는 반응식은?

> 가) $CH_4 + H_2O \rightarrow CO + 3H_2$
>
> 나) $2C_7H_{15} + 14H_2O \rightarrow 14CO + 29H_2$
>
> 다) $CO + H_2O \rightarrow CO_2 + H_2$
>
> 라) $CH_4 + 공기 \rightarrow CO + 2H_2 + 2N_2$

① 가   ② 나   ③ 다   ④ 라

해설
수증기 개질법
㉠ 1차 개질 : 고온에서 과열수증기와 혼합된 납사를 니켈촉매를 이용한 반응으로 CO_2, H_2, CH_4를 생산한다.

$$CH_4 + H_2O \rightarrow CO + 3H_2$$

$$2C_7H_{15} + 14H_2O \rightarrow 14CO + 29H_2$$

$$CO + H_2O \rightarrow CO_2 + H_2$$

㉡ 2차 개질 : 1차 개질보다 고온으로 공기가 주입되며 메탄을 제거한다.

$$CH_4 + 공기 \rightarrow CO + 2H_2 + 2N_2$$

[정답 ④]

073 암모니아 생산에 의한 온실가스배출에 대한 설명으로 옳지 않은 것은?
① 보고대상 배출시설인 암모니아생산시설은 '화학비료 및 질소화합물 제조시설' 중 암

모니아 생산시설을 말한다.
② 보고대상 온실가스는 CO_2, CH_4이다.
③ 온실가스 배출원인으로는 수증기개질공정, 변성공정, CO_2제거 및 회수공정에서 CO_2배출이 있다.
④ CO_2제거 및 회수공정에서 탄산칼륨과 모노에탄올 아민 수용액 재사용과정에서 CO_2가 배출한다.

해설
② 보고대상 온실가스는 CO_2이다. [정답 ②]

074 다음 중 암모니아 생산시설에서 온실가스 배출공정이 아닌 것은?

① 수증기 개질공정 ② 변성공정
③ CO_2제거 및 회수공정 ④ 메탄화공정

해설
- 암모니아 생산시설에서 온실가스 배출공정은 수증기 개질공정, 변성공정, CO_2제거 및 회수공정이다.
- 메탄화공정 : 탄산가스 제거장치에서 나온 가스에 포함된 미량의 CO와 CO_2는 암모니아 합성촉매에 피독작용을 하므로 수소와 반응시켜 메탄으로 전환시켜 제거하여야 한다. 메탄화 반응은 300~400℃에서 Ni계 촉매를 사용하여 행하여지며, 주반응은 다음과 같다.
$CO + 3H_2 \rightarrow CH_4 + H_2O$
$CO_2 + 4H_2 \rightarrow CH_4 + 2H_2O$

[정답 ④]

075 다음 내용은 질산 생산공정 중에서 어느 공정을 설명하는가?

> 700~1,000℃에서 백금 또는 5~10%의 로듐이 포함된 촉매존재 하에서 산소와 암모니아가 반응하는 것이며, 이외 여러 부반응을 동반하고 부반응에서 N_2O가 발생하기도 한다.

① 제1산화공정 ② 제2산화공정
③ 흡수공정 ④ 농축공정

해설
- 제2산화공정 : 제1산화 공정에서 생성된 NO와 과잉 산소가 반응하여 NO_2를 생성
- 흡수공정 : 이산화질소 또는 사산화질소 함유 가스가 물에 흡수되어 질산을 생성
- 농축공정 : 흡수공정에서 얻어진 68% 이하의 질산 농도를 98~100%로 농축

[정답 ①]

076 다음 중 질산생산의 제 1산화공정에서 일어나는 반응이 아닌 것은?

① $4NH_3(g) + 5O_2(g) \rightarrow 4NO(g) + 6H_2O(g)$
② $2NO \rightarrow N_2 + O_2$
③ $NO(g) + 0.5O_2 \rightarrow NO_2(g)$
④ $NH_3 + O_2 \rightarrow 0.5N_2O + 1.5H_2O$

해설
③번은 제2산화공정에서 일어나는 반응이다. [정답 ③]

077 질산제조공정의 온실가스 배출에 대한 내용으로 옳지 않은 것은?

① 보고대상 배출시설종류는 질산제조시설이며, 이는 '기초 무기화합물 제조시설' 중 질산제조시설을 말한다.
② 온실가스의 배출원인은 제1산화공정에서 암모니아의 촉매연소과정의 부반응이므로 과잉공기 주입과 생성가스 NO를 신속히 배출시켜 부반응이 일어날 수 있는 조건을 최대한 형성시키지 않도록 해야 한다.
③ 공정반응에서 발생하는 온실가스의 종류는 N_2O이다.
④ 제2산화공정에서는 이산화질소를 상온부근까지 냉각시킬 때 N_2O가 발생한다.

해설
제2산화공정에서는 제1산화반응에서 나온 반응가스를 냉각한 후 가스 중의 NO와 산소를 반응시켜 NO_2를 생성한다. [정답 ④]

078 아디프산 생산공정에 대한 설명으로 옳지 않은 것은?

① 아디프산($C_6H_{10}O_4$)은 Cyclohexanone, Cyclohexanol, 질산을 반응시켜 아디프산과 아산화질소가 생성되는 공정이다.
② 아디프산은 유화제, 안정제, pH 조정제, 향료 고정제로 사용되며, 나일론, 폴리우레탄, 가소제 등의 화학제품의 기초 원료로도 이용되는 기초원료이다.
③ 아디프산 생산 원료인 Ketone-Alcohol Oil은 Cyclohexanone과 Cyclohexanol을 6:4의 비율로 혼합한 것이다.
④ 반응공정, 결정화 공정, 정제공정, 건조공정으로 구성되어 있고, 이외 발생한 CO_2를 처리하기 위한 열분해 공정을 도입하고 있다.

해설
생산반응에서 발생한 N_2O를 처리하기 위한 열분해 공정을 도입하고 있다. [정답 ④]

※ 다음은 아디프산 제조공정을 나타내는 그림이다. 각 질문에 답하시오(79~80).

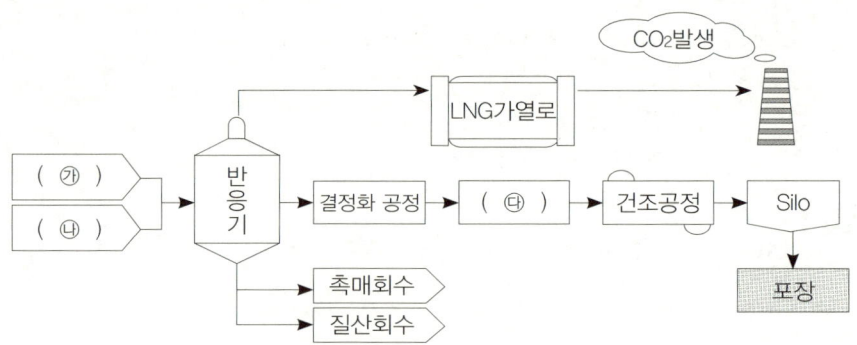

〈출처 : 온실가스 에너지 목표관리 운영 등에 관한지침 (2014)〉

079 빈칸에 들어가는 물질명과 공정명이 바른 것은?

① 가 – KA-OIL, 나 – 질산, 다 – 정제공정
② 가 – KA-OIL, 나 – Cyclohexanol, 다 – 정제공정
③ 가 – KA-OIL, 나 – cyclohexanone, 다 – 정제공정
④ 가 – KA-OIL, 나 – 질산, 다 – 열분해공정

> **해설**
> 아디프산은 Ketone-Alcohol Oil을 질산 및 촉매(질산동, 바나듐, 암모니아염의 혼합물)와 반응시켜 생산한다. 공정순서는 반응공정, 결정화 공정, 정제공정, 건조공정으로 구성되어 있고, 이외 발생한 N_2O를 처리하기 위한 가열시설(열분해)을 운용하고 있다.
> **[정답 ①]**

080 위 그림에서 온실가스의 주요 공정배출 원인이 되는 공정과 온실가스의 종류가 바르게 된 것은?

① 반응기-N_2O ② 결정화공정-CO_2 ③ 결정화공정-CO ④ 건조공정-CO

> **해설**
> 아디프산 생산시설의 온실가스 배출원인 공정은 반응공정이며, 배출원인은 질산과 촉매에 의한 KA-OIL의 산화반응에서 N_2O가 배출한다.
> $(CH_2)_5CO + (CH_2)_5CHOH + wHNO_3 \rightarrow HOOC(CH_2)_4COOH + xN_2O + yH_2O$
> **[정답 ①]**

081 아디프산 생산과정에서 배출하는 온실가스에 대한 설명으로 틀린 것은?

① 아디프산공정에서 N_2O는 탈기컬럼(stripping column)과 결정화기(crystalliser)를 통해 배출된다.

② 아디프산 1kg을 생산 시 N_2O 가스는 0.27kg 정도 배출된다.
③ 반응공정에서 발생하는 온실가스는 공정배출에 해당한다.
④ 공정 중 발생하는 N_2O 외 배출되는 온실가스는 없다.

해설
공정 중 발생하는 N_2O를 LNG 가열로에서 약 99% 이상 분해하고 있으며 이 과정에서 CO_2가 발생한다(연료 연소).

[정답 ④]

082 카바이드 생산에 대한 내용으로 옳지 않은 것은?

① 카바이드의 생산은 일반적으로 원료 종류에 따라 칼슘카바이드 생산공정과 실리콘 카바이드 생산공정으로 구분하고 칼슘카바이드 생산에서만 온실가스가 배출된다.
② 탄화칼슘(CaC_2)은 탄산칼슘($CaCO_3$)에 열을 가한 후 석유코크스와 함께 CaO를 환원시키면서 생산되는데, 각각의 과정은 모두 CO_2를 배출한다.
③ 칼슘카바이드의 일반적인 주요 생산공정은 코크스 건조공정, 생석회 생산공정, 카바이드 생산공정, 분쇄 및 선별공정으로 이루어져 있으며, 이외 높은 농도의 분진을 처리하기 위한 집진설비가 있다.
④ 실리콘카바이드 생산공정은 칼슘카바이드 생산공정과 매우 유사하나, 사용되는 원료가 생석회 대신 규소를 사용한다는 점이 다르다.

해설
실리콘 카바이드 생산에서도 온실가스가 배출된다.

[정답 ①]

083 칼슘카바이드 생산공정에 대한 설명으로 옳지 않은 것은?

① 코크스 건조공정 : 환원제와 산화제로 사용되는 코크스는 대기 중의 수분을 쉽게 흡수함으로 공정투입에 앞서 코크스를 건조할 필요가 있다.
② 생석회 생산공정 : 칼슘카바이드의 주요 원료인 생석회를 생산하기 위해 석회석($CaCO_3$)을 고온 소성하는 공정이며, 이 공정에서 CO_2가 배출된다.
③ 카바이드 생산공정(전기아크로) : 생석회가 1900℃의 전기아크로에서 코크스와 반응하여 칼슘카바이드를 생성하며, 이때 코크스는 환원제의 역할을 한다. 이 과정에서 CO가 생성되고 최종적으로 CO_2로 전환 배출된다.
④ 분쇄 및 선별공정 : 생산된 칼슘카바이드는 냉각과정을 통해 굳어진 후 분쇄 과정을 거쳐 크기별로 선별된다.

해설
카바이드 생산공정(전기아크로)에서 코크스는 산화제와 환원제의 역할을 동시에 수행한다.

[정답 ③]

084 칼슘카바이드 생산에 사용되는 석유코크스에 대한 내용으로 틀린 것은?

① 코크스가 생석회와 반응하여 칼슘카바이드를 생성하며, 코크스는 산화제와 환원제의 역할을 동시에 수행한다.
② 대기 중의 수분 흡수 능력이 높으므로 공정투입에 앞서 코크스를 건조할 필요가 있다.
③ 석유코크스의 탄소성분 중 약 33%가 CO와 CO_2로 배출되고 약 67% 정도는 칼슘카바이드에 잔존한다.
④ 칼슘카바이드 생산에 필요한 원료이며, 실리콘카바이드 생산에는 사용되지 않는다.

해설
칼슘카바이드 : 석유코크스와 생석회(CaO)를 원료로 사용
실리콘카바이드 : 석유코크스와 규사(SiO_2)를 원료로 사용

[정답 ④]

085 다음 중 실리콘 카바이드 생산공정에 대한 설명으로 옳지 않은 것은?

① 전기저항가마에서 고순도 규소와 저유황 석유 코크스를 1:3의 몰 비율(Mole Ratio)로 혼합하여 2,200~2,500℃에서 반응하여 생성된다.
② 규사가 코크스와 반응하여 직접 실리콘카바이드가 생성되는 반응과 규사가 코크스와 반응하여 환원되어 1차적으로 규소가 되었다가 코크스와 산화 반응하여 실리콘카바이드가 생성되는 반응이 있다.
③ 석유코크스 탄소성분 중에서 약 67% 정도가 칼슘카바이드에 잔존하며 나머지 33%는 CO와 CO_2로 배출로 배출된다.
④ 이 공정에서 사용되는 석유코크스는 휘발성 화합물을 함유할 수 있는데, 이는 메탄의 탈루배출 원인이 된다.

해설
③ 번은 칼슘카바이드에 대한 내용이며, 실리콘카바이드는 사용된 원료의 탄소 성분 중 약 35%가 생성물 안에 함유되고 나머지 65%는 산소와 반응하여 CO와 CO_2로 전환, 배출된다.

[정답 ③]

086 다음은 카바이드 생산공정의 온실가스 배출원이다. 배출하는 온실가스의 종류가 다른 배출원은?

① 생석회 생산공정　　　　　② 전기아크로

③ 전기저항가마　　　　　　　　　④ 석유코크스

해설
①~③: CO_2배출(공정배출), ④ CH_4배출(탈루배출)
[정답 ④]

087 다음 반응식은 소다회 생산 공법 중 어느 공법에 해당하는가?

$NaCl + NH_3 + CO_2 + H_2O \rightarrow NaHCO_3 + NH_4Cl$
$2NaHCO_3 \rightarrow Na_2CO_3 + CO_2 + H_2O$

① 염안소다법　　② 암모니아소다법　　③ 르블랑법　　④ 천연소다회정제법

해설
암모니아 소다법은 소금 수용액에 암모니아와 이산화탄소 가스를 순서대로 흡수시켜 용해도가 작은 탄산수소나트륨(중탄산소다, 중조)을 침전시킨다. $NaCl + NH_3 + CO_2 + H_2O \rightarrow NaHCO_3 + NH_4Cl$
중조의 침전을 분리하고 200℃ 정도에서 하소하여 제품탄산소다를 얻는다. $2NaHCO_3 \rightarrow Na_2CO_3 + CO_2 + H_2O$
[정답 ②]

088 암모니아 소다법(Solvay)의 공정 중 온실가스 배출 공정을 옳게 짝지은 것은?

① 회수탑, 석회로
② 가소로, 석회로
③ 가소로, 회수탑
④ 증류탑, 회수탑

해설
- 암모니아 소다법(Solvay)의 배출공정은 석회로, 가소로이다. 회수탑에서는 폐가스가 배출되고, 증류탑에서는 암모니아를 회수하여 흡수탑에 공급한다.

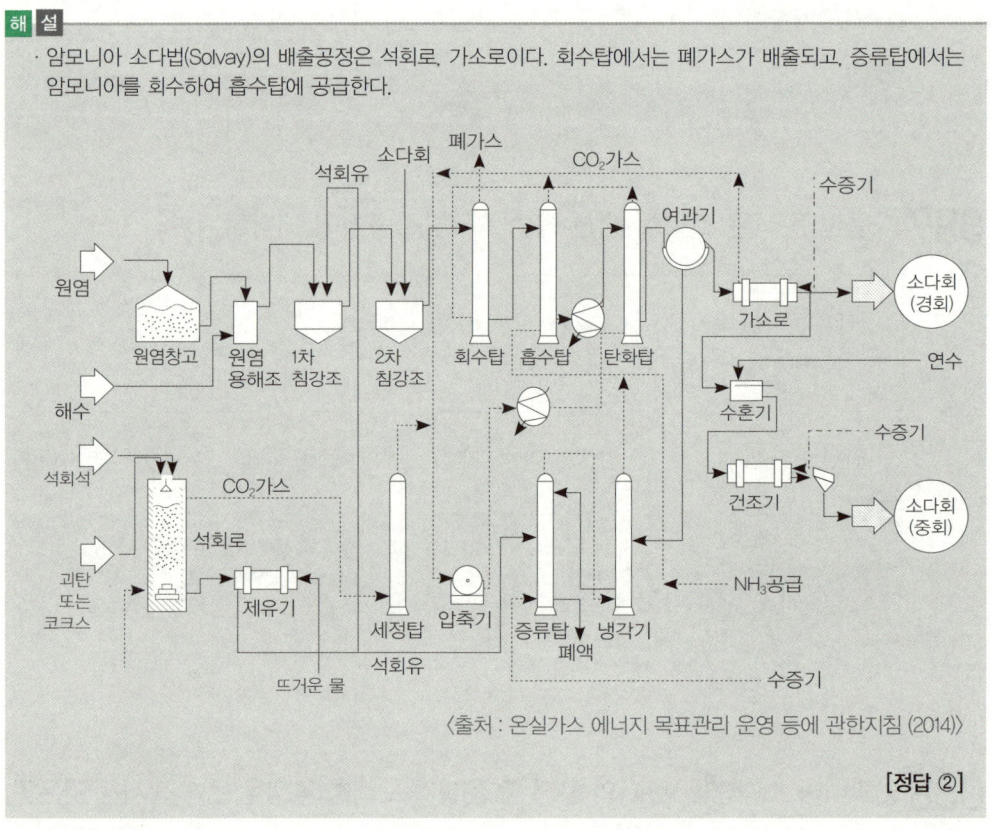

〈출처 : 온실가스 에너지 목표관리 운영 등에 관한지침 (2014)〉

[정답 ②]

089 다음 반응식은 암모니아 소다법(Solvay)의 공정 중 어느 시설에서 일어나는가?

$$2NaHCO_3 \rightarrow Na_2CO_3 + CO_2 + H_2O$$

① 석회로　　② 가소로　　③ 탄산화탑　　④ 증류탑

해설
가소로: 탄산수소나트륨을 가열하여 소다회를 생성하며 반응식은 다음과 같다. $2NaHCO_3 \rightarrow Na_2CO_3 + CO_2 + H_2O$과 같다.

[정답 ②]

090 다음은 천연소다회 제조공정의 물질·에너지수지개요이다. 투입원료명과 온실가스 배출 공정이 바르게 짝지어진 것은?

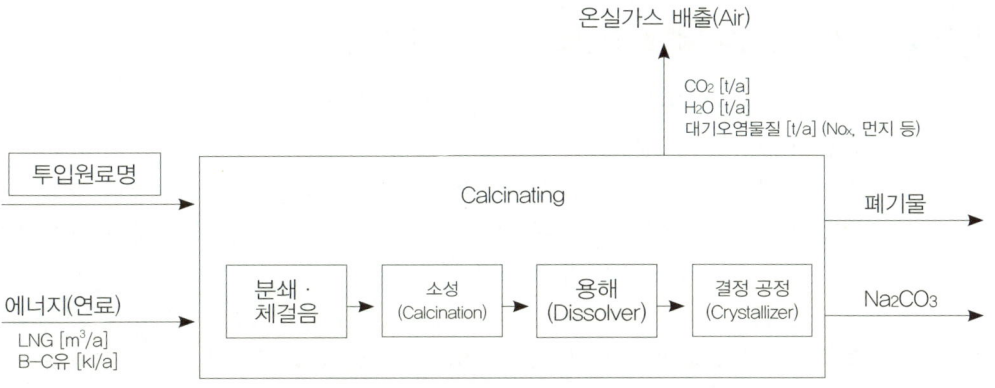

① 트로나광석($Na_2CO_3 \cdot Na_2HCO_2 \cdot 2H_2O$), 소성공정
② 트로나광석($Na_2CO_3 \cdot Na_2HCO_2 \cdot 2H_2O$), 용해공정
③ NaCl, 소성공정
④ NaCl, 용해공정

해설

천연소다회 제조공정은 트로나(Trona)광석($Na_2CO_3 \cdot Na_2HCO_2 \cdot 2H_2O$)의 자연추출물에서 또는 Na_2CO_3, 세스퀴탄산나트륨(Sodium Sesquicarbonate)를 함유한 소금물로부터 Na_2CO_3을 회수하며, 트로나 광석의 열분해 과정에서 CO_2가 발생한다.

[정답 ①]

091 다음 중 천연소다회 생산공정의 순서로 옳은 것은?

① 분쇄기 → 여과기탱크 → 농축장치 → 가소로 → 정화필터 → 다중효용증발기 → 결정원심분리기 → 건조기
② 분쇄기 → 가소로 → 여과기탱크 → 농축장치 → 다중효용증발기 → 정화필터 → 결정원심분리기 → 건조기
③ 분쇄기 → 가소로 → 여과기탱크 → 농축장치 → 정화필터 → 다중효용증발기 → 결정원심분리기 → 건조기
④ 분쇄기 → 가소로 → 농축장치 → 여과기 탱크 → 정화필터 → 다중효용증발기 → 결정원심분리기 → 건조기

해설

천연 소다회 공법의 공정 개요
㉠ 분쇄기 : 트로나 광석 분쇄
㉡ 가소로 : 트로나 광석의 불필요한 휘발성 가스 제거 및 천연탄산나트륨으로의 전환을 위한 가열
㉢ 여과기 탱크 : 물을 가하여 천연 탄산나트륨을 녹인 후 여과장치를 통해 고형 불순물을 1차적으로 제거
㉣ 농축장치 : 중력에 의한 침전 농축으로 고형 불순물을 2차적으로 제거. 침전슬러지와 정제용액 분리
㉤ 정화필터 : 농축장치의 정제 용액을 여과장치를 이용해 정화함으로써 미세 고형 물질을 3차적으로 제거
㉥ 다중효용증발기 : 증발 방식을 통해 용존성 불순물을 제거. 결정체 형성
㉦ 결정 원심분리기 : 잔류수분 분리
㉧ 건조기 : 소다회 결정의 건조. 최종 소다회 생산

[정답 ③]

092 석유정제공정에 대한 설명으로 옳지 않은 것은?

① 비등점 차이에 의해 원유를 석유제품과 반제품을 생산하는 공정이며, 증류, 정제, 배합의 3단계로 구분한다.
② 증류단계는 원유 중에 포함된 염분을 제거하는 탈염장치 등 전처리 과정을 거친 후 가열된 원유를 감압증류탑에 투입하며, 증류탑에서 비등점 차이에 의해 가벼운 성분 순으로 상부로부터 분리된다.
③ 정제단계는 증류탑으로부터 유출된 유분 중의 불순물을 제거하고, 제품별 특성을 충족시키기 위하여 2차 처리를 거치게 함으로써 품질성상을 향상시키는 공정이며, 메록스 공정, 접촉개질공정, 수첨 탈황공정 등이 있다.
④ 배합단계는 상압증류 공정이나 2차 처리공정에서 나오는 각종 유분을 각 제품별 규격에 맞게 적당한 비율로 혼합하거나 첨가제를 주입하여 배합하는 공정이며, 유황분 배합, 옥탄가배합, 증기압배합, 동점도 배합 등이 있다.

해 설
증류단계는 원유 중에 포함된 염분을 제거하는 탈염장치 등 전처리 과정을 거친 후 가열된 원유를 상압증류탑에 투입하며, 증류탑에서 비등점 차이에 의해 가벼운 성분 순으로 상부로부터 분리하는 단계이다. **[정답 ②]**

093 다음은 석유정제의 세 단계 공정 중 정제에 대한 설명이다. 옳지 않은 것은?

① 전환 및 정제 공정으로 세분화된다.
② 전환공정은 활용성이 낮은 저가치 석유유분을 활용가치가 우수한 석유제품으로 전환하는 과정이다.
③ 정제공정은 증류탑을 거친 유분의 불순물을 제거하고, 목표 제품별 특성에 따라 2차 처리하여 품질을 향상시키는 과정이다.
④ 전환공정의 예로는 메록스 공정, 수첨탈황 공정이 있고, 정제공정의 예로는 크래킹, 개질, 수소화 분해 등이 있다.

해 설
전환공정의 예로는 크래킹, 개질, 수소화 분해 등이 있고, 정제공정의 예로는 메록스 공정, 수첨탈황 공정 등이 있다. **[정답 ④]**

094 다음은 석유정제(정유) 공정 개요도이다. 빈칸 ①~④에 들어갈 공정과 설명이 바르지 않은 것은?

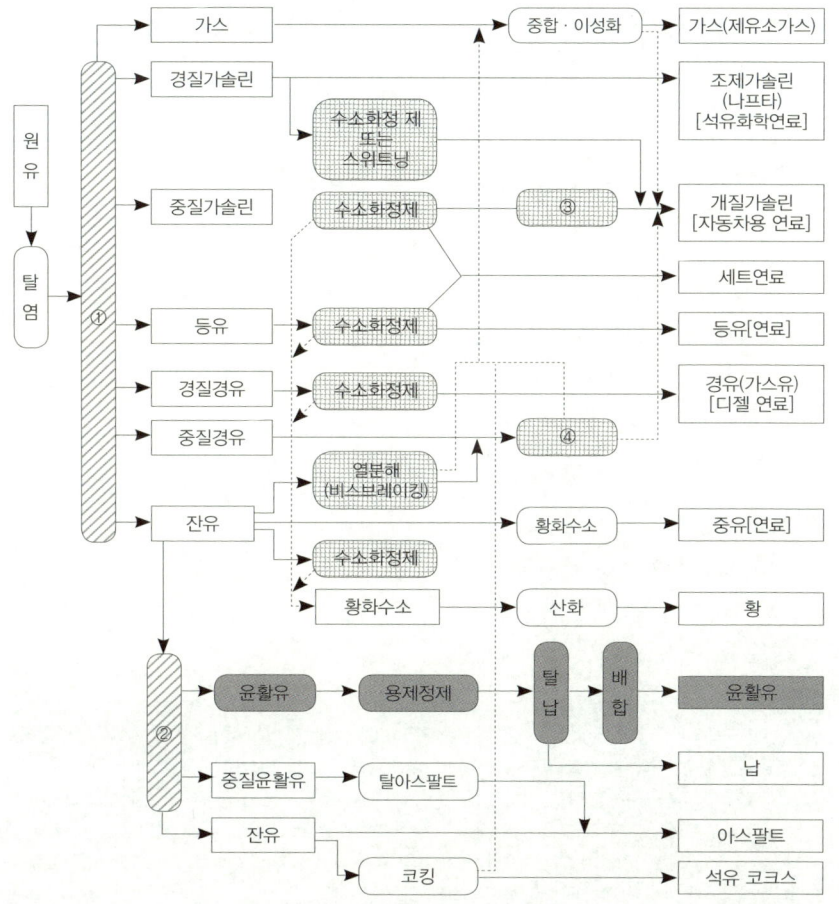

〈출처 : 온실가스 에너지 목표관리 운영 등에 관한지침 (2014)〉

① 상압증류 : 정유공정 중 가장 중요하고 기본이 되는 공정으로, 원유를 가열, 냉각, 응축과 같은 물리적 변화과정을 통하여 일정한 범위의 비점을 가진 석유 유분을 분리시키는 공정이다.
② 감압증류 : 열분해 방지를 위해서 증류탑의 압력을 감압상태로 하여 유분의 비점을 저하시켜 증류시키는 것이다.
③ 접촉개질 : 옥탄가가 높은 경질유분의 탄화수소 구조를 바꾸어 옥탄가가 낮은 유분으로 변환시키는 과정이다.

④ 접촉분해 : 중질유 탈황공정에서 생산된 저유황 연료유와 저유황 상압잔사유를 원료로 유동상 촉매분해를 통해 휘발유 원료 등을 생산하는 공정이다.

> **해설**
> 접촉개질 : 옥탄가가 낮은 경질유분을 옥탄가가 높은 유분으로 변환
> **[정답 ③]**

095 다음은 석유정제공정 중 어느 시설을 말하는가?

> 경질나프타, 부탄 또는 부생연료를 촉매 존재 하에서 수증기와의 접촉반응이 일어나며, PSA(Pressure Swing Adsorption) 공정을 거쳐 불순물을 제거함으로써 목표 생성물의 순도를 99.9% 이상 얻을 수 있는 공정이다. 이때 CO_2가 배출되고, 그 양은 원료 중의 수소와 탄소의 비율에 따라 달라진다.

① MTBE공정
② 수소제조시설
③ 중질유 유동상 촉매 분해공정
④ 중질유 수첨 분해공정

> **해설**
> ① MTBE공정 : 중질유 유동상촉매분해공정(RFCC)에서 생산된 C4 유분 중 iso-Butylene을 메탄올과 반응시켜 고옥탄 함산소 유분인 MTBE(Methyl Tertiary Butyl Ether)를 생산하는 공정이다.
> ③ 중질유 유동상 촉매 분해공정 : 중질유 탈황공정(Residue Hydro-Desulfurization Unit)에서 생산된 저유황 연료유(L/S Fuel Oil)와 저유황 상압잔사유(L/S Atmospheric Residue)를 원료로 유동상 촉매분해를 통해 휘발유 원료 등을 생산하는 공정이며 이외 기타의 위성공정(Alkylation, MTBE, PRU) 등으로 구성되어 있다.
> ④ 중질유 수첨 분해공정 : 감압증류공정에서 생산된 감압경질유분(Vacuum Gas Oil)을 촉매 존재 하에 수소를 첨가하여 분해 및 탈황시켜 초저유황 등·경유 등의 경질석유제품으로 전환하는 공정이다. 전환되지 않은 미전환유(Unconverted Oil)는 윤활기유공정(Lube Base Oil Plant)의 원료로 사용된다. **[정답 ②]**

096 다음은 석유정제활동 중 코크스제조에 대한 내용이다. 괄호 안에 알맞은 말이 순서대로 나열된 것은?

(㉠)에서는 고정연소배출 외에 공정에서의 CO_2 배출은 없다. (㉡)과 (㉢)에서는 코크스 버너에서 CO_2가 배출된다. 코크스 버너에 의한 CO_2 배출은 코크스에 함유된 탄소가 (㉣)% 산화되는 것으로 가정한다. 만약 코크스 버너의 배출가스가 CO_2 회수를 위해 보내지거나 발열량이 낮은 연료가스로 연소되는 경우에는 이를 차감해주어야 한다.

① ㉠ 지연코킹법,   ㉡ 유체코킹법,   ㉢ 플렉시코킹법,   ㉣ 100
② ㉠ 플렉시코킹법,   ㉡ 지연코킹법,   ㉢ 유체코킹법,   ㉣ 100
③ ㉠ 유체코킹법,   ㉡ 지연코킹법,   ㉢ 플렉시코킹법,   ㉣ 80
④ ㉠ 플렉시코킹법,   ㉡ 지연코킹법,   ㉢ 유체코킹법,   ㉣ 80

해설

- 코크스제조시설(Coking)
  지연코킹법에서는 고정연소배출 외에 공정에서의 CO_2 배출은 없다. 유체코킹법과 플렉시코킹법에서는 코크스 버너에서 CO_2가 배출된다. 코크스 버너에 의한 CO_2 배출은 코크스에 함유된 탄소가 100% 산화되는 것으로 가정한다. 만약 코크스 버너의 배출가스가 CO_2 회수를 위해 보내지거나 발열량이 낮은 연료가스로 연소되는 경우에는 이를 차감해주어야 한다.   **[정답 ①]**

097 옥탄가가 낮은 경질유분의 탄화수소 구조를 바꾸어 옥탄가가 높은 유분으로 변환시키는 공정은?

(단, 온실가스·에너지 목표관리 운영 등에 관한 지침 기준)
(2015년 관리기사 제4회)

① 메록스   ② 수첨탈황   ③ 리포오밍   ④ 감압증류

해설

옥탄가가 낮은 경질유분의 탄화수소 구조를 바꾸어 옥탄가가 높은 유분으로 변환시키는 방법을 리포오밍(Reforming)이라고 하며 대표적인 방식이 접촉개질법이다.   **[정답 ③]**

098 석유정제활동으로 인한 온실가스 배출원인에 대한 설명으로 옳지 않은 것은?

① 수소제조시설 : PSA공정에 의한 99.9%의 고순도 수소를 제조하는 과정에서 온실가스가 반응 부산물로 배출된다.
② 촉매재생시설 : 촉매에 축적되어 촉매독으로 작용하는 Coke를 제거하는 공정에서 온실가스가 배출된다.

③ 코크스제조시설 : 유체코킹법과 플렉시코킹법에서는 온실가스 공정배출이 없고, 지연코킹법에서는 코크스가 산화되면서 온실가스가 배출된다.
④ 상기 시설들의 공정배출 온실가스는 CO_2이다.

> **해설**
> • 코크스제조시설 : 지연코킹법에서는 공정 온실가스 배출이 없고(고정연소 배출은 있음), 유체코킹법과 플렉시코킹법에서는 코크스 버너에서 코크스가 산화되면서 온실가스가 배출된다.
>
> [정답 ③]

099 다음 각 생산활동에서 온실가스의 공정배출 공정이 아닌 것은?

① 메탄올생산 – 수증기개질 공정
② EDC생산 – 산화염소화 공정
③ VCM생산 – EDC 열분해 공정
④ AN생산 – 암모산화반응기 공정

> **해설**
> VCM 생산의 경우 EDC의 열분해에 의해 생산되며 이때 CO_2 공정배출은 없다.
>
> [정답 ③]

100 다음 석유화학제품 생산활동의 온실가스 배출원인이 되는 반응식 중 바르게 짝지어지지 않은 것은?

① 메탄올생산 – $2CH_4 + 3H_2O \rightarrow CO + CO_2 + 7H_2$
② EDC생산 – $C_2H_4 + 3O_2 \rightarrow 2CO_2 + 2H_2O$
③ EO생산 – $C_2H_4 + 3O_2 \rightarrow 2CO_2 + 2H_2O$
④ AN생산 – $C_2H_4O + 3H_2O \rightarrow 2CO_2 + 5H_2$

> **해설**
> • 아크릴로니트릴(AN) 생산공정의 배출원인 반응식
> $C_3H_6 + 4.5O_2 \rightarrow 3CO_2 + 3H_2O$
> $C_3H_6 + 3O_2 \rightarrow 3CO + 3H_2O$
>
> [정답 ④]

101 다음 중 석유화학제품 생산에 따른 온실가스 배출반응에 대한 설명으로 옳지 않은 것은?

① 메탄올 생산공정 : 천연가스의 증기개질 반응
② 2염화에틸렌 생산공정 : 에틸렌의 직접염소화 반응

③ 에틸렌옥사이드 생산공정: 에틸렌의 산화반응
④ 아크릴로니트릴 생산공정: 프로필렌의 산화 반응

> **해설**
> 이염화에틸렌 생산공정 : 직접염소화 반응과 산화염소화 반응공정이 있고 이 중 산화염소화 공정에서 CO_2가 발생
> **[정답 ②]**

102 다음 중 불소화합물 생산에 대한 설명으로 옳지 않은 것은?

① 온실가스로 규정된 불소화합물들은 HFCs, PFCs, SF_6로서 생산과정에서 일부 부산물로 생산되어 대기 중으로 배출된다.
② 주요 온실가스는 HCFC-22로서 HFC-23 생산과정에서 부산물로 생성·배출된다.
③ 기타 불소화합물 생산에서는 CFC-11 및 CFC-12 생산공정, PFCs 물질의 할로겐 전환 공정, NF_3 제조 공정, 불소비료나 마취제용 불소화합물 생산 공정 공정들에서 불소화합물이 배출된다.
④ 불소화합물 생산과정에서 배출되는 온실가스 HFCs, PFCs, SF_6 등은 액체세정공정에서 잘 제거되지 않고 대기 중으로 배출된다.

> **해설**
> 주요 온실가스 배출원은 HCFC-22(Chlorodifluoromethane; $CHClF_2$) 생산공정으로서 온실가스 HFC-23(CHF_3)이 부산물로 생성·배출된다.
> **[정답 ②]**

103 다음 중 HCFC-22 생산공정에 대한 설명으로 옳지 않은 것은?

① 합성제조공정은 원료 HF와 클로로포름($CHCl_3$)을 $SbCl_5$ 촉매 하에서 HCFC-22로 합성 제조하는 공정이며, 온실가스 HCF-23이 배출된다.
② 합성제조에서 주반응은 HCF-23 생성반응으로서 $CHCl_3 + 3HF \rightarrow CHF_3 + 3HCl$이며, 부반응은 HCFC-22 생성반응으로서 $CHCl_3 + 2HF \rightarrow CHClF_2 + 2HCl$과 같다.
③ 분리공정은 HCFC-22와 공정 불순물(HFC-23, HCl 등)을 분리하며, 세정공정에서는 HCFC-22에 잔존하는 HFC-23을 제거한다.
④ 제품화 공정에서는 중화→건조→압축 과정을 거쳐 HCFC-22를 저장하고, 수요처에 공급한다.

> **해설**
> 합성제조에서 주반응은 HCFC-22 생성반응으로서 $CHCl_3 + 2HF \rightarrow CHClF_2 + 2HCl$이며, 부반응은 HCF-23 생성반응으로서 $CHCl_3 + 3HF \rightarrow CHF_3 + 3HCl$과 같다.
> **[정답 ②]**

104 다음 HCFC-22 생산 공정 중 대부분의 HFC-23이 배출되는 과정과 그 설명이 옳지 않은 것은?

① 환기과정(Condenser vent)에서의 배출: HCFC-22 생산 공정 중 주요 배출지점으로 HCFC-22에서 분리된 후 공기 중으로 배출되며, 생성된 HFC-23의 약 98~99%가 이 공정에서 배출됨
② 탈루배출(Fugitive emission): 컴프레서, 밸브, 플랜지 등을 통해 배출됨
③ 습식스크러버로 부터의 액상 세정: 세정액에 포함된 HFC-23의 농도의 수 ppm 정도로 미량임
④ HCFC-22 생산물과 함께 제거: 고압 저온 하에서의 농축에 의해 누출됨

해설
· HCFC-22 생산 공정 중 아래의 과정에서 대부분의 HFC-23이 배출된다.

환기과정(Condenser Vent)에서의 배출	HCFC-22 생산 공정 중 주요 배출지점으로 HCFC-22에서 분리된 후 공기 중으로 배출되며, 생성된 HFC-23의 약 98~99%가 이 공정에서 배출
탈루배출(Fugitive Emission)	컴프레서, 밸브, 플랜지 등을 통해 배출
습식스크러버로 부터의 액상 세정	세정액에 포함된 HFC-23의 농도의 수 ppm 정도로 미량
HCFC-22 생산물과 함께 제거	HFCF-22 생산 제품에 극소량의 HFC-23이 포함되어 배출
HFC-23 회수 시 저장 탱크로부터의 누출	고압 저온 하에서의 농축에 의해 누출

〈출처 : 온실가스 에너지 목표관리 운영 등에 관한지침 (2014)〉

[정답 ④]

105 다음 설명은 시멘트 제조공정 중 어느 공정을 나타내는가?

제일 핵심부위로서 예열기(Preheater)를 거친 원료가 1,350~1,450℃ 정도의 열에 의해 용융·소성된 후 냉각기(Cooler)에서 냉각되고 20~60mm 정도의 동그란 덩어리인 시멘트 반제품인 클링커(Clinker)를 생산한다.

① 원분공정　　　　　　　　　　② 조합원료 건조공정
③ 소성공정　　　　　　　　　　④ 제품공정

해설
시멘트 제조공정을 단계별로 구분하면, 첫 번째 석회석을 채굴하여 분쇄, 혼합하는 채굴공정, 두 번째 석회석을 포함한 원료를 조합, 건조, 분쇄, 저장시키는 원분공정, 세 번째 원료를 가열하여 분해, 소성한 후 냉각하여 반제품인 클링커를 생산하는 소성공정, 네 번째 클링커에 석고와 분쇄조제를 가하여 분쇄된 시멘트를 저장 및 출하하는 제품 공정으로 나눌 수 있다. [정답 ③]

106 시멘트의 원료로 사용되는 석회석에 대한 설명이다. 옳지 않은 것은?

① 석회는 석회암을 고온에서 소성(Calcination)하여 만든 제품이다.
② 일반적으로 석회암은 50% 이상의 탄산칼슘($CaCO_3$)를 포함하고 있으며, 30~45%의 탄산마그네슘($MgCO_3$)을 포함할 때에는 돌로마이트(Dolomite)로 부른다.
③ 석회는 Aragonite, 초크, 산호, 대리석과 조가비에서 만들 수 있다.
④ 시멘트 생산에 의한 온실가스 공정배출은 석회석의 탈탄산에 의한 온실가스 배출을 포함하지 않는다.

해설
시멘트 생산의 주요 배출 반응이 석회석의 탈탄산 반응이며 이를 시멘트 생산에 의한 온실가스 배출량에 포함한다. [정답 ④]

107 시멘트 제조공정의 핵심인 소성공정에 대한 설명이다. 옳지 않은 것은?

① 시멘트 생산공정은 예열기 → 소성로 → 냉각기 → 클링커 저장 공정으로 이루어지며, 이 중 소성로가 소성공정에 해당한다.
② 예열기(Preheater)를 거친 원료가 소성로(Kiln)에서 1,350~1,450℃ 정도의 열에 의해 용융·소성된 후 냉각기(Cooler)에서 냉각되고 20~60mm 정도의 동그란 덩어리인 시멘트 반제품인 클링커(Clinker)를 생산한다.
③ Kiln에는 원료를 소성하기 위하여 버너(Burner)가 설치되어 있으며, 연료로는 유연탄이나 중유, 기타 재활용 연료 등을 사용한다.
④ 시멘트 제조 공정 중 예열기(Preheater)로부터 소성로(Kiln)까지의 공정에서 거의 모든 광물반응 및 전이가 일어나고 시멘트의 품질에 큰 영향을 미치기 때문에 공정 중 가장 중요한 부분이다.

해설
시멘트 생산공정은 원분공정, 소성공정, 제품공정으로 이루어져 있으며, 이 중에서 소성공정은 예열기 → 소성로 → 냉각기 → 클링커 저장 공정으로 이루어져 있다. [정답 ①]

108 시멘트 제조공정의 온실가스 배출시설에 대한 설명으로 옳지 않은 것은?

① 시멘트 제조공정의 주요배출시설은 소성시설(Kiln)이며, 전체 온실가스 배출량의 90%가 배출된다.
② 소성시설에서 배출된 온실가스의 60%는 소성로 킬른 내 가열연료 사용분이며, 30%는 공정배출이다.
③ 시멘트 공정에서의 온실가스 배출원은 클링커의 제조공정인 소성 공정에서 탄산칼슘의 탈탄산 반응에 의하여 이산화탄소가 배출되며, 반응식은 $CaCO_3 + Heat \rightarrow CaO + CO_2$ 이다.
④ 시멘트 공정에서의 CO_2 배출특성은 소성시설(Kiln)의 생석회 생성량과 연료사용량 및 폐기물 소각량에 의하여 영향을 받으며 그 밖에 주원료인 석회석과 함께 점토 등 부원료의 사용량에 의해서도 영향을 받을 수 있다.

해설
소성시설에서 배출된 온실가스의 60%는 공정배출에 해당하고, 30%는 소성로 킬른의 가열연료 사용에 의한 배출이다.
[정답 ②]

109 석회생산공정의 핵심은 소성공정이다. 소성공정에 대한 설명이 바르지 않은 것은?

① 대부분이 수직형 킬른(Shaft Kiln)으로 설치되어 있으며 주요 사용연료는 석탄, 오일, 가스 등이다.
② 일반적으로 제품 냉각 시설과 Kiln Feed Preheater가 고온의 석회 제품 및 고온의 배가스로부터 열을 회수하기 위해 사용된다.
③ 수직형 킬른(Shaft Kiln)은 상부에서 장입되어 하부로 이동되는 방식의 킬른이며 에너지효율과 생산율이 높고 석탄을 사용하는 경우에도 품질저하가 없는 장점이 있다.
④ 킬른 내에 예열구역, 소성구역, 냉각구역의 3단계 열전달 과정이 있다.

해설
수직형 킬른(Shaft Kiln)은 에너지효율이 높은 장점이 있으나 생산율이 낮고 석탄을 사용하는 경우 품질저하를 가져오는 단점이 있다.
[정답 ③]

110 석회 제조 공정에서는 연료의 선택이 중요한데 다음 중 킬른에서 사용하는 연료 중 주로 사용하는 연료에 해당되지 않는 것은?

① 유연탄, 코크스   ② 중유   ③ 천연가스   ④ 도시가스

해설

- 킬른에서 사용하는 연료의 종류

연료 구분	주로 사용	때때로 사용	드물게 사용
고체연료	유연탄, 코크스	무연탄, 갈탄 등	토탄, Oil Shale
액체연료	중유	중질유	경질유
기체연료	천연가스	부탄/프로판, 공정가스	도시가스
기타	–	목재/톱밥, 폐타이어, 종이 등	폐 액상·고상연료

석회제조공정에서 연료의 선택이 중요한 이유는 연료비가 석회 생산단가의 40~50%를 차지하고, 부적절한 연료는 운전비를 상승시키기 때문이다. 또한 제품의 품질(잔존 CO_2 수준, 반응성, 황함량 등)과 대기오염물질 배출(중유)에 영향을 주기 때문이다.

[정답 ④]

---

111 석회 제조 공정의 주요 온실가스 배출시설에 대하여 바르게 설명하지 않은 것은?

① 주요배출시설은 소성시설로서 석회석 혹은 Dolomite 등 원료의 탈탄산 반응에 의하여 CO_2가 공정배출로 발생한다.
② 일반적인 석회 생산공정에서는 다양한 유형의 소성시설을 사용하는데 그 종류로는 Long Rotary Kiln, Preheater-Rotary Kiln, Parallel Flow Regenerative Kiln, Annular Shaft Kiln 등이 있다.
③ 연수를 위한 소석회의 사용은 CO_2와 석회의 반응으로 탄산칼슘($CaCO_3$)을 재생성하여 대기 중으로의 CO_2 순배출을 발생하지 않는다.
④ 석회의 생산 동안 석회 킬른 먼지(Lime Kiln Dust, LKD) 생성은 배출량 산정 시 고려하지 않는다.

해설
석회의 생산 동안 석회 킬른 먼지(Lime Kiln Dust, LKD) 생성이 배출량 산정 시 고려되어야 한다. **[정답 ④]**

---

112 다음 중 탄산염의 기타공정사용에 해당하지 않는 생산공정은?

① 세라믹 생산
② 배연탈황시설
③ 소다회 생산
④ 펄프 및 제지 생산

해설
탄산염은 소다회 생산에 사용되지만 소다회 상산에 의한 배출은 앞서 '소다회 생산' 항목으로 보고되기 때문에 중복 산정을 피하기 위하여 탄산염의 기타공정사용에서는 '소다회 소비'에 따른 배출만 산정보고한다.

[정답 ③]

113 온실가스 · 에너지 목표관리 운영 등에 관한 지침상 석회석($CaCO_3$)이 사용되지 않는 공정은?

(2015년 관리기사 제4회)

① 유리생산 공정
② 암모니아생산 공정
③ 카바이드생산 공정
④ 철강생산 공정

> **해설**
> 유리생산 공정: 원료로 $CaCO_3$ 사용
> 카바이드생산 공정: 생석회 생산공정에서 $CaCO_3$ 사용
> 철강생산 공정: 선철의 불순물 제거를 위해 $CaCO_3$ 사용
>
> [정답 ②]

114 다음은 세라믹 생산공정이다. ㈏에 들어갈 알맞은 공정은?

원료 → (㈎) → (㈏) → (㈐) → (㈑) → 제품공정

① 소성공정
② 성형공정
③ 검사공정
④ 가공공정

> **해설**
> • 세라믹 생산 공정 개요
> 원료공정(혼련) → 성형공정 → 소성공정 → 가공공정 → 검사공정 → 제품공정
>
> [정답 ①]

115 다음 각 공정 중 온실가스 배출원인이 알맞게 설명된 것은?

① 세라믹 생산 : 성형시설에서 탄산칼슘의 탈탄산 반응에 의하여 CO_2가 배출된다.
② 펄프 · 종이 및 종이제품 제조시설 : 정선시설에서 탄산염 광물 사용 시 CO_2가 배출된다.
③ 유리생산 : 석회석($CaCO_3$), 백운석($CaMg(CO_3)_2$)및 소다회(Na_2CO_3)와 같은 유리 원료 융해 공정 시 CO_2가 배출된다.
④ 배연탈황시설(스크러버) : 석회석준비설비에서 황산화물 제거를 위해 탄산염 광물 사용 시 CO_2가 배출된다.

> **해설**
> ① 세라믹 생산(소성 시설) : 소성시설에서 탄산칼슘의 탈탄산 반응에 의해 CO_2가 배출된다.
> $CaCO_3 \rightarrow CaO + CO_2$
> ② 펄프·종이 및 종이제품 제조시설(약품회수시설) : 약품회수시설에서 탄산염 광물 사용 시 CO_2가 배출된다. $CaCO_3 \rightarrow CaO + CO_2$
> ④ 배연탈황시설(흡수탑) : 흡수탑에서 황산화물 제거를 위한 탄산염 광물 사용에 의해 CO_2가 배출된다.
> $SO_2 + H_2O \rightarrow H_2SO_3$
> $CaCO_3 + H_2SO_3 \rightarrow CaSO_3 + CO_2 + H_2O$
> $CaCO_3 + \frac{1}{2} O_2 + 2H_2O \rightarrow CaSO_4 \cdot H_2O(석고)$
> $CaCO_3 + SO_2 + \frac{1}{2} O_2 + 2H_2O \rightarrow CaSO_4 \cdot H_2O(석고) + CO_2$
> $CaCO_3 + \frac{1}{2} H_2O \rightarrow CaSO_3 \cdot \frac{1}{2}H_2O$
>
> [정답 ③]

116 다음 중 농축산 및 임업에 대한 설명으로 틀린 것은?

① 농·축산, 임업, 기타 토지이용에서 발생하는 온실가스 배출과 흡수는 탄소의 축적 또는 전환에 의해 모든 유형의 토지에 걸쳐 발생할 수 있음을 전제로 하며 2006 IPCC G/L에서 AFOLU(Agriculture, Forestry and Land Use)로 정의한다.
② AFOLU 관련 온실가스는 CH_4, N_2O로써 농·축산, 임업 및 기타 토지이용의 모든 부문이 독립적으로 배출에 영향을 미친다.
③ 농업축산 부문의 목표관리 대상 사업장은 농림축산식품부에서 관장하고 있으며, 식품업체들이 해당된다.
④ AFOLU 부문 흡수원 및 배출원은 축산, 임업 및 기타토지 이용, 농업 및 non-CO_2 통합배출로 구분하고 있다.

> **해설**
> 농업, 축산, 임업 및 기타 토지이용에 대한 모든 부문이 유기적으로 연계되어 온실가스 배출에 영향을 미친다.
>
> [정답 ②]

117 다음 중 흡수 및 배출되는 온실가스의 종류가 다른 하나는?

① 임지 ② 농경지 ③ 습지 ④ 거주지

> **해설**
> ①②④는 CO_2, ③은 CO_2, CH_4
>
> [정답 ③]

118 축산 부문의 온실가스 배출에 대한 설명으로 옳은 것은?

① 축산부문에 해당하는 온실가스는 CH_4, N_2O로서, 장내발효와 가축분뇨 처리에서 발생하며 이중 가축의 분뇨처리에 의한 온실가스 배출이 대부분을 차지한다.
② 가축의 호흡에 의한 CO_2 배출은 사료작물이 광합성으로 CO_2를 흡수한 것으로서, 자연계에서 순환되므로 배출량 산정 시 고려되지 않는다.
③ 축산업 부문의 메탄 발생량은 전체 배출량의 1% 정도로 큰 비중을 차지하지 않고 육류소비량이 점차 감소함에 따라 축산업의 기여도는 더욱 감소할 것으로 사료된다.
④ 가축의 분뇨처리에 기인한 메탄 배출량의 약 75%가 소에서 기인한다고 보고된 바 있다.

> **해설**
> - 축산업의 온실가스는 장내발효에 의한 온실가스 배출이 대부분을 차지한다.
> - 축산업 부문에서 메탄 발생량의 비중은 작지만 생활수준의 향상에 의한 육류소비 증가에 따라 점차 발생량의 기여도가 증가할 것으로 본다.
> - 가축 장내발효에서 기인한 총 메탄 발생량의 약 75% 정도를 소가 차지한다고 보고된 바 있다.
>
> [정답 ②]

119 농업부문에서의 온실가스 배출에 대한 설명으로 옳지 않은 것은?

① 농경지에서 배출되는 CO_2의 양은 많으나 이는 대기 중의 이산화탄소가 작물에 고정되었다가 식량과 식물체가 분해됨에 따라 다시 대기로 환원되는 것이다.
② 농경지에서 발생하는 이산화탄소를 배출량 계산에 포함한다.
③ 석회 및 요소비료의 사용에 의해 배출되는 온실가스 종류는 CO_2 이다.
④ 농업부문에서의 온실가스 배출원은 바이오매스연소로 인한 온실가스 배출, 석회사용, 요소시비를 포함하여 총 7개 종류의 배출원이 있다.

> **해설**
> 농경지에서 발생하는 이산화탄소는 대기 배출량과 농경지 흡수량의 균형으로 탄소중립을 이루므로 배출량 계산에 포함되지 않는다.
>
> [정답 ②]

120 농업부문에서의 온실가스 배출원에 포함되지 않는 것은?

① 바이오매스 연소로 인한 온실가스 배출
② 석회사용
③ 가축 분뇨처리
④ 분뇨관리에서의 간접적 N_2O 배출

> **해설**
> - 가축 분뇨처리 : 축산부문에 포함된다.
> ※ 분뇨관리에서의 간접적 N_2O 배출 : 가축 분뇨처리로서 축산 부문에 해당하지만, 2006 IPCC G/L에 따라 농업부문의 non-CO_2 통합배출로 보고하고 있다.
> **[정답 ③]**

121 다음의 온실가스 배출특성은 농업부문의 온실가스 배출원 중 어느 것에 해당하는가?

> 합성질소 또는 유기질 비료사용, 잔류 농작물, 가축의 분뇨 등으로 토양 내에 유입된 질소가 질산화 및 탈질 반응을 거쳐 배출된다.

① 관리토양에서의 직접적 N_2O 배출
② 관리토양에서의 간접적 N_2O 배출
③ 분뇨관리에서의 간접적 N_2O 배출
④ 벼 경작

> **해설**
> - 농업부문 온실가스 배출특성
> ㉠ 바이오매스 연소로 인한 온실가스 배출 : 토지의 바이오매스 연소로 인한 non-CO_2 배출(CH_4, N_2O)
> ㉡ 석회사용 : 석회비료의 중탄산염 전환 후 CO_2 와 H_2O로 배출(CO_2)
> ㉢ 요소시비 : 요소가 암모늄, 수산화이온, 중탄산염으로 전환 후 CO_2와 H_2O를 배출(CO_2)
> ㉣ 관리토양에서의 직접적 N_2O 배출 : 토양 내에 유입된 질소가 질산화 및 탈질 반응을 거쳐 배출(N_2O)
> ㉤ 관리토양에서의 간접적 N_2O 배출 : 토양 내 NH_3 및 NO_x가 휘발되거나 무기질소가 용탈, 용출됨에 따라 배출(N_2O)
> ㉥ 분뇨관리에서의 간접적 N_2O 배출 : 분뇨수집 및 저장과정에서 휘발성 유기질소가 NH_3과 NO_x로 변환하면서 발생(N_2O)
> ㉦ 벼 경작 : 논에서의 혐기성분해로 인해 배출(CH_4)
> **[정답 ①]**

122 다음은 농업부문의 주요배출원인 농경지에서 직접적으로 배출되는 아산화질소의 배출경로를 나타낸 것이다. 각 번호의 빈칸에 들어갈 말로 틀린 것은?

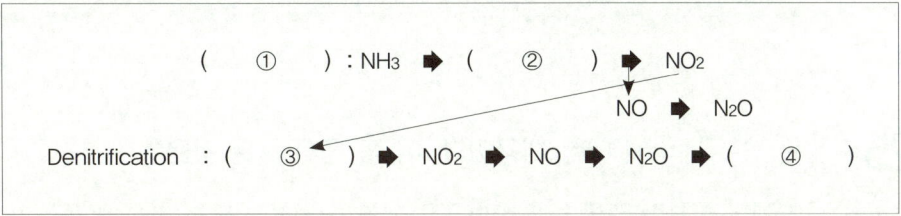

① Nitrification   ② NO   ③ NO$_3$ ④ N$_2$

해설
관리토양에서의 아산화질소 배출경로 : 토양 내에 유입된 질소가 질산화(Nitrification) 및 탈질 반응(Denitrification)을 거쳐 배출된다. ②에는 NH$_2$OH$_4$
[정답 ②]

123 폐기물 매립지에서 발생하는 LFG에 대한 설명으로 옳지 않은 것은?

① 폐기물의 호기성 분해에 의한 안정화 과정에서 발생한다.
② 일반적으로 CH$_4$, CO$_2$, 질소, 산소, 암모니아, 기타 미량성분으로 구성되며 대표적인 온실가스는 CH$_4$이다.
③ 메탄은 메탄발효단계에서 많이 발생하며 이 단계가 시간적으로 가장 긴 것으로 알려져 있다.
④ LFG를 포집·회수하여 단순 소각 처리(Flaring)하다가 LFG의 연료로서의 활용가치와 신재생에너지원으로서의 중요성이 부각되어 활용방안이 적극적으로 검토되고 있다.

해설
혐기성 분해에 의한 폐기물의 안정화 과정에서 발생한다.
[정답 ①]

124 매립시설에서의 LFG 및 CH$_4$ 배출에 대한 경로에 대한 설명으로 옳지 않는 것은?

① 포집정을 통해 LFG를 대부분 포집·회수
② 매립지 표면의 확산 대기배출
③ 매립지 표면의 구조적 결함 또는 취약 지점을 통한 표면 배출
④ 온실가스 배출측면에서 고려할 경로는 포집정에 의한 포집회수

해설
온실가스 배출 측면에서 고려할 수 있는 경로는 표면 확산, 취약지점(표면균열 등)의 배출 경로이며, 이들 경로를 최소화하는 것이 필요하다.
[정답 ④]

125 다음은 모두 매립에 대한 내용이다. 이 중 옳지 않은 것은?

① 육지매립은 가장 일반적인 방법으로 폐기물을 지표 또는 지하에 묻는 방법이며, 처리를 위한 마지막 수단이므로 폐기물종합관리체계의 최종단계에서 실행한다.

② 사업장폐기물에 대해서는 대상 폐기물의 규모에 따라 안정형·관리형·차단형의 3종류로 나누어 규제하고 있다.
③ 폐기물 매립장의 일반적 구성은 바닥으로부터 지하수 배제 관로, 원지반, Soil-Bentonite 혼합 불투수층, HDPE sheet 차수층, Geo-Composite 보호 및 배수층으로 이루어지며, 사면에서는 Geo-Composite보층, Bentoline-Mat 불투수층, HDPE차수층, Geo-Composite 보호 및 배수층 등으로 이루어진다.
④ 매립장의 기능은 저류기능, 차수기능, 처리기능으로 구분한다.

해설
사업장폐기물에 대해서는 대상 폐기물의 종류에 따라 안정형·관리형·차단형의 3종류로 나누어 규제하고 있다.
[정답 ②]

126 다음 설명이 나타내는 매립장의 기능은?

> 매립지에서 발생하는 침출수와 유해가스 등이 생활환경과 주변자연환경에 지장을 주지 않도록 침출수처리시설과 발생가스 처리시설이 설치, 운영된다.

① 저류기능　　② 에너지회수기능　　③ 차수기능　　④ 처리기능

해설
- 매립지의 기능은 대별하면 저류, 차수, 처리의 3기능으로 구분할 수 있다.
① 저류기능 : 매립구획에 따라 순차적으로 일정 기간 동안 지장없이 진행되며, 그 구획에 매립이 종료된 후에 소정의 기간동안 안정하게 저류가능한 구조이어야 한다. 따라서 옹벽과 성토제방 등의 저류구조물, 혹은 계곡 등을 이용한다.
② 차수기능 : 폐기물이 함유한 물과 매립지에 유입된 우수 등이 지하수에 침출되어 오염물질을 매립지 외로 운반하여 공공의 수역 및 지하수를 오염시키는 것을 방지하기 위한 기능이다. 따라서 외부로부터 매립지로 물이 들어가지 않도록 차수를 해야 하며, 또한 매립지내부의 물은 반드시 침출수집배수시설, 처리시설을 통해 처리한 후 최종처분장 밖으로 배출되도록 매립지의 저부와 주변부를 차수하는 것이 요구된다. 차수기능은 적어도 주변에 영향을 주지 않을 시점까지 기능을 유지하여야 한다.
③ 처리기능 : 매립지에서 발생하는 침출수와 유해가스 등이 생활환경과 주변자연환경에 지장을 주지 않도록 침출수처리시설과 발생가스 처리시설이 설치, 운영된다.
[정답 ④]

127 다음 중 매립가스를 이용하는 방법에 속하지 않는 것은?

① 발전　　② 제품원료　　③ 가스공급　　④ 자동차 연료

해설
매립시설에서 온실가스 배출량을 줄이는 방법으로는 매립가스(LFG)를 포집하여 이용하는 방법과 소각하여 대기로 배출하는 방법이 있다. 먼저 매립가스를 이용하는 방법은 발전, 가스공급, 자동차 연료 등이 있다.
[정답 ②]

128 매립에 의한 메탄발생에 대한 내용으로 옳은 것은?

① 메탄은 매립된 폐기물 중 분해 가능한 무기탄소가 수십 년에 걸쳐 서서히 혐기성 분해되며 발생하게 된다.
② 일정한 조건에서 메탄 생성은 전적으로 잔존하는 탄소량에 의존한다.
③ 매립 초기에 배출량이 가장 작으며, 이후 분해 박테리아에 의해 분해 가능한 탄소가 소비되면서 점차 증가하게 된다.
④ 무기탄소의 분해 과정은 2차 반응을 따른다는 가정을 적용하였으며, 2006 IPCC에 제시된 2차 반응모델을 통하여 고형폐기물 매립시설에서의 메탄 배출량을 산정한다.

> **해 설**
> · 메탄은 매립된 폐기물 중 분해 가능한 유기탄소가 수십 년에 걸쳐 서서히 혐기성 분해되며 발생하게 된다.
> · 매립 초기에 배출량이 가장 크며, 이후 분해 박테리아에 의해 분해 가능한 탄소가 소비되면서 점차 감소하게 된다.
> · 유기탄소의 분해 과정은 1차 반응을 따른다는 가정을 적용하였으며, 2006 IPCC에 제시된 1차 반응모델(FOD ; First Order Decay)을 통하여 고형폐기물 매립시설에서의 메탄 배출량을 산정한다.   [정답 ②]

129 매립장에서 발생하는 온실가스에 대한 내용으로 옳지 않은 것은?

① 최근 매립은 유기성 폐기물의 반입금지로 매립가스 배출량이 급감하고 있는 추세에 있고, 제도적 또는 기술적인 문제점이 아직도 산재해 있다.
② 보고대상 온실가스는 CO_2, CH_4, N_2O이다.
③ 매립시설에서 온실가스 배출량을 줄이는 방법으로는 매립가스(LFG)를 포집하여 이용하는 방법과 소각하여 대기로 배출하는 방법이 있다.
④ 매립지 가스는 기체바이오 연료에 해당한다.

> **해 설**
> 보고대상 온실가스는 CH_4이다.   [정답 ②]

130 고형폐기물의 생물학적 처리에 대한 내용으로 옳지 않은 것은?

① 처리의 목적은 폐기물의 부피 감소, 폐기물의 안정화, 폐기물의 병원균 사멸, 에너지로 이용하기 위한 바이오 가스의 생산 등이다.
② 발생하는 온실가스의 종류는 CO_2, CH_4, N_2O이다.
③ 크게 '퇴비화(Composting)', '혐기성 소화(Anaerobic Digestion)', 'MB 처리(Mechanical-Biological Treatment)'로 구분된다.

④ 보고대상 배출시설에는 사료화·퇴비화·소멸화·부숙토생산 시설, 혐기성 분해시설이 있다.

해설
발생하는 온실가스의 종류는 CH_4 및 N_2O이다. [정답 ②]

131 다음은 고형폐기물의 생물학적 처리 중 유기폐기물의 혐기성 소화에 대한 설명이다. 괄호 안에 들어갈 알맞은 말이 순서대로 옳게 짝지어진 것은?

유기폐기물의 혐기성 소화는 온도, 수분함량, pH를 최적값에 가깝게 유지함으로써 산소가 없는 상태에서 유기물질의 자연적인 분해를 의미한다. 혐기성 소화과정에서 발생되는 (   ) 배출량을 산정하며, 이 과정에서 (   ) 배출은 매우 적기 때문에 산정 시 제외한다.

① CH_4, N_2O
② N_2O, CH_4
③ CH_4, CO_2
④ CO_2, CO

해설
혐기성 소화과정에서 발생되는 CH_4 배출량을 산정하며, 이 과정에서 N_2O 배출은 매우 적기 때문에 산정 시 제외한다. [정답 ①]

132 다음 설명 중 퇴비화에 대한 설명에 해당하지 않는 것은?

① 폐기물을 선별·파쇄·혼합·발효·건조·소멸·소화 등의 공정을 거쳐 물리적·생물학적으로 안정된 상태의 물질로 만드는 시설 중의 하나이다.
② 퇴비화의 혐기성 영역에서는 CH_4가 생성되지만, 퇴비화의 호기성 영역에서는 대부분 산화한다.
③ 유기성 고형폐기물 내의 질소성분에 의한 N_2O가 배출되며 산정에 포함하여야 한다.
④ 분해 결과 발생된 가스를 처리하는 시설을 갖추어야 한다.

해설
④의 내용은 고형폐기물의 혐기성 소화에 해당하는 설명이다. [정답 ④]

133 하·폐수처리공정에 대한 설명으로 옳지 않은 것은?

① 하수의 처리는 처리목적에 따라 1차 처리, 2차 처리, 고도처리로 구분한다.

② 1차 처리는 비교적 큰 입자성 부유물질의 제거를 목적으로 하며, 주로 침전 등의 물리학적 처리방법이 이용된다.
③ 2차 처리에서는 1차 처리 후에 잔류하는 입자성 부유물질과 용존 유기물의 제거를 목적으로 하며, 주로 화학적 약품처리방법이 있다.
④ 고도처리는 1차 및 2차 처리방법 이상의 수질을 정화하는 것을 목적으로 행하여지는 모든 처리를 통칭하며, 주로 질소나 인과 같은 영양염류의 제거를 위해 실행된다.

해설
2차 처리에서는 1차 처리 후에 잔류하는 입자성 부유물질과 용존 유기물의 제거를 목적으로 하며, 주로 미생물을 이용한 생물학적 처리방법이 있다.
[정답 ③]

134 하·폐수 처리 및 배출 활동에서 2차 처리(생물학적 처리)인 생물막법의 분류로 틀린 것은?

(단, 온실가스·에너지 목표관리 운영 등에 관한 지침 기준)
(2015년 산업기사 제2회)

① 회전원판법 ② 살수여상법
③ 활성슬러지법 ④ 접촉산화법

해설
생물막법은 미생물이 매질에 부착된 상태에서 유기물을 제거하는 방법으로 인위적인으로 생물막을 증식시켜 하수처리에 이용하는 처리방식이다. 생물막의 상호접촉 방식에 따라 살수여상법, 접촉산화법, 회전원판법 및 호기성여상법으로 구분한다.
미생물의 서식형태에 따른 생물학적 하수처리방법에는 부유생물법(미생물이 수중에 부유), 생물막법(미생물이 매질에 부착), 활성슬러지법(부유와 부착을 조합) 등이 있다.
[정답 ③]

135 다음이 설명하는 하·폐수처리방법은?

호수와 같이 폐쇄수역에 다량으로 존재하면 조류 등이 과잉번식하여 부영양화를 초래하는 대표적인 영양염류인 질소와 인의 제거를 목적으로 한다. 대표적인 처리방법으로 질소와 인의 생물학적 제거법이 있으며 호기성 미생물인 아질산균과 질산균이 산소를 이용하여 질산화반응을 일으킨다.

① 침전 ② 표준활성슬러지법 ③ 생물막법 ④ 고도처리

> **해설**
> 1차 처리는 비교적 큰 입자성 부유물질의 제거를 목적으로 하며, 주로 침전 등의 물리학적 처리방법이 이용된다. 2차 처리에서는 1차 처리 후에 잔류하는 입자성 부유물질과 용존 유기물의 제거를 목적으로 하며, 주로 미생물을 이용한 생물학적 처리방법이 있다. 고도처리는 위의 방법 이상의 수질을 정화하는 것을 목적으로 행하여지는 모든 처리를 통칭하며, 주로 질소나 인과 같은 영양염류의 제거를 위해 실행된다. [정답 ④]

136 하·폐수처리시설 중 다음이 설명하는 배출시설 종류는?

> 사람의 생활이나 경제활동으로 인하여 액체성 또는 고체성의 물질이 섞이어 오염된 물과 건물·도로 그 밖의 시설물의 부지로부터 하수도로 유입되는 빗물·지하수를 처리하여 하천·바다 그 밖의 공유수면에 방류하기 위하여 지방자치단체가 설치 또는 관리하는 처리시설과 이를 보완하는 시설을 말한다.

① 공공하수처리시설 ② 폐수종말처리시설
③ 수질오염방지시설 ④ 오수처리시설

> **해설**
> 하폐수 부문의 보고대상 배출시설은 축산폐수공공처리시설, 폐수종말처리시설, 공공하수처리시설, 분뇨처리시설, 수질오염방지시설, 오수처리시설이 있다.
> - 축산폐수공공처리시설 : 축산폐수공공처리시설은 소·돼지·말·닭과 같은 가축이 배설하는 분뇨 및 가축 사육 과정에서 사용된 물 등이 분뇨에 섞여서 배출되는 것을 자원화 또는 정화하기 위해 지방자치단체의 장이 설치하는 시설을 말한다.
> - 폐수종말처리시설 : 폐수종말처리시설은 수질오염이 악화되어 환경기준의 유지가 곤란하거나 수질보전에 필요하다고 인정되는 지역 안의 각 사업장에서 배출되는 수질오염물질을 공동으로 처리하여 공공수역에 배출하도록 하기 위하여 국가·지방자치단체 등이 설치하는 시설이다.
> - 분뇨처리시설 : 분뇨처리시설은 분뇨를 침전·분해 등의 방법으로 처리하는 시설을 말한다.
> - 수질오염방지시설 : 점오염원, 비점오염원 및 기타 수질오염원으로부터 배출되는 수질오염물질을 제거하거나 감소하게 하는 시설로서 환경부령이 정하는 것을 말한다.
> - 오수처리시설 : 1일 오수 발생량이 2세제곱미터를 초과하는 건물시설 등(이하 "건물 등")을 설치하려는 자가 건물 등에서 발생하는 오수를 처리하기 위해 설치한 시설을 말한다. [정답 ①]

137 다음 중 하·폐수처리시설에 있는 혐기성소화조의 소화효율 문제점에 해당되지 않는 것은?

① 낮은 유기물 함량 ② 소화조 내 온도 저하
③ 가스발생량의 증가 ④ 상등수의 악화

> **해설**
> 가스발생량의 저하: 메탄형성이 저조하고 산형성이 왕성하면 혐기조에 유기산이 축적되어 pH가 저하되고 이는 메탄형성 미생물에 독성을 준다. 이 경우 투입횟수 및 1회 투입량 등을 재검토하여 적정량의 슬러지가 균등하게 투입 되도록 조정하여야 하며 또한 pH를 높이기 위해 알칼리(보통석회)를 투입하는 것도 필요하다. [정답 ③]

138 하·폐수 처리시설 중 혐기성 소화조의 소화효율을 개선하는 방법으로 옳은 것은?
(2016년 관리기사 제2회)

① 낮은 유기물 함량 유지
② 소화조 내 운전온도를 25℃미만으로 유지
③ 합류식 하수도를 활용한 모래 및 흙의 동시유입
④ 식종 미생물의 유출을 최소화

> **해설**
> 낮은 유기물 함량은 소화조의 충분하지 않은 산 생성 반응과 메탄 생성반응을 초래한다. 이러한 문제 해결을 위하여 주로 합류식 하수도를 분류식으로 교체하여 최대한 하수에 모래나 흙 등이 유입되지 않도록 하는 것이 소화조의 소화효율을 개선하는 방법이다.
> 소화조의 정상적인 운전 온도는 중온소화의 경우 35℃이다.
> 식종 미생물은 유기물을 분해하는 주체가 되므로 유출을 최소화하는 것이 바람직하다.　　　[정답 ④]

139 하·폐수처리시설의 온실가스 배출에 관한 설명으로 옳지 않은 것은?

① 하·폐수는 현장에서 처리되거나, 중앙 집중화된 시설을 통해 처리되며, 처리 과정에서 CO_2, CH_4, N_2O를 배출한다.
② 하·폐수로부터 배출되는 CO_2는 생물 기원으로 배출량 산정 시 제외하도록 한다.
③ 하·폐수 처리에서의 CH_4는 유기물이 분해되는 과정에서 배출되며, 기본적으로 폐수 내의 분해 가능한 유기물질, 온도, 처리시스템의 유형에 따라 배출량이 변한다.
④ N_2O의 경우에는 폐수가 아닌 질소성분(요소, 질산염, 단백질)을 포함한 하수 처리 과정에서 배출되며, 질산화 및 탈질화 작용을 통해 발생하게 된다.

> **해설**
> 하·폐수는 현장에서 처리되거나, 중앙 집중화된 시설을 통해 처리되며, 처리 과정에서 CH_4, N_2O를 배출한다.
> 　　　[정답 ①]

140 폐기물 소각에 대한 설명으로 옳은 것은?

① 물리적 처리방법에 속하며 무게와 부피를 줄이기에 효과적일 뿐만 아니라 열의 형태로 에너지를 얻을 수도 있어 점차 사용비율이 증가하는 추세이다.
② 폐기물 처리단계 중 최종처리단계에 해당하며, 쓰레기 연소 시 발생하는 유독가스로 2차 공해를 유발할 수 있다.
③ 소각시설의 공정은 크게 저장 및 투입설비, 소각설비로 나누어진다.

④ 소각되는 폐기물 유형은 도시고형폐기물, 사업장폐기물, 지정폐기물, 하수 슬러지 등이다.

> **해설**
> 화학적 처리방법에 속하며 무게와 부피를 줄이기에 효과적일 뿐만 아니라 열의 형태로 에너지를 얻을 수도 있어 점차 사용비율이 증가하는 추세이다.
> 폐기물 처리단계 중 중간처리단계에 해당하며, 쓰레기 연소 시 발생하는 유독 가스로 2차 공해를 유발할 수 있다.
> 소각시설의 공정은 크게 저장 및 투입설비, 소각설비, 오염방지설비 및 배출시설로 나누어진다. **[정답 ④]**

141 폐기물 소각에 의한 온실가스 배출에 대한 내용으로 옳지 않은 것은?

① 고형 및 액상폐기물의 연소로 인해 CH_4 및 N_2O가 배출된다.
② 바이오매스 폐기물의 소각으로 인한 CO_2배출은 생물학적 배출량이므로 배출량 산정 시 제외하고, 화석연료로 인한 폐기물의 소각으로 인한 CO_2는 배출량에 포함한다.
③ 폐기물 소각으로 인한 CO_2배출은 mass-balance 방법에 따라 폐기물의 화석탄소 함량을 기준으로 산정된다.
④ 바이오매스 폐기물에는 음식물, 목재 등이 있으며, 화석연료로 인한 폐기물에는 플라스틱, 합성섬유, 폐유 등이 있다.

> **해설**
> ① 고형 및 액상폐기물의 연소로 인해 CO_2, CH_4 및 N_2O가 배출된다. **[정답 ①]**

142 다음은 생활폐기물 처리 및 처분 공정이다. '중간처리'에 해당하는 처리시스템이 아닌 것은?

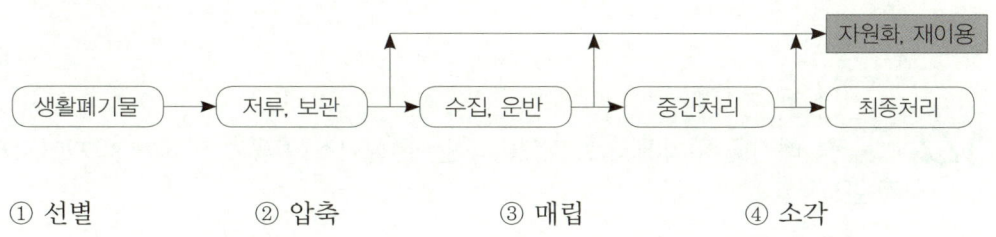

① 선별　　② 압축　　③ 매립　　④ 소각

해설

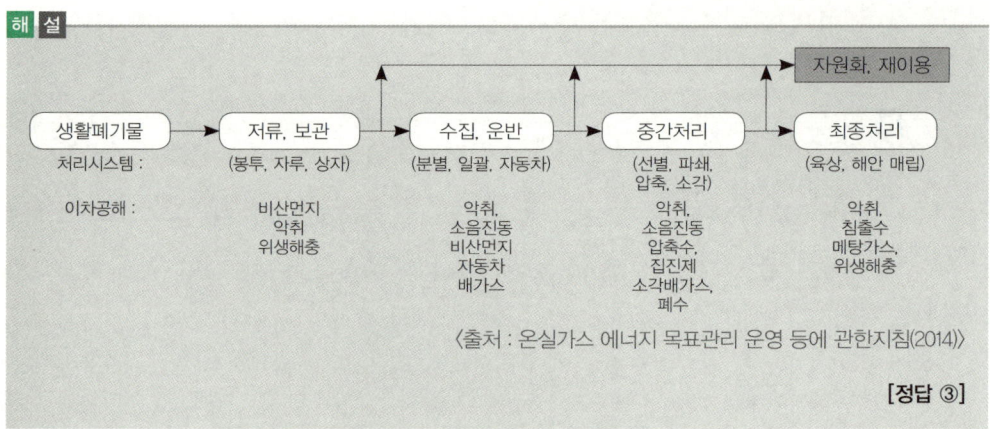

〈출처 : 온실가스 에너지 목표관리 운영 등에 관한지침(2014)〉

[정답 ③]

143 다음 내용이 설명하는 폐기물 소각 시설은?

제조공정 중에 발생되는 각종 휘발성유기물질이나 가연성가스 또는 냄새가 심하게 나는 물질들을 모아 산화시키는 시설을 말한다. 크게 나누어 직접연소시설, 촉매산화시설 등이 있다.

① 폐가스소각시설 ② 일반폐기물 소각시설
③ 소각보일러 ④ 특정폐기물 소각시설

해설
- 일반폐기물 소각시설 : 특별히 고안된 폐쇄구조에서 일반폐기물을 연소시켜 그 양을 감소하든지 재이용할 수 있게 하는 시설을 말한다. 소각시설의 구조에 따라 크게 나누어 단실소각시설, 다실소각시설, 이동다실소각시설로 구분한다.
- 소각보일러 : 폐기물 등을 소각시켜 발생되는 열을 회수하여 보일러를 가동하고 이때 생산되는 증기나 열을 작업공정이나 난방 등에 재이용할 목적으로 보일러 등 열회수장치가 설치된 소각시설을 말한다.
- 특정폐기물 소각시설 : 특별히 고안된 폐쇄구조에서 특정폐기물을 연소시켜 그 양을 감소하든지 재이용할 수 있게 하는 시설을 말한다. 소각시설 구조에 따라 크게 나누어 단실소각시설, 다실소각시설, 이동다실소각시설로 구분한다.

[정답 ①]

144 다음 중 폐기물 처리에서 보고해야 하는 온실가스 종류가 바르게 짝지어지지 않은 것은?

① 고형폐기물의 매립 – CH_4
② 폐기물의 소각 – CH_4, N_2O
③ 고형폐기물의 생물학적 처리 – CH_4, N_2O
④ 하수처리 – CH_4, N_2O

> **해설**
> 폐기물의 소각 – CO_2, CH_4, N_2O
>
> [정답 ②]

145. 간접배출시설에 대한 내용으로 옳지 않은 것은?

① 온실가스 간접배출이란 관리업체가 외부로부터 공급된 전기 또는 열을 사용함으로써 발생되는 온실가스 배출을 말한다.
② 간접적 온실가스 배출을 산정하는 것은 이러한 정보가 향후 온실가스와 관련된 다양한 프로그램에 적용될 수 있기 때문이다.
③ 사업장에서 외부로부터 공급된 전기·열을 사용하는 설비는 기계설비, 조명설비, 환기설비, 냉·난방 설비 등 그 종류가 매우 다양하다.
④ 외부 전기·열 사용에 따른 온실가스 간접배출은 모든 시설에 대하여 구분하지 않고 사업장 단위로 보고할 수 있다.

> **해설**
> 제품생산 용도가 아닌 업무용 건물, 폐기물처리시설, 전력 다소비 시설인 전기아크로에 대해서는 전기사용량과 이에 따른 간접배출량을 구분하여 산정·보고하여야 한다.
>
> [정답 ④]

146. 다음 그림은 A 사업장과 B 사업장의 에너지 공급 흐름을 간략히 나타낸 것이다. 옳지 않은 것을 고르시오.

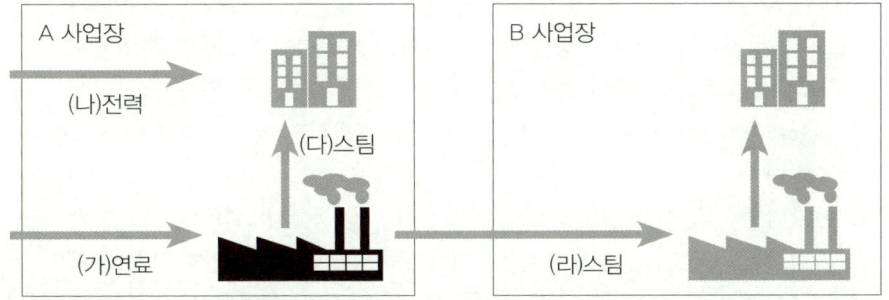

① (가)는 A사업장이 구매한 연료로서 A사업장의 직접배출에 해당한다.
② (나)는 A사업장이 외부로부터 공급받은 전력으로서 A사업장의 간접배출에 해당한다.
③ (다)는 A사업장이 자체 생산한 스팀사용으로서 A사업장의 스팀에 대한 간접적 온실가스 배출량산정에 포함한다.
④ (라)는 A사업장이 B사업장에 판매한 스팀으로서 B사업장의 간접배출에 해당한다.

> **해설**
> 사업장이 자체 생산한 스팀을 사용한 경우 간접적 온실가스 배출량산정에서 제외한다. [정답 ③]

147 외부전기 사용에 대한 내용으로 틀린 것은?

① 관리업체가 소유 및 통제하는 설비와 사업활동에 의한 전력사용으로 인해 발생하는 간접적 온실가스 배출은 연료연소, 원료사용 등으로 인한 직접적 온실가스 배출과 함께 관리업체의 온실가스 배출량에 포함되어야 한다.
② 전력이용에 의한 간접배출은 관리업체의 조직경계 내에 발전설비가 위치하여 생산된 전력을 자체적으로 사용할 경우를 포함한다.
③ 특수한 경우를 제외하고, 외부에서 공급받은 전력사용량은 전력량계 등 법정계량기로 측정된 사업장별 총량 단위의 전력사용량을 사용한다.
④ 전력간접배출계수는 한국전력거래소에서 제공한 값을 사용한다.

> **해설**
> 관리업체의 조직경계 내에 발전설비가 위치하여 생산된 전력을 자체적으로 사용할 경우는 고정연소에 의한 직접배출에 해당하므로 간접배출에서 제외한다. [정답 ②]

148 열(스팀)을 공급받는 경우에 대한 설명으로 틀린 것은?

① 관리업체가 소유 및 통제하는 설비와 사업활동을 위해 외부업체가 생산한 열(스팀)을 사용하는 경우 관리업체는 온실가스 배출량 보고에서 제외한다.
② 열(스팀)은 열(스팀) 생산을 목적으로 하는 시설을 통하여 공급될 수도 있으나, 열병합 발전설비 또는 폐기물 소각시설 등에서의 열(스팀)회수를 통하여 공급될 수도 있다.
③ 열병합 발전설비 또는 폐기물 소각시설을 통하여 열(스팀)을 공급받을 경우에는 전력 간접배출과 구분하여 열(스팀)간접배출계수를 개발하여 사용해야 한다.
④ 열(스팀)을 생산하여 외부로 공급하는 업체가 자체적으로 열(스팀) 간접배출계수를 제공할 수 없는 경우에는 센터가 검증·공표하는 국가 고유의 열(스팀) 간접배출계수 등을 활용한다.

> **해설**
> 관리업체가 소유 및 통제하는 설비와 사업활동에 의한 외부로부터 공급받은 열(스팀)을 사용하는 경우, 이는 관리업체의 온실가스 간접배출활동으로서 이에 대한 배출량을 산정하여 보고해야 한다. [정답 ①]

149 오존층파괴물질(ODS)의 대체물질 사용에 대한 온실가스 배출에 관한 내용으로 옳지 않은 것은?

① 불소계 온실가스는 화학 산업이나 전자 산업 등에서 제품 생산 공정 중에 사용되기도 하지만 생산된 설비의 충진물 등 다양한 용도로 소비되기도 한다.
② 온실가스·에너지목표관리제에서 정의하는 ODS의 대체물질은 제품 제작단계에서 주입 또는 사용되는 양을 별도 보고 대상으로 한다.
③ 전기 설비를 제외한 사용단계에서의 탈루성 배출도 보고대상에 포함되어야 한다.
④ ODS의 대체물질사용에 해당하는 전기 설비에는 주로 SF_6와 PFCs가 사용되며 송전과 배전 중 전기 설비에서 전기 절연체와 전류 차단제로 사용된다.

해설
전기 설비를 제외한 사용단계에서의 탈루성 배출은 보고대상으로 하지 않는다. [정답 ③]

150 다음 중 오존층파괴물질(ODS)의 대체물질 사용에 해당하지 않는 것은?

① 소방 부문의 HFCs와 PFCs가 사용
② 전기 설비의 SF_6와 PFCs의 사용
③ 자동차 생산공정의 CO_2 용접
④ 냉동 및 냉방설비의 HFCs 사용

해설
자동차 생산공정의 CO_2 용접은 기타온실가스배출에 해당함. [정답 ③]

참고문헌

- 환경부(2014). 온실가스·에너지 목표관리제 운영 등에 관한 지침.
- 환경부(2016). 온실가스·에너지 목표관리제 운영 등에 관한 지침.
- 국립환경인력개발원(2013). 온실가스검증심사원(보) 철강·금속분야 이론교재
- 국립환경인력개발원(2013). 온실가스검증심사원(보) 철강·금속분야 부교재
- 국립환경인력개발원(2013). 온실가스검증심사원(보) 화학분야 이론교재
- 국립환경인력개발원(2013). 온실가스검증심사원(보) 화학분야 부교재
- 국립환경인력개발원(2017). 온실가스검증심사원(보) 폐기물분야 이론교재
- 한국환경공단(2012). 온실가스 MRV
- 국립산림과학원(2007), 산림부문 온실가스흡수원·배출원 인벤토리 평가
- 한국환경공단(2012). 온실가스 MRV 부록(온실가스 배출량 산정방법 및 실습)

MEMO

온실가스산업기사/산업기사

제3과목

온실가스 산정과 데이터 품질관리

PART 01 배출활동별, 시설규모별 산정

1. 산정등급(Tier) 분류체계

① Tier 1 : 활동자료, IPCC 기본 배출계수(기본 산화계수, 발열량 등 포함)를 활용하여 배출량을 산정하는 기본방법론
② Tier 2 : Tier 1보다 더 높은 정확도를 갖는 활동자료, 국가 고유 배출계수 및 발열량 등 일정부분 시험·분석을 통하여 개발한 매개변수 값을 활용하는 배출량 산정방법론
③ Tier 3 : Tier 1, 2보다 더 높은 정확도를 갖는 활동자료, 사업자가 사업장·배출시설 및 감축기술단위의 배출계수 등 상당부분 시험·분석을 통하여 개발하거나 공급자로부터 제공받은 매개변수 값을 활용하는 배출량 산정방법론
④ Tier 4 : 굴뚝자동측정기기 등 배출가스 연속측정방법을 활용한 배출량 산정방법론

2. 배출량에 따른 시설규모 분류

① A 그룹 : 연간 5만톤 미만의 배출시설
② B 그룹 : 연간 5만톤 이상, 연간 50만톤 미만의 배출시설
③ C 그룹 : 연간 50만톤 이상의 배출시설

3. 배출활동별 및 시설규모별 산정등급(Tier) 최소 적용기준

1) 연소시설에서 에너지이용에 따른 온실가스 배출

배출활동	산정 방법론			연료 사용량			순발열량			배출계수			산화계수		
시설규모	A	B	C	A	B	C	A	B	C	A	B	C	A	B	C
1. 고정연소															
①고체연료	1	2	3	1	2	3	2	2	3	1	2	3	1	2	3
②기체연료	1	2	3	1	2	3	2	2	3	1	2	3	1	2	3
③액체연료	1	2	3	1	2	3	2	2	3	1	2	3	1	2	3
2. 이동연소															
①항공	1	1	2	1	1	2	2	2	2	1	1	2	–	–	–
②도로	1	1	2	1	1	2	2	2	2	1	1	2	–	–	–
③철도	1	1	1	1	1	1	2	2	2	1	1	1	–	–	–
④선박	1	1	1	1	1	1	2	2	2	1	1	1	–	–	–

2) 탈루 배출

배출활동	산정 방법론			연료 사용량/제품 생산량			순발열량			배출계수		
시설규모	A	B	C	A	B	C	A	B	C	A	B	C
1. 석탄 채굴 및 처리 활동	1	2	3	1	2	3	–	–	–	2	2	3
2. 석유 산업	1	2	3	1	2	3	–	–	–	2	2	3
3. 천연가스 산업	1	2	3	1	2	3	–	–	–	2	2	3

3) 제품 생산 공정 및 제품사용 등에 따른 온실가스 배출

배출활동	산정 방법론			연료 사용량/제품 생산량			순발열량			배출계수		
시설규모	A	B	C	A	B	C	A	B	C	A	B	C
3. 광물산업												
① 시멘트생산	1	2	3	1	2	3	–	–	–	1	2	3
② 석회생산	1	2	2	1	2	2	–	–	–	1	2	2
③ 탄산염사용	1	2	2	1	2	2	–	–	–	1	2	2
④ 인산 생산	1	2	3	1	2	3	–	–	–	2	2	3
4. 석유정제활동												
① 수소제조공정	1	2	3	1	2	3	–	–	–	1	2	3
② 촉매재생공정	1	1	3	1	1	3	–	–	–	1	1	3
③ 코크스 제조공정	1	1	1	1	2	3	–	–	–	1	2	3
5. 화학산업												
① 암모니아 생산	1	1	1	1	2	2	–	–	–	1	2	2
② 질산 생산	1	1	1	1	2	2	–	–	–	1	2	2
③ 아디프산 생산	1	1	1	1	2	3	–	–	–	1	2	3
④ 카바이드 생산	1	1	1	1	2	2	–	–	–	1	2	2
⑤ 소다회 생산	1	1	1	1	2	2	–	–	–	1	2	2
⑥ 석유화학제품생산	1	2	3	1	2	3	–	–	–	1	2	3
⑦ 불소화합물 생산	1	2	3	1	2	3	–	–	–	1	2	3
⑧ 카프로락탐 생산	2	2	3	1	2	3	–	–	–	2	2	3
6. 금속산업												
① 철강생산	1	2	3	1	2	3	–	–	–	1	2	3
② 합금철 생산	1	2	3	1	2	3	–	–	–	1	2	3
③ 아연 생산	1	2	3	1	2	3	–	–	–	1	2	3
④ 납 생산	1	2	3	1	2	3	–	–	–	1	2	3
⑤ 마그네슘 생산	1	2	3	1	2	3	–	–	–	2	2	3
7. 전자산업												
① 반도체/LCD/PV	1	2	2	1	2	2	–	–	–	1	2	2
② 열전도 유체	1	1	1	1	2	3	–	–	–	–	–	–
8. 기타												
① 연료전지	1	2	3	1	2	3	–	–	–	2	2	3

4) 오존층 파괴물질(ODS)의 대체물질 사용 등

배출활동	산정 방법론			ODS 대체물질 사용량			순발열량			배출계수		
시설규모	A	B	C	A	B	C	A	B	C	A	B	C
8. 오존층파괴물질의 대체물질 사용	1	1	1	1	1	1	–	–	–	1	1	1
9. 기타온실가스 배출	–	–	–	–	–	–	–	–	–	–	–	–

5) 폐기물 처리과정에서의 온실가스 배출

배출활동	산정 방법론			폐기물처리량			순발열량			폐출계수		
시설규모	A	B	C	A	B	C	A	B	C	A	B	C
10. 폐기물의 처리												
① 고형폐기물 매립	1	1	1	1	1	1	–	–	–	1	1	1
② 고형폐기물의 생물학적 처리	1	1	1	1	1	1	–	–	–	1	1	1
③ 폐기물의 소각	1	1	1	1	2	3	–	–	–	1	2	3
④ 하수처리	1	1	1	1	1	1	–	–	–	1	1	1
⑤ 폐수처리	1	1	1	1	1	1	–	–	–	1	1	1

6) 외부 전기 및 열(스팀) 사용에 따른 온실가스 간접배출

배출활동	산정 방법론			ODS 대체물질 사용량			순발열량			배출계수		
시설규모	A	B	C	A	B	C	A	B	C	A	B	C
11. 외부 전기사용	1	1	1	2	2	2	–	–	–	2	2	2
12. 외부 열·증기사용	1	1	1	2	2	2	–	–	–	3	3	3

> **확인문제**
>
> 1. 온실가스·에너지 목표관리제 하에서 관리업체 A의 기체연료 고정연소시설 배출량이 621,000톤으로 산정되었다고 한다면, 온실가스 배출량 산정 방법론에 대한 최소 산정등급은?
>
>   ① Tier 1　　　② Tier 2　　　③ Tier 3　　　④ Tier 4
>
>   **해설** 500,000톤 이상은 Tier 3이다.　　　　　　　　　　　　　　　　　　　　[정답 ③]

> **확인문제**
>
> 2. 온실가스·에너지 목표관리제 하에서 산정등급(Tier)과 배출계수 적용에 관한 설명으로 가장 거리가 먼 것은?
>
>   ① Tier 1 – IPCC 기본 배출계수 활용
>   ② Tier 2 – 국가고유 배출계수 사용
>   ③ Tier 3 – 사업장·배출시설별 배출계수 사용
>   ④ Tier 4 – 전 세계 공통의 배출계수 사용
>
>   **해설** Tier 4 는 굴뚝자동측정기기 등 배출가스 연속측정방법을 활용한 배출량 산정방법론이다.　　　[정답 ④]

4. 온실가스 배출량 및 에너지 소비량 기준

1) 관리업체(업체) 지정 온실가스 배출량 및 에너지 소비량 기준

구분	온실가스 배출량 (kilotonnes CO_2-eq)	에너지 소비량 (terajoules)
2011년 12월 31일까지	125 이상	500 이상
2012년 1월 1일부터	87.5 이상	350 이상
2014년 1월 1일부터	50 이상	200 이상

2) 관리업체(사업장) 지정 온실가스 배출량 및 에너지 소비량 기준

구분	온실가스 배출량 (kilotonnes CO_2-eq)	에너지 소비량 (terajoules)
2011년 12월 31일까지	25 이상	100 이상
2012년 1월 1일부터	20 이상	90 이상
2014년 1월 1일부터	15 이상	80 이상

확인문제

다음은 B업체의 사업장별 온실가스 배출량과 에너지 소비량을 나타낸 표이다. 표를 보고 물음에 답하시오.

투자안	온실가스 배출량 ($tCO2$-eq)	에너지 소비량(TJ)
본사	1,000	5
E공장	5,000	20
F공장	25,000	100
G공장	4,000	15
H공장	8,000	30

2014년 현재, B업체는 온실가스·에너지 목표관리제 관리업체(업체, 사업장) 지정 기준에 의거 무엇으로 지정되는가?

해설
B업체의 총 온실가스 배출량 및 에너지 소비량은 43,000tCO_2-eq, 170TJ로 업체지정 기준(50,000tCO_2-eq, 200TJ)을 충족하지 못하나, F공장의 경우 사업장지정 기준(15,000tCO_2-eq, 80TJ)을 모두 충족한다.

[정답 F공장 사업장 지정]

3) 온실가스 소량배출사업장 기준

온실가스 배출량($ktCO_2$-eq)	에너지 소비량(TJ)
3 미만	55 미만

확인문제

1. 온실가스·에너지 목표관리제 하에서 온실가스 소량배출사업장의 에너지 소비량(terajoules)기준은?

   ① 55 미만　　② 65 미만　　③ 75 미만　　④ 85 미만

   해설
   소량배출사업장의 에너지 소비량(terajoules) 기준은 온실가스 배출량(tCO_2-eq)은 3000, 에너지 소비량(TJ)은 55 미만이다.　　**[정답 ①]**

확인문제

2. 외부 열 및 증기를 사용하여 온실가스 배출시 배출량 산정기준에 대한 설명 중 틀린 것은?

   ① 시설규모B그룹일 경우 산정방법론은 Tier 1을 적용한다.
   ② 시설규모A그룹일 경우 외부에너지사용량은 Tier 2를 적용한다.
   ③ 시설규모B그룹일 경우 간접배출계수는 Tier 3을 적용한다.
   ④ 시설규모C그룹일 경우 외부에너지 사용량은 Tier 3을 적용한다.

   해설
   시설규모와 관계없이 모두 외부에너지사용량은 Tier 2를 적용하고, 산정방법론은 Tier 1적용, 배출계수는 Tier 3(외부전기 사용은 배출계수 Tier 2를 적용하고 나머지는 열과 동일함)을 적용한다.　　**[정답 ④]**

PART 02 모니터링 유형

1. 모니터링 유형 개요

1) 측정기기의 기호 및 종류

WH	상거래 또는 증명에 사용하기 위한 목적으로 측정량을 결정하는 법정계량에 사용하는 측정기기로서 계량에 관한 법률 제2조에 따른 법정계량기	가스미터, 오일미터, 주유기, LPG 미터, 눈새김탱크, 눈새김탱크로리, 적산열량계, 전력량계 등 법정계량기
FL	관리업체가 자체적으로 설치한 계량기로서, 국가표준기본법 제14조에 따른 시험기관, 교정기관, 검사기관에 의하여 주기적인 정도검사를 받는 측정기기	가스미터, 오일미터, 주유기, LPG 미터, 눈새김탱크, 눈새김탱크로리, 적산열량계, 전력량계 등 법정계량기 및 그 외 계량기
FL	관리업체가 자체적으로 설치한 계량기이나, 주기적인 정도검사를 실시하지 않는 측정기기	

2) 활동자료 수집에 따른 모니터링 유형

모니터링 유형	세부 내용
A 유형 (구매량 기반 모니터링 방법)	• 연료 및 원료의 공급자가 상거래 등의 목적으로 설치·관리하는 측정기기를 이용하여 배출시설의 활동자료를 모니터링하는 방법 • 연료나 원료 공급자가 상거래를 목적으로 설치·관리하는 측정기기(WH)와 주기적인 정도검사를 실시하는 내부 측정기기(FL)를 사용하여 활동자료를 결정하는 방법

모니터링 유형	세부 내용
B 유형 (교정된 측정기로 직접계량에 따른 모니터링 방법)	• 구매량 기반 측정기기와 무관하게 배출시설 활동자료를 교정된 자체 측정기기를 이용하여 모니터링하는 방법 • 배출시설별로 주기적으로 교정검사를 실시하는 내부 측정기기(FL)가 설치되어 있을 경우 해당 측정기기를 활용하여 활동자료를 결정하는 방법
C 유형 (근사법에 따른 모니터링 유형)	• 각 배출시설별 활동자료를 구매 연료 및 원료 등의 메인 측정기기(WH) 활동자료에서 타당한 배분방식으로 모니터링 하는 방법 • 각 배출시설별 활동자료를 구매단가, 보증된 배출시설 설계 사양 등 정부가 인정하는 방법을 이용하여 모니터링 하는 방법
D 유형 (기타 모니터링 유형)	• D유형은 A~C 유형 이외 기타 유형을 이용하여 활동자료를 수집하는 방법

① A-1 유형

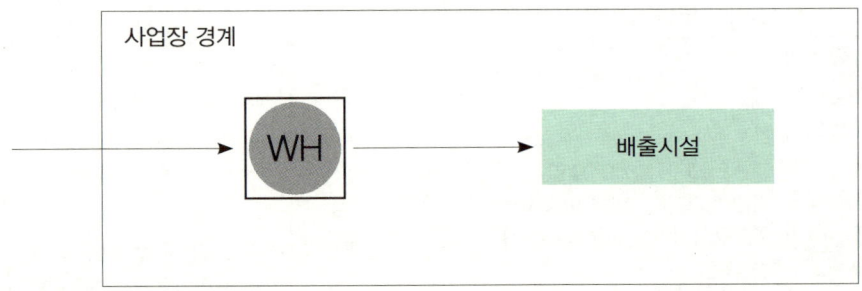

A-1 유형은 연료 및 원료 공급자가 상거래 등을 목적으로 설치·관리하는 측정기기(WH)를 이용하여 연료사용량 등 활동자료를 수집하는 방법이다. 이는 주로 전력 및 열(증기), 도시가스를 구매하여 사용하는 경우 혹은 화석연료를 구매하여 단일 배출시설에 공급하는 경우에 적용할 수 있다.

해당 항목	관련자료
구매전력	전력공급자(한국전력)가 발행한 전력요금청구서
구매 열 및 증기	열에너지 공급자가 발행하고 열에너지 사용량이 명시된 요금청구서, 열에너지 사용 증빙문서
도시가스	도시가스 공급자(도시가스 회사)가 발행하고 도시가스 사용량이 기입된 요금청구서
화석연료	판매/공급자가 발행하고 구입량이 기입된 요금청구서 또는 Invoice

② A-2 유형

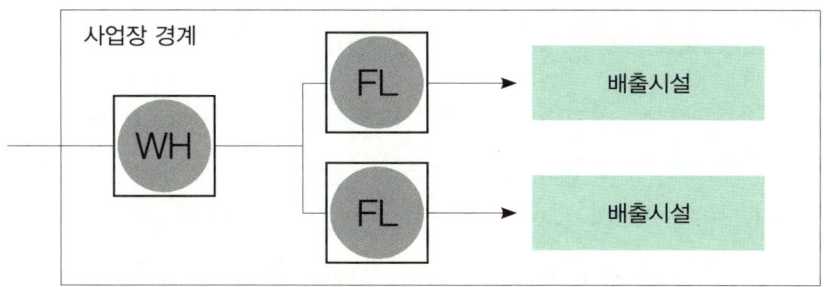

A-2 유형은 연료 및 원료 공급자가 상거래 등을 목적으로 설치·관리하는 측정기기(WH)와 주기적인 정도검사를 실시하는 내부 측정기기(FL)가 같이 설치되어 있을 경우 활동자료를 수집하는 방법이다. 배출시설에 다수의 교정된 측정기기가 부착된 경우, 교정된 자체 측정기기 값을 사용하는 것을 원칙으로 한다. 다만 전체 활동자료 합계와 거래용 측정 측정기기의 활동자료를 비교할 수 있으며 구매거래용 측정기기(WH) 값과 교차 분석하여 관리하여야 한다.

③ A-3 유형

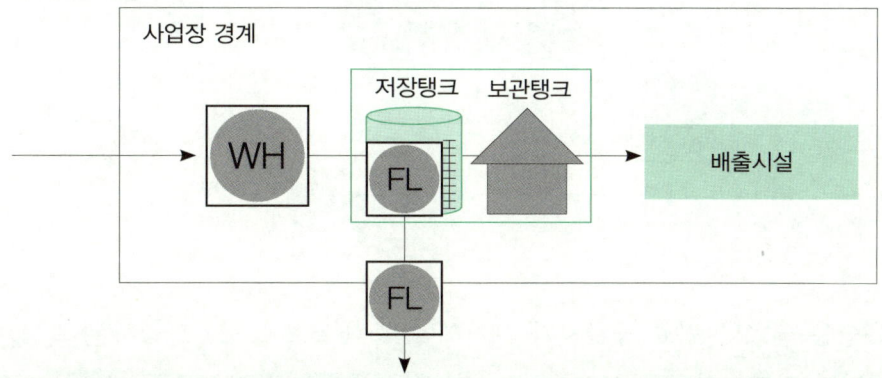

해당 항목	관련자료
액체 화석연료	연료공급자가 발행하고 구입량이 기입된 요금청구서 기타 연료공급자 및 사업자(구매자)가 합의하는 측정방식에 따른 계측값
저장탱크의 재고량	정도관리되는 모니터링 기기로 측정한 저장탱크의 수위 데이터
보관탱크 입고량	연료공급자가 발행한 구입량이 기입된 요금청구서(용기수량, 용기용량 등)
보관탱크 재고량	보관된 물품량(용기수량, 용기용량 등)

해당 항목	관련자료
판매량	사업자가 연료의 판매목적으로 설치하여 정도관리하는 모니터링 기기의 측정값, 기타, 사업자와 연료구매자가 합의하는 측정방식에 따른 계측값

A-3 유형은 연료·원료 공급자가 상거래를 목적으로 설치·관리하는 측정기기(WH)와 주기적인 정도검사를 실시하는 내부 측정기기(FL)를 모두 사용하여 활동자료를 수집하는 방법이다. 저장탱크에서 연료나 원료가 일부 저장되어 있거나, 일부를 판매하거나 그 외 기타 목적으로 외부로 이송하는 경우에 적용할 수 있다. 이 유형은 주로 화석연료의 사용, 불소계 온실가스를 구매하여 사용하는 경우에 적용할 수 있다. 아래 식에 따라서 연료 및 원료의 구매량, 재고량, 판매량 등의 물질수지를 활용하여 활동자료를 결정할 수 있다.

> 활동자료 = 신규구매량 + (회계년도시작일 재고량 - 차기년도 시작일 재고량)
>   - 기타용도(판매·이송 등) 사용량

④ A-4 유형

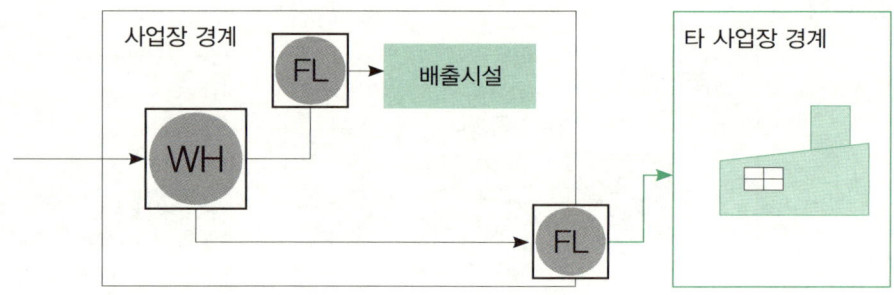

A-4 유형은 연료나 원료 공급자가 상거래를 목적으로 설치·관리하는 측정기기(WH)와 주기적인 정도검사를 실시하는 내부 측정기기(FL)를 사용하며 연료나 원료 일부를 파이프 등을 통해 연속적으로 외부 사업장이나 배출시설에 공급할 경우 활동자료를 결정하는 방법이다. 이 경우 타사업장 공급 측정기기는 주기적인 정도검사를 실시하는 측정기기를 사용하여 활동자료를 수집하여야 하며, 사업장에서 조직경계 외부로 판매하거나 공급한 양을 제외하여 배출시설의 활동자료를 결정한다.

⑤ B 유형

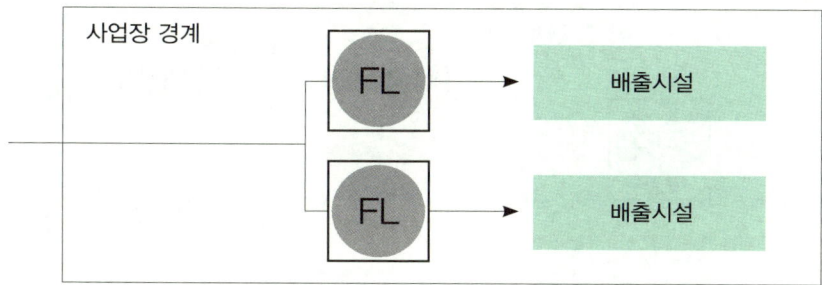

B 유형은 배출시설별로 정도검사를 실시하는 내부 측정기기(FL)가 설치되어 있을 경우 해당 측정기기를 활용하여 활동자료를 결정하는 방법이다. 이 유형은 구매기준 등 비교·확인할 수 있는 기준 활동량 없이 내부 교정된 측정기기를 활용하여 모니터링하는 유형이다.

⑥ C-1 유형

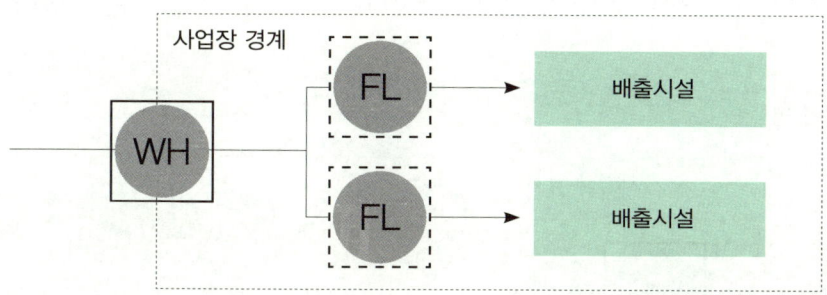

C-1 유형은 구매한 연료 및 원료, 전력 및 열에너지를 정도검사를 받지 않은 내부 측정기기를 이용하여 활동자료를 분배·결정하는 방법이다. 이 경우 사업장 총 사용량은 공급업체에서 제공된 연료 및 원료량을 바탕으로 하되 각 배출시설별로는 정도검사를 받지 않은 내부 측정기기의 측정값을 이용하여 활동자료를 분배·결정하는 방법이다. 가능하다면, 이때 아래 예시와 같은 유형으로 산출한 활동자료값과 비교하여 큰 차이가 없어야 한다.

⑦ C-2 유형

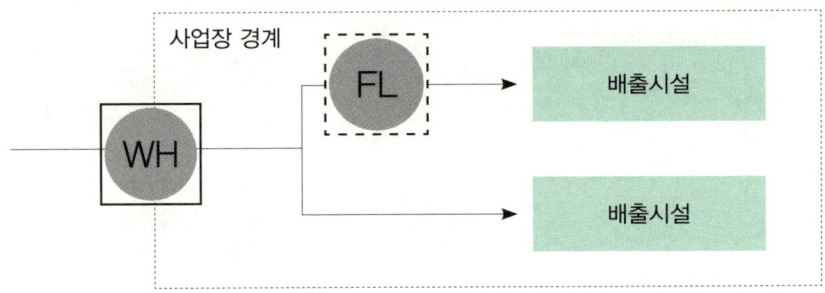

C-2 유형은 구매한 연료 및 원료, 전력 및 열 에너지를 측정기기가 설치되지 않았거나 일부 시설에만 설치되어 있는 배출시설로 공급하는 경우 배출시설별 활동자료를 결정할 수 있는 근사법이다. 관리업체는 배출시설별로 측정기기가 설치되지 않았거나 검·교정 등 정도검사를 받지 않은 측정기기가 일부 시설에만 설치되어 있을 경우. 이때 총 사용량은 공급업체에서 제공된 연료 및 원료량을 바탕으로 하되 각 배출시설별로는 정도검사를 받지 않은 내부 측정기기의 측정값, 배출시설 및 공정상의 운전기록일지, 물 사용량, 근무일지, 생산일지 등을 활용하여 활동자료를 분배·결정하는 방법이다.

⑧ C-3 유형

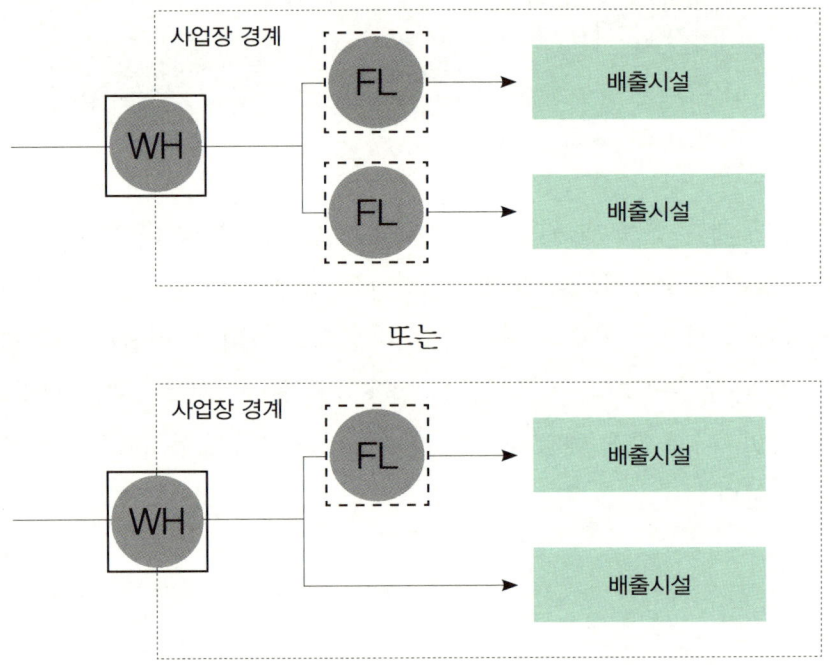

C-3유형은 연료 및 원료 공급자가 상거래 등을 목적으로 설치·관리하는 측정기기(WH), 주기적인 정도검사를 실시하는 내부 측정기기(FL)와 주기적인 정도검사를 실시하지 않는 내부 측정기기(FL)가 같이 설치되어 있거나 측정기기가 없을 경우 활동자료를 수집하는 방법이다.

⑨ C-4 유형

C-4 유형은 연료의 사용량을 측정하는데 있어 생산 공정으로 투입된 원료 및 연료의 누락 값, 공정과정의 변환으로 투입된 원료 및 연료의 누락 값, 시설의 변형 및 장애로 인한 원료 및 연료의 누락 값, 유량계의 정확도나 정밀도 시험에서 불합격할 경우 및 오작동 등이 발생할 경우 등 각각의 누락데이터에 대한 대체 데이터를 활용·추산하여 활동자료를 결정하는 방법이다. 데이터의 누락이 발생할 경우 배출시설의 활동자료인 "연료(원료) 사용량"에 상관관계가 가장 높은 활동자료를 선정하여 이를 바탕으로 추정의 타당성을 설명하여야 한다. 예를 들어 고장난 측정기기의 유량측정값은 유용하지 않고, 측정기기의 질량 및 유량측정은 제품생산량으로 추정하여야 한다. 즉 이전의 제품생산량 대비 연료 유량값과 질량값을 추정한다.

$$결측기간의\ 연료(또는\ 원료)\ 사용량 = \frac{정상기간\ 중\ 사용된\ 연료(또는\ 원료)\ 사용량(Q)}{정상기간\ 중\ 생산량(P)} \times 결측기간\ 총\ 생산량(P)$$

⑩ C-5 유형

C-5 유형은 사업장에서 운행하고 있는 차량 등의 이동연소 부문에 대하여 적용할 수 있는 방법으로, 아래 식과 같이 차량별 연료의 구매비용(주유 영수증 등)과 연료별 구매단가를 활용하여 차량별 연료 사용량을 결정할 수 있다.

$$연료사용량 = \sum \frac{연료별\ 이동연소\ 배출원별\ 연료구매비용}{연료별\ 이동연소\ 배출원별\ 구매단가}$$

⑪ C-6 유형

C-6 유형은 사업장에서 운행하고 있는 차량 등의 이동연소 부문에 대하여 적용 가능한 방법으로 차량별 이동거리 자료를 자료와 연비 자료를 활용하여 계산에 따라 연료 사용량을 결정하는 방식이다.

$$연료사용량 = \sum \frac{연료별\ 이동연소\ 배출원별\ 주행거리(km)}{연료별\ 이동연소\ 배출원별\ 연비(km/l)}$$

⑫ 모니터링 기타 유형 (D)

D유형은 A~C 유형 이외 기타 유형을 이용하여 활동자료를 수집하는 방법으로서, 제99조에 따른 모니터링 계획에 세부 사항을 포함하여야 한다.

2. 모니터링 유형 C(근사법에 따른 모니터링)를 적용할 수 있는 배출시설

① 식당 LPG, 비상발전기, 소방펌프 및 소방설비 등 저배출원
② 이동연소배출원 (사업장에서 개별 차량별로 온실가스 배출량을 산정하는 경우를 의미한다)
③ 타 사업장 또는 법인과의 수급계약서에 명시된 근거를 이용하여 활동자료를 배출시설별로 구분하는 경우
④ 기타 모니터링이 불가능하다고 관장기관이 인정하는 경우

3. 모니터링 계획

1) 정의

온실가스 배출량 등의 산정에 필요한 자료와 기타 온실가스·에너지 관련 자료의 연속적 또는 주기적인 감시·측정 및 평가에 관한 세부적인 방법, 절차, 일정 등을 규정한 계획

2) 모니터링 계획에 포함되어야 할 항목

① 사업장의 조직경계에 대한 세부내용(사업장의 위치, 조직도, 시설배치도 등을 포함한다. 단, 동일한 형태의 시설이 다수인 경우 대표 시설에 대한 세부내용으로 갈음할 수 있다)
② 배출시설 및 배출활동의 목록과 세부 내용
③ 각 배출활동별 배출량 산정방법론(계산방식 또는 측정방식) 및 산정등급(Tier)의 적용현황과 이와 관련된 내용
④ 온실가스 배출량 등의 산정·보고와 관련된 품질관리(QC) 및 품질보증(QA)의 내용
⑤ 활동자료의 설명 및 수집방법 등 온실가스 배출량 등의 모니터링에 관한 내용
⑥ 이 지침에서 요구하는 산정등급(Tier)과 관련하여 활동자료의 불확도 기준의 준수여부에 대한 설명
⑦ 이 지침에서 요구하는 산정등급(Tier)을 준수하지 못하는 경우 이를 준수하기 위한 조치 및 일정 등에 관한 사항
⑧ 배출시설 단위 고유 배출계수 등을 개발 또는 적용하여야 하는 관리업체의 경우에는 고유 배출계수 등의 개발계획 또는 개발방법, 시험 분석 기준 및 그에 따른 결과 등에 관한 설명
⑨ 연속측정방법을 사용하는 관리업체의 경우에는 굴뚝자동측정기기 설치시기, 굴뚝자동측정기기에 의한 배출량 산정방법 적용시기 등에 관한 설명
⑩ 조직경계, 배출활동, 배출시설, 배출량 산정방법론 및 산정등급(Tier) 등과 관련하여 이전 방법론 대비 변동사항에 대한 비교·설명 자료

3) 모니터링 계획 작성 원칙

① 준수성 : 모니터링 계획은 배출량 산정 및 모니터링 계획 작성에 대한 기준을 준수하여 작성하여야 한다.

② 완전성 : 관리업체는 조직경계 내 모든 배출시설의 배출활동에 대해 모니터링 계획을 수립·작성하여야 한다. 모든 배출원이란, 신·증설, 중단 및 폐쇄, 긴급 상황 등 특수상황에 배출시설 및 배출활동이 포함됨을 의미한다.

③ 일관성 : 모니터링 계획에 보고된 동일 배출시설 및 배출활동에 관한 데이터는 상호 비교가 가능하도록 배출시설의 구분은 가능한 한 일관성을 유지하여야 한다.

④ 투명성 : 모니터링 계획은 동 지침에서 제시된 배출량 산정 원칙을 준수하고, 배출량 산정에 적용되는 데이터 및 정보관리 과정을 투명하게 알 수 있도록 작성되어야 한다.

⑤ 정확성 : 관리업체는 배출량의 정확성을 제고할 수 있도록 모니터링 계획을 수립하여야 한다.

⑥ 일치성 및 관련성 : 모니터링 계획은 관리업체의 현장과 일치되고, 각 배출시설 및 배출활동, 그리고 배출량 산정방법과 관련되어야 한다.

⑦ 지속적 개선 : 관리업체는 지속적으로 모니터링 계획을 개선해 나가야 한다.

PART 03 온실가스 산정방법론 수립 및 배출량 산정

1. 고정연소

1) 고체연료

(1) 배출량 산정식

① Tier 1~3

$$E_{i,j} = Q_i \times EC_i \times EF_{i,j} \times f_i \times 10^{-6}$$

$E_{i,j}$: 연료(i)의 연소에 따른 온실가스(j)의 배출량(tGHG)

Q_i : 연료(i)의 사용량(측정값, ton-연료)

EC_i : 연료(i)의 열량계수(연료 순발열량, MJ/kg-연료)

$EF_{i,j}$: 연료(i)에 따른 온실가스(j)의 배출계수(kgGHG/TJ-연료)

f_i : 연료(i)의 산화계수(CH_4, N_2O는 미적용)

(2) 활동자료 (연료사용량, Q_i)

① Tier 1

사업자 또는 연료공급자에 의해 측정된 측정불확도 ±7.5% 이내의 연료사용량 자료를 활용한다.

② Tier 2

사업자 또는 연료공급자에 의해 측정된 측정불확도 ±5.0% 이내의 연료사용량 자료를 활용한다.

③ Tier 3

사업자 또는 연료공급자에 의해 측정된 측정불확도 ±2.5% 이내의 연료사용량 자료를 활용한다.

④ Tier 4

연속측정방식(CEM)을 사용한다.

(3) 배출계수($EF_{i,j}$)

① Tier 1

별표 20에 따른 IPCC 가이드라인 기본 배출계수를 사용한다. 단, 센터에서 별도의 계수를 공표할 경우 그 값을 적용한다.

② Tier 2

제91조제2항에 따른 국가 고유 배출계수를 사용한다.

③ Tier 3

제92조에 따라 사업자가 자체 개발하거나 연료공급자가 분석하여 제공한 고유 배출계수를 사용한다. 배출계수는 다음 식에 따라 개발하여 사용한다.

$$EF_{i,CO_2} = EF_{i,C} \times 3.664 \times 10^3$$

$$EF_{i,C} = C_{ar,i} \times \frac{1}{EC_i} \times 10^3$$

EF_{i,CO_2} : 연료(i)에 대한 CO_2 배출계수(kgCO_2/TJ-연료)

$EF_{i,c}$: 연료(i)에 대한 탄소 배출계수(kgC/GJ-연료)

3.664 : CO_2의 분자량(44.010)/C의 원자량(12.011)

$C_{ar,i}$: 연료(i) 중 탄소의 질량 분율(인수식, 0에서 1사이의 소수)

EC_i : 연료(i)의 열량계수(연료 순발열량, MJ/kg-연료)

④ Tier 4

연속측정방식(CEM)을 사용한다.

(4) 산화계수 (f)

① Tier 1

산화계수(f)는 기본값인 1.0을 적용한다.

② Tier 2

발전 부문은 산화계수(f) 0.99를 적용하고, 기타부문은 0.98을 적용한다. 단 센터에서 별도의 계수를 공표할 경우 그 값을 적용한다.

③ Tier 3

제92조에 따라 사업자가 자체 개발하거나 연료공급자가 분석하여 제공한 고유 산화계수를 사용한다. 단, 센터에서 별도의 계수를 공표할 경우 그 값을 적용한다.

산화계수(f)를 자체 개발할 시에는 다음 식에 따른다.

$$F_i = 1 - \frac{C_{a,i} \times A_{ar,i}}{(1-C_{ai}) \times C_{ar,i}}$$

$C_{a,i}$: 재(灰) 중 탄소의 질량 분율(비산재와 바닥재의 가중 평균, 측정값, 0에서 1사이의 소수)

$A_{ar,i}$: 연료 중 재(灰)의 질량 분율(인수식, 측정 값, 0에서 1사이의 소수)

$C_{ar,i}$: 연료 중 탄소의 질량 분율(인수식, 계산 값, 0에서 1사이의 소수)

확인문제

1. 온실가스·에너지 목표관리제 하에서 고정연소 배출량 산정시 산화계수에 관한 설명으로 옳지 않은 것은?

   ① 고체연료, 기체연료, 액체연료 모두 Tier 1의 경우 1.0을 적용한다.
   ② 고체연료 중 발전부문 Tier 2의 경우 0.98을 적용한다.
   ③ 액체연료 Tier 2의 경우 0.99를 적용한다.
   ④ 기체연료 Tier 2의 경우 0.995를 적용한다.

   해설
   고체연료 중 발전부문 Tier 2의 경우 0.99를 적용한다.   [정답 ②]

(5) 보고 대상 배출시설

① 화력발전시설

석탄, 유류 등을 연소시켜 발생된 열로 물을 끓이고 이때 발생된 증기를 압축시켜 터빈을 돌려 전기를 생산하는 시설을 말한다.

② 열병합 발전시설

압축증기터빈을 이용하는 화력발전소는 보통 연료의 에너지 함량의 35% 정도만 전력화 되며, 나머지 65%는 냉각·낭비되는데 이러한 냉각 낭비되는 에너지를 모아 별도의 시스템을 통해 공정에 재이용되거나 발전소 인근 지역의 난방 등에 사용될 수 있는 시스템으로 설계된 발전소를 말한다.

③ 발전용 내연기관

실린더 내에서 공기와 혼합된 연료를 폭발적으로 연소시켜 피스톤의 왕복운동에 의해 전기를 생산하는 시설을 말한다.

  ㉠ 도서지방용
  ㉡ 비상용
  ㉢ 수송용

④ 일반보일러 시설

  ㉠ 원통형 보일러, ㉡ 수관식 보일러, ㉢ 주철형 보일러

⑤ 공정연소시설

공정연소시설이란 상기 제시된 화력발전시설, 열병합 발전시설, 내연기관 및 일반 보일러를 제외하고, 제품 등의 생산공정에 사용되는 특정시설에 열을 제공하거나 장치로부터 멀리 떨어져 이용하기 위해 연료를 의도적으로 연소시키는 시설을 말한다. 공정연소시설의 세부 종류는 다음과 같다.

  ㉠ 건조시설
  ㉡ 가열시설 (열매체 가열을 포함한다)
  ㉢ 용융·융해시설
  ㉣ 소둔로

열처리시설의 일종이다. 강재의 기계적 성질 또는 물질적성 질을 변화시켜서 강재의 결

정조직을 조정하여 내부응력을 제거하거나 가스를 제거할 목적으로 가열냉각 등의 조작을 하는 로를 말한다.

　ⓜ 기타로

⑥ 대기오염물질 방지시설

　㉠ 배연탈황시설

대표적인 배연탈황시설의 반응은 다음과 같다.

$SO_2 + H_2O \rightarrow H_2SO_3$

$CaCO_3 + H_2SO_3 \rightarrow CaSO_3 + CO_2 + H_2O$

$CaSO_3 + 1/2O_2 + 2H_2O \rightarrow CaSO_4 \cdot 2H_2O$(석고)

$CaCO_3 + SO_2 + 1/2O_2 + 2H_2O \rightarrow CaSO_4 \cdot 2H_2O$(석고) $+ CO_2$

$CaSO_3 + 1/2H_2O \rightarrow CaSO_3 \cdot 1/2H_2O$

배연탈황시설의 온실가스 배출활동은 '탄산염(주로 석회석)의 기타공정 사용'에서 보고되어야 하며, 벤치마크 계수 또한 해당 배출활동에서 개발되어 관리되어야 한다.

　㉡ 배연탈질시설

　배연탈질기술 중 현재 건식법이 상용화되어 있으며 이는 선택적 촉매환원법(SCR, Selective Catalytic Reduction)과 선택적 비촉매환원법(SNCR, Selective Non-Catalytic Reduction)으로 구분할 수 있다. 이중 선택적 촉매환원법(SCR)은 오염물질 처리단계에서 추가적인 에너지사용(연료연소활동) 및 온실가스 배출이 발생한다.

> **확인문제**
>
> 2. 관리업체 A와 B발전소는 유연탄 1,697,622ton을 사용하여 전력을 생산하고 있다. B발전소에서 전력 생산시 온실가스 배출량 (ton CO_2eq)은 약 얼마인가?
>
> | 에너지원 | 순발열량 | 배출계수(kg/TJ) | | |
> |---|---|---|---|---|
> | | | CO_2 | CH_4 | N_2O |
> | 유연탄(연료용) | 24.9 TJ/Gg | 90,200 | 1.0 | 1.5 |
>
> **해설**
> 1,697,622ton×24.9 TJ/Gg×(90,200×1+1.0×21+1.5×310)×10^{-6}= 3,833,369
>
> [정답 ②]

2) 기체연료

(1) 배출량 산정식

① Tier 1~3

$$E_{i,j} = Q_i \times EC_i \times EF_{i,j} \times f_i \times 10^{-6}$$

- $E_{i,j}$: 연료(i)의 연소에 따른 온실가스(j)의 배출량(tGHG)
- Q_i : 연료(i)의 사용량(측정값, 천 m^3-연료)
- EC_i : 연료(i)의 열량계수(연료 순발열량, MJ/m^3-연료)
- $EF_{i,j}$: 연료(i)에 따른 온실가스(j)의 배출계수(kgGHG/TJ-연료)
- f_i : 연료(i)의 산화계수(CH_4, N_2O는 미적용)

(2) 보고 대상 배출시설

① 화력발전시설
② 열병합 발전시설
③ 발전용 내연기관
④ 일반보일러 시설
  ㉠ 원통형 보일러, ㉡ 수관식 보일러, ㉢ 주철형 보일러
⑤ 공정연소시설
  ㉠ 건조시설, ㉡ 가열시설, ㉢ 나프타 분해시설(NCC), ㉣ 폐가스 소각시설,
  ㉤ 용융·용해시설, ㉥ 소둔로, ㉦ 기타로
⑥ 대기오염물질 방지시설
  ㉠ 배연탈황시설, ㉡ 배연탈질시설

3) 액체연료

(1) 배출량 산정식

① Tier 1~3

$$E_{i,j} = Q_i \times EC_i \times EF_{i,j} \times f_i \times 10^{-6}$$

$E_{i,j}$: 연료(i)의 연소에 따른 온실가스(j)의 배출량(tGHG)
Q_i : 연료(i)의 사용량(측정값, KL-연료)
EC_i : 연료(i)의 열량계수(연료 순발열량, MJ/L-연료)
$EF_{i,j}$: 연료(i)에 따른 온실가스(j)의 배출계수(kgGHG/TJ-연료)
f_i : 연료(i)의 산화계수(CH_4, N_2O는 미적용)

(2) 보고 대상 배출시설
① 화력발전시설
② 열병합 발전시설
③ 발전용 내연기관
④ 일반보일러 시설
   ㉠ 원통형 보일러, ㉡ 수관식 보일러, ㉢ 주철형 보일러
⑤ 공정연소시설
   ㉠ 건조시설, ㉡ 가열시설, ㉢ 나프타 분해시설(NCC), ㉣ 용융·용해시설,
   ㉤ 소둔로, ㉥ 기타로
⑥ 대기오염물질 방지시설
   ㉠ 배연탈황시설, ㉡ 배연탈질시설

2. 이동연소

1) 항공

① Tier 2
제트연료를 사용하는 항공기에 적용되며, 이착륙과정(LTO 모드)과 순항과정(Cruise 모드)을 구분하여 산정한다. 배출량 산정은 「총 연료소비량 산정 → 이착륙과정 연료소비량 산정 → 순항과정의 연료소비량 산정 → 이착륙과 순항과정에서의 온실가스 배출량 산정」 순으로 진행한다.

$$E_{i,j} = E_{i,jLTO} + E_{i,j,cruise}$$

$$E_{i,j,cruise} = (Q_i - Q_{i,LTO}) \times D_i \times EF_{i,j} \times 10^{-6}$$

$E_{i,j}$: 연료(i)의 연소에 따른 온실가스(j)의 배출량(tGHG)

$E_{i,jlto}$: 연료(i)의 연소에 따른 온실가스(j)의 LTO 배출량(tGHG)

    (= LTO 횟수 × LTO 배출계수)

$E_{i,j,cruise}$: 연료(i)의 연소에 따른 온실가스(j)의 순항과정 배출량(tGHG)

Q_i : 지상에서 사용되는 연료사용량을 포함한 연료(i)의 사용량(측정값, KL-연료). 다만, 지상에서 사용되는 연료사용량 파악이 어려울 경우에는 다음과 같이 적용한다.

$$Qi = Q \times AF$$

Q : 지상부분 연료사용량이 제외된 연료사용량

AF : 연료사용량 보정계수

    (항공법 제 137조에 따라 항공기취급업을 등록한 계열회사로부터 항공기 지원 받는 경우 1.64, 그렇지 아니한 경우 2.15)

$Q_{i,LTO}$: 연료(i)의 LTO 사용량(KL연료)

    (= LTO 횟수×(연료소비량/LTO), KL-연료)

D_i : 연료(i)의 밀도(g-연료/L-연료)

$EF_{i,j}$: 연료(i)에 따른 온실가스(j)의 배출계수(kgGHG/ton-연료)

2) 도로

(1) 배출량 산정식

① Tier 1

$$E_{i,j} = Q_i \times EC_i \times EF_{i,j} \times 10^{-6}$$

$E_{i,j}$: 연료(i)의 연소에 따른 온실가스(j)의 배출량(tGHG)

Q_i : 연료(i)의 사용량(측정값, KL-연료)

EC_i : 연료(i)의 열량계수(연료 순발열량, MJ/L-연료)

$EF_{i,j}$: 연료(i)에 따른 온실가스(j)의 배출계수(kgGHG/TJ-연료)

i : 연료 종류

② Tier 2는 연료 종류별, 차종별, 제어기술별 연료사용량을 활동자료로 하고, 국가 고유 계수를 적용하여 배출량을 산정하는 방법이다.

③ Tier 3은 차량의 주행거리를 활동자료로 하고, 차종별, 연료별, 배출제어 기술별 고유 배출계수를 개발·적용하여 산정하는 방법이다. 다만 이 산정법은 CH_4, N_2O에 대해서 유효하다.

확인문제

다음은 온실가스·에너지 목표관리제 하에서 이동연소(도로)에서 Tier 3 산정방법론을 적용하여 CH_4 및 N_2O 배출량 산정시 요구되는 활동자료에 관한 설명이다. ( ) 안에 가장 적합한 것은?

> 차량의 종류, 사용 연료, 배출제어기술 등에 따른 각각의 (　　　)을/를 활동자료로 하고 측정불확도 ±2.5% 이내의 활동자료를 활용한다.

① 주행거리　　② 연료소비량　　③ 운행횟수　　④ 차량대수

해설

[정답 ①]

---

(2) 보고 대상 배출시설

종류	경형	소형	중형	대형
승용 자동차	배기량이 1000cc 미만으로서 길이 3.6미터·너비 1.6미터·높이 2.0미터 이하인 것	배기량이 1,600cc 미만인 것으로서 길이 4.7미터·너비 1.7미터·높이 2.0미터 이하인 것	배기량이 1,600cc 이상 2,000cc 미만이거나 길이·너비·높이 중 어느 하나라도 소형을 초과하는 것	배기량이 2,000cc 이상이거나, 길이·너비·높이 모두 소형을 초과 하는 것
승합 자동차	배기량이 1000cc 미만으로서 길이 3.6미터·너비 1.6미터·높이 2.0미터 이하인 것	승차정원이 15인 이하인 것으로서 길이 4.7미터·너비 1.7미터·높이 2.0미터 이하인 것	승차정원이 16인 이상 35인 이하이거나, 길이·너비·높이 중 어느 하나라도 소형을 초과하여 길이가 9미터 미만인 것	승차정원이 36인 이상이거나, 길이·너비·높이 모두가 소형을 초과하여 길이가 9미터 이상인 것
화물 자동차	배기량이 1000cc 미만으로서 길이 3.6미터·너비 1.6미터·높이 2.0미터 이하인 것	최대적재량이 1톤 이하인 것으로서, 총중량이 3.5톤 이하인 것	최대적재량이 1톤 초과 5톤 미만이거나, 총중량이 3.5톤 초과 10톤 미만인 것	최대적재량이 5톤 이상이거나, 총중량이 10톤 이상인 것

종류	경형	소형	중형	대형
특수 자동차	배기량이 1,000cc미만으로서 길이 3.6미터 · 너비1.6미터 · 높이 2.0미터 이하인 것	총중량이 3.5톤 이하인 것	총중량이 3.5톤 초과 10톤 미만인 것	총중량이 10톤 이상인 것
이륜 자동차		배기량이 100cc이하(정격출력 1킬로와트 이하)인 것으로서, 최대적재량(기타 형에 한한다)이 60킬로그램 이하인 것	배기량이 100cc초과 260cc이하(정격출력 1킬로와트 초과 1.5킬로와트 이하) 인 것으로서, 최대적재량이 60킬로그램 초과 100킬로그램 이하인 것	배기량이 260cc(정격출력 1.5킬로와트)를 초과하는 것
비도로 및 기타 자동차	건설기계, 농기계 등 비도로 차량 및 위에서 규정되지 않은 기타 차량			

3) 철도

(1) 보고 대상 배출시설

① 고속차량

② 전기기관차

③ 전기동차

④ 디젤기관차

⑤ 디젤동차

⑥ 특수차량

4) 선박

(1) 보고 대상 배출시설

① 수상항해 선박

② 어선

③ 기타 선박

3. 광물분야

1) 시멘트 생산

① Tier 1~2

$$E_i = (EF_i + EF_{toc}) \times (Q_i + Q_{CKD} \times F_{CKD})$$

E_i : 클링커(i) 생산에 따른 CO_2 배출량(tCO_2)

EF_i : 클링커(i) 생산량 당 CO_2 배출계수 (tCO_2/t-clinker)

EF_{toc} : 투입원료(탄산염, 제강슬래그 등) 중 탄산염 성분이 아닌 기타 탄소성분에 기인하는 CO_2 배출계수

　　(기본값으로 0.010tCO_2/t-clinker를 적용한다)

Q_i : 클링커(i) 생산량(ton)

Q_{CKD} : 킬른에서 시멘트 킬른먼지(CKD)의 반출량(ton)

F_{CKD} : 킬른에서 유실된 시멘트 킬른먼지(CKD)의 하소율(0에서 1사이의 소수)

> **확인문제**
>
> 관리업체인 L시멘트사는 연간 180만톤의 클링커를 생산하고 있고, 그 과정에서 시멘트킬른먼지(CKD)가 500톤 발생하나, L사는 백필터(Bag Filter)를 활용하여 유실된 CKD를 전량 회수하여 다시 킬른에 투입한다고 가정할 때 Tier1을 이용한 온실가스 배출량(tCO_2/yr)은?(단, 클링커생산량 당 CO_2 배출계수는 0.51tCO_2/t-클링커, 투입원료 중 기타 탄소성분에 기인하는 CO_2 배출계수는 0.01tCO_2/t-클링커)
>
> **해설**
> 1,800,000 ×(0.51+0.01)= 936,000
>
> [정답 936,000tCO_2/yr]

② Tier 3

　㉠ Tier 3A

$$E_i = (Q_i + EF_i) + (Q_{CKD} \times EF_{CKD}) + (Q_{toc} \times EF_{toc})$$

E_i : 클링커(i) 생산에 따른 CO_2 배출량(tCO_2)

Q_i : 클링커(i) 생산량(ton)

EF_i : 클링커(i) 생산량 당 CO_2 배출계수(tCO₂/t-clinker)
  (기본값으로 0.010tCO₂/t-clinker를 적용한다)

Q_{CKD} : 시멘트 킬른먼지(CKD) 반출량(ton)

EF_{CKD} : 시멘트 킬른먼지(CKD) 배출계수(tCO₂/t-CKD)

Q_{toc} : 원료 투입량(ton)

EF_{toc} : 투입원료(탄산염, 제강슬래그 등) 중 탄산염 성분이 아닌 기타 탄소성분에 기인하는 CO_2 배출계수
  (기본값으로 0.0073tCO₂/t-원료를 적용한다)

$$EF_i = F_{CaO} \times 0.785 + F_{MgO} \times 1.092$$

F_{CaO} : 생산된 클링커(i) 중 CaO 함량(%)

F_{MgO} : 생산된 클링커(i) 중 MgO 함량(%)

2) 석회 생산

① Tier 1

$$E_i = Q_i \times EF_i$$

E_i : 석회(i) 생산으로 인한 CO_2 배출량(tCO₂)

Q_i : 석회(i) 생산량(ton)

EF_i : 석회(i) 생산량 당 CO_2 배출계수(tCO₂/t-석회생산량)

② Tier 2

$$E_i = Q_i \times r_i \times EF_i$$

E_i : 석회(i) 생산으로 인한 CO_2 배출량(tCO₂)

Q_i : 석회(i) 생산량(ton)

r_i : 석회(i)의 순도(0에서 1사이의 소수)

EF_i : 석회(i) 생산량 당 CO_2 배출계수(tCO_2/t-석회생산량)

> **확인문제**
>
> 석회공정에서는 고온에서 석회석을 가열하여 석회를 생산하는 과정 중 이산화탄소가 발생된다. 생산된 석회가 100톤이라고 할 때 배출되는 이산화탄소의 양은?
> (단, 생산된 석회 1톤당 배출계수 : 0.75톤 CO_2)
>
> **해설**
> 100 × 0.75 = 75
>
> [정답 75톤]

3) 탄산염의 기타 공정사용

(1) 석회석 및 백운석의 사용 등

① Tier 1

$$E_i = \sum_i (Q_i \times EF_i)$$

E_i : 탄산염(i)의 기타 공정 사용에 따른 CO_2 배출량(tCO_2)
Q_i : 해당 공정에서의 소비된 탄산염(i)의 질량(ton)
EF_i : 탄산염(i) 사용량 당 CO_2 배출계수(tCO_2/t-탄산염)

② Tier 2

$$E_i = \sum_i (Q_i \times r_i \times EF_i)$$

E_i : 탄산염(i)의 기타 공정 사용에 따른 CO_2 배출량(tCO_2)
Q_i : 해당 공정에서의 소비된 탄산염(i)의 질량(ton)
r_i : 석회(i)의 순도(0에서 1사이의 소수)
EF_i : 탄산염(i) 사용량 당 CO_2 배출계수(tCO_2/t-탄산염)

③ Tier 3

$$E_i = \sum_i (Q_i \times EF_i \times r_i \times F_i)$$

E_i : 탄산염(i)의 소비에 따른 CO_2 배출량(tCO_2)
Q_i : 소비된 탄산염(i)의 질량(ton)
EF_i : 순수 탄산염(i) 사용량 당 CO_2 배출계수(tCO_2/t-탄산염)
r_i : 탄산염(i)의 순도(전체 사용량 중 순수 탄산염의 비율, 0에서 1사이의 소수)
F_i : 탄산염(i)의 기타 공정사용에서 소성율(0에서 1사이의 소수)

(2) 유리 생산

① Tier 1, 2

$$E_i = \sum [M_{gi} \times EF_i \times (1-CR_i)]$$

E_i : 유리생산으로 인한 CO_2 배출량(tCO_2)
M_{gi} : 유리(i)의 생산량(ton)(예, 용기, 섬유유리 등)
EF_i : 유리(i)의 생산에 따른 CO_2 배출계수(tCO_2/t-유리생산량)
CR_i : 유리(i)의 유리 제조 공정에서의 컬릿 비율 (0에서 1사이의 소수)

② Tier 3

$$E_i = \sum_i (M_i \times EF_i \times r_i \times F_i)$$

E_i : 유리생산으로 인한 CO_2 배출량(tCO_2)
M_i : 유리제조공정에 사용된 탄산염(i) 사용량(ton)
r_i : 탄산염(i)의 순도(전체 사용량 중 순수 탄산염의 비율, 0에서 1사이의 소수)
EF_i : 순수 탄산염(i)에 대한 CO_2 배출계수(tCO_2/t-탄산염)
F_i : 탄산염(i)의 소성비율(0에서 1사이의 소수)

③ 배출계수개발

$$EF_i = \frac{MW_{CO2}}{(Y \times MW_X + Z \times MW_{CO3\text{-}2})}$$

*가정 : 탄산염(i)의 분자식 = $X_y(CO_3)_z$

EF_i : 원료로 투입된 순수 탄산염(i)의 CO_2 배출계수(tCO_2/t-탄산염)

MW_{CO_2} : CO_2의 분자량(44.010 g/mol)

MW_X : X(알칼리 금속, 혹은 알칼리 토금속)의 분자량(g/mol)

$MW_{CO_3^{-2}}$: CO_3^{-2}의 분자량(60.009 g/mol)

Y : X의 화학양론계수(알카리토금속류 "1", 알카리금속류 "2")

Z : CO_3^{-2}의 화학양론계수

4) 마그네슘 생산

(1) 1차 생산 공정

① Tier 1

$$E_i = \sum_i (Q_i \times EF_i)$$

E_i : 마그네슘 1차 생산으로 인한 CO_2 배출량(tCO_2)
Q_i : 마그네슘 1차 생산에 사용된 탄산염(i)의 질량(ton)
EF_i : 탄산염(i)에 대한 CO_2 배출계수(tCO_2/t-탄산염)

② Tier 2

$$E_i = \sum_i (Q_i \times r_i \times EF_i)$$

E_i : 마그네슘 1차 생산으로 인한 CO_2 배출량(tCO_2)
Q_i : 마그네슘 1차 생산에 사용된 탄산염(i)의 질량(ton)
r_i : 탄산염(i)의 순도(0에서 1사이의 소수)
EF_i : 탄산염(i)에 대한 CO_2 배출계수(tCO_2/t-탄산염)

③ Tier 3

$$E_i = \sum_i (Q_i \times EF_i \times r_i \times F_i)$$

E_i : 마그네슘 1차 생산으로 인한 CO_2 배출량(tCO_2)

Q_i : 마그네슘 1차 생산에 사용된 탄산염(i)의 질량(ton)

EF_i : 탄산염(i)에 대한 CO_2 배출계수(tCO_2/t-탄산염)

r_i : 탄산염(i)의 순도(0에서 1사이의 소수)

F_i : 순수 탄산염(i)의 소성비율(0에서 1사이의 소수)

(2) 주조 공정
① Tier 1~2

$$E_j = \sum_j Q_j$$

E_j : 가스(j)의 배출량(tGHG)

Q_j : 가스(j)의 소비량(ton)

② Tier 3

$$E_j = \sum_j [Q_j \times (1 - DR_j)] + Q_p$$

E_j : 가스(j)의 배출량(tGHG)

Q_j : 가스(j)의 소비량(ton)

DR_j : 소비된 가스(j)의 파괴율(0에서 1사이의 소수)

Q_p : 2차 생성된 가스(p)의 질량(ton)

5) 인산 생산
① Tier 1~2

$$E_{CO_2} = PO \times EF$$

E_{CO_2} : 인산 생산 공정에서의 CO_2배출량(tCO_2)

PO : 사용된 인광석(phosphate ore)의 양(ton)

EF : 배출계수(tCO_2/t-인광석)

② Tier 3

$$E_i = \sum_i (Q_i \times EF_i \times r_i \times F_i)$$

E_i : 인산 생산으로 인한 CO_2 배출량(tCO_2)
Q_i : 원료나 부원료에 포함된 탄산염(i)의 질량(ton)
EF_i : 순수 탄산염(i)에 대한 CO_2 배출계수(tCO_2/t-탄산염)
r_i : 탄산염(i)의 순도(전체 사용량 중 순수 탄산염의 비율, 0에서 1사이의 소수)
F_i : 순수 탄산염(i)의 반응률(0에서 1사이의 소수)

4. 화학분야

1) 석유정제활동

(1) 수소제조 공정

① Tier 1

$$E_{i,CO_2} = FR_i \times EF_i$$

E_{i,CO_2} : 수소제조 공정에서의 CO_2 배출량(tCO_2)
FR_i : 경질나프타, 부탄, 부생연료 등 원료(i) 투입량(ton 또는 천 m^3)
EF_i : 원료(i)별 CO_2 배출계수

② Tier 2

$$E_{CO_2} = Q_{H_2} \times \frac{x\,mole\ CO_2}{(3x+1)\,mole\ H_2} \times 1.963$$

E_{CO_2} : CO_2 배출량(tCO_2)
Q_{H_2} : 수소생산량(천m^3)
$\frac{x\,mole\ CO_2}{(3x+1)\,mole\ H_2}$: 반응식 「$C_xH_{(2x+2)} + 2x \cdot H_2O \rightarrow (3x+1)H_2 + xCO_2$」에 따른 수소 1 몰 생산량 당 CO_2 발생 몰 수
1.963 : CO_2의 분자량(44.010)/표준상태 시 몰당 CO_2의 부피(22.414)

③ Tier 3

$$E_{i,CO_2} = FR_i \times EF_i \times 10^{-3}$$

E_{i,CO_2} : 수소제조 공정에서의 CO_2 배출량(tCO_2)
FR_i : 수소제조 공정가스(i) 투입량(m³, 단 H_2O는 제외)
EF_i : 수소제조 공정가스(i)의 CO_2 배출계수(tCO_2/천m³)

(2) 촉매재생공정

① Tier 1
점착된 Coke의 양을 파악할 수 없을 경우 Coke 제거를 위해 투입된 공기가 전량 연소하여 CO_2를 발생한다고 가정하여 다음과 같이 산정한다.

$$E_{CO_2} = AR \times CF \times 1.963$$

E_{CO_2} : CO_2 배출량(ton)
AR : 공기투입량(천m³)
CF : 투입공기 중 산소함량비(=0.21)
1.963 : CO_2의 분자량(44.010) / 표준상태 시 몰당 CO_2의 부피(22.414)

② Tier 3A
점착된 Coke의 양을 파악할 수 있으며, 연소된 Coke 중의 탄소가 모두 CO_2로 배출된다고 가정하여 산정한다.

$$E_{CO_2} = CC \times EF$$

E_{CO_2} : 촉매재생 공정에서의 CO_2 배출량(ton)
CC : 연소된 Coke량(ton)
EF : 연소된 Coke의 배출계수(tCO_2/t-Coke)

③ Tier 3B

촉매재생공정이 연속재생공정으로 운영되어 산소함량 변화 및 코크스 함량의 측정이 불가능한 경우는 배출시설의 규모와 상관없이 다음 방법론을 적용하여 배출량을 산정하도록 한다.

$$E_{CO_2} = AR \times CF \times 1.963$$

E_{CO_2} : 촉매재생 공정에서의 CO_2 배출량(ton)
AR : 공기투입량(천m^3)
CF : 배기가스 중 CO, CO_2 농도비의 합
1.963 : CO_2의 분자량(44.010) / 표준상태 시 몰당 CO_2의 부피(22.414)

(3) 코크스 제조 공정

① Tier 1

버너에서 연소되는 Coke의 양을 파악할 수 있으며, Coke 중의 탄소가 모두 CO_2로 배출된다고 가정하여 배출량을 산정한다.

$$E_{CO_2} = CC \times EF$$

E_{CO_2} : 코크스 제조공정에서의 CO_2 배출량(tCO_2)
CC : 연소된 Coke량(ton)
EF : 연소된 Coke의 배출계수(tCO_2/t-Coke)

2) 암모니아 생산

① Tier 1~3

$$E_{CO_2} = \sum_i \left(\sum_j (AP_{ij} \times AEF_{ij}) \right) - R_{CO_2}$$

E_{CO_2} : 암모니아 생산에 따른 CO_2의 배출량(tCO_2)

AP_{ij} : 공정(j)에서 연료(i)(천연가스 및 나프타 등) 사용에 따른 암모니아 생산량 (ton)

AEF_{ij} : 공정(j)에서 암모니아 생산량 당 CO_2 배출계수(tCO_2/t-NH_3)

R_{CO_2} : 요소 등 부차적 제품생산에 의한 CO_2 회수·포집·저장량(ton)

3) 질산 생산

① Tier 1~3

$$E_{N2O} = \sum_{k,h} [EF_{N2O} \times NAP_k \times (1 - DF_h \times ASUF_h)] \times 10^{-3}$$

E_{N2O} : N_2O 배출량(tN_2O)

EF_{N2O} : 질산 1 ton 생산당 N_2O 배출량(kgN_2O/t-질산)

NAP_k : 생산기술(k)별 질산생산량(t-질산)

DF_h : 저감기술(h)별 분해계수(0에서 1사이의 소수)

$ASUF_h$: 저감기술(h)별 저감시스템 이용계수(0에서 1사이의 소수)

4) 아디프산 생산

① Tier 1~3

$$E_{N2O} = \sum_{k,h} [EF_k \times AAP_k \times (1 - DF_h \times ASUF_h)] \times 10^{-3}$$

E_{N2O} : N_2O 배출량(tN_2O)

EF_K : 기술유형(k)에 따른 아디프산의 N_2O 배출계수(kgN_2O/t-아디프산)

AAP_k : 기술유형(k)에 따른 아디프산 생산량(ton)

DF_h : 저감기술(h)별 분해계수(0에서 1사이의 소수)

$ASUF_h$: 저감기술(h)별 저감시스템 이용계수(0에서 1사이의 소수)

5) 카바이드 생산

① Tier 1

$$E_{i,j} = AD_j \times EF_{i,j}$$

$E_{i,j}$: 카바이드 생산에 따른 온실가스(j) 배출량(tGHG)
AD_j : 활동자료(i) 사용량(ton)(사용된 원료, 카바이드 생산량)
$EF_{i,j}$: 활동자료(i)에 따른 온실가스(j) 배출계수(tGHG/t-카바이드, tGHG/t-사용된 원료)

※ 주의할 점 : 탄화칼슘(칼슘 카바이드) 생산시 탄산칼슘($CaCO_3$)을 원료로 사용할 경우, 탄산칼슘을 산화칼슘(CaO)으로 바꾸는 소성과정이 추가된다. 이에 대한 배출량 산정은 〈별표. 14 석회 생산〉을 참고하여 위 식에 의한 배출량에 추가토록 하고, 산화칼슘(CaO)을 원료로 직접 사용하는 경우에는 위 식에 의한 배출량만 산정토록 한다.

6) 소다회 생산

① Tier 1

$$E_{CO_2} = AD \times EF$$

E_{CO_2} : 소다회 생산 공정에서의 CO_2 배출량(tCO_2)
AD : 사용된 트로나(Trona) 광석의 양 또는 생산된 소다회 양(ton)
EF : 배출계수(tCO_2/t-Trona 투입량, tCO_2/t-소다회 생산량)

7) 석유화학제품 생산

① Tier 1

Tier 1 산정방법은 각 석유화학물질의 생산량을 활동자료로 하고 기본 배출계수를 활용하여 산정하는 방법이다.

$$E_{i,j} = PP_i \times EF_{i,j}$$

$E_{i,j}$: 석유화학제품(i)의 생산에 따른 온실가스(j) 배출량(tGHG)
        (j = CO_2, CH_4)
$EF_{i,j}$: 석유화학제품(i)의 온실가스(j) 배출계수(tGHG/t-제품)
PP_i : 연간 석유화학제품(i)의 생산량(ton)

② Tier 2~3

Tier 2와 3 산정방법은 원료 및 공정수준에서 탄소물질수지에 기초한 산정방법으로 각 원료소비량, 일차, 이차 생산제품의 생산량 등을 활동자료로 하고 고유 배출계수(Tier 2의 경우 국가 고유 배출계수, Tier 3의 경우 사업장 고유 배출계수)를 적용하는 방법이다.

$$E_{iCO_2} = \sum_k (FA_{i,k} \times EF_k) - \{ PP_i \times EF_i + \sum_j (SP_{ij} \times EF_{ij})\}$$

i : 1차 석유화학생산제품(반응공정의 주생산물을 의미한다)
j : 2차 석유화학생산제품(반응공정의 부생산물을 의미한다)
k : 원료(해당 반응공정으로 투입되는 에틸렌, 프로필렌, 부타디엔, 합성가스, 천연가스 등 원료를 모두 포함한다)
E_{iCO_2} : 석유화학제품(i) 생산으로부터의 CO_2 배출량(tCO_2)
$FA_{i,k}$: 석유화학제품(i) 생산에서 사용된 원료(k) 소비량(ton)
EF_k : 원료(k)의 배출계수(tCO_2/t-원료)
PP_i : 1차 석유화학제품(i) 생산량(ton)
EF_i : 1차 석유화학제품(i)의 배출계수(tCO_2/t-제품(j))
SP_{ij} : 2차 석유화학제품(j)의 생산량(ton)
EF_{ij} : 2차 석유화학제품(j)의 배출계수(tCO_2/t-제품(j))

8) 불소화합물 생산

① Tier 1

HCFC-22 또는 기타 불소화합물의 생산량과 기본배출계수를 이용하여 산정하는 방법이다. 여기에서 발생된 HFC-23은 전량 대기로 배출되는 것으로 가정하기 때문에 불확도가 상당히 높다고 한다.

$$E_{HFC-23} = EF_{default} \times P_{HCFC-22} \times 10^{-3}$$

E_{HFC-23} : HFC-23배출량(tGHG)
SP_{ij} : HFC-23 기본 배출계수(kgHFC-23 배출량/kg-HCFC-22 생산량)
EF_{ij} : 전체 HCFC-22 생산량(kg)

불소화합물 생산 Tier 3A, Tier 3B, Tier 3C

② Tier 3A(직접법)
대기로 방출되는 증기의 유량과 조성을 직접적, 지속적으로 측정 시

③ Tier 3B(프록시법)
배출에 관한 공정 변수들을 지속적으로 모니터링 할 수 있을 때

④ Tier 3C(공정 내 측정법)
 HFC-23이 생성되는 반응조에서 HFC-23의 농도를 지속적으로 측정 시

9) 카프로락탐 생산
(1) CO_2 배출공정
① Tier 2~3

$$E_{CO_2} = \sum_i (Q_i \times EF_i) - \sum_j \{ P_j \times F_j \times EF_j \}$$

E_{CO_2} : CO_2 배출량(tCO_2)
Q_i : 납사, OCE(Organic Caustic Effluents) 등 원료(i)의 사용량(ton)
EF_i : 원료(i)의 배출계수(tCO_2/t-원료)

P_j : 액상 또는 고상 탄산소다(j)의 생산량(ton)

F_j : 액상 또는 고상 탄산소다(j)의 질량 분율(0에서 1사이의 소수)

EF_j : 액상 또는 고상 탄산소다(j)의 배출계수(tCO$_2$/t-탄산소다)

② Tier 4

연속측정방식(CEM)을 사용한다.

(2) N$_2$O 배출공정

① Tier 2~3

$$E_{N_2O} = \sum_i (EF_i \times CP_i \times \sum_j [1 - (DP_j \times ASUF_j)]\} \times 10^{-3}$$

E_{N_2O} : 하이드록실아민 공정에서의 N$_2$O 배출량(tN$_2$O)

EF_i : 기술 유형(i)별 N$_2$O 배출계수(kgN$_2$O/t-카프로락탐)

CP_i : 기술 유형(i)별 카프로락탐 생산량(ton)

DP_j : 저감기술 유형(j)별 N$_2$O 분해계수(0에서 1사이의 소수)

$ASUF_j$: 저감기술 유형(j)별 저감시스템 이용계수(0에서 1사이의 소수)

5. 철강분야

1) 코크스로

① Tier 1

Tier 1 산정방법은 코크스 생산량을 기준으로 한 CO$_2$, CH$_4$ 배출량 산정방법이다.

$$E_{Coke} = Q_{Coke} \times EF_{Coke}$$

E_{Coke} : 코크스로에서의 온실가스(CO$_2$, CH$_4$) 배출량(tGHG)

Q_{Coke} : 코크스 생산량(ton)

EF_{Coke} : 온실가스(CO$_2$, CH$_4$) 배출계수(tCO$_2$/ton, tCH$_4$/ton)

> **확인문제**
>
> 코크스로를 운영하고 있는 관리업체 A에서 유연탄 15만톤을 사용하여 코크스 10만톤을 생산하였다. 이 때 Tier 1을 이용하여 온실가스 배출량을 산정할 경우 발생된 온실가스양은 몇 톤 CO_2eq인가? (단, 공정배출계수는 CO_2 : 0.56tCO_2/t코크스, CH_4 : 0.1gCH_4/t코크스)
>
> **해설**
> 100,000ton×(0.56×1+0.1×21×10−6)= 56000.21
>
> [정답 56000.21 CO_2eq]

2) 소결로(Sinter)

① Tier 1

Tier 1 산정방법은 소결물 생산량을 기준으로 CO_2, CH_4 배출량을 산정하는 방법이다.

$$E_{SI} = SI \times EF_{SI}$$

E_{SI} : 소결로에서의 연간 CO_2 및 CH_4 배출량(tGHG)

SI : 소결물 생산량(ton)

EF_{SI} : CO_2 및 CH_4 배출계수(tCO_2/ton, tCH_4/ton)

3) 고로(Blast Furnace)

사업장 내에서 발생한 부생가스가 타 공정의 연료로 사용될 경우에는 고정연소 배출활동에서 보고되어야 한다.

① Tier 1

Tier 1 산정방법은 용선 생산량을 기준으로 한 CO_2, CH_4 배출량의 산정방법이다.

$$E_{BF} = Q_{BF} \times EF_{BF}$$

E_{BF} : 고로에서의 CO_2 및 CH_4 배출량(tGHG)

Q_{BF} : 고로의 용선(pig iron) 생산량(ton)

EF_{BF} : 고로의 CO_2 및 CH_4 기본 배출계수(tCO_2/ton, tCH_4/ton)

4) 전로(Converter)

① Tier 1

Tier 1 산정방법은 조강 생산량을 기준으로 한 CO_2, CH_4 배출량의 산정방법이다.

$$E_{BOF} = Q_{BOF} \times EF_{BOF}$$

E_{BOF} : 전로에서의 CO_2 및 CH_4 배출량(tGHG)
Q_{BOF} : 전로의 조강 생산량(ton)
EF_{BOF} : 전로의 CO_2 및 CH_4 기본 배출계수(tCO_2/ton, tCH_4/ton)

5) 전기로(Electric Arc Furnace)

사업장 내에서 발생한 부생가스가 타 공정의 연료로 사용될 경우에는 고정연소 배출활동에서 보고되어야 한다.

① Tier 1

Tier 1 산정방법은 조강 생산량을 기준으로 한 CO_2, CH_4 배출량의 산정방법이다.

$$E_{EAF} = Q_{EAF} \times EF_{EAF}$$

E_{EAF} : 전기로에서의 CO_2 및 CH_4 배출량(tGHG)
Q_{EAF} : 전기로의 조강 생산량(ton)
EF_{EAF} : 전기로의 CO_2 및 CH_4 기본 배출계수(tCO_2/ton, tCH_4/ton)

② Tier 2

Tier 2 산정방법은 조강생산을 위해 사용된 원료 및 연료 사용량, 조강생산량 등을 기준으로 한 CO_2 산정방법이다.

$$E_{EAF} = (CE \times EF_{CE}) + (CA \times EF_{CA}) + \sum(O \times EF_X)$$

E_{EAF} : 전기로에서 조강생산에 따른 CO_2 배출량(tCO_2)

CE : 전기로에서 사용된 탄소전극봉의 양(ton)

CA : 전기로에 투입된 가탄제 양(ton)

O : 전로에 투입된 기타 공정물질(소결물, 페플라스틱 등)의 양(ton)

EF_X : X 물질의 배출계수(tCO_2/t)

6) 철강 생산 공정

① Tier 3 (물질수지법)

$$E_f = \sum (Q_i \times EF_i) - \sum (Q_p \times EF_p) - \sum (Q_e \times EF_e)$$

E_f : 공정에서의 온실가스(f) 배출량(tCO_2)

Q_i : 공정에 투입되는 각 원료(i)의 사용량(ton)

Q_p : 공정에서 생산되는 각 제품(p)의 생산량(ton)

Q_e : 공정에서 배출되는 각 부산물(e)의 반출량(ton)

EF_e : X 물질의 배출계수(tCO_2/t)

7) 합금철 생산

① Tier 1

$$E_{i,j} = Q_i \times EF_{i,j}$$

$E_{i,j}$: 각 합금철(i) 생산에 따른 CO_2 및 CH_4 배출량(tGHG)

Q_i : 합금철 제조공정에 생산된 각 합금철(i)의 양(ton)

$EF_{i,j}$: 합금철(i) 생산량 당 배출계수(tCO_2/t-합금철, tCH_4/t-합금철)

8) 아연 생산

① Tier 1A

$$E_{CO_2} = Zn \times EF_{default}$$

E_{CO_2} : 아연 생산으로 인한 CO_2 배출량(tCO_2)

Zn : 생산된 아연의 양(t)

$EF_{default}$: 아연 생산량 당 배출계수 (tCO_2/t-생산된 아연)

② Tier 1B, 2

$$E_{CO_2} = ET \times EF_{ET} + PM \times EF_{PM} + WK \times EF_{WK}$$

E_{CO_2} : 아연 생산으로 인한 CO_2 배출량(tCO_2)

ET : 전기 열 증류법에 의해 생산된 아연의 양(ton)

EF_{ET} : 전기 열 증류법에 대한 CO_2 배출계수(tCO_2/t-생산된 아연)

PM : 건식 야금과정에 의해 생산된 아연의 양(ton)

EF_{PM} : 건식 야금과정에 대한 배출계수(tCO_2/t-생산된 아연)

WK : Waelz Kiln 과정에 의해 생산된 아연의 양(ton)

EF_{WK} : Waelz Kiln 과정에 대한 배출계수(tCO_2/t-생산된 아연)

9) 납 생산

① Tier 1

$$E_{CO_2} = Pb \times EF_{default}$$

E_{CO_2} : 납 생산으로 인한 CO_2 배출량(tCO_2)

Pb : 생산된 납의 양(t)

$EF_{default}$: 납 생산량 당 배출계수 (tCO_2/t-생산된 납)

② Tier 2

$$E_{CO_2} = DS \times EF_{DS} + ISF \times EF_{ISF} + S \times EF_S$$

E_{CO_2} : 납 생산으로 인한 CO_2 배출량(tCO_2)
DS : 직접제련에 의해 생산된 납의 양(ton)
EF_{DS} : 직접제련에 대한 배출계수(tCO_2/t-생산된 납)
ISF : ISF(Imperial Smelt Furnace)에서 생산된 납의 양(ton)
EF_{ISF} : ISF에 대한 배출계수(tCO_2/t-생산된 납)
S : 2차 생산 공정에서의 납 생산량(ton)
EF_S : 2차 생산 공정에 대한 배출계수(tCO_2/t-생산된 납)

6. 전자산업

1) 전자산업 공정 중 Tier 2a와 Tier 2b 배출량의 산정방법 차이

Tier 2a는 가스 소비량과 배출제어 기술 등 사업장별 데이터를 기반으로 사용된 각각의 FC_s 배출량을 계산하는 방법이다. 적용된 변수들은 반도체나 TFT-FPD 제조 공정에서 사용된 가스량, 사용 후에 Bombe에 잔류하는 가스량 등이다. 배출량 산정은 공정 중 사용되는 가스 및 CF_4, C_2F_6, CHF_3, C_3F_8 등의 부생가스까지 합산해야 한다. Tier 2a 방법론은 식각·증착공정을 구분할 수 없거나 단일시설(식각 또는 증착)로 구성된 경우 적용할 수 있다. 배출제어 기술에 따른 공정별 가스제거 비율을 적용할 경우 "배출제어기술 적용에 따른 FC가스 저감효율"의 주석을 참고한다.

Tier 2b는 크게 식각과 CVD 세정 공정으로 구분하여 계수를 사용한다. 배출제어 기술에 따른 공정별 가스제거 비율을 적용할 경우 "배출제어기술 적용에 따른 FC가스 저감효율"의 주석을 참고한다.

1) 보고 대상 배출시설

① 식각시설

산이나 알카리용액에 어떤 제품을 표현처리하기 위하여 담구거나 원료 및 제품을 중화시키는 시설을 말한다. 대표적인 것으로서 전자산업에서의 화학약품을 사용하여 금속 표면을 부분적 또는 전면적으로 용해제거하는 부식(식각)시설이 있다.

② 증착시설(CVD 등)

반도체 공정에 주로 이용되는 화학기상증착법(CVD)은 기체, 액체 혹은 고체상태의 원료화합물을 반응기 내에 공급하여 기판 표면에서의 화학적 반응을 유도함으로써 반도체 기판 위에 고체 반응생성물인 박막층을 형성하는 공정이다.

7. 연료전지

① Tier 1~3

$$E_{i,CO_2} = FR_i \times EF_i$$

E_{i,CO_2} : 연료전지 공정에서의 CO_2 배출량(tCO_2)
FR_i : 원료(i) 투입량(ton)
EF_i : 원료(i)별 CO_2 배출계수(tCO_2/t-원료)

8. 폐기물분야

1) 하·폐수 처리

(1) 하수 처리(하수 및 폐수 동시처리를 포함한다)

① Tier 1

$$CH_4 Emissions = (BOD_{in} \times Q_{in} - BOD_{out} \times Q_{out} - BOD_{sl} \times Q_{sl}) \times 10^{-6} \times EF - R$$

$CH_4 Emissions$: 하수처리에서 배출되는 CH_4 배출량(tCH_4)
BOD_{in} : 유입수의 BOD_5농도(mg-BOD/L)
BOD_{out} : 방류수의 BOD_5농도(mg-BOD/L)
BOD_{sl} : 반출 슬러지의 BOD_5농도(mg-BOD/L)
Q_{in} : 유입수의 유량(m³)
Q_{out} : 방류수의 유량(m³)
Q_{sl} : 슬러지의 반출량(m³)
EF : 배출계수(kgCH_4/kg-BOD)
R : 메탄 회수량(tCH_4)

다만,

㉠ $\dfrac{R}{(BOD_{in} \times Q_{in} - BOD_{out} \times Q_{out} - BOD_{sl} \times Q_{sl}) \times 10^{-6} \times EF} \leq 0.75$ 인 경우에는 Tier 1 산정방법에 따라 발생량 및 배출량을 산정한다.

㉡ $\dfrac{R}{(BOD_{in} \times Q_{in} - BOD_{out} \times Q_{out} - BOD_{sl} \times Q_{sl}) \times 10^{-6} \times EF} > 0.75$ 인 경우에는 배출량은 다음과 같이 적용한다.

$$CH_4 \text{ 발생량} = \gamma \times \text{회수량} \times (1/0.75)$$

R(메탄 회수량, tCH_4) = 연간 바이오가스 회수량(m³ Bio-gas) × 바이오가스의 연평균 메탄농도(%, V/V) × γ(0oC, 1기압에서의 CH_4의 m³과 t의 환산계수, 0.7156×10^{-3})
이 경우, $CH_4 Emissions$ = CH_4 발생량 − R(회수량)

$$N_2 O Emissions = (TN_{in} \times Q_{in} - TN_{out} \times Q_{out} - TN_{sl} \times Q_{sl}) \times 10^{-6} \times EF \times 1.571$$

$N_2OEmissions$: 하수처리에서 배출되는 N_2O 배출량(tN_2O)
TN_{in} : 유입수의 총 질소농도, (mg-T-N/L)
TN_{out} : 방류수의 총 질소농도, (mg-T-N/L)
TN_{sl} : 반출 슬러지의 총 질소농도, (mg-T-N/L)
Q_{in} : 유입수의 유량(m^3)
Q_{out} : 방류수의 유량(m^3)
Q_{sl} : 슬러지의 반출량(m^3)
EF : 아산화질소 배출계수($kgN_2O-N/kg-T-N$)
1.571 : N_2O의 분자량(44.013)/N_2의 분자량(28.013)

(2) 폐수 처리

① Tier 1

$$CH_4 Emissions = (COD_{in} \times Q_{in} - COD_{out} \times Q_{out} - COD_{sl} \times Q_{sl}) \times EF \times 10^{-6} - R$$

$CH_4 Emissions$: 폐수처리에서 배출되는 온실가스(tCH_4)
COD_{in} : 유입수의 COD농도, (mg-COD/L)
COD_{out} : 방류수의 COD농도, (mg-COD/L)
COD_{sl} : 반출 슬러지의 COD농도, (mg-COD/L)
Q_{in} : 유입수의 유량(m^3)
Q_{out} : 방류수의 유량(m^3)
Q_{sl} : 슬러지의 반출량(m^3)
EF : 배출계수($kgCH_4/kg-COD$)
R : 메탄 회수량(tCH_4)

다만,

㉠ $\dfrac{R}{(COD_{in} \times Q_{in} - COD_{out} \times Q_{out} - COD_{sl} \times Q_{sl}) \times 10^{-6} \times EF^i} \leq 0.75$ 인 경우에는 Tier 1 산정방법에 따라 발생량 및 배출량을 산정한다.

㉡ $\dfrac{R}{(COD_{in} \times Q_{in} - COD_{out} \times Q_{out} - COD_{sl} \times Q_{sl}) \times 10^{-6} \times EF^i} > 0.75$ 인 경우에는 배출량은 다음과 같이 적용한다.

$$CH_4 \text{ 발생량} = \gamma \times \text{회수량} \times (1/0.75)$$

R(메탄 회수량, tCH_4) = 연간 바이오가스 회수량(m^3 Bio-gas) × 바이오가스의 연평균 메탄농도(%, V/V) × γ(0oC, 1기압에서의 CH_4의 m^3과 t의 환산계수, 0.7156×10^{-3})

이 경우, $CH_4 Emissions = CH_4$발생량 $- R$(회수량)

2) 폐기물의 소각

(1) 폐기물 소각분야 CO_2 배출

① Tier 1

㉠ 고상 폐기물

$$CO_2 Emissions = \sum_i (SW_i \times dm_i \times CF_i \times FCF_i \times OF_i) \times 3.664$$

$CO_2 Emissions$: 폐기물 소각에서 발생되는 온실가스 양(tCO_2)
SW_i : 폐기물 성상(i)별 소각량(t-Waste)
dm_i : 폐기물 성상(i)별 건조물질 질량 분율(0에서 1사이의 소수)
CF_i : 폐기물 성상(i)별 탄소 함량(tC/t-Waste)
FCF_i : 화석탄소 질량 분율(0에서 1사이의 소수)
OF_i : 산화계수(소각효율, 0에서 1사이의 소수)
3.664 : CO_2의 분자량(44.010)/C의 원자량(12.011)

ⓛ 액상 폐기물

$$CO_2 Emissions = \sum_i (AL_i \times CL_i \times OF_i) \times 3.664$$

$CO_2 Emissions$: 폐기물 소각에서 발생되는 온실가스 양(tCO$_2$)
AL_i : 액상폐기물의 성상(i)별 소각량(t-Waste)
CL_i : 폐기물 성상(i)별 탄소 함량(tC/t-Waste)
OF_i : 산화계수(소각효율, 0에서 1사이의 소수)
3.664 : CO$_2$의 분자량(44.010)/C의 원자량(12.011)

ⓒ 기상 폐기물

$$CO_2 Emissions = \sum_i (GW_i \times EF_i \times OF_i)$$

$CO_2 Emissions$: 폐기물 소각에서 발생되는 온실가스 양(tCO$_2$)
GW_i : 기상폐기물의 소각량(t-Waste)
CL_i : 기상폐기물(i)별 배출계수(tCO$_2$/t-Waste)
OF_i : 산화계수(소각효율, 0에서 1사이의 소수)

(2) 폐기물 소각분야 CH$_4$, N$_2$O 배출
① Tier 1

$$CH_4 Emissions = IW \times EF \times 10^{-3}$$
$$N_2 O emissions = IW \times EF \times 10^{-3}$$

$CH_4 Emissions$: 폐기물 소각에서의 CH$_4$ 배출량(tCH$_4$)
$N_2 O Emissions$: 폐기물 소각에서의 N$_2$O 배출량(tN$_2$O)

IW : 총 폐기물 소각량(ton)

EF : 배출계수($kgCH_4$/t-waste, kgN_2O/t-waste)

3) 고형폐기물의 매립

(1) 보고 대상 배출시설

① 차단형 매립시설

차단형 매립시설은 주변의 지하수나 빗물의 유입으로부터 폐기물을 안전하게 저류하기 위한 시설로서 보통 콘크리트 구조물을 설치하고 그 내·외부를 방수 처리하는 것이 일반적이다.

특히 차단형 매립시설에 매립하는 폐기물은 추가적인 분해가 필요 없는 무기성 폐기물만을 매립하여야 하며, 가능한 한 폐기물 내에 수분이 없도록 건조시킬 필요가 있다. 또한 차단형 매립시설은 폐기물 처리용량에 비하여 설치공사가 많이 소요되는 단점과 폐기물 발생량이 많은 경우에는 경제성이 결여되어 처리에 한계가 있으므로 무기성 폐기물로서 발생량이 적고 설치부지가 협소한 경우 등과 같은 특수한 경우가 아니면 설치하지 않는 것이 바람직하다.

② 관리형 매립시설

관리형 매립시설은 침출수가 매립시설에서 흘러 나가는 것을 방지하기 위해 매립시설의 바닥과 측면을 폐기물의 성질·상태, 매립 높이, 지형조건 등을 고려하여 점토류 라이너 및 토목합성수지 라이너 등의 재질로 이뤄진 차수시설을 설치·운영하는 매립시설을 일컫는다. 주요시설에는 기초지반, 저류구조물, 차수시설, 우수집배수시설, 침출수집배수시설, 침출수처리시설, 매립가스처리시설 등이 있다.

③ 비관리형 매립시설

관리형 매립시설의 설치기준에 적합하지 않은 시설을 일컫는다.

(2) 배출량 산정 방법론

① Tier 1

$$CH_4 Emissions_T = [\sum_i CHgenerated_{x,t} - R_T] \times (1-OX)$$

$$CH_4 generated_{x,t} = DDOCm,decomp_T \times F \times 1.336$$

$$DDOCm,decomp_T = DDOCma_{T-1} \times (1 - e^{-k})$$

$$DDOCma_{T-1} = DDOCmd_{T-1} + (DDOCma_{T-2} \times e^{-k})$$

$$DDOCmd_{T-1} = W_{T-1} \times DOC \times DOC_f \times MCF$$

$CH_4 Emissions_T$: T년도 메탄 배출량(tCH$_4$)

$CH_4 generated_T$: T년도 발생 가능한 최대 메탄배출량(tCH$_4$)

R_T: T년도에 회수된 메탄량(tCH$_4$)

OX: 매립지 표면에서의 산화율

$DDOCm,decomp_T$: T년도에 혐기적으로 분해된 유기탄소(tC)

F: 발생 매립가스에 대한 메탄 부피비

1.336: CH$_4$의 분자량(16.043)/C의 원자량(12.011)

$DDOCma_{T-1}$: T-1년도 말까지 누적된 유기탄소(tC)

k: 메탄 발생 속도상수

$DDOCmd_{T-1}$: T-1년도에 매립된 혐기적 분해가능한 유기탄소(tC)

W: 폐기물 매립량(t-Waste)

DOC: 분해 가능한 유기탄소 비율(tC/t-Waste)

DOC_f: 메탄으로 전환 가능한 DOC 비율

MCF: 호기성 분해에 대한 메탄 보정계수

T: 산정년도

x: 폐기물 성상

다만,

㉠ $\dfrac{R_T}{CH_4 generated_T} \leq 0.75$ 인 경우에는 Tier 1 산정방법에 따라 발생량 및 배출량을 산정한다.

ⓛ $\dfrac{R_T}{CH_4 generated_T}$ ≤ 0.75 인 경우에는 배출량은 다음과 같이 적용한다.

$$CH_4 \text{ 발생량}(CH_4 generated_T) = R_T \times (1/0.75)$$

R_T(T년도의 메탄 회수량, tCH_4) = 연간 바이오가스 회수량(㎥ Bio-gas) × 바이오가스의 연평균 메탄농도(%, V/V) × γ(0oC, 1기압에서의 CH_4의 ㎥과 t의 환산계수, 0.7156 ×10-3)

이 경우, $CH_4 Emissions_T$ = [CH_4 발생량 − R_T(회수량)] × (1 − OX)

4) 고형폐기물의 생물학적 처리
(1) 보고 대상 배출시설
① 사료화 · 퇴비화 · 소멸화 · 부숙토 생산시설
② 혐기성 분해시설

9. 석탄 채굴 및 처리활동에서의 탈루 배출

① Tier 1~2

$$E_{total} = E_{mining} + E_{postmining}$$

E_{total} : 석탄채굴에 따른 온실가스 배출량(tCH_4)
E_{mining} : 석탄채굴 과정에서 배출되는 CH_4 배출량(tCH_4)
$E_{postmining}$: 석탄채굴 후 배출되는 CH_4 배출량(tCH_4)

$$E_{mining} = Q_{coolP} \times EF_{mining} \times D_{CH_4}$$

E_{mining} : 석탄 채굴 시 CH_4 배출량(tCH_4)
Q_{coolP} : 연간 석탄 생산량(ton)

EF_{mining} : 석탄 채굴 시 온실가스(CH_4) 배출계수(m^3CH_4/ton-생산량)
D_{CH_4} : CH_4의 밀도(20℃, 1기압에서 0.6669×10^{-3} ton/m^3)

$$E_{postmining} = Q_{coolP} \times EF_{postmining} \times D_{CH_4}$$

$E_{postmining}$: 석탄 채굴 후 CH_4 배출량(tCH_4)
Q_{coolP} : 연간 석탄 생산량(ton)
$EF_{postmining}$: 석탄 채굴 시 온실가스(CH_4) 배출계수(m^3CH_4/ton-생산량)
D_{CH_4} : CH_4의 밀도(20℃, 1기압에서 0.6669×10^{-3} ton/m^3)

② Tier 3
탄광에서 발생하는 누출가스의 유량 및 가스 중 CH_4 농도를 측정하는 경우에 적용한다.

10. 석유 산업에서의 탈루 배출

① Tier 1~3

$$E_{total} = E_{refining} + E_{venting}$$

E_{total} : 석유 산업에서의 온실가스(CH_4) 탈루 배출량(tCH_4)
E_{mining} : 정제 과정에서 배출되는 CH_4 배출량(tCH_4)
$E_{postmining}$: Venting 과정에서 배출되는 CH_4 배출량(tCH_4)

$$E_{refining} = A \times EF$$

$E_{refining}$: 원유 정제활동의 탈루성 온실가스 배출량(tCH_4)
A : 원유 정제량(m^3)
EF : 원유 정제활동의 탈루성 온실가스(CH_4)의 배출계수(tCH_4/m^3)

$$E_{venting} = \sum Qv \times Cv \times D_{CH_4}$$

- $E_{venting}$: Venting 과정에서 배출되는 CH_4 배출량(tCH_4)
- Qv : Venting 가스량(m^3, 15℃, 1기압)
- Cv : Venting 가스 중 CH_4의 부피분율(0에서 1사이의 소수)
- D_{CH_4} : CH_4의 밀도(15℃, 1기압에서 0.6785×10^{-3} ton/m^3)

11. 천연가스 산업에서의 탈루 배출

① Tier 1~2

$$E_{total} = E_{저장} + E_{공급} + E_{venting}$$

- E_{total} : 천연가스 산업에서의 온실가스(CH_4) 탈루 배출량(tCH_4)
- $E_{저장}$: 저장 과정에서 배출되는 CH_4 배출량(tCH_4)
- $E_{공급}$: 공급 과정에서 배출되는 CH_4 배출량(tCH_4)
- $E_{venting}$: Venting 과정에서 배출되는 CH_4 배출량(tCH_4)

$$E_{저장} = Q_{저장} \times EF_{저장} \times 10^{-3}$$

- $E_{저장}$: 저장 과정에서 배출되는 CH_4 배출량(tCH_4)
- $Q_{저장}$: 천연가스 저장량(m^3, 15℃, 1기압)
- $EF_{저장}$: 천연가스 저장량에 따른 온실가스(CH_4) 배출계수(Gg/$10^6 m^3$)

$$E_{공급} = Q_{공급} \times EF_{공급} \times 10^{-3}$$

- $E_{공급}$: 공급 과정에서 배출되는 CH_4 배출량(tCH_4)
- $Q_{공급}$: 천연가스 공급량(m^3, 15℃, 1기압)

$EF_{공급}$: 천연가스 공급량에 따른 온실가스(CH_4) 배출계수($Gg/10^6 m^3$)

$$E_{venting} = \sum Qv \times Cv \times D_{CH_4}$$

$E_{venting}$: Venting 과정에서 배출되는 CH_4 배출량(tCH_4)
Qv : 천연가스 Venting량(m^3, 15℃, 1기압)
Cv : 천연가스 중 CH_4의 부피분율(0에서 1사이의 소수)
D_{CH_4} : CH_4의 밀도(15℃, 1기압에서 0.6785×10^{-3} ton/m^3)

12. 외부에서 공급된 전기 사용

① Tier 1

$$GHG\ Emissions = Q \times EF_j$$

$GHG\ Emissions$: 전력사용에 따른 온실가스(j)별 배출량(tGHG)
Q : 외부에서 공급받은 전력 사용량(MWh)
EF_j : 전력 간접배출계수(tGHG/MWh)
j : 배출 온실가스 종류

(2) 전력 사용에 따른 간접 온실가스 배출경로

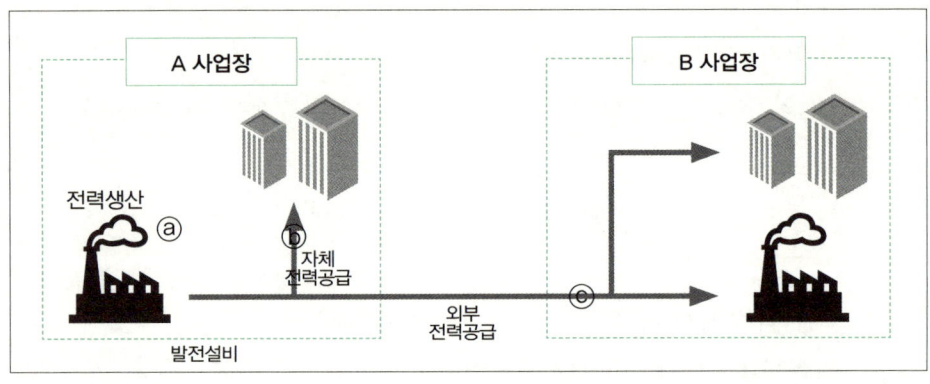

ⓐ : A 사업장 내에 위치한 발전설비에서의 전력생산에 따른 직접 온실가스 배출량(A 사업장의 직접적 온실가스 배출량으로서 보고)
ⓑ : A 사업장에서 생산한 전력을 A사업장 내에서 자체적으로 공급한 경우(전력사용에 따른 간접적 온실가스 배출량산정에서 제외)
ⓒ : A 사업장에서 생산한 전력을 B 사업장에 공급한 경우(B 사업장의 간접적 온실가스 배출량으로서 보고

13. 외부에서 공급된 열(스팀)의 사용

① Tier 1

$$GHG\ Emissions = Q \times EF_j$$

$GHG\ Emissions$: 열(스팀)사용에 따른 온실가스(j)별 배출량 (tGHG)
Q : 외부에서 공급받은 열(스팀) 사용량(TJ)
EF_j : 열(스팀) 간접배출계수(tGHG/TJ)
j : 배출 온실가스

14. 오존파괴물질(ODS)의 대체물질 사용

1) 비에어로졸 용매

① Tier 1
보통 용매는 초기 충진량의 100%가 제품을 사용하기 시작한 후 1-2년 내에 모두 배출되므로 즉각 배출로 간주한다. 용매를 충진하는 제품의 수명을 2년으로 가정하고 제품을 사용하기 시작한 첫해에 배출되는 양과 마지막 년도인 2년째에 배출될 것을 모두 고려한 배출계수를 적용한다. 이것이 Tier 1 방법이며 여기에서는 초기량의 50%를 기본 배출계수로 사용하는 것이 타당하다. 기본 배출계수 외에 HFC나 PFC의 연간 용매로서의 구매량을 알아야 배출량을 산정할 수 있다.

$$Emissions_t = S_t \times EF + S_{t-1} \times (1-EF) - D_{t-1}$$

  GHG Emissions : 열(스팀)사용에 따른 온실가스
  Emissions_t: t년도에 배출된 양*(kg)*
  S_t: t년도에 구매한 용매의 양*(kg)*
  S_{t-1}: $t-1$년도에 구매한 용매의 양*(kg)*
  EF: 배출 계수(구매한 첫 해의 배출율 = 0.5, 향후 센터에서 별도의 계수를 공표할 경우 그 값을 적용한다.)
  D_{t-1}: 조직경계 내부에서 처리하거나 조직경계 외부로 반출한 양*(kg)*

〈유의사항〉
제품 제작자는 위 배출량 산정식에서의 보고항목 중 해당 항목을 별지 제16호 서식에 따라 보고한다. 단 여기에서 보고되는 항목은 관리업체의 온실가스 총 배출량에는 합산하지 않는다.

2) 에어로졸

① Tier 1

에어로졸 제품의 수명이 2년 이하로 가정되기 때문에 초기 충진량의 50%를 기본 배출 계수로 사용한다. 그러나 구매 시점을 정의하는데 유의해야 한다. 그리고 에어로졸은 용매와 달리 제품 사용 시점을 최종 사용자에게 공급되는 시기로 정의하지 않으므로 회수나 재활용, 파기 등을 고려하지 않는다.

$$Emissions_t = S_t \times EF + S_{t-1} \times (1-EF)$$

  GHG Emissions : 열(스팀)사용에 따른 온실가스
  Emissions_t: 연간 배출량 *(kg)*
  S_t: t년도에 구매한 에어로졸 제품에 포함된 *HFC*와 *PFC*의 양*(kg)*
  S_{t-1}: $t-1$년도에 구매한 에어로졸 제품에 포함된 *HFC*와 *PFC*의 양*(kg)*
  EF: 배출계수 (사용한 첫 해의 배출율 = 0.5, 향후 센터에서 별도의 계수를 공표할 경우 그 값을 적용한다.)

3) 발포제

① Tier 1 (폐쇄형 기포(closed-cell) 발포제)

폐쇄형 기포 발포제에 의한 온실가스 배출량을 산정할 때는 연간 발포제 생산에 사용된 총 HFC의 양과 첫해의 손실계수 및 연간 손실 계수, 폐기 시 발생량을 고려하고 회수와 파기에 의해 제거되는 양도 제외해주어야 한다. 그리고 발포제 생산과정에서 제품수명과 현재 사이에 사용된 불소계 온실가스의 양(Bankt)도 포함해야한다.

$$Emissions_t = M_t \times EF_{FYL} + Bank_t \times EF_{AL} + DL_t - RD_t$$

$Emissions_t$: t년도의 연간 closed-cell 발포제 의한 배출량(kg/yr)

M_t: t년도에 closed-cell 발포제 생산에 사용된 총 HFC의 양(kg/yr)

EF_{FYL}: 첫 해의 손실 배출계수(0에서 1사이의 소수, 향후 센터에서 국가 배출계수를 공표하면 그 값을 적용한다.)

$Bank_t$: closed-cell 발포제 생산과정에서 $t-n$과 t년 사이의 HFC 몰입량(kg)

EF_{AL}: 연간 손실 배출계수(0에서 1사이의 소수, 향후 센터에서 국가 배출계수를 공표하면 그 값을 적용한다.)

DL_t: t년도의 회수나 파기에 의한 HFC 배출 방지량(kg)

n: 폐쇄형 기포 발포제의 수명

$t-n$: 발포제 안에서 HFC가 존재하고 있는 총 기간

② Tier 1 (개방형 기포(open-cell) 발포제)

개방형 발포제에서는 첫 해의 손실 배출계수(EFFYL)가 100% 이므로 위의 폐쇄형 발포제의 산정식은 아래와 같이 단순화된다.

$$Emissions_t = M_t$$

$Emissions_t$: t년도에 open-cell 발포제 생산에 따른 배출량(kg)

M_t: t년도에 open-cell 발포제 생산에 사용된 총 HFC의 양(kg)

4) 냉동 및 냉방

① Tier 1~2

Tier 1~2 방법은 배출계수법으로서 하위용도별 냉동 및 냉방설비에 냉매를 주입하기 위해 저장 보관하는 용기에서의 탈루, 신규 설비의 냉매 초기 주입(신규 냉동 및 냉방설비 제조) 과정에서의 탈루, 설비의 사용(유지보수 포함) 및 폐기시점에서의 탈루를 반영한 배출계수를 각각 적용해야 한다.

$$E_{total,t} = E_{containers,t} + E_{charge,t} + E_{lifetime,t} + E_{end\text{-}of\text{-}life,t}$$

$E_{total,t}$: t년도의 냉동 및 냉방 부문의 총 배출량(kg)

㉠ 보관단계

$$E_{containers,t} = RM_t \times c / 100$$

$E_{containers,t}$: t년도의 HFC 용기(container)에서의 총 배출량(kg)
RM_t: t년도의 저장용기에 보관하고 있는 온실가스 규모(kg)
c: 현재 냉동 시장의 HFC 용기에 대한 배출계수(%) (IPCC 기본계수의 중간값인 6% 적용, 향후 센터에서 국가 배출계수를 공표하면 그 값을 적용한다.)

㉡ 충진단계

$$E_{charge,t} = M_t \times k / 100$$

$E_{charge,t}$: t년도의 냉동 및 냉방설비 제조 및 조립 시 발생하는 탈루 배출량(kg)
M_t: t년도의 새 설비에 충진하는 HFC의 양(kg)
k: t년도의 새 설비를 생산할 때 손실되는 HFC에 대한 배출계수 (%) (향후 센터에서 국가 배출계수를 공표하면 그 값을 적용한다.)

ⓒ 사용단계

$$E_{lifetime,t} = B_t \times x / 100$$

$E_{lifetime,t}$: t년도의 냉동 및 냉방설비 사용과정에서의 HFC 배출량(kg)
B_t: t년도의 냉동 및 냉방설비 안에 존재하는 HFC의 bank양(kg)
B_t = 냉매용량 − 과거 보고된 배출량의 누적값
x: t년도에 냉동 및 냉방설비를 사용하는 과정에서 탈루, 유지 보수 시 발생하는 손실 및 누출되는 HFC의 연간 누출율(%) (향후 센터에서 국가 배출계수를 공표하면 그 값을 적용한다.)

ⓓ 폐기단계

$$E_{end\text{-}of\text{-}life} = M_{t\text{-}d} \times p / 100 \times (1 - \eta rec, d / 100)$$

$E_{end\text{-}of\text{-}life}$: t년도의 냉동 및 냉방설비 폐기 시의 HFC 배출량(kg)
$M_{t\text{-}d}$: t-d년도에 새 냉동 및 냉방설비 설치 시 처음 충전한 HFC의 양(kg)
p: 충전 총량 대비 폐기 시 설비 안에 남은 HFC의 양의 비율(%, 향후 센터에서 국가 배출계수를 공표하면 그 값을 적용한다.)
$\eta rec, d$: 폐기 시 회수율(%)
※ 회수율은 시설 폐기 시 재활용 또는 파괴목적으로 회수한 가스량과 잔여량의 비율(회수량/잔여량)을 사업장에서 산정하여 사용한다. 단, 회수율은 100%를 초과할 수 없다.

5) 소방

① Tier 1

$$Emissions_t = Bank_t \times EF + RRL_t$$

$$Bank_t = \sum_{i=t_o}^{t}(Production_i + Imports_i - Exports_i - Destruction_i - Emissions_{i\text{-}1}) - RRL_t$$

$Emissions_t$: t년도의 소방 설비로부터의 불소계 온실가스 배출량(kg)

$Bank_t$: t년도에 소방 설비로부터의 불소계 온실가스 $bank(kg)$

EF: 매년 소방 설비에서 배출되는 불소계 온실가스의 비율

　　　　(고정설비 IPCC 기본값은 2%, 휴대장비의 IPCC기본값은 4% 적용, 향후 센터에서 국가 배출계수를 공표하면 그 값을 적용한다. 단위 없음)

RRL_t: 회수, 재활용, 폐기시의 배출량(kg)

$Production_t$: t년간 소방 설비 사용을 위해 새로 제공된(재활용된) 약품량(kg)

$Imports_t$: 소방 설비의 약품 수입량(kg)

$Exports_t$: 소방 설비의 약품 수출량(kg)

$Destruction_t$: 소방 설비 폐기에 의해 수집 및 파기된 약품의 양(kg)

15. 기타 온실가스 배출

1) 요소수 사용에 따른 온실가스 배출

① Tier 1~3

보통 용매는 초기 충진량의 100%가 제품을 사용하기 시작한 후 1-2년 내에 모두 배출되므로 즉각 배출로 간주한다. 용매를 충진하는 제품의 수명을 2년으로 가정하고 제품을 사용하기 시작한 첫해에 배출되는 양과

$$E_{CO_2} = Q_i \times r_i \times EF_i$$

ECO_2: 요소수(i)의 반응에 따른 CO_2의 배출량(tCO_2)

Q_i: 요소수(i)의 사용량$(ton$-요소수$)$

r_i: 요소수(i)의 순도$(0$에서 1사이의 소수$)$

EF_i: 요소수(i)에 따른 CO_2의 배출계수$(tCO_2/t$-요소수$)$

2) 아세틸렌 사용에 따른 온실가스 배출
① Tier 1~3

$$E_{CO_2} = Q_i \times r_i \times EF_i$$

ECO_2: 아세틸렌(i)의 반응에 따른 CO_2의 배출량(tCO_2)

Q_i: 아세틸렌(i)의 사용량$(ton\text{-}아세틸렌)$

r_i: 아세틸렌(i)의 순도$(0에서 1사이의 소수)$

EF_i: 아세틸렌(i)에 따른 CO_2의 배출계수$(tCO_2/t\text{-}아세틸렌)$

3) 황연제거설비의 탄화수소류 사용에 따른 온실가스 배출
① Tier 1~3

$$E_{CO_2} = [Q_i \times r_i \times EF_i \times X_{ie}] + [Q_j \times r_j \times EF_j \times Y_{je}]$$

ECO_2: 탄화수소$(i),(j)$의 반응에 따른 CO_2의 배출량(tCO_2)

Q_i: 탄화수소(i)의 사용량$(ton\text{-}탄화수소)$

r_i: 탄화수소(i)의 순도$(0에서 1사이의 소수)$

EF_i: 탄화수소(i)에 따른 CO_2의 배출계수$(tCO_2/t\text{-}탄화수소)$

X_{ie}: 탄화수소(i)의 혼합비$(0에서 1사이의 소수)$

Q_i: 탄화수소(j)의 사용량$(ton\text{-}탄화수소)$

r_i: 탄화수소(j)의 순도$(0에서 1사이의 소수)$

EF_i: 탄화수소(j)에 따른 CO_2의 배출계수$(tCO_2/t\text{-}탄화수소)$

Y_{je}: 탄화수소(j)의 비율$(0에서 1사이의 소수)$

4) 식각·증착 시설에서의 N₂O 등 non-FC 가스 사용에 따른 온실가스 배출
① Tier 1~3

$$non\text{-}FC_{gas} = (1-h) \times non\text{-}FC_j \times (1-U_j) \times (1-a_j \times d_j) \times 10^{-3}$$

$non\text{-}FC_{gas}$: N₂O 등 non-FC 가스(j)의 배출량$(tGHG)$

$non\text{-}FC_j$: N₂O 등 non-FC 가스(j)의 소비량(kg)

h: 가스 *Bombe* 내의 잔류비율(0에서 1사이의 소수, 기본값은 0.10)

U_j: 가스(j)의 사용비율(0에서 1사이의 소수, 공정 중 파기되거나 변환된 비율)

a_j: 배출제어기술이 있는 공정 중의 가스(j)의 부피 분율(0에서 1 사이의 소수)

d_j: 배출제어기술에 의한 가스(j)의 저감효율(0에서 1사이의 소수)

PART 04 품질관리/품질보증

1. 품질관리(Quality Control)

1) 정의
배출량 산정결과의 품질을 평가 및 유지하기 위한 일상적인 기술적 활동의 시스템을 의미하며, 배출량 산정담당자에 의해 수행

2) 품질관리(Quality Control) 활동의 목적
① 자료의 무결성, 정확성, 완전성을 보장하기 위한 일상적·일관적인 검사의 제공
② 오류 및 누락의 확인 및 설명
③ 배출량 산정자료의 문서화 및 보관, 모든 품질관리 활동의 기록

> **확인문제**
>
> 온실가스·에너지 목표관리제 하에서 품질관리의 목적으로 거리가 먼 것은?
>
> ① 자료의 무결성, 정확성, 완전성을 보장하기 위한 일상적이고 일관적인 검사의 제공
> ② 오류 및 누락의 확인 및 설명
> ③ 배출량 산정자료의 문서화 및 보관, 모든 품질관리 활동의 기록
> ④ 발생된 오류의 책임소재 파악
>
> **해설**
>
> [정답 ④]

2. 품질보증(Quality Assurance)

배출량 산정(명세서 작성 등) 과정에 직접적으로 관여하지 않은 사람에 의해 수행되는 검토 절차의 계획된 시스템을 의미하며, 독립적인 제3자에 의해 수행되는 것.

> **확인문제**
>
> ( ) 안에 들어갈 용어로 가장 적합한 것은?
>
> (A)은/는 배출량 산정(명세서 작성 등) 과정에 직접적으로 관여하지 않은 사람에 의해 수행되는 검토 절차의 계획된 시스템을 의미하고, (B)은/는 배출량 산정결과의 품질을 평가 및 유지하기 위한 일상적인 기술적 활동의 시스템이다.
>
> **해설**
>
> [정답 A: 품질보증(Quality Assurance), B: 품질관리(Quality Control)]

3. 리스크

1) 리스크의 분류

① 피검증자에 의해 발생하는 리스크
- 고유리스크 : 검증대상의 업종 자체가 가지고 있는 리스크(업종의 특성 및 산정방법의 특수성 등)
- 통제리스크 : 검증대상 내부의 데이터 관리구조상 오류를 적발하지 못할 리스크

② 검증팀의 검증 과정에서 발생하는 리스크
- 검출리스크 : 검증팀이 검증을 통해 오류를 적발하지 못할 리스크

2) 리스크 분석의 목적

① 문서검토 결과를 바탕으로 온실가스 배출시설 관련 데이터 관리상의 취약점 및 중요한 불일치를 야기하는 불확도 또는 오류 발생 가능성을 평가함으로써 적절한 대응

절차를 결정하기 위함
② 검증팀은 피검증자에 의해 발생하는 리스크를 평가하고, 그 정도에 따라 검증계획을 수립함으로써 전체적인 리스크를 낮은 수준으로 억제할 필요가 있다.

4. 데이터 샘플링 계획

검증팀은 현장검증을 실시하기 전에 검증 의견을 도출하기 위하여 현장에서 확인해야 할 데이터(활동자료, 매개변수 산정에 사용된 자료 및 방문해야 할 사업장 등)의 종류, 데이터 샘플링 방법 및 검증방법에 대한 계획

검증팀은 주요배출시설 및 주요 리스크가 발생할 가능성이 높은 것에 해당하는 경우 및 리스크 분석 결과 오류 발생 가능성이 높게 평가된 항목에 대하여 샘플 수를 늘리는 등 우선적으로 샘플링 계획에 반영하여야 한다. 주요배출시설은 온실가스 배출량의 총량 대비 누적합계가 100분의 (95)를 차지하는 배출시설을 말한다.

- 리스크 기반 접근법

데이터 샘플링 계획을 수립하기 위한 방법론

- 합리적 보증수준

검증기관(팀)은 합리적 보증수준이 가능하도록 데이터 샘플링 계획을 수립하여야 한다.

- 조치요구 사항

검증팀은 문서검토 및 현장검증 결과 수집된 자료에 대한 평가를 완료한 후, 발견사항을 정리한다. 온실가스 배출량 내지 에너지 소비량, 그리고 이들의 산정에 영향을 미치는 오류로서 총배출량 산정에 직접적인 영향을 끼칠 수 있는 발견사항

- 개선권고 사항

검증팀은 문서검토 및 현장검증 결과 수집된 자료에 대한 평가를 완료한 후, 발견사항

을 정리한다. 온실가스 관련 데이터 관리 및 보고시스템의 개선 및 효율적인 운영을 위한 사항이지만 즉각적인 조치를 요구하지 않으며, 시스템의 정착 및 효율적 운영을 위해 조직 차원에서 개선활동을 추진할 수 있는 사항

5. 불확도 산정 절차 및 방법

1) 불확도의 정의

계측에 의한 값이나 계산에 의한 값 등 어떠한 자료를 이용해 도출된 추정치는 계측기에 의한 불확실성, 계측 당시 환경 조건이 표준 조건과 차이에 의한 불확실성, 산정식에 의한 불확실성 등 다양한 불확실성 요인에 의해 영향을 받게 된다. 이에 따라 추정치는 미지의 참값과의 편차(Bias)를 보이게 되며, 추정치가 반복 측정값인 경우는 평균값을 중심으로 무작위(Ramdom)로 분산되는 양상을 보인다. 이러한 편차와 분산을 유발하는 불확실성 요인을 정량화하여 불확도(Uncertainty)로 표현하고 있다.

2) 불확도 산정절차

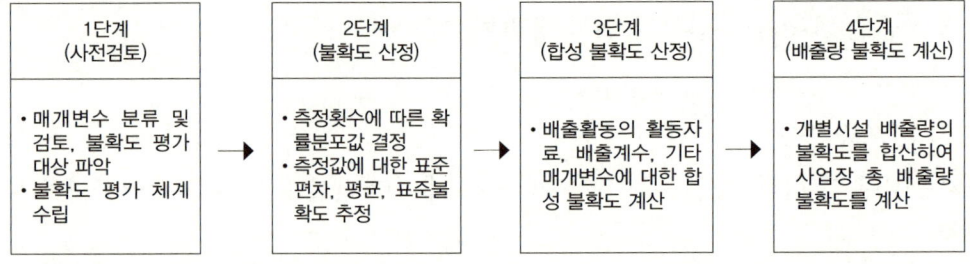

(1) 사전검토 (1단계)

관리업체 내 배출시설 및 배출활동에 대하여 배출량 산정과 관련한 매개변수의 종류, 측정이 필요한 자료, 불확도를 발생시키는 요인 등을 파악하고 규명하는 단계이다. 예를 들면 배출량 산정 시 실측법을 활용할 경우 농도, 배출가스 유량 등이 불확도와 연관되는 자료이다. 계산법을 적용할 경우 활동자료와 발열량, 배출계수, 산화계수 등 각각의 변수들이 온실가스의 측정 불확도와 연관된 변수들이다. 불확도 산정을 위한 사전검

토 단계에서 각 매개변수별 자료값의 취득방법(예, 단일계측기, 다수계측기, 외부 시험기관 분석 등)을 검토하여 불확도 값을 구하기 위한 체계를 수립한다.

(2) 불확도 산정(2단계)

불확도 산정은 신뢰구간에 의해 접근된다. 따라서 매개변수의 불확도는 보통 통계학적 방법으로 시료 수, 측정값 등을 통하여 신뢰구간과 오차범위 형태로 제시된다. 일반적으로 온실가스 배출량 산정과 관련한 불확도의 산정에서는 표본채취에 대한 확률분포가 정규분포를 따른다는 가정 하에 95%의 신뢰구간에서 불확도를 추정하는 것을 요구한다. 특정 매개변수와 관련된 불확도의 추정절차는 다음과 같다.

① 활동자료 표본수에 따른 확률분포값을 계산

아래 제시된 [참고자료]-'표본수(n)에 따른 포함인자(t)를 구하기 위한 t-분포표'를 활용하여 활동자료 등의 측정횟수(표본횟수)에 따른 포함인자(t)를 결정한다. 이는 표본의 확률밀도함수가 t-분포를 따른다는 가정 하에 표본으로부터 얻은 측정값이 특정 구간에 존재할 때의 포함인자(t)는 신뢰수준과 표본수(n)에 의해 결정된다.

② 측정값에 대한 통계량(표본 평균과 표본 표준편차), 표준불확도, 확장불확도 계산

표본평균($\overline{x}$)과 표본표준편차(s)를 「식-1」, 「식-2」에 따라 각각 구한다.

$$\overline{x} = \frac{1}{n}\sum_{k=1}^{n} x_k, \qquad \text{(식-1)}$$

$$s = \sqrt{\frac{1}{n-1}\sum_{k=1}^{n}(x_k - \overline{x})^2} \qquad \text{(식-2)}$$

측정값이 정규분포를 따른다고 가정하면 표준불확도(표준오차)는 평균($\overline{x}$)의 표준편차로서 「식-3」에 따라 구한다.

$$U_s = \frac{s}{\sqrt{n}} \qquad \text{(식-3)}$$

매개변수(p)의 확장불확도는 95% 신뢰수준에서의 포함인자(t)와 표본수(n), 표준편차(s)를 이용하여 「식-4」에 의해 구한다.

$$U_p = t \times \frac{s}{\sqrt{n}} \qquad \text{(식-4)}$$

$\overline{x}$: 표본측정값의 평균
n : 표본채취(샘플링) 횟수
x_k : 개별 표본의 측정값
s : 표본측정값의 표준편차
U_s : 표본측정값의 표준불확도(표준오차)
U_p : 95% 신뢰수준에서의 확장불확도
t : t-분포표에 제시된 95% 신뢰수준에서의 포함인자

③ 각 매개변수에 대한 상대확장불확도(Ui) 계산
t-분포표에 제시된 95% 신뢰수준에서의 포함인자(t)와 표본수(n), 표본측정값의 표준편차(s)를 이용하여 「식-5」에 따라 매개변수의 상대확장불확도(Ur,p)를 구한다.

$$U_{r,p} = \frac{U_p}{\overline{x}} \times 100 \qquad \text{(식-5)}$$

$U_{r,p}$: 매개변수 p의 상대확장불확도(%)
U_p : 매개변수 p의 확장불확도
$\overline{x}$: 표본측정값의 평균

관리업체가 보고해야 할 불확도는 「식-5」의 상대확장불확도로서 표준불확도(식-3), 확장불확도(식-4)를 단계별로 산정한 다음에 결정해야 한다.

(3) 합성 불확도 산정(3단계)

계산법에서 배출량은 일반적으로 활동자료와 배출계수를 곱하여 산정하며, 경우에 따

라서는 두 매개변수 이외에 다른 매개변수가 배출량 산정에 관여하는 경우도 있다. 배출량이 여러 매개변수의 곱으로 표현되는 경우 합성방법 중의 하나인 승산법에 따라 각 매개변수의 상대불확도를 합성하여 「식-4」에서 보는 것처럼 배출량의 불확도를 결정한다. 이 경우 개별 매개변수가 서로 독립적인 경우에 유효하다.

$$U_{r,E} = \sqrt{U_{r,A}^2 + U_{r,B}^2 + U_{r,C}^2 + U_{r,D}^2 + \cdots} \qquad \text{(식-4)}$$

$U_{r,E}$: 배출량(E)의 상대확장불확도(%)
$U_{r,A}$: 활동자료(A)의 상대확장불확도(%)
$U_{r,B}$: 배출계수(B)의 상대확장불확도(%)
$U_{r,C}$: 매개변수 C의 상대확장불확도(%)
$U_{r,D}$: 매개변수 D의 상대확장불확도(%)

> **확인문제**
>
> 승산법에 따라 온실가스 배출량의 불확도를 결정할 때 활동자료와 배출계수의 불확도가 각각 ±30%, ±20%일 경우 배출활동의 불확도는? (단, 매개변수가 서로 독립적이어서 불확도가 정규분포를 따르고, 개별 매개변수의 불확도는 60%를 초과하지 않는다.)
>
> **해설**
> $\sqrt{(0.3^2+0.2^2)} \times 100 = 36.06$ **[정답 36.06%]**

(4) 불확도의 조합 - 가감법

사업장 혹은 관리업체의 온실가스 배출량은 개별 배출원 혹은 배출시설의 합으로 표현되며, 합으로 표현되는 값에 대한 불확도는 가감법에 따라 개별 불확도를 합성하여 산정한다. 즉 「식-4」에 따라 개별 배출원 혹은 배출시설별 온실가스 배출량에 대한 불확도를 산정한 이후, 개별 배출원의 불확도로부터 사업장 혹은 관리업체의 총 배출량에 대한 불확도는 「식-5」에 의해 계산한다.

$$U_{r,E_T} = \frac{\sqrt{\sum (E_i \times U_{r,E_i}/100)^2}}{E_T} \times 100 \qquad \text{(식-5)}$$

$U_{r,ET}$: 사업장/배출시설 총 배출량(E_T)의 상대확장불확도(%)

E_T : 사업장/배출시설의 총 배출량(이산화탄소 환산 톤)

E_i : ET에 영향을 미치는 배출시설/배출활동(i)의 배출량(이산화탄소 환산 톤)

$U_{r,Ei}$: ET에 영향을 미치는 배출시설/배출활동(i)의 상대확장불확도(%)

6. 시료 채취 및 분석의 최소 주기

연료 및 원료		분석 항목	최소 분석 주기
고체 연료		원소함량, 발열량, 수분, 회(Ash) 함량	월 1회 또는 연료 입하시 (더욱 짧은 주기로 분석한다)
액체 연료		원소함량, 발열량, 밀도 등	분기 1회 또는 연료 입하시 (더욱 짧은 주기 분석한다)
기체 연료	천연가스, 도시가스	가스성분, 발열량, 밀도 등	반기 1회 주1)
	공정 부생가스	가스성분, 발열량, 밀도 등	월 1회
폐기물 연료	고체	원소함량, 발열량, 회(Ash) 함량	분기 1회 또는 폐기물 연료 매 5천톤 입하시 (더욱 짧은 주기로 분석한다)
	액체	원소함량, 발열량, 밀도 등	분기 1회 또는 폐기물 연료 매 1만톤 입하시 (더욱 짧은 주기로 분석한다)
	기체	가스성분, 발열량, 밀도 등	월 1회 또는 폐기물 연료 매 1만톤 입하시 (더욱 짧은 주기로 분석한다)
탄산염 원료		광석 중 탄산염 성분, 원소 함량 등	월 1회 또는 원료 매 5만톤 입하시 (더욱 짧은 주기로 분석한다)
기타 원료		원소 함량 등	월 1회 또는 매 2만톤 입하시 (더욱 짧은 주기로 분석한다)
생산물		원소 함량 등	월 1회

*비고) 고체연료·원료가 수시 반입될 경우 월 1회로, 액체연료·폐기물 연료가 수시 반입될 경우 분기 1회로 분석할 수 있다.

**주1) 가스공급처가 최소분석주기 이상 분석한 데이터를 제공할 경우, 이를 우선 적용한다.

> **확인문제**
>
> 관리업체가 고유배출계수(Tier3)을 개발하여 활용할 경우, 시료채취 및 분석의 최소주기기준에 관한 설명으로 옳지 않은 것은?
>
> ① 고체 화석연료는 월 1회 또는 연료 입하시
> ② 액체 화석연료는 분기 1회 또는 연료 입하시
> ③ 공정부생가스는 월 1회
> ④ 도시가스는 분기 1회
>
> **해설**
> 도시가스는 기체연료이므로 월 1회이다.
>
> [정답 ④]

7. 연속측정방법의 배출량 산정방법 및 측정기기의 설치·관리 기준

1) 굴뚝연속자동측정기에 의한 배출량 산정방법

측정에 기반한 온실가스 배출량 산정은 다음의 일반식을 따른다.

$$ECO_2 = K \times CCO_2d \times Qsd$$

non-FCgas: N_2O 등 *non-FC* 가스(j)의 배출량$(tGHG)$

ECO_2: CO_2배출량 (g CO_2/30분)

CCO_2d: 30분 CO_2 평균농도 % (건 가스(dry basis)기준, 부피농도)

Qsd: 30분 적산 유량 (Sm³) (건 가스 기준)

K: 변환계수(1.964 × 10, 표준상태에서 1kmol이 갖는 공기부피와 이산화탄소 분자량 사이의 변환계수)

2) 굴뚝연속자동측정기와 배출가스유량계 측정 자료의 수치 맺음 및 배출량 산정 기준

① 측정 자료의 수치 맺음은 한국산업표준 KS Q 5002(데이터의 통계해석방법)에 따라서 계산한다. 이 경우 소수점 이하의 셋째 자리에서 반올림하여 산정한다(유량은 소수점 이하는 버림 처리하여 정수로 산정한다)

② 자동측정 자료의 배출량 산정 기준

　가) 30분 배출량은 g 단위로 계산하고, 소수점 이하는 버림 처리하여 정수로 산정한다.

　나) 월 배출량은 g 단위의 30분 배출량을 월 단위로 합산하고, kg 단위로 환산한 후, 소수점 이하는 버림 처리하여 정수로 산정한다.

③ 측정 자료의 무효처리 및 대체 자료 생성기준

결측자료	대체자료
(1) 정도검사 기간, 정도검사 및 교정검사 불합격	정상 마감된 전월의 최근 1개월간의 30분 평균자료
(2) 비정상 측정자료	정상 자료 중 최근 30분 평균자료
(3) 장비점검	정상 자료 중 최근 30분 평균자료
(4) 상태표시 발생 기간	정상 자료 중 최근 30분 평균자료
(5) 비정상 환산·보정	정상 자료 중 최근 30분 평균자료
(6) 가동중지 기간	해당기간의 자료는 0으로 처리
(7) 미수신 자료	정상 자료 중 최근 30분 평균자료
(8) 그 밖의 무효자료 인정기간	정상 마감된 전월의 최근 1개월간의 30분 평균 자료

제3과목

온실가스 산정과 데이터 품질관리

출제적중 문제

03 온실가스 산정과 데이터 품질관리
출제적중 문제

001 온실가스·에너지 목표관리 운영 등에 관한지침에 따른 용어의 정의가 옳지 않은 것은? (2016년도 관리기사 제2회)

① "기준연도"란 온실가스 배출량 등의 관련정보를 비교하기 위해 지정한 과거의 특정기간에 해당하는 연도를 말한다.
② "불확도"란 온실가스 배출량 등의 산정결과와 관련하여 정량화된 양을 합리적으로 추정한 값의 분산특성을 나타내는 정도를 말한다.
③ "공정배출"이란 제품의 생산공정에서 원료의 물리·화학적 반응 등에 따라 발생하는 온실가스의 배출량을 말한다.
④ "순발열량"이란 일정단위의 연료가 완전연소되어 생기는 열량으로서 에너지사용량 산정에 활용된다.

해설
총발열량이란 일정단위의 연료가 완전연소 되어 생기는 열량으로서 에너지사용량 산정에 활용된다. 순발열량은 온실가스배출량산정에 활용된다. **[정답 ④]**

002 다음 SCOPE 및 그에 대한 내용이 잘못 짝지어진 것은?

① SCOPE 1 : 이동연소
② SCOPE 2 : 간접배출(전기)
③ SCOPE 2 : 간접배출(열)
④ SCOPE 3 : 공정배출

해설
공정배출은 SCOPE 1(직접배출) 이다. **[정답 ④]**

003 다음 중 SCOPE3(기타 간접배출)에 해당되지 않는 것은?

① 외부로부터 공급된 열 및 증기 사용
② 배출원으로부터 발생된 에너지
③ 조직의 활동에 기인하나 다른 조직의 소유 및 관리상태에 있는 온실가스
④ 간접온실가스 배출 이외의 온실가스 배출

해설
외부로부터 공급된 열 및 증기 사용은 SCOPE2(간접배출)에 해당된다. [정답 ①]

004 동일 법인 등이 당해 사업장의 조직 변경, 신규 사업에의 투자, 인사, 회계, 녹색경영 등 사회통념상 경제적 일체로서의 주요 의사결정이나 온실가스 감축 및 에너지 절약 등의 업무 집행에 필요한 영향력을 행사하는 것을 무엇이라고 하는가?

① 직접적인 영향력　　　　　　　　② 절대적인 영향력
③ 지배적인 영향력　　　　　　　　④ 합리적인 영향력

해설
지배적인 영향력에 대한 설명이다. [정답 ③]

005 C회사는 LED 생산공장을 보유하고 있고, 본사는 서울에 법인 소유의 건물을 소유하고 있다. 건물은 지하3층 지상10층으로 되어 있고 1, 2층은 은행 및 생활편의시설로 임대를 주었고, 5, 6층은 다른 관리업체에게 임대를 주었다. C회사가 온실가스 배출량을 보고해야 할 층은 어디인가?

① 1, 2층을 제외한 층　　　　　　② 5, 6층을 제외한 층
③ 1, 2, 5, 6층을 제외한 층　　　 ④ 전부 해당 없음

해설
건축물에 대한 특례에 의해 다른 관리업체 임대층을 제외한 나머지 전부의 온실가스 배출량을 보고해야 한다. [정답 ②]

006 온실가스 · 에너지 목표관리 운영 등에 관한 지침에 따른 조직경계 결정 방법에 대한 내용으로 옳지 않은 것은? (2016년도 관리기사 제4회)

① 조직경계 내에 타 법인이 상주하는 경우 타 법인의 운영통제권을 관리업체가 가지고 있는 경우 관리업체는 상주하고 있는 타 법인의 온실가스 배출시설 및 에너지 사용시설을 조직경계에 포함하여야 한다.
② 조직경계 내에 타 법인이 상주하는 경우 관리업체가 상주하고 있는 타 법인의 운영통제권을 가지고 있지 않으며, 해당 상주업체의 온실가스 배출시설 및 에너지 사용시설에 대한 정보 및 활동자료를 파악할 수 있는 경우는 관리업체의 조직경계에서 제외할 수 있다.
③ 다수의 관리업체에서 에너지를 연계하여 사용한다면 법인이 서로 다르더라도 각 관리업체는 에너지 사용량을 통합하여 모니터링하도록 경계를 설정하여야 한다.
④ 사업장의 특징에 따라 조직경계를 결정하고 조직경계 결정과 관련된 설명을 모니터링 계획에 구체적으로 작성하여야 한다.

해설
법인이 서로 다르면 별도 보고하여야 한다.   **[정답 ③]**

007 온실가스 · 에너지 목표관리제 하에서 건물이 건축물 대장 또는 등기부에 각각 등재되어 있거나 소유지분을 달리하고 있는 경우의 조직경계 설정에 대한 설명으로 옳지 않은 것은? (2015년도 관리기사 제4회)

① 연접한 대지에 동일 법인이 여러 건물을 소유한 경우에는 한 건물로 본다.
② 에너지관리의 연계성이 있는 복수의 건물 등은 한 건물로 본다.
③ 인접한 집합건물이 동일한 조직에 의해 에너지 공급 · 관리를 받는 경우에도 한 건물로 간주한다.
④ 건물의 소유구분이 지분형식으로 되어 있을 경우에는 보유지분에 따라 경계를 분할한다.

해설
1. 인접 또는 연접한 대지에 동일 법인이 여러 건물을 소유한 경우에는 한 건물로 본다.
2. 에너지관리의 연계성(連繫性)이 있는 복수의 건물 등은 한 건물로 본다. 또한, 동일 부지 내 있거나 인접 또는 연접한 집합건물이 동일한 조직에 의해 에너지 공급 · 관리 또는 온실가스 관리 등을 받을 경우에도 한 건물로 간주한다.
3. 건물의 소유구분이 지분형식으로 되어 있을 경우에는 최대 지분을 보유한 법인 등을 당해 건물의 소유자로 본다.

[정답 ④]

008 다음 빈 칸에 들어갈 답이 알맞게 짝지어진 것은?

> 보고대상 배출시설 중 연간배출량이 ( ) tCO₂-eq 미만인 소규모 배출시설은 부문별 관장기관의 확인을 거쳐 배출시설 단위로 구분하여 보고하지 않고 사업장 단위 총 배출량에 포함하여 보고할 수 있다. 다만 소규모 배출시설의 배출량 합은 사업장 배출총량의 ( ) %를 초과할 수 없다.

① 10, 2.5 ② 100, 2.5
③ 10, 5   ④ 100, 5

해설
100 tCO₂-eq 미만인 소규모 배출시설은 사업장 배출총량의 5%를 초과할 수 없다. [정답 ④]

009 온실가스 소량배출사업장 기준은 얼마인가?

① 온실가스 배출량: 1,000 tCO₂-eq미만, 에너지 소비량: 50TJ 미만
② 온실가스 배출량: 2,000 tCO₂-eq미만, 에너지 소비량: 50TJ 미만
③ 온실가스 배출량: 3,000 tCO₂-eq미만, 에너지 소비량: 55TJ 미만
④ 온실가스 배출량: 4,000 tCO₂-eq미만, 에너지 소비량: 55TJ 미만

해설
온실가스 소량배출사업장 기준

온실가스 배출량 (kilotonnes CO₂-eq)	에너지 소비량 (terajoules)
3 미만	55 미만

[정답 ③]

010 다음은 배출시설의 배출량 규모에 따른 산정등급(Tier) 분류기준 및 그에 대한 설명이다. 적절하지 않은 것을 모두 고르시오.

① A 그룹 : 연간 5만 톤 미만의 배출시설
② B 그룹 : 연간 5만 톤 이상, 연간 50만 톤 미만의 배출시설
③ C 그룹 : 연간 50만 톤 이상, 연간 100만 톤 미만의 배출시설
④ D 그룹 : 연간 100만 톤 이상의 배출시설

해설
C 그룹은 연간 50만 톤 이상의 배출시설, D 그룹은 없음 [정답 ③, ④]

011 다음은 산정등급(Tier) 분류체계 및 그에 대한 설명이다. 틀린 것은?

① Tier 1 : 활동자료, IPCC 기본 배출계수(기본 산화계수, 발열량 등 포함)를 활용하여 배출량을 산정하는 기본방법론
② Tier 2 : Tier 1보다 더 높은 정확도를 갖는 활동자료, 국가 고유 배출계수 및 발열량 등 일정부분 시험·분석을 통하여 개발한 매개변수 값을 활용하는 배출량 산정방법론
③ Tier 3 : Tier 2보다 더 높은 정확도를 갖는 활동자료, 사업장·배출시설 및 감축기술단위의 배출계수 등 상당부분 시험·분석을 통하여 개발한 매개변수 값을 활용하는 배출량 산정방법론
④ Tier 4 : Tier 3보다 더 높은 정확도를 갖는 활동자료, 사업장·배출시설 및 감축기술단위의 배출계수 등 전 부분 시험·분석을 통하여 개발한 매개변수 값을 활용하는 배출량 산정방법론

해설
Tier 4는 굴뚝자동측정기기 등 배출가스 연속측정방법을 활용한 배출량 산정방법론이다. [정답 ④]

012 배출량 산정등급에서 국가고유 배출계수 및 '발열량 등 일정부분 시험분석을 통하여 개발한 매개변수 값을 활용하는 배출량 산정방법론은? (2016년도 관리기사 제2회)

① Tier 1　　② Tier 2　　③ Tier 3　　④ Tier 4

해설
Tier 3인 C그룹의 사업장이 고유배출계수 개발에 필요한 시험분석이다. [정답 ③]

013 고정연소시설에서 에너지 이용에 따른 온실가스 배출량 산정 시 배출시설별 고유 배출계수를 개발하여 사용해야 하는 배출시설 규모는? (2016년도 관리기사 제4회)

① 50만 tCO_2-eq 이상
② 40만 tCO_2-eq 이상
③ 30만 tCO_2-eq 이상
④ 20만 tCO_2-eq 이상

> **해설**
> Tier 3(50만 tCO₂-eq 이상)인 사업장은 고유배출계수 개발하여야 한다.
>
> [정답 ①]

014 두 개 이상 변수 사이의 상관관계를 나타내는 변수로서 온실가스 배출량 등을 산정하는 데 필요한 발열량, 산화율, 탄소함량 등을 무엇이라고 하는가?

① 배출계수
② 할당계수
③ 조정계수
④ 매개변수

> **해설**
> 온실가스 배출량 등을 산정하는 데 필요한 발열량, 산화율, 탄소함량 등을 매개변수라고 한다.
>
> [정답 ④]

015 온실가스 배출량 등의 산정에 필요한 자료와 기타 온실가스·에너지 관련 자료의 연속적 또는 주기적인 감시·측정 및 평가에 관한 세부적인 방법, 절차, 일정 등을 규정한 계획을 무엇이라고 하는가?

① 이행계획
② 감축계획
③ 모니터링 계획
④ 답 없음

> **해설**
> 모니터링 계획에 대한 설명이다.
>
> [정답 ③]

016 온실가스·에너지 목표관리 운영 등에 관한 지침에 따라 연료의 경우 시료의 최소 분석주기를 만족하여야 하는데, 다음 중 시료의 최소 분석주기기준의 연결로 옳지 않은 것은?

① 고체연료(원소함량 등) - 월 1회 또는 연료 입하 시
② 액체연료(원소함량 등) - 분기 1회 또는 연료 입하 시
③ 기체연료 중 천연가스, 도시가스(가스성분 등) - 연 1회 또는 연료 입하 시

④ 기체연료 중 공정부생가스(가스성분 등) - 월 1회

> **해 설**
> 기체연료 중 천연가스, 도시가스(가스성분 등)는 반기 1회
> [정답 ③]

017 온실가스 배출량 등의 산정결과와 관련하여 정량화된 양을 합리적으로 추정한 값의 분산특성을 나타내는 정도를 무엇이라고 하는가?

① 정밀도
② 정확도
③ 불확도
④ 표준편차

> **해 설**
> 불확도에 대한 설명이다.
> [정답 ③]

018 온실가스·에너지 목표관리제 하에서 Tier 2 활동자료에 대한 측정 불확도 기준은?

① ± 9.5% 이내
② ± 7.5% 이내
③ ± 5.0% 이내
④ ± 2.5% 이내

> **해 설**
> [시행령 제29조] Tier 1은 7.5% 이내, Tier 2는 5.0%, Tier 3는 활동자료에 대한 측정 불확도 기준은 2.5% 이내이다.
> [정답 ③]

019 온실가스·에너지 목표관리제 하에서 고정연소배출에서 온실가스 배출량 산정 시 매개변수 중 활동자료를 Tier 1으로 할 경우 측정불확도 기준으로 옳은 것은? (2015년도 산업기사 제4회)

① 사업자 또는 연료공급자에 의해 측정된 측정불확도 ± 7.5% 이내의 연료 사용량 자료를 활용한다.
② 사업자 또는 연료공급자에 의해 측정된 측정불확도 ± 5.0% 이내의 연료 사용량 자료를 활용한다.
③ 사업자 또는 연료공급자에 의해 측정된 측정불확도 ± 2.5% 이내의 연료 사용량 자료를 활용한다.
④ 사업자 또는 연료공급자에 의해 측정된 측정불확도 ± 0.5% 이내의 연료 사용량 자료를 활용한다.

해설
① Tier 1: 사업자 또는 연료공급자에 의해 측정된 측정불확도 ± 7.5% 이내의 연료 사용량 자료를 활용한다.
② Tier 2: 사업자 또는 연료공급자에 의해 측정된 측정불확도 ± 5.0% 이내의 연료 사용량 자료를 활용한다.
③ Tier 3: 사업자 또는 연료공급자에 의해 측정된 측정불확도 ± 2.5% 이내의 연료 사용량 자료를 활용한다.
④ Tier 4: 사업자 또는 연료공급자에 의해 측정된 측정불확도 ± 2.5% 이내의 연료 사용량 자료를 활용한다.

[정답 ①]

020 일정 단위의 연료가 완전 연소되어 생기는 열량에서 연료 중 수증기의 잠열을 뺀 열량으로서 온실가스 배출량 산정에 활용되는 발열량을 무엇이라고 하는가?

① 총발열량
② 순발열량
③ 평균발열량
④ 답 없음

해설
잠열을 뺀 열량은 순발열량이고 잠열을 포함한 열량은 총발열량이다.

[정답 ②]

021 온실가스 감축 및 에너지 절약과 관련하여 경제적·기술적으로 사용이 가능하면서 가장 최신이고 효율적인 기술, 활동 및 운전방법을 무엇이라고 하는가?

① 최신가용기술   ② 최적가용기술   ③ 최신감축기술   ④ 최적감축기술

해설
최적가용기술에 대한 설명이다.

[정답 ②]

022 다음은 측정기기의 기호 및 그에 대한 설명이다. 맞게 짝지어진 것은?

① WH 상거래 또는 증명에 사용하기 위한 목적으로 측정량을 결정하는 법정계량에 사용하는 측정기기로서 계량에 관한 법률 제2조에 따른 법정계량기
② FL 관리업체가 자체적으로 설치한 계량기이나, 주기적인 정도검사를 실시하지 않는 측정기기
③ FL 관리업체가 자체적으로 설치한 계량기로서, 국가표준기본법 제14조에 따른 시험기관, 교정기관, 검사기관에 의하여 주기적인 정도검사를 받는 측정기기
④ 답 없음

> **해설**
> ② FL관리업체가 자체적으로 설치한 계량기로서, 국가표준기본법 제14조에 따른 시험기관, 교정기관, 검사기관에 의하여 주기적인 정도검사를 받는 측정기기
> ③ 관리업체가 자체적으로 설치한 계량기이나, 주기적인 정도검사를 실시하지 않는 측정기기
> 측정기기 예시
> 가스미터, 오일미터, 주유기, LPG 미터, 눈새김탱크, 눈새김탱크로리, 적산열량계, 전력량계 등 법정계량기 및 그외 계량기
> [정답 ①]

023 다음은 모니터링 유형 A-1에서 활동자료를 결정하기 위한 자료 및 예시이다. 잘못된 것은?

① 구매전력 - 전력사용자가 발행한 전력사용데이터
② 구매 열 및 증기 - 열에너지 공급자가 발행하고 열에너지 사용량이 명시된 요금청구서, 열에너지 사용 증빙문서
③ 도시가스 - 도시가스 공급자가 발행하고 도시가스 사용량이 기입된 요금청구서
④ 화석연료 - 판매/공급자가 발행하고 구입량이 기입된 요금청구서 또는 Invoice

> **해설**
> 구매전력 - 전력공급자(한국전력)가 발행한 전력요금청구서
> [정답 ①]

024 다음은 모니터링 유형 A-2에서 활동자료를 결정하기 위한 자료 및 예시이다. 잘못된 것은?

① 구매전력 - 전력공급자(한국전력)가 발행한 전력요금청구서
② 구매 열 및 증기 - 열에너지 공급자가 발행하고 열에너지 사용량이 명시된 요금청구서, 열에너지 사용 증빙문서
③ 도시가스 - 도시가스 공급자가 발행하고 도시가스 사용량이 기입된 요금청구서
④ 화석연료/원료 등 - 판매/공급자가 발행하고 구입량이 기입된 요금청구서 또는 Invoice

> **해설**
> 화석연료/원료 등 - 내부 모니터링 기기(계량기 등)의 데이터 기록일지
> [정답 ④]

025 모니터링 유형 중 A-3 유형은 연료·원료 공급자가 상거래를 목적으로 설치·관리하는 측정기기(WH)와 주기적인 정도검사를 실시하는 내부 측정기기(FL)를 사용하며 저장탱크에서 연료나 원료가 일부 저장되어 있거나, 그 일부를 판매 등 기타 목적으로 외부로 이송하는 경우, 배출시설의 활동자료를 결정하는 방법이다. 활동자료 산정식이 올바른 것은?

① 활동자료 = 기타용도(판매·이송 등) 사용량 + (회계년도 시작일 재고량 – 차기년도 시작일 재고량) – 신규구매량
② 활동자료 = 기타용도(판매·이송 등) 사용량 + (차기년도시작일 재고량 – 회계년도 시작일 재고량) – 신규구매량
③ 활동자료 = 신규구매량 + (회계년도 시작일 재고량 – 차기년도 시작일 재고량) – 기타용도(판매·이송 등) 사용량
④ 활동자료 = 신규구매량 + (차기년도시작일 재고량 – 회계년도 시작일 재고량) – 기타용도(판매·이송 등) 사용량

해설
활동자료 = 신규구매량 + (회계년도 시작일 재고량 – 차기년도 시작일 재고량) – 기타용도(판매·이송 등) 사용량
[정답 ③]

026 다음은 모니터링 유형 A-4에서 활동자료를 결정하기 위한 자료 및 예시이다. 잘못된 것은?

① 구매전력 – 전력공급자(한국전력)가 발행한 전력요금청구서
② 구매 열 및 증기 – 열에너지 공급자가 발행하고 열에너지 사용량이 명시된 요금청구서, 열에너지 사용 증빙문서
③ 도시가스 – 도시가스 공급자가 발행하고 도시가스 사용량이 기입된 요금청구서
④ 판매량 – 기타, 사업자와 연료판매자가 합의하는 측정방식에 따른 계측값

해설
판매량 – 사업자가 연료의 판매목적으로 설치하여 정도관리하는 모니터링 기기의 측정값
[정답 ④]

027 다음 그림은 모니터링 유형(B)의 모식도이다. 모식도에 대한 설명으로 알맞은 것은?

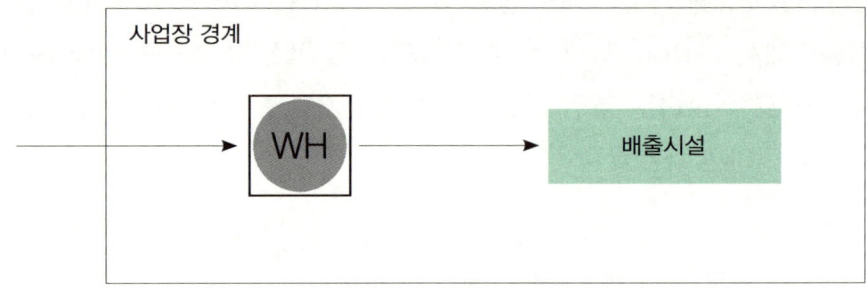

① 차량 등의 이동연소 부문에 대하여 적용할 수 있는 방법
② 연료 및 원료 공급자가 상거래 등을 목적으로 설치·관리하는 측정기기와 주기적인 정도검사를 실시하는 내부 측정기기가 설치되어 있을 경우 활동자료를 수집하는 방법
③ 배출시설별로 정도검사를 실시하는 내부 측정기기가 설치되어 있을 경우 해당 측정기기를 활용하여 활동자료를 결정하는 방법
④ 구매한 연료 및 원료, 전력 및 열에너지를 정도검사를 받지 않은 내부 측정기기를 이용하여 활동자료를 분배·결정하는 방법

> **해설**
> B 유형은 배출시설별로 정도검사를 실시하는 내부 측정기기()가 설치되어 있을 경우 해당 측정기기를 활용하여 활동자료를 결정하는 방법이다. 이 유형은 이 지침에서 가장 권장하고 있는 활동자료의 결정방법이며, 주기적인 정도검사를 받지 않을 경우 정확한 활동자료 결정을 위하여 시설별로 정도검사/정도관리를 실시하는 등 품질관리를 할 필요성이 있다.
> [정답 ③]

028 다음 그림은 어떤 모니터링 유형의 모식도이다. 알맞은 것은?

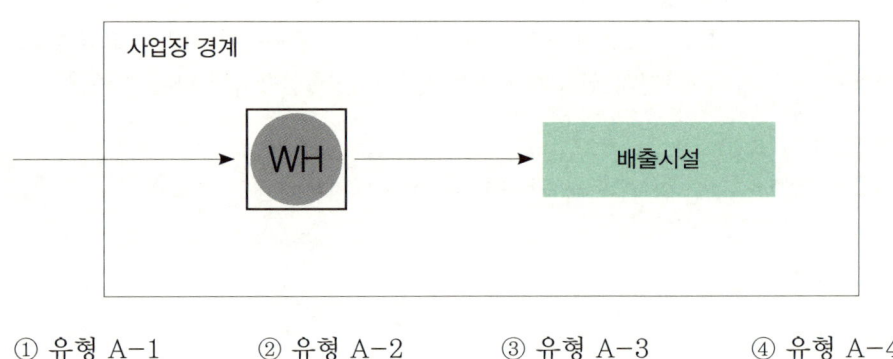

① 유형 A-1   ② 유형 A-2   ③ 유형 A-3   ④ 유형 A-4

해설

A-1 유형은 연료 및 원료 공급자가 상거래 등을 목적으로 설치·관리하는 측정기기()를 이용하여 연료 사용량 등 활동자료를 수집하는 방법이다. **[정답 ①]**

029 다음 그림은 어떤 모니터링 유형의 모식도이다. 알맞은 것은?

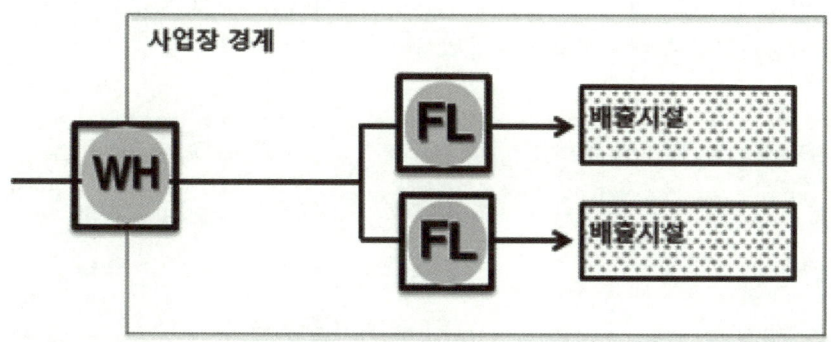

① 유형 A-1 ② 유형 A-2
③ 유형 A-3 ④ 유형 A-4

해설

A-2 유형은 연료 및 원료 공급자가 상거래 등을 목적으로 설치·관리하는 측정기기()와 주기적인 정도검사를 실시하는 내부 측정기기(FL)가 같이 설치되어 있을 경우 활동자료를 수집하는 방법이다. **[정답 ②]**

030 '온실가스·에너지 목표관리제' 하에서 다음과 같은 모니터링 유형에 대한 활동자료 산정방법에 관한 설명으로 가장 적합한 것은? (2015년도 관리기사 제2회)

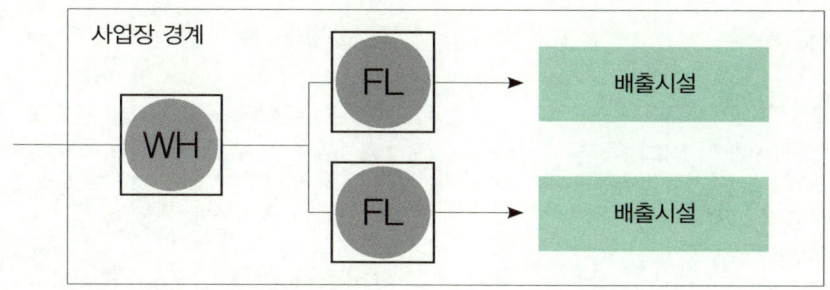

① 상거래를 목적으로 연료나 원료공급자가 설치·관리하는 측정기기의 계측자료는 참고자료로 활용할 수 없다.
② 주기적인 정도검사를 실시하는 내부 측정기기가 같이 설치되어 있을 경우 활동자료를 수집하는 방법으로써, 배출시설에 다수의 교정된 측정기기가 부착된 경우, 교정된 자체측정기기 값을 사용하는 것을 원칙으로 한다.
③ 주기적인 정도검사를 실시하지 않는 내부 측정기기의 측정값을 기준으로 배출시설별 활동자료를 결정한다.
④ 구매한 연료 및 원료, 전력 및 열에너지를 정도검사를 받지 않은 내부 측정기기를 이용하여 활동자료를 분배·결정하는 방법이다.

> **해설**
> 주기적인 정도검사를 실시하는 내부 측정기기가 같이 설치되어 있을 경우 활동자료를 수집하는 방법
>
> **[정답 ②]**

031 다음 그림은 어떤 모니터링 유형의 모식도이다. 알맞은 것은?

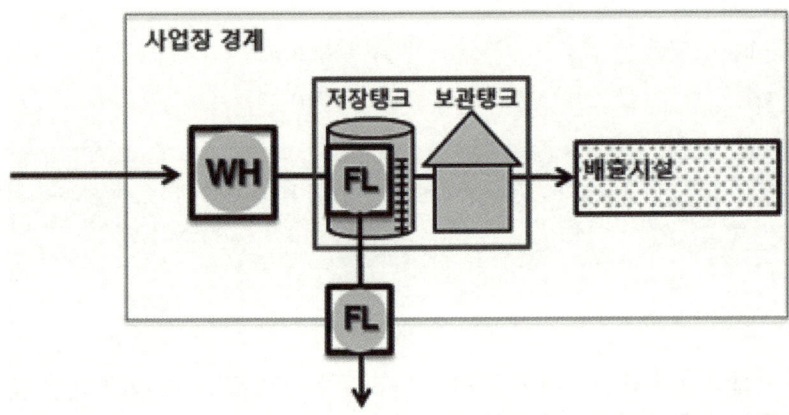

① 유형 A-1
② 유형 A-2
③ 유형 A-3
④ 유형 A-4

> **해설**
> A-3 유형은 연료·원료 공급자가 상거래를 목적으로 설치·관리하는 측정기기(WH)와 주기적인 정도검사를 실시하는 내부 측정기기(FL)를 사용하며 저장탱크에서 연료나 원료가 일부 저장되어 있거나, 그 일부를 판매 등 기타 목적으로 외부로 이송하는 경우, 배출시설의 활동자료를 결정하는 방법이다.
>
> **[정답 ③]**

032 다음 그림은 어떤 모니터링 유형의 모식도이다. 알맞은 것은?

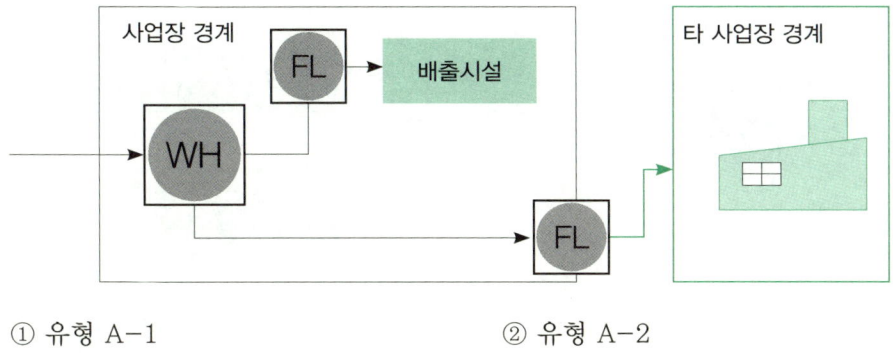

① 유형 A-1 ② 유형 A-2
③ 유형 A-3 ④ 유형 A-4

해설

A-4 유형은 연료나 원료 공급자가 상거래를 목적으로 설치·관리하는 측정기기(법)와 주기적인 정도검사를 실시하는 내부 측정기기(법)를 사용하며 연료나 원료 일부를 파이프 등을 통해 연속적으로 외부 사업장이나 배출시설에 공급할 경우 활동자료를 결정하는 방법이다. [정답 ④]

033 다음 그림은 어떤 모니터링 유형의 모식도이다. 알맞은 것은?

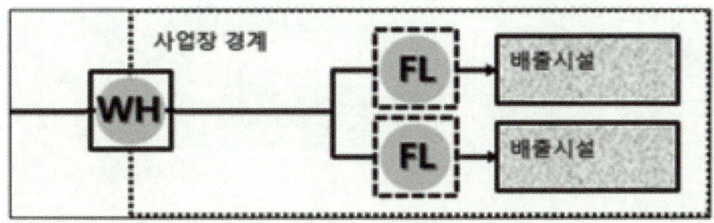

① 유형 A-1 ② 유형 A-2
③ 유형 C-1 ④ 유형 C-2

해설

C-1 유형은 구매한 연료 및 원료, 전력 및 열에너지를 정도검사를 받지 않은 내부 측정기기를 이용하여 활동자료를 분배·결정하는 방법이다. [정답 ③]

034 다음 그림은 어떤 모니터링 유형의 모식도이다. 알맞은 것은?

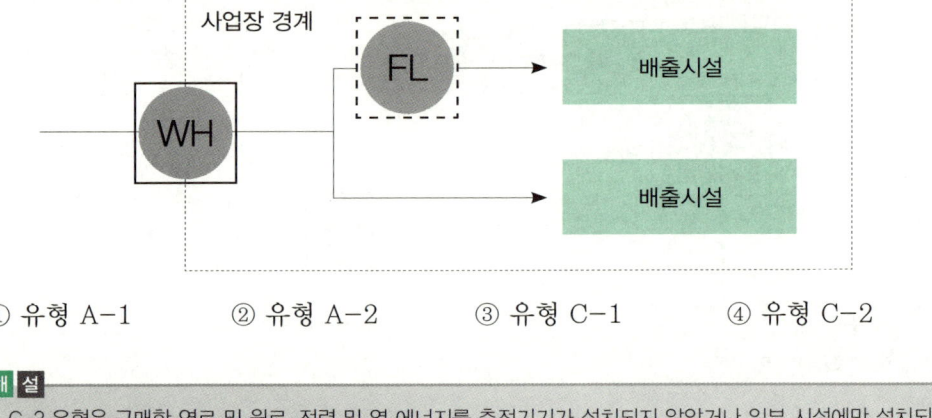

① 유형 A-1   ② 유형 A-2   ③ 유형 C-1   ④ 유형 C-2

> **해설**
> C-2 유형은 구매한 연료 및 원료, 전력 및 열 에너지를 측정기기가 설치되지 않았거나 일부 시설에만 설치되어 있는 배출시설로 공급하는 경우 배출시설별 활동자료를 결정할 수 있는 근사법이다.
>
> [정답 ④]

035 다음 그림은 어떤 모니터링 유형의 모식도이다. 알맞은 것은?

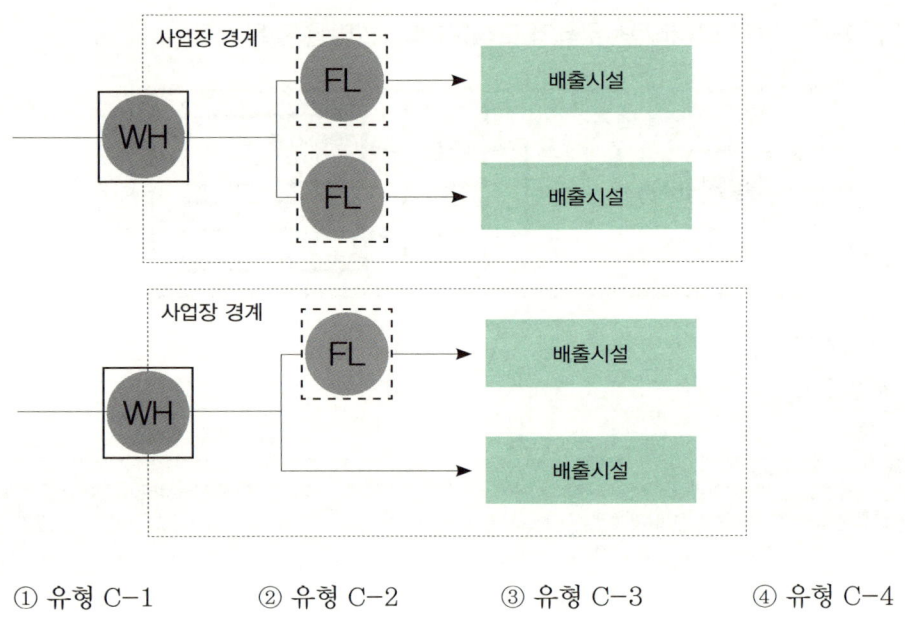

① 유형 C-1   ② 유형 C-2   ③ 유형 C-3   ④ 유형 C-4

해설
C-3유형은 연료 및 원료 공급자가 상거래 등을 목적으로 설치·관리하는 측정기기(WH), 주기적인 정도검사를 실시하는 내부 측정기기()와 주기적인 정도검사를 실시하지 않는 내부 측정기기(FL)가 같이 설치되어 있거나 측정기기가 없을 경우 활동자료를 수집하는 방법이다.
[정답 ③]

036 다음 중 모니터링 유형 C(근사법에 따른 모니터링)을 적용할 수 없는 배출시설은?

① 식당 LPG, 비상발전기, 소방펌프 및 소방설비 등 저배출원
② 타 사업장 또는 법인과의 수급계약서에 명시된 근거를 이용하여 활동자료를 배출시설별로 구분하는 경우
③ 이동연소배출원(사업장에서 개별 차량별로 온실가스 배출량을 산정하는 경우를 의미한다)
④ 답 없음

해설
(상기 외 추가) 모니터링 유형 C를 적용할 수 있는 배출시설: 기타 모니터링이 불가능하다고 관장기관이 인정하는 경우
[정답 ④]

037 목표관리 대상업체에서 근사법에 의한 모니터링방법을 적용할 경우에 관한 설명으로 옳지 않은 것은? (2015년도 관리기사 제2회)

① 관리업체는 근사법을 사용할 수 밖에 없는 합당한 이유 등을 모니터링 계획에 포함하여야 한다.
② 관리업체는 배출시설단위로 측정기기의 신규설치 및 정도검사 일정 등을 모니터링 계획에 포함하여야 한다.
③ 이동연소배출원(사업장에서 개별 차량별로 온실가스 배출량을 산정하는 경우를 의미한다)에는 근사법에 의한 모니터링을 적용할 수 없다.
④ 식당 LPG, 비상발전기에는 근사법에 의한 모니터링을 적용할 수 있다.

해설
이동연소배출원(사업장에서 개별 차량별로 온실가스 배출량을 산정하는 경우를 의미한다)에는 근사법에 의한 모니터링을 적용할 수 있다.
[정답 ③]

038 모니터링 유형 중 C-4 유형은 연료의 사용량을 측정하는데 있어 생산 공정으로 투입된 원료 및 연료의 누락 값, 공정과정의 변환으로 투입된 원료 및 연료의 누락 값, 시설의 변형 및 장애로 인한 원료 및 연료의 누락 값, 유량계의 정확도나 정밀도 시험에서 불합격할 경우 및 오작동 등이 생길 경우 등 각각의 누락데이터에 대한 대체 데이터를 활용·추산하여 활동자료를 결정하는 방법이다. 다음 중 활동자료 산정식이 올바른 것은?

① 결측기간의 연료(또는 원료) 사용량 =
$$\frac{\text{정상기간 중 사용된 연료(또는 원료) 사용량}(Q)}{\text{결측기간 중 생산량}(P)} \times \text{정상기간 총 생산량}(P)$$

② 결측기간의 연료(또는 원료) 사용량 =
$$\frac{\text{정상기간 중 사용된 연료(또는 원료) 사용량}(Q)}{\text{정상기간 중 생산량}(P)} \times \text{결측기간 총 생산량}(P)$$

③ 결측기간의 연료(또는 원료) 사용량 =
$$\frac{\text{결측기간 중 사용된 연료(또는 원료) 사용량}(Q)}{\text{결측기간 중 생산량}(P)} \times \text{정상기간 총 생산량}(P)$$

④ 답 없음

> **해설**
> 데이터의 누락이 발생할 경우 배출시설의 활동자료인 "연료(원료) 사용량"에 상관관계가 가장 높은 활동자료를 선정하여 이를 바탕으로 추정의 타당성을 설명하여야 한다. 예를 들어 고장난 측정기기의 유량측정값은 유용하지 않고, 측정기기의 질량 및 유량측정은 제품생산량으로 추정하여야 한다. 즉 이전의 제품생산량 대비 연료 유량값과 질량값을 추정한다.
> 결측기간의 연료(또는 원료) 사용량 = 정상기간 중 사용된 연료(또는 원료)사용량(Q) / 정상기간 중 생산량(P) × 결측기간 총 생산량(P)
>
> [정답 ②]

039 사업장에서 운행하고 있는 차량 등의 이동연소 부문에 대하여 적용할 수 있는 방법으로, 아래 식과 같이 차량별 연료의 구매비용(주유 영수증 등)과 연료별 구매단가를 활용하여 차량별 연료 사용량을 결정하는 모니터링 유형은?

$$\text{연료사용량} = \Sigma \frac{\text{연료별 이동연소배출원별 연료구매비용}}{\text{연료별 이동연소배출원별 구매단가}}$$

① 유형 C-3 ② 유형 C-4
③ 유형 C-5 ④ 유형 C-6

> **해설**
> 유형 C-5에 대한 설명이다.
>
> [정답 ③]

040 사업장에서 운행하고 있는 차량 등의 이동연소 부문에 대하여 적용가능한 방법으로 차량별 이동거리 자료를 자료와 연비 자료를 활용하여 계산에 따라 연료사용량을 결정하는 모니터링 유형은?

$$연료사용량 = \Sigma \frac{연료별\ 이동연소배출원별\ 주행거리(km)}{연료별\ 이동연소배출원별\ 연비(km/\ell)}$$

① 유형 C-3 ② 유형 C-4
③ 유형 C-5 ④ 유형 C-6

해설
유형 C-6에 대한 설명이다. [정답 ④]

041 온실가스 배출량의 산정 시 석유제품 연료의 체적 기준에 대해 별도 언급이 없을 경우 적용되는 조건으로 바르게 짝지어진 것은?

① 기체연료: 20℃, 1기압 / 액체연료: 20℃
② 기체연료: 15℃, 1기압 / 액체연료: 20℃
③ 기체연료: 0℃, 1기압 / 액체연료: 15℃
④ 기체연료: 0℃, 3기압 / 액체연료: 15℃

해설
석유제품 기체연료: 0℃, 1기압 / 석유제품 액체연료: 15℃ [정답 ③]

042 다음 중 매개변수별 관리기준이 틀린 것은?

① Tier1 : 사업자 또는 연료공급자에 의해 측정된 측정불확도 ±7.5% 이내의 연료사용량 자료를 활용한다.
② Tier2 : 사업자 또는 연료공급자에 의해 측정된 측정불확도 ±5.0% 이내의 연료사용량 자료를 활용한다.
③ Tier3 : 사업자 또는 연료공급자에 의해 측정된 측정불확도 ±3.0% 이내의 연료사용량 자료를 활용한다.
④ Tier4 : 연속측정방식(CEM)을 사용한다.

해설
Tier3 방법론은 사업자 또는 연료공급자에 의해 측정된 측정불확도 ±2.5% 이내의 연료사용량 자료를 활용한다. [정답 ③]

043 다음 온실가스 배출량 산정 시 산정등급(Tier)에 따른 발열량, 배출계수 적용 기준으로 틀린 것은?

① Tier1 : IPCC 가이드라인 기본 값을 사용한다.
② Tier2 : 국가 고유 값을 사용한다.
③ Tier3 : 업종 고유 값을 사용한다.
④ Tier4 : 연속측정방식(CEM)을 사용한다.

해설
Tier3 방법론은 업종이 아닌 사업자가 자체적으로 개발하거나 연료공급자가 분석하여 제공한 발열량 값을 사용한다. [정답 ③]

044 다음 중 배출시설의 배출량 규모에 따른 산정등급(Tier) 분류 기준에 해당하는 것은?

A 그룹: 연간 (ⓐ)톤 미만의 배출시설
B 그룹: 연간 (ⓐ)톤 이상, 연간 (ⓑ)톤 미만의 배출시설
C 그룹: 연간 (ⓑ)톤 이상의 배출시설

① ⓐ: 5만 / ⓑ: 30만
② ⓐ: 5만 / ⓑ: 50만
③ ⓐ: 10만 / ⓑ: 30만
④ ⓐ: 10만 / ⓑ: 50만

해설
A 그룹: 연간 5만 톤 미만의 배출시설 / B 그룹: 연간 5만 톤 이상, 연간 50만 톤 미만의 배출시설 / C 그룹: 연간 50만 톤 이상의 배출시설 [정답 ②]

045 온실가스·에너지 목표관리제 하에서 산정등급(Tier)과 배출계수 적용에 관한 설명으로 가장 거리가 먼 것은?

① Tier 1 – IPCC 기본 배출계수 활용
② Tier 2 – 국가고유 배출계수 사용
③ Tier 3 – 사업장·배출시설별 배출계수 사용
④ Tier 4 – 전 세계 공통의 배출계수 사용

해설
Tier 4는 연속측정기(굴뚝측정기)활용 [정답 ④]

046 온실가스·에너지 목표관리제 하에서 온실가스 배출량 산정결과의 정확성을 향상시키기 위해서는 배출계수의 고도화가 필요하다. 다음 중 온실가스 배출량 산정 시 신뢰도가 가장 낮은 것은? (2015년도 관리기사 제4회)

① IPCC 기본 배출계수
② 국가 고유 배출계수
③ 사업장 고유 배출계수
④ 사업장내 연속측정법에 따른 배출량 산정

> **해설**
> IPCC 기본 배출계수가 세계기준으로 가장 신뢰도가 가장 낮다. [정답 ①]

047 다음 중 온실가스 배출량 산정·보고의 5대 원칙이 아닌 것은?

① 적절성　　　　　② 정확성
③ 객관성　　　　　④ 투명성

> **해설**
> 온실가스 배출량 산정·보고의 5대 원칙
> ① 적절성 ② 완전성 ③ 일관성 ④ 정확성 ⑤ 투명성 [정답 ③]

048 다음은 배출량 산정·보고의 5대 원칙 중 무엇에 대한 설명인가? (2016년도 관리기사 제4회)

> 사용예정자가 적절한 확신을 가지고 의사결정을 할 수 있도록 충분하고 적절한 온실가스 관련정보를 공개한다. 모든 관련 사항에 대해 감사증거를 명확히 남길 수 있도록 하고 객관적이고 일관된 형태로 게시하는 것. 추정이나 사용한 산정·계산 방법 정보원의 출처는 분명하게 해야 한다.

① 완전성　　② 일관성　　③ 투명성　　④ 정확성

> **해설**
> 투명성에 대한 설명이다. [정답 ③]

049 다음 중 온실가스 배출량 산정·보고의 원칙 및 그에 대한 설명이 잘못 짝지어진 것은?

① 투명성 – 온실가스 배출량 등의 산정에 활용된 방법론, 관련 자료와 출처 및 적용된 가정 등을 명확하게 제시할 수 있어야 한다.
② 완전성 – 지침 또는 규정에 제시된 범위 내에서 모든 배출활동과 배출시설에서 온실가스 배출량 등을 산정·보고하여야 한다.
③ 일관성 – 온실가스 배출량 등의 산정과 관련된 요소의 변화가 있는 경우에는 이를 명확히 기록·유지하여야 한다.
④ 정확성 – 온실가스 배출량 등의 산정·보고에서 제외되는 배출활동과 배출시설이 있는 경우에는 그 제외사유를 명확하게 제시하여야 한다.

해설
④는 완전성에 대한 설명이다. [정답 ④]

050 온실가스·에너지 목표관리제 하에서 온실가스 배출량 등의 산정절차를 순서대로 나열한 것으로 옳은 것은? (2015년도 관리기사 제2회)

① 조직 경계의 설정→모니터링 유형 및 방법의 설정→배출활동별 배출량 산정방법론 선택→배출량 산정 및 모니터링 체계의 구축
② 배출량 산정 및 모니터링 체계의 구축→조직경계의 설정→모니터링 유형 및 방법의 설정→배출활동별 배출량 산정방법론 선택
③ 모니터링 유형 및 방법의 설정→조직 경계의 설정→배출량 산정 및 모니터링 체계의 구축→배출활동별 배출량 산정방법론 선택
④ 조직 경계의 설정→모니터링 유형 및 방법의 설정→배출량 산정 및 모니터링 체계의 구축→배출활동별 배출량 산정방법론 선택

해설
조직 경계의 설정 → 배출활동의 확인·구분 → 모니터링 유형 및 방법의 설정 → 배출량 산정 및 모니터링 체계의 구축 → 배출활동별 배출량 산정방법론 선택 → 배출량 산정 (계산법 혹은 연속측정방법) → 명세서의 작성
[정답 ④]

051 고정연소 Tier 1~3의 배출량 산정방법론은 아래와 같다. EC_i는 무엇을 의미하는가?

$$E_{i,j} = Q_i \times EC_i \times EF_{i,j} \times f_i \times 10^{-6}$$

① 연료(i)연소에 따른 온실가스(j)별 배출량(tCO₂eq)
② 연료(i) 사용량(측정값, ton-연료)
③ 연료(i)별 산화계수
④ 연료(i)별 열량계수(연료 순발열량, MJ / kg-연료)

해설

$E_{i,j}$: 연료(i)의 연소에 따른 온실가스(j)의 배출량(tGHG)
Q_i : 연료(i)의 사용량(측정값, ton-연료)
EC_i : 연료(i)의 열량계수(연료 순발열량, MJ/kg-연료)
$EF_{i,j}$: 연료(i)에 따른 온실가스(j)의 배출계수(kgGHG/TJ-연료) f_i : 연료(i)의 산화계수(CH_4, N_2O는 미적용)

[정답 ④]

052 다음은 고정연소(고체연료)의 사업자 고유 배출계수(Tier3) 개발식이다. $C_{ar,i}$는 무엇을 의미하는가?

$$EF_{i,CO_2} = EF_{i,C} \times 3.664 \times 10^3$$
$$EF_{i,C} = C_{ar,i} \times 1/EC_i \times 10^3$$

① 연료(i)에 대한 탄소 배출계수(kg-C / GJ-연료)
② 연료(i) 중 탄소의 질량 분율(인수식, 0에서 1사이의 소수)
③ 연료(i)의 열량계수(연료 순발열량, GJ / ton-연료)
④ 연료(i)의 무수무회 기준 탄소 함량(측정 값, dry ash-free, %)

해설

EF_{i,CO_2} : 연료(i)에 대한 CO_2 배출계수(kgCO_2/TJ-연료)
$EF_{i,C}$: 연료(i)에 대한 탄소 배출계수(kgC/GJ-연료)
3.664 : CO_2의 분자량(44.010)/C의 원자량(12.011)
$C_{ar,i}$: 연료(i) 중 탄소의 질량 분율(인수식, 0에서 1사이의 소수)
EC_i : 연료(i)의 열량계수(연료 순발열량, MJ/kg-연료)

[정답 ②]

053 다음은 고정연소(고체연료)의 Tier2 산화계수 적용과 관련된 내용이다. 발전 부문은 산화계수(f) ( )를 적용하고, 기타부문은 ( )을 적용한다. ( )안에 들어갈 값이 알맞게 짝지어진 것은?

① 1.0 - 0.99   ② 0.99 - 1.0   ③ 0.99 - 0.98   ④ 0.98 - 0.99

> **해설**
> 발전 부문은 산화계수(f) (0.99)를 적용하고, 기타부문은 (0.98)을 적용한다. [정답 ③]

054 온실가스 · 에너지 목표관리제 하에서 고정연소시설에서의 CO_2 배출량 산정시 Tier 2의 ㉠ 액체연료 산화계수와 ㉡ 기체연료의 산화계수로 옳은 것은?

① ㉠ 0.99,   ㉡ 0.995
② ㉠ 1.0,   ㉡ 0.99
③ ㉠ 0.995, ㉡ 1.0
④ ㉠ 0.98,   ㉡ 0.99

> **해설**
> 액체연료 산화계수는 0.99, 기체연료의 산화계수는 0.995이다. [정답 ①]

055 온실가스 · 에너지 목표관리제 하에서 기체연료를 고정연소하는 배출시설에 Tier 2를 적용할 경우 매개변수별 관리기준에 관한 설명으로 옳지 않은 것은?

① 활동자료는 사업자 또는 연료공급자에 의해 측정된 불확도 ± 5.0%이내의 연료사용량 자료를 활용한다.
② 열량계수는 국가고유발열량값을 사용한다.
③ 배출계수는 국가고유배출계수를 사용한다.
④ 산화계수는 기본값인 1.0을 적용한다.

> **해설**
> 산화계수는 0.995를 적용한다. [정답 ④]

056 다음 중 국내 온실가스 · 에너지 목표관리 운영등에 관한 지침에서 고정연소로부터 배출되는 보고대상 온실가스를 모두 포함하고 있는 것은? (2016년도 산업기사 제4회)

① CO_2, NO_2
② CO_2, NO, CH_4
③ CO_2, SO_2, CH_4
④ CO_2, N_2O, CH_4

> **해설**
> 고정연소로부터 배출되는 보고대상 온실가스는 CO_2, N_2O, CH_4이다. [정답 ④]

057 다음 중 이동연소시설에서의 에너지 이용에 따른 온실가스 배출활동이 아닌 것은?

① 도로수송　　　　　　② 교통수송
③ 철도수송　　　　　　④ 항공

해설
이동연소시설에서의 에너지 이용에 따른 온실가스 배출
(1) 항공, (2) 도로수송, (3) 철도수송 ,(4) 선박　　　　　　　　　　　　　[정답 ②]

058 온실가스 · 에너지 목표관리제 하에서 이동연소 보고대상 배출시설에 해당되지 않는 것은? (2015년도 산업기사 제4회)

① 항공기　　　　　　　② 자동차
③ 선박 및 철도　　　　④ 화력발전시설

해설
화력발전시설은 고정연소 보고대상 배출시설이다.　　　　　　　　　　　[정답 ④]

059 온실가스 · 에너지 목표관리제 하에서 화석연료의 고정연소와 이동연소로 인해 배출되는 온실가스로 거리가 먼 것은? (2015년도 산업기사 제2회)

① 이산화탄소　　② 메탄　　③ 아산화질소　　④ 육불화황

해설
고정연소, 이동연소, 전력, 폐기물소각은 이산화탄소 ,메탄, 아산화질소가 공통으로 나온다.　[정답 ④]

060 온실가스배출량을 산정하기 위해 필요한 요소 중 활동자료가 아닌 것은? (2016년도 관리기사 제2회)

① 연소된 연료의 양　　　　② 연료의 산화율
③ 사육된 가축두수　　　　　④ 퇴비화된 음식폐기물 양

해설
연료의 산화율은 활동자료가 아닌 활동자료와 연계된 매개변수이다.　　　[정답 ②]

061 다음 중 이동연소시설에서의 에너지 이용에 따른 보고대상 배출시설에 해당하지 않는 것은?

① 도로수송 ② 철도수송
③ 국제선 항공 ④ 선박

해설
국제선 항공은 보고대상 배출시설에서 제외한다. 국내선만 해당한다. [정답 ③]

062 다음 중 도로부문 보고대상 배출시설에 대한 설명으로 옳지 않은 것은?

① 기본적으로 내연기관에 의해 배출이 유발되는 배출원을 대상으로 보고한다.
② 이륜 자동차도 보고 대상 배출시설에 속한다.
③ 농기계 등은 산정하지 않는다.
④ 특수 자동차도 보고 대상 배출시설에 속한다.

해설
건설기계, 농기계 등 비도로 차량에 의한 온실가스 배출 또한 별도의 구분 없이 산정 대상이다. [정답 ③]

063 온실가스·에너지 목표관리제 하에서 Tier 3 산정방법론을 적용하여 이동연소(선박)에서의 온실가스 배출량 산정 시 활동자료에 관한 설명으로 가장 거리가 먼 것은?

① 운전 조건별 연료 사용량이 요구된다.
② 연료 종류별 사용량이 요구된다.
③ 선박 종류별 연료 사용량이 요구된다.
④ 선박에 탑재된 엔진 종류별 연료 사용량이 요구된다.

해설
연료 종류, 선박 종류, 엔진 종류 [정답 ①]

064 다음 중 직접배출원에 속하지 않는 것은? (2016년도 산업기사 제4회)

① 경유보일러 ② 휘발유차량
③ 시멘트소성로 ④ 전기자동차

해설
전기는 간접배출원에 속한다. [정답 ④]

065 온실가스 · 에너지 목표관리 운영 등에 관한 지침에 따른 시멘트 생산과정에서의 온실가스 배출량 산정에 대한 설명으로 옳지 않은 것은? (2016년도 관리기사 제4회)

① Tier 1 방법론 적용 시 시멘트킬른먼지(CKD)의 하소율 측정값이 없다면 100% 하소를 가정한다.
② Tier 2 방법론 적용 시 시멘트킬른먼지(CKD)의 하소율 측정값이 없다면 100% 하소를 가정한다.
③ Tier 3 방법론 적용 시 클링커의 CaO 및 MgO 성분을 측정·분석하여 배출계수를 개발하여 활용한다.
④ Tier 3 방법론 적용 시 클링커에 남아있는 소성되지 않은 CaO 측정값이 없을 경우 기본값인 1.0을 적용한다.

> **해설**
> CaO 측정값이 없을 사업장은 고유배출계수 개발하여야 한다.
>
> [정답 ④]

066 시멘트 생산의 배출량 Tier 1~2의 산정방법론은 아래와 같다. EF_{toc}는 무엇을 의미하는가?

$$E_i = (EF_i + EF_{toc}) \times (Q_i + Q_{CKD} \times F_{CKD})$$

① 클링커(i) 생산에 따른 CO_2 배출량
② 클링커(i) 생산량 당 CO_2 배출계수
③ 투입원료(탄산염, 제강슬래그 등) 중 탄산염 성분이 아닌 기타 탄소성분에 기인하는 CO_2 배출계수
④ 킬른에서 시멘트 킬른먼지(CKD)의 반출량

> **해설**
> E_i : 클링커(i) 생산에 따른 CO_2 배출량(tCO_2)
> EF_i : 클링커(i) 생산량 당 CO_2 배출계수 (tCO_2/t-clinker)
> EF_{toc} : 투입원료(탄산염, 제강슬래그 등) 중 탄산염 성분이 아닌 기타 탄소성분에 기인하는 CO_2 배출계수 (기본값으로 0.010tCO_2/t-clinker를 적용한다)
> Q_i : 클링커(i) 생산량(ton)
> Q_{CKD} : 킬른에서 시멘트 킬른먼지(CKD)의 반출량(ton)
> F_{CKD} : 킬른에서 유실된 시멘트 킬른먼지(CKD)의 하소율(%)
>
> [정답 ③]

067 다음 시멘트공정 중 온실가스 배출이 가장 많은 공정은 어느 것인가?

① 채굴공정 ② 원분공정 ③ 소성공정 ④ 제품공정

> **해설**
> 시멘트공정 중 온실가스 배출이 가장 많은 공정은 소성공정(로타리 킬른)이다. **[정답 ③]**

068 온실가스·에너지 목표관리 운영 등에 관한지침 상 시멘트 생산에서의 온실가스 배출특성이 아닌 것은?

① 소성 공정에서 탄산칼슘의 탈탄산 반응에 의해 CO_2가 배출된다.
② 목재와 같은 바이오매스 연료는 배출량 산정시 제외한다.
③ 소성되지 못한 비산먼지를 고려하지 않을 경우 배출량이 과다 산정된다.
④ 분쇄한 석회석을 클링커에 추가할 경우 추가적인 CO_2를 고려해야한다.

> **해설**
> 분쇄한 석회석은 소성시설을 거치지 않으므로 배출량 고려대상이 아니다. **[정답 ④]**

069 온실가스·에너지 목표관리제 하에서 시멘트 생산과정에서 배출되는 온실가스의 발생 반응식으로 가장 적합한 것은? (2015년도 관리기사 제4회)

① $CaCO_3 + H_2SO_4 \rightarrow CaSO_4 + CO_2 + H_2O$
② $2NaHCO_3 + H_{eat} \rightarrow Na_2CO_3 + CO_2 + H_2O$
③ $CH_4 + 2O_2 \rightarrow CO_2 + 2H_2O$
④ $CaCO_3 + H_{eat} \rightarrow CaO + CO_2$

> **해설**
> $CaCO_3 + H_{eat} \rightarrow CaO + CO_2$ **[정답 ④]**

070 탄산염의 보고대상 배출시설이 아닌 것은?

① 배연탈질시설 ② 소성시설
③ 용융시설 ④ 배연탈황시설

> **해설**
> 탄산염의 보고대상 배출시설은 소성시설, 용융시설, 배연탈황시설, 약품회수시설이다. **[정답 ①]**

071 클링커의 제조공정에서 탄산칼슘의 탈탄산 반응식에서 발생되는 부산물이 맞는 것은?

① COG ② CKD ③ LDG ④ BOQ

> **해설**
> 소성로에서 발생되는 비산먼지는 Cement Kiln Dust(CKD)이다.
> [정답 ②]

072 다음 중 석유정제활동의 보고대상 배출시설이 아닌 것은?

① 수소제조시설
② 윤활기유 제조시설
③ 촉매재생시설
④ 코크스제조시설

> **해설**
> 석유정제활동에서 온실가스 공정배출 시설은 수소제조시설, 촉매재생시설, 코크스 제조시설 등이 있다.
> [정답 ②]

073 암모니아공정은 촉매반응을 통해 수소와 질소를 고온 고압에서 암모니아로 합성하는 공정이다. 암모니아 합성원료 제조공정이 아닌 것은?

① 탈황공정 ② 개질공정 ③ 변성공정 ④ 제1산화공정

> **해설**
> 제1산화공정은 질산제조공정이다.
> [정답 ④]

074 에틸렌 생산공정은 석유 유분인 나프타를 통해 제조한다. 에틸렌 생산공정에 해당하지 않는 공정은 무엇인가?

① 급냉공정
② 수증기 개질공정
③ 열분해 공정
④ 수소정제공정

> **해설**
> 수증기 개질공정은 메탄올 생산공정이나 수소제조공정등에 있다.
> [정답 ②]

075 다음 중 석유화학제품 생산 공정의 보고 대상 배출시설이 아닌 것은?

① SF6 생산시설
② EDC/VCM 반응시설
③ 에틸렌옥사이드(EO) 반응시설
④ 카본블랙(CB) 반응시설

> **해설**
> SF6 생산은 불소화합물 생산과 관련된 배출시설이다. 석유화학제품 생산 공정의 보고대상 배출시설은 메탄올 반응시설, EDC/VCM 반응시설, 에틸렌옥사이드 반응시설, 아크롤니트릴 반응시설, 카본블랙 반응시설이다.
> [정답 ①]

076 다음 중 불소화합물 생산에 대한 배출량 산정방법론에 대한 설명으로 옳지 않은 것은?

① Tier1 산정방법론은 HCFC-22 또는 기타 불소화합물의 생산량과 기본배출계수를 이용하여 산정하는 방법이다.
② Tier2 산정방법론은 HCFC-22의 생산량과 공정효율을 이용하여 계산된 HFC-23의 배출계수를 통해 배출량을 산정하는 방법이다.
③ Tier3는 Tier 3a, 3b, 3c로 구분된다.
④ Tier 3a는 HFC-23이 생성되는 반응조에서 HFC-23의 농도를 지속적으로 측정할 수 있을 때 사용한다.

> **해설**
> Tier 3a는 대기로 방출되는 증기의 유량과 조성을 직접적, 지속적으로 측정할 수 있을 때 사용한다. HFC-23이 생성되는 반응조에서 HFC-23의 농도를 지속적으로 측정할 수 있을 때 사용하는 방법론은 Tier 3c이다.
> [정답 ④]

077 철강 생산 공정의 보고대상 배출시설에 포함되지 않는 것은?

① 코크스로
② 전기아크로
③ 소성로
④ 소결로

> **해설**
> 철강 생산 공정의 보고 대상 배출시설
> ① 일관제철시설 ② 코크스로 ③ 소결로 ④ 용선로 또는 제선로(고로) ⑤ 전로
> [정답 ③]

078 철강생산공정 중 온실가스의 직접배출(scope1)이 일어나지 않는 공정은? (2016년도 관리기사 제2회)

① 연주공정 ② 고로공정
③ 제강공정 ④ 소결공정

> **해설**
> 연주공정에서는 직접배출(scope1)이 일어나지 않는다. [정답 ①]

079 '온실가스·에너지 목표관리제' 하에서 철강생산 공정의 보고대상 배출시설로 거리가 먼 것은? (2015년도 산업기사 제4회)

① 소결로   ② 전로
③ 전기아크로 ④ 증착시설

> **해설**
> 증착시설과 식각시설은 전기전자공정의 보고대상 배출시설이다. [정답 ④]

080 아연 생산 공정의 보고대상 배출시설이 아닌 것은?

① 배소로   ② 용융·융해로   ③ 소성로   ④ 기타제련공정(TSL 등)

> **해설**
> 아연 생산 공정의 보고대상 배출시설은 배소로, 용융·융해로, 기타제련공정(TSL 등)이 있다. [정답 ③]

081 고형폐기물의 매립의 보고 대상 배출시설이 아닌 것은?

① 차단형 매립시설   ② 고정형 매립시설
③ 비관리형 매립시설 ④ 관리형 매립시설

> **해설**
> 고형폐기물의 매립의 보고 대상 배출시설은 차단형 매립시설, 관리형 매립시설, 비관리형 매립시설 이 있다. [정답 ②]

082 관리업체인 A매립장에서 고형폐기물의 매립에 따른 온실가스 배출량을 산정할 경우의 매개변수별 관리기준에 관한 설명으로 옳지 않은 것은? (2015년도 관리기사 제2회)

① 메탄보정계수(MCF)는 IPCC 가이드라인 기본값을 적용한다.

② 폐기물 성상별 매립양은 1991년 1월1일 이후 매립된 폐기물에 대해서만 수집한다.
③ 메탄으로 전환가능한 DOC비율은 IPCC 가이드라인 기본값인 0.5를 적용한다.
④ 산화율은 IPCC 가이드라인 기본계수를 사용한다.

해설
폐기물 성상별 매립양은 1981년 1월1일 이후 매립된 폐기물에 대해서만 수집한다. [정답 ②]

083 온실가스·에너지 목표관리 운영 등에 관한지침에서 정하는 바에 따라 고형폐기물의 매립 시 배출량 산정과 관련한 매개변수별 관리기준에 대한 설명 중 옳지 않은 것은? (2016년도 관리기사 제2회)

① 폐기물성상별 매립양은 1981년 1월 1일 이후 매립된 폐기물에 대해서만 수집한다.
② 메탄 회수량은 측정불확도 ±2.5% 이내의 메탄회수량 자료를 활용한다.
③ 메탄으로 전환 가능한 DOC비율은 IPCC 가이드라인 기본값인 0.5를 적용한다.
④ 메탄 부피비는 IPCC 기본값인 0.5를 적용한다.

해설
메탄 회수량은 측정불확도는 Tier수준에 따라 각각 달리 적용한다. [정답 ②]

084 하수 처리(하수 및 폐수 동시처리를 포함한다)의 배출량 산정 방법론에서 매개변수가 아닌 것은?

① 유입 하수의 COD 농도
② 메탄 회수량
③ 유입 하수의 총 질소 농도
④ 유출 하수의 BOD_5 농도

해설
유입 하수의 BOD_5 농도 [정답 ①]

085 폐기물 소각시설에서는 고형 및 액상폐기물의 연소로 인해 CO_2, CH_4 및 N_2O가 배출된다. 소각으로 인한 CO_2 배출량 보고에서 제외되는 폐기물은?

① 플라스틱   ② 합성 섬유   ③ 폐유   ④ 음식물

해설
바이오매스 폐기물(음식물, 목재 등)의 소각으로 인한 CO_2 배출은 생물학적 배출량이므로 배출량 산정시 제외되어야 한다. [정답 ④]

086 다음 중 폐기물 소각의 보고대상 배출시설에 속하지 않은 것은?

① 소각보일러
② 야적물소각시설
③ 폐가스소각시설
④ 폐수소각시설

해설
폐기물 소각의 보고대상 배출시설에는 소각보일러, 특정폐기물 소각시설, 일반폐기물 소각시설, 폐가스소각시설, 적출물 소각시설, 폐수소각시설이 있다.

[정답 ②]

087 다음 중 폐기물부문 보고대상 온실가스가 아닌 것은?

① 매립에 의한 메탄
② 하수처리과정 중 유기물 분해에 따른 메탄
③ 바이오매스의 소각에 의한 이산화탄소
④ 폐수처리과정 중 유기물 분해에 따른 메탄

해설
바이오매스의 소각에 의한 이산화탄소는 생물기원이므로 보고대상 온실가스가 아니다

[정답 ③]

088 온실가스 · 에너지 목표관리제 하에서 고상 폐기물의 소각 과정에서 이산화탄소 배출량을 산정하기 위한 매개변수에 해당되지 않는 것은? (2015년도 관리기사 제4회)

① 폐기물 성상(i)별 건조물질 질량 분율
② 화석탄소 질량 분율
③ 산화계수
④ 순발열량

해설
$CO_2 \text{Emissions} = \Sigma(SW_i \times dm_i \times CF_i \times FCF_i \times OF_i) \times 3.664$

CO_2 Emissions : 폐기물 소각에서 발생되는 온실가스 양(tCO_2)
SW_i : 폐기물 성상(i)별 소각량(t-Waste)
dm_i : 폐기물 성상(i)별 건조물질 질량 분율(0에서 1사이의 소수)
CF_i : 폐기물 성상(i)별 탄소 함량(tC/t-Waste)
FCF_i : 화석탄소 질량 분율(0에서 1사이의 소수)
OF_i : 산화계수(소각효율, 0에서 1사이의 소수)
3.664 : CO_2의 분자량(44.010)/C의 원자량(12.011)

[정답 ④]

089 하수 처리 배출량 Tier1의 산정방법론(CH_4)은 아래와 같다. 각 인자와 해당 내용이 알맞게 짝지어진 것은?

$$CH_4 Emissions = (COD_{in} \times Q_{in} - COD_{out} \times Q_{out} - COD_{sl} \times Q_{sl}) \times EF \times 10^{-6} - R$$

① BOD_{in} : 유출 하수의 BOD_5농도, (mgBOD/L)
② BOD_{out} : 유입 하수의 BOD_5농도, (mgBOD/L)
③ Q_{in} : 유출하수량(m3/yr)
④ R : 메탄 회수량(tCH_4)

> **해설**
> $CH_4 Emissions$: 하수처리에서 배출되는 CH_4배출량(tCH_4)
> BOD_{in} : 유입수의 BOD_5농도, (mg-BOD/L)
> BOD_{out} : 방류수의 BOD_5농도, (mg-BOD/L)
> BOD_{sl} : 반출 슬러지의 BOD_5농도, (mg-BOD/L)
> Q_{in} : 유입수의 유량(m3)
> Q_{out} : 방류수의 유량(m3)
> Q_{sl} : 슬러지의 반출량(m3)
> EF : 배출계수($kgCH_4$/kg-BOD)
> R : 메탄 회수량(tCH_4)
> [정답 ④]

090 다음 폐기물 처리과정에서의 온실가스 배출활동과 거리가 먼 것은?

① 하·폐수 처리
② 폐기물의 소각
③ 고형폐기물의 매립
④ 고형폐기물의 화학적 처리

> **해설**
> 고형폐기물의 생물학적 처리가 폐기물 처리과정에서의 온실가스 배출활동이다. [정답 ④]

091 관리업체가 온실가스 배출량 등을 산정·보고해야 하는 배출활동의 종류 중에서 폐기물 처리과정에서의 온실가스 배출에 해당되지 않는 것은? (2016년도 산업기사 제2회)

① 고형폐기물의 매립
② 고형폐기물의 생물학적 처리
③ 하·폐수 처리 및 배출
④ 석탄의 채굴, 처리 및 저장

> **해 설**
> 폐기물 처리과정에서의 온실가스 배출
> ① 고형폐기물의 매립
> ② 고형폐기물의 생물학적 처리
> ③ 하·폐수 처리 및 배출
> ④ 폐기물 소각
>
> [정답 ④]

092 온실가스·에너지 목표관리제 하에서 관리업체 A의 고형폐기물 매립공정에서의 온실가스 배출량 산정을 위한 배출계수인 DOC에 관한 설명으로 옳은 것은? (2015년도 산업기사 제2회)

① 분해가능한 유기탄소 비율
② 매립지 표면에서의 산화율
③ 발생 매립가스에 대한 메탄 부피비
④ 호기성 분해에 대한 메탄 보정계수

> **해 설**
> OX : 매립지 표면에서의 산화율
> F : 발생 매립가스에 대한 메탄 부피비
> MCF : 호기성 분해에 대한 메탄 보정계수
>
> [정답 ①]

093 온실가스·에너지 목표관리제 하에서 오존파괴 물질의 대체물질 사용 시 폐쇄형 기포(closed-cell) 발포제에 의한 온실가스 배출량 산정에 요구되는 매개변수로만 옳게 나열된 것은? (2015년도 관리기사 제2회)

a. 폐쇄형 기포발포제의 수명
b. 제품 반응율
c. 첫 해의 손실 배출계수
d. 연간 손실 배출계수

① b, c, d   ② a, b, d   ③ a, c, d   ④ a, b, c

해설

Emissionst = Mt × EFFYL + Bankt × EFAL + DLt − RDt

Emissionst : t년도의 연간 closed-cell 발포제 의한 배출량(kg/yr)
Mt : t년도에 closed-cell 발포제 생산에 사용된 총 HFC의 양(kg/yr)
EFFYL : 첫 해의 손실 배출계수(0에서 1사이의 소수, 향후 센터에 서 국가 배출계수를 공표하면 그 값을 적용한다.)
Bankt : closed-cell 발포제 생산과정에서 t−n과 t년 사이의 HFC 몰입량(kg)
EFAL : 연간 손실 배출계수(0에서 1사이의 소수, 향후 센터에서 국가 배출계수를 공표하면 그 값을 적용한다.)
DLt : t년도의 회수나 파기에 의한 HFC 배출 방지량(kg)
n : 폐쇄형 기포 발포제의 수명
t−n : 발포제 안에서 HFC가 존재하고 있는 총 기간

[정답 ③]

094 온실가스 · 에너지 목표관리제 하에서 개방형 기포(open-cell) 발포제에 의한 온실가스 배출량 산정에 관한 설명으로 가장 적합한 것은? (단, 폐쇄형 기포(closed-cell) 발포제와 비교하여 두드러진 특성) (2015년도 산업기사 제2회)

① 첫 해의 손실 배출계수가 100% 이다.
② 제품수명에 따라 연간 일정하게 배출된다.
③ 제품 폐기 시 가스 회수를 통해 배출량을 감소시킬 수 있다.
④ 가스 몰입량(Bank) 산정이 필요하다.

해설
폐쇄형 기포 발포제의 수명이 매개변수이므로 제품수명에 따라 연간 변동성이 있다.

[정답 ②]

095 온실가스 · 에너지 목표관리제 하에서 냉동 및 냉방에서의 냉매 사용에 따른 온실가스 배출량 산정 시 매개변수 Bt에 관한 설명으로 옳은 것은? (2015년도 산업기사 제4회)

① t년도의 냉동 및 냉방설비 안에 존재하는 HFC의 bank 양(kg)
② t년도의 냉동 및 냉방설비 안에서 누출되는 HFC의 bank 양(kg)
③ t년도의 냉동 및 냉방설비 안으로 보충되는 HFC의 bank 양(kg)
④ t년도의 냉동 및 냉방설비 안에서 폐기되는 HFC의 bank 양(kg)

해설
Bt : t년도의 냉동 및 냉방설비 안에 존재하는 HFC의 bank양(kg)
Mt : t년도의 새 설비에 충진하는 HFC의 양(kg)
Eend−of−life : t년도의 냉동 및 냉방설비 폐기 시의 HFC 배출량 (kg)

[정답 ①]

096 온실가스 · 에너지 목표관리제 하에서 직접 배출원 중 원료나 연료의 생산, 중간생성물의 저장, 이송 과정에서 대기 중으로 배출되는 배출원을 의미하는 것은? (2015년도 관리기사 제2회)

> (   )(이)란 국가온실가스감축목표를 달성하기 위하여 5년 단위로 온실가스 배출업체에 배출권을 할당하고 그 이행실적을 관리하기 위하여 설정되는 기간을 말한다.

① 고정연소배출　　② 이동연소배출　　③ 탈루배출　　④ 공정배출

해 설
저장, 이송 과정에서 대기 중으로 배출되는 배출원은 탈루배출이다.
　　　　　　　　　　　　　　　　　　　　　　　　　　　　　　　　　　　[정답 ③]

097 아래 그림에서 A 사업장은 발전설비에서의 전력생산에 따른 온실가스 배출량의 조직경계를 나타낸 것이다. ⓑ의 설명으로 맞는것은?

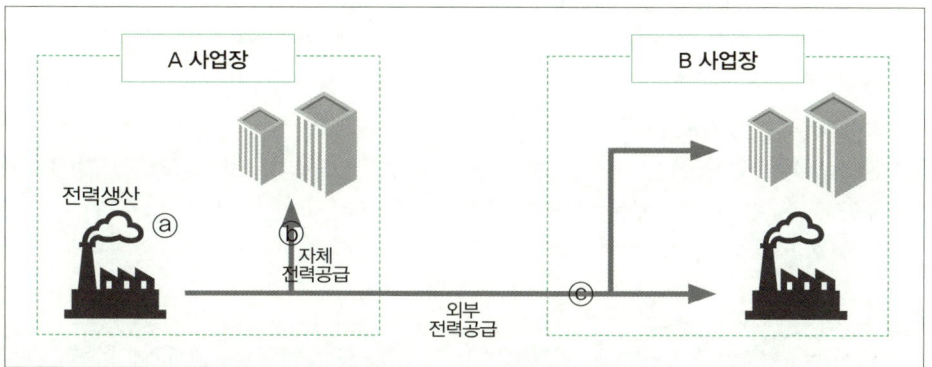

① B 사업장의 간접적 온실가스 배출량으로서 보고
② A 사업장의 직접적 온실가스 배출량으로서 보고
③ A 사업장의 전력사용에 따른 간접적 온실가스 배출량산정에서 제외
④ A 사업장의 직접적 온실가스 배출량과 간접적 온실가스 배출량으로서 보고

해 설
ⓐ : A 사업장 내에 위치한 발전설비에서의 전력생산에 따른 직접 온실가스 배출량(A 사업장의 직접적 온실가스 배출량으로서 보고)
ⓑ : A 사업장에서 생산한 전력을 A사업장 내에서 자체적으로 공급한 경우(전력사용에 따른 간접적 온실가스 배출량산정에서 제외)
ⓒ : A 사업장에서 생산한 전력을 B 사업장에 공급한 경우(B 사업장의 간접적 온실가스 배출량으로서 보고)
　　　　　　　　　　　　　　　　　　　　　　　　　　　　　　　　　　　[정답 ③]

098 다음 중 온실가스 배출량 산정에서 제외되는 것은? (2016년도 산업기사 제2회)

① 조직경계 내 발전설비에서의 전력생산에 따른 직접배출량
② 조직경계 내 발전설비에서 생산된 전력 사용에 따른 간접배출량
③ 조직경계 외부에서 공급된 전력 사용에 따른 간접배출량
④ 조직경계 외부로 공급하기 위한 전력생산에 따른 직접배출량

해설
조직경계 내 발전설비에서 생산된 전력 사용에 따른 간접배출량은 제외한다. **[정답 ②]**

099 온실가스·에너지 목표관리제 하에서 외부에서 공급된 열(스팀)의 사용에 대한 온실가스 배출량 산정방법에 관한 설명으로 옳지 않은 것은? (2015년도 관리기사 제2회)

① 열(스팀) 사용으로 인해 발생하는 배출량은 열(스팀) 공급자로부터 간접배출계수를 제공받아 활용한다.
② 외부에서 공급된 열(스팀)사용으로 인해 발생하는 간접적 온실가스 배출은 관리업체의 온실가스 배출량에 포함되지 않는다.
③ 관리업체가 소유 및 통제하는 설비와 사업활동에 의한 열(스팀)사용으로 인해 발생하는 간접적 온실가스 배출은 연료연소, 원료사용 등으로 인한 직접적 온실가스 배출과 함께 관리업체의 온실가스 배출량에 포함되어야 한다.
④ 열(스팀)을 생산하여 외부로 공급하는 업체가 자체적으로 열(스팀) 간접배출계수를 제공할 수 없는 경우에는 센터가 검증·공표하는 국가 고유의 열(스팀) 간접배출계수 등을 활용할 수 있다.

해설
외부에서 공급된 열(스팀)사용으로 인해 발생하는 간접적 온실가스 배출은 관리업체의 온실가스 배출량에 포함한다. **[정답 ②]**

100 다음은 연속측정에 따른 배출량 산정방법 중 굴뚝연속자동측정기에 의한 온실가스 배출량 산정식 및 해설이다. CCO_2d 는 무엇을 의미하는가?

$$ECO_2 = K \times CCO_2d \times Qsd$$

ECO_2 : CO_2배출량 (g CO_2/30분)
CCO_2d : (   ) % (건 가스(dry basis)기준, 부피농도)
Qsd : 30분 적산 유량 (Sm3) (건 가스 기준)
K : 변환계수(1.964 × 10, 표준상태에서 1kmol이 갖는 공기부피와 이산화탄소 분자량 사이의 변환계수)

① 30분 CO_2배출량   ② 30분 CO_2누적배출량
③ 30분 CO_2농도   ④ 30분 CO_2평균농도

> **해설**
> CCO_2d는 30분 CO_2평균농도를 의미한다.   [정답 ④]

101 온실가스 · 에너지 목표관리제 하에서 연속측정에 따른 배출량 산정방법 중 대체자료 생성기준에 대한 설명으로 옳지 않은 것은? (2015년도 관리기사 제4회)

① 장비점검 기간에는 정상 자료 중 최근 30분 평균자료를 이용한다.
② 비정상 측정자료는 정상 자료 중 최근 30분 평균자료를 이용한다.
③ 가동중지 기간에는 정상 마감된 전월의 최근 1개월간의 30분 평균자료를 이용한다.
④ 정도검사 기간에는 정상 마감된 전월의 최근 1개월간의 30분 평균자료를 이용한다.

> **해설**
> 가동중지 기간에는 해당기간의 자료는 0으로 처리   [정답 ③]

102 온실가스 · 에너지 목표관리 운영 등에 관한 지침상 굴뚝연속자동측정방법에 따른 배출량 제출 시 실시간 측정자료를 전자적 방식으로 해당관장에게 제출해야 하는데, 이 실시간 측정자료에 해당하지 않는 것은? (2016년도 관리기사 제4회)

① CO_2 농도   ② 배출가스 유량   ③ 배출구 온도   ④ 배출구 습도

> **해설**
> 배출구 습도는 제외한다.   [정답 ④]

103 온실가스 · 에너지 목표관리 운영 등에 관한 지침 상 연속자동측정방법에 따른 이산화탄소 측정기기 검사항목 기준으로 틀린 것은? (2016년도 관리기사 제2회)

① 교정오차 5% 이하   ② 상대정확도 20% 이하
③ 영점편차(2시간) 0.4% 이하   ④ 교정편차(2시간) 0.4% 이하

> **해설**
> 상대정확도 10% 이하   [정답 ②]

104 굴뚝연속자동측정기와 배출가스유량계 측정 자료의 수치 맺음은 한국산업표준 KS Q 5002(통계해석방법)에 따라서 계산한다. 이 경우 소수점 이하는 몇째 자리에서 반올림하여 산정해야 하는가?

① 정수로 산정   ② 둘째 자리   ③ 셋째 자리   ④ 넷째 자리

> **해설**
> 소수점 이하는 셋째 자리에서 반올림하여 산정한다(유량은 소수점 이하는 버림 처리하여 정수로 산정한다). **[정답 ③]**

105 우리나라의 2030년까지 국가 온실가스 감축 목표는 얼마인가?

① 2030년 배출전망치(BAU) 대비 20%
② 2030년 배출전망치(BAU) 대비 30%
③ 2030년 배출전망치(BAU) 대비 37%
④ 2030년 배출전망치(BAU) 대비 47%

> **해설**
> 우리나라의 국가 온실가스 감축목표는 2030년 온실가스 배출전망치 대비 37%이다. **[정답 ③]**

106 기준연도(Baseyear) 및 기준연도 배출량에 대한 설명으로 적절하지 않은 것은?

① 온실가스·에너지 목표관리제와 배출권거래제에서는 관리업체로 최초 지정된 직전 연도 3개년 평균으로 정의하고 있다.
② 신규지정 관리업체로서 최근 3년 자료가 없을 경우, 최근 2개년 또는 직전년도 배출량으로 정의한다.
③ 기준연도란 제도를 통한 정량적인 감축의 비교를 위해 고정이 되는 대표 기간이다.
④ 기준연도의 적용은 업체마다 다를 수 있다.

> **해설**
> 목표관리제에서는 관리업체로 최초 지정된 직전 연도 3년 평균이 맞으나, 배출권거래제에서는 할당대상업체로 지정된 연도의 직전 3년간의 온실가스 배출량으로 정의하고 있다. **[정답 ①]**

107 관리업체로 지정된 다음 해 12월 31일까지 제출해야 하는 이행계획서에 포함되지 않는 내용은?

① 사업장별 당해연도 온실가스 배출량 현황
② 배출시설별 활동자료의 측정지점

③ 품질관리 / 품질보증(QA/QC) 인증 현황
④ 배출시설별 가동률 등의 운영계획

> **해설**
> 이행계획서는 감축주체가 감축활동을 체계적으로 수행하도록 정부에 세부적인 계획을 제출하는 것으로써, 당해연도 온실가스 배출량 현황은 기재되지 않는다. 당해연도 온실가스 배출량은 차년도 명세서에 포함되는 내용이다.   [정답 ①]

108. 온실가스·에너지 목표관리 운영 등에 관한 지침에 따라 모니터링 계획 작성 시 반드시 포함되지 않아도 되는 사항은? (2016년도 관리기사 제4회)

① 활동자료의 모니터링 방법
② 배출시설의 관리업체 지정연도 및 관리자 변경현황
③ 품질관리/품질보증 활동 계획
④ 배출시설별 모니터링 방법

> **해설**
> 배출시설의 관리업체 지정연도 및 관리자 변경현황은 반드시 포함되지 않아도 되는 사항이다.   [정답 ②]

109. 다음에서 설명하는 개념은 무엇인가?

> 감축사업 등록 시 환경적, 제도적, 경제적, 사회적 측면에서 고려되어야 하는 감축사업의 특성으로서, 인위적으로 온실가스를 저감하거나 에너지를 절약하기 위하여 일반적인 경영여건에서 실시할 수 있는 활동 이상의 추가적인 노력을 의미한다.

① 합목적성   ② 경제성   ③ 추가성   ④ 공익성

> **해설**
> 추가성은 일반적인 경영여건에서 실시할 수 있는 활동 이상의 추가적인 노력을 의미한다.   [정답 ③]

110. 다음은 이행 계획 및 실적에 대한 설명이다. 잘못된 것은?

① 소량배출사업장에 대해서는 이행실적 보고서에 포함하지 않을 수 있다.
② 관리업체는 다음연도 이행계획을 매년 12월31일까지 부문별 관장기관에게 제출하여야 한다.
③ 이행계획에 대한 실적을 매년 1월31일까지 부문별 관장기관에게 제출하여야 한다.

④ 관리업체가 부문별 관장기관의 개선명령을 반영하여 수립한 이행계획의 이행 실적에 대해서는 검증기관의 검증을 거쳐야 한다.

> **해설**
> 관리업체는 이행계획에 대한 실적을 매년 3월31일까지 부문별 관장기관에게 제출하여야 한다. [정답 ③]

111 온실가스·에너지 목표관리 운영 등에 관한 지침에 의한 과거실적 기반의 목표 설정방법 중 거리가 먼 것은?

① 할당계수의 결정 방법
② 관리업체의 배출허용량(목표) 설정 방법
③ 기존 배출시설의 배출허용량(목표) 설정 방법
④ 신·증설 시설에 대한 배출허용량(목표) 설정방법

> **해설**
> 과거실적 기반의 목표 설정방법은 아래와 같은 4가지이다.
> – 관리업체의 배출허용량(목표) 설정 방법
> – 기존 배출시설의 배출허용량(목표) 설정 방법
> – 신·증설 시설에 대한 배출허용량(목표) 설정방법
> – 감축계수(CFi)의 결정 방법 [정답 ①]

112 온실가스·에너지 목표관리 운영 등에 관한 지침에 의한 벤치마크 기반의 목표 설정방법 중 거리가 먼 것은?

① 감축계수(CFi)의 결정 방법
② 기존 배출시설의 배출허용량(목표) 설정 방법
③ 신·증설 시설에 대한 배출허용량(목표) 설정방법
④ 기준연도 배출량 인정계수(Ratioi)의 결정 방법

> **해설**
> 벤치마크 기반의 목표 설정방법은 아래와 같은 5가지이다.
> – 관리업체의 배출허용량(목표) 설정 방법
> – 기존 배출시설의 배출허용량(목표) 설정 방법
> – 신·증설 시설에 대한 배출허용량(목표) 설정방법
> – 기준연도 배출량 인정계수(Ratioi)의 결정 방법
> – 배출활동별 배출시설 종류 및 벤치마크 할당 계수 개발방법 [정답 ①]

113 품질관리(QC)활동의 목적으로 알맞지 않은 것은?

① 자료의 무결성, 정확성 및 완전성을 보장하기 위한 일상적이고 일관적인 검사의 제공
② 오류 및 누락의 확인 및 설명
③ 측정가능한 목적(자료품질의 목적)이 만족되었는지 검증하고 주어진 과학적 지식 및 가용성이 현재 상태에서 가장 좋은 배출량 산정결과를 나타내는지 확인
④ 배출량 산정자료의 문서화 및 보관, 모든 품질관리 활동의 기록

> **해 설**
> 측정가능한 목적(자료품질의 목적)이 만족되었는지 검증하고 주어진 과학적 지식 및 가용성이 현재 상태에서 가장 좋은 배출량 산정결과를 나타내는지 확인 하고, 품질관리 활동의 유효성을 지원하는 것은 품질보증(Quality Assurance)활동의 목적이다. [정답 ③]

114 품질관리(QC)활동의 주요 항목으로 알맞지 않은 것은?

① 기초자료의 수집 및 정리
② 산정 과정의 적절성
③ 산정 결과의 정확성
④ 보고의 적절성

> **해 설**
> 품질관리(QC)활동의 주요 항목은 기초자료의 수집 및 정리, 산정 과정의 적절성, 산정 결과의 적절성, 보고의 적절성이다. [정답 ③]

115 온실가스·에너지 목표관리제 하에서 배출량 산정(명세서 작성 등) 과정에 직접적으로 관여하지 않은 사람에 의해 수행되는 검토절차의 계획된 시스템에 가장 가까운 것은? (2015년도 관리기사 제4회)

① 품질관리(QC)   ② 품질보증(QA)   ③ 리스크분석   ④ 불확도산정

> **해 설**
> 직접적으로 관여하지 않은 사람에 의해 수행되는 검토절차는 품질보증(QA)이다. [정답 ②]

116 온실가스·에너지 목표관리 운영 등에 관한 지침 중 품질관리 활동의 4가지 내용으로 옳지 않은 것은? (2016년도 관리기사 제2회)

① 기초자료의 수집 및 정리
② 불확도 산정 결과
③ 산정 결과의 적절성
④ 보고의 적절성

해설
① 기초자료의 수집 및 정리
② 산정 결과의 적절성
③ 산정 결과의 적절성
④ 보고의 적절성

[정답 ②]

117 일반적인 온실가스 배출량 측정불확도 산정절차의 순서가 올바로 나열된 것은?

① 사전검토 → 불확도 산정 → 불확도조합-가감법 → 불확도조합-승산법
② 표준불확도 추정 → 사전검토 → 불확도조합-가감법 → 불확도조합-승산법
③ 사전검토 → 불확도 산정 → 합성 불확도 산정 → 배출량 불확도 계산
④ 표준불확도 추정 → 사전검토 → 불확도조합-가감법 → 합성 불확도 산정

해설

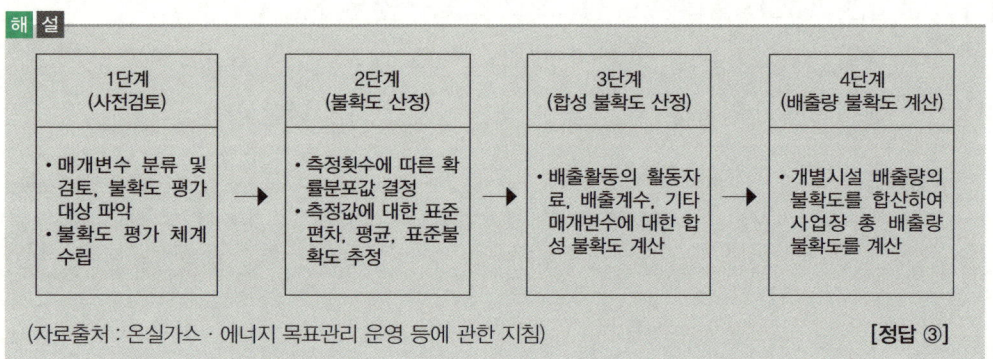

(자료출처 : 온실가스·에너지 목표관리 운영 등에 관한 지침)

[정답 ③]

118 온실가스·에너지 목표관리 운영 등에 관한 지침 상 상대정확도 시험에 대한 설명 중 옳은 것은? (2016년도 관리기사 제2회)

① 관리업체의 측정기기 또는 데이터 수집기간의 통신상태 및 대기분야 환경오염공정 시험기준에 적합한지 여부를 확인하는 시험이다.
② 측정자료 간의 오차율을 비교하여 정확성을 확인하는 시험으로 대기분야 환경오염 공정시험기준에 따라 적합한지 여부를 확인하는 시험이다.
③ 측정기기의 설치위치, 환경조건, 기능, 성능 등이 대기분야 환경오염 공정시험기준에 적합한지 여부를 확인하는 시험이다.
④ 상대정확도 시험은 확인검사와 통합시험으로 구분할 수 있다.

해설
상대정확도 시험이란 측정자료 간의 오차율을 비교하여 정확성을 확인하는 시험으로 대기분야 환경오염 공정시험기준에 따라 적합한지 여부를 확인하는 시험이다.

[정답 ②]

119 일반적으로 온실가스 배출량 산정과 관련한 불확도의 추정에서는 표본채취에 대한 확률분포가 정규분포를 따른다는 가정 하에 (   )%의 신뢰구간에서 불확도를 추정하는 것을 요구한다. (   )안에 들어갈 알맞은 값은?

① 90 ② 92.5 ③ 95 ④ 97.5

 해설
온실가스 배출량 산정과 관련한 불확도의 추정에서는 표본채취에 대한 확률분포가 정규분포를 따른다는 가정 하에 95%의 신뢰구간에서 불확도를 추정하는 것을 요구한다. **[정답 ③]**

120 다음은 불확도의 조합 중 승산법에 대한 설명이다. 계산법에서 배출량은 활동자료와 배출계수를 곱하여 산정하므로 불확도의 승산법에 따라 각 매개변수의 표준불확도를 조합하여 배출량의 불확도를 결정한다. 이 경우 매개변수가 서로 독립적이어서 불확도가 정규분포를 따르고, 개별 매개변수의 불확도가 (   )%를 초과하지 않는 범위에서 유효하다. (   )안에 들어갈 알맞은 값은?

① 50 ② 60 ③ 70 ④ 80

 해설
개별 매개변수의 불확도는 60%를 초과하지 않는 범위에서 유효하다. **[정답 ②]**

121 다음은 사업장 혹은 관리업체의 총 배출량에 대한 불확도를 계산하는 계산식이다. E_T는 무엇을 의미하는가?

$$U_{r,E_T} = \frac{\sqrt{\sum(E_i \times U_{r,E_i}/100)^2}}{E_T} \times 100$$

① 사업장/배출시설의 총 배출량(이산화탄소 환산 톤)
② 사업장/배출시설 총 배출량(F)의 불확도 (%)
③ F에 영향을 미치는 배출시설/배출활동의 배출량(ton)
④ F에 영향을 미치는 배출시설/배출활동(C)의 불확도(%)

해설
Ur,ET : 사업장/배출시설 총 배출량(ET)의 상대확장불확도(%)
ET : 사업장/배출시설의 총 배출량(이산화탄소 환산 톤)
Ei : ET에 영향을 미치는 배출시설/배출활동(i)의 배출량(이산화탄소 환산 톤)
Ur,Ei : ET에 영향을 미치는 배출시설/배출활동(i)의 상대확장불확도(%).
[정답 ①]

122 다음 중 온실가스 배출량 검증원칙이 아닌 것은?

① 공정성   ② 자율성   ③ 윤리적 행동   ④ 전문가적 주의

해설
온실가스 배출량 검증원칙
① 전문가적 주의
② 윤리적 행동
③ 독립성
④ 공정성
[정답 ②]

123 온실가스 배출권 거래제 운영을 위한 검증지침에서 온실가스 배출량 검증방법에 관한 설명으로 옳지 않은 것은? (2015년도 관리기사 제2회)

① "고유리스크"는 검증대상 내부의 데이터 관리구조상 오류를 적발하지 못할 리스크를 말한다.
② 중요성 평가 시 중요성의 양적기준치는 할당대상업체의 배출량 수준에 따라 차등화한다.
③ 검증기관은 "합리적 보증수준"이 가능하도록 데이터 샘플링 계획을 수립하여야 한다.
④ 검증계획 수립 시 검증팀장은 수립된 검증계획을 최소 1주일 전에 피검증자에 통보하여 효율적인 검증이 실시될 수 있도록 해야 한다.

해설
"관리(통제)리스크"는 검증대상 내부의 데이터 관리구조상 오류를 적발하지 못할 리스크를 말한다. [정답 ①]

124 다음 그림을 보고 물음에 답하시오.
수행주체가 검증팀과 피검증자인 절차만으로 올바르게 짝지어진 것은?

단계	절차	개요	수행주체
1단계	검증개요 파악	• 피검증자 현황 파악 • 검증범위 확인 • 현장검증 일정 협의 • 데이터관리시스템 확인	검증팀
2단계	문서검토	• 이행계획 및 명세서/이행실적 검토 • 배출량 산정기준에 따른 온실가스 배출량 등의 적합성 평가 • 중요성이 있는 데이터와 정보평가 • 데이터 관리·보고시스템 평가 • 전년 대비 변경사항 확인 • 문서검토 결과 시정 조치 요구	검증팀
2단계	리스크 분석	• 중요한 오류 가능성 및 이행계획 준수와 관련된 오류의 리스크를 평가	검증팀
	데이터 샘플링 계획 수립	• 리스크를 반영한 중요한 샘플링 대상 데이터 및 방법론 등	부문별 관장기관
	검증계획 수립	• 검증 수행대상 및 방법 • 인터뷰대상 및 검증 일정 등	환경부장관
3단계	현장검증	• 데이터 및 정보 검증 • 측정기기 검교정 관리 • 데이터 및 정보시스템 관리상태 확인 • 이전 검증결과 및 변경사항 확인 등	검증팀
	검증결과 정리 및 평가	• 문서검토 및 현장검증 결과 정리 • 오류의 평가 • 조치 요구 사항 결정 및 시정조치 요구 • 시정조치 결과 타당성 확인 심사	검증팀

① 검증개요 파악 – 리스크 분석 – 현장검증
② 리스크 분석 – 검증계획 수립 – 현장검증
③ 문서검토 – 검증계획 수립 – 현장검증
④ 검증개요 파악 – 문서검토 – 현장검증

해설
검증개요 파악, 문서검토, 현장검증 절차의 수행주체는 검증팀과 피검증자이다. [정답 ④]

125 검증팀은 주요배출시설의 데이터를 식별하여 구분 관리하고, 검증계획 수립 시 검증시간 배분 등에 우선적으로 반영하여야 한다. 주요배출시설은 온실가스 배출량의 총량 대비 누적합계가 100분의 (   )를 차지하는 배출시설을 말한다.

① 85   ② 90   ③ 95   ④ 98

해설
주요배출시설은 온실가스 배출량의 총량 대비 누적합계가 100분의 95를 차지하는 배출시설을 말한다. **[정답 ③]**

126 온실가스 배출권거래제 운영을 위한 검증지침에서 온실가스 검증심사원 등의 업무 및 역할에 대한 설명으로 가장 거리가 먼 것은?

① 온실가스 검증심사원은 명세서 검증절차를 준수하여 검증을 수행한다.
② 온실가스 검증심사원은 검증보고서를 작성할 때 검증개요 및 검증의 내용과 최종 검증 의견 및 결론을 포함하여 작성해야 한다.
③ 검증계획 수립 시 검증팀장은 수립된 검증계획을 최소 15일 전에 피검증자에게 통보함으로써 효율적인 문서검토 및 현장검증이 실시될 수 있도록 해야 한다.
④ 온실가스 배출량과 에너지 소비량이 산정에 영향을 미치는 오류는 조치요구사항을 피검증자에게 즉시 통보하여 수정 조치를 요구하여야 한다.

해설
검증계획 수립 시 검증팀장은 수립된 검증계획을 최소 7일 전에 피검증자에게 통보함으로써 효율적인 문서검토 및 현장검증이 실시될 수 있도록 해야 한다. **[정답 ③]**

127 온실가스 배출량 검증절차의 리스크 분석에서 검증팀이 검증을 통해 오류를 적발하지 못할 리스크는? (2016년도 산업기사 제2회)

① 검출리스크   ② 고유리스크   ③ 통제리스크   ④ 잔여리스크

해설
리스크의 분류
① 피검증자에 의해 발생하는 리스크
 • 고유리스크 : 검증대상의 업종 자체가 가지고 있는 리스크(업종의 특성 및 산정방법의 특수성 등)
 • 통제리스크 : 검증대상 내부의 데이터 관리구조상 오류를 적발하지 못할 리스크
② 검증팀의 검증 과정에서 발생하는 리스크
 • 검출리스크 : 검증팀이 검증을 통해 오류를 적발하지 못할 리스크 **[정답 ①]**

128 리스크의 종류 중 하나로 업종의 특성 및 산정방법의 특수성 등 검증대상의 업종 자체가 가지고 있는 리스크는 무엇인가?

① 검출리스크 ② 통제리스크 ③ 고유리스크 ④ 잠재리스크

> **해설**
> 업종의 특성 및 산정방법의 특수성 등 검증대상의 업종 자체가 가지고 있는 리스크는 고유리스크이다. **[정답 ③]**

129 기록과 문서의 정확성을 판단하기 위하여 검증심사원이 직접 계산하고 확인하는 검증기법은 무엇인가?

① 재계산 ② 분석 ③ 역추적 ④ 열람

> **해설**
> 기록과 문서의 정확성을 판단하기 위하여 검증심사원이 직접 계산하고 확인하는 검증기법은 재계산이다. **[정답 ①]**

130 검증기관은 (　　　　)이 가능하도록 데이터 샘플링 계획을 수립하여야 한다. 빈 칸에 들어갈 알맞은 말은?

① 보수적 보증수준 ② 제한적 보증수준
③ 합리적 보증수준 ④ 절대적 보증수준

> **해설**
> 검증기관은 합리적 보증수준이 가능하도록 데이터 샘플링 계획을 수립하여야 한다. **[정답 ③]**

131 검증결과의 정리 및 평가 단계에서 수행하는 절차 중 중요성 평가가 있다. 여기서 중요성의 양적 기준치는 관리업체 CO_2eq 총 배출량의 (　)%로 하며, 총 배출량이 50만 tCO_2eq 이상인 관리업체에서는 (　)%로 한다. (　)안에 들어갈 값이 알맞게 짝지어진 것은?

① 7.5 - 5 ② 7.5 - 2.5 ③ 5 - 2.5 ④ 5 - 2

> **해설**
> 중요성의 양적 기준치는 총 배출량 50만 tCO_2eq 이상은 2.5%, 그 미만은 5%이다. **[정답 ③]**

132 다음은 온실가스 배출거래제 운영을 위한 검증지침에서 검증결과의 정리 및 검증 보고서 작성을 위한 중요성 평가에 관한 사항이다. ( )안에 알맞은 것은? (2015년도 산업기사 제2회)

> 총 배출량이 500만 tCO_2eq 이상인 할당대상업체는 총 배출량의 2.0%, 50만 tCO_2eq 이상 500만 tCO_2eq 미만인 할당대상업체세너는 총 배출량의 2.5%, 50만 tCO_2eq 미만인 할당대상업체는 총 배출량의 ( )로 한다.

① 3.5% ② 5.0% ③ 7.5% ④ 10.0%

해설
50만 tCO_2eq 미만인 할당대상업체는 총 배출량의 (5.0%)로 한다. **[정답 ②]**

133 검증팀은 문서검토 및 현장검증 결과 수집된 자료에 대한 평가를 완료한 후, 발견사항을 정리하고 시정조치를 발행해야 한다. 다음 중, 발견사항과 시정조치의 내용이 올바른 것은?

① 조치요구 사항은 온실가스 관련 데이터 관리 등을 위한 개선 요구사항을 말한다.
② 조치요구 사항은 시정조치를 할 의무는 없다.
③ 개선 권고사항은 온실가스 배출량 산정에 직접적인 영향을 끼치는 발견사항을 말한다.
④ 개선 권고사항은 시정조치를 할 의무는 없다

해설
개선 권고사항은 온실가스·에너지 산출 및 관리방안 개선을 위한 제언사항이므로 시정조치를 할 의무는 없다. **[정답 ④]**

134 검증기관이 검증의 신뢰성 확보 등을 위해 검증팀에서 작성한 검증보고서를 최종 확정하기 전에 검증과정 및 결과를 재검토하는 일련의 과정을 무엇이라고 하는가?

① 내부심의 ② 외부심의 ③ 품질관리 ④ 품질보증

해설
내부심의는 검증기관이 검증의 신뢰성 확보 등을 위해 검증팀에서 작성한 검증보고서를 최종 확정하기 전에 검증과정 및 결과를 재검토하는 일련의 과정을 말한다. **[정답 ①]**

135 배출량 보고와 관련한 위험(고유 위험, 통제 위험, 오류 및 누락 등)을 완화하는 일련의 활동을 무엇이라고 하는가?

① 내부 통제　　② 내부 감사　　③ 제3자 검증　　④ 품질 관리

> **해설**
> [해설] 내부 감사(internal audit)에 대한 설명이다.　　　　　　　　　　　　　　　　　**[정답 ②]**

136 온실가스·에너지 목표관리 운영 등에 관한 지침 상 검증기관 지정요건으로 옳지 않은 것은?

① 검증기관은 법인이어야 한다.
② 상근심사원을 3인 이상 갖추어야 한다.
③ 검증메뉴얼은 문서형태로 작성되어야 한다.
④ 검증기관은 검증절차에 필요한 세부 운영메뉴얼을 구비하여야 한다.

> **해설**
> 상근심사원을 5인 이상 갖추어야 한다.　　　　　　　　　　　　　　　　　　　　　　**[정답 ②]**

137 다음은 B업체의 사업장별 온실가스 배출량과 에너지 소비량을 나타낸 표이다. 표를 보고 물음에 답하시오.

	온실가스 배출량(tCO$_2$-eq)	에너지 소비량(TJ)
본사	1,000	5
E공장	5,000	20
F공장	25,000	100
G공장	4,000	15
H공장	8,000	30

2018년 현재, B업체는 온실가스·에너지 목표관리제 관리업체(업체, 사업장) 지정기준에 의거 무엇으로 지정되는가?

① E공장　　② F공장　　③ G공장　　④ 업체지정

> **해설**
> B업체의 총 온실가스 배출량 및 에너지 소비량은 43,000tCO$_2$-eq, 170TJ로 업체지정 기준(50,000tCO$_2$-eq, 200TJ)을 충족하지 못하나, F공장의 경우 사업장지정 기준(15,000tCO$_2$-eq, 80TJ)을 모두 충족한다. **[정답 ②]**

138 관리업체 A와 B발전소는 유연탄 1,697,622톤을 사용하여 전력을 생산하고 있다. B발전소에서 전력 생산시 온실가스 배출량 (ton CO_2eq)은 약 얼마인가?

에너지원	순발열량	배출계수(kg/TJ)		
		CO_2	CH_4	N_2O
유연탄(연료용)	5,000	90,200	1.0	1.5

① 3,812,825 ② 3,812,867 ③ 3,812,930 ④ 3,833,369

해설
1,697,622ton × 24.9 TJ/Gg × (90,200 × 1 + 1.0 × 21 + 1.5 × 310) × 10-6 = 3,833,369 [정답 ④]

139 관리업체인 L시멘트사는 연간 180만 톤의 클링커를 생산하고 있고, 그 과정에서 시멘트킬른먼지(CKD)가 500톤 발생하나, L사는 백필터(Bag Filter)를 활용하여 유실된 CKD를 전량 회수하여 다시 킬른에 투입한다고 가정할 때 Tier1을 이용한 온실가스 배출량(tCO_2/yr)은? (단, 클링커생산량 당 CO_2 배출계수는 0.51tCO_2/t-클링커, 투입원료 중 기타 탄소성분에 기인하는 CO_2 배출계수는 0.01tCO_2/t-클링커)

① 917,995 ② 918,005 ③ 936,000 ④ 936,740

해설
1,800,000 × (0.51+0.01) = 936,000 [정답 ③]

140 석회공정에서는 고온에서 석회석을 가열하여 석회를 생산하는 과정 중 이산화탄소가 발생된다. 생산된 석회가 100톤이라고 할 때 배출되는 이산화탄소의 양은? (단, 생산된 석회 1톤당 배출계수:0.75톤 CO_2)

① 0.75톤 ② 7.5톤 ③ 75톤 ④ 750톤

해설
100 × 0.75 = 75 [정답 ③]

141 코크스로를 운영하고 있는 관리업체 A에서 유연탄 15만 톤을 사용하여 코크스 10만 톤을 생산하였다. 이 때 Tier1을 이용하여 온실가스 배출량을 산정할 경우 발생된 온실가스양은 몇 톤 CO_2eq인가? (단, 공정배출계수는 CO_2 : 0.56tCO_2/t코크스, CH_4 : 0.1gCH_4/t코크스)

① 56000.21 ② 84000.32 ③ 140000.53 ④ 266000.00

해설

100,000ton×(0.56×1+0.1×21×10−6)= 56000.21 [정답 ①]

142 승산법에 따라 온실가스 배출량의 불확도를 결정할 때 활동자료와 배출계수의 불확도가 각각 +30%, +20%일 경우 배출활동의 불확도는? (단, 매개변수가 서로 독립적이어서 불확도가 정규분포를 따르고, 개별 매개변수의 불확도는 60%를 초과하지 않는다.)

① 26.96% ② 36.06% ③ 8.96% ④ 9.96%

해설

$\sqrt{(0.3^2+0.2^2)} \times 100 = 36.06$ [정답 ②]

143 다음 시나리오를 보고 물음에 답하시오.

구분	연료	사용량 data	배출계수(kg/TJ)			발열량 (MJ/연료단위)
			CO_2	CH_4	N_2O	
난방용 보일러	목재 폐기물	100ton/yr	112,000	300	4	15.6
건조로	공정폐열	100ton/yr	71,900	3	0.6	35

※ 산화계수: 1

① 439.01 ② 252.53 ③ 186.48 ④ 11.76

해설

−난방용 보일러(가정용):
배출량(tCO_2eq)=100×15.6×(300×21+4×310)×1×10−6 =11.762(tCO_2eq)
−공정연소 건조로:
배출량(tCO_2eq)=0 (tCO_2eq). [정답 ④]

144 H사업장은 휘발유를 사용하는 승용자동차 3대를 보유하고 있다. 휘발유 사용량은 연간 1000L이다. 승용자동차의 연비는 15km/L이고, 평균 운행 속도는 60km/hr이다. 이동연소의 온실가스 배출량은 몇 ton CO_2 인가? (산정등급 Tier 1, 배출계수 69300kgGHG/TJ, 산화계수 1, 열량계수는 31MJ/L이다.)

① 2.148 ② 21.48 ③ 214.8 ④ 2,148

해설
배출량 = 1000×31×69300×1×1×10⁻⁹ = 2.148 ton CO_2

[정답 ①]

145 촉매재생공정에서 Coke 량이 300톤이고 Coke 중 탄소함량비가 0.95(ton-C/ton-coke)일 때 CO_2 배출량(ton)은 얼마인가?

① 10.45 ② 104.5 ③ 1,045 ④ 10,450

해설
300ton × 0.95(ton-C/ton-coke) × 3.664 = 1044.24 ton

[정답 ③]

146 Q관리업체는 연간 아디프산 생산량이 200톤이다. N_2O 배출계수 (kgN_2O/t-아디프산)가 300 kg이며, 촉매 분해의 분해 계수와 이용 계수가 각각 92.5 %, 89 %일 때 온실가스 배출량(CO_2-e ton)을 구하시오.

① 2,545 ② 2,942 ③ 3,048 ④ 3,287

해설
{200×300×(1−0.925×0.89)}×310×10⁻³=3287.55CO_2−e ton

[정답 ④]

147 하폐수 처리시설에서 다음과 같은 조건일 때 연간 온실가스 배출량(CO_2-e ton)은?

- BODin : 50mg/L
- BODout : 5mg/L
- Qin : 5,000m3/day
- EF : 0.005kgCH_4/kgBOD
- R : 메탄회수 없음

① 6.54 ② 7.68 ③ 8.62 ④ 9.65

해설
$(50-5) \times 5,000 \times 365 \times 0.005 \times 21 \times 10^{-6} = 8.62\ CO_2eq/yr$

[정답 ③]

148 관리업체 A의 하수처리 과정에서 다음과 같은 조건일 때 N_2O 배출에 따른 온실가스 연간 배출량에 가장 가까운 값은? (2015년도 관리기사 제2회) (단, 반출슬러지는 고려하지 않는다.)

- TNin : 50mg-T-N/L
- TNout : 5mg-T-N/L
- Qin : 5,000㎥/day
- Qout : 4,800㎥/day
- EF : 0.005kg N_2O-N/kg-T-N

① 200tCO₂ eq/yr
② 300tCO₂ eq/yr
③ 400tCO₂ eq/yr
④ 500tCO₂ eq/yr

해설
$N_2O\ Emissions = (TNin \times Qin - TNout \times Qout - TNsl \times Qsl) \times 10^{-6} \times EF \times 1.571$
$\{(50 \times 5,000) - (5 \times 4,800)\} \times 0.005 \times 1.571 \times 310 \times 365일 \times 10^{-6} = 200\ tCO_2\ eq/yr$

[정답 ①]

149 폐기물 매립시설에서 CH_4 발생량이 1000 tCO_2-eq/yr, CH_4 회수량이 800 tCO_2-eq/yr 일 경우 CH_4의 배출량은? (2016년도 관리기사 제2회).

① 약 200 CO_2-eq/yr
② 약 267 CO_2-eq/yr
③ 약 300 CO_2-eq/yr
④ 약 367 CO_2-eq/yr

해설
CH_4 발생량= = RT(T년도의 메탄 회수량, tCH_4) × (1/0.75)
800/0.75=1,067
따라서 CH_4의 배출은 [CH_4 발생량 − RT(회수량)] × (1 − OX)이므로
CH_4의 배출량= 1,067 − 800 = 267 CO_2-eq/yr

[정답 ②]

150 온실가스·에너지 목표관리제 하에서 외부에서 공급을 받아 사용하는 전력을 사용하는 A사업장은 2013년에 100500kWh, 2014년에 110600kWh를 사용하였다. A사업장이 2014년 외부전력 사용으로 인한 온실가스 배출량은 약 얼마인가? (2015년도 관리기사 제4회)

구 분	CO_2 (tCO$_2$/MWh)	CH_4 (kgCH$_4$/MWh)	N_2O (kgN$_2$O/MWh)
배출계수	0.4653	0.0054	0.0027
GWP	1	21	310

① 47tCO$_2$-eq ② 52tCO$_2$-eq
③ 62tCO$_2$-eq ④ 73tCO$_2$-eq

[해설] 110.6MWh × (0.4653×1+0.0054×21× 10−3+0.0027×310× 10−3)= 52　　　　[정답 ②]

151 김씨는 출퇴근을 위한 자가용 이용으로 하루 10L의 휘발유를 소모한다. 이로 인해 매일 김씨가 지구온난화에 기여하는 이산화탄소의 배출총량은 하루당 얼마인가? (단, 휘발유의 비중은 0.75kg/L, 순발열량은 44.3TJ/Gg, 차량용 휘발유의 CO_2 배출계수는 69300kg/TJ이고, 소수점 이하는 버림한다.) (2015년도 산업기사 제2회)

① 12kg　　② 23kg　　③ 46kg　　④ 69kg

10×0.75×44.3×69300×10−6= 23.024　　　　[정답 ②]

MEMO

MEMO

제4과목

온실가스 감축 관리

PART 01 온실가스 감축 관리

1. 감축목표

1) 기준배출량 설정

① 목표관리를 위한 기준연도는 관리업체가 최초로 지정된 연도의 직전 3개년으로 하며, 이 기간의 연평균 온실가스 배출량을 기준연도 배출량으로 한다.
② 제1항에서 기준연도 기간 중 신·증설(건물의 신·증축을 포함한다)이 발생한 경우 해당 신·증설 시설의 기준연도 배출량은 최근 2개년 평균 또는 단년도 배출량으로 정할 수 있다.
③ 제1항에서 관리업체의 최근 3개년 배출량 자료가 없는 경우에는 활용 가능한 최근 2개년 평균 또는 단년도 배출량을 기준연도 배출량으로 정할 수 있다.

> **확인문제**
>
> A업체는 2014년에 최초로 관리업체로 지정되었다. 이 경우 A업체의 기준연도는?
>
>
> 2014년에 최초로 관리업체로 지정되었으므로, 직전 3개년인 2011~2013년이 기준연도가 된다. **[정답 2011, 2012, 2013년]**

> **확인문제**
>
> 아래 표는 A업체의 각 시설별 기준연도 배출량을 나타낸 것이다. 시설2는 2012년에 신설되었으며, 시설3은 2013년에 폐쇄되었다. 이 때 A업체의 기준연도 평균배출량을 계산하시오.

	2011년 배출량	2012년 배출량	2013년 배출량
시설1	10,000 tCO₂eq	11,000 tCO₂eq	9,000 tCO₂eq
시설2	–	1,000 tCO₂eq	1,000 tCO₂eq
시설3	1,000 tCO₂eq	1,000 tCO₂eq	–
합계	11,000 tCO₂eq	13,000 tCO₂eq	10,000 tCO₂eq

해설
시설1의 평균 배출량은 10,000tCO₂eq
시설2의 평균배출량은 1,000tCO₂eq (신·증설 시설의 경우 배출량이 존재하는 최근2개년 또는 단년도 배출량을 기준연도 배출량으로 할 수 있음. 지침 제26조의②)
시설3은 폐쇄된 시설이므로 기준연도 배출량에서 제외한다.
따라서, A업체의 기준연도 평균배출량은 11,000tCO₂eq.

[정답 11,000 tCO₂eq]

2) 과거실적 기반 목표설정 방법[목표관리지침 제30조 및 별표6]
(1) 관리업체의 배출허용량(목표) 설정 방법

$$EA\_company_{i,j} = \Sigma EA\_inst_{i,j,k} + \Sigma EA\_new\_inst_{i,j,k}$$

i: 특정 부문 또는 업종
j: 특정 관리업체
k: 특정 배출시설 (공정, 건물 등을 포함한다)
$EA\_company_{i,j}$: i업종 j업체의 y년도 배출허용량 (tCO₂-eq)
$EA\_inst_{i,j,k}$: i업종 j업체 k배출시설의 y년도 배출허용량 (tCO₂-eq)
$EA\_new\_inst_{i,j,k}$: i업종 j업체 k신·증설 시설의 y년도 배출허용량 (tCO₂-eq)

(2) 기존 배출시설의 배출허용량(목표) 설정 방법
제30조 제2항 또는 제4항에 따라 배출허용량을 설정하는 배출시설의 경우 다음 수식을 활용하여 목표량을 산정한다.

$$EA\_inst_{i,j,k} = HE_{i,j,k} \times (1+GF_{i,j,k}) \times CF_i$$

EA_insti,j,k: i업종, j업체, k배출시설의 y년도 목표량(tCO₂/yr)

HEi,j,k: i업종, j업체, k배출시설의 기준연도 배출량(tCO₂)

GFi,j,k: i업종, j업체, k배출시설의 기준연도 대비 y년도 예상성장률(%)

(성장률이란 제2조제27호의 지표를 의미하며, 목표설정 시 업종단위로는 같은 종류의 지표를 적용한다)

CFi: i업종의 y년도 감축률(%)

(3) 신·증설 시설에 대한 배출허용량(목표) 설정방법

제30조 제3항에 따라 배출허용량을 설정하는 배출시설의 경우 다음 수식을 활용하여 목표량을 산정한다.

$$EA\_new\_inst_{i,n,k} = C_{i,j,k} \times D_{i,j,k} \times t_M \times EV_{i,j,k} \times CF_i$$

EA_new_insti,j,k: i업종, j업체, k신·증설시설의 y년도 목표량(tCO₂/yr)

Ci,j,k: i업종, j업체, k신·증설시설의 설계용량(MW, t/h)

Di,j,k: i업종, j업체, k신·증설시설의 부하율

(부하율은 설계용량 대비 평균 사용용량을 의미한다)

tM: i업종, j업체, k신·증설시설의 y년도 예상 가동시간 (h/yr)

EVi,j,k: i업종, j업체, k신·증설시설의 최근 과거연도에 해당하는 활동자료 당 평균 배출량(tCO₂/t, tCO₂/TJ 등)

CFi: i업종의 y년도 감축률(%)

확인문제

기존 배출시설의 배출허용량(목표) 설정 방법

1. 과거실적을 기반으로 관리업체의 배출허용량(목표) 설정 방법을 쓰시오.

2. P관리업체의 배출허용량 산정을 과거실적을 기반으로 계산하고자 한다. 아래의 매개변수를 이용하여 목표연도 배출허용량을 산정하시오.

P관리업체 기준년도 배출량: 49,000tCO$_2$
차기 예상성장률: 20%
차기년도 감축계수: 0.9

3. 위와 같이 목표연도 배출허용량을 산정한 결과 issue는 무엇인가?

해설

$$EA\_inst_{i,j,k} = HE_{i,j,k} \times (1+GF_{i,j,k}) \times CF_i$$

$EA\_inst_{i,j,k}$: i업종, j업체, k배출시설의 y년도 목표량(tCO$_2$/yr)
$HE_{i,j,k}$: i업종, j업체, k배출시설의 기준연도 배출량(tCO$_2$)
$GF_{i,j,k}$: i업종, j업체, k배출시설의 기준연도 대비 y년도 예상성장률(%)
　　(성장률이란 제2조제27호의 지표를 의미하며, 목표설정시 업종단위로는 같은 종류의 지표를 적용한다)
CF_i: i업종의 y년도 감축률(%).

[정답 1. 배출허용량 (tCO$_2$eq) = 업체 기존연도의 배출허용량 (tCO$_2$eq) + 신·증설 시설의 y년도 배출허용량 (tCO$_2$eq)
2. 배출허용량=49,000×(1+0.2)×0.9=52,920tCO$_2$
3. 산정방법, 배출계수, 매개변수가 달라짐.　tier 1 →)tier 2로 조정
tier 수준이 달라지므로 차기년도 명세서 보고 시 반드시 기준년도의 산정방법론 변경해야 함]

확인문제

신·증설 시설에 대한 배출허용량(목표) 설정방법

1. 신·증설 시설에 대한 배출허용량(목표) 설정방법을 쓰시오.

2. P관리업체의 신규 배출시설 목표연도 배출허용량 산정을 과거실적을 기반으로 계산하고자 한다. 아래의 매개변수를 이용하여 목표연도 배출허용량을 산정하시오.

> 신규 배출시설 용량: 10t/h
> 활동자료 당 평균 배출량: 2tCO$_2$/t
> 일일 최대 가동시간: 8hr
> 가동일수: 200일
> 감축계수: 0.8
> 신·증설시설의 부하율: 0.7

해설

$$EA\_new\_insti_{i,j,k} = C_{i,j,k} \times D_{i,j,k} \times t_M \times EV_{i,j,k} \times CF_i$$

EA_new_insti$_{i,j,k}$: i업종, j업체, k신·증설시설의 y년도 목표량(tCO$_2$/yr)
C$_{i,j,k}$: i업종, j업체, k신·증설시설의 설계용량(MW, t/h)
D$_{i,j,k}$: i업종, j업체, k신·증설시설의 부하율
(부하율은 설계용량 대비 평균 사용용량을 의미)
t$_M$: i업종, j업체, k신·증설시설의 y년도 예상 가동시간 (h/yr)
EV$_{i,j,k}$: i업종, j업체, k신·증설시설의 최근 과거연도에 해당하는 활동자료 당 평균 배출량(tCO$_2$/t, tCO$_2$/TJ 등)
CF$_i$: i업종의 y년도 감축률(%)

[정답 1. EA_new_insti$_{i,j,k}$ = C$_{i,j,k}$ × D$_{i,j,k}$ × t$_M$ × EV$_{i,j,k}$ × CF$_i$
    2. 배출허용량= 10×0.7×8×2×200×0.8=17,920 tCO$_2$]

3) 벤치마크 기반 목표설정 방법[목표관리지침 제31조 및 별표7]

(1) 관리업체의 배출허용량(목표) 설정 방법

$$EA\_company_{i,j} = \Sigma EA\_insti_{i,j,k} + \Sigma EA\_new\_insti_{i,j,k}$$

i: 특정 부문 또는 업종

j: 특정 관리업체

k: 특정 배출시설 (공정, 건물 등을 포함한다)

EA_company$_{i,j}$: i업종 j업체의 y년도 배출허용량 (tCO$_2$-eq)

EA_BM_insti$_{i,j,k}$: i업종 j업체 k배출시설의 y년도 배출허용량 (tCO$_2$-eq)

EA_BM_new_insti$_{i,j,k}$: k신·증설 시설의 y년도 배출허용량 (tCO$_2$-eq)

(2) 기존 배출시설의 배출허용량(목표) 설정 방법

여기에서 기존 배출시설이란 관리업체로 지정된 연도 이전에 정상가동한 배출시설을 말한다.

$$EA\_BM\_inst_{i,j,k} = [HE_{i,j,k} \times Ratio_i + AL_{i,j,k} \times BM_{i,j,k} \times (1-Ratio_i)] \times (1+GF_{ijk})$$

$EA\_BM\_inst_{i,j,k}$: i업종, j업체, k배출시설의 y년도 목표량(tCO$_2$/yr)

$HE_{i,j,k}$: i업종, j업체, k배출시설의 기준연도 배출량(tCO$_2$)

$Ratio_i$: i업종 y년도의 기준연도 배출량의 인정계수 (Ratio$_i$ ≤ 1.0)

$AL_{i,j,k}$: i업종, j업체, k배출시설의 기준연도 활동자료량 (t/yr, TJ/yr 등)

$BM_{i,j,k}$: i업종, j업체, k배출시설의 벤치마크 계수(tCO$_2$/t, tCO$_2$/TJ 등)

$GF_{i,j,k}$: i업종, j업체, k배출시설의 기준연도 대비 y년도 예상 성장률(%)
 (성장률이란 제2조제27호의 지표를 의미한다)

(3) 신·증설 시설에 대한 배출허용량(목표) 설정방법

여기에서 신·증설 시설이란 관리업체로 최초 지정된 연도의 1월 1일 이후부터 가동을 개시하는 배출시설을 말한다.

$$EA\_BM\_new\_inst_{i,j,k} = C_{i,j,k} \times t_M \times RD \times BM_{i,j,k}$$

$EA\_BM\_new\_inst_{i,j,k}$: i업종, j업체, k신·증설시설의 y년도 목표량(tCO$_2$/yr)

$C_{i,j,k}$: i업종, j업체, k신·증설시설의 설계용량(MW, t/h)

t_M: i업종, j업체, k신·증설시설의 일일 가동시간 (h/d)

RD: k신·증설시설의 y년도 가동일수 (days)

$BM_{i,j,k}$: i업종, j업체, k신·증설시설의 벤치마크 계수(tCO$_2$/t, tCO$_2$/TJ 등)

(4) 기준연도 배출량 인정계수(Ratio$_i$)의 결정 방법

부문별·업종별 관리업체들의 총 배출허용량과 부문별 관장기관이 설정하는 관리업체

단위 배출허용량의 합산결과를 조정하여 상호 일관성을 확보하기 위하여 기준연도 배출량 인정계수(Ratioi)를 다음 식에 따라 정한다.

$$Ratio_i = \frac{EA\_Sector_i - \sum_{j,k}[AL_{i,j,k} \times BM_{i,j,k} \times (1+GF_{i,j,k})] - \sum_{j,k}[C_{i,j,k} \times t_M \times RD \times BM_{i,j,k}]}{[\sum_{j,k} HE_{i,j,k} - \sum_{j,k}(AL_{i,j,k} \times BM_{i,j,k})] \times (1+GF_{i,j,k})}$$

EA_Sectori : i업종의 목표관리제 참여부문의 총 배출허용량(tCO_2/yr)
$HE_{i,j,k}$: i업종, j업체, k배출시설의 기준연도 배출량(tCO_2)
Ratioi : i업종 y년도의 기준연도 배출량의 인정계수 (Ratioi ≤ 1.0)
$C_{i,j,k}$: i업종, j업체, k신·증설시설의 설계용량(MW, t/h)
t_M : i업종, j업체, k신·증설시설의 일일 가동시간 (h/d)
RD : k신·증설시설의 y년도 가동일수 (days)
$BM_{i,j,k}$: i업종, j업체, k신·증설시설의 벤치마크 계수(tCO_2/t, tCO_2/TJ 등)
$GF_{i,j,k}$: i업종, j업체, k배출시설의 기준연도 대비 y년도 예상 성장률(%)

(성장률이란 제2조제27호의 지표를 의미하며, 목표설정 시 업종단위로는 같은 종류의 지표를 적용한다)

(5) 배출활동별 배출시설 종류 및 벤치마크 할당 계수 개발방법 등

지침에서 제시되지 않은 공정 및 배출시설에 대해서도 제32조에 따라 환경부장관과 부문별 관장기관이 공동으로 벤치마크 할당계수를 개발·고시 할 수 있다. 벤치마크 할당 계수를 개발할 경우 배출시설별 물질·에너지 수지자료와 최적가용기술(BAT)을 고려할 수 있다.

확인문제

기존 배출시설의 배출허용량(목표) 설정 방법

1. 벤치마크 기반으로 관리업체의 배출허용량(목표) 설정 방법을 쓰시오.

2. Q관리업체의 배출허용량 산정을 과거실적을 기반으로 계산하고자 한다. 아래의 매개변수를 이용하여 목표연도 배출허용량을 산정하시오.

> Q관리업체 기준년도 배출량: 480,000tCO_2
> 예상성장률: 20%
> 인정계수: 0.95
> 활동데이터: 15,000t
> 벤치마크계수: 2tCO_2/t
> $EA\_BM\_inst_{i,j,k} = [HE_{i,j,k} \times Ratio_i + AL_{i,j,k} \times BM_{i,j,k} \times (1-Ratio_i)] \times (1+GF_{i,j,k})$

3. 위와 같이 목표연도 배출허용량을 산정한 결과 issue는 무엇인가?

해설

$EA\_BM\_inst_{i,j,k} = [HE_{i,j,k} \times Ratio_i + AL_{i,j,k} \times BM_{i,j,k} \times (1-Ratio_i)] \times (1+GF_{i,j,k})$

$EA\_BM\_inst_{i,j,k}$: i업종, j업체, k배출시설의 y년도 목표량(tCO_2/yr)
$HE_{i,j,k}$: i업종, j업체, k배출시설의 기준연도 배출량(tCO_2)
$Ratio_i$: i업종 y년도의 기준연도 배출량의 인정계수 (Ratio ≤1.0)
$AL_{i,j,k}$: i업종, j업체, k배출시설의 기준연도 활동자료량 (t/yr, TJ/yr 등)
$BM_{i,j,k}$: i업종, j업체, k배출시설의 벤치마크 계수(tCO_2/t, tCO_2/TJ 등)
$GF_{i,j,k}$: i업종, j업체, k배출시설의 기준연도 대비 y년도 예상 성장률(%)

[정답 1. 배출허용량 (tCO_2eq) = 기준 배출시설의 배출허용량 (tCO_2eq) + 신·증설 시설의 배출허용량 (tCO_2eq)
  2. 배출허용량= {480000×0.95+15000×2×(1-0.95)}×(1+0.2)=549,000
  3. 산정방법, 배출계수, 매개변수가 달라짐. tier2 →tier3로 조정
    tier수준이 달라지므로 차기년도 명세서 보고 시 반드시 기준연도의 산정방법론 변경해야함.

> **확인문제**

신·증설 시설에 대한 배출허용량(목표) 설정방법

1. 신·증설 시설에 대한 배출허용량(목표) 설정방법을 쓰시오.

2. Q관리업체의 신규 배출시설 목표연도 배출허용량 산정을 벤치마크 기반으로 계산하고자 한다. 아래의 매개변수를 이용하여 목표연도 배출허용량을 산정하시오.

> 신규배출시설 설계용량: 10t/h
> 벤치마크계수: $2tCO_2/t$
> 일일최대가동시간: 8시간
> 가동일수: 200일

해설

$$EA\_BM\_new\_insti,j,k = C_{i,j,k} \times tM \times RD \times BM_{i,j,k}$$

EA_BM_new_insti,j,k: i업종, j업체, k신·증설시설의 y년도 목표량(tCO_2/yr)
Ci,j,k: i업종, j업체, k신·증설시설의 설계용량(MW, t/h)
tM: i업종, j업체, k신·증설시설의 일일 가동시간 (h/d)
RD: k신·증설시설의 y년도 가동일수 (days)
BMi,j,k: i업종, j업체, k신·증설시설의 벤치마크 계수(tCO_2/t, tCO_2/TJ 등)

[정답 1. EA_BM_new_insti,j,k = Ci,j,k × tM × RD × BMi,j,k
 2. 배출허용량= 10×2×8×200=32,000 tCO_2

4) 이행계획서 작성[목표관리지침 제40조]

① 부문별 관장기관으로부터 다음 연도 목표를 통보받은 관리업체는 당해 연도 12월 31일까지 전자적 방식으로 다음 연도 이행계획을 작성하여 부문별 관장기관에 제출하여야 한다.

② 제1항의 이행계획에는 다음 연도를 시작으로 하는 5년 단위의 연차별 목표와 이행계획이 포함되어야 한다.

③ 관리업체는 다음 각 호의 사항이 포함된 이행계획서를 작성하고, 이행계획 수립의 세

부적인 작성양식 및 방법 등은 별지 제7호 서식에 따른다.

1. 사업장의 조직경계에 대한 세부내용(사업장의 위치, 조직도, 시설배치도 등을 포함한다. 단, 동일한 형태의 시설이 다수인 경우 대표 시설에 대한 세부내용으로 갈음할 수 있다)
2. 배출시설 및 배출활동의 목록과 세부 내용
3. 각 배출활동별 배출량 산정방법론(계산방식 또는 측정방식) 및 산정등급(Tier)의 적용현황과 이와 관련된 내용
4. 온실가스 배출량 등의 산정·보고와 관련된 품질관리(QC) 및 품질보증(QA)의 내용
5. 활동자료의 설명 및 수집방법 등 온실가스 배출량 등의 모니터링에 관한 내용
6. 이 지침에서 요구하는 산정등급(Tier)과 관련하여 활동자료의 불확도 기준의 준수 여부에 대한 설명
7. 이 지침에서 요구하는 산정등급(Tier)을 준수하지 못하는 경우 이를 준수하기 위한 조치 및 일정 등에 관한 사항
8. 배출시설 단위 고유 배출계수 등을 개발 또는 적용하여야 하는 관리업체의 경우에는 고유 배출계수 등의 개발계획 또는 개발방법, 시험 분석 기준 등에 관한 설명
9. 연속측정방법을 사용하는 관리업체의 경우에는 굴뚝자동측정기기 설치시기, 굴뚝자동측정기기에 의한 배출량 산정방법 적용시기 등에 관한 설명
10. 조직경계, 배출활동, 배출시설, 배출량 산정방법론 및 산정등급(Tier) 등과 관련하여 이전 방법론 대비 변동사항에 대한 비교·설명

④ 부문별 관장기관은 소관 관리업체의 이행계획이 적절하게 수립되었는지를 확인하고 이를 1월 31일까지 센터에 제출하여야 한다. 다만, 이행계획을 센터에 제출한 이후에도 계획이 부실하게 작성되었거나 보완이 필요한 경우에는 해당 관리업체에 시정을 요청할 수 있으며, 시정된 이행계획을 받는 즉시 센터에 제출하여야 한다.

확인문제

1. 2017년에 관장기관으로부터 다음 연도(2018년) 목표를 통보받은 관리업체 A의 경우, 2018년도 목표 달성을 위한 계획(이행계획서)을 관장기관에 제출해야 하는 시점은?

해설
목표관리지침 제40조(이행계획서의 작성 및 제출) ① 부문별 관장기관으로부터 다음 연도 목표를 통보받은 관리업체는 당해 연도 12월 31일까지 전자적 방식으로 다음 연도 이행계획을 작성하여 부문별 관장기관에 제출하여야 한다. **[정답 2019년 3월 31일까지]**

> **확인문제**
>
> 2. 위 문제1에서 관리업체 A가 제출한 2018년도 이행계획서에 대한 이행실적 보고서 제출 마감 시점은 언제인가?
>
> **해설**
> 목표관리지침 제42조(이행실적 보고서의 작성) ① 관리업체는 이행계획에 대한 실적(이하 "이행실적"이라 한다)을 전자적 방식으로 작성하여 매년 3월 31일까지 부문별 관장기관에게 제출하여야 한다.
> **[정답 2015년 3월 31일까지]**

5) 감축이행

이행실적 보고서의 작성[목표관리지침 제42조]

① 관리업체는 이행계획에 대한 실적을 전자적 방식으로 작성하여 매년 3월 31일까지 부문별 관장기관에게 제출하여야 한다.(제42조제1항)

② 관리업체가 부문별 관장기관의 개선명령을 반영하여 수립한 이행계획의 이행실적에 대해서는 검증기관의 검증을 거쳐야 함(제42조제3항)

개선명령[목표관리지침 제47조]

① 관리업체가 목표를 달성하지 못하거나 제출한 이행실적이 측정·보고·검증 방법의 적용기준에 미흡한 경우에는 관장기관이 개선명령을 할 수 있음(제47조제1항)

② 개선명령을 받은 관리업체는 다음 연도 이행계획에 개선계획을 반영하여 관장기관에 제출하여야 하며, 검증기관의 검증 결과를 첨부하여야 함(제47조제2항, 제3항)

6) 조기감축실적

(1) 조기감축실적 인정원칙[목표관리지침 제48조]

① 관리업체가 목표관리를 받기 이전에 자발적으로 행한 감축실적을 인정함으로써 관리업체의 조기행동을 적절하게 반영하는 것을 목적으로 함

> 제50조(조기감축실적의 인정 대상 시기) 조기감축실적은 2005년 1월 1일부터 관리업체가 최초로 목표를 설정하는 해 12월 31일까지 실시한 조기행동에 의한 감축분에 대하여 인정한다.

② 온실가스 감축 국가목표를 달성하는데 필요한 제반사항과 그 범위 안에서 고려되어야 함
③ 조기감축실적은 관리업체의 이행실적을 평가할 때 반영하는 것을 원칙으로 하며, 관리업체는 제53조제1항에서 정하는 연간 인정총량의 범위 내에서 일시 또는 분할하여 이행실적에 반영되도록 함

> 제53조(연간 인정총량) ① 매년 조기감축실적으로 인정할 수 있는 전체 총량(이하 "연간 인정총량"이라 한다)은 전체 관리업체 배출허용량의 1%로 한다.
> ② 관리업체별로 반영을 신청할 수 있는 연간 조기감축실적의 한도량(이하 "연간 신청가능량"이라 한다)은 다음 각 호의 값 중 작은 것으로 한다.
> 1. 연간 인정총량에 제58조의 조기행동 기여계수를 곱한 값
> 2. 관리업체 배출허용량에 0.1을 곱한 값

(2) 조기감축실적의 인정기준[목표관리지침 제49조]

조기감축실적을 인정함에 있어 고려되어야 할 기준은 다음 각 호와 같다.
1. 조기감축실적은 국내에서 실시한 행동에 의한 감축분에 한함
2. 조기감축실적은 관리업체의 조직경계 안에서 발생한 것에 한함. 다만, 복수의 사업자가 참여하여 조직경계 외에서 실적이 발생한 경우에는 이를 인정할 수 있음
3. 조기감축실적은 관리업체 사업장 단위에서의 감축분 또는 사업 단위에서의 감축분에 대하여 인정
4. 온실가스 감축 국가목표를 달성하기 위하여 조기감축실적으로 반영할 수 있는 연간 인정총량의 상한선을 설정할 수 있음
5. 조기감축실적으로 인정되기 위해서는 조기행동으로 인한 감축이 실제적이고 지속적이어야 하며, 정량화 되어야 하고 검증 가능하여야 함
6. 관리업체는 조기감축실적 인정을 위한 제반 서류의 제출 등 조기행동 입증을 위하여 필요한 사항에 대하여 부문별 관장기관에 협조하여야 함

(3) 조기감축실적의 인정 유형[목표관리지침 제51조 및 별표11]
1. 산업통상자원부 "온실가스 감축실적 등록사업"
2. 산업통상자원부 "에너지 목표관리 시범사업"
3. 국토교통부 "에너지 목표관리 시범사업"
4. 환경부 "온실가스 배출권 거래제 시범사업"

(4) 조기감축실적의 인정 예외[목표관리지침 제52조]
다음 각 호에 해당하는 경우에는 조기감축실적으로 인정될 수 없다.
1. 관리업체가 법적 규제·기준을 충족하기 위하여 실시한 사업의 결과에 수반하여 온실가스 배출량이 감소된 경우
2. 관리업체의 생산량이 감소하거나 조직경계 내 배출시설의 폐쇄 등으로 인하여 온실가스 배출량이 감소된 경우
3. 관리업체 내 온실가스 배출시설을 조직경계 외부 또는 외국으로 이전하여 온실가스 배출량이 감소된 경우
4. 관리업체 내에서 생산, 관리, 수송, 폐기물 처리 등과 관련하여 자체적으로 수행하던 활동을 조직경계 외부로 위탁하여 처리함으로써 온실가스 배출량이 감소된 경우
5. 관련 규정에 따라 관리업체가 온실가스 감축사업에 따라 획득한 권리에 대하여 정부가 재정적으로 보상한 경우

※ 제5호 규정에도 불구하고 산업통상자원부 "온실가스 감축실적 등록사업"으로 2011년 12월 31일까지 정부가 재정적으로 보상한 경우에는 그 감축실적의 40%에 해당하는 부분을 조기감축실적으로 인정할 수 있다.

확인문제

1. 목표관리제 하에서 매년 온실가스 조기감축 실적으로 인정할 수 있는 전체 총량은 전체 관리업체 총 배출 허용량의 몇 %로 하는가? (단, 온실가스·에너지 목표관리 운영 등에 관한 지침 기준) [2015년 관리기사 제4회]
   ① 0.5%   ② 1%   ③ 1.5%   ④ 2%

   해설
   목표관리지침 제53조(연간 인정총량) ① 매년 조기감축실적으로 인정할 수 있는 전체 총량(이하 "연간 인정총량"이라 한다)은 전체 관리업체 배출허용량의 1%로 한다.   **[정답 ②]**

확인문제

2. 다음 중 온실가스 조기감축 실적의 인정예외 사유에 해당하지 않는 것은? [2016년 관리기사 제2회]

① 관리업체가 법적 규제·기준을 충족하기 위하여 실시한 사업의 결과에 수반하여 온실가스 배출량이 감소된 경우
② 관리업체의 일반적 경영여건을 넘는 추가적 행동에 의해 온실가스 배출량이 감소된 경우
③ 관리업체의 생산량이 감소하거나 조직경계내 배출시설의 폐쇄 등으로 인하여 온실가스 배출량이 감소된 경우
④ 관리업체 내 온실가스 배출시설을 조직경계 외부 또는 외국으로 이전하여 온실가스 배출량이 감소된 경우

해설
조기감축실적의 인정 예외[목표관리지침 제52조]
다음 각 호에 해당하는 경우에는 조기감축실적으로 인정될 수 없다.
1. 관리업체가 법적 규제·기준을 충족하기 위하여 실시한 사업의 결과에 수반하여 온실가스 배출량이 감소된 경우
2. 관리업체의 생산량이 감소하거나 조직경계 내 배출시설의 폐쇄 등으로 인하여 온실가스 배출량이 감소된 경우
3. 관리업체 내 온실가스 배출시설을 조직경계 외부 또는 외국으로 이전하여 온실가스 배출량이 감소된 경우
4. 관리업체 내에서 생산, 관리, 수송, 폐기물 처리 등과 관련하여 자체적으로 수행하던 활동을 조직경계 외부로 위탁하여 처리함으로써 온실가스 배출량이 감소된 경우
5. 관련 규정에 따라 관리업체가 온실가스 감축사업에 따라 획득한 권리에 대하여 정부가 재정적으로 보상한 경우. **[정답 ②]**

2. 온실가스 감축기술

1) 온실가스 감축기술 – 공정개선

① 에너지 효율 향상기술

에너지 효율 향상 기술은 설비나 공정 개선을 통하여 단위제품을 생산하는데 필요한 에너지의 양을 줄임으로써 결과적으로 온실가스 배출량을 감축하는 방법임
 – 설비 및 기기효율 개선을 통한 에너지 절감
 – 공정 또는 제조법 전환을 통한 에너지 효율 향상

② 폐열회수 및 이용 기술

공정 중에 버려지는 열을 회수하여 재이용함으로써, 기존에 화석연료를 이용하여 생산, 공급하는 열을 대체하는 기술임. 화석연료 사용량이 감소함으로써 온실가스 배출량을 감축하는 방법임

> 확인문제

1. 화학 산업에서 우선적으로 추진해야 할 온실가스 감축수단은 에너지 효율을 높이고 화학연료 사용을 최소화 하는 것이다. 다음 중 에너지 효율 개선을 위해 적용할 수 있는 공정개선과 가장 거리가 먼 것은? [2014년 관리기사 제4회]

   ① 설비 및 기기효율의 개선
   ② 에너지 효율 제고를 위해 제조법의 전환 및 공정 개발
   ③ 배출 에너지의 회수
   ④ 배출량 원단위 지수 개선

   해설
   원단위 지수 개선은 감축 기술의 결과이며 그 자체가 기술은 아님 [정답 ④]

> 확인문제

2. 석유정제공정 중 에너지 효율개선을 위한 기술에 해당하지 않는 것은? [2016년 관리기사 제2회]

   ① 가스터빈, 열병합발전 등을 사용하고 효율이 낮은 보일러와 히터 등을 교체
   ② stripping 공정에서 스팀의 사용 최적화
   ③ 스팀생산에 연료소비저감을 위한 폐열보일러 사용
   ④ 용매 보관용기로부터의 VOC 배출방지를 위한 기술적용

   해설
   휘발성유기화합물(VOCs)는 온실가스에 해당하지 않음 [정답 ④]

2) 온실가스 감축기술 – 연료/원료 대체

(1) 연료대체

연료대체 기술은 가장 대표적인 온실가스 감축 프로젝트 유형으로, 기존에 사용하던 온실가스 배출이 많은(high carbon intensive) 연료에서 배출이 적은(low carbon intensive) 연료로 전환하는 사업임

예) 기존에 경유를 사용하다가 LNG로 변경 등

(2) 원료대체

생산 과정에서 온실가스를 다량 배출하는 원료를 사용하는 공정에서, 원료를 다른 (온실가스 배출이 적은) 물질로 대체함으로써 감축효과를 얻을 수 있음

예) 시멘트 제조 공정에서 플라이 애쉬(ash)로 클링커(clinker) 대체 효과
- 클링커 생산공정에서 배출되는 공정배출 온실가스를 줄인다.
- 클링커 생산공정에 열을 투입하기 위한 고정연소 배출의 온실가스를 줄인다.
- 소성로에 투입되는 전력 생산에 따른 온실가스 배출을 줄인다.

> **확인문제**
>
> 1. S사는 B-C를 사용하여 스팀을 생산하는 보일러의 연료를 LNG로 교체하는 사업을 추진하였다. 사업 후 LNG 사용량은 적산유량계를 통하여 측정하였으며, 그 기록은 아래와 같다.
>
> | 검침일자 | 검침값 (단위 Nm^3) |
> |---|---|
> | 2012.12.31 | 2012.12.31 |
> | 2013.03.31 | 2013.03.31 |
> | 2013.06.31 | 2013.06.31 |
> | 2013.09.31 | 2013.09.31 |
> | 2013.12.31 | 2013.12.31 |
>
> 〈참고〉
>
> | | 순발열량 | 배출계수 | 산화율 |
> |---|---|---|---|
> | B-C | 39.2 MJ/ℓ | 77.4 tCO_2/TJ | 0.99 |
> | LNG | 39.4 MJ/Nm^3 | 56.1 tCO_2/TJ | 0.995 |

단, 이산화탄소 이외의 온실가스는 고려하지 않는다.

1) 2013년도 LNG 사용량은 얼마인가?

2) 연료교체 전·후로 보일러 효율의 변화가 없다고 가정할 때, 사업을 추진하지 않았을 경우 동일한 양의 스팀을 생산하기 위해서 투입된 B-C의 양은 얼마인가? (단, 소수점 이하에서 반올림하여 정수로 표기)

3) B-C를 사용했을 경우의 온실가스 배출량을 계산하시오.

4) 2013년 LNG 사용에 따른 온실가스 배출량을 계산하시오.

해설

1) 연간 사용량 = 연말 검침값(48,600Nm³) − 전년말 검침값(100Nm³)

2) LNG 연소를 통해 보일러에 공급된 열량
 = LNG 소비량 × 순발열량
 = 48,500Nm³ × 39.4MJ/Nm³ = 1,910,900MJ

 동일한 열량을 B-C로 공급할 경우 필요량
 = 공급된 열량 ÷ B-C 순발열량
 = 1,910,900MJ ÷ 39.2MJ/ℓ
 = 48,747 ℓ

3) 온실가스 배출량 = 연료사용량 × 순발열량 × 배출계수 × 산화율
 ∴ 베이스라인 배출량
 = 48,747 ℓ × 39.2MJ/ℓ × 77.4tCO₂/TJ × 0.99
 = 146.42tCO₂
 ≒ 146tCO₂

4) 온실가스 배출량 = 연료사용량 × 순발열량 × 배출계수 × 산화율
 = 48,500Nm³ × 39.4MJ/Nm³ × 56.1 tCO₂/TJ × 0.995
 = 106.67tCO₂
 ≒ 107tCO₂

[정답] 1) 48,500Nm³
2) 48,747 ℓ
3) 146tCO₂
4) 107tCO₂

> **확인문제**
>
> 2. 연료를 대체하여 온실가스를 감축하기 위한 기술로 적합한 것은? [2016년 관리기사 제2회]
>
> ① 보일러에서 사용하는 연료를 B-C유에서 LNG로 대체한다.
> ② 발전소 증기터빈 보일러에 사용하는 연료를 등유에서 무연탄으로 대체한다.
> ③ 스팀보일러의 연료로 사용하는 우드칩과 폐목을 LNG로 대체한다.
> ④ 공장의 LNG보일러를 경유보일러로 대체한다.
>
> **해설**
> 나머지는 온실가스 배출이 적은 연료에서 더 많은 연료로 대체하는 경우임 [정답 ①]

3) 온실가스 감축기술 - 온실가스 활용 및 전환

보고대상 온실가스 중 메탄(CH_4)은 도시가스(LNG)의 주성분으로, 폐기물의 처리 과정에서 발생하는 메탄을 회수하여 연료로 활용하면 다음의 두 가지 온실가스 감축 효과가 발생한다.

① 메탄이 연소되어 이산화탄소(CO_2)가 배출되므로, 메탄 배출량이 감소
② 메탄을 연료로 활용함으로써 화석연료 대체

처리 과정에서 메탄이 발생하는 배출활동은 다음과 같다.
1) 고형폐기물의 매립
2) 하폐수 처리시설 중 혐기성소화조
3) 고형폐기물의 생물학적 처리

> **확인문제**
>
> 1. 다음 중 온실가스를 처리하거나 활용하여 감축하는 기술이 아닌 것은? [2016년 관리기사 제4회]
>
>   ① 매립장에서 매립가스를 포집한 후 연소시켜 에너지 발전을 한다.
>   ② 하수처리시설에서 소화조의 가스를 회수하여 소화조 가온용 연료로 재사용한다.
>   ③ 음식물쓰레기 사료화, 퇴비화 시설에서 메탄을 회수하여 취사용 연료로 사용한다.
>   ④ 대기오염방지시설에서 휘발성유기화합물을 소각한다.
>
> **해설**
> 휘발성유기화합물(VOCs)은 온실가스가 아니며, 대기오염방지시설에서 소각하면 온실가스가 배출된다 [정답 ④]

3) 온실가스 감축기술 - 온실가스 활용 및 전환

1. 촉매, 열 등을 이용하여 온실가스를 분해 혹은 온실가스가 아닌 물질로 변환시키는 기술

예) 아디프산 생산 공정에서의 온실가스 처리기술
- 촉매분해법은 MgO 촉매를 이용하여 N_2O가스를 질소(N_2) 및 산소(O_2)로 분해시키는 것이며, 발열반응에서 생성된 강력한 열은 스팀을 생산하는 데 쓰인다.
- 열분해법은 메탄이 존재하는 배출가스를 연소시키는 방법이며, 이때 N_2O가스는 산소원으로 쓰여 질소를 감소시키고 배출가스 중에는 NO 및 소량의 N_2O성분만이 존재하게 한다. 열분해 시 발생하는 배출가스는 스팀을 생산하는 폐열로 이용된다.

(2) 산림 등을 통한 온실가스 흡수 기술
탄소흡수원이란 탄소를 흡수하고 저장하는 입목, 죽, 고사유기물, 토양, 목제품 및 산림바이오매스 에너지를 말함

> **확인문제**
>
> 1. 아디프산 생산 공정에서 온실가스를 분해하여 처리하는 기술은 (　　　)과 (　　　)으로 구분할 수 있다.
>
> **해설**
> 이론설명 참조
> **[정답 촉매분해법, 열분해법]**

> **확인문제**
>
> 2. 탄소흡수원 중 산림의 특성에 관한 설명으로 틀린 것은? [2014년 관리기사 제4회]
>
> ① 식물체의 광합성과 호흡 작용은 기온에 따라 크게 영향을 받는다.
> ② 산림 바이오매스에는 낙엽 등의 고사유기물과 토양 내 탄소가 포함된다.
> ③ 농경지나 주거지 등을 확보하기 위하여 산림을 전용하는 경우 온실가스 배출원이 된다.
> ④ 산불과 병충해와 같은 산림재해도 산림으로부터 온실가스를 배출하는 배출원이다.
>
> **해설**
> 산불과 병해충과 같은 산림재해는 흡수원을 훼손하여 온실가스 흡수량을 감소시키는 요인이나, 온실가스를 배출하는 것은 아니다.
> **[정답 ④]**

4) 온실가스 감축기술 – 신재생에너지의 이용

"신에너지 및 재생에너지 개발·이용·보급 촉진법"에 따른 정의

- "신에너지"란 기존의 화석연료를 변환시켜 이용하거나 수소·산소 등의 화학 반응을 통하여 전기 또는 열을 이용하는 에너지로서 다음 각 목의 어느 하나에 해당하는 것을 말한다.

> 수소에너지, 연료전지, 석탄을 액화·가스화한 에너지 및 중질잔사유(重質殘渣油)를 가스화한 에너지, 그 밖에 대통령령으로 정하는 에너지

- "재생에너지"란 햇빛·물·지열(地熱)·강수(降水)·생물유기체 등을 포함하는 재생 가능한 에너지를 변환시켜 이용하는 에너지로서 다음 각 목의 어느 하나에 해당하는 것을 말한다.

> 태양에너지, 풍력, 수력, 해양에너지, 지열에너지, 생물자원을 변환시켜 이용하는 바이오에너지, 폐기물에너지, 수열에너지

> **확인문제**
>
> 1. 다음 중 우리나라에서 정한 신재생에너지와 가장 거리가 먼 것은? [2015년 관리기사 제4회]
>
>   ① 폐기물에너지　　　　　　② 연료전지
>   ③ 석탄 액화·가스화 에너지　④ 산소에너지
>
>   **해설**
>   산소에너지는 신재생에너지에 해당되지 않음
>   [정답 ④]

5) 온실가스 감축기술 – 탄소상쇄(off-set) 프로그램

배출권거래제 대상 업체(할당대상업체)는 자사의 조직경계 외부(즉, 타 조직)에서 온실가스를 감축한 실적을 자사의 배출권으로 활용할 수 있는데, 이러한 개념을 상쇄(off-set)라고 함

> [배출권거래제법 제29조]
> ① 할당대상업체는 국제적 기준에 부합하는 방식으로 외부사업에서 발생한 온실가스 감축량을 보유하거나 취득한 경우에는 그 전부 또는 일부를 배출권으로 전환하여 줄 것을 주무관청에 신청할 수 있다.
> ② 주무관청은 제1항의 신청을 받으면 대통령령으로 정하는 기준에 따라 외부사

> 업 온실가스 감축량을 그에 상응하는 배출권으로 전환하고, 그 내용을 상쇄등록부에 등록하여야 한다.
> ③ 할당대상업체는 제2항에 따라 상쇄등록부에 등록된 배출권을 할당배출권(KAU)의 제출을 갈음하여 주무관청에 제출할 수 있다. 이 경우 주무관청은 상쇄배출권 제출이 국가온실가스감축목표에 미치는 영향과 배출권 거래 가격에 미치는 영향 등을 고려하여 대통령령으로 정하는 바에 따라 상쇄배출권의 제출한도 및 유효기간을 제한할 수 있다.

이는 감축 대상 업체가 자체적으로 온실가스를 감축하는 것 보다 외부에서 감축하는 것이 효율적인 경우 이를 장려하기 위한 제도임. 할당대상업체 외부에서 감축실적이 발생하더라도 결과적으로 국가 감축목표 달성에 기여하는 것이므로, 할당대상업체가 보다 비용효과적인 감축사업을 추진하도록 유도하는 효과가 있음

상쇄제도에는 UN 기후변화협약(UNFCCC)에서 운영하는 청정개발체제(CDM, Clean Development Mechanism), 우리나라의 배출권거래제 외부사업 등이 있음

확인문제

1. A사의 온실가스 감축방법에 관한 내용 중 탄소상쇄로 옳은 것은? [2014년 관리기사 제4회]

   ① 외부로부터 탄소배출권 구매
   ② 운전조건을 개선시켜 온실가스 배출량 감축
   ③ 배출되는 온실가스를 재활용 또는 다른 목적으로 활용하여 온실가스 배출량 감축
   ④ 배출되는 온실가스를 처리하여 대기로의 온실가스 배출량 감축

   해설
   배출권거래제 대상 업체(할당대상업체)는 자사의 조직경계 외부(즉, 타 조직)에서 온실가스를 감축한 실적을 자사의 배출권으로 활용할 수 있는데, 이러한 개념을 상쇄(off-set)라고 함
   [정답 ①]

6) 온실가스 감축기술 – 탄소포집 및 저장

1. 탄소 포집 및 저장기술(CCS)은 산업 현장에서 발생된 가스들 중 이산화탄소를 포집 및 압축, 운송하여 지층 내로 주입하기까지의 모든 과정을 포함하는 기술적 과정을 말함

2. CCS 기술 중 이산화탄소 포집기술은 전체 비용의 70~80%를 차지하는 핵심 기술이며, 포집 시점에 따라 연소 후 포집, 연소 전 포집 및 산소 연소기술로 구분됨

요소기술	연소 후 포집	연소 전 포집	순산소연소
용매흡수	O	O	
막분리	O	O	O
흡착	O	O	O
심냉		O	O
하이드레이트		O	
화학적 재순환		O	O

출처: 이산화탄소 포집 및 저장기술(박상도, 2009)

① 연소 후 포집기술
- 연소 후 배기가스에 포함된 이산화탄소를 포집하는 기술인 연소 후 포집기술은 기존 발생원에 적용하기 가장 용이한 기술로 흡수제를 이용하여 이산화탄소를 흡·탈착하여 이산화탄소를 분리하는 방법 등 획기적인 흡수제 성능향상과 공정 개발 등에 초점이 맞추어져 개발되고 있다.
- 저비용 이산화탄소 포집기술을 개발하기 위하여 신형아민, 암모니아수, 탄산염 등을 사용하는 액상 흡수공정, 고체 탄산염을 사용하는 유동층 건식흡수공정, 막분리공정 등이 활발히 연구되고 있다.
- 아민계 포집공정은 습식 흡수기술의 대표적인 공정으로 석유화학공정 중 개질공정에서 적용된 바 있는 기술적 신뢰성이 확보된 기술이나, 다양한 오염물이 포함된 연소 배가스에 적용하기 위해서는 흡수제 성능 및 공정 개선이 필요한 분리 기술이다.

② 연소 전 포집기술
- 연소전 기술은 석탄의 가스화(gasification) 또는 천연가스의 개질반응(reforming)에 의한 합성가스(주로 CO, CO_2, H_2)를 생산한 후 일산화탄소는 수성가스전이반응(water gas shift reaction)을 통한 수소와 이산화탄소로 전환한 후 이산화탄소를 포집하는 동시에 수소를 생산하는 것으로 정의된다.

③ 순산소 연소기술
- 공기를 대신하여 순산소를 산화제로 이용하는 연소방식이다. 공기 연소에 비해매우 높은 온도 특성을 보이며, 이로 인하여 전열 특성이 개선되어 열효율을 증대시켜 연료절감이 가능하다. 또한, 탄화수소 연료를 이용하는 경우 배가스가 대부분 이산화탄소와 수증기로 이루어져 있으므로 배가스 중의 수증기를 응축함으로써 고농도의 이산화탄소를 포집할 수 있어 주목을 받고 있는 기술

3. 이산화탄소 저장 기술.

이산화탄소 저장기술은 포집된 이산화탄소를 영구 또는 반영구적으로 격리하는 것으로 지중저장, 해양저장, 지표저장 등으로 구분할 수 있다.

> **확인문제**
>
> 1. 이산화탄소 포집 및 저장에 대한 설명 중 CO_2 저장 기술의 구분에 해당하지 않는 것은? [2014년 관리기사 제4회, 2015년 관리기사 제4회]
>
> ① 해양저장   ② 대기저장   ③ 지표저장   ④ 지중저장
>
> **해설**
> 이산화탄소 저장 기술은 포집된 이산화탄소를 영구 또는 반영구적으로 격리하는 것으로 지중저장, 해양저장, 지표저장 등으로 구분할 수 있음
> [정답 ②]

PART 02 온실가스 감축 프로젝트 기획

1. 감축기술 및 프로젝트 이해

1) 용어정리

(1) 온실가스 프로젝트(감축사업)
: 온실가스 배출 감축량 또는 제거량을 유도하기 위하여 베이스라인 시나리오에서 식별된 조건을 변화시키는 활동 또는 활동들의 집합

> * 베이스라인 시나리오
> 해당 온실가스 감축사업을 하지 않았을 경우, 사업경계 내에서 발생가능성이 가장 높은 조건(또는 상태)

(2) 온실가스 프로그램
: 조직 또는 온실가스 프로젝트 이외의 온실가스 배출량, 제거량, 배출 감축량 또는 제거량을 등록, 산정 또는 관리하는 자발적이거나 의무적인 시스템 또는 체제 (예, EU-ETS, CDM, 배출권거래제 등)

(3) 프로젝트 배출권(상쇄배출권)
: 온실가스 감축 프로젝트로 인하여 발생한 배출 감축량 또는 제거량에 대하여 객관적인 평가를 거쳐 발급되는 배출권을 말한다.
 예) CERs: 청정개발체제(CDM) 사업에 의해 발행된 배출권

2) 청정개발체제(CDM)

(1) 교토메카니즘(Kyoto Mechanism)
- 1997년 제3차 기후변화협약 당사국 총회에서 채택된 교토의정서(Kyoto Protocol)에서 제시한 체제이다. 선진국들이 할당받은 온실가스 감축 목표를 자국 내에서 달성하는 데 막대한 비용이 소요되므로, 이를 비용효과적인 방법으로 달성할 수 있도록 도입되었다.
- 교토메카니즘은 청정개발체제(CDM, Clean Development Mechanism), 공동이행제도(JI, Joint Implementation), 배출권거래제도(ET, Emiision Trading)을 포함하고 있다.

(2) 청정개발체제(CDM)
- 교토의정서 제12조에서 정의되어 있다.
- 선진국(Annex I 국가)이 개발도상국(Non-Annex I 국가)에 온실가스 프로젝트 실행을 위한 기술이나 자금을 지원하여 달성된 감축 실적을 선진국의 할당 목표 달성에 활용할 수 있도록 허용하는 제도이다.
- CDM을 통하여 선진국은 감축목표 달성에 활용할 수 있는 실적(배출권)을 확보하고, 개발도상국은 선진국의 기술과 자금을 지원받아 지속가능한 개발에 기여하는 의미가 있다.

(3) CDM 관련 조직체계
① 당사국총회(CMP, Conference of Parties/Meeting of Parties)
  : CDM 사업에 관한 최고 의사결정기구
② CDM 집행위원회(EB, Executive Board)
  : 당사국 총회의 결정과 지침에 따라 CDM을 관리, 감독 하는 조직. 방법론 및 각종 절차와 가이드라인을 결정
③ CDM 운영기구(DOE, Designated Operational Entity)
  : CDM EB로부터 지정되어 CDM 사업의 타당성평가와 검인증을 수행하는 기관
④ 국가승인기구(DNA, Designated National Authority)
  : 자국이 참여한 온실가스 프로젝트를 CDM 사업으로 추진하도록 승인하는 역할을

수행.

(4) CDM 사업 추진요건
: CDM 사업에 참여하고자 하는 국가는 다음의 세가지 요건을 충족해야 한다
① 교토의정서를 비준
② CDM 사업에 자발적으로 참여
③ 국가승인기구(DNA) 설립

Annex I 국가(선진국)가 CDM 사업에 투자하는 경우, 위 세가지 요건 이외에 다음 요건을 추가로 충족해야 함
① 초기 감축목표가 확정되어야 함
② 국가 온실가스 배출량 및 흡수량 산정 시스템이 구축되어 있어야 함
③ 국가 온실가스 등록부(registry)가 구축되어 있어야 함
④ 연간 온실가스 인벤토리 보고서를 제출해야 함

(5) CDM 사업 추진절차
프로젝트 기획 → 사업계획서 작성 → DNA 승인 → 타당성평가 → 등록 → 모니터링 → 검증 및 인증 → CER 발행 → CER 배분

3) 청정개발체제(CDM) 사업 유형
① 사업분야에 따른 구분(Sectoral Scope)

Sectoral Scope	
1. 에너지 산업	9. 금속산업
2. 에너지 분배	10. 연료의 탈루성 누출
3. 에너지 수요	11. HFCs, PFCs, SF6 누출
4. 제조업	12. 유기용제 사용
5. 화학산업	13. 폐기물 처리
6. 건설	14. 조림/재조림
7. 교통	15. 농업
8. 광업	16. 탄소포집및저장

※ 조림/재조림 사업

- 온실가스 배출량을 감축하는 사업 이외에, 산림에서 온실가스를 흡수하는 사업 유형을 말함
- 조림(afforestation): 과거 50년간 산림이 아닌 지역을 산림으로 바꾸는 활동
- 재조림(Reforestation): 1990년 이래로 산림이 아닌 지역을 산림으로 바꾸는 활동

② 참여국가에 따른 구분

Bilateral CDM	교토메카니즘에서 구상한 CDM의 기본 구조 Annex I 국가(선진국)가 Non-Annex I 국가(개도국)에서 사업을 개발하는 형태
Multilateral CDM	Bilateral CDM 사업에서 다수의 국가가 참여하는 형태
Unilateral CDM	선진국의 참여 없이 개도국이 독자적으로 사업을 추진하고 배출권(CERs)을 선진국에 판매하는 형태

③ 사업규모에 따른 구분

: CDM 사업이라 하면 일반적으로 대규모 사업을 말하며, 소규모 사업은 배출권 판매 수익에 비하여 배출권 발급까지의 시간과 비용이 큰 문제점을 해소하기 위하여 일정 기준 이하의 사업은 절차와 평가기준을 간소화 한 것이다.

〈소규모 CDM사업 기준〉

재생에너지사업	최대 발전용량이 15 MW 이하인 재생에너지 사업
에너지효율향상사업	절감량이 60 GWh 이하인 에너지 효율향상 사업
기타 감축사업	온실가스 감축량이 연간 6만톤 이하인 기타 사업

④ 기타 구분

- 번들링 CDM: 일반 단일 소규모 CDM 사업의 각 특성을 유지하면서 하나의 CDM 사업으로 간주하여 추진하는 사업
- 프로그램 CDM: 국가 정책목표 및 제도의 기반 아래 온실가스 감축 프로그램 활동을 통해 발굴된 개별 CDM 사업을 수, 규모 및 지역 경계에 관계없이 순차적으로 등록할 수 있는 제도

4) 배출권거래제 외부사업

(1) 외부사업
배출권거래제 할당대상업체의 조직경계 외부의 배출시설 또는 배출활동 등에서 국제적 기준에 부합하는 방식으로 온실가스를 감축, 흡수 또는 제거하는 사업

(2) 승인대상사업
① 온실가스 배출원을 근본적으로 제거 또는 개선하는 활동을 포함하고 있는 사업에 한함
② 단순한 생산량 감소, 유지 보수 등의 행태 변화에 의한 온실가스 감축은 승인하지 않음
③ 외부사업 사업자가 할당대상업체의 조직경계 외부에서 자발적으로 시행하는 사업. 단, 청정개발체제 사업은 할당대상업체의 조직경계 내부에서 시행된 경우에도 등록이 가능
④ 1차 계획기간과 2차 계획기간에는 외국에서 시행된 외부사업에서 발생한 외부사업 온실가스 감축량은 등록하거나 그에 상응하는 배출권으로 전환할 수 없음
⑤ 감축실적이 타 법령에 의한 의무적 사항을 이행하는 과정에서 발생한 것이 아니어야 함. 다만, 의무적 사항을 초과하여 이행한 과정에서 발생한 것은 신청 가능
⑥ 일반적인 경영여건에서 실시할 수 있는 행동을 넘어서는 추가적인 행동 및 조치에 따른 감축이 발생되어야 함
⑦ 지속적이고 정량화되어 검증 가능해야 함
⑧ 배출량 인증위원회에서 승인한 방법론을 적용해야 함
⑨ 2016년까지 부문별 관장기관이 추진한 온실가스 감축실적 구매사업으로 등록된 사업에 한해, 해당 사업의 잔여 인정 유효기간 범위 내의 온실가스 감축실적을 외부사업 감축량으로 전환 가능

(3) 추진(등록)절차

단계	절 차	개 요	수행주체
1단계	외부사업 승인 신청	• 사업계획서 작성 [별표 4, 별지 제1호~별지 제4호 서식] • 외부사업 승인신청서 작성 [별지 제5호 서식]	외부사업 사업자
2단계	외부사업 접수	• 외부사업 승인신청서 검토	부문별 관장기관
2단계	타당성 평가	• 타당성 평가 기준에 따른 외부사업의 적합성 평가 (사업계획서 평가) • 타당성 평가 의견서 작성	부문별 관장기관
2단계	타당성 평가 의견 통보	• (외부사업 사업자에게) 타당성 평가 의견 결과 통보 [별지 제8호 서식] • (필요 시) 타당성 평가 의견 결과 시정 조치 요구	부문별 관장기관
2단계	(수정·보완)	• 외부사업 승인 신청 서류 수정 또는 보완 (최대3회)	외부사업 사업자
2단계	타당성 평가 완료	• 외부사업 타당성 평가 의견서 작성 완료	부문별 관장기관
2단계	타당성 평가 협의	• 외부사업 타당성 평가 결과에 대한 협의	환경부장관
3단계	심의안건 상정	• 인증위원회 구성 • 타당성 평가 승인 여부 검토 결과 심의 상정	기획재정부장관
3단계	승인 심의	• 타당성 평가 심의 기준에 따른 외부사업 심의 • (인증위원) 승인 심의서 작성 • 타당성 평가 승인 심의 결과보고서 작성	인증위원회
3단계	승인 심의	• (외부사업 사업자 측으로) 심의 결과 통보 [별지 제9호 서식] • 상쇄등록부 등록 • 외부사업 승인서 발급 [별지 제10호 서식]	부문별 관장기관

(4) 사업유형

① 사업 규모에 따른 구분(단일감축사업 기준)

유형	기준
일반감축사업	온실가스 배출 감축 또는 흡수 예상량이 이산화탄소 상당량으로 연간 3,000톤을 초과하는 사업
소규모 감축사업	100톤 초과 3,000톤 이하인 사업은 소규모 감축사업
극소규모 감축사업	100톤 이하인 사업은 극소규모 감축사업

② 추진 형태에 따른 분류

유형	기준
묶음 감축사업	소규모 감축사업 및 극소규모 감축사업은 별표1에 따른 승인대상 외부사업 여러 개를 묶어서 하나의 사업으로 신청하는 경우 단, 묶음 감축사업의 총 예상 감축규모는 이산화탄소 환산량으로 연간 15,000톤을 초과할 수 없으며, 극소규모 감축사업의 경우 이산화탄소 상당량으로 연간 500톤을 초과할 수 없음
정책감축사업	중앙정부, 지방자치단체 또는 민간 등에 의해 정책적으로 시행되는 자발적 중·장기 온실가스 감축사업

③ 승인대상 외부사업 분류

분류번호	사업 분야		세부 분류
01	에너지산업	1-A	화석연료, 바이오매스를 통한 열에너지 생산
		1-B	신재생에너지로부터의 에너지 생산
		1-C	기타
02	에너지 공급	2-A	전기 공급
		2-B	열 공급
03	에너지 수요	3-A	에너지 수요
04	제조업	4-A	시멘트 분야
		4-B	알루미늄 분야
		4-C	철강 분야
		4-D	정제 분야
		4-E	기타

분류번호	사업 분야		세부 분류
05	화학산업	5-A	화학공정 산업
06	건설	6-A	건설
07	수송	7-A	수송
08	광업/광물	8-A	광업/광물 공정
		8-B	오일 및 가스 산업, 탄광 메탄회수 및 사용
09	금속산업	9-A	금속생산
10	연료로부터의 탈루배출	10-A	10-B를 제외한 광업/광물 공정에서의 탈루 배출
		10-B	오일 및 가스 산업, 탄광 메탄회수 및 사용으로 부터의 탈루 배출
11	할로겐화탄소, 육불화황 생산 및 소비로부터의 탈루배출	11-A	화학공정 산업
		11-B	온실가스 포집 및 파괴
12	용제사용	12-A	화학공정 산업
13	폐기물 취급 및 처리	13-A	폐기물 취급 및 처리
		13-B	동물 퇴비 관리
14	산림	14-A	탄소흡수원 유지 및 증진
15	농업	15-A	경종
		15-B	축산
16	이산화탄소 포집 및 저장 또는 재이용	16-A	이산화탄소 포집 및 저장 또는 재이용

④ 등록특례사업[외부사업 지침 별표1]
- 신재생에너지공급의무화제도(RPS)에 의해 RPS 공급의무자가 공급해야하는 의무량을 초과한 신재생공급인증서(REC) 구매량에 대해 외부사업으로 등록 가능
- HFC-23 감축사업 및 아디픽산 제조공정에서의 N_2O 저감 사업에서 발생한 온실가스 감축실적은 등록대상에서 제외한다. 다만, 제1차 계획기간에 한하여 시장안정화를 위해 사용할 목적으로 등록 가능

> **확인문제**
>
> 1. 교토메커니즘 하에서 온실가스 감축을 위한 대표적인 시장 매커니즘과 가장 거리가 먼 것은? [2015년 관리기사 제4회]
>
>   ① 국제배출권거래제 ② 공동이행
>   ③ 국제기후기금   ④ 청정개발체제
>
> **해설**
> 교토메커니즘은 청정개발체제(CD제도)(JI), 배출권거래제(ETS)이다. [정답 ③]

> **확인문제**
>
> 1. 다음 CDM 사업관련 주요기관 중 새로운 베이스라인 및 모니터링 방법론 승인과 각종 절차와 방법, 가이드라인 결정 전 최소 8주간 정도의 의견수렴 등의 세부역할을 이행하는 기관은? [2015년 관리기사 제2회]
>
>   ① 국가CDM 승인기구(DNA)   ② CDM 집행위원회(EB)
>   ③ CDM 사업운영기구(DOE)   ④ 당사국총회(COP/MOP)
>
> **해설**
> CDM 관련 최고 의사결정기구는 당사국총회(COP/MOP)이며, 당사국총회의 결정사항에 따라 세부적인 절차와 방법을 결정하는 기구는 집행위원회(EB)이다. [정답 ②]

2. 방법론

1) 방법론이란?

온실가스 감축량 또는 흡수량의 계산 및 모니터링을 하기 위하여 적용하는 기준, 가정, 계산방법 및 절차 등을 기술한 문서. 베이스라인 방법론과 모니터링 방법론으로 구성됨

2) 방법론 구성

- 방법론은 크게 베이스라인 방법론과 모니터링 방법론으로 구성됨
- 각 방법론에는 적용요건(applicability)이 정해져 있으며, 사업자는 추진하는 온실가

스 프로젝트가 적용요건을 모두 만족하는 경우 해당 방법론을 사용할 수 있음

3) 방법론 선택

- CDM을 비롯한 모든 온실가스 프로그램은 온실가스 감축 및 제거 유형별 방법론을 제시하고 있음
- 온실가스 프로젝트를 추진하는 사업자는 해당 프로그램에서 제공하는 방법론 중에서 프로젝트 유형에 적합한 방법론을 선택하여 적용할 수 있음

※ CDM 사업의 방법론은 UNFCCC CDM 홈페이지에 모두 공개되어 있음〈http://cdm.unfccc.int/methodologies/index.html〉
※ 배출권거래제 외부사업 방법론은 상쇄등록부 시스템에 공개되어 있음
　〈https://ors.gir.go.kr/home/index.do?menuId=2〉

4) 방법론 개발

- 사업자가 추진하고자 하는 온실가스 프로젝트의 유형에 맞는 방법론이 존재하지 않는 경우, 사업자는 다음 중 하나의 방법을 선택할 수 있다.
  ① 신규방법론 개발: 자신의 프로젝트에 적용할 수 있는 방법론을 새로 개발하여 승인을 요청할 수 있다.
  ② 기존방법론 개정: 기존에 유사한 방법론이 있으나, 일부 사항을 적용하기 어려운 경우, 자신의 프로젝트에 적용할 수 있도록 방법론 개정을 요청할 수 있다.
- 온실가스 프로그램 관리자(CDM의 경우 집행위원회, 외부사업은 인증위원회)가 신규방법론이나 방법론 개정 요청을 검토하여 승인 여부를 결정하게 된다.

3. 추가성

① 추가성(Additionality)이란?
- 환경적, 기술적, 제도적, 경제적, 사회적 측면에서 고려되어야 하는 감축사업의 특성으로서, 인위적으로 온실가스를 저감하거나 에너지를 절약하기 위하여 일반적인 경영여건에서 실시할 수 있는 활동 이상의 추가적인 노력을 말한다.
- 온실가스 배출원에 의한 인위적인 배출량이 온실가스 프로젝트를 추진하지 않는 경

우 발생하는 수준 이하로 감축될 경우 해당 온실가스 프로젝트는 사업은 추가성이 있다.

② CDM 사업의 추가성 입증 절차
- 추가성 입증 절차는 온실가스 프로그램마다 다르다.
- CDM 규정 중 "추가성 입증 및 평가를 위한 도구 (Tool for demonstration and assessment of additionality)"에서는 추가성 입증 절차를 아래와 같이 제시하고 있다.

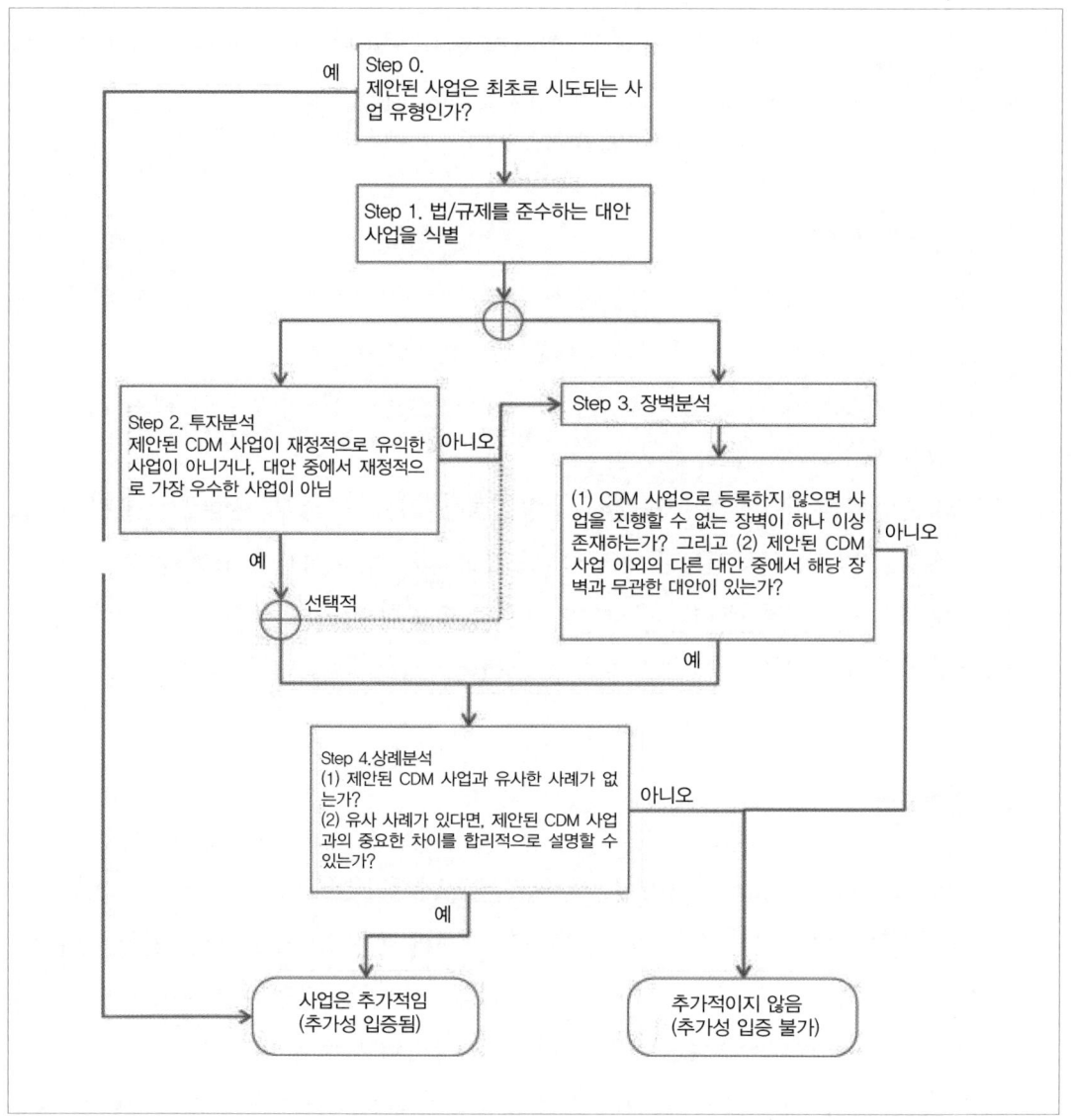

- 위 절차에 따라 프로젝트의 추가성이 입증된 경우, 해당 사업은 '추가적이다' 또는 '추가성이 있다'라고 말한다.

③ 배출권거래제 외부사업의 추가성 입증 절차

1. 추가성 분석
외부사업 사업자는 다음의 법적·제도적 추가성과 경제적 추가성 기준을 만족시켜야 한다.

1) 법적·제도적 추가성
- 추진하고자 하는 외부사업이 현행 법·제도에 의해 제한을 받지 않아야 하며, 외부사업의 내용이 현행 법·제도에 의무사항으로 규정되어 있지 않아야 한다. 다만, 중앙부처 혹은 지방자치단체 등의 기관에서 온실가스 감축에 필요하여 정책적으로 권장하는 사업은 의무사항이 아닌 자발적 참여에 의한 활동으로서 법적 추가성을 만족하는 것으로 간주할 수 있다.
- 외부사업으로 인하여 발생하는 부정적 환경 영향이 법적 규제 수준을 초과해서는 안 된다.
- 외부사업은 지역사회에 부정적 영향을 끼치지 않아야 한다.

2) 경제적 추가성
- 경제성이 부족하여 외부사업으로 추진하기 어려우나, 외부사업 인증실적 활용을 통하여 경제성 확보가 가능한 사업이어야 한다.
- 경제적 추가성 분석은 일반감축사업의 대상 중, 연간 60,000 tCO_2-eq 초과의 예상 온실가스 감축량 혹은 흡수량을 갖는 사업에 대하여 추가적으로 분석하도록 한다.

2. 추가성 입증 및 평가 방법
1) 1단계 (현행 법과 규제를 만족하는 사업의 대안 확인)

다음의 세부 단계에 따라 대안 시나리오가 될 수 있는 현실적이고 신뢰성 있는 대안을 정의한다.

① 1a 단계 (사업 활동에 대한 대안 정의)

가. 외부사업 사업자 또는 유사한 사업 개발자들이 적용할 수 있는 현실적이고 신뢰성 있는 대안을 확인하는 단계로서, 이들 대안에는 아래의 사항들이 포함된다.
- 외부사업으로 승인되지 않고 수행되는 사업활동
- 제안된 외부사업에 해당하는 수준의 생산활동이 가능한 다른 현실적이고 신뢰성 있는 대안
- 만약 적용가능하다면, 현재의 상황이 지속되는 경우

② 1b 단계 (법과 규제와의 일관성)

가. 대안은 온실가스 감축 목적과 직접적인 관련이 없는 법 또는 규제를 포함한 모든 적용 가능한 법과 규제의 요구사항을 만족하여야 한다.

나. 만약 대안 시나리오가 모든 법과 규제를 따르지 않는 경우에는 이러한 법과 규제가 체계적으로 시행되지 않고 있으며, 그러한 요구 조건을 충족하지 않는 것이 일반적임을 입증해야 한다. 이를 입증하지 못한다면, 그 대안은 추가 검토 대상에서 제외하여야 한다.

다. 만약 제안된 외부사업이 외부사업 사업자에 의해 고려되는 대안들 중 유일하게 법과 규제를 준수하는 대안이라면, 제안된 외부사업은 추가성이 없다.

③ 1단계를 통과한 사업 중, 연간 60,000tCO$_2$-eq 이하의 온실가스 감축량을 가지는 외부사업은 추가성이 있다. 1단계를 통과한 사업 중, 연간 60,000tCO$_2$-eq 초과의 온실가스 감축량을 가지는 외부사업은 2단계(투자분석)를 진행하도록 해야 한다.

2) 2단계 (투자 분석)

외부사업에 의해 생성된 외부사업 인증실적의 판매를 통해 획득한 수익을 제외하고는 제안된 외부사업이 대안 사업에 비해 경제적 또는 재정적으로 이익이 없다는

것을 증명하는 단계로서, 다음의 세부 단계에 따라 수행된다.

① 2a 단계 (적합한 분석방법 결정)
    가. 단순비용분석, 투자비교분석 또는 벤치마크분석 중에 어느 것을 적용할 것인지를 결정한다. 만약 1단계에서 확인된 외부사업과 대안 사업이 외부사업의 인증실적과 관련한 수입 이외에 경제적 또는 재정적으로 아무런 이익이 없을 경우에는 단순비용분석(옵션 I)을 적용한다. 이외의 경우에는, 투자비교분석(옵션 Ⅱ) 또는 벤치마크 분석(옵션 Ⅲ)을 적용한다.

② 2b 단계 (옵션 I. 단순비용분석 적용)
    가. 1단계에서 확인된 외부사업 및 대안 사업과 관련된 비용을 문서화하고, 제안된 외부사업보다 비용이 덜 드는 다른 대안이 적어도 한 개가 존재함을 입증한다.
나. 제안된 외부사업이 한 개 이상의 대안 사업보다 비용이 많이 소요된다고 결정된 경우에는 해당 외부사업은 추가성이 있다.

③ 2b 단계 (옵션 Ⅱ. 투자비교분석 적용)
가. 사업 유형과 의사결정에 가장 적합한 내부수익율(IRR, Internal Rate of Return), 비용-편익 비율 또는 단위 비용(예. 원/kWh, 원/GJ)과 같은 재정지표 중 가장 적합한 지표를 확인한다.

④ 2b 단계 (옵션 Ⅲ. 벤치마크분석 적용)
    가. 사업 유형과 의사결정에 가장 적합한 내부수익율(IRR)과 같은 재정 및 경제지표를 확인한다.
    나. 옵션Ⅱ나 옵션Ⅲ을 적용할 때 재정 및 경제분석은 시장의 표준적인 변수를 근거로 해야 하며, 특정한 사업 개발자의 주관적인 기대 수익률이나 위험요소와 관련 없이 사업 유형별 특징을 고려하여야 한다. 외부사업 사업자에 의해서만 사업 활동이 수행되는 특별한 경우에만, 사업 활동을 수행하

는 회사 특유의 재정적, 경제적 상황을 고려할 수 있다.

　　다. 할인율과 벤치마크는 다음에서 도출된다.
- 독립적인 재정전문가에 의하여 입증된 것으로서, 개인 투자 또는 사업 유형을 반영하기 위해 적정의 리스크 프리미엄(risk premium)이 더해진 국채금리(government bond rate)
- 비교 가능한 사업에 대한 은행의 시각과 개인자본투자가/기금들의 요구수익에 근거한 재정비용 및 자본에 대한 요구수익률의 예측치
- 회사의 내부 벤치마크(가중평균자본비용(weighted average capital cost)을 이용해 구한 벤치마크)는 위 ④ 2b 단계의 '나'호에 나와 있는 경우에만 적용될 수 있다. 사업 개발자는 과거에 이 벤치마크가 일관적으로 적용되었음을 증명해야 한다. 즉, 같은 회사에서 개발된 비슷한 사업 활동이 같은 벤치마크를 사용해야 한다.
- 정부나 공신력 있는 기관이 승인한 벤치마크(벤치마크가 투자 결정에 이용되는 경우)
- 기타 지표(외부사업 사업자가 위의 옵션들의 적용이 불가능하고 그들이 제시하는 지표의 적절성을 입증할 수 있는 경우)

⑤ 2c 단계 (재정 지표의 계산 및 비교 (옵션Ⅱ과 옵션Ⅲ에만 적용))

　　가. 제안된 외부사업에 대한 적절한 재정지표를 선택하여 계산하며, 위의 옵션 Ⅱ의 경우에는 제시된 다른 대안들의 재정지표도 계산한다. 투자비용, 운영 및 관리비용 등의 모든 관련비용과 보조금, 재정 인센티브 및 공적개발원조(ODA, Official Development Assistance)와 같은 모든 수입(인증실적 판매 수입은 제외) 및 공공 투자자의 경우 비시장 비용(non-market cost)과 이익을 포함한다.

　　나. 투자분석 내용을 투명하게 기술하고, 외부사업 사업계획서에 관련된 가정/전제사항들을 제시하여 다른 사람이 투자 분석을 다시 실시하여도, 동일한 결과를 얻을 수 있도록 한다. 자본비용, 연료가격, 수명 및 할인율과 같은 중요한 기술-경제적 변수(techno-economic parameter)와 가정에 대하

여 제시한다. 타당성 평가를 받을 수 있는 방법으로 가정/전제사항들을 인용하거나 정당화 한다. 재정지표를 계산하는 과정에서 사업 리스크는 자금흐름유형(cash flow pattern)을 통해 포함될 수 있다.

　다. 투자분석에 적용된 가정과 입력데이터들이 사업 활동과 그 대안에 다르게 적용되어야함이 증명되지 않는 한 동일하게 적용해야 한다.

　라. 제안된 외부사업 활동과 다른 대안(옵션Ⅱ의 경우) 또는 벤치마크(옵션Ⅲ의 경우)의 재정지표를 명확히 비교하여 제시한다.

- 옵션Ⅱ(투자비교분석)가 사용된 경우: 만약 여러 대안들 중 하나의 대안이 최고의 지표값(예: 가장 높은 IRR)을 가진다면, 외부사업은 재정적으로 가장 유리한 사업이라고 할 수 없다.
- 옵션Ⅲ(벤치마크분석)이 사용된 경우: 만약 외부사업이 벤치마크보다 유리하지 않다면(예: 낮은 IRR), 외부사업은 재정적으로 유리한 사업이라고 할 수 없다.

⑥ 2d 단계 (민감도 분석(옵션Ⅱ과 옵션Ⅲ에만 적용))

　가. 재정적인 이익(financial attractiveness)과 관련한 결론이 주요 가정들의 변수에 적절한지를 보여주는 민감도 분석을 포함한다. 민감도 분석이 지속적으로 외부사업이 가장 재정적/경제적으로 유리하지 않다는 결론을 보여주거나(옵션Ⅱ(투자비교분석)가 사용된 경우), 재정적/경제적으로 유리하지 않다는 결론을 보여주게 되면(옵션Ⅲ(벤치마크분석)이 사용된 경우), 투자분석은 추가성 측면에서 유효함을 보여줄 수 있다.

⑦ 만일 민감도 분석에서 제안된 외부사업이 재정적/경제적으로 가장 유리하지 않다고 결론이 나거나(옵션Ⅱ(투자비교분석)가 사용된 경우), 재정적/경제적으로 유리하지 않다고 결론이 날 경우(옵션Ⅲ(벤치마크분석)이 사용된 경우)에는 해당 외부사업은 추가성이 있다.

> **확인문제**
>
> 1. CDM 사업 타당성조사를 위한 추가성 검토사항이 아닌 것은? [2016년 관리기사 제2회]
>
>   ① 환경적 추가성 ② 기술적 추가성
>   ③ 경제적 추가성 ④ 지역적 추가성
>
> **해설**
> 추가성이란, 환경적, 기술적, 제도적, 경제적, 사회적 측면에서 고려되어야 하는 감축사업의 특성으로서, 인위적으로 온실가스를 저감하거나 에너지를 절약하기 위하여 일반적인 경영여건에서 실시할 수 있는 활동 이상의 추가적인 노력을 말한다.**[정답 ④]**

4. 베이스라인

- 베이스라인 시나리오(Baseline Scenario)

  ① 해당 온실가스 프로젝트를 추진하지 않았을 경우 발생할 인위적 온실가스 배출을 합리적으로 표현하는 시나리오 (CDM 용어집, UNFCCC). 줄여서 '베이스라인'이라고 말하기도 한다.

  ② 베이스라인 시나리오를 결정하는데 고려해야 할 사항들은 베이스라인 방법론에 제시되어 있다.

- 베이스라인 결정 방법(CDM Modalities and Procedures)

  ① 과거 또는 현재의 실제 배출량을 베이스라인으로 설정
   : 감축사업을 하지 않았을 경우, 과거의 상태가 지속적으로 유지될 것으로 가정하고, 이를 베이스라인으로 결정하는 방법이다. 즉, 해당 감축사업을 하지 않았을 경우 다른 사업도 하지 않았을 것이라고 가정하는 것이다.

  ② 경제적으로 가치 있는 대안 또는 기술의 배출량을 베이스라인으로 설정
   : 해당 감축사업을 진행하지 않았다면 보다 경제성이 높은 사업을 진행했을 가능성이 높다. 이는 온실가스를 감축하기 위한 노력을 하지 않는다고 가정할 때 합리적인 의사결정이므로, 감축사업보다 경제성이 높은 사업(대안)을 진행했을 경우의 온

실가스 배출량을 베이스라인으로 설정할 수 있다.

③ 감축활동의 기술수준이 관련기술 범주 내의 상위 20% 내에 있고, 과거 5년 동안 수행된 유사한 기술 또는 설비의 평균 배출량을 베이스라인으로 설정

: 생산량의 증가 등의 사유로 설비 또는 공정을 신·증설을 한 경우 또는 설비수명이 끝난 노후설비를 신규설비로 교체한 경우 등에 적용할 수 있다. 어떤 형태로든 개선 활동이 이루어졌을 상황에서, 해당 사업을 진행하지 않았을 경우 어떤 사업(대안)을 진행했을 것인지 명확하게 입증하기 어려운 경우에 적용된다. 그러나 본 방법은 기술 상위 20% 수준을 설정하는 것이 현실적으로 매우 어렵기 때문에 활용도가 낮은 방법이다.

- 베이스라인 배출량
: 베이스라인 시나리오에서의 온실가스 배출량

- 사업 후 배출량
: 프로젝트 배출량이라고도 하며, 베이스라인 시나리오에서는 발생하지 않았으나 프로젝트 실행에 의해 사업경계 내에서 발생하는 온실가스 배출량을 말한다.

확인문제

1. 다음은 베이스라인 접근법 중 기술의 성능을 고려하여 베이스라인 시나리오를 선정할 때 사용할 수 있는 접근법의 내용이다. ( )안에 알맞은 값은? [2016년 관리기사 제2회]

> 비슷한 사회, 경제, 환경 및 기술적 조건에서 과거 (㉠)년간 수행된 유사 사업들의 평균 배출량. 단 평균에 포함된 사업들의 기술성능은 상위 (㉡)%에 속해야 함.

① ㉠ 5년, ㉡ 10% ② ㉠ 5년, ㉡ 20%
③ ㉠ 10년, ㉡ 10% ④ ㉠ 10년, ㉡ 20%

해설
베이스라인 결정 방법 3가지
① 과거 또는 현재의 실제 배출량을 베이스라인으로 설정
② 경제적으로 가치 있는 대안 또는 기술의 배출량을 베이스라인으로 설정
③ 감축활동의 기술수준이 관련기술 범주 내의 상위 20% 내에 있고, 과거 5년 동안 수행된 유사한 기술 또는 설비의 평균 배출량을 베이스라인으로 설정

[정답 ④]

5. 사업경계 설정

- 사업경계(Project Boundary)
  ① 감축 프로젝트에 합리적으로 기여하는 중요한 인위적 온실가스 배출원들을 말한다. 〈CDM 용어집, UNFCCC〉
  ② 사업경계에 반드시 포함되어야 할 배출원은 각 사업 유형별 방법론에 제시되어 있다.

> **확인문제**
>
> 1. 감축 프로젝트에 합리적으로 기여하는 중요한 인위적 온실가스 배출원들을 (   )라고 한다. 빈 칸에 들어갈 말은 무엇인가?
>
> **해설**
> 해당 감축 프로젝트로 인하여 영향을 받는 온실가스 배출원을 식별한 것으로, 주로 물리적, 지리적 경계로 표현한다. **[정답 사업경계]**

6. 기준활동

1) 기준활동(reference activity) 정의

- 온실가스 감축/제거량을 산정하는 기준이 되는 단위로서 사업경계 내에서 사용하는 원료 또는 사업경계 내에서 생산되는 제품, 반제품 등을 말한다.
- 기준활동량은 감축사업 대상 설비(또는 단위공정)의 생산품으로 정하는 것이 일반적이다.

2) 기준활동량의 필요성

- 사업 전의 일상적인 상황보다 설비를 더 많이 가동하여 온실가스 감축 실적을 과다하게 인정받는 경우를 방지하기 위함이다.
- 사업 대상 설비의 가동과 밀접한 지표를 기준활동으로 선정하여 사업 전 평균 활동량을 초과하는 부분에 대해서는 감축 실적을 인정하지 않는다.
- 방법론에 따라 기준활동을 적용하지 않는 경우도 있다. CDM에서는 일부 방법론에만 기준활동 개념을 적용하고 있다.

> **확인문제**
>
> 1. (   )이란, 온실가스 감축/제거량을 산정하는 기준이 되는 단위로서 사업경계 내에서 사용하는 원료 또는 사업경계 내에서 생산되는 제품, 반제품 등을 말한다. 빈 칸에 들어갈 말은?
>
> **해설**
> 이론설명 참조
>
> [정답 기준활동(reference activity)]

> **확인문제**
>
> 2. 아래 그림은 연료전환을 통한 온실가스 감축 사업의 전·후 공정도를 개략적으로 나타낸 것이다. 이러한 사업에서 적절한 기준활동은 무엇인가?
>
>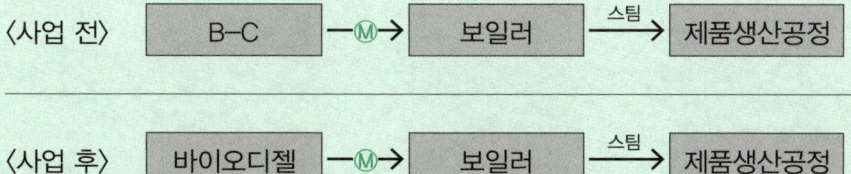
>
> **해설**
> 사업 대상 설비는 보일러이므로, 보일러의 생산물인 스팀(열)을 기준활동으로 정하는 것이 적절하다.
>
> [정답 스팀 생산량]

7. 온실가스 감축량 계산

온실가스 감축량은 베이스라인 시나리오에서의 배출량(베이스라인 배출량)과 사업 활동으로 인한 배출량(사업 후 배출량)의 차이로 산정하는 것이 일반적이다.

간혹 감축사업으로 인하여 사업 경계밖에서 추가적으로 온실가스가 배출되는 경우 그 배출량을 산정하여 감축량에서 제하는데, 이를 누출량이라고 한다.

확인문제

1. 아파트 옥상에 태양열 집열판을 설치하여 에너지를 절약하려 한다. 본 사업을 통해 기존 열병합발전의 온수 공급량을 절약한다고 할 때, 사업에 의한 연간 온실가스 감축 예상량은? [2015년 관리기사 제4회]

   〈조건〉
   - 평균일사량: 4000kcal/(m^2 · 일)
     총 집열 면적: 10000m^2, 집열효율: 60%
     가동일: 300일/년
   - 열병합발전 연료(천연가스)의 온실가스 배출계수: 56.1CO_2톤/TJ,
   - 1cal = 4.186J

   ① 6CO_2톤/년 ② 404CO_2톤/년
   ③ 1690CO_2톤/년 ④ 2227CO_2톤/년

   해설
   태양열 집열판을 통해 공급된 온수열량
   = 4,000kcal/m^2 · 일 × 10,000m^2 × 300일/년 × 60% × 4.186J/cal
   = 30.139TJ/년

   따라서, 감축량 = 30.139 TJ × 56.1 tCO_2/TJ = 1,690 tCO_2/년.

   [정답 ③]

확인문제

2. 다음 재생에너지 사업의 사례를 읽고 물음에 답하시오.
   K사는 15 MW 규모의 태양광발전소를 설치하여 생산된 전력을 외부에 판매하는 사업을 추진하였으며, 공사가 완료되어 2013년 1월 1일부터 발전을 시작하였다. 2013년 12월 31일까지의 1년간 모니터링 데이터는 아래 표와 같다.

구분	모니터링 값
총 발전량	3,486,922kWh
발전량 중 자체 소비량	432,124kWh
한전에서 공급받은 전력량	54,798kWh

본 사업을 추진하지 않았을 경우, 기존의 발전소에서 전력을 생산해서 공급했을 것이며, 이때의 전력배출계수는 0.4653 tCO_2/MWh이라고 가정한다.

1) 태양광 발전을 통해 외부로 판매한 순(net) 전력량을 구하시오

2) 베이스라인 배출량을 계산하시오. (소수점 첫 번째 자리에서 반올림하여 정수로 표기)

3) 전력 이외의 온실가스 배출원이 없다고 가정할 때, 온실가스 감축량을 계산하시오.

해설

1) 3,486,922kWh − 432,124kWh − 54,798kWh = 3,000,000kWh
2) 베이스라인 시나리오는 기존 발전소에서 전력을 생산하는 과정의 온실가스 배출이다. 따라서,
   베이스라인 배출량 = 순 전력생산량 × 전력배출계수
   ∴ 3,000,000kWh × 0.4657tCO_2/MWh
   = 3,000MWh × 0.4657tCO_2/MWh
   = 1,397.1tCO_2
   ≒ 1,397tCO_2
3) 온실가스 감축량 = 베이스라인 배출량 − 사업 후 배출량 − 누출량
   태양광발전을 통해서 생산된 전력의 온실가스 배출량이 0이며, 전력 이외의 배출원이 없으므로, 사업 후 온실가스 배출량 및 누출량은 0
   따라서, 온실가스 감축량 = 1,397tCO_2 − 0 tCO_2 = 1,397tCO_2.

[정답 1) 3,000,000kWh
2) 1,397tCO_2
3) 1,397tCO_2]

확인문제

3. 다음 바이오가스 회수사업의 사례를 읽고 물음에 답하시오
   D식품회사는 제품 제조 공정에서 발생하는 유기성 폐수를 혐기조에서 처리하여 하천으로 방류하고 있었다. 이후 혐기조에서 발생하는 메탄을 연소하는 소각시설을 설치함으로써 온실가스 배출량을 감축하는 프로젝트를 시행하였다.

〈사업 전 공정도〉

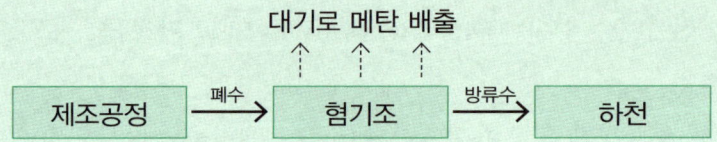

〈사업 후 공정도〉

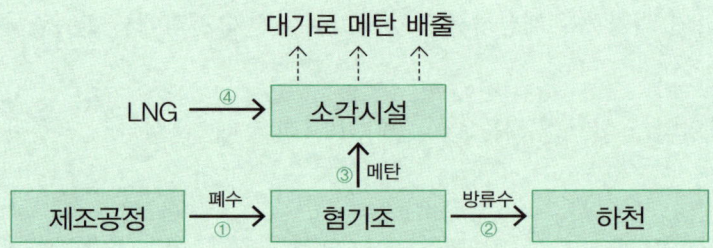

주요 모니터링 데이터는 다음과 같다.

구분	소각시설로 투입된 가스량	투입된 가스의 메탄함량	LNG 소비량
1월	100,000 Nm³	50%	400 Nm³
2월	110,000 Nm³	47%	400 Nm³
3월	90,000 Nm³	52%	400 Nm³

1) 본 사업의 베이스라인 시나리오를 정의하시오.

2) 3개월의 평균 메탄함량을 구하시오.

3) 메탄의 비중은 0.716 kg/Nm³이다. 3개월간 소각시설로 투입된 메탄의 양(tCO₂e)을 구하시오. (소수점 첫째자리에서 반올림하여 정수로 표기할 것)

4) 사업 후 온실가스 배출량을 계산하시오. (이산화탄소 배출만 고려한다)

	순발열량	배출계수	산화율
LNG	39.4 MJ/Nm³	56.1 tCO₂/TJ	0.995

5) 아래는 본 사업의 모니터링 항목이다. 위 사업 후 공정도에서 적절한 모니터링 지점을 찾아 빈 칸에 표시하시오.

구분	모니터링 지점
소각시설에 투입되는 가스의 양	
가스의 온도	
가스의 압력	
가스 중 메탄 함량	
LNG 소비량	

해설

1) 베이스라인 시나리오는 사업을 추진하지 않았을 경우 일어났을 상황을 합리적으로 나타낸 시나리오이다. 따라서, 소각시설을 설치하지 않았을 경우 기존의 시설을 그대로 유지하는 것이 가장 합리적인 가정이다.

2) 매월 메탄함량 측정값에 상응하는 가스유량이 서로 다르므로, 가중평균으로 계산해야 한다.

평균메탄농도 = 총 메탄의 양 / 총 가스량 = $\frac{(100,000 \times 50\%)+(110,000 \times 47\%)+(90,000 \times 52\%)}{100,000+110,000+90,000}$

= 49.5%

3) 메탄의 양 = 총 유량 × 평균메탄함량 × 메탄의비중 × $GWP{CH_4}$
 = 300,000 Nm^3 × 0.495 × 0.716 kg/Nm^3 × 21 × 10^{-3}
 = 2,232.85 tCO_2e
 ≒ 2,233 tCO_2e

4) 사업 후 온실가스 배출량
 = 1,200 Nm^3 × 39.4 MJ/Nm^3 × 56.1 tCO_2/TJ × 0.995 × 10^{-6}
 = 2.64 tCO_2
 ≒ 3 tCO_2

5) 가스의 양, 온도, 압력, 메탄함량은 모두 소각되는 메탄의 양을 계산하기 위하여 필요한 항목이므로, 같은 지점에서 측정해야 한다.

[정답 1) 사업을 추진하지 않았을 경우, 혐기조에서 발생한 메탄은 대기로 배출되었을 것이다.
 2) 49.5%
 3) 2,233 tCO_2e
 4) 3 tCO_2
 5)

구분	모니터링 지점
소각시설에 투입되는 가스의 양	③
가스의 온도	③
가스의 압력	③
가스 중 메탄 함량	③
LNG 소비량	④

]

8. 사업계획서 작성 및 등록

1) 사업계획서 작성

(1) 청정개발체제(CDM) 사업계획서

1. 감축 프로젝트를 CDM 사업으로 등록하기 위해서는 지정된 서식에 맞추어 사업계획서(PDD, Project Design Document)를 작성해야 한다.
2. CDM 사업계획서 양식은 다음과 같은 항목으로 구성되어 있다.

> A. 사업내용 서술
>   A.1 사업의 목적 및 일반정보
>   A.2 사업 위치
>   A.3 기술 및 방식
>   A.4 참여국가와 사업자 정보
>   A.5 공적 자금
> B. 선택한 방법론의 적용
>   B.1 방법론 및 표준화된 베이스라인 참조문서
>   B.2 방법론 및 표준화된 베이스라인 적용요건
>   B.3 사업경계
>   B.4 베이스라인 시나리오 수립
>   B.5 추가성의 입증
>   B.6 배출량 감축
>   B.7 모니터링 계획
> C. 사업기간 및 인증기간
>   C.1 사업의 기간
>   C.2 인증기간
> D. 환경영향
>   D.1 환경영향분석
>   D.2 환경영향평가

> E. 지역 이해관계자 의견수렴
>   E.1 지역 이해관계자 의견수렴
>   E.2 접수된 의견 요약
>   E.3 접수된 의견 반영 결과보고
> F. 국가승인

(2) 배출권거래제 외부사업 사업계획서

1. 외부사업계획서는 "외부사업 타당성평가 및 감축량 인증에 관한 지침"[별표4]의 서식에 따라 작성해야 한다.
2. 외부사업 사업계획서 양식은 다음과 같은 항목으로 구성되어 있다.

> 1. 사업개요
>   1.1. 사업명, 사업목적 및 내용
>   1.2. 사업의 위치
>   1.3. 외부사업 사업자 및 온실가스 감축량 소유권
>   1.4. 사업 시작일 및 인증유효기간
>   1.5. 사업의 중복성 확인
>   1.6. 사업의 디번들링 평가 (소규모 감축사업인 경우)
> 2. 베이스라인 및 모니터링 방법론
>   2.1. 적용 방법론
>   2.2. 방법론 선정 및 선정 타당성 설명
>   2.3. 사업경계 및 온실가스 배출원 정보
>   2.4. 베이스라인 시나리오
>   2.5. 추가성 입증
> 3. 온실가스 감축량(흡수량) 산정
>   3.1. 베이스라인 배출량(흡수량) 산정식
>   3.2. 사업 활동에 따른 온실가스 배출량(흡수량) 산정식

      3.3. 누출량 산정식

      3.4. 온실가스 감축량(순흡수량) 산정식

      3.5. 타당성 평가 시 필요한 데이터 및 인자

      3.6. 예상 온실가스 감축량(흡수량) 계산

   4. 모니터링 계획

      4.1. 베이스라인 변동 데이터 및 인자

      4.2. 모니터링 계획 설명

   5. 참고자료

   6. 사업자 정보

확인문제

1. CDM 사업계획서(PDD)의 구성 항목에 관한 내용으로 옳지 않은 것은? [2016년 관리기사 제4회]

   ① A: 프로젝트 활동에 대한 일반사항 기술
   ② B: 베이스라인 및 모니터링 방법론의 적용
   ③ C: 프로젝트 활동 이행기간, 유효기간
   ④ D: 프로젝트 활동에 대한 평가

   해설
   D항은 환경영향에 대한 항목임   [정답 ④]

PART 03 온실가스 감축 프로젝트 실행

1. 모니터링

(1) 모니터링이란?
: 베이스라인의 결정, 사업 경계 내에서의 인위적인 온실가스 배출 및 누출량의 측정을 위해 관련된 모든 데이터를 수집하고 보관하는 활동 〈출처: CDM 용어집, UNFCCC〉

(2) 모니터링 원칙
① CDM 사업
: 감축 프로젝트가 CDM 사업으로 등록되면 사업자는 사업계획서에 따라 사업을 시행하고 그 실적을 모니터링 해야 한다. 일부 방법론에서 특별히 허용하는 경우를 제외하고, 기본적으로 모든 측정항목은 계측기기(meter)에 의해 연속적으로 모니터링 되어야 한다.

② 배출권거래제 외부사업
: 외부사업 사업자는 외부사업 온실가스 감축량을 객관적으로 증명하기 위하여 다음 각 호의 원칙에 따라 모니터링을 수행하여야 한다.

    1. 모니터링 방법은 등록된 사업계획서 및 승인 방법론을 준수하여야 한다.
    2. 외부사업은 불확도를 최소화할 수 있는 방식으로 측정되어야 한다.
    3. 외부사업 온실가스 감축량은 일관성, 재현성, 투명성 및 정확성을 갖고 산정되어야 한다.

4. 외부사업 온실가스 감축량 산정에 필요한 데이터의 추정 시, 값은 보수적으로 적용되어야 한다.

(3) 모니터링 주기
사업계획서의 모니터링 계획에는 각 모니터링 변수별로 데이터 측정(measurement), 확인(reading) 및 기록(recording) 주기가 정의되어 있다. 계측기기에 누적된 측정값을 시간/일/월 등 정해진 주기로 확인하여 기록, 보관하고, 이를 온실가스 감축량 산정에 활용하기까지의 모든 정보 및 데이터의 흐름을 이해하고 관리해야 한다.

(4) 데이터 기록 및 보관
기록이란, 감축 프로젝트 실행의 결과물이며 감축량을 확인하는 중요한 증빙자료가 된다. 모니터링 데이터의 기록 방법은 수기, 전산기록 등 다양한 형태가 될 수 있으나, 여건에 따라 오류나 손실, 조작을 방지할 수 있는 방법을 택해야 한다.

확인문제

1. 다음 중 외부사업의 모니터링의 원칙에 대한 설명으로 옳지 않은 것은?
① 모니터링 방법은 등록된 사업계획서 및 승인 방법론을 준수하여야 한다.
② 외부사업은 불확도를 최소화할 수 있는 방식으로 측정되어야 한다.
③ 외부사업 온실가스 감축량 산정에 필요한 데이터의 추정 시, 값은 객관적으로 적용되어야 한다.
④ 외부사업 온실가스 감축량은 일관성, 재현성, 투명성 및 정확성을 갖고 산정되어야 한다.

해설
데이터의 추정 시, 값은 보수적으로 적용되어야 한다.　　　　　　　　　　　　　[정답 ③]

> * 참고
>
> 감축량 산정 원칙
>
> ① 적절성: 사용 예정자 요구에 적합한 온실가스 배출원, 온실가스 흡수원, 온실가스 저장소, 데이터 및 방법론을 채택한다.
> ② 완전성: 사업 경계 내에서 온실가스 배출에 영향을 미치는 모든 배출원을 포함해야 함
> ③ 정확성: 가능한 한, 편향성(bias) 및 불확도를 감소시킨다. 온실가스 배출 감축량이 과대 또는 과소평가되지 않도록 계산과정에서 정확한 데이터를 사용하여야 한다.
> ④ 투명성: 사업 내용에 대한 신뢰성이 확보될 수 있도록 온실가스 배출 감축량 계산에 이용되는 가정, 계산, 참고내용, 방법론을 문서화하고, 필요한 경우 출처를 공개하며 그 사용 근거와 타당성을 명확하게 기술하여야 한다.
> ⑤ 일관성: 사업경계, 방법론, 계수, 데이터 등은 사업계획서 전반에 걸쳐 일관성 있게 사용되어야 하며, 이를 통해 시간의 경과에 따른 배출 감축실적의 평가와 비교를 가능해야 한다.
> ⑥ 보수성: 온실가스 배출 감축량 또는 제거량이 과대 평가되지 않도록 보수적인 가정값 및 절차를 사용한다.

2. 모니터링 계획 수립

1. 사업계획서 작성 시, 해당 감축 프로젝트를 통해 실제로 발생한 온실가스 감축량을 결정하는데 필요한 변수(예, 발전량, 연료소비량 등)를 어떻게 모니터링, 측정, 기록, 보관할 것인지에 대한 계획을 수립하여야 한다.
2. CDM 사업계획서의 모니터링 계획에는 아래와 같은 항목이 포함된다
 ① 모니터링하는 각 데이터와 변수에 대한 정보
  (a) 데이터/변수 단위
  (b) 데이터 출처
  (c) 적용값(예상값)
  (d) 측정 방법 및 절차
  (e) 모니터링 빈도
  (f) QA/QC 절차
  (g) 데이터의 용도
  (h) 기타사항
 ② 샘플링 계획
 ③ 모니터링 계획과 관련된 기타 정보

(a) 모니터링 계획을 실행할 운영 및 관리 조직
(b) 모니터링 데이터 보관 연한을 보장하기 위한 규정
(c) 데이터 수집 및 보관에 관한 책임 및 교육계획의 수립
(d) 품질보증 및 품질관리 절차
(e) 측정장비의 불확도 및 정확성 수준
(f) 측정 장비의 검교정 주기에 관한 정보

3. 해당 감축 프로젝트에 적용된 방법론에 모니터링에 관한 별도의 요구사항이 있는 경우, 모니터링 계획에 이를 반영하여야 한다.

확인문제

1. 사업계획서 작성 항목 중에서, 해당 감축 프로젝트를 통해 실제로 발생한 온실가스 감축량을 결정하는데 필요한 변수(예, 발전량, 연료소비량 등)를 어떻게 모니터링, 측정, 기록, 보관할 것인지에 대한 계획을 수립하는 항목을 (   )이라고 한다.

해설
이론설명 참조

[정답 모니터링 계획]

확인문제

1. CDM에서 모니터링 데이터의 보관 연한은 인증기간(Crediting period) 종료일로부터 (   ) 이상이다.

해설
사업자는 모니터링 계획 내에 보관 연한을 준수하기 위한 규정을 제시하여야 한다.

[정답 2년]

3. 모니터링 지점과 측정 방법

1. 모니터링 장비는 방법론에서 요구하는 항목을 측정하는데 적합한 위치에 설치되어야 한다. 모니터링 담당자는 사업계획서의 모니터링 계획에 제시된 측정 지점이 적절한지 검토해야 한다.

2. 완전성(completeness) 및 정확성(accuracy)
모니터링 지점이 적절한지 판단하는 기준은 완전성이다. 해당 모니터링 지점에 계측기기를 설치하면 대상이 되는 에너지 혹은 물질의 흐름을 누락 혹은 과다산정 없이 측정되는지 판단해야 한다.

3. 특히, 온실가스 감축량 계산에 여러 모니터링 자료가 복합적으로 사용되는 경우, 동일한 지점에서 측정해야 한다. 예를 들어, 보일러에 사용된 가스의 양을 측정하는 경우, 기체의 체적은 온도와 압력에 따라 변하므로 유량과 함께 온도, 압력을 측정해서 표준상태의 체적으로 환산해야 한다. 이 경우, 유량계와 온도계, 압력계의 설치 지점이 서로 다른 경우 정확한 표준상태의 체적을 알 수 없게 된다. 아래 그림은 CDM 사업으로 등록된 국내 매립가스 포집 및 발전사업의 모니터링 지점을 도식화한 것이다. 유량계(F), 온도계(T), 압력계(P)는 같은 지점에 설치되어 있다.

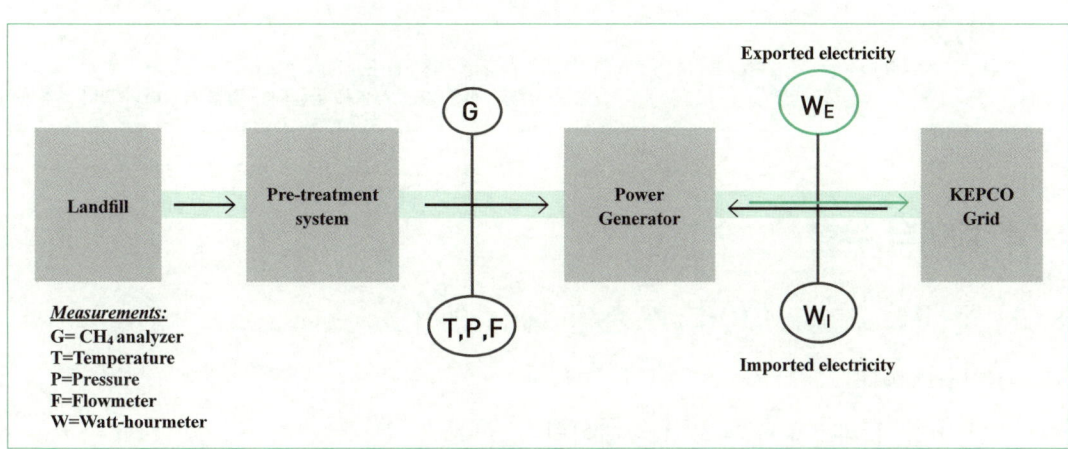

[사례: 모니터링 지점]

확인문제

1. 아래 도식에 나타난 계측기 위치를 확인하고, 이 모니터링 계획이 갖는 문제점을 간단히 답하시오.

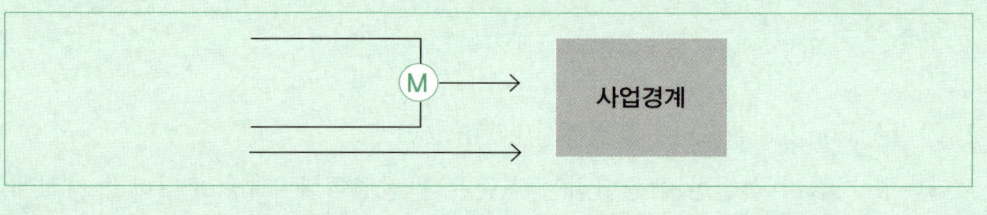

해설
이러한 방법으로 측정된 값은 실제 값보다 작다.
[정답 사업경계로 공급되는 에너지(혹은 물질)의 양을 누락 없이 파악할 수 없다.]

확인문제

2. 아래 도식에 나타난 계측기 위치를 확인하고, 이 모니터링 계획이 갖는 문제점을 간단히 답하시오.

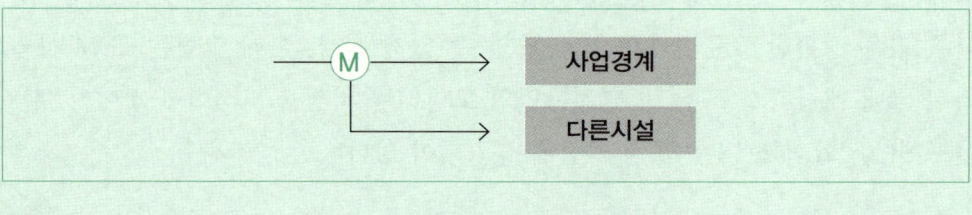

해설
이 경우 사업경계로 공급되는 양을 측정하기 위하여 별도의 계측기를 설치해야 한다.
[정답 사업과 관련 없는 시설로 공급되는 양을 포함하여 과다 측정된다.]

4. 데이터 유형

1) 적산(accumulated) 데이터와 순간(instant) 데이터

① 적산 데이터
  : 측정값이 계속해서 누적되는 데이터
  예) 적산 전력량계는 최초로 측정을 시작한 순간부터 전력 사용량이 누적되어 표시된다. 따라서, 특정 기간의 시작일의 검침값과 마지막날의 검침값의 차이가 그 기간의 사용량이 되므로 중간에 검침값을 잘못 기록하더라도 총 사용량에 영향을 미치지 않는다.

② 순간 데이터
: 측정되는 시점의 값이며 누적되지 않음
예) 가스분석기는 정해진 빈도로 배관을 흐르는 가스의 성분을 측정하여 기록한다. 그러나 이 기록은 측정한 순간의 값이며 누적되지 않는다.

DataTime	CH4 농도	순시 가스유량(m^3/h)	누적가스유량(m^3)
2013-03-02 0:00	64.25	321.31	29537
2013-03-02 0:01	64.13	324.63	29543
2013-03-02 0:02	64.25	341.19	29549
2013-03-02 0:03	64.19	341.19	29554

[사례: 적산데이터와 순간데이터]

2) 산술평균과 가중평균

① 산술평균: 변수들의 총 합을 변수의 개수(n)로 나눈 값
② 가중평균: 변수들의 평균값을 구할 때 중요도나 영향도에 해당하는 각각의 가중치를 곱하여 구한 평균값

확인문제

1. 아래 표는 모니터링 담당자가 적산전력량계의 검침값을 기록한 자료이다. 11월 전력사용량은 얼마인가?

검침시점	11/01 00:00	11/10 00:00	11/20 00:00	12/01 00:00
검침값(kWh)	100,000	101,000	누락	105,000

해설
특정 기간의 측정값 = 마지막 측정값 − 시작 시점의 측정값
∴ 105,000 kWh − 100,000 kWh = 5,000 kWh.

[정답 5,000 kWh]

> **확인문제**
>
> 2. 변수들의 총 합을 변수의 개수(n)으로 나눈 값을 (   )이라고 하며, 변수들의 평균값을 구할 때 중요도나 영향도에 해당하는 각각의 가중치를 곱하여 구한 평균값을 (   )이라고 한다. 빈 칸에 들어갈 알맞은 말은 무엇인가?
>
> **해설**
> 이론설명 참조
>
> [정답 산술평균, 가중평균]

> **확인문제**
>
> 3. 다음은 A사에서 보일러 연료로 사용한 유연탄의 발열량을 구매처별로 분석한 결과이다. 2013년 유연탄 사용량 전체에 대한 평균 순발열량을 계산하시오. (소수점 둘째짜리에서 반올림하여 첫째자리까지 표기할 것)
>
> | 구매처 | 사용량 | 순발열량 |
> |---|---|---|
> | 인도네시아 | 10,000 ton | 19 MJ/kg |
> | 러시아 | 20,000 ton | 24 MJ/kg |
> | 호주 | 5,000 ton | 26 MJ/kg |
> | 합계 | 35,000 ton | ?? |
>
> **해설**
> 구매처별 사용량이 다르므로, 가중평균으로 계산해야 한다.
>
> [정답 22.9 MJ/kg]

5. 데이터 품질관리(QC) 및 품질보증(QA)

① 데이터 품질관리(Quality Control)

배출량 산정결과의 품질을 평가 및 유지하기 위한 일상적인 기술적 활동의 시스템이다. 이는 배출량 산정담당자에 의해 수행된다. 품질관리는 다음 각 목의 목적을 위하여 설계·실시된다.

   1) 자료의 무결성, 정확성 및 완전성을 보장하기 위한 일상적이고 일관적인 검사의 제공
   2) 오류 및 누락의 확인 및 설명
   3) 배출량 산정자료의 문서화 및 보관, 모든 품질관리 활동의 기록

품질관리(QC) 활동에는 자료 수집 및 계산에 대한 정확성 검사와, 배출량 감축량의 계산·측정, 불확도 산정, 정보의 보관 및 보고를 위한 공인된 표준 절차의 이용과 같은 일반적인 방법이 포함된다. 품질관리(QC) 활동에는 배출활동, 활동자료, 배출계수, 기타 산정 매개변수 및 방법론에 관한 기술적 검토를 포함한다.

② 데이터 품질보증(Quality Assurance)
배출량 산정 과정에 직접적으로 관여하지 않은 사람에 의해 수행되는 검토 절차의 계획된 시스템을 의미한다. 독립적인 제3자에 의해 산정절차 수행 이후 완성된 배출량 산정결과에 대한 검토가 수행된다. 검토는 측정가능한 목적(자료품질의 목적)이 만족되었는지 검증하고 주어진 과학적 지식 및 가용성이 현재 상태에서 가장 좋은 배출량 산정결과를 나타내는지 확인하고, 품질관리(QC) 활동의 유효성을 지원한다.

> **확인문제**
> 1. (　　　)는 배출량 산정결과의 품질을 평가 및 유지하기 위한 일상적인 기술적 활동의 시스템이다.
>
> **해설**
> 이론설명 참조
> [정답 품질관리]

> **확인문제**
> 2. (　　　)이란 배출량 산정 과정에 직접적으로 관여하지 않은 사람에 의해 수행되는 검토 절차의 계획된 시스템을 의미한다.
>
> **해설**
> 품질보증 활동의 가장 대표적인 유형은 내부심사(internal audit) 이다.
> [정답 품질보증]

6. 모니터링 보고서 작성

1) 모니터링 보고서

: 특정 모니터링 기간 동안 프로젝트의 실행의 결과로 발생한 온실가스 배출 감축량이나 제거량을 제시하는 보고서로서, 사업자가 작성하는 문서 〈참고: CDM 용어집, UNFCCC〉

: 모니터링 보고서는 해당 제도에서 정해진 서식에 따라 작성해야 한다.

2) 청정개발체제(CDM) 모니터링 보고서

> A. 사업에 대한 설명
> A.1 사업의 목적 및 일반적인 설명
> A.2 사업의 위치
> A.3 사업 참여국가
> A.4 방법론 및 참조문서
> A.5 인증기간
> B. 사업 실행
> B.1 사업의 실행에 대한 서술
> B.2 사업 이후 변경사항
> C. 모니터링 시스템에 대한 설명
> D. 데이터와 변수
> D.1 사전에 값이 확정된 데이터와 변수
> D.2 모니터링한 데이터와 변수
> D.3 샘플링 계획의 실행결과
> E. 온실가스 배출 감축량 계산
> E.1 베이스라인 배출량 계산
> E.2 사업 후 배출량 계산
> E.3 누출량 계산

E.4 감축량 계산 요약
E.5 사업계획서의 예상감축량과의 비교
E.6 사업계획서의 값과의 차이에 대한 설명
E.7 1,2차 이행기간의 배출량 구분

3) 배출권거래제 외부사업 모니터링보고서

모니터링보고서의 구성은 아래와 같으며, 보고서를 작성할 때에는 "외부사업 타당성평가 및 인증에 관한 지침"[별표7]의 작성지침을 따라야 [별지17호]서식에 작성해야 함

1. 사업개요
1.1. 사업명, 사업목적 및 내용
1.2. 사업의 위치
1.3. 외부사업 사업자 및 온실가스 감축량 소유권
1.4. 적용 방법론 및 지침
1.5. 인증 유효기간 및 모니터링 기간
1.6. 외부사업 인증실적의 중복성 평가
2. 사업이행 및 변경사항
2.1. 사업 전, 후 공정
2.2. 사업이행 상태
2.3. 사업 등록 후 변경사항
3. 모니터링 시스템
4. 모니터링 데이터 및 지표
4.1. 베이스라인 고정 데이터 및 인자
4.2. 베이스라인 변동 데이터 및 인자
5. 온실가스 감축량(흡수량) 산정
5.1. 베이스라인 배출량(흡수량) 산정
5.2. 사업 활동에 따른 배출량(흡수량) 산정
5.3. 누출량 산정

5.4. 온실가스 감축량(순흡수량) 산정

5.5. 사업계획서의 온실가스 감축량(순흡수량)과 실제 온실가스 감축량 (순흡수량) 비교

5.6. 배출권거래제 계획 기간별 실제 온실가스 감축량(순흡수량)

6. 참고자료

확인문제

1. 특정 모니터링 기간 동안 프로젝트의 실행의 결과로 발생한 온실가스 배출 감축량이나 제거량을 제시하는 보고서로서 사업자가 작성하는 문서를 무엇이라고 하는가?

해설
이론설명 참조

[정답 모니터링 보고서]

---

7. 검·인증 및 배출권 발급 절차

1) 용어정의

① 검증(Verification) : 등록된 CDM 사업의 결과로 발생하는 인위적인 온실가스 배출 감축량을 운영기구(DOE)가 사후에 결정하는 주기적이고 독립적인 평가

② 인증(Certification) : 특정 기간 동안 CDM 사업 활동으로 달성한 검증된 인위적인 온실가스 감축량에 대한 운영기구(DOE)의 서면 보증

2) CDM 검인증 및 배출권 발급 절차

① 모니터링 보고서 작성
② 모니터링 보고서를 CDM 홈페이지에 제출
③ 검증(Verification) 진행
  - 검증은 문서검토, 현장검증, 후속조치의 순서로 진행된다.
④ 검증/인증보고서 발행

⑤ CERs 발급 신청
⑥ CDM 사무국의 검토
  - 완결성 검사, 정보 및 보고 검사 진행
⑦ CERs 발급

3) 배출권거래제 외부사업 감축량 인증 및 배출권 발급 절차

단계	절차	개요	수행주체
1단계	온실가스 감축량 인증 신청	• 모니터링 보고서 및 검증보고서 제출 [별지 제17호 서식, 검증지침 별지 제6호 서식] • 온실가스 감축량 인증신청서 제출[별지 제18호 서식]	외부사업 사업자
2단계	온실가스 감축량 인증신청 접수	• 온실가스 감축량 인증신청서 접수	부문별 관장기관
2단계	온실가스 감축량 인증 검토	• 모니터링 보고서 및 검증보고서 검토 • 온실가스 감축량 평가 기준에 따른 온실가스 검증결과 검토 • 온실가스 감축량 인증검토서 작성 및 통보	부문별 관장기관
2단계	온실가스 감축량 인증 검토 결과 통보	• (외부사업 사업자에게) 온실가스 감축량 인증 검토 결과 통보 [별지 제19호 서식] • (필요 시) 시정 조치 요구	부문별 관장기관
2단계	(수정·보완)	• 온실가스 감축량 인증 신청 서류 수정 또는 보완 (최대 3회)	외부사업 사업자
2단계	온실가스 감축량 인증 검토 완료	• 온실가스 감축량 인증 검토의견서 작성 완료	부문별 관장기관
2단계	감축량 인증 의견 수렴	• 온실가스 감축량 인증 결과에 대한 검토	환경부장관
3단계	심의안건 상정	• 인증위원회 구성 • 온실가스 감축량 인정 여부 검토 결과 심의안건 상정	기획재정부장관

3단계	인증 심의	• 온실가스 감축량 평가 심의 기준에 따른 온실가스 감축량 인증 심의 • 온실가스 감축량 인증 심의서 작성	인증위원회
	인증결과 통보 및 상쇄등록부 등록	• 온실가스 감축량 인증 심의 결과보고서 작성 • (외부사업 사업자에게) 인증 결과서 통보[별지 제20호 서식] • (적합 판정 시) 온실가스 감축량 인증서 발급 및 상쇄등록부 등록[별지 제21호 서식]	부문별 관장기관

> **확인문제**
>
> 1. CDM 사업의 인증(Certification)이란, 특정 기간 동안 CDM 사업 활동으로 달성한 검증된 인위적인 온실가스 감축량에 대한 운영기구(DOE)의 (   )이다.
>
> **해설**
> 검증(Verification)이 감축량을 결정하기 위한 평가 활동이라면, 인증은 평가 결과 감축량에 대해서 DOE가 보증한다는 내용의 문서이다.
>
> **[정답 서면 보증]**

제4과목

온실가스 감축 관리

출제적중 문제

04 온실가스 감축관리

출제적중 문제

001 목표관리제 하에서 매년 온실가스 조기감축 실적으로 인정할 수 있는 전체 총량은 전체 관리업체 총 배출 허용량의 몇 %로 하는가? [2015년 관리기사 제4회] (단, 온실가스·에너지 목표관리 운영 등에 관한 지침 기준)

① 0.5% ② 1% ③ 1.5% ④ 2%

해설
"온실가스 목표관리 운영 등에 관한 지침(제2016-255호)" 제53조(연간 인정총량) ① 매년 조기감축실적으로 인정할 수 있는 전체 총량은 전체 관리업체 배출허용량의 1%로 한다. **[정답 ②]**

002 온실가스·에너지 목표관리 운영 등에 관한 지침상 매년 조기감축실적으로 인정할 수 있는 전체 총량은 전체 관리업체 배출허용량의 몇%로 하는가? [2016년 관리기사 제4회]

① 1% ② 2% ③ 3% ④ 5%

해설
"온실가스 목표관리 운영 등에 관한 지침(제2016-255호)" 제53조(연간 인정총량) ① 매년 조기감축실적으로 인정할 수 있는 전체 총량은 전체 관리업체 배출허용량의 1%로 한다. **[정답 ①]**

003 BAU(Business As Usual)에 대한 내용으로 옳은 것은? [2015년 관리기사 제4회]

① 온실가스 배출량 전망치
② 온실가스 감축 후 배출량 규모
③ CERs 발생
④ 사업계획서 작성

> **해설**
> BAU (Business As Usual)는 온실가스 감축을 위한 별도의 노력을 하지 않는 일상적인 상태를 말한다. 국가 감축목표는 2030년 배출전망치(BAU) 대비 37% 감축하는 것으로 설정되어 있다.(녹색성장기본법 시행령 제25조)
>
> **[정답 ④]**

004 다음 중 2012년 관리업체 지정목록 작성시 관리업체로 지정되지 않은 경우는?
[2016년 관리기사 제2회]

	온실가스배출량 (tCO₂-eq)			3년평균 에너지소비량 (TJ)
	2009년	2010년	2011년	
A 관리업체	72000	81000	99000	345
B 사업장		17000	24000	95
C 관리업체	130000	105000	80000	360
D 사업장	24000	19000	19500	100

① A 관리업체   ② B 사업장   ③ C 관리업체   ④ D 사업장

> **해설**
> 관리업체(업체) 지정 기준은 다음과 같음
>
> | 구 분 | 온실가스 배출량 (kilotonnes CO₂-eq) | 에너지 소비량 (terajoules) |
> |---|---|---|
> | 2011년 12월 31일까지 | 125 이상 | 500 이상 |
> | 2012년 1월 1일부터 | 87.5 이상 | 350 이상 |
> | 2014년 1월 1일부터 | 50 이상 | 200 이상 |
>
> 관리업체(사업장) 지정 기준은 다음과 같음
>
> | 구 분 | 온실가스 배출량 (kilotonnes CO₂-eq) | 에너지 소비량 (terajoules) |
> |---|---|---|
> | 2011년 12월 31일까지 | 25 이상 | 100 이상 |
> | 2012년 1월 1일부터 | 20 이상 | 90 이상 |
> | 2014년 1월 1일부터 | 15 이상 | 80 이상 |
>
> 따라서, A 업체는 2012년 시점에서 에너지 사용량이 350TJ 미만이므로 관리업체로 지정되지 않음
>
> **[정답 ①]**

005 목표관리 지침에서 정한 관리업체 목표설정 방법에는 (   ) 기반의 목표설정 방법과 (   ) 기반의 목표설정 방법이 있다. 빈 칸에 알맞은 말을 채우시오.

> **해설**
> 목표관리 지침 제30조(과거실적 기반의 목표설정 방법)
> 목표관리 지침 제31조(벤치마크 기반의 목표설정 방법)
>
> **[정답 과거실적, 벤치마크]**

006 다음은 온실가스·에너지 목표관리 운영 등에 관한 지침에 따른 벤치마크 기반의 목표설정방법에 대한 설명이다. (   )안에 가장 적합한 용어는? [2016년 관리기사 제4회].

> (   )을 고려한 벤치마크 방식에 따라 관리업체의 목표를 설정하는 경우에는 기존 배출시설에 대한 배출허용량과 신·증설 시설에 대한 배출허용량을 합산하여 관리업체의 배출허용량을 설정한다.

① 최적가용기술(BAT) ② 외부감축실적
③ 조기감축실적 ④ 관리업체의 성장률

> **해설**
> "온실가스 목표관리 운영 등에 관한 지침(제2016-255호)" 제31조(벤치마크 기반의 목표 설정방법) ① 최적가용기술(BAT)을 고려한 벤치마크 방식에 따라 관리업체의 목표를 설정하는 경우에는 기존 배출시설에 대한 배출허용량과 신·증설 시설에 대한 배출 허용량을 합산하여 관리업체의 배출허용량을 설정한다. **[정답 ①]**

007 목표관리제에서 조기감축실적 인증기준으로 틀린 것은? [2016년 관리기사 제2회]

① 관리업체의 조직경계 안에서 발생한 것에 한하여 그 실적을 인정한다. 다만, 복수의 사업자가 참여하여 조직경계 외에서 실적이 발생한 경우에는 이를 인정할 수 있다.
② 국내와 해외에서 실시한 행동에 의한 감축분에 대하여 그 실적을 인정한다.
③ 관리업체 사업장 단위에서의 감축분 또는 사업 단위에서의 감축분에 대하여 인정할 수 있다.
④ 실적으로 인정되기 위해서는 조기행동으로 인한 감축이 실제적이고 지속적이어야 하며, 정량화되어야 하고 검증 가능하여야 한다.

> **해설**
> 조기감축실적의 인정기준["온실가스 목표관리 운영 등에 관한 지침(제2016-255호)" 제49조]
> 1. 국내에서 실시한 행동에 의한 감축분에 한함
> 2. 관리업체의 조직경계 안에서 발생한 것에 한함. 다만, 복수의 사업자가 참여하여 조직경계 외에서 실적이 발생한 경우에는 이를 인정할 수 있음
> 3. 관리업체 사업장 단위에서의 감축분 또는 사업 단위에서의 감축분에 대하여 인정
> 4. 온실가스 감축 국가목표를 달성하기 위하여 조기감축실적으로 반영할 수 있는 연간 인정총량의 상한선을 설정할 수 있음
> 5. 조기감축실적으로 인정되기 위해서는 조기행동으로 인한 감축이 실제적이고 지속적이어야 하며, 정량화 되어야 하고 검증 가능하여야 함
> 6. 관리업체는 조기감축실적 인정을 위한 제반 서류의 제출 등 조기행동 입증을 위하여 필요한 사항에 대하여 부문별 관장기관에 협조하여야 함.
> **[정답 ②]**

008 온실가스·에너지 목표관리 운영 등에 관한 지침에 따라 부문별 관장기관이 조기감축실적을 평가할 때 고려대상과 거리가 먼 것은? [2016년 관리기사 제4회]

① 조기행동의 추가성
② 조기행동의 실제성
③ 조기행동에 따른 감축효과의 지속성
④ 조기행동의 자율성

> **해설**
> 조기감축실적의 평가기준["온실가스 목표관리 운영 등에 관한 지침(제2016-255호)" 제55조제2항]
> 부문별 관장기관은 다음 각 호의 사항들을 고려하여 조기감축실적을 평가한다.
> 1. 조기행동의 일반사항
> 2. 조기행동의 실제성
> 3. 조기행동에 따른 감축효과의 지속성
> 4. 조기행동의 추가성
> 5. 조기행동에 따른 감축실적의 정량화에 대한 타당성
> 6. 기준 배출량 산정 방법론의 적합성
> 7. 조기행동에 따른 감축실적 산정방법의 적합성
> 8. 조기감축실적에 대한 검증결과
> 9. 조기감축실적 인정 예외 사유에의 해당여부
> **[정답 ④]**

009 온실가스·에너지 목표관리 운영에 있어 시멘트 생산 시 에너지 소비효율 개선을 위한 열에너지 감량 요소와 가장 거리가 먼 것은? [2014년 관리기사 제4회]

① 원료의 특성에 따른 영향
② 시멘트 성분 중 클링커 함량의 감소화
③ 가스 바이패스 시스템의 영향
④ 가스화 효율의 영향

> **해설**
> 시멘트 생산 시 에너지 소비효율 개선을 위한 열에너지 감량 요소
> 열에너지 사용은 킬른시스템에서 측정장비와 기술적인 부대장비에 어떤 것을 사용하느냐에 따라 감소될 수 있다. 또한, 원료의 특성(수분함량, burnability), 연료의 특성, 가스바이패스 시스템 등은 에너지 소비에 고려되는 요소이다.
> 1) 킬른시스템
> 2) 원료의 특성에 따른 영향
> 3) 연료의 특성에 따른 영향
> 4) 가스 바이패스 시스템(Gas bypass system)의 영향
> 5) 시멘트성분 중 클링커 함량의 감소화
>
> ※ 시멘트 생산을 포함한 각 배출활동별 감축기술에 관한 내용은 구 목표관리지침에 있었으나 최신 지침(제2016-255호)에서 삭제되었으나, 기출문제이므로 구 지침의 내용으로 해설함
> [정답 ④]

010 시멘트생산공정에서 온실가스를 감축시키는 방법과 거리가 먼 것은? [2015년 관리기사 제2회]

① 가스 바이패스(Gas bypass)를 최소화한다.
② 시멘트성분 중 클링커 함량을 줄인다.
③ 원료와 연료의 수분함량을 줄인다.
④ 석탄을 대체하여 폐타이어를 연료로 이용한다.

> **해설**
> 시멘트 생산 시 에너지 소비효율 개선을 위한 열에너지 감량 요소
> 열에너지 사용은 킬른시스템에서 측정장비와 기술적인 부대장비에 어떤 것을 사용하느냐에 따라 감소될 수 있다. 또한, 원료의 특성(수분함량, burnability), 연료의 특성, 가스바이패스 시스템 등은 에너지 소비에 고려되는 요소이다.
> 1) 킬른시스템
> 2) 원료의 특성에 따른 영향
> 3) 연료의 특성에 따른 영향
> 4) 가스 바이패스 시스템(Gas bypass system)의 영향
> 5) 시멘트성분 중 클링커 함량의 감소화
>
> ※ 시멘트 생산을 포함한 각 배출활동별 감축기술에 관한 내용은 구 목표관리지침에 있었으나 최신 지침(제2016-255호)에서 삭제되었으나, 기출문제이므로 구 지침의 내용으로 해설함
> [정답 ④]

011 광물산업의 시멘트 생산 관련 소성로(Kiln)에서 온실가스 배출감축을 위한 공정 개선 사항과 가장 거리가 먼 것은? [2015년 관리기사 제4회]

① 최적화된 킬른의 "길이 : 직경"비율

② 킬른 내에서의 기체 누출 감소
③ 최신 쿨러 설치
④ 동일하고 안정적인 운전조건

> **해설**
> 시멘트 생산 시 에너지 소비효율 개선을 위한 열에너지 감량 요소
> 1) 킬른시스템
>   • 쿨러(cooler)
>   – 최신 쿨러 설치(고정형 예비 그레이트, stationary preliminary grate)
>   – 더욱 균질한 냉각용 공기 분사장치를 설치하기 위해 큰 기체유량에 적용할 수 있는 냉각용 격자판(grate plate)을 사용.
>   – 각 그레이트 섹션(grate section)별 냉각용 공기 분사장치를 조절하여 사용.
>   • 킬른(Kiln)
>   – 고효율 시설
>   – 최적화된 킬른의 "길이 : 직경" 비율 적용
>   – 연료의 성상 및 종류에 따른 최적화된 킬른의 설계
>   – 최적화된 킬른의 연소시스템
>   – 동일하고 안정적인 조작조건
>   – 최적화된 공정제어
>   – 3단 에어덕트(tertiary air duct)
>   – "스토이치메트릭" 이론에 근접한 킬른
>   – 미너랄라이저(mineraliser) 사용
>   – 킬른 내에서의 기체누출(leakage)을 줄임
>
> ※ 시멘트 생산을 포함한 각 배출활동별 감축기술에 관한 내용은 구 목표관리지침에 있었으나 최신 지침(제 2016-255호)에서 삭제되었으나, 기출문제이므로 구 지침의 내용으로 해설함
>
> [정답 ③]

012 온실가스 감축 이행계획서 작성 절차 중 QC 수립에 관한 내용과 가장 거리가 먼 것은? [2016년 관리기사 제4회]

① 산정 과정의 적절성
② 자체 검증과정의 적절성
③ 산정 결과의 적절성
④ 보고의 적절성

해설

품질관리(QC) 활동의 세부 내용 및 방법[목표관리지침 별표30]

구분	내용
기초자료의 수집 및 정리	① 측정자료(연료·원료 사용량, 제품생산량, 전력 및 열에너지 구매량, 유량 및 농도 등)의 정확한 취합·보관·관리 ② 측정기기의 주기적인 검·교정 실시 ③ 측정지점(하위레벨)에서 배출량 산정담당자(부서)(상위레벨)까지의 정확한 자료 수집·정리 체계의 구축 ④ 측정관련 담당자가 직접 자료를 기록하는 과정에서 발생할 수 있는 오류의 점검 ⑤ 산정방법론, 발열량, 배출계수의 출처 기록관리 ⑥ 내부감사(internal audit) 및 제3자 검증을 위한 온실가스 배출량 관련 정보의 보관·관리 ⑦ 보고된 온실가스 배출량 관련 데이터의 안전한 기록·관리
산정 과정의 적절성	① 각 자료의 단위에 대한 정확성 확인 ② 각 매개변수(활동자료, 발열량, 배출계수, 산화율 등) 활용의 적절성 확인 ③ 내부감사(internal audit) 및 제3자 검증단계에서, 배출량 산정의 재현가능성 여부의 확인 ④ 배출량 산정과 관련한 정보화시스템을 구축하거나 활용할 경우, 자료의 입력 및 처리과정의 적절성 여부 확인 * 지침 산정방법론과의 일치여부, 자체 매뉴얼 구축여부 등
산정 결과의 적절성	① 조직경계 내 모든 온실가스 배출활동의 포함여부 확인 (포함되지 않는 배출활동에 대한 누락·제외사유를 기재) ② 공정 물질수지 등을 활용한 활동자료의 합(하위레벨)과 사업장 단위 활동자료(상위레벨)간 일치여부 등 완전성의 확인 ③ 활동자료, 배출계수 등의 변경이 발생할 경우, 각 자료의 변동사항 확인 등 시계열적 일관성 확보에 관한 사항 ④ 기준연도부터 현재까지의 온실가스 배출량 산정에 활용된 기초자료 등의 기록·관리·보안상태 확인 ⑤ 측정기기, 배출계수(필요시), 온실가스 배출량 등에 대한 불확도 산정결과의 적절성 확인, 불확도 관리기준에 미달시 측정기기 검·교정 등 개선활동의 실시여부 확인 ⑥ 배출량 산정결과에 대한 내부감사(internal audit) 실시 여부
보고의 적절성	① 조직경계 설정의 적절성·정확성 확인 – 사업자 등록증 등 정부에 허가받거나 신고한 문서를 근거로 수립한 조직경계와 실제 온실가스 배출시설, 배출활동에 따라 수립된 조직경계의 일치여부 확인 ② 배출량 산정 및 보고 업무 담당자(실무자, 책임자) 및 내부감사 담당자 등에 책임·권한의 문서화 여부 ③ 이행계획, 명세서, 이행실적 등 지침에서 요구하는 자료의 목차, 내용, 서식에 따라 적절하게 배출량을 보고하는 지 여부 ④ 품질보증(QA) 활동과 관련하여, 내부감사 담당자의 감사·검토 활동의 실시여부 및 관련 규정(매뉴얼 등) 존재 여부

[정답 ②]

013 이산화탄소 포집 및 저장(CCs) 기술 분류 중 CO_2 포집 기술 구분에 해당되지 않는 것은? [2014년 관리기사 제4회]

① 연소 후 포집　　　　　　　　② 연소 전 포집
③ 연소 중 포집　　　　　　　　④ 순산소 연소 포집

> **해설**
> CCS 기술 중 이산화탄소 포집기술은 포집 시점에 따라 연소 후 포집, 연소 전 포집 및 산소(순산소) 연소기술로 구분됨
> [정답 ③]

014 CCS(Carbon Capture and Storage)에 대한 설명으로 틀린 것은? [2014년 관리기사 제4회][2015년 관리기사 제2회]

① CO_2를 배출하는 모든 부문에 적용할 수 있으나, 특성상 CO_2 배출농도가 높고, 배출량이 많은 분야에 우선 적용이 가능하다.
② 화력발전소는 CO_2 배출밀도(시간당 배출량)가 높기 때문에 CO_2 회수·처리비용 및 기술 타당성에 있어서 적용이 적합하다.
③ CCS 기술은 발전소 및 각종 산업에서 발생하는 CO_2를 대기로 배출시키기 전에 고농도로 포집·압축·수송하여 안전하게 저장하는 기술이다.
④ CO_2 제거 측면에서 효율은 높지 않지만 반면에 처리비용이 저렴하다.

> **해설**
> CCS 기술은 처리비용이 높아 경제성 있는 신재생에너지 기술이 개발될 때까지 화석연료의 안정적 사용을 위해 필요한 기술이다.
> [정답 ④]

015 다음은 CO_2 포집기술에 관한 내용이다. ( )안에 옳은 내용은? [2014년 관리기사 제4회]

> ( )공정은 CO_2를 포집하기 위하여 여러 성분이 혼합된 가스기류 중에서 목적 성분을 다른 성분보다 선택적으로 빠르게 통과시키는 소재를 이용하여 목적 성분만을 분리하는 공정을 말한다.

① 막분리(Membrane)
② 흡착(adsorption)
③ 저온냉각분리(Cryogenic Separation)
④ 건식 세정(Dry Scrubbing)

> **해설**
> 막분리: 배가스로부터 이산화탄소를 선택적으로 투과시키는 분리막을 이용하여 이산화탄소를 선별적으로 분리하는 방법
> 흡착법: 여러 종류의 기체에 따라 각기 다른 흡착능력을 지니는 흡착제를 이용하여 기체를 분리하는 방법
> 저온냉각분리: 이산화탄소 회수를 위한 연소 전 탈탄소화 공정과 순산소 연소공정에서 필요한 다량의 산소는 극저온 냉각분리법을 이용하여 공기로부터 분리하여 사용
> 건식세정: 습식 흡수제 대신 고체입자가 이산화탄소를 흡수하고 조건 변화에 따라 다시 이산화탄소를 배출하고 원래의 고체화합물로 재생되는 시스템
> **[정답 ①]**

016 이산화탄소 저장기술은 해양저장, 지중저장, 지표저장 등으로 구분할 수 있다. 이 중 해양저장은 이 국제협약(또는 의정서)에 의해 이산화탄소가 해양폐기물로 정의됨에 적당한 저장방법이 될 수 없는데, 다음 중 위와 관련된 국제협약(또는 의정서)은? [2015년 관리기사 제2회]

① 바젤협약 ② 런던협약 ③ 헬싱키의정서 ④ 몬트리올의정서

> **해설**
> 폐기물의 해양투기를 금지한 협약은 런던협약이다
> **[정답 ②]**

017 CCS 기술 중 CO_2 저장 기술의 구분으로 해당되지 않는 것은? [2014년 관리기사 제4회][2016년 관리기사 제2회]

① 지중 저장 ② 해양 저장 ③ 지표 저장 ④ 회수 저장

> **해설**
> 이산화탄소 저장 기술은 포집된 이산화탄소를 영구 또는 반영구적으로 격리하는 것으로 지중저장, 해양저장, 지표저장 등으로 구분할 수 있음
> **[정답 ④]**

018 이산화탄소 포집 및 저장에 대한 설명 중 CO_2 저장 기술의 구분에 해당하지 않는 것은? [2015년 관리기사 제4회]

① 해양저장 ② 대기저장 ③ 지표저장 ④ 지중저장

> **해설**
> 이산화탄소 저장 기술은 포집된 이산화탄소를 영구 또는 반영구적으로 격리하는 것으로 지중저장, 해양저장, 지표저장 등으로 구분할 수 있음
> **[정답 ②]**

019 이산화탄소 포집 및 저장에 관한 기술 구분 중 이산화탄소 포집(연소 후 포집) 기술과 거리가 먼 것은? [2015년 관리기사 제4회]

① 습식 아민 기술
② 백금 촉매 기술
③ 분리막 기술
④ 암모니아 기술

> **해설**
> 연소 후 포집기술은 신형아민, 암모니아수, 탄산염 등을 사용하는 액상 흡수공정, 고체 탄산염을 사용하는 유동층 건식흡수공정, 막분리공정 등이 있다
> **[정답 ②]**

020 이산화탄소 연소 전 포집 기술 중 화학적 흡수법에 주로 사용되는 흡수제로 틀린 것은? [2016년 관리기사 제4회]

① 메탄올(Methanol)
② 탄산칼륨(Potassium Carbonate)
③ 모노에탄올아민(MEA)
④ 메틸다이에틸아민(MDEA)

> **해설**
> 액상 흡수공정에는 아민, 암모니아수, 탄산염(Carbonate) 등이 사용되며, 아민계 흡수제 중 가장 널리 이용되는 물질은 MEA(mono ethanol amine)이며, 구조에 따라 DEA(diethanol amine), TEA(triethanolamine), MDEA(methyldiethanol amine), DIPA(diiso-propanolamine), AMP(2-amino-2-methyl-1-propanol) 등이 사용된다
> **[정답 ①]**

021 다음 중 이산화탄소 저장 선택지로 가장 적절치 않은 곳은? [2015년 관리기사 제2회]

① 고갈된 폐유전
② 심부의 대염수층
③ 노천탄광
④ 내륙 심부 폐탄광층

> **해설**
> CO_2 저장지로는 고갈된 유·가스전, 폐석탄광, 퇴적분지 내 심수 대염수층이 주로 거론된다. 이 중 지중 저장은 석유 및 천연가스 회수와 석탄층 메탄가스 회수를 증진시키는 효과가 있어 효과적이다.
> **[정답 ③]**

022 우리나라에서 신·재생에너지 중 "신에너지"와 가장 거리가 먼 것은? [2014년 관리기사 제4회]

① 연료전지
② 태양광에너지
③ 석탄액화가스화 에너지
④ 수소에너지

> **해설**
> 태양광은 재생에너지에 속한다.
> "신에너지 및 재생에너지 개발·이용·보급 촉진법"에 따른 정의
> 신에너지: 수소에너지, 연료전지, 석탄을 액화·가스화한 에너지 및 중질잔사유(重質殘渣油)를 가스화한 에너지, 그 밖에 대통령령으로 정하는 에너지
> 재생에너지: 태양에너지, 풍력, 수력, 해양에너지, 지열에너지, 생물자원을 변환시켜 이용하는 바이오에너지, 폐기물에너지, 수열에너지
>
> [정답 ①]

023 신재생에너지법에 의한 재생에너지로 구분되지 않는 것은? [2016년 관리기사 제2회]

① 수소에너지 ② 지열에너지 ③ 폐기물에너지 ④ 해양에너지

> **해설**
> 재생에너지에는 태양에너지, 풍력, 수력, 해양에너지, 지열에너지, 생물자원을 변환시켜 이용하는 바이오에너지, 폐기물에너지, 수열에너지가 있다.
> [정답 ①]

024 다음 감축활동 중 신재생 에너지의 이용에 해당하는 것은? [2016년 관리기사 제2회]

① 풍력발전 사용으로부터 발생한 탄소배출권 구매
② 태양광발전 사용에 의한 전력사용량 절감
③ 셰일가스사 용에 의한 온실가스 배출량 저감
④ 수축열 냉난방 시스템에 의한 전력사용량 절감

> **해설**
> 태양광 에너지는 재생에너지에 속한다.
> [정답 ②]

025 다음 신·재생에너지 중 신에너지에 속하는 것은? [2016년 관리기사 제4회]

① 태양열 ② 소수력 ③ 바이오 ④ 수소에너지

> **해설**
> 태양열, 소수력, 바이오에너지는 재생에너지에 속한다.
> [정답 ④]

026 다음 중 해양에너지와 관련된 종류가 아닌 것은? [2016년 관리기사 제4회]

① 해류 및 해수온도의 차를 이용한 에너지
② 조수간만의 차를 이용한 에너지
③ 소수력발전
④ 파력발전

해설
소(小)수력발전은 재생에너지 중 수력에너지에 속한다. [정답 ③]

027 선진국들이 할당받은 온실가스 감축 목표를 자국 내에서 달성하는데 막대한 비용이 소요되므로, 이를 비용효과적인 방법으로 달성할 수 있도록 도입된 교토의정서에서 제시한 체제는 무엇인가?

① 교토메카니즘   ② 마라케쉬 합의문   ③ 몬트리올 의정서   ④ 파리체제

해설
일반적으로, 선진국의 경우 에너지 소비 효율이 매우 높기 때문에 온실가스 배출량 감축에 많은 비용이 소요된다. 반면, 개발도상국이나 저개발국가의 경우 상대적으로 적은 비용으로 더 많은 온실가스를 감축할 수 있는 가능성이 높다. 온실가스 배출량을 줄이는 문제는 특정 국가에 국한되지 않은 전 지구적인 문제이므로, 선진국이 가지고 있는 자본과 고효율 기술을 개발도상국에 투자함으로써 더 많은 온실가스를 감축하고 선진 기술을 개발도상국에 보급하는 효과를 얻을 수 있다. [정답 ①]

028 CDM 사업 추진 시 사업 참가자들(PPs)과 계약을 통해 타당성 평가 및 검·인증을 수행하는 CDM 관련 기관으로 가장 옳은 것은? [2014년 관리기사 제4회]

① DOE   ② DNA   ③ MOP   ④ FA

해설
DOE(Designated Operational Entity): CDM 운영기구라고 하며, UN으로부터 지정받아 CDM 사업의 타당성평가 및 검증을 수행하는 제3자 검증기관이다.
② 국가승인기구(DNA, Designated National Authority)
: 자국이 참여한 온실가스 프로젝트를 CDM 사업으로 추진하도록 승인하는 역할을 수행.
③ 당사국총회(CMP, Conference of Parties/Meeting of Parties)
: CDM 사업에 관한 최고 의사결정기구 [정답 ①]

029 CDM 운영 기구 중 CDM 사업 관련 최고 의사결정기구에 해당하는 것은? [2016년 관리기사 제2회]

① COP/MOP   ② CDM EB   ③ UNFCCC   ④ DOE

> **해설**
> CDM 사업의 최고 의사결정기구는 당사국총회(COP/MOP)이다.
> ② CDM 집행위원회(EB, Executive Board)
> : 당사국 총회의 결정과 지침에 따라 CDM을 관리, 감독 하는 조직. 방법론 및 각종 절차와 가이드라인을 결정
> ③ UNFCCC: United Nation Foundation Convention on Cliamate Change, 기후변화협약
> ④ CDM 운영기구(DOE, Designated Operational Entity)
> : CDM EB로부터 지정되어 CDM 사업의 타당성평가와 검인증을 수행하는 기관
>
> **[정답 ①]**

030 CDM 사업관련 주요 기관 중 COP/MOP의 지침에 따라 CDM 사업을 관리·감독하는 기능을 하는 곳은? [2015년 관리기사 제4회]

① DOE   ② DNA   ③ EB   ④ CP

> **해설**
> CDM 집행위원회(EB, Executive Board). 당사국 총회의 결정과 지침에 따라 CDM을 관리, 감독 하는 조직. 방법론 및 각종 절차와 가이드라인을 결정
> ① CDM 운영기구(DOE, Designated Operational Entity)
> : CDM EB로부터 지정되어 CDM 사업의 타당성평가와 검인증을 수행하는 기관
> ② 국가승인기구(DNA, Designated National Authority)
> : 자국이 참여한 온실가스 프로젝트를 CDM 사업으로 추진하도록 승인하는 역할을 수행.
>
> **[정답 ③]**

031 CDM 사업 절차와 수행기관이 잘못 연결된 것은? [2016년 관리기사 제4회]

① 사업계획서 등록 – CDM 집행위원회
② 사업계획서 타당성 승인 – CDM 운영기구
③ 사업감축량 검증 및 인증 – CDM 운영기구
④ 크레디트(CERs) 발행 – 국가 CDM 승인기구

> **해설**
> 국가승인기구(DNA, Designated National Authority)는 자국이 참여한 온실가스 프로젝트를 CDM 사업으로 추진하도록 승인하는 역할을 수행하나 배출권 발급에는 관여하지 않는다.
>
> **[정답 ④]**

032 다음 중 소규모 CDM 사업의 기준으로 가장 적절한 것은? [2014년 관리기사 제4회][2016년 관리기사 제2회]

① 에너지 공급/수요 측면에서의 에너지 소비량을 최대 연간 30GWh(또는 상당분) 저감하는 에너지 절약 사업
② 에너지 공급/수요 측면에서의 에너지 소비량을 최대 연간 40GWh(또는 상당분) 저감하는 에너지 절약 사업
③ 에너지 공급/수요 측면에서의 에너지 소비량을 최대 연간 50GWh(또는 상당분) 저감하는 에너지 절약 사업
④ 에너지 공급/수요 측면에서의 에너지 소비량을 최대 연간 60GWh(또는 상당분) 저감하는 에너지 절약 사업

해설
[해설] 소규모 CDM 사업의 기준

재생에너지사업	최대 발전용량이 15 MW 이하인 재생에너지 사업
에너지효율향상사업	절감량이 60 GWh 이하인 에너지 효율향상 사업
기타 감축사업	온실가스 감축량이 연간 6만톤 이하인 기타 사업

[정답 ④]

---

033 다음 중 소규모 CDM 사업의 기준으로 가장 옳은 것은? [2015년 관리기사 제4회]

① 인위적 배출감축사업으로서 직접배출량이 연간 30,000 CO_2ton 미만의 사업
② 인위적 배출감축사업으로서 직접배출량이 연간 40,000 CO_2ton 미만의 사업
③ 인위적 배출감축사업으로서 직접배출량이 연간 50,000 CO_2ton 미만의 사업
④ 인위적 배출감축사업으로서 직접배출량이 연간 60,000 CO_2ton 미만의 사업

해설
[해설] 소규모 CDM 사업의 기준

재생에너지사업	최대 발전용량이 15 MW 이하인 재생에너지 사업
에너지효율향상사업	절감량이 60 GWh 이하인 에너지 효율향상 사업
기타 감축사업	온실가스 감축량이 연간 6만톤 이하인 기타 사업

[정답 ④]

034 청정개발체제(CDM)의 진행절차로 옳은 것은? [2014년 관리기사 제4회]

① 사업개발/계획 → 타당성 확인 및 정부승인 → 사업의 확인 및 등록 → 모니터링 → 검증 및 인증 → CERs 발행
② 사업개발/계획 → 타당성 확인 및 정부승인 → 모니터링 → 사업의 확인 및 등록 → 검증 및 인증 → CERs 발행
③ 사업개발/계획 → 타당성 확인 및 정부승인 → CERs 발행 → 사업의 확인 및 등록 → 모니터링 → 검증 및 인증
④ 사업개발/계획 → 타당성 확인 및 정부승인 → 모니터링 → 사업의 확인 및 등록 → CERs 발행 → 검증 및 인증

> **해설**
> CDM 진행절차의 주요 내용은 다음과 같음
> 타당성평가(확인): 사업의 등록을 위하여 해당 사업이 CDM의 요건을 만족하는지 DOE가 평가하는 과정
> DNA(정부)승인: 해당 사업이 국가의 법규를 준수하는 자발적인 사업이며, 국가의 지속가능한 발전에 기여하는지를 검토하여 승인하는 단계
> 모니터링: CDM 사업으로 등록된 이후 실제 감축량을 산정하기 위하여 데이터를 수집, 관리하는 단계
> 검증 및 인증: 등록 후 실제 감축량을 DOE가 평가, 검증하는 단계
> CER 발행: 특정 기간 동안의 모니터링 데이터를 토대로 산정한 감축실적이 인증되어 CDM EB에서 배출권을 발급하는 단계
> **[정답 ①]**

035 다음 중 기후변화협약 교토의정서에 의거한 청정개발 체제(CDM) 사업을 등록하기 위해 반드시 거쳐야 하는 절차가 아닌 것은? [2015년 관리기사 제4회]

① 사업 타당성 확인
② 사업 유치국의 정부 승인
③ CERs 발생
④ 사업계획서 작성

> **해설**
> 배출권(CERs)은 사업 등록 이후 실제 감축량에 대하여 발급됨
> **[정답 ③]**

036 온실가스 감축방법 중 직접 감축방법이 아닌 것은? [2014년 관리기사 제4회]

① 대체물질 및 대체공정 적용
② 신재생에너지 적용
③ 공정개선
④ 온실가스 활용

> **해설**
> 신재생에너지 중 태양광, 풍력 등은 전력 생산을 통하여 간접배출(외부전기사용)을 절감하는 방법이다.
> **[정답 ②]**

037 다음 중 온실가스 감축 방법 중에서 직접 감축 방법에 해당되지 않는 것은? [2015년 관리기사 제4회]

① 대체 물질 개발
② 공정 개선
③ 온실가스 활용
④ 탄소배출권 구매

해설
탄소배출권을 구매하는 것은 외부에서 감축한 실적을 내 실적으로 활용하는 것이므로 내 조직경계 내에서 직접 감축하는 것이 아님
[정답 ④]

038 다음의 온실가스 감축 방법에 관한 내용 중 간접 감축 방법에 관한 것은? [2015년 관리기사 제4회]

① 온실가스 배출량이 많은 공정에 대한 배출이 적거나 없는 대체 공정
② 신재생에너지를 도입 적용하여 배출원의 온실가스 배출을 상쇄
③ 온실가스를 재활용 또는 다른 목적으로 활용
④ GWP가 높은 온실가스를 낮은 온실가스로 전환

해설
신재생에너지 중 태양광, 풍력 등은 전력 생산을 통하여 간접배출(외부전기사용)을 절감하는 방법이다.
[정답 ②]

039 다음 온실가스 감축방법 중 간접 감축방법에 해당하는 것은? [2015년 관리기사 제2회]

① 신재생에너지 적용
② 대체물질 적용
③ 온실가스 활용
④ 공정개선

해설
신재생에너지 중 태양광, 풍력 등은 전력 생산을 통하여 간접배출(외부전기사용)을 절감하는 방법이다.
[정답 ①]

040 다음 중 고온형 연료전지에 해당되는 것은? [2014년 관리기사 제4회]

① 고체산화물 연료전지
② 알칼리 연료전지
③ 인산염 연료전지
④ 고분자 전해질막 연료전지

해설

연료전지는 작동온도에 따라 다시 고온형과 저온형으로 나눌 수 있음

고온형 연료전지
: 650 ℃ 이상의 고온에서 작동하며 백금을 전극으로 사용하는 저온형 연료전지와 달리, 전극촉매로 니켈을 비롯한 일반 금속촉매를 사용할 수 있다는 장점을 가짐
 - 용융탄산염 연료전지(Molten Carbonate Fuel Cell, MCFC)
 - 고체 산화물 연료전지(Solid Oxide Fuel Cell, SOFC)

저온형 연료전지
: 200 ℃ 이하에서 상온에 이르기까지 구동될 수 있으며, 고온형과 달리 시동 시간이 짧고 부하변동성이 뛰어나지만, 고가의 백금 전극이 필요
 - 인산형 연료전지(Phosphoric Acid Fuel Cell, PAFC)
 - 고분자 전해질 연료전지(Polymer Electrolyte Membrane Fuel Cell, PEMFC)
 - 직접 메탄올 연료전지(Direct Methanol Fuel Cell, DMFC)

[정답 ①]

---

041 다음 중 고온형 연료전지에 해당하는 것은? [2015년 관리기사 제4회]

① 직접 메탄올 연료전지
② 용융탄산염 연료전지
③ 알칼리 연료전지
④ 고분자 전해질막 연료전지

해설

연료전지는 작동온도에 따라 다시 고온형과 저온형으로 나눌 수 있음

고온형 연료전지
: 650 ℃ 이상의 고온에서 작동하며 백금을 전극으로 사용하는 저온형 연료전지와 달리, 전극촉매로 니켈을 비롯한 일반 금속촉매를 사용할 수 있다는 장점을 가짐
 - 용융탄산염 연료전지(Molten Carbonate Fuel Cell, MCFC)
 - 고체 산화물 연료전지(Solid Oxide Fuel Cell, SOFC)

저온형 연료전지
: 200 ℃ 이하에서 상온에 이르기까지 구동될 수 있으며, 고온형과 달리 시동 시간이 짧고 부하변동성이 뛰어나지만, 고가의 백금 전극이 필요
 - 인산형 연료전지(Phosphoric Acid Fuel Cell, PAFC)
 - 고분자 전해질 연료전지(Polymer Electrolyte Membrane Fuel Cell, PEMFC)
 - 직접 메탄올 연료전지(Direct Methanol Fuel Cell, DMFC)

[정답 ①]

---

042 온실가스 감축기술 중 연료의 대체에 관한 내용 중 바이오에탄올에 관한 내용으로 옳지 않은 것은? [2016년 관리기사 제4회]

① 연소율이 높은 장점이 있다.
② 오염물질의 발생이 적은 장점이 있다.
③ 석유계 디젤과 혼합하여 사용한다.
④ 값싼 원료를 선정하는 것이 중요하다.

> **해설**
> 바이오에탄올은 휘발유와 섞어서 사용 가능하다. [정답 ③]

043 현재 실용화되어 전원용으로 사용되고 있으며 전체 태양전지 시장의 90% 이상을 차지하고 있는 태양전지는? [2015년 관리기사 제4회]

① 유기계 태양전지
② 결정질 실리콘 태양전지
③ 집광형 태양전지
④ 박막 태양전지

> **해설**
> 결정질 실리콘 태양전지는 제조 단가가 높은 단점이 있으나, 에너지 효율이 높아 널리 상용화 되고 있다. [정답 ②]

044 교토메커니즘 하에서 온실가스 감축을 위한 대표적인 시장 매커니즘과 가장 거리가 먼 것은? [2015년 관리기사 제4회]

① 국제배출권거래제
② 공동이행
③ 국제기후기금
④ 청정개발체제

> **해설**
> 교토메커니즘은 청정개발체제(CDM), 공동이행제도(JI), 배출권거래제(ETS)이다. [정답 ③]

045 다음 CDM 사업관련 주요기관 중 새로운 베이스라인 및 모니터링 방법론 승인과 각종 절차와 방법, 가이드라인 결정 전 최소 8주간 정도의 의견수렴 등의 세부역할을 이행하는 기관은? [2015년 관리기사 제2회]

① 국가CDM 승인기구(DNA)
② CDM 집행위원회(EB)
③ CDM 사업운영기구(DOE)
④ 당사국총회(COP/MOP)

> **해설**
> CDM 관련 최고 의사결정기구는 당사국총회(COP/MOP)이며, 당사국총회의 결정사항에 따라 세부적인 절차와 방법을 결정하는 기구는 집행위원회(EB)이다. [정답 ②]

046 CDM 사업으로 등록하고자 하는 감축사업의 유형에 맞는 방법론이 존재하지 않는 경우, 사업자가 선택할 수 있는 방법으로 올바른 것은?

① 기존 방법론 응용
② 신규 방법론 개발
③ 구버전 방법론 적용
④ 타 제도 방법론 적용

해설
등록하고자 하는 사업에 적용할 수 있는 방법론이 없는 경우, 사업자는 신규방법론 개발하여 승인을 요청하거나, 사업의 내용에 맞도록 기존 방법론을 개정하도록 요청할 수 있다.
기존에 유사한 방법론이 있으나 일부 항목의 내용을 명확하게 판단할 수 없을 때 CDM 집행위원회에 유권해석(clarification)을 요청할 수 있다. 사업자가 추진하는 프로젝트에 적용이 가능하다는 답변을 받은 경우, 해당 항목에 대한 방법론 개정 없이 기존 방법론을 적용할 수 있다. **[정답 ②]**

047 다음 중 감축목표 설정의 원칙과 가장 거리가 먼 것은? [2015년 관리기사 제2회]

① 목표의 설정 방법과 수준 등은 관리업체가 예측할 수 있도록 가능한 범위에서 사후에 공표되어야 한다.
② 목표의 협의 및 설정은 다수 이해관계자들의 신뢰를 확보할 수 있도록 투명하게 진행되어야 한다.
③ 관리업체의 과거 온실가스배출량과 에너지 사용량의 이력을 적절하게 반영하여야 한다.
④ 관리업체의 신·증설 계획과 국제경쟁력 등을 적절하게 고려하여야 한다.

해설
목표관리지침(제2016-255호)제23조(목표 설정의 원칙)
1. 목표의 설정 방법과 수준 등은 관리업체가 예측할 수 있도록 가능한 범위에서 사전에 공표되어야 한다.
2. 목표의 협의 및 설정은 다수 이해관계자들의 신뢰를 확보할 수 있도록 투명하게 진행되어야 한다.
3. 관리업체의 과거 온실가스 배출량과 에너지 사용량의 이력을 적절하게 반영하여야 한다.
4. 관리업체의 신·증설 계획과 국제경쟁력 등을 적절하게 고려하여야 한다.
5. 관리업체의 기술 수준, 감축 잠재량 및 경제적 비용 등을 함께 고려하여야 한다.
6. 관리업체의 목표는 온실가스 감축 국가목표의 달성을 위한 범위 이내에서 설정되어야 한다. **[정답 ①]**

048 온실가스 배출권거래제 하에서 승인대상 외부 감축사업의 승인기준으로 거리가 먼 것은? [2015년 관리기사 제2회]

① 외부감축실적은 지속적이고 정량화되어 검증 가능하여야 한다.
② 일반적인 경영여건에서 실시할 수 있는 행동을 넘어서는 추가적인 행동 및 조치에 따른 감축이 발생되어야 한다.

③ 승인대상 외부사업은 온실가스 감축량의 최소규모를 배출허용총량의 10% 이내로 제한한다.
④ 외부사업은 배출량 인증위원회에서 승인한 방법론을 적용해야 한다.

> **해설**
> "외부사업 타당성평가 및 감축량 인증에 관한 지침" 제8조(승인대상)
> ① 온실가스 배출원을 근본적으로 제거 또는 개선하는 활동을 포함하고 있는 사업에 한함
> ② 단순한 생산량 감소, 유지 보수 등의 행태 변화에 의한 온실가스 감축은 승인하지 않음
> ③ 외부사업 사업자가 할당대상업체의 조직경계 외부에서 자발적으로 시행하는 사업. 단, 청정개발체제 사업은 할당대상업체의 조직경계 내부에서 시행된 경우에도 등록이 가능
> ④ 1차 계획기간과 2차 계획기간에는 외국에서 시행된 외부사업에서 발생한 외부사업 온실가스 감축량은 등록하거나 그에 상응하는 배출권으로 전환할 수 없음
> ⑤ 감축실적이 타 법령에 의한 의무적 사항을 이행하는 과정에서 발생한 것이 아니어야 함. 다만, 의무적 사항을 초과하여 이행한 과정에서 발생한 것은 신청 가능
> ⑥ 일반적인 경영여건에서 실시할 수 있는 행동을 넘어서는 추가적인 행동 및 조치에 따른 감축이 발생되어야 함
> ⑦ 지속적이고 정량화되어 검증 가능하여야 함
> ⑧ 배출량 인증위원회에서 승인한 방법론을 적용해야 함
> ⑨ 2016년까지 부문별 관장기관이 추진한 온실가스 감축실적 구매사업으로 등록된 사업에 한해, 해당 사업의 잔여 인정 유효기간 범위 내의 온실가스 감축실적을 외부사업 감축량으로 전환 가능
>
> **[정답 ③]**

049 자동차 "가솔린엔진"에서의 온실가스 저감기술과 가장 거리가 먼 것은? [2015년 관리기사 제2회]

① 페이저 시스템(Cam Phaser Systems)
② 실린더 디액티베이션(Cylinde Deactivation)
③ 가솔린 직접분사
④ 고압연료분사시스템

> **해설**
> 가솔린엔진의 온실가스 저감기술
> 1. 페이저 시스템(Cam Phaser Systems)
> 2. 실린더 디액티베이션(Cylinder Deactivation)
> 3. 가솔린 직접분사
> 4. 터보차징/다운사이징 가솔린 엔진
> 5. 예혼합 압축착화
>
> ※ 이동연소 부분을 포함한 각 배출활동별 감축기술에 관한 내용은 구 목표관리지침에 있었으나 최신 지침(제2016-255호)에서 삭제되었으나, 기출문제이므로 구 지침의 내용으로 해설함
>
> **[정답 ④]**

050 휘발유를 이용하는 스파크 점화(SI, Spark Ignition)엔진과 경유를 이용한 압축착화(CI, Compression Ignition)엔진의 장점이 혼합된 개념의 저감기술은? [2015년 관리기사 제2회]

① 터보차징/ 다운사이징 가솔린 엔진
② 과급착화기술
③ 가솔린 직접분사
④ 예·혼합 압축착화 연소

해설

가솔린엔진의 예혼합 압축착화
예혼합압축착화는 제어자발화(CAI:Controlled Auto Ignition) 또는 능동라디칼 연소(Active Radical combustion)라고도 알려져 있다. 스파크 점화에서는 연소가 점화플러그에 의해 시작되어 화염이 혼합기 내로 전파되나, 예혼합압축착화의 경우는 연소실 내의 여러 곳에서 혼합기 온도, 압력 및 조성에 따라 자발화가 되어 연소가 시작된다. 이 경우 엄청난 열 손실율은 높은 수준의 내부 배기가스재순환(EGR)이나 희박 혼합기를 이용하여 컨트롤 된다. 가솔린자동차엔진에서 예혼합압축착화 연소를 실현하기 위한 가장 실질적인 접근 방법은 높은 수준의 내부 배기가스재순환(EGR) (대체적으로 40~70%)을 사용하여 혼합기 온도를 올리고 열 손실율을 컨트롤하는 것이다.

※ 이동연소 부분을 포함한 각 배출활동별 감축기술에 관한 내용은 구 목표관리지침에 있었으나 최신 지침(제2016-255호)에서 삭제되었으나, 기출문제이므로 구 지침의 내용으로 해설함

[정답 ④]

051 디젤엔진의 온실가스 저감기술로 옳지 않은 것은? [2016년 관리기사 제4회]

① 예·혼합 압축착화 연소
② 고압연료분사시스템
③ 배기가스재순환(EGR)
④ 페이저시스템

해설

디젤엔진의 온실가스 저감기술
1. 예·혼합 압축착화 연소
2. 고압연료분사시스템
3. 과급
4. 배기가스재순환 (EGR)

※ 이동연소 부분을 포함한 각 배출활동별 감축기술에 관한 내용은 구 목표관리지침에 있었으나 최신 지침(제2016-255호)에서 삭제되었으나, 기출문제이므로 구 지침의 내용으로 해설함

[정답 ④]

052 온실가스 간접 감축방법에 해당하는 태양열 시스템의 주요 구성요소와 거리가 먼 것은? [2015년 관리기사 제2회]

① 단열부
② 축열부
③ 이용부
④ 집열부

> **해설**
> 태양열 시스템의 구성
> - 집열부: 태양으로부터 오는 에너지를 모아서 열로 변환하는 장치
> - 축열부: 집열시점과 집열량 이용시점이 달라 필요한 집열열량을 저장하는 장치
> - 이용부: 태양열 축열부에 저장된 열량을 효과적으로 공급하고 부족할 경우 보조열원(보일러 등) 사용
> - 제어부: 태양열을 효과적으로 집열 및 축열하여 필요한 장소에 효과적으로 공급하는 일련의 과정을 제어 및 감시하는 장치
> - 모니터링 시스템: 태양열로 생산된 열량의 데이터화와 시스템 가동상태를 감시(온도, 유량 센서, 제어반, 컴퓨터, 모니터링 프로그램으로 구성)
>
> **[정답 ①]**

053
관리업체인 A시멘트회사의 2013년 온실가스 배출량은 165,000tCO$_2$-eq으로 기준년도 대비 10% 증가하였고, 2020년에 기준년도 대비 50%의 예상 성장률을 기대할 경우, A시멘트 회사의 2020년 온실가스 배출허용량은? [2015년 관리기사 제2회] (단, 2020년 시멘트 업종 감축계수 0.81)

① 133,650tCO$_2$-eq   ② 182,250tCO$_2$-eq
③ 200,475tCO$_2$-eq   ④ 220,525tCO$_2$-eq

> **해설**
> 165,000 × (1+ 50%) × 0.81 = 200,475 tCO$_2$-eq
>
> **[정답 ③]**

054
소수력발전에 관한 내용으로 틀린 것은? [2015년 관리기사 제4회]

① 초기 투자비가 낮고 투자 회수 기간이 짧다.
② 반영구적인 에너지 자원으로 에너지 안전측면에서 우수하다.
③ 전력생산 시간이 짧아 전력공급량 조정 기능이 탁월하다.
④ 에너지 변환 효율이 높다.

> **해설**
> 수력발전은 초기 투자비가 높고 투자 회수기간이 길다.
>
> **[정답 ①]**

055
수소에너지의 장·단점에 대한 설명으로 틀린 것은? [2016년 관리기사 제2회]

① 수소는 물을 원료로 할 수 있다.
② 수소에너지는 사용 후에 다시 물로 재순환된다.
③ 수소는 물의 전기분해로 쉽게 제조가 가능하여 경제성이 높은 것이 특징이다.
④ 수소를 연료로 사용할 경우, NOx를 제외하고는 공해물질이 거의 생성되지 않는다.

해설
물을 전기분해하여 수소를 얻는 과정은 비용이 많이 든다. [정답 ③]

056 온실가스 감축을 위한 공정개선에 있어, 건물분야와 관련된 감축기술과 거리가 가장 먼 것은? [2016년 관리기사 제2회]

① 스마트창호를 사용하여 빛의 투과량을 조절하는 기술
② 공조시스템을 개선하여 냉난방 부하를 감축하는 기술
③ 바이오를 이용한 화합물 및 이산화탄소를 원료로 하는 플라스틱 제조기술
④ 전등을 LED로 교체하여 전기를 절약하는 기술

해설
바이오매스를 이용한 플라스틱 제조 기술은 건물과 관계가 없다. [정답 ③]

057 '외부사업 타당성 평가 및 감축량 인증에 관한 지침'에 따른 정책 감축사업의 인증유효기간은 사업 유효기간 시작일로부터 몇 년 이내인가? [2016년 관리기사 제2회]

① 7년   ② 14년   ③ 20년   ④ 28년

해설
외부사업의 유형별 인증 유효기간

번호	사업유형	유효기간
1	일반감축사업	갱신형 7년(2회 연장 가능)
		고정형 10년(연장불가)
2	산림분야	갱신형 20년(2회 연장가능)
		고정형 30년(연장불가)
3	묶음감축사업	1과 동일
4	정책감축사업	28년(연장불가)
5	산림분야 정책감축사업	60년(연장불가)

[정답 ④]

058 지열에너지의 특징에 대한 설명으로 잘못된 것은? [2016년 관리기사 제2회]

① 일반적으로 열을 생산하는 직접이용과 전기를 생산하는 간접이용 기술로 구분된다.
② 직접이용 기술 중 가장 큰 부분을 차지하는 기술은 지열열펌프(히트펌프) 시스템이다.
③ 일반적으로 지열에너지란 땅이 지구 내부의 마그마 열에 의해 보유하고 있는 에너지로 정의한다.
④ 우리나라의 경우 심층지열을 통한 직접이용방식이 적합하다.

심부지열은 땅 속 수km 속에 존재하는 80~400℃의 고온수 또는 증기로 전력생산 및 난방 등에 활용되고 있으며 비화산지대인 우리나라는 직접이용보다는 심부지열발전이 더 유리하다. **[정답 ④]**

059 태양광발전기술의 장점으로 옳지 않은 것은? [2016년 관리기사 제4회]

① 거의 무제한적인 에너지원을 사용한다.
② 태양열 발전에 비해 유지보수가 용이하다.
③ 이산화탄소 배출량이 매우 적다.
④ 발전부지는 대부분 옥상으로 부지면적이 적게 든다.

태양광 발전은 부지 면적이 많이 든다. **[정답 ④]**

060 Non-CO_2 온실가스가 아닌 것은? [2014년 관리기사 제4회]

① CH_4 ② NO_2 ③ HFCs ④ SF_6

해설
NO_2는 목표관리제도나 배출권거래제도에서 규정한 온실가스가 아님 **[정답 ②]**

061 우리나라에서 법적으로 규제하고 있는 온실가스 중에서 Non-CO_2 온실가스와 가장 거리가 먼 것은? [2015년 관리기사 제4회]

① NO_2 ② CH_4 ③ HFC ④ PFC

NO_2는 목표관리제도나 배출권거래제도에서 규정한 온실가스가 아님 **[정답 ①]**

062 다음 중 Non-CO₂ 온실가스와 가장 거리가 먼 것은? [2016년 관리기사 제4회]

① 메탄(CH_4) ② 아산화질소(N_2O) ③ 육불화황(SF_6) ④ 벤젠(C_6H_6)

해설
벤젠(C_6H_6)은 목표관리제도나 배출권거래제도에서 규정한 온실가스가 아님

[정답 ④]

063 온실가스 저감노력으로 인한 온실가스 저감량을 계산하는 비교기준으로서, 해당 온실가스 저감 사업이 수행되지 않았을 경우의 배출량 및 흡수량에 대한 계산 또는 예측을 의미하는 것은? [2014년 관리기사 제4회]?

① 시나리오 ② 벤치마크 ③ 베이스라인 ④ 모니터링

해설
베이스라인: 외부사업 사업자가 외부사업을 하지 않았을 경우, 사업경계 내에서 발생가능성이 가장 높은 조건

[정답 ③]

064 베이스라인 시나리오에서는 발생하지 않았으나 프로젝트 실행에 의해 사업경계 내에서 발생하는 온실가스 배출량을 무엇이라고 하는가?

① 누출 ② 사업 후 배출 ③ 적용성 ④ 감축량

해설
사업 경계 외부에서 발생하는 인위적인 온실가스 배출의 변화량을 누출량(leakage)이라고 한다. 따라서, 온실가스 감축량은 베이스라인에서 사업 후 배출량과 누출량을 차감한 양으로 결정할 수 있다.

온실가스 감축량 = 베이스라인 배출량 – 사업 후 배출량 – 누출량

[정답 ②]

065 매립가스를 이용한 발전기술(설비) 중 대규모 매립지에 가장 적합한 것은? [2014년 관리기사 제4회]

① 가스엔진 ② 가스터빈 ③ 증기엔진 ④ 증기터빈

> **해설**
> 매립가스의 발전 방법에는 내연 기관(Internal combustion engine), 연소 터빈(combustion turbine) 및 보일러/스팀 터빈(boiler/steam turbine)등이 많이 이용된다. 매립가스(LFG) 발생량과 발전량 규모에 따라 내연기관(IC엔진) 〈 연소터빈(CT) 〈 스팀터빈(ST) 순으로 사용된다.
>
> | 구분 | 내연기관(IC엔진) | 연소터빈(CT) | 스팀터빈(ST)/보일러 |
> |---|---|---|---|
> | 발전규모(MW) | ≥1 | ≥3 | ≥8 |
> | LFG발생량(mcf/d) | ≥625 | ≥2,000 | ≥5,000 |
> | 발전효율(%) | 25-35 | 20-28 | 20-31 |
> | 장점 | 저비용 고효율
가장 널리 이용 | 부식에 강함
낮은 운영·유지비용
설치면적 작음
NOx 배출 적음 | 부식에 강함
가스성분과 발생량 조절이 가능 |
>
> [정답 ④]

066 Non-CO_2 온실가스인 PFCs의 주요발생원과 가장 거리가 먼 것은? [2014년 관리기사 제4회]

① 금속 관련 산업(철강산업)
② 카프로락탐 등을 생산하는 석유화학 공정
③ Halocarbons 생산공정 및 사용공정
④ 전자회로나 반도체 생산공정의 에칭공정이나 세정액으로 사용

> **해설**
> 카프로락탐 생산 공정의 주요 보고대상 온실가스는 CO_2와 N_2O이다 [정답 ②]

067 A기업은 배출권거래제도에 의무적으로 참여해야 하는 기업이며, 10년 동안 매년 5,000톤의 배출권이 필요하다. 만약 A기업이 아래와 같은 태양광발전사업을 통해 연간 5,000톤의 배출권을 확보할 수 있다면 다음 중 태양광 발전사업의 한계감축비용과 태양광발전이 배출권을 시장에서 구매하는 대안보다 경제적으로 유리한 지 여부를 옳게 짝지은 것은? [2014년 관리기사 제4회]

(단, 시장에서 배출권을 구매할 수 있는 가격은 배출권 1톤당 5만원)
태양광발전 투자비: 45억원
태양광발전사업기간: 10년(생산한 전력을 계통전력망에 송전하여 판매)
전력판매수입: 3억원/년
온실가스 감축량: 5,000톤/년
할인율: 없음

① 3만원 – 태양광 발전이 유리
② 3만원 – 배출권 구매가 유리
③ 6만원 – 태양광 발전이 유리
④ 6만원 – 배출권 구매가 유리

해설

한계감축비용은 온실가스 1톤을 감축하는데 필요한 비용으로 계산
1) 태양광 발전 투자시
 - 투자비: 45억원
 - 전력판매수입: 3억원 × 10년 = 30억원
 - 실제 A기업이 부담한 금액 = 45억원 – 30억원 = 15억원
 - 감축량 = 5,000톤 × 10년 = 5만톤
 ∴ A기업의 한계감축비용 = 15억원 ÷ 5만톤 = 3만원/톤

2) 시장에서 구매시
 - 배출권 구매수량 = 5,000톤 × 10년 = 5만톤
 - 배출권 구매비용 = 5만원 × 5만톤 = 25억원
 ∴ 한계감축비용 = 25억원 ÷ 5만톤 = 5만원

따라서, 태양광발전에 투자하는 것이 한계감축비용 3만원으로 유리함

[정답 ①]

068 다음에서 설명하는 개념에 해당되는 용어로 가장 옳은 것은? [2014년 관리기사 제4회]

환경적, 기술적, 제도적, 경제적, 사회적 측면에서 고려되어야 하는 감축사업의 특성으로써, 인위적으로 온실가스를 저감하거나 에너지를 절약하기 위하여 일반적인 경영여건에서 실시할 수 있는 활동 이상의 추가적인 노력을 말한다.

① 합목적성   ② 전문성   ③ 추가성   ④ 공익성

해설

지문의 내용은 추가성의 용어정의임["외부사업 타당성평가 및 감축량 인증에 관한 지침"제2조(용어정의) 참고]

[정답 ③]

069 A식품회사의 공장에 있는 노후된 전기모터를 고효율 전기모터로 교체하려고 한다. 아래 조건을 적용한다면 A식품회사의 고효율 전기모터 교체로 인한 예상 온실가스 감축량은? [2015년 관리기사 제2회]

> 기존 노후된 전기모터 용량: 140kWh
> 고효율 전기모터 용량: 60kWh
> 전기모터 연간 가동시간: 8,760hr
> 부하율: 100%
> 전력배출계수: 0.4653tCO$_2$/MWh, 0.0054kgCH$_4$/MWh, 0.0027kgN$_2$O/MWh

① 176 tCO$_2$-eq
② 244 tCO$_2$-eq
③ 327 tCO$_2$-eq
④ 570 tCO$_2$-eq

해설

예상감축량은 사업 전·후 배출량의 차이로 계산할 수 있다.
1) 사업 전 배출량
   - 기존 노후모터의 전력소비량 = 140kWh × 8,760hr = 1,226.4 MWh
   - 온실가스 배출량 = 1,226.4 MWh × {(0.4653 tCO$_2$/MWh + (0.0054 kgCH$_4$/MWh × 21) + (0.0027 kgN$_2$O/MWh × 310)} = 571.8 tCO$_2$eq

2) 사업 후 배출량
   - 고효율 전기모터 전력소비량 = 60kWh × 8,760hr = 525.6 MWh
   - 온실가스 배출량 = 525.6 MWh × {(0.4653 tCO$_2$/MWh + (0.0054 kgCH$_4$/MWh × 21) + (0.0027 kgN$_2$O/MWh × 310)} = 245.1 tCO$_2$eq

∴ 온실가스 감축량 = 사업 전 배출량 – 사업 후 배출량 = 326.7 tCO$_2$eq ≒ 327 tCO$_2$eq

[정답 ③]

070 해안지역에 시간당 1MW 규모의 풍력발전소를 건설하여 전력생산을 CDM사업으로 추진하려고 한다. 풍력발전의 이용율은 20%이고, 생산된 전력은 모두 전력계통으로 공급된다고 가정할 때, 이 사업에 의한 연간 온실가스 감축량은? (단, 전력계통의 온실가스 배출계수는 0.8CO$_2$톤/MWh, 풍력발전소 자체 전기사용량 무시, 1톤 이하 온실가스 감축량도 무시한다.) [2015년 관리기사 제2회]

① 1402CO$_2$톤/년
② 1523CO$_2$톤/년
③ 1658CO$_2$톤/년
④ 1773CO$_2$톤/년

해설

연간 전력생산량 = 1MW × 24시간 × 365일 × 20% = 1,752 MWh/년
감축량 = 1,752 MWh/년 × 0.8tCO$_2$/MWh = 1,401.6 tCO$_2$/년
문제에서 1톤이하 감축량은 무시한다고 했으므로 정답은 1,401 tCO$_2$/년이나 보기에 없음(문제 오류로 보임). 반올림한 1,402tCO$_2$/년을 답으로 함

[정답 ①]

071 CDM 사업 타당성조사를 위한 추가성 검토사항이 아닌 것은? [2016년 관리기사 제2회]

① 환경적 추가성
② 기술적 추가성
③ 경제적 추가성
④ 지역적 추가성

> **해설**
> 추가성(Additionality) 이란?
> 환경적, 기술적, 제도적, 경제적, 사회적 측면에서 고려되어야 하는 감축사업의 특성으로서, 인위적으로 온실가스를 저감하거나 에너지를 절약하기 위하여 일반적인 경영여건에서 실시할 수 있는 활동 이상의 추가적인 노력을 말한다.
>
> **[정답 ④]**

072 외부사업 추가성의 종류에 포함되는 것은? [2016년 관리기사 제4회]

① 환경적 추가성
② 경제적 추가성
③ 사회적 추가성
④ 기술적 추가성

> **해설**
> 추가성의 종류에 사회적 추가성은 없다.
>
> **[정답 ②]**

073 온실가스 감축을 위한 경제성 평가방법 중 ( )안에 가장 적합한 것은? [2015년 관리기사 제2회]

> ( )은 온실가스 1톤을 줄이는데 소용되는 비용을 말하는 것으로, 각 온실가스 감축수단별 초기비용 및 운영비용 등 총 소요비용을 감축수단에 따른 온실가스 감축량으로 나누어 1톤의 온실가스 감축량 대비 소요비용을 계산하여 산출한다.

① 한계저감비용
② 효과비용
③ 투자비용
④ 감축비용

> **해설**
> 배출권거래제 대상 기업은 감축수단별 한계저감비용을 분석함으로써, 저감비용이 적은 감축수단을 먼저 도입하는 식으로 비용효과적인 의사결정을 할 수 있다.
>
> **[정답 ①]**

074 다음 중 온실가스 감축 효과가 가장 큰 것은? [2015년 관리기사 제2회]

① 이산화탄소 1000톤 감축
② 메탄 150톤 감축
③ 아산화질소 25톤 감축
④ 육불화황 1톤 감축

> **해설**
> 지구온난화지수(GWP)를 고려하여 단위환산한 tCO_2eq 값으로 환산하여 비교할 수 있다.
> ② 메탄 150톤 → 3,150 tCO_2eq (메탄의 GWP 21)
> ③ 아산화질소 25톤 감축 → 7,750 tCO_2eq (아산화질소의 GWP 310)
> ④ 육불화황 1톤 감축 → 23,900 tCO_2eq (육불화황의 GWP 23,900)
>
> [정답 ④]

075 감축프로젝트를 기획하고자 하는 A회사가 100tCO_2-eq의 감축의무 달성을 위해 내부적으로 가능한 감축프로젝트를 조사한 결과, 총 1,000,000원이 소요되는 AI 투자안이 존재하는 것으로 조사되었다. 이러한 투자를 통해 감축되는 온실가스는 총 100tCO_2-eq이며, 에너지 및 생산효율 증가로 인해 총 100,000원의 별도수익이 예상된다. 한편 배출권거래제도 하에서 배출권 가격은 10,000원/tCO_2-eq에 형성되었다고 할 때 A회사의 단위당 (가)감축단가와, (나)해당사업성 검토(타당성)가 가장 적합하게 짝지어진 것은? [2015년 관리기사 제2회] (단, 배출권 가격변동 등에 대한 기타사항은 고려하지 않는다.)

① (가) 9,000원/tCO_2-eq, (나) 사업 기각
② (가) 9,000원/tCO_2-eq, (나) 사업 수행
③ (가) 10,000원/tCO_2-eq, (나) 사업 기각
④ (나) 10,000원/tCO_2-eq (나) 사업 수행

> **해설**
> 각 투자안의 한계저감비용을 계산하여 의사결정을 할 수 있다.
> 1) AI 투자안
> - 투자비용 = 투자비 - 수입 = 1,000,000원 - 100,000원 = 900,000원
> - 온실가스 감축량 = 100tCO_2eq
> - 한계저감비용 = 900,000원 ÷ 100tCO_2eq = 9,000원/tCO_2eq
>
> 2) 배출권구매
> - 배출권 구매수량 = 100 tCO_2eq
> - 구매비용 = 100 tCO_2eq × 10,000원/tCO_2eq = 1,000,000원
> - 한계저감비용 = 1,000,000원 ÷ 100 tCO_2eq = 10,000원/tCO_2eq
>
> ∴ AI 투자안의 한계저감비용이 더 낮으므로 사업을 수행한다.
>
> [정답 ②]

076 온실가스 감축 프로젝트에 대한 경제성 분석 평가 시 비용편익 분석에 있어서 적용되는 판단의 기준으로 거리가 먼 것은? [2015년 관리기사 제2회]

① NPV(Net Present Value)
② Benefit Cost Ratio
③ IRR(Internal Rate of Return)
④ RMU(Removal Unit)

> **해설**
> RMU는 배출권의 한 종류이며 경제성 평가 시 활용되는 개념이 아님
> NPV: 순현재가치. 편익과 비용을 할인율에 따라 현재 가치로 환산하고 편익의 현재가치에서 비용의 현재가치를 뺀 값을 말한다. 그 순현재 가치가 0보다 크면 일단 그 대안(사업)은 채택 가능한 것으로 판단해 볼 수 있다.
> Benefit Cost ratio: 편익-비용 비율(B/C ratio). 편익의 현재가치와 비용의 현재가치의 비율로 나타낸다. 편익 비용 비율이 1보다 큰 대안은 일단 경제성이 있는 투자사업으로 판단한다.
> IRR: 어떤 사업에 대해 사업기간 동안의 현금수익 흐름을 현재가치로 환산하여 합한 값이 투자지출과 같아지도록 할인하는 이자율을 말한다. 내부수익률법이란 투자에 관한 의사결정에서 내부수익률을 고려하는 방법이다. [정답 ④]

077 아파트 옥상에 태양열 집열판을 설치하여 에너지를 절약하려 한다. 본 사업을 통해 기존 열병합발전의 온수 공급량을 절약한다고 할 때, 사업에 의한 연간 온실가스 감축 예상량은? [2015년 관리기사 제4회]

〈조건〉
• 평균일사량: 4000kcal/(㎡ · 일)
  총 집열 면적: 10000㎡, 집열효율: 60%
  가동일: 300일/년
• 열병합발전 연료(천연가스)의 온실가스 배출계수: 56.1CO_2톤/TJ
• 1cal = 4.186J

① 6CO_2톤/년
② 404CO_2톤/년
③ 1690CO_2톤/년
④ 2227CO_2톤/년

> **해설**
> 태양열 집열판을 통해 공급된 온수열량
> = 4,000kcal/㎡ · 일 × 10,000㎡ × 300일/년 × 60% × 4.186J/cal
> = 30.139TJ/년
>
> 따라서, 감축량 = 30.139 TJ × 56.1 tCO_2/TJ = 1,690 tCO_2/년   [정답]

078 CDM 방법론인 베이스라인 방법론에서 베이스 라인을 설정하는 원칙만을 나열한 것은? [2015년 관리기사 제4회]

① 투명성 원칙, 보수성 원칙
② 적절성 원칙, 완전성 원칙
③ 일관성 원칙, 정확성 원칙
④ 정확성 원칙, 투명성 원칙

해설
베이스라인 설정 시 기준이 되는 원칙
- 투명성(transparency) 원칙
베이스라인 방법론은 방법론 설정을 위한 각 단계가 투명하게(명확하게) 제시되어야 한다. 즉, 베이스라인 설정에 사용된 데이터 제공원(data source), 참고자료, 가정 등 모든 정보는 규명되어야 하고, 적정한 방식으로 기록되어 제시되어야 한다.
- 보수성(Conservatism) 원칙
베이스라인 시나리오라는 것이 비록 예측 가능하기는 하지만 현재로서 알 수 없는 미래의 결과를 가정한 것이니만큼 불확실성이 존재한다. 따라서 베이스라인 방법론을 수립할 때는 가정과 파라미터의 선택에 있어서, 베이스라인 배출량 계산결과가 높은 쪽보다는 낮은 쪽이 되도록 선정해야 한다.

[정답 ④]

079 기후변화협약 교토의정서에 의거한 청정개발체제(CDM)사업으로 등록하려는 사업에 대해 UNFCCC에 승인된 방법론이 없는 경우 신규 방법론을 개발해야 한다. 신규 방법론 개발 과정에 대한 내용 중 틀린 것은? [2016년 관리기사 제2회]

① 신규 방법론을 제안할 때에는 사업계획서와 같이 CDM 집행위원회에서 제시한 형식에 맞추어 신규방법론 제안서(CDM-NM)을 작성하여야 한다.
② 승인 소규모 방법론의 개정사항은 개정일 후 등록된 사업활동에만 적용한다.
③ 신규 방법론제안서와 사업계획서 초안, 신규방법론 등록비를 UNFCCC 사무국에 제출한다.
④ 최초 사업 참여자의 신규 방법론 등록비는 면제된다.

해설
소규모 방법론이거나 조림/재조림 방법론일 경우 등록비는 면제된다.

[정답 ④]

080 베이스라인 방법론의 구성요소가 아닌 것은? [2016년 관리기사 제2회]

① 적용성   ② 지속성   ③ 누출   ④ 저감량

> **해설**
> 베이스라인 방법론의 일반적인 구성
> 1) 적용성(Applicability)
> 2) 사업경계
> 3) 베이스라인 시나리오
> 4) 누출
> 5) 배출감축량
>
> **[정답 ②]**

081 온실가스배출량 산정 및 보고 원칙과 가장거리가 먼 것은? [2016년 관리기사 제2회]

① 완전성　　　② 윤리성　　　③ 일관성　　　④ 투명성

> **해설**
> 배출량 산정 원칙
> ① 적절성: 사용 예정자 요구에 적합한 온실가스 배출원, 온실가스 흡수원, 온실가스 저장소, 데이터 및 방법론을 채택한다.
> ② 완전성: 사업 경계 내에서 온실가스 배출에 영향을 미치는 모든 배출원을 포함해야 함
> ③ 정확성: 가능한 한, 편향성(bias) 및 불확도를 감소시킨다. 온실가스 배출 감축량이 과대 또는 과소평가되지 않도록 계산과정에서 정확한 데이터를 사용하여야 한다.
> ④ 투명성: 사업 내용에 대한 신뢰성이 확보될 수 있도록 온실가스 배출 감축량 계산에 이용되는 가정, 계산, 참고내용, 방법론을 문서화하고, 필요한 경우 출처를 공개하며 그 사용 근거와 타당성을 명확하게 기술하여야 한다.
> ⑤ 일관성: 사업경계, 방법론, 계수, 데이터 등은 사업계획서 전반에 걸쳐 일관성 있게 사용되어야 하며, 이를 통해 시간의 경과에 따른 배출 감축실적의 평가와 비교를 가능해야 한다.
>
> **[정답 ②]**

082 다음은 베이스라인 접근법 중 기술의 성능을 고려하여 베이스라인 시나리오를 선정할 때 사용할 수 있는 접근법의 내용이다. ( )안에 알맞은 값은? [2016년 관리기사 제2회]

> 비슷한 사회, 경제, 환경 및 기술적 조건에서 과거 (㉠)년간 수행된 유사 사업들의 평균 배출량. 단 평균에 포함된 사업들의 기술성능은 상위 (㉡)%에 속해야 함.

① ㉠ 5년, ㉡ 10%　　　　② ㉠ 5년, ㉡ 20%
③ ㉠ 10년, ㉡ 10%　　　 ④ ㉠ 10년, ㉡ 20%

해설
베이스라인 결정 방법(CDM Modalities and Procedures)
1) 과거 또는 현재의 실제 배출량을 베이스라인으로 설정
2) 경제적으로 가치 있는 대안 또는 기술의 배출량을 베이스라인으로 설정
3) 감축활동의 기술수준이 관련기술 범주내의 상위 20% 내에 있고, 과거 5년 동안 수행된 유사한 기술 또는 설비의 평균 배출량을 베이스라인으로 설정 **[정답 ②]**

083 외부사업 추가성 평가 절차 및 방법과 거리가 먼 것은? [2016년 관리기사 제4회]

① 일반감축사업 대상 중, 연간 60,000 tCO_2-eq 초과의 예상 온실가스 감축량 혹은 흡수량을 갖는 사업에 대하여 추가적으로 분석하도록 한다.
② 외부사업의 내용이 현행 법·제도에 의무사항으로 규정되어 있어야 한다.
③ 경제성이 부족하지만, 외부사업 인증실적 활용을 통하여 경제성 확보가 가능한 사업이어야 한다.
④ 지방자치단체 등의 기관에서 온실가스 감축에 필요하여 정책적으로 권장하는 사업은 자발적 참여에 의한 활동으로 간주할 수 있다.

해설
법적 추가성 - 외부사업의 내용이 현행 법규와 제도에 의무사항으로 규정되어 있지 않아야 한다. **[정답 ②]**

084 다음 중 외부사업의 모니터링의 원칙에 대한 설명으로 옳지 않은 것은? [2016년 관리기사 제4회]

① 모니터링 방법은 등록된 사업계획서 및 승인 방법론을 준수하여야 한다.
② 외부사업은 불확도를 최소화할 수 있는 방식으로 측정되어야 한다.
③ 외부사업 온실가스 감축량 산정에 필요한 데이터의 추정 시, 값은 객관적으로 적용되어야 한다.
④ 외부사업 온실가스 감축량은 일관성, 재현성, 투명성 및 정확성을 갖고 산정되어야 한다.

해설
외부사업의 모니터링 원칙
1. 모니터링 방법은 등록된 사업계획서 및 승인 방법론을 준수하여야 한다.
2. 외부사업은 불확도를 최소화할 수 있는 방식으로 측정되어야 한다.
3. 외부사업 온실가스 감축량은 일관성, 재현성, 투명성 및 정확성을 갖고 산정되어야 한다.
4. 외부사업 온실가스 감축량 산정에 필요한 데이터의 추정 시, 값은 보수적으로 적용되어야 한다. **[정답 ③]**

085 자료의 불확실성이 결과에 미치는 영향을 정량화하여 규명하는 시스템적인 절차인 불확도 분석에 관한 내용으로 옳지 않은 것은? [2016년 관리기사 제4회]

① 정량적인 분석 결과를 제공하므로 결과의 신뢰성이 높다.
② 모든 입력 자료를 확률분포로 나타내는 데 한계가 있다.
③ 수행과정이 간단하여 전문지식이 필요 없다.
④ 분석 결과에 대하여 의사 결정이 용이하다.

> **해설**
> 불확도 산정 과정은 복잡하며 전문적인 지식을 필요로 한다.　　　　　　　　　　　　　　　　　　　　　　　　[정답 ③]

086 다음은 온실가스·에너지 목표관리 운영 등에 관한 지침상 용어정의이다. 무엇에 관한 설명인가? [2016년 관리기사 제4회]

> 온실가스 배출량 등의 산정결과와 관련하여 정량화된 양을 합리적으로 추정한 값의 분산특성을 나타내는 정도를 말한다.

① 정확도　　　② 정밀도　　　③ 불확도　　　④ 전환율

> **해설**
> 온실가스 목표관리 운영 등에 관한 지침(제2016-255호) 제2조(용어정의) 참고　　　　　　　　　　　　　[정답 ③]

MEMO

제5과목

온실가스 관련 법규

PART 01 저탄소 녹색성장 기본법

1. 저탄소 녹색성장 기본법의 구성 및 주요 내용

(1) 제1장 총칙

목적, 용어정의, 추진원칙, 주체별(국가, 지자체, 사업자, 국민)책무 등

(2) 제2장 저탄소 녹색성장 국가전략

녹색성장 국가전략 및 중앙추진계획, 지방추진 계획 수립·시행, 추진상황 점검·평가 등

(3) 제3장 녹색성장위원회 등

중앙 및 지방 위원회, 기획단 구성·운영, 녹색성장책임관 지정 등

(4) 제4장 저탄소 녹색성장의 추진

녹색경제·산업 육성, 자원순환, 녹색경영, 녹색기술, 녹색금융, 녹색산업투자회사, 환경친화적 세제개편, 녹색일자리 창출 등

(5) 제5장 저탄소 사회의 구현

기후변화·에너지기본계획, 온실가스·에너지 목표관리제, 총량제한 배출권거래제, 자동차 연비 및 온실가스 규제, 적응대책 등

(6) 제6장 녹색생활 및 지속가능발전실현

지속가능발전 기본계획, 국토·물·녹색교통·녹색건축물·농업, 녹색소비·생활 등

(7) 제7장 보칙

자료제출, 국제협력, 국가보고서, 과태료 등

2. 용어정의

이 법에서 사용하는 용어의 뜻은 다음과 같다.
1. "저탄소"란 화석연료(化石燃料)에 대한 의존도를 낮추고 청정에너지의 사용 및 보급

을 확대하며 녹색기술 연구개발, 탄소흡수원 확충 등을 통하여 온실가스를 적정수준 이하로 줄이는 것을 말한다.
2. "녹색성장"이란 에너지와 자원을 절약하고 효율적으로 사용하여 기후변화와 환경훼손을 줄이고 청정에너지와 녹색기술의 연구개발을 통하여 새로운 성장동력을 확보하며 새로운 일자리를 창출해 나가는 등 경제와 환경이 조화를 이루는 성장을 말한다.
3. "녹색기술"이란 온실가스 감축기술, 에너지 이용 효율화 기술, 청정생산기술, 청정에너지 기술, 자원순환 및 친환경 기술(관련 융합기술을 포함한다) 등 사회·경제 활동의 전 과정에 걸쳐 에너지와 자원을 절약하고 효율적으로 사용하여 온실가스 및 오염물질의 배출을 최소화하는 기술을 말한다.
4. "녹색산업"이란 경제·금융·건설·교통물류·농림수산·관광 등 경제활동 전반에 걸쳐 에너지와 자원의 효율을 높이고 환경을 개선할 수 있는 재화(財貨)의 생산 및 서비스의 제공 등을 통하여 저탄소 녹색성장을 이루기 위한 모든 산업을 말한다.
5. "녹색제품"이란 에너지·자원의 투입과 온실가스 및 오염물질의 발생을 최소화하는 제품을 말한다.
6. "녹색생활"이란 기후변화의 심각성을 인식하고 일상생활에서 에너지를 절약하여 온실가스와 오염물질의 발생을 최소화하는 생활을 말한다.
7. "녹색경영"이란 기업이 경영활동에서 자원과 에너지를 절약하고 효율적으로 이용하며 온실가스 배출 및 환경오염의 발생을 최소화하면서 사회적, 윤리적 책임을 다하는 경영을 말한다.
8. "지속가능발전"이란 「지속가능발전법」 제2조제2호에 따른 지속가능발전을 말한다.
9. "온실가스"란 이산화탄소(CO_2), 메탄(CH_4), 아산화질소(N_2O), 수소불화탄소(HFCs), 과불화탄소(PFCs), 육불화황(SF_6) 및 그 밖에 대통령령으로 정하는 것으로 적외선 복사열을 흡수하거나 재방출하여 온실효과를 유발하는 대기 중의 가스 상태의 물질을 말한다.
10. "온실가스 배출"이란 사람의 활동에 수반하여 발생하는 온실가스를 대기 중에 배출·방출 또는 누출시키는 직접배출과 다른 사람으로부터 공급된 전기 또는 열(연료 또는 전기를 열원으로 하는 것만 해당한다)을 사용함으로써 온실가스가 배출되도록 하는 간접배출을 말한다.
11. "지구온난화"란 사람의 활동에 수반하여 발생하는 온실가스가 대기 중에 축적되어

온실가스 농도를 증가시킴으로써 지구 전체적으로 지표 및 대기의 온도가 추가적으로 상승하는 현상을 말한다.
12. "기후변화"란 사람의 활동으로 인하여 온실가스의 농도가 변함으로써 상당 기간 관찰되어 온 자연적인 기후변동에 추가적으로 일어나는 기후체계의 변화를 말한다.
13. "자원순환"이란 「자원순환기본법」 제2조제1호의 자원순환을 말한다.
14. "신·재생에너지"란 「신에너지 및 재생에너지 개발·이용·보급 촉진법」 제2조제1호 및 제2호에 따른 신에너지 및 재생에너지를 말한다.
15. "에너지 자립도"란 국내 총소비에너지량에 대하여 신·재생에너지 등 국내 생산에너지량 및 우리나라가 국외에서 개발(지분 취득을 포함한다)한 에너지량을 합한 양이 차지하는 비율을 말한다.

3. 저탄소 녹색성장 기본법의 목적

이 법은 경제와 환경의 조화로운 발전을 위하여 저탄소(低炭素) 녹색성장에 필요한 기반을 조성하고 녹색기술과 녹색산업을 새로운 성장동력으로 활용함으로써 국민경제의 발전을 도모하며 저탄소 사회 구현을 통하여 국민의 삶의 질을 높이고 국제사회에서 책임을 다하는 성숙한 선진 일류국가로 도약하는데 이바지함을 목적으로 한다.

> **확인문제**
>
> 다음은 저탄소 녹색성장 기본법의 목적이다. ( )안에 옳은 내용은?
>
> > ( )와/과 환경의 조화로운 발전을 위하여 저탄소 녹색성장에 필요한 기반을 조성하고 녹색기술과 녹색산업을 새로운 성장동력으로 활용함으로써 국민경제의 발전을 도모하며 저탄소 사회 구현을 통하여 국민의 삶의 질을 높이고 국제사회에서 책임을 다하는 성숙한 선진 인류국가로 도약하는 데 이바지함을 목적으로 한다.
>
> ① 경제   ② 인간   ③ 산업   ④ 개발
>
> **해설**
>
> [정답 ①]

4. 저탄소 녹색성장 추진의 기본원칙

저탄소 녹색성장은 다음 각 호의 기본원칙에 따라 추진되어야 한다.
1. 정부는 기후변화·에너지·자원 문제의 해결, 성장동력 확충, 기업의 경쟁력 강화, 국토의 효율적 활용 및 쾌적한 환경 조성 등을 포함하는 종합적인 국가 발전전략을 추진한다.
2. 정부는 시장기능을 최대한 활성화하여 민간이 주도하는 저탄소 녹색성장을 추진한다.
3. 정부는 녹색기술과 녹색산업을 경제성장의 핵심 동력으로 삼고 새로운 일자리를 창출·확대할 수 있는 새로운 경제체제를 구축한다.
4. 정부는 국가의 자원을 효율적으로 사용하기 위하여 성장잠재력과 경쟁력이 높은 녹색기술 및 녹색산업 분야에 대한 중점 투자 및 지원을 강화한다.
5. 정부는 사회·경제 활동에서 에너지와 자원 이용의 효율성을 높이고 자원순환을 촉진한다.
6. 정부는 자연자원과 환경의 가치를 보존하면서 국토와 도시, 건물과 교통, 도로·항만·상하수도 등 기반시설을 저탄소 녹색성장에 적합하게 개편한다.
7. 정부는 환경오염이나 온실가스 배출로 인한 경제적 비용이 재화 또는 서비스의 시장가격에 합리적으로 반영되도록 조세(租稅)체계와 금융체계를 개편하여 자원을 효율적으로 배분하고 국민의 소비 및 생활 방식이 저탄소 녹색성장에 기여하도록 적극 유도한다. 이 경우 국내산업의 국제경쟁력이 약화되지 않도록 고려하여야 한다.
8. 정부는 국민 모두가 참여하고 국가기관, 지방자치단체, 기업, 경제단체 및 시민단체가 협력하여 저탄소 녹색성장을 구현하도록 노력한다.
9. 정부는 저탄소 녹색성장에 관한 새로운 국제적 동향(動向)을 조기에 파악·분석하여 국가 정책에 합리적으로 반영하고, 국제사회의 구성원으로서 책임과 역할을 성실히 이행하여 국가의 위상과 품격을 높인다.

5. 저탄소 녹색성장 국가전략

1) 저탄소 녹색성장 국가전략
(1) 정부는 국가의 저탄소 녹색성장을 위한 정책목표·추진전략·중점추진과제 등을 포함

하는 저탄소 녹색성장 국가전략(이하 "녹색성장국가전략"이라 한다)을 수립·시행하여야 한다.

(2) 녹색성장국가전략에는 다음 각 호의 사항이 포함되어야 한다.
1. 제22조에 따른 녹색경제 체제의 구현에 관한 사항
2. 녹색기술·녹색산업에 관한 사항
3. 기후변화대응 정책, 에너지 정책 및 지속가능발전 정책에 관한 사항
4. 녹색생활, 제51조에 따른 녹색국토, 제53조에 따른 저탄소 교통체계 등에 관한 사항
5. 기후변화 등 저탄소 녹색성장과 관련된 국제협상 및 국제협력에 관한 사항
6. 그 밖에 재원조달, 조세·금융, 인력양성, 교육·홍보 등 저탄소 녹색성장을 위하여 필요하다고 인정되는 사항

(3) 정부는 녹색성장국가전략을 수립하거나 변경하려는 경우 제14조에 따른 녹색성장위원회의 심의 및 국무회의의 심의를 거쳐야 한다. 다만, 대통령령으로 정하는 경미한 사항을 변경하는 경우에는 그러하지 아니한다.

2) 중앙행정기관의 추진계획 수립·시행

(1) 중앙행정기관의 장은 녹색성장국가전략을 효율적·체계적으로 이행하기 위하여 대통령령으로 정하는 바에 따라 소관 분야의 추진계획(이하 "중앙추진계획"이라 한다)을 수립·시행하여야 한다.

(2) 중앙행정기관의 장은 중앙추진계획을 수립하거나 변경하는 때에는 대통령령으로 정하는 바에 따라 제14조에 따른 녹색성장위원회에 보고하여야 한다. 다만, 대통령령으로 정하는 경미한 사항을 변경하는 경우에는 그러하지 아니하다.

3) 지방자치단체의 추진계획 수립·시행

(1) 특별시장·광역시장·도지사 또는 특별자치도지사(이하 "시·도지사"라 한다)는 해당 지방자치단체의 저탄소 녹색성장을 촉진하기 위하여 대통령령으로 정하는 바에 따라 녹색성장국가전략과 조화를 이루는 지방녹색성장 추진계획(이하 "지방추진계획"이라 한다)을 수립·시행하여야 한다.

(2) 시·도지사는 지방추진계획을 수립하거나 변경하는 때에는 제20조에 따른 지방녹색성장위원회의 심의를 거친 후 지방의회에 보고하고 지체 없이 이를 제14조에 따른 녹색성장위원회에 제출하여야 한다. 다만, 대통령령으로 정하는 경미한 사항을 변경하는 경우에는 그러하지 아니하다.

4) 추진상황 점검 및 평가

(1) 국무총리는 대통령령으로 정하는 바에 따라 녹색성장국가전략과 중앙추진계획의 이행사항을 점검·평가하여야 한다. 이 경우 국무총리는 평가의 절차, 기준, 결과 등에 대하여 제14조에 따른 녹색성장위원회와 협의하여야 한다.

(2) 시·도지사는 대통령령으로 정하는 바에 따라 지방추진계획의 이행상황을 점검·평가하여 그 결과를 지방의회에 보고하고 지체 없이 이를 제14조에 따른 녹색성장위원회에 제출하여야 한다.

5) 정책에 관한 의견제시

(1) 제14조에 따른 녹색성장위원회는 제12조에 따른 추진상황 점검·평가 결과 등에 따라 필요하다고 인정되는 경우에는 관계 중앙행정기관의 장 또는 시·도지사에게 의견을 제시할 수 있다.

(2) 제1항에 따른 의견을 제시받은 관계 중앙행정기관의 장 또는 시·도지사는 해당 기관의 정책 등에 이를 반영하기 위하여 노력하여야 한다.

6. 녹색성장위원회 등

1) 녹색성장위원회의 구성 및 운영

① 국가의 저탄소 녹색성장과 관련된 주요 정책 및 계획과 그 이행에 관한 사항을 심의하기 위하여 국무총리 소속으로 녹색성장위원회(이하 "위원회"라 한다)를 둔다.
② 위원회는 위원장 2명을 포함한 50명 이내의 위원으로 구성한다.

③ 위원회의 위원장은 국무총리와 제4항제2호의 위원 중에서 대통령이 지명하는 사람이 된다.
④ 위원회의 위원은 다음 각 호의 사람이 된다.
1. 기획재정부장관, 과학기술정보통신부장관, 산업통상자원부장관, 환경부장관, 국토교통부장관 등 대통령령으로 정하는 공무원
2. 기후변화, 에너지·자원, 녹색기술·녹색산업, 지속가능발전 분야 등 저탄소 녹색성장에 관한 학식과 경험이 풍부한 사람 중에서 대통령이 위촉하는 사람
⑤ 위원회의 사무를 처리하게 하기 위하여 위원회에 간사위원 1명을 두며, 간사위원의 지명에 관한 사항은 대통령령으로 정한다.
⑥ 위원장은 각자 위원회를 대표하며, 위원회의 업무를 총괄한다.
⑦ 위원장이 부득이한 사유로 직무를 수행할 수 없는 때에는 국무총리인 위원장이 미리 정한 위원이 위원장의 직무를 대행한다.
⑧ 제4항제2호의 위원의 임기는 1년으로 하되, 연임할 수 있다.

2) 위원회의 기능

위원회는 다음 각 호의 사항을 심의한다.
1. 저탄소 녹색성장 정책의 기본방향에 관한 사항
2. 녹색성장국가전략의 수립·변경·시행에 관한 사항
3. 기후변화대응 기본계획, 에너지기본계획 및 지속가능발전 기본계획에 관한 사항
4. 저탄소 녹색성장 추진의 목표 관리, 점검, 실태조사 및 평가에 관한 사항
5. 관계 중앙행정기관 및 지방자치단체의 저탄소 녹색성장과 관련된 정책 조정 및 지원에 관한 사항
6. 저탄소 녹색성장과 관련된 법제도에 관한 사항
7. 저탄소 녹색성장을 위한 재원의 배분방향 및 효율적 사용에 관한 사항
8. 저탄소 녹색성장과 관련된 국제협상·국제협력, 교육·홍보, 인력양성 및 기반구축 등에 관한 사항
9. 저탄소 녹색성장과 관련된 기업 등의 고충조사, 처리, 시정권고 또는 의견표명
10. 다른 법률에서 위원회의 심의를 거치도록 한 사항
11. 그 밖에 저탄소 녹색성장과 관련하여 위원장이 필요하다고 인정하는 사항

3) 회의

① 위원장은 위원회의 회의를 소집하고 그 의장이 된다.
② 위원회의 회의는 정기회의와 임시회의로 구분하며, 임시회의는 위원장이 필요하다고 인정하는 경우 또는 위원 5명 이상의 소집요구가 있을 경우에 위원장이 소집한다.
③ 위원회의 회의는 위원 과반수의 출석으로 개의하고, 출석위원 과반수의 찬성으로 의결한다. 다만, 대통령령으로 정하는 경우에는 서면으로 심의·의결할 수 있다.
④ 제1항부터 제3항까지에서 규정한 사항 외에 정기회의의 시기 등 위원회의 운영에 필요한 사항은 대통령령으로 정한다.

4) 분과위원회

① 위원회의 업무를 효율적으로 수행·지원하고 위원회가 위임하는 업무를 검토·조정 또는 처리하기 위하여 대통령령으로 정하는 바에 따라 위원회에 분과위원회를 둘 수 있다.
② 분과위원회는 위촉위원으로 구성하며, 분과위원회의 위원장은 분과위원회의 위원 중에서 호선(互選)한다.
③ 중앙행정기관의 고위공무원단에 속하는 공무원은 관계 분야의 안건에 대하여 해당 분과위원회에 참석하여 의견을 제시할 수 있다.
④ 제1항부터 제3항까지에서 규정한 사항 외에 분과위원회의 운영에 필요한 사항은 위원회의 의결을 거쳐 위원회의 위원장이 정한다.

5) 공무원 등의 파견 요청

위원회는 위원회의 운영을 위하여 필요한 경우에는 중앙행정기관, 지방자치단체 소속의 공무원 및 관련 민간기관·단체 또는 연구소, 기업 임직원 등의 파견 또는 겸임을 요청할 수 있다.

6) 지방녹색성장위원회의 구성 및 운영

① 지방자치단체의 저탄소 녹색성장과 관련된 주요 정책 및 계획과 그 이행에 관한 사항을 심의하기 위하여 시·도지사 소속으로 지방녹색성장위원회(이하 "지방녹색성장위원회"라 한다)를 둘 수 있다.

② 지방녹색성장위원회의 구성, 운영 및 기능 등에 필요한 사항은 대통령령으로 정한다.

7) 녹색성장책임관의 지정

저탄소 녹색성장의 원활한 추진을 위하여 중앙행정기관의 장 및 시·도지사는 소속 공무원 중에서 녹색성장책임관을 지정할 수 있다.

확인문제

녹색성장위원회에 관한 설명으로 옳지 않은 것은?

① 녹색성장위원회는 국가의 저탄소 녹색성장과 관련된 주요 정책 및 계획과 그 이행에 관한 사항을 심의하기 위하여 환경부 소속으로 둔다.
② 녹색성장위원회의 회의는 위원 과반수 출석으로 개의하고, 출석위원 과반수의 찬성으로 의결한다. 다만, 대통령령으로 정하는 경우에는 서면으로 심의·의결할 수 있다.
③ 녹색성장위원회에 업무를 효율적으로 수행·지원하고 위원회가 위임하는 업무를 검토·조정 또는 처리하기 위하여 대통령령으로 정하는바에 따라 위원회에 분과 위원회를 둘 수 있다.
④ 지방자치단체의 저탄소 녹색성장과 관련된 주요 정책 및 계획과 그 이행에 관한 사항을 심의하기 위하여 시·도지사 소속으로 지방녹색성장위원회를 둘 수 있다.

[정답 ①]

---

7. 저탄소 녹색성장의 추진

1) 녹색경제·녹색산업 구현을 위한 기본원칙

① 정부는 화석연료의 사용을 단계적으로 축소하고 녹색기술과 녹색산업을 육성함으로써 국가경쟁력을 강화하고 지속가능발전을 추구하는 경제(이하 "녹색경제"라 한다)를 구현하여야 한다.
② 정부는 녹색경제 정책을 수립·시행할 때 금융·산업·과학기술·환경·국토·문화 등 다양한 부문을 통합적 관점에서 균형 있게 고려하여야 한다.
③ 정부는 새로운 녹색산업의 창출, 기존 산업의 녹색산업으로의 전환 및 관련 산업과의 연계 등을 통하여 에너지·자원 다소비형 산업구조가 저탄소 녹색산업구조로 단

계적으로 전환되도록 노력하여야 한다.
④ 정부는 저탄소 녹색성장을 추진할 때 지역 간 균형발전을 도모하며 저소득층이 소외되지 않도록 지원 및 배려하여야 한다.

2) 녹색경제 · 녹색산업의 육성 · 지원

① 정부는 녹색경제를 구현함으로써 국가경제의 건전성과 경쟁력을 강화하고 성장잠재력이 큰 새로운 녹색산업을 발굴 · 육성하는 등 녹색경제 · 녹색산업의 육성 · 지원 시책을 마련하여야 한다.
② 제1항에 따른 녹색경제 · 녹색산업의 육성 · 지원 시책에는 다음 각 호의 사항이 포함되어야 한다.
1. 국내외 경제여건 및 전망에 관한 사항
2. 기존 산업의 녹색산업 구조로의 단계적 전환에 관한 사항
3. 녹색산업을 촉진하기 위한 중장기 · 단계별 목표, 추진전략에 관한 사항
4. 녹색산업의 신성장동력으로의 육성 · 지원에 관한 사항
5. 전기 · 정보통신 · 교통시설 등 기존 국가기반시설의 친환경 구조로의 전환에 관한 사항
6. 녹색경영을 위한 자문서비스 산업의 육성에 관한 사항
7. 녹색산업 인력 양성 및 일자리 창출에 관한 사항
8. 그 밖에 녹색경제 · 녹색산업의 촉진에 관한 사항

3) 자원순환의 촉진

① 정부는 자원을 절약하고 효율적으로 이용하며 폐기물의 발생을 줄이는 등 자원순환의 촉진과 자원생산성 제고를 위하여 자원순환 산업을 육성 · 지원하기 위한 다양한 시책을 마련하여야 한다.
② 제1항에 따른 자원순환 산업의 육성 · 지원 시책에는 다음 각 호의 사항이 포함되어야 한다.
1. 자원순환 촉진 및 자원생산성 제고 목표설정
2. 자원의 수급 및 관리
3. 유해하거나 재제조 · 재활용이 어려운 물질의 사용억제
4. 폐기물 발생의 억제 및 재제조 · 재활용 등 재자원화

5. 에너지자원으로 이용되는 목재, 식물, 농산물 등 바이오매스의 수집·활용
6. 자원순환 관련 기술개발 및 산업의 육성
7. 자원생산성 향상을 위한 교육훈련·인력양성 등에 관한 사항

4) 기업의 녹색경영 촉진

① 정부는 기업의 녹색경영을 지원·촉진하여야 한다.
② 정부는 기업의 녹색경영을 지원·촉진하기 위하여 다음 각 호의 사항을 포함하는 시책을 수립·시행하여야 한다.
1. 친환경 생산체제로의 전환을 위한 기술지원
2. 기업의 에너지·자원 이용 효율화, 온실가스 배출량 감축, 산림조성 및 자연환경 보전, 지속가능발전 정보 등 녹색경영 성과의 공개
3. 중소기업의 녹색경영에 대한 지원
4. 그 밖에 저탄소 녹색성장을 위한 기업활동 지원에 관한 사항

5) 녹색기술의 연구개발 및 사업화 등의 촉진

① 정부는 녹색기술의 연구개발 및 사업화 등을 촉진하기 위하여 다음 각 호의 사항을 포함하는 시책을 수립·시행할 수 있다.
1. 녹색기술과 관련된 정보의 수집·분석 및 제공
2. 녹색기술 평가기법의 개발 및 보급
3. 녹색기술 연구개발 및 사업화 등의 촉진을 위한 금융지원
4. 녹색기술 전문인력의 양성 및 국제협력 등
② 정부는 정보통신·나노·생명공학 기술 등의 융합을 촉진하고 녹색기술의 지식재산권화를 통하여 저탄소 지식기반경제로의 이행을 신속하게 추진하여야 한다.
③ 「과학기술기본법」에 따른 과학기술기본계획에 제1항의 시책이 포함되는 경우에는 미리 위원회의 의견을 들어야 한다.

6) 정보통신기술의 보급·활용

① 정부는 에너지 절약, 에너지 이용효율 향상 및 온실가스 감축을 위하여 정보통신기

술 및 서비스를 적극 활용하는 다음 각 호에 대한 시책을 수립·시행하여야 한다.
1. 방송통신 네트워크 등 정보통신 기반 확대
2. 새로운 정보통신 서비스의 개발·보급
3. 정보통신 산업 및 기기 등에 대한 녹색기술 개발 촉진

② 정부는 저탄소 녹색성장을 위한 생활문화를 조속히 확산시키기 위하여 재택근무·영상회의·원격교육·원격진료 등을 활성화하는 등의 방송통신 시책을 수립·시행하여야 한다.

③ 정부는 정보통신기술을 활용하여 전력 네트워크를 지능화·고도화함으로써 고품질의 전력서비스를 제공하고 에너지 이용효율을 극대화하며 온실가스를 획기적으로 감축할 수 있도록 하여야 한다.

7) 금융의 지원 및 활성화

정부는 저탄소 녹색성장을 촉진하기 위하여 다음 각 호의 사항을 포함하는 금융 시책을 수립·시행하여야 한다.
1. 녹색경제 및 녹색산업의 지원 등을 위한 재원의 조성 및 자금 지원
2. 저탄소 녹색성장을 지원하는 새로운 금융상품의 개발
3. 저탄소 녹색성장을 위한 기반시설 구축사업에 대한 민간투자 활성화
4. 기업의 녹색경영 정보에 대한 공시제도 등의 강화 및 녹색경영 기업에 대한 금융지원 확대
5. 탄소시장(온실가스를 배출할 수 있는 권리 또는 온실가스의 감축·흡수 실적 등을 거래하는 시장을 말한다. 이하 같다)의 개설 및 거래 활성화 등

8) 녹색산업투자회사의 설립과 지원

① 녹색기술 및 녹색산업에 자산을 투자하여 그 수익을 투자자에게 배분하는 것을 목적으로 하는 녹색산업투자회사(「자본시장과 금융투자업에 관한 법률」제9조제18항의 집합투자기구를 말한다. 이하 같다)를 설립할 수 있다.
② 녹색산업투자회사가 투자하는 녹색기술 및 녹색산업은 다음 각호에서 정하는 사업 또는 기업으로 한다.

1. 제2조제3호에 따른 녹색기술에 대한 연구와 시제품의 제작 및 상용화를 위한 연구개발 또는 기술지원 사업
2. 제2조제4호에 따른 녹색산업에 해당하는 사업
3. 녹색기술 또는 녹색산업에 대한 투자 또는 영업을 영위하는 기업

③ 정부는 「공공기관의 운영에 관한 법률」 제4조에 따른 공공기관이 녹색산업투자회사에 출자하려는 경우 이를 위한 자금의 전부 또는 일부를 예산의 범위에서 지원할 수 있다.

④ 금융위원회는 제3항의 규정에 따라 공공기관이 출자한 녹색산업투자회사(해당 회사의 자산운용회사·자산보관회사 및 일반사무관리회사를 포함한다. 이하 이 조에서 같다)에게 해당 회사의 업무 및 재산 등에 관한 자료의 제출이나 보고를 요구할 수 있으며, 관계 중앙행정기관은 금융위원회에 해당 자료의 제출을 요구할 수 있다.

⑤ 관계 중앙행정기관은 제4항에 의하여 제출된 자료나 보고 내용에 대하여 검사가 필요하다고 인정하는 경우 금융위원회에게 해당 녹색산업투자회사에 대한 업무 및 재산 등에 관한 검사를 요청할 수 있으며, 해당 검사 결과 중대한 문제가 있다고 여겨지는 경우에는 금융위원회는 관계 중앙행정기관과 협의하여 해당 녹색산업투자회사의 등록을 취소할 수 있다.

⑥ 제1항 내지 제5항에 따른 녹색산업투자회사의 설립·운영 및 재정지원과 그 밖에 필요한 세부사항은 대통령령으로 정한다.

9) 조세 제도 운영

정부는 에너지·자원의 위기 및 기후변화 문제에 효과적으로 대응하고 저탄소 녹색성장을 촉진하기 위하여 온실가스와 오염물질을 발생시키거나 에너지·자원 이용효율이 낮은 재화와 서비스를 줄이고 환경친화적인 재화와 서비스를 촉진하는 방향으로 국가의 조세 제도를 운영하여야 한다.

10) 녹색기술·녹색산업에 대한 지원·특례 등

① 국가 또는 지방자치단체는 녹색기술·녹색산업에 대하여 보조금의 지급 등 필요한 지원을 할 수 있다.

② 「신용보증기금법」에 따라 설립된 신용보증기금 및 「기술보증기금법」에 따라 설립된 기술보증기금은 녹색기술·녹색산업에 우선적으로 신용보증을 하거나 보증조건 등을 우

대할 수 있다.
③ 국가나 지방자치단체는 녹색기술·녹색산업과 관련된 기업을 지원하기 위하여 「조세특례제한법」과 「지방세법」에서 정하는 바에 따라 소득세·법인세·취득세·재산세·등록세 등을 감면할 수 있다.
④ 국가나 지방자치단체는 녹색기술·녹색산업과 관련된 기업이 「외국인투자 촉진법」 제2조제1항제4호에 따른 외국인투자를 유치하는 경우에 이를 최대한 지원하기 위하여 노력하여야 한다.

11) 녹색기술·녹색산업의 표준화 및 인증 등

① 정부는 국내에서 개발되었거나 개발 중인 녹색기술·녹색산업이 「국가표준기본법」 제3조제2호에 따른 국제표준에 부합되도록 표준화 기반을 구축하고 녹색기술·녹색산업의 국제표준화 활동 등에 필요한 지원을 할 수 있다.
② 정부는 녹색기술·녹색산업의 발전을 촉진하기 위하여 녹색기술, 녹색사업, 녹색제품 등에 대한 적합성 인증을 하거나 녹색전문기업 확인, 공공기관의 구매의무화 또는 기술지도 등을 할 수 있다.
③ 정부는 다음 각 호의 어느 하나에 해당하는 경우에는 제2항에 따른 적합성 인증 및 녹색전문기업 확인을 취소하여야 한다.
1. 거짓이나 그 밖의 부정한 방법으로 인증이나 확인을 받은 경우
2. 중대한 결함이 있어 인증이나 확인이 적당하지 아니하다고 인정되는 경우
④ 제1항 내지 제3항에 따른 표준화, 인증 및 취소 등에 관하여 그 밖에 필요한 사항은 대통령령으로 정한다.

12) 중소기업의 지원 등

정부는 중소기업의 녹색기술 및 녹색경영을 촉진하기 위하여 다음 각 호의 시책을 수립·시행할 수 있다.
1. 대기업과 중소기업의 공동사업에 대한 우선 지원
2. 대기업의 중소기업에 대한 기술지도·기술이전 및 기술인력 파견에 대한 지원

3. 중소기업의 녹색기술 사업화의 촉진
4. 녹색기술 개발 촉진을 위한 공공시설의 이용
5. 녹색기술·녹색산업에 관한 전문인력 양성·공급 및 국외진출
6. 그 밖에 중소기업의 녹색기술 및 녹색경영을 촉진하기 위한 사항

13) 녹색기술·녹색산업 집적지 및 단지 조성 등
① 정부는 녹색기술의 공동연구개발, 시설장비의 공동활용 및 산·학·연 네트워크 구축 등의 사업을 위한 집적지와 단지를 조성하거나 이를 지원할 수 있다.
② 제1항에 따른 사업을 추진하는 경우에는 다음 각 호의 사항을 고려하여야 한다.
1. 산업단지별 산업집적 현황에 관한 사항
2. 기업·대학·연구소 등의 연구개발 역량강화 및 상호연계에 관한 사항
3. 산업집적기반시설의 확충 및 우수한 녹색기술·녹색산업 인력의 유치에 관한 사항
4. 녹색기술·녹색산업의 사업추진체계 및 재원조달방안
③ 정부는 대통령령으로 정하는 기관 또는 단체로 하여금 녹색기술·녹색산업 집적지 및 단지를 조성하게 할 수 있다.
④ 정부는 제3항에 따른 기관 또는 단체가 같은 항에 따른 녹색기술·녹색산업 집적지 및 단지를 조성하는 사업을 수행하는 데에 소요되는 비용의 전부 또는 일부를 출연할 수 있다.

14) 녹색기술·녹색산업에 대한 일자리 창출 등
① 정부는 녹색기술·녹색산업에 대한 일자리를 창출·확대하여 모든 국민이 녹색성장의 혜택을 누릴 수 있도록 하여야 한다.
② 정부는 녹색기술·녹색산업에 대한 일자리를 창출하는 과정에서 산업분야별 노동력의 원활한 이동·전환을 촉진하고 국민이 새로운 기술을 습득할 수 있는 기회를 확대하며, 녹색기술·녹색산업에 대한 일자리 창출을 위한 재정적·기술적 지원을 할 수 있다.

15) 규제의 선진화

① 정부는 자원을 효율적으로 이용하고 온실가스와 오염물질의 발생을 줄이기 위한 규제를 도입하려는 경우에는 온실가스 또는 오염물질의 발생 원인자가 스스로 온실가스와 오염물질의 발생을 줄이도록 유도함으로써 사회·경제적 비용을 줄이도록 노력하여야 한다.

② 정부는 온실가스와 오염물질의 발생을 줄이기 위한 규제를 도입하려는 경우에는 민간의 자율과 창의를 저해하지 않도록 하고, 기업의 규제에 대한 국내외 실태조사 등을 하여 산업경쟁력을 높일 수 있도록 규제의 중복을 피하는 등 규제 체계를 선진화하여야 한다.

16) 국제규범 대응

① 정부는 외국 정부 또는 국제기구에서 제정하거나 도입하려는 저탄소 녹색성장과 관련된 제도·정책에 관한 동향과 정보를 수집·조사·분석하여 관련 제도·정책을 합리적으로 정비하고 지원체제를 구축하는 등 적절한 대책을 마련하여야 한다.

② 정부는 제1항의 동향·정보 및 대책에 관한 사항을 기업·국민들에게 충분히 제공함으로써 국내 기업과 국민들이 대응역량을 높일 수 있도록 하여야 한다.

확인문제

정부가 기업의 녹색경영을 지원·촉진하기 위하여 수립·시행하는 시책에 포함되어야 하는 사항과 가장 거리가 먼 것은?

① 친환경 생산체제로의 전환을 위한 기술지원
② 녹색기술 전문인력의 양성 및 지원
③ 중소기업의 녹색경영에 대한 지원
④ 기업의 에너지·자원 이용 효율화, 온실가스 배출량 감축, 산림조성 및 자연환경 보전, 지속가능발전 정보 등 녹색경영 성과의 공개

해설

[정답 ②]

> **확인문제**
>
> 자원순환 산업의 육성·지원 시책에 포함되어야 하는 사항과 가장 거리가 먼 것은?
>
> ① 자원의 수급 및 관리
> ② 자원순환 관련 기술개발 및 산업의 육성
> ③ 친환경 생산체제 전환 촉진 및 지원
> ④ 폐기물 발생의 억제 및 재제조·재활용 등 재자원화
>
> **해설**
>
> [정답 ③]

> **확인문제**
>
> 정부가 저탄소 녹색성장을 촉진하기 위하여 수립·시행하여야 하는 금융 시책에 포함되어야 하는 사항과 가장 거리가 먼 것은?
>
> ① 녹색경제 및 녹색산업의 지원 등을 위한 재원의 조성 및 자금 지원
> ② 저탄소 녹색성장을 지원하는 새로운 금융상품의 개발
> ③ 저탄소 녹색성장을 위한 기반시설 구축사업에 대한 민간투자 활성화
> ④ 녹색경제 관련 정보의 수집·분석 및 제공
>
> **해설**
>
> [정답 ④]

8. 저탄소 사회의 구현

1) 기후변화대응의 기본원칙

정부는 저탄소 사회를 구현하기 위하여 기후변화대응 정책 및 관련 계획을 다음 각 호의 원칙에 따라 수립·시행하여야 한다.

1. 지구온난화에 따른 기후변화 문제의 심각성을 인식하고 국가적·국민적 역량을 모아 총체적으로 대응하고 범지구적 노력에 적극 참여한다.
2. 온실가스 감축의 비용과 편익을 경제적으로 분석하고 국내 여건 등을 감안하여 국가온실가스 중장기 감축 목표를 설정하고, 가격기능과 시장원리에 기반을 둔 비용

효과적 방식의 합리적 규제체제를 도입함으로써 온실가스 감축을 효율적·체계적으로 추진한다.
3. 온실가스를 획기적으로 감축하기 위하여 정보통신·나노·생명 공학 등 첨단기술 및 융합기술을 적극 개발하고 활용한다.
4. 온실가스 배출에 따른 권리·의무를 명확히 하고 이에 대한 시장거래를 허용함으로써 다양한 감축수단을 자율적으로 선택할 수 있도록 하고, 국내 탄소시장을 활성화하여 국제 탄소시장에 적극 대비한다.
5. 대규모 자연재해, 환경생태와 작물상황의 변화에 대비하는 등 기후변화로 인한 영향을 최소화하고 그 위험 및 재난으로부터 국민의 안전과 재산을 보호한다.

2) 에너지정책 등의 기본원칙

정부는 저탄소 녹색성장을 추진하기 위하여 에너지정책 및 에너지와 관련된 계획을 다음 각 호의 원칙에 따라 수립·시행하여야 한다.
1. 석유·석탄 등 화석연료의 사용을 단계적으로 축소하고 에너지 자립도를 획기적으로 향상시킨다.
2. 에너지 가격의 합리화, 에너지의 절약, 에너지 이용효율 제고 등 에너지 수요관리를 강화하여 지구온난화를 예방하고 환경을 보전하며, 에너지 저소비·자원순환형 경제·사회구조로 전환한다.
3. 태양에너지, 폐기물·바이오에너지, 풍력, 지열, 조력, 연료전지, 수소에너지 등 신·재생에너지의 개발·생산·이용 및 보급을 확대하고 에너지 공급원을 다변화한다.
4. 에너지가격 및 에너지산업에 대한 시장경쟁 요소의 도입을 확대하고 공정거래 질서를 확립하며, 국제규범 및 외국의 법제도 등을 고려하여 에너지산업에 대한 규제를 합리적으로 도입·개선하여 새로운 시장을 창출한다.
5. 국민이 저탄소 녹색성장의 혜택을 고루 누릴 수 있도록 저소득층에 대한 에너지 이용 혜택을 확대하고 형평성을 제고하는 등 에너지와 관련한 복지를 확대한다.
6. 국외 에너지자원 확보, 에너지의 수입 다변화, 에너지 비축 등을 통하여 에너지를 안정적으로 공급함으로써 에너지에 관한 국가안보를 강화한다.

3) 기후변화대응 기본계획

① 정부는 기후변화대응의 기본원칙에 따라 20년을 계획기간으로 하는 기후변화대응 기본계획을 5년마다 수립·시행하여야 한다.

② 기후변화대응 기본계획을 수립하거나 변경하는 경우에는 위원회의 심의 및 국무회의 심의를 거쳐야 한다. 다만, 대통령령으로 정하는 경미한 사항을 변경하는 경우에는 그러하지 아니하다.

③ 기후변화대응 기본계획에는 다음 각 호의 사항이 포함되어야 한다.

1. 국내외 기후변화 경향 및 미래 전망과 대기 중의 온실가스 농도변화
2. 온실가스 배출·흡수 현황 및 전망
3. 온실가스 배출 중장기 감축목표 설정 및 부문별·단계별 대책
4. 기후변화대응을 위한 국제협력에 관한 사항
5. 기후변화대응을 위한 국가와 지방자치단체의 협력에 관한 사항
6. 기후변화대응 연구개발에 관한 사항
7. 기후변화대응 인력양성에 관한 사항
8. 기후변화의 감시·예측·영향·취약성평가 및 재난방지 등 적응대책에 관한 사항
9. 기후변화대응을 위한 교육·홍보에 관한 사항
10. 그 밖에 기후변화대응 추진을 위하여 필요한 사항

4) 에너지기본계획의 수립

① 정부는 에너지정책의 기본원칙에 따라 20년을 계획기간으로 하는 에너지기본계획(이하 이 조에서 "에너지기본계획"이라 한다)을 5년마다 수립·시행하여야 한다.

② 에너지기본계획을 수립하거나 변경하는 경우에는 「에너지법」 제9조에 따른 에너지위원회의 심의를 거친 다음 위원회와 국무회의의 심의를 거쳐야 한다. 다만, 대통령령으로 정하는 경미한 사항을 변경하는 경우에는 그러하지 아니하다.

③ 에너지기본계획에는 다음 각 호의 사항이 포함되어야 한다.

1. 국내외 에너지 수요와 공급의 추이 및 전망에 관한 사항
2. 에너지의 안정적 확보, 도입·공급 및 관리를 위한 대책에 관한 사항
3. 에너지 수요 목표, 에너지원 구성, 에너지 절약 및 에너지 이용효율 향상에 관한 사항
4. 신·재생에너지 등 환경친화적 에너지의 공급 및 사용을 위한 대책에 관한 사항

5. 에너지 안전관리를 위한 대책에 관한 사항
6. 에너지 관련 기술개발 및 보급, 전문인력 양성, 국제협력, 부존 에너지자원 개발 및 이용, 에너지 복지 등에 관한 사항

5) 기후변화대응 및 에너지의 목표관리

① 정부는 범지구적인 온실가스 감축에 적극 대응하고 저탄소 녹색성장을 효율적·체계적으로 추진하기 위하여 다음 각 호의 사항에 대한 중장기 및 단계별 목표를 설정하고 그 달성을 위하여 필요한 조치를 강구하여야 한다.
1. 온실가스 감축 목표
2. 에너지 절약 목표 및 에너지 이용효율 목표
3. 에너지 자립 목표
4. 신·재생에너지 보급 목표

② 정부는 제1항에 따른 목표를 설정할 때 국내 여건 및 각국의 동향 등을 고려하여야 한다.
③ 정부는 제1항제1호에 따른 온실가스 감축 목표를 변경하는 경우에는 공청회 개최 등을 통하여 관계 전문가 및 이해관계자의 의견을 들어야 한다. 이 경우 그 의견이 타당하다고 인정하는 경우에는 이를 반영하여야 한다.
④ 정부는 제1항에 따른 목표를 달성하기 위하여 관계 중앙행정기관, 지방자치단체 및 대통령령으로 정하는 공공기관 등에 대하여 대통령령으로 정하는 바에 따라 해당 기관별로 에너지절약 및 온실가스 감축목표를 설정하도록 하고 그 이행사항을 지도·감독할 수 있다.
⑤ 정부는 제1항제1호 및 제2호에 따른 목표를 달성할 수 있도록 산업, 교통·수송, 가정·상업 등 부문별 목표를 설정하고 그 달성을 위하여 필요한 조치를 적극 마련하여야 한다.
⑥ 정부는 제1항제1호 및 제2호에 따른 목표를 달성하기 위하여 대통령령으로 정하는 기준량 이상의 온실가스 배출업체 및 에너지 소비업체(이하 "관리업체"라 한다)별로 측정·보고·검증이 가능한 방식으로 목표를 설정·관리하여야 한다. 이 경우 정부는 관리업체와 미리 협의하여야 하며, 온실가스 배출 및 에너지 사용 등의 이력, 기술 수준, 국제경쟁력, 국가목표 등을 고려하여야 한다.

⑦ 관리업체는 제6항에 따른 목표를 준수하여야 하며, 그 실적을 대통령령으로 정하는 바에 따라 정부에 보고하여야 한다.
⑧ 정부는 제7항에 따라 보고받은 실적에 대하여 등록부를 작성하고 체계적으로 관리하여야 한다.
⑨ 정부는 관리업체의 준수실적이 제6항에 따른 목표에 미달하는 경우 목표달성을 위하여 필요한 개선을 명할 수 있다. 이 경우 관리업체는 개선명령에 따른 이행계획을 작성하여 이를 성실히 이행하여야 한다.
⑩ 관리업체는 제9항에 따른 이행결과를 측정·보고·검증이 가능한 방식으로 작성하여 대통령령으로 정하는 공신력 있는 외부 전문기관의 검증을 받아 정부에 보고하고 공개하여야 한다.
⑪ 정부는 관리업체가 제6항에 따른 목표를 달성하고 제9항에 따른 이행계획을 차질 없이 이행할 수 있도록 하기 위하여 필요한 경우 재정·세제·경영·기술지원, 실태조사 및 진단, 자료 및 정보의 제공 등을 할 수 있다.
⑫ 제6항부터 제10항까지에서 규정한 사항 외에 등록부의 관리, 관리업체의 지원 등에 필요한 사항은 대통령령으로 정한다.

6) 온실가스 감축의 조기행동 촉진

① 정부는 관리업체가 제42조제6항에 따른 목표관리를 받기 전에 자발적으로 행한 실적에 대해서는 이를 목표관리 실적으로 인정하거나 그 실적을 거래할 수 있도록 하는 등 자발적으로 온실가스를 미리 감축하는 행동을 하도록 촉진하여야 한다.
② 제1항에 따른 실적을 거래할 수 있는 방법 및 절차 등에 필요한 사항은 대통령령으로 정한다.

7) 온실가스 배출량 및 에너지 사용량 등의 보고

① 관리업체는 사업장별로 매년 온실가스 배출량 및 에너지 소비량에 대하여 측정·보고·검증 가능한 방식으로 명세서를 작성하여 정부에 보고하여야 한다.
② 관리업체는 제1항에 따른 보고를 할 때 명세서의 신뢰성 여부에 대하여 대통령령으로 정하는 공신력 있는 외부 전문기관의 검증을 받아야 한다. 이 경우 정부는 명세서

에 흠이 있거나 빠진 부분에 대하여 시정 또는 보완을 명할 수 있다.
③ 정부는 명세서를 체계적으로 관리하고 명세서에 포함된 주요 정보를 관리업체별로 공개할 수 있다. 다만, 관리업체는 정보공개로 인하여 그 관리업체의 권리나 영업상의 비밀이 현저히 침해되는 특별한 사유가 있는 경우에는 비공개를 요청할 수 있다.
④ 정부는 관리업체로부터 제3항 단서에 따른 정보의 비공개 요청을 받았을 때에는 심사위원회를 구성하여 30일 이내에 그 결과를 통지하여야 한다.
⑤ 명세서의 내용, 보고·관리, 공개방법 및 심사위원회의 구성·운영 등에 필요한 사항은 대통령령으로 정한다.

8) 온실가스 종합정보관리체계의 구축

① 정부는 국가 온실가스 배출량·흡수량, 배출·흡수 계수(係數), 온실가스 관련 각종 정보 및 통계를 개발·검증·관리하는 온실가스 종합정보관리체계를 구축하여야 한다.
② 관계 중앙행정기관의 장은 제1항에 따른 종합정보관리체계가 원활히 운영될 수 있도록 에너지·산업공정·농업·폐기물·산림 등 부문별 소관 분야의 정보 및 통계를 작성하여 제공하는 등 적극 협력하여야 한다.
③ 정부는 제1항에 따른 각종 정보 및 통계를 작성·관리하거나 종합정보관리체계를 구축함에 있어 국제기준을 최대한 반영하여 전문성·투명성 및 신뢰성을 제고하여야 한다.
④ 정부는 제1항에 따른 각종 정보 및 통계를 분석·검증하여 그 결과를 매년 공표하여야 한다.
⑤ 제1항부터 제4항까지에서 규정한 사항 외에 세부적인 정보 및 통계 관리방법, 관리기관 및 방법 등은 대통령령으로 정한다.

9) 총량제한 배출권 거래제 등의 도입

① 정부는 시장기능을 활용하여 효율적으로 국가의 온실가스 감축목표를 달성하기 위하여 온실가스 배출권을 거래하는 제도를 운영할 수 있다.
② 제1항의 제도에는 온실가스 배출허용총량을 설정하고 배출권을 거래하는 제도 및 기타 국제적으로 인정되는 거래 제도를 포함한다.

③ 정부는 제2항에 따른 제도를 실시할 경우 기후변화 관련 국제협상을 고려하여야 하고, 국제경쟁력이 현저하게 약화될 우려가 있는 제42조제6항의 관리업체에 대하여는 필요한 조치를 강구할 수 있다.
④ 제2항에 따른 제도의 실시를 위한 배출허용량의 할당방법, 등록·관리방법 및 거래소 설치·운영 등은 따로 법률로 정한다.

10) 교통부문의 온실가스 관리

① 자동차 등 교통수단을 제작하려는 자는 그 교통수단에서 배출되는 온실가스를 감축하기 위한 방안을 마련하여야 하며, 온실가스 감축을 위한 국제경쟁 체제에 부응할 수 있도록 적극 노력하여야 한다.
② 정부는 자동차의 평균에너지소비효율을 개선함으로써 에너지 절약을 도모하고, 자동차 배기가스 중 온실가스를 줄임으로써 쾌적하고 적정한 대기환경을 유지할 수 있도록 자동차 평균에너지소비효율기준 및 자동차 온실가스 배출허용기준을 각각 정하되, 이중규제가 되지 않도록 자동차 제작업체(수입업체를 포함한다)로 하여금 어느 한 기준을 택하여 준수토록 하고 측정방법 등이 중복되지 않도록 하여야 한다.
③ 정부는 온실가스 배출량이 적은 자동차 등을 구매하는 자에 대하여 재정적 지원을 강화하고 온실가스 배출량이 많은 자동차 등을 구매하는 자에 대해서는 부담금을 부과하는 등의 방안을 강구할 수 있다.
④ 정부는 하이브리드 자동차, 수소연료전지 자동차 등 저탄소·고효율 교통수단의 제작·보급을 촉진하기 위하여 재정·세제 지원, 연구개발 및 관련 제도 개선 등의 방안을 강구할 수 있다.

11) 기후변화 영향평가 및 적응대책의 추진

① 정부는 기상현상에 대한 관측·예측·제공·활용 능력을 높이고, 지역별·권역별로 태양력·풍력·조력 등 신·재생에너지원을 확보할 수 있는 잠재력을 지속적으로 분석·평가하여 이에 관한 기상정보관리체계를 구축·운영하여야 한다.

② 정부는 기후변화에 대한 감시·예측의 정확도를 향상시키고 생물자원 및 수자원 등의 변화 상황과 국민건강에 미치는 영향 등 기후변화로 인한 영향을 조사·분석하기 위한 조사·연구, 기술개발, 관련 전문기관의 지원 및 국내외 협조체계 구축 등의 시책을 추진하여야 한다.
③ 정부는 관계 중앙행정기관의 장과 협의하여 기후변화로 인한 생태계, 생물다양성, 대기, 수자원·수질, 보건, 농·수산식품, 산림, 해양, 산업, 방재 등에 미치는 영향 및 취약성을 조사·평가하고 그 결과를 공표하여야 한다.
④ 정부는 기후변화로 인한 피해를 줄이기 위하여 사전 예방적 관리에 우선적인 노력을 기울여야 하며 대통령령으로 정하는 바에 따라 기후변화의 영향을 완화시키거나 건강·자연재해 등에 대응하는 적응대책을 수립·시행하여야 한다.
⑤ 정부는 국민·사업자 등이 기후변화 적응대책에 따라 활동할 경우 이에 필요한 기술적 및 재정적 지원을 할 수 있다.

확인문제

저탄소 사회구현을 위한 기후변화대응의 기본원칙과 거리가 먼 것은?

① 지구온난화에 따른 기후변화 문제의 심각성을 인식하고 국가적·국민적 역량을 모아 총체적으로 대응하고 범지구적 노력에 적극 참여한다.
② 석유·석탄 등 화석연료의 사용을 단계적으로 축소하고 에너지 자립도를 획기적으로 향상시킨다.
③ 온실가스를 획기적으로 감축하기 위하여 정보통신·나노·생명 공학 등 첨단기술 및 융합기술을 적극 개발하고 활용한다.
④ 대규모 자연재해, 환경생태와 작물상황의 변화에 대비하는 등 기후변화로 인한 영향을 최소화하고, 그 위험 및 재난으로부터 국민의 안전과 재산을 보호한다.

해설

[정답 ②]

> **확인문제**
>
> 정부는 기후변화대응 기본계획을 몇 년마다 수립·시행하여야 하는가?
>
> ① 3년　　　　② 5년　　　　③ 7년　　　　④ 10년
>
> **해설**
>
> [정답 ②]

9. 녹색생활 및 지속가능발전의 실현

1) 녹색생활 및 지속가능발전의 기본원칙

녹색생활 및 지속가능발전의 실현을 위한 국가의 시책은 다음 각 호의 기본원칙에 따라 추진되어야 한다.

1. 국토는 녹색성장의 터전이며 그 결과의 전시장이라는 점을 인식하고 현세대 및 미래세대가 쾌적한 삶을 영위할 수 있도록 국토의 개발 및 보전·관리가 조화될 수 있도록 한다.
2. 국토·도시공간구조와 건축·교통체제를 저탄소 녹색성장 구조로 개편하고 생산자와 소비자가 녹색제품을 자발적·적극적으로 생산하고 구매할 수 있는 여건을 조성한다.
3. 국가·지방자치단체·기업 및 국민은 지속가능발전과 관련된 국제적 합의를 성실히 이행하고, 국민의 일상생활 속에 녹색생활이 내재화되고 녹색문화가 사회전반에 정착될 수 있도록 한다.
4. 국가·지방자치단체 및 기업은 경제발전의 기초가 되는 생태학적 기반을 보호할 수 있도록 토지이용과 생산시스템을 개발·정비함으로써 환경보전을 촉진한다.

2) 지속가능발전 기본계획의 수립·시행

① 정부는 1992년 브라질에서 개최된 유엔환경개발회의에서 채택한 의제21, 2002년 남아프리카공화국에서 개최된 세계지속가능발전정상회의에서 채택한 이행계획 등 지속가능발전과 관련된 국제적 합의를 성실히 이행하고, 국가의 지속가능발전을 촉진하기 위하여 20년을 계획기간으로 하는 지속가능발전 기본계획을 5년마다 수립·

시행하여야 한다.

② 지속가능발전 기본계획을 수립하거나 변경하는 경우에는 「지속가능발전법」 제15조에 따른 지속가능발전위원회의 심의를 거친 다음 위원회와 국무회의의 심의를 거쳐야 한다. 다만, 대통령령으로 정하는 경미한 사항을 변경하는 경우에는 그러하지 아니하다.

③ 지속가능발전 기본계획에는 다음 각 호의 사항이 포함되어야 한다.

1. 지속가능발전의 현황 및 여건변화와 전망에 관한 사항
2. 지속가능발전을 위한 비전, 목표, 추진전략과 원칙, 기본정책 방향, 주요지표에 관한 사항
3. 지속가능발전에 관련된 국제적 합의이행에 관한 사항
4. 그 밖에 지속가능발전을 위하여 필요한 사항

④ 중앙행정기관의 장은 제1항에 따른 지속가능발전 기본계획과 조화를 이루는 소관 분야의 중앙 지속가능발전 기본계획을 중앙추진계획에 포함하여 수립·시행하여야 한다.

⑤ 시·도지사는 제1항에 따른 지속가능발전 기본계획과 조화를 이루며 해당 지방자치단체의 지역적 특성과 여건을 고려한 지방 지속가능발전 기본계획을 지방추진계획에 포함하여 수립·시행하여야 한다.

3) 녹색국토의 관리

① 정부는 건강하고 쾌적한 환경과 아름다운 경관이 경제발전 및 사회개발과 조화를 이루는 국토(이하 "녹색국토"라 한다)를 조성하기 위하여 국토종합계획·도시·군기본계획 등 대통령령으로 정하는 계획을 제49조에 따른 녹색생활 및 지속가능발전의 기본원칙에 따라 수립·시행하여야 한다.

② 정부는 녹색국토를 조성하기 위하여 다음 각 호의 사항을 포함하는 시책을 마련하여야 한다.

1. 에너지·자원 자립형 탄소중립도시 조성
2. 산림·녹지의 확충 및 광역생태축 보전
3. 해양의 친환경적 개발·이용·보존
4. 저탄소 항만의 건설 및 기존 항만의 저탄소 항만으로의 전환
5. 친환경 교통체계의 확충
6. 자연재해로 인한 국토 피해의 완화

7. 그 밖에 녹색국토 조성에 관한 사항
③ 정부는 「국토기본법」에 따른 국토종합계획, 「국가균형발전 특별법」에 따른 지역발전계획 등 대통령령으로 정하는 계획을 수립할 때에는 미리 위원회의 의견을 들어야 된다.

4) 기후변화대응을 위한 물 관리
정부는 기후변화로 인한 가뭄 등 자연재해와 물 부족 및 수질악화와 수생태계 변화에 효과적으로 대응하고 모든 국민이 물의 혜택을 고루 누릴 수 있도록 하기 위하여 다음 각 호의 사항을 포함하는 시책을 수립·시행하여야 한다.
1. 깨끗하고 안전한 먹는 물 공급과 가뭄 등에 대비한 안정적인 수자원의 확보
2. 수생태계의 보전·관리와 수질개선
3. 물 절약 등 수요관리, 빗물 이용·하수 재이용 등 순환 체계의 정비 및 수해의 예방
4. 자연친화적인 하천의 보전·복원
5. 수질오염 예방·처리를 위한 기술 개발 및 관련 서비스 제공 등

5) 저탄소 교통체계의 구축
① 정부는 교통부문의 온실가스 감축을 위한 환경을 조성하고 온실가스 배출 및 에너지의 효율적인 관리를 위하여 대통령령으로 정하는 바에 따라 온실가스 감축목표 등을 설정·관리하여야 한다.
② 정부는 에너지소비량과 온실가스 배출량을 최소화하는 저탄소 교통체계를 구축하기 위하여 대중교통분담률, 철도수송분담률 등에 대한 중장기 및 단계별 목표를 설정·관리하여야 한다.
③ 정부는 철도가 국가기간교통망의 근간이 되도록 철도에 대한 투자를 지속적으로 확대하고 버스·지하철·경전철 등 대중교통수단을 확대하며, 자전거 등의 이용 및 연안해운을 활성화하여야 한다.
④ 정부는 온실가스와 대기오염을 최소화하고 교통체증으로 인한 사회적 비용을 획기적으로 줄이며 대도시·수도권 등에서의 교통체증을 근본적으로 해결하기 위하여 다음 각 호의 사항을 포함하는 교통수요관리대책을 마련하여야 한다.
1. 혼잡통행료 및 교통유발부담금 제도 개선
2. 버스·저공해차량 전용차로 및 승용차진입제한 지역 확대

3. 통행량을 효율적으로 분산시킬 수 있는 지능형교통정보시스템 확대·구축

6) 녹색건축물의 확대

① 정부는 에너지이용 효율 및 신·재생에너지의 사용비율이 높고 온실가스 배출을 최소화하는 건축물(이하 "녹색건축물"이라 한다)을 확대하기 위하여 녹색건축물 등급제 등의 정책을 수립·시행하여야 한다.
② 정부는 건축물에 사용되는 에너지소비량과 온실가스 배출량을 줄이기 위하여 대통령령으로 정하는 기준 이상의 건물에 대한 중장기 및 기간별 목표를 설정·관리하여야 한다.
③ 정부는 건축물의 설계·건설·유지관리·해체 등의 전 과정에서 에너지·자원 소비를 최소화하고 온실가스 배출을 줄이기 위하여 설계기준 및 허가·심의를 강화하는 등 설계·건설·유지관리·해체 등의 단계별 대책 및 기준을 마련하여 시행하여야 한다.
④ 정부는 기존 건축물이 녹색건축물로 전환되도록 에너지 진단 및 「에너지이용 합리화법」 제25조에 따른 에너지절약사업과 이를 통한 온실가스 배출을 줄이는 사업을 지속적으로 추진하여야 한다.
⑤ 정부는 신축되거나 개축되는 건축물에 대해서는 전력소비량 등 에너지의 소비량을 조절·절약할 수 있는 지능형 계량기를 부착·관리하도록 할 수 있다.
⑥ 정부는 중앙행정기관, 지방자치단체, 대통령령으로 정하는 공공기관 및 교육기관 등의 건축물이 녹색건축물의 선도적 역할을 수행하도록 제1항부터 제5항까지의 규정에 따른 시책을 적용하고 그 이행사항을 점검·관리하여야 한다.
⑦ 정부는 대통령령으로 정하는 일정 규모 이상의 신도시의 개발 또는 도시 재개발을 하는 경우에는 녹색건축물을 확대·보급하도록 노력하여야 한다.
⑧ 정부는 녹색건축물의 확대를 위하여 필요한 경우 대통령령으로 정하는 바에 따라 자금의 지원, 조세의 감면 등의 지원을 할 수 있다.

7) 친환경 농림수산의 촉진 및 탄소흡수원 확충

① 정부는 에너지 절감 및 바이오에너지 생산을 위한 농업기술을 개발하고, 기후변화에 대응하는 친환경 농산물 생산기술을 개발하여 화학비료·자재와 농약사용을 최

대한 억제하고 친환경·유기농 농수산물 및 나무제품의 생산·유통 및 소비를 확산하여야 한다.
② 정부는 농지의 보전·조성 및 바다숲(대기의 온실가스를 흡수하기 위하여 바다 속에 조성하는 우뭇가사리 등의 해조류군을 말한다)의 조성 등을 통하여 탄소흡수원을 확충하여야 한다.
③ 정부는 산림의 보전 및 조성을 통하여 탄소흡수원을 대폭 확충하고, 산림바이오매스 활용을 촉진하여야 한다.
④ 정부는 기후변화에 적극 대응할 수 있는 신품종 개량 등을 통하여 식량자립도를 높일 수 있는 시책을 수립·시행하여야 한다.

8) 생태관광의 촉진 등

정부는 동·식물의 서식지, 생태적으로 우수한 자연환경자산, 지역의 특색 있는 문화자산 등을 조화롭게 보존·복원 및 이용하여 이를 관광자원화하고 지역경제를 활성화함으로써 생태관광을 촉진하고, 국민 모두가 생태체험·교육의 장으로 활용할 수 있도록 하여야 한다.

9) 녹색성장을 위한 생산·소비 문화의 확산

① 정부는 재화의 생산·소비·운반 및 폐기(이하 "생산등"이라 한다)의 전 과정에서 에너지와 자원을 절약하고 효율적으로 이용하며 온실가스와 오염물질의 발생을 줄일 수 있도록 관련 시책을 수립·시행하여야 한다.
② 정부는 재화 및 서비스의 가격에 에너지 소비량 및 탄소배출량 등이 합리적으로 연계·반영되고 그 정보가 소비자에게 정확하게 공개·전달될 수 있도록 하여야 한다.
③ 정부는 재화의 생산등의 전 과정에서 에너지와 자원의 사용량, 온실가스와 오염물질의 배출량 등을 분석·평가하고 그 결과에 관한 정보를 축적하여 이용할 수 있는 정보관리체계를 구축·운영할 수 있다.
④ 정부는 녹색제품의 사용·소비의 촉진 및 확산을 위하여 재화의 생산자와 판매자 등으로 하여금 그 재화의 생산등의 과정에서 발생되는 온실가스와 오염물질의 양에 대한 정보 또는 등급을 소비자가 쉽게 인식할 수 있도록 표시·공개하도록 하는 등의 시책을 수립·시행할 수 있다.

10) 녹색생활 운동의 촉진

① 정부는 국민 및 기업들이 녹색생활에 친숙할 수 있도록 하는 시책을 마련하고 지방자치단체·기업·민간단체 및 기구 등과 협력체계를 구축하며 교육·홍보를 강화하는 등 범국민적 녹색생활 운동을 적극 전개하여야 한다.

② 정부는 녹색생활 운동이 민간주도형의 자발적 실천운동으로 전개될 수 있도록 관련 민간단체 및 기구 등에 대하여 필요한 재정적·행정적 지원 등을 할 수 있다.

11) 녹색생활 실천의 교육·홍보

① 정부는 저탄소 녹색성장을 위한 교육·홍보를 확대함으로써 산업체와 국민 등이 저탄소 녹색성장을 위한 정책과 활동에 자발적으로 참여하고 일상생활에서 녹색생활 문화를 실천할 수 있도록 하여야 한다.

② 정부는 녹색생활 실천이 어릴 때부터 자연스럽게 이루어질 수 있도록 교과용 도서를 포함한 교재 개발 및 교원 연수 등 저탄소 녹색성장에 관한 학교교육을 강화하고 일반 교양교육, 직업교육, 기초평생교육 과정 등과 통합·연계한 교육을 강화하여야 한다.

③ 정부는 녹색생활 문화의 정착과 확산을 촉진하기 위하여 신문·방송·인터넷포털 등 대중매체를 통한 교육·홍보 활동을 강화하여야 한다.

④ 공영방송은 지구온난화에 따른 기후변화 및 에너지 관련 프로그램을 제작·방영하고 공익광고를 활성화하도록 적극 노력하여야 한다.

PART 02 온실가스 배출권의 할당 및 거래에 관한 법률

1. 목적

'온실가스 배출권의 할당 및 거래에 관한 법률'은 온실가스 배출권을 거래하는 제도를 도입함으로써 시장 기능을 활용하여 효과적으로 국가의 온실가스 감축목표를 달성하고자 함 (법 제1조)

2. 용어의 정의 (법 제2조)

1) (온실가스) 「저탄소 녹색성장 기본법」 제2조제9호에 따른 온실가스
2) (1 이산화탄소상당량톤(tCO_2-eq)) 이산화탄소 1톤 또는 기타 온실가스의 지구 온난화 영향이 이산화탄소 1톤에 상당하는 양

온실가스의 종류	지구온난화의 계수
이산화탄소(CO_2)	1
메탄(CH_4)	21
아산화질소(N_2O)	310
수소불화탄소(HFC_s)	140~11,700
과불화탄소(PFC_s)	7,000~9,200
육불화황(SF_6)	23,900

3) (배출권) 국가온실가스감축목표를 달성하기 위하여 설정된 온실가스 배출허용총량의 범위에서 개별 온실가스 배출업체에 할당되는 온실가스 배출허용량

4) (과징금) 주무관청은 할당대상업체가 제출한 배출권이 인증한 온실가스 배출량보다 적은 경우에는 그 부족한 부분에 대하여 이산화탄소 1톤당 10만원의 범위에서 해당 이행연도의 배출권 평균 시장가격의 3배 이하의 과징금을 부과할 수 있음. 또한 납부기한이 지난 날부터 1개월이 지날 때마다 체납된 과징금의 1천분의 12에 해당하는 가산금을 징수함. (법 제33조)

5) (계획기간) 국가온실가스감축목표를 달성하기 위하여 5년 단위로 온실가스 배출업체에 배출권을 할당하고 그 이행실적을 관리하기 위하여 설정되는 기간
* (부칙) 1차 계획기간 '15. 1. 1.~ '17. 12. 31, 2차 계획기간 '18. 1. 1.~ '20. 12. 31.

6) (이행연도) 1년 단위로 온실가스 배출업체에 배출권을 할당하고 그 이행실적을 관리하기 위하여 설정되는 계획기간 내의 각 연도

3. 배출권 할당 및 제출

1) (배출권거래제 기본계획) 정부는 이 법의 목적을 효과적으로 달성하기 위하여 10년을 단위로 하여 5년마다 배출권거래제에 관한 중장기 정책목표와 기본방향을 정하는 배출권거래제 기본계획을 수립하여야 한다. 기획재정부장관과 환경부장관은 배출권거래제 기본계획(이하 "기본계획"이라 한다)을 매 계획기간 시작 1년 전까지 공동으로 수립 (법 제4조)

2) (국가 배출권 할당계획의 수립) ① 정부는 국가온실가스감축목표를 효과적으로 달성하기 위하여 계획기간별로 다음 각 호의 사항이 포함된 국가 배출권 할당계획(이하 "할당계획"이라 한다)을 매 계획기간 시작 6개월 전까지 수립 (법 제5조)
1. 국가온실가스감축목표를 고려하여 설정한 온실가스 배출허용총량(이하 "배출허용총량"이라 한다)에 관한 사항
2. 배출허용총량에 따른 해당 계획기간 및 이행연도별 배출권의 총수량에 관한 사항
3. 배출권의 할당 대상이 되는 부문 및 업종에 관한 사항
4. 부문별·업종별 배출권의 할당기준 및 할당량에 관한 사항

5. 이행연도별 배출권의 할당기준 및 할당량에 관한 사항
6. 제8조에 따른 할당대상업체에 대한 배출권의 할당기준 및 할당방식에 관한 사항
7. 제12조제3항에 따라 배출권을 유상으로 할당하는 경우 그 방법에 관한 사항
8. 제15조에 따른 조기감축실적의 인정 기준에 관한 사항
9. 제18조에 따른 배출권 예비분의 수량 및 배분기준에 관한 사항
10. 제28조에 따른 배출권의 이월·차입 및 제29조에 따른 상쇄의 기준 및 운영에 관한 사항
11. 그 밖에 해당 계획기간의 배출권 할당 및 거래를 위하여 필요한 사항으로서 대통령령으로 정하는 사항

3) (배출권 할당위원회의 설치) 배출권거래제에 관한 다음 각 호의 사항을 심의·조정하기 위하여 기획재정부에 배출권 할당위원회를 둔다. (법 제6조)
1. 할당계획에 관한 사항
2. 제23조에 따른 시장 안정화 조치에 관한 사항
3. 제25조에 따른 배출량의 인증 및 제29조에 따른 상쇄와 관련된 정책의 조정 및 지원에 관한 사항
4. 제36조에 따른 국제 탄소시장과의 연계 및 국제협력에 관한 사항
5. 그 밖에 배출권거래제와 관련하여 위원장이 할당위원회의 심의·조정을 거칠 필요가 있다고 인정하는 사항

4) (할당위원회의 구성 및 운영) ① 할당위원회는 위원장 1명과 20명 이내의 위원으로 구성한다. (법 제7조)
② 할당위원회 위원장은 기획재정부장관이 되고, 위원은 다음 각 호의 사람이 된다.
1. 기획재정부, 과학기술정보통신부, 농림축산식품부, 산업통상자원부, 환경부, 국토교통부, 국무조정실, 금융위원회, 그 밖에 대통령령으로 정하는 관계 중앙행정기관의 차관급 공무원 중에서 해당 기관의 장이 지명하는 사람
2. 기후변화, 에너지·자원, 배출권거래제 등 저탄소 녹색성장에 관한 학식과 경험이 풍부한 사람 중에서 기획재정부장관이 위촉하는 사람
③ 할당위원회 위원장은 위원회를 대표하고, 위원회의 사무를 총괄한다.

④ 제2항제2호에 따라 위촉된 위원의 임기는 2년으로 하며, 한 차례만 연임할 수 있다.

5) (할당대상업체 지정) 환경부장관(이하 '주무관청')은 매 계획기간 시작 5개월 전까지 할당계획에서 정하는 배출권의 할당 대상이 되는 부문 및 업종에 속하는 온실가스 배출업체 중에서 다음 각 호의 어느 하나에 해당하는 업체를 배출권 할당 대상업체(이하 "할당대상업체"라 한다)로 지정·고시한다. (법 제8조)

1. 기본법 제42조제5항에 따른 관리업체(이하 "관리업체"라 한다) 중 최근 3년간 온실가스 배출량의 연평균 총량이 125,000 이산화탄소상당량톤(tCO_2-eq) 이상인 업체이거나 25,000 이산화탄소상당량톤(tCO_2-eq) 이상인 사업장의 해당 업체
2. 제1호에 해당하지 아니하는 관리업체로서 할당대상업체로 지정받기 위하여 신청한 업체

6) (할당신청서 제출) 할당대상업체는 매 계획기간 시작 4개월 전까지 할당신청서*를 주무관청에 제출 (법 제13조)

* 계획기간의 배출권 총신청수량, 이행연도별 배출권 신청수량, 할당대상업체로 지정된 연도의 직전 3년간의 온실가스 배출량, 계획기간 내 시설 확장 및 변경 계획, 계획기간 내 연료 및 원료 소비 계획, 계획기간 내 온실가스 감축설비 및 기술 도입 계획, 온실가스 배출량 증감 예상치, 직전 연도 명세서

7) (할당·통보) 주무관청은 할당대상업체별로 해당 계획기간의 총배출권과 이행연도별 배출권을 유상(예: 경매) 또는 무상으로 할당하고 계획기간 시작 2개월 전까지 해당 업체에 통보, 배출권이 할당되는 이행연도를 표시하여 배출권거래계정에 등록 (법 제11조, 제12조, 제14조)

(1) (무상할당비율) 할당대상업체별로 할당되는 배출권의
1차 계획기간('15~'17): 전부
2차 계획기간('18~'20): 100분의 97
3차 계획기간('21~'25): 100분의 90 이내 범위에서 할당계획에서 정함
※ (무상할당 업종의 기준) 법 제12조제4항에 따라 배출권의 전부를 무상으로 할당할

수 있는 업종은 다음 각 호의 어느 하나에 해당하는 업종으로서 매 계획기간마다 평가하여 할당계획에서 정하는 업종으로 한다.
1. 별표 1에 따른 무역집약도가 100분의 30 이상인 업종
2. 별표 1에 따른 생산비용발생도가 100분의 30 이상인 업종
3. 별표 1에 따른 무역집약도가 100분의 10 이상이고, 생산비용발생도가 100분의 5 이상인 업종

(2) (배출권등록부) 배출권의 할당 및 거래, 할당대상업체의 온실가스 배출량 등에 관한 사항을 등록·관리하기 위하여 주무관청에 배출권 거래등록부('배출권등록부')를 두고 관리·운영 (법 제11조)
* 계획기간 및 이행연도별 배출권의 총수량, 보유량, 주무관청이 인증한 온실가스 배출량, 조기감축실적에 따른 추가 배출권 할당량, 배출권의 추가 할당량 및 할당의 조정량, 배출권 할당·조정의 취소량, 배출권 이전량, 제출된 배출권 수량, 배출권의 이월량 및 차입량, 상쇄배출권 수량, 제출된 명세서 및 검증보고서에 관한 사항

(3) (이행연도별 할당량 조정) 할당대상업체는 매 이행연도 시작 4개월 전까지 사업계획의 변경 등의 사유로 주무관청에 할당량 조정을 신청할 수 있음 (법 제16조)
• 주무관청은 계획기간 중 해당 업체에 할당된 배출권의 총수량이 변하지 아니하는 범위에서 이행연도별 할당량을 조정할 수 있음

(4) (할당계획 변경) 주무관청은 할당계획 변경으로 배출허용총량이 증가/감소한 경우에는 증가/감소된 배출허용총량에 상응하는 배출권을 전체 할당대상업체에 기존 할당량에 비례하여 추가 할당/취소하거나, 특정 부문 또는 업종에 증가된 배출권의 전부 또는 일부를 추가 할당/취소 가능

(5) (할당의 취소) 할당대상업체는 할당계획 변경으로 배출허용총량이 감소한 경우, 전체 시설의 폐쇄, 정당한 사유 없이 시설의 가동 예정일부터 3개월 이내에 가동하지 아니한 경우, 시설 가동이 1년 이상 정지된 경우, 거짓이나 부정한 방법으로 배출권

을 할당받은 경우의 배출권 할당 취소 사유가 발생하였을 때에는 그 사유가 발생한 날부터 30일 이내에 주무관청에 통보하여야 하고 주무관청은 무상할당 배출권의 할당 취소를 결정 (법 제17조)

8) (이행연도 명세서 제출) 할당대상업체는 실제 배출한 온실가스 배출량을 측정 · 보고 · 검증가능한 방식으로 작성한 명세서를 매 이행연도 종료일부터 3개월 이내에 제출 (법 제24조)

* 업체의 규모, 주요 생산시설 · 공정별 연료 및 원료 소비량, 제품생산량, 사업장별 배출 온실가스의 종류 및 배출량, 온실가스 배출시설(신설 · 증설 및 폐쇄 시설 포함)의 종류 · 규모 · 수량 및 가동률, 사업장별 사용 · 발생 에너지의 종류 및 사용량 · 발생량 · 판매량, 사용연료의 성분, 에너지 사용 · 발생시설의 종류 · 규모 · 수량 및 가동률, 생산공정, 생산설비, 배출활동으로 구분한 온실가스 배출량 · 종류 및 규모, 공정별, 생산품별 온실가스 배출량 및 에너지 사용량(해당 할당대상업체에 벤치마크방식으로 배출권을 할당하는 경우만 해당), 포집(捕執) · 처리한 온실가스의 종류 및 양, 부문별 온실가스 배출량의 계산 · 측정 방법 및 근거, 명세서에 관한 품질관리 절차, 온실가스 흡수 · 제거 실적, 활동 데이터 수집 및 매개변수 결정을 위한 모니터링 계획, 업체 또는 사업장의 매출액 등

9) (추가 할당 신청) 매 이행연도 종료일부터 3개월 이내 신청에 의해 할당 조정 가능 (법 제16조)

(1) 시설의 신설 · 증설, 일부 사업장의 양수 또는 합병으로 인하여 업체별로 할당된 배출권에 비하여 배출량이 증가된 할당대상업체는 매 이행연도 종료일부터 3개월 이내에 주무관청에 배출권 추가 할당 신청 가능

(2) 생산품목의 변경, 사업계획의 변경(시설의 신 · 증설등으로 인한 변경은 제외한다) 등으로 인하여 해당 이행연도에 할당된 배출권에 비하여 100분의 30 이상 배출량이 증가한 할당대상업체는 매 이행연도 종료일부터 3개월 이내에 주무관청에 배출권 추가 할당 신청 가능

가) 주무관청은 배출량 증가분을 확정하고, 해당 이행연도 종료일부터 5개월 이내에 확정된 증가분의 100분의 50 이내의 범위에서 추가 할당 사유가 발생한 이행연도분의 배출권으로 배출권을 추가 할당
* 추가 할당량 결정 및 배출권 할당량 조정을 위하여 필요한 세부 사항은 주무관청이 정하여 관보에 고시

10) (배출량 인증) 주무관청은 명세서 제출 후 2개월 이내에 배출량을 인증·통지, 이행연도 종료일부터 5개월 이내에 배출권등록부에 등록 (법 제25조)

11) (배출권 이월·차입) 할당대상업체는 배출권 이월신청서 또는 차입신청서를 작성하여 배출량 인증결과를 통보받은 날부터 10일 이내에 제출. 주무관청은 배출권 제출기한 10일 전까지 승인 여부를 결정·통보 (법 제28조)

(1) (이월) 배출권은 주무관청의 승인을 받아 다음 이행연도 또는 다음 계획기간의 최초 이행연도로 이월 가능. 이월된 배출권은 그 해당 이행연도에 할당된 것으로 간주

(2) (차입) 배출권 제출 시 제출하여야 할 배출권 수량보다 보유 배출권 수량이 부족한 경우 주무관청의 승인을 받아 계획기간의 다른 이행연도 배출권 차입 가능. 차입된 배출권은 그 해당 이행연도에 할당된 것으로 간주

※ 배출권의 차입한도는 다음 각 호의 구분에 따른 계산식에 따라 산정한다.
1. 해당 계획기간의 1차 이행연도: 해당 할당대상업체가 환경부장관에게 제출하여야 하는 배출권 수량 × 100분의 15
2. 해당 계획기간의 2차 이행연도부터 마지막 이행연도 직전 이행연도까지: 해당 할당대상업체가 환경부장관에게 제출하여야 하는 배출권 수량 × [해당 계획기간 내 직전 이행연도의 배출권 차입한도 − (해당 계획기간 내 직전 이행연도에 제출하여야 하는 배출권 수량 중 차입한 배출권 수량의 비율 × 100분의 50)]

12) **(배출권 제출)** 매 이행연도 종료일부터 6개월 이내에 인증받은 온실가스 배출량에 상응하는 배출권[1]을 주무관청에 제출(배출권 제출 신고서[2] 제출) (법 제27조)

[1] 이행연도분으로 할당된 배출권, 이전 이행연도에서 이월된 배출권 또는 다음 이행연도에서 차입한 배출권과 상쇄배출권으로 제출 가능

[2] 해당 할당대상업체의 배출권등록부 및 상쇄등록부의 등록번호, 인증받은 온실가스 배출량, 승인받은 배출권 차입량, 제출하려는 상쇄배출권의 수량

13) **(배출권의 소멸)** 이행연도별로 할당된 배출권 중 주무관청에 제출되거나 다음 이행연도로 이월되지 아니한 배출권은 각 이행연도 종료일부터 6개월이 경과하면 그 효력을 잃게 됨 (법 제32조)

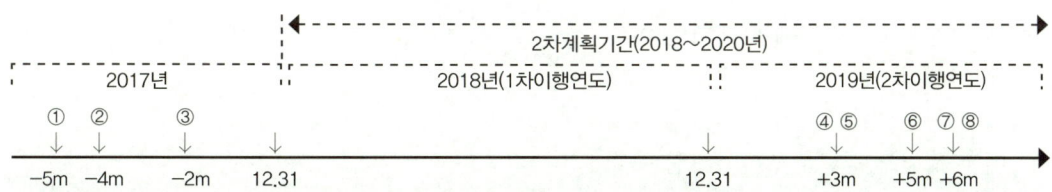

〈배출권 할당과 제출 프로세스 요약〉

절차	이행연도
① 할당대상업체 지정	• 주무관청은 매 계획기간 시작 5개월 전까지 할당대상업체 지정고시
② 할당 신청서 제출	• 할당대상업체는 매 계획기간 시작 4개월 전까지 할당 신청서를 주무관청에 제출
③ 할당량 통보	• 주무관청은 업체별 할당량을 계획기간 2개월 전까지 해당 할당대상업체의 배출권거래계정 등록
④ 이행연도 명세서 제출	• 할당대상업체는 실제 배출한 온실가스배출량을 측정·보고·검증가능한 명세서를 작성하여 매 이행연도 종료일부터 3개월 이내에 제출
⑤ 배출권 추가 할당 신청	• 매 이행연도 종료일부터 3개월 이내
⑥ 배출량 인증	• 명세서 제출 후 2개월 이내 배출량을 인증
⑦ 배출권 이월·차입·승인 통보	• 할당대상업체는 배출권 이월신청서 또는 차입신청서를 작성하여 배출량 인증 결과를 통보받은 날부터 10일 이내에 제출 • 주무관청은 배출권 제출기한 10일 전까지 승인 여부 통보
⑧ 이행연도 배출권 제출	• 매 이행연도 종료일부터 6개월 이내에 인증받은 온실가스 배출량에 상응하는 배출권을 주무관청에 제출

> **확인문제**
>
> 온실가스 배출권의 할당 및 거래에 관한 법률 상 주무관청은 매 계획 기간 시작 몇 개월 전까지 배출권 할당 대상업체를 지정·고시하여야 하는가?
>
> ① 1개월　　　　② 3개월　　　　③ 5개월　　　　④ 6개월
>
> **해설**
>
> [정답 ③]

> **확인문제**
>
> 다음은 온실가스 배출권 거래제 하에서 배출량의 보고 및 검증에 관한 내용이다. (　　)안에 옳은 내용은?
>
> > 배출권 할당대상업체는 (　　)에 대통령령으로 정하는 바에 따라 해당 이행연도에 그 업체가 실제 배출한 온실가스배출량을 측정·보고·검증이 가능한 방식으로 작성한 명세서를 주무관청에 보고하여야 한다.
>
> ① 매 이행연도 종료일부터 1개월 이내
> ② 매 이행연도 종료일부터 2개월 이내
> ③ 매 이행연도 종료일부터 3개월 이내
> ④ 매 이행연도 종료일부터 6개월 이내
>
> **해설**
>
> [정답 ③]

> **확인문제**
>
> 다음은 온실가스 배출권 거래제 하에서 배출권 제출에 관한 내용이다. (　　)안에 옳은 내용은?
>
> > 할당 대상업체는 (　　)에 대통령령으로 정하는 바에 따라 인증 받은 온실가스 배출량이 상응하는 배출권(종료된 이행연도의 배출권을 말한다)을 주무관청에 제출하여야 한다.
>
> ① 이행연도 종료일부터 1개월 이내
> ② 이행연도 종료일부터 2개월 이내
> ③ 이행연도 종료일부터 3개월 이내
> ④ 이행연도 종료일부터 6개월 이내
>
> **해설**
>
> [정답 ④]

14) (조기감축실적의 인정) 주무관청은 할당대상업체가 배출권을 할당받기 전에 외부 전문기관의 검증을 받은 온실가스 감축량('조기감축실적')[*1)]에 대하여는 할당계획 수립 시 반영하거나 배출권 할당 시 해당 할당대상업체에 배출권을 추가 할당할 수 있음 (법 제15조)

(1) 주무관청은 인정된 조기감축실적에 상응하는 배출권을 1차 계획기간의 2차 이행연도부과 3차 이행연도분의 배출권으로 추가 할당

[*1)] 관리업체로 지정되어 최초로 목표를 설정받은 연도의 12월 31일까지 자발적으로 한 온실가스 감축실적 중 검증기관의 검증을 받은 실적으로서 목표관리 실적에 반영하지 아니한 실적, 관리업체로 지정되어 최초로 목표를 설정받은 연도의 다음 연도부터 조기감축실적 인정신청서를 제출[*2)]하기 전까지 인정된 전체 감축목표량에 대한 초과달성분

[*2)] 1차 계획기간의 2차 이행연도 시작 이후 8개월 이내에 조기감축실적 인정신청서를 주무관청에 제출

15) (상쇄배출권) ① 할당대상업체는 국제적 기준에 부합하는 방식으로 외부사업에서 발생한 온실가스 감축량('외부사업 온실가스 감축량')을 보유하거나 취득한 경우 그 전부 또는 일부를 배출권으로 전환하여 줄 것을 주무관청에 신청할 수 있음 (법 제29조)

(1) 주무관청은 신청을 받으면 대통령령으로 정하는 기준에 따라 외부사업 온실가스 감축량을 그에 상응하는 배출권으로 전환하고, 그 내용을 상쇄등록부에 등록

(2) 상쇄배출권의 제출한도는 할당대상업체가 주무관청에 제출하여야 하는 배출권의 100분의 10 이내의 범위에서 할당계획으로 정하며, 외국에서 시행된 외부사업에서 발생한 온실가스 감축량을 전환한 상쇄배출권은 상쇄배출권 제출한도의 100분의 50을 넘을 수 없음

4. 배출권 거래

1) (배출권 거래) 매매 등의 방법으로 거래할 수 있음. 거래의 최소 단위는 1 배출권으로 1 이산화탄소상당량톤(tCO2-eq)을 1 배출권으로 환산하여 거래 (법 제19조)

2) (배출권거래계정) 배출권을 거래하려는 자는 배출권 등록부에 배출권 거래계정을 등록하여야 함 (법 제20조)

3) (거래 신고서) 배출권을 거래한 자는 그 사실을 주무관청에 신고하여야 하고(거래 신고서를 전자적 방식으로 제출) 해당 주무관청은 지체 없이 배출권등록부에 그 내용을 등록 (법 제21조)

* 거래한 배출권의 종류 및 수량, 양도인과 양수인의 배출권 거래 합의 공증서류 등

(1) (효력) 배출권 거래에 따른 배출권의 이전은 배출권 거래 내용을 등록한 때에 효력 발생

4) (거래소 설치) 배출권의 공정한 가격 형성과 매매, 안정적 거래를 위하여 배출권 거래소*를 지정·설치할 수 있으며, 부정거래행위 등에 관하여 자본시장법 관련 규정 준용 (영 제27조)

* 배출권 거래시장의 개설·운영, 배출권의 매매, 배출권의 거래에 따른 매매확인, 채무인수, 차감, 결제할 배출권·결제품목·결제금액의 확정, 결제이행보증, 결제불이행에 따른 처리 및 결제지시, 배출권 이상거래(異常去來)의 심리(審理) 및 회원의 감리, 배출권의 경매, 배출권의 매매와 관련된 분쟁의 자율조정에 관한 업무 등

5) (배출권 파생상품의 거래) 배출권을 기초자산으로 한 파생상품의 거래에 관하여는 자본시장법의 파생상품에 관한 규정을 적용 (영 제28조)

6) (배출권거래중개회사) 자본시장법의 투자중개업자로서 정보통신망이나 전자정보 처리장치를 이용하여 동시에 다수의 자를 각 당사자로 하여 배출권 거래의 중개업무를 하는 자 (영 제29조)

7) (시장 안정화 조치) (법 제23조)
(1) 기준
1. 배출권 가격이 6개월 연속으로 직전 2개 연도의 평균 가격보다 대통령령으로 정하는 비율(3배) 이상으로 높게 형성될 경우
2. 배출권에 대한 수요의 급증 등으로 인하여 단기간에 거래량이 크게 증가하는 경우로서 대통령령으로 정하는 경우
3. 그 밖에 배출권 거래시장의 질서를 유지하거나 공익을 보호하기 위하여 시장 안정화 조치가 필요하다고 인정되는 경우로서 대통령령으로 정하는 경우

(2) 방법
배출권 예비분의 100분의 25까지의 추가 할당, 배출권 최소 또는 최대 보유한도*의 설정, 배출권 차입한도의 확대 또는 축소, 상쇄배출권 제출한도의 확대 또는 축소, 일시적인 최고 또는 최저 배출권 매매가격의 설정

* (보유한도) 최소: 할당된 해당 이행연도 배출권의 100분의 70 이상, 최대: 할당된 해당 이행연도 배출권의 100분의 150 이하

확인문제

온실가스 배출권 거래제 하에서 배출권 거래소의 업무와 가장 거리가 먼 것은?

① 배출권 거래시장의 개설·운영에 관한 업무
② 배출권 매매에 관한 업무
③ 배출권 할당 지정 업무
④ 배출권 경매 업무

해설

[정답 ③]

PART 03 온실가스·에너지 목표관리 운영 등에 관한 지침

1. 용어의 정의

이 지침에서 사용되는 용어의 뜻은 다음과 같다.
1. "검증"이란 온실가스 배출량과 에너지 소비량(이하 "온실가스 배출량 등"이라 한다)의 산정과 조기감축실적 및 외부감축실적의 산정이 이 지침에서 정하는 절차와 기준 등(이하 "검증기준"이라 한다)에 적합하게 이루어졌는지를 검토·확인하는 체계적이고 문서화된 일련의 활동을 말한다.
2. "검증기관"이란 검증을 전문적으로 할 수 있는 인적·물적 능력을 갖춘 기관으로서 환경부장관이 부문별 관장기관과의 협의를 거쳐 지정·고시하는 기관을 말한다.
3. "검증심사원"이란 검증 업무를 수행할 수 있는 능력을 갖춘 자로서 일정기간 해당분야 실무경력 등을 갖추고 해당 지침에 따라 등록된 자를 말한다.
4. "검증심사원보"란 검증심사원이 되기 위해 일정한 자격을 갖추고 교육과정을 이수한 자로서 해당 지침에 따라 등록된 자를 말한다.
5. "공공기관 정보제공"이란 시행령 제35조제1항에 따라 녹색성장위원회의 심의를 거쳐 부문별 관장기관 또는 주무관청 및 온실가스종합정보센터(이하 "센터"라 한다)가 관련 행정기관 또는 공공기관에게 관련 정보를 제공하는 것을 말한다.
6. "공시를 위한 정보제공"이란 시행령 제35조제2항에 따라 센터가 금융위원회 또는 한국거래소의 요청으로 해당 관리업체의 명세서를 통보하는 것을 말한다.
7. "공정배출"이란 제품의 생산 공정에서 원료의 물리·화학적 반응 등에 따라 발생하는 온실가스의 배출을 말한다.

8. "관리업체"란 해당 연도 1월 1일을 기준으로 최근 3년간 업체 또는 사업장에서 배출한 온실가스와 소비한 에너지의 연평균 총량이 모두 별표 1 또는 별표 2의 기준 이상인 경우를 말한다.
9. "구분 소유자"란 「집합건물의 소유 및 관리에 관한 법률」 제1조 또는 제1조의2에 규정된 건물부분(「집합건물의 소유 및 관리에 관한 법률」 제3조제2항 및 제3항에 따라 공용부분(共用部分)으로 된 것은 제외한다)을 목적으로 하는 소유권을 가지는 자를 말한다.
10. "기준연도"란 온실가스 배출량 등의 관련정보를 비교하기 위해 지정한 과거의 특정 기간에 해당하는 연도를 말한다.
11. "매개변수"란 두 개 이상 변수 사이의 상관관계를 나타내는 변수로서 온실가스 배출량 등을 산정하는 데 필요한 활동자료, 배출계수, 발열량, 산화율, 탄소함량 등을 말한다.
12. "명세서 공개 심사위원회"라 함은 법 제44조제4항 및 시행령 제35조제5항에 따라 관리업체가 제출한 비공개 신청서를 심사하여 공개 여부를 결정하기 위해 센터에 두는 위원회(이하 "심사위원회"라 한다)를 말한다.
13. "모니터링 계획"이란 온실가스 배출량 등의 산정에 필요한 자료와 기타 온실가스·에너지 관련 자료의 연속적 또는 주기적인 수집·감시·측정·평가 및 매개변수 결정에 관한 세부적인 방법, 절차, 일정 등을 규정한 계획을 말한다.
14. "목표 설정"이란 부문별 관장기관이 이 지침에서 정한 원칙과 절차 등에 따라 관리업체와 협의하여 온실가스 감축 및 에너지 절약 등에 관한 목표를 정하는 것을 말한다.
15. "배출계수"란 당해 배출시설의 단위 연료 사용량, 단위 제품 생산량, 단위 원료 사용량, 단위 폐기물 소각량 또는 처리량 등 단위 활동자료 당 발생하는 온실가스 배출량을 나타내는 계수(係數)를 말한다.
16. "배출시설"이란 온실가스를 대기에 배출하는 시설물, 기계, 기구, 그 밖의 물체로서 각각의 원료(부원료와 첨가제를 포함한다)나 연료가 투입되는 지점부터의 해당 공정 전체를 말한다. 이때 해당 공정이란 연료 혹은 원료가 투입되는 설비군을 말하며, 설비군은 동일한 목적을 가지고 동일한 연료를 사용하여 유사한 역할 및 기능을 가지고 있는 설비들을 묶은 단위를 말한다.

17. "배출허용량"이란 연간 배출 가능한 온실가스의 양을 이산화탄소 무게로 환산하여 나타낸 것으로서 부문별, 업종별, 관리업체별로 구분하여 설정한 배출상한치를 말한다.
18. "배출활동"이란 온실가스를 배출하거나 에너지를 소비하는 일련의 활동을 말한다.
19. "법인"이란 민법상의 법인과 상법상의 회사를 말한다.
20. "벤치마크"란 온실가스 배출 및 에너지 소비와 관련하여 제품생산량 등 단위 활동자료 당 온실가스 배출량(이하 "배출집약도"라 한다) 등의 실적·성과를 국내·외 동종 배출시설 또는 공정과 비교하는 것을 말한다.
21. "보고"란 관리업체가 법 제44조제1항 및 시행령 제34조에 따라 온실가스 배출량 등을 전자적 방식으로 부문별 관장기관에 제출하는 것을 말한다.
22. "불확도"란 온실가스 배출량 등의 산정결과와 관련하여 정량화된 양을 합리적으로 추정한 값의 분산특성을 나타내는 정도를 말한다.
23. "사업장"이란 동일한 법인, 공공기관 또는 개인(이하 "동일법인 등"이라 한다) 등이 지배적인 영향력을 가지고 재화의 생산, 서비스의 제공 등 일련의 활동을 행하는 일정한 경계를 가진 장소, 건물 및 부대시설 등을 말한다.
24. "산정"이란 법 제44조제1항 및 시행령 제34조에 따라 관리업체가 해당 관리업체의 온실가스 배출량 등을 계산하거나 측정하여 이를 정량화하는 것을 말한다.
25. "산정등급(Tier)"이란 활동자료, 배출계수, 산화율, 전환율, 배출량 및 온실가스 배출량 등의 산정방법의 복잡성을 나타내는 수준을 말한다.
26. "산화율"이란 단위 물질당 산화되는 물질량의 비율을 말한다.
27. "성장률"이란 온실가스를 배출하거나 에너지를 사용하는 시설의 가동률(연간 생산 가능량에 대한 당해 연도 실제 생산량 또는 연간 작업 가능시간에 대한 당해 연도 실제 작업시간의 비율), 활동자료, 제품생산량, 입주율(연간 이용 가능한 건축물 연면적에 대한 실제 이용한 연면적의 비율 등)의 증감률 등을 말한다.
28. "순발열량"이란 일정 단위의 연료가 완전 연소되어 생기는 열량에서 연료 중 수증기의 잠열을 뺀 열량으로서 온실가스 배출량 산정에 활용되는 발열량을 말한다.
29. "업체"란 동일 법인 등이 지배적인 영향력을 미치는 모든 사업장의 집단을 말한다.
30. "업체 내 사업장"이란 제29호의 업체에 포함된 각각의 사업장을 말한다.
31. "에너지"란 연료(석유, 가스, 석탄 및 그밖에 열을 발생하는 열원으로써 제품의 원료로 사용되는 것은 제

외)·열 및 전기를 말한다.
32. "에너지 관리의 연계성(連繫性)"이란 연료, 열 또는 전기의 공급점을 공유하고 있는 상태, 즉, 건물 등에 타인으로부터 공급된 에너지를 변환하지 않고 다른 건물 등에 공급하고 있는 상태를 말한다.
33. "연소배출"이란 연료 또는 물질을 연소함으로써 발생하는 온실가스 배출을 말한다.
34. "연속측정방법(Continuous Emissions Monitoring)"이란 일정지점에 고정되어 배출가스 성분을 연속적으로 측정·분석할 수 있도록 설치된 측정 장비를 통해 모니터링 하는 방법을 의미한다.
35. "온실가스"란 적외선 복사열을 흡수하거나 재방출하여 온실효과를 유발하는 가스 상태의 물질로서 법 제2조제9호에서 정하고 있는 이산화탄소(CO_2), 메탄(CH_4), 아산화질소(N_2O), 수소불화탄소(HFCs), 과불화탄소(PFCs) 또는 육불화황(SF_6) 등을 말하며 수소불화탄소(HFCs)와 과불화탄소(PFCs)에 대한 세부사항은 별표 3과 같다.
36. "온실가스 배출"이란 사람의 활동에 수반하여 발생하는 온실가스를 대기 중에 배출·방출 또는 누출시키는 직접 배출과 다른 사람으로부터 공급된 전기 또는 열(연료 또는 전기를 열원으로 하는 것만 해당한다)을 사용함으로써 온실가스가 배출되도록 하는 간접 배출을 말한다.
37. "온실가스 간접배출"이란 관리업체가 외부로부터 공급된 전기 또는 열(연료 또는 전기를 열원으로 하는 것만 해당한다)을 사용함으로써 발생되는 온실가스 배출을 말한다.
38. "외부감축실적"이란 관리업체가 당해 업체의 조직경계 외부의 배출시설 또는 배출활동 등에서 온실가스를 감축, 흡수 또는 제거한 실적을 말한다.
39. "운영통제 범위"란 조직의 온실가스 배출과 관련하여 지배적인 영향력을 행사할 수 있는 지리적 경계, 물리적 경계, 업무활동 경계 등을 의미한다.
40. "이산화탄소 상당량"이란 이산화탄소에 대한 온실가스의 복사 강제력을 비교하는 단위로서 해당 온실가스의 양에 지구 온난화지수를 곱하여 산출한 값을 말한다.
41. "이행계획"이란 시행령 제30조제4항에 따라 관리업체가 온실가스 감축 및 에너지 절약 등의 목표를 달성하기 위하여 작성·제출하는 세부적인 계획을 말한다.
42. "전환율"이란 단위 물질당 변화되는 물질량의 비율을 말한다.
43. "조기감축실적"이란 관리업체가 조기행동을 통해 온실가스를 감축한 실적 중에서 이 지침에서 정하는 유형, 방법 및 절차에 따라 인정된 부분을 말한다.

44. "조기행동"이란 관리업체가 법 및 시행령에 따른 목표관리를 받기 이전에 자발적이고 추가적으로 온실가스 감축을 위하여 행한 일련의 행동을 말한다.
45. "조직경계"란 업체의 지배적인 영향력 아래에서 발생되는 활동에 의한 인위적인 온실가스 배출량의 산정 및 보고의 기준이 되는 조직의 범위를 말한다.
46. "종합적인 점검·평가"란 환경부장관이 법 제42조 및 시행령 제26조에서 정하고 있는 부문별 관장기관의 소관 사무에 대하여 서면 등의 방법으로 온실가스·에너지 목표관리제의 전반적인 제도 운영 또는 집행과정에서의 문제점을 발굴·시정·개선하는 것을 말한다.
47. "주요정보 공개"란 법 제44조제3항에 따라 관리업체 명세서의 주요 정보를 전자적 방식 등으로 국민에게 공개하는 것을 말한다.
48. "중앙행정기관 등"이란 중앙행정기관, 지방자치단체 및 다음 각 목의 공공기관을 말한다.
    가. 「공공기관의 운영에 관한 법률」제4조에 따른 공공기관
    나. 「지방공기업법」제49조에 따른 지방공사 및 같은 법 제76조에 따른 지방공단
    다. 「국립대학병원설치법」, 「국립대학치과병원설치법」, 「서울대학교병원설치법」 및 「서울대학교치과병원설치법」에 따른 병원
    라. 「고등교육법」제3조에 따른 국립대학 및 공립대학
49. "지배적인 영향력"이란 동일 법인 등이 당해 사업장의 조직 변경, 신규 사업에의 투자, 인사, 회계, 녹색경영 등 사회통념상 경제적 일체로서의 주요 의사결정이나 온실가스 감축 및 에너지 절약 등의 업무집행에 필요한 영향력을 행사하는 것을 말한다.
50. "총발열량"이란 일정 단위의 연료가 완전 연소되어 생기는 열량(연료 중 수증기의 잠열까지 포함한다)으로서 에너지사용량 산정에 활용된다.
51. "최적가용기술(Best Available Technology)"이란 온실가스 감축 및 에너지 절약과 관련하여 경제적·기술적으로 사용이 가능하면서 가장 최신이고 효율적인 기술, 활동 및 운전방법을 말한다.
52. "추가성"이란 인위적으로 온실가스를 저감하거나 에너지를 절약하기 위하여 일반적인 경영여건에서 실시할 수 있는 활동 이상의 추가적인 노력을 말한다.
53. "활동자료"란 사용된 에너지 및 원료의 양, 생산·제공된 제품 및 서비스의 양, 폐

기물 처리량 등 온실가스 배출량 등의 산정에 필요한 정량적인 측정결과를 말한다.
54. "바이오매스"라 함은 생물유기체, 유기성폐기물, 동물·식물의 유지(油脂) 등으로 생물 또는 생물 기원의 모든 유기체 및 유기물을 말한다.

2. 주체별 역할분담

① 환경부장관은 다음 각 호의 사항을 담당한다.
1. 목표관리에 관한 제도 운영 및 총괄·조정
2. 목표관리에 관한 종합적인 기준과 지침의 제·개정 및 운영
3. 부문별 관장기관 등의 소관 사무에 관한 종합적인 점검·평가
4. 부문별 관장기관이 선정한 관리업체의 중복·누락, 규제의 적절성 등의 확인
5. 관리업체 지정에 대한 부문별 관장기관의 이의신청 재심사 결과 확인
6. 부문별 관장기관이 지정·고시한 관리업체의 종합·공표
7. 검증기관의 지정·관리, 검증심사원 교육 및 양성
8. 부문별 관장기관이 검토한 산정등급 3(Tier 3) 배출계수에 대한 확인

② 부문별 관장기관은 다음 각 호의 사항을 담당한다.
1. 관리업체의 선정·지정·관리 및 필요한 조치 등에 관한 사항
2. 관리업체에 대한 온실가스 감축, 에너지 절약 등 목표의 설정
3. 관리업체 지정에 대한 이의신청 재심사, 결과 통보 및 변경 내용에 대한 고시
4. 관리업체 선정 및 지정관련 자료 제출
5. 이행실적 및 명세서의 확인
6. 관리업체에 대한 개선명령, 과태료 부과, 필요한 조치 요구 등 목표이행의 관리 및 평가에 관한 사항
7. 산정등급 3(Tier 3) 배출계수에 대한 검토와 관리업체에 대한 사용가능 여부 및 시정사항의 통보

③ 센터는 다음 각 호의 사항을 담당한다.

1. 목표관리 업무 수행 지원 및 체계적 관리를 위한 국가온실가스종합관리시스템(이하 "전자적 방식"이라 한다)의 구축 및 관리 등에 관한 사항
2. 금융위원회 또는 한국거래소의 요청에 따른 관리업체 명세서의 통보
3. 심사위원회의 운영
4. 국가 및 부문별 온실가스 감축 목표 설정의 지원
5. 국가 온실가스 배출량·흡수량, 배출·흡수 계수(係數), 온실가스 관련 각종 정보 및 통계의 검증·관리
6. 국내외 온실가스 감축 지원을 위한 조사·연구
7. 저탄소 녹색성장 관련 국제기구·단체 및 개발도상국과의 협력 등

④ 관리업체는 다음 각 호의 의무와 권리를 행사한다.
1. 온실가스 감축, 에너지 절약 등 목표의 달성
2. 시행령 제30조에 따른 이행계획 및 이행실적 제출
3. 시행령 제34조에 따른 명세서의 작성 및 검증기관의 검증을 거친 명세서의 제출
4. 시행령 제30조제5항에 따른 관장기관의 개선명령 등 필요한 조치에 대한 성실한 이행
5. 부문별 관장기관이 관리업체 선정·지정·관리를 위해 필요한 자료의 제출
6. 관리업체 지정에 대한 이의신청

⑤ 환경부장관은 제1항에 관한 업무를 수행하기 위해 필요한 경우 소속기관 또는 소관 공공기관으로 하여금 다음 각 호의 업무를 담당하게 할 수 있다.
1. 관리업체 선정 누락·중복 및 적절성 등 확인
2. 관리업체 지정 및 관리 등의 총괄·조정을 위한 자료의 조사·분석·관리 및 연구·지원
3. 관리업체 이의 신청에 대한 관장기관의 재심사 결과 확인
4. 검증기관의 지정 및 관리를 위한 현장심사
5. 기타 온실가스·에너지 목표관리제에 관한 제도 운영 및 총괄·조정 등을 위해 환경부장관이 필요하다고 인정하는 사항

⑥ 부문별 관장기관은 제2항에 관한 업무를 수행하기 위해 필요한 경우 소속기관 또는 공공기관으로 하여금 다음 각 호의 업무를 담당하게 할 수 있다

1. 관리업체 선정·지정을 위한 자료의 조사·분석·관리
2. 관리업체의 지정을 위한 연구 및 지원
3. 관리업체 지정에 대한 이의신청 재심사
4. 관리업체 선정·지정 관련 자료 및 목록의 작성
5. 기타 부문별 관장기관이 목표관리 운영에 필요하다고 인정하는 사항

3. 관리업체의 지정 및 관리

1) 관리업체의 구분
① 관리업체(중앙행정기관 등을 포함한다. 이하 같다)는 업체, 업체 내 사업장 및 사업장으로 구분한다.
② 관리업체에 해당되는 업체는 다음 각 호의 경우를 말한다.
1. 업체에서 배출한 온실가스와 소비한 에너지의 최근 3년간 연평균 총량이 별표 1에서 정하는 기준 이상인 경우
2. 업체 내 사업장에서 배출한 온실가스와 소비한 에너지의 최근 3년간 연평균 총량이 별표 2에서 정하는 기준 미만이더라도 제1호에 해당되는 경우
③ 관리업체에 해당되는 사업장은 사업장에서 배출한 온실가스와 소비한 에너지의 최근 3년간 연평균 총량이 모두 별표 2의 기준 이상인 경우를 말한다.
④ 제2항의 업체에 해당되지 않는 경우로서 업체 내 사업장이 별표 2의 기준 이상일 경우에는 제3항에 의한 각각의 사업장으로 본다.

2) 소관 부문별 관장기관 등
① 관리업체의 소관 관장기관 구분은 다음 각 호에 따른다. 이 경우 관리업체의 소관 관장기관 구분은 가장 많은 온실가스를 배출하거나 에너지를 소비하는 업체 내 사업장 또는 사업장을 기준으로 한다.
1. 농림축산식품부: 농업·임업·축산·식품 분야
2. 산업통상자원부: 산업·발전(發電) 분야
3. 환경부: 폐기물 분야

4. 국토교통부: 건물・교통 분야(해운・항만 분야는 제외한다)
5. 해양수산부: 해양・수산・해운・항만 분야

3) 관리업체의 적용제외 등
① 제8조제1항에 해당되는 업체 내 사업장의 온실가스 배출량 등이 별표 4의 기준에 모두 해당되는 경우(이하 "소량배출사업장"이라 한다)에는 시행령 제30조제3항, 제4항 및 제34조의 일부규정을 적용하지 아니할 수 있다.
② 제1항에 해당되는 소량배출사업장들의 온실가스 배출량 등의 합은 업체 내 모든 사업장의 온실가스 배출량 등 총합의 1000분의 50 미만이어야 하고 별표 2의 기준 미만인 경우에 한한다.
③ 제1항과 제2항을 적용함에 있어 사업장의 일부를 포함시키거나 제외하여서는 아니 된다.

4) 건물분야 특례
① 제8조의 관리업체에 해당하는 법인 등의 건축물(이하 "건물"이라 한다)이 업체 내 사업장 또는 사업장과 지역적으로 달리하더라도 관리업체에 포함된 것으로 본다.
② 건물에 대하여는 「건축물대장의 기재 및 관리에 관한 규칙」에 따라 등재되어 있는 건축물대장과 「부동산등기법」에 따라 등재되어 있는 등기부를 기준으로 한다. 다만 「건축법 시행령」별표 1의 제2호 가목 내지 다목은 제외한다.
③ 건물이 제2항의 건축물 대장 또는 등기부에 각각 등재되어 있거나 소유지분을 달리하고 있는 경우에는 다음 각 호에 따른다.
1. 인접 또는 연접한 대지에 동일 법인이 여러 건물을 소유한 경우에는 한 건물로 본다.
2. 에너지관리의 연계성(連繫性)이 있는 복수의 건물 등은 한 건물로 본다. 또한, 동일 부지 내 있거나 인접 또는 연접한 집합건물이 동일한 조직에 의해 에너지 공급・관리 또는 온실가스 관리 등을 받을 경우에도 한 건물로 간주한다.
3. 건물의 소유구분이 지분형식으로 되어 있을 경우에는 최대 지분을 보유한 법인 등을 당해 건물의 소유자로 본다.
④ 동일 건물에 구분 소유자와 임차인이 있는 경우에도 하나의 건물로 본다. 다만, 동일 건물 내에 제1항에 의해 관리업체에 포함된 경우에 한해서는 적용을 제외한다.

5) 교통부문 특례
① 동일법인 등이 여객자동차운수사업자로부터 차량을 일정기간 임대 등의 방법을 통해 실질적으로 지배하고 통제할 경우에는 당해 법인 등의 소유로 본다.
② 일반화물자동차 운송 사업을 경영하는 법인 등이 허가 받은 차량은 차량 소유 유무에 상관없이 당해 법인 등이 지배적인 영향력을 미치는 차량으로 본다.
③ 제10조의 관리업체 지정을 위해 온실가스 배출량 등을 산정할 때에는 항공 및 선박의 국제 항공과 국제 해운부문은 제외한다.
④ 제10조의 관리업체 지정을 위해 차량 및 선박의 온실가스 배출량 등을 산정할 때에는 별표 5의 기준을 적용(최초 관리업체 지정을 위한 경우에 한한다)하여 산정할 수 있다.
⑤ 화물운송량이 연간 3천만 톤-km 이상인 화주기업의 물류부문에 대해서는 교통 부문 관장기관인 국토교통부에서 다른 부문의 소관 관장기관에게 관련 자료의 제출 또는 공유를 요청할 수 있다. 이 경우 해당 관장기관은 특별한 사유가 없으면 이에 협조하여야 한다.
⑥ 교통분야에 속하는 관리업체를 지정할 때 동일한 사업자등록번호로 등록된 복수의 사업장은 하나의 배출시설로 본다.
⑦ 동일 업체 하에 개별 사업자등록번호로 사업장이 관리되는 경우, 교통분야 관리업체 지정 시 법인등록번호를 기준으로 개별 사업장을 하나의 사업장으로 적용하여 관리업체로 지정한다.

6) 권리와 의무의 승계 등
법인 등이 사업장이나 업체를 양도하거나 소멸한 경우 또는 합병할 경우에는 인수·합병 계약서 등에 관리업체에 대한 권리·의무 승계조항이 포함되도록 한다.

7) 관리업체의 지정·고시
① 부문별 관장기관은 환경부장관의 확인을 거쳐 매년 6월 30일까지 소관 관리업체를 관보에 고시하여야 한다.
② 부문별 관장기관은 소관 관리업체를 고시할 때에는 관리업체명, 사업장명, 소재지, 업종, 적용기준 등의 내용을 포함하여야 한다.

③ 부문별 관장기관은 소관 관리업체를 고시한 경우에는 환경부장관과 관리업체에 즉시 통보하여야 한다.

④ 환경부장관은 부문별 관장기관이 지정·고시한 관리업체를 종합하여 공표할 수 있다.

⑤ 관리업체를 고시한 이후 다음 각 호에 해당되는 경우에는 제18조 및 제19조에 따른 환경부장관의 확인을 거쳐 변경하여 고시하고 이를 해당 관리업체에 통보하여야 한다.

1. 관리업체로 지정 고시한 관리업체의 업종, 상호명, 대표자, 소재지 등이 변경된 경우
2. 관리업체 적용기준이 업체에서 사업장으로 변경되거나 사업장에서 업체로 변경된 경우
3. 제8조에 따라 관리업체 지정 대상에 해당됨에도 불구하고 누락된 경우
4. 관리업체 지정 고시 이후 분할·합병 또는 영업·자산 양수도로 인하여 관리업체에 해당하게 된 경우
5. 제22조의 규정에 의한 재심사 결과 변경사항이 발생한 경우
6. 기타 당초 관리업체 지정 고시 내용이 변경된 경우

8) 이의신청서 작성 등

① 관리업체는 관장기관의 지정·고시에 이의가 있는 경우 고시된 날부터 30일 이내에 별지 제4호 서식에 따라 소명자료를 작성하여 지정·고시한 부문별 관장기관에게 이의를 신청할 수 있다.

② 제1항에 따른 이의신청 시 다음 각 호의 내용을 포함하는 소명자료를 첨부하여야 한다.

1. 업체의 규모, 생산설비, 제품원료 및 생산량 등 사업현황
2. 사업장별 배출 온실가스의 종류 및 배출량, 온실가스 배출시설의 종류·규모·수량 및 가동시간
3. 사업장별 사용 에너지의 종류 및 사용량, 사용연료의 성분
4. 제2호부터 제3호까지의 부문별 온실가스 배출량 및 에너지 사용량의 계산 또는 측정 방법
5. 그 밖에 관리업체의 온실가스 배출량 등을 확인할 수 있는 자료

③ 관리업체가 제2항 각 호를 작성할 때에는 검증기관의 검증결과를 첨부하지 아니할 수 있다.

9) 관리업체 재심사

① 관장기관은 이의신청 기한이 만료된 날부터 17일 이내에 이의 신청에 대한 재심사를 실시하고 별지 제5호 서식에 따라 재심사 결과 및 검토자료 등을 첨부하여 환경부장관의 확인을 받아야 한다.
② 부문별 관장기관은 필요한 경우 이의를 신청한 관리업체에 추가 자료 제출을 요청하거나 현장조사 등을 실시할 수 있다.
③ 부문별 관장기관은 제21조의 이의신청 내용 검토 등을 위해 관계 전문가로 구성된 자문단의 의견을 들을 수 있다. 다만, 시행령 제32조에 따라 지정된 검증기관의 검증심사원 등은 관계 전문가에서 제외하여야 한다.
④ 환경부장관은 부문별 관장기관이 제1항에 따라 제출한 이의 신청에 대한 재심사 결과를 확인하고 그 결과를 7일 이내에 부문별 관장기관에게 통보한다.
⑤ 환경부장관은 제4항에 의한 검토를 위해 필요한 경우 관계 전문가로 구성된 자문단의 의견을 들을 수 있다.
⑥ 부문별 관장기관은 환경부장관으로부터 통보받은 확인결과를 반영하여야 한다. 다만 확인결과에 중대한 하자가 있을 경우 추가 확인을 요청할 수 있으며, 이 경우 환경부장관은 재확인하고 즉시 그 결과를 부문별 관장기관에게 통보한다.
⑦ 부문별 관장기관은 이의신청 기한이 만료된 날부터 30일 이내에 재심사 결과를 이의신청 업체에게 통보하여야 한다.
⑧ 부문별 관장기관은 이의신청에 대한 재심사 결과 당초 고시한 내용에 변경이 있을 경우에 그 내용을 즉시 관보에 고시하여야 한다.

확인문제

온실가스 · 에너지 목표관리의 원칙 및 역할에 관한 내용에서 산업 · 발전 분야의 관장기관은?

① 산업통상자원부　　② 환경부　　③ 국토교통부　　④ 기획재정부

해설

[정답 ①]

> **확인문제**
>
> 온실가스·에너지 목표관리 운영에 있어서 관리업체는 관장기관의 지정 고시에 이의가 있을 경우 고시된 날로부터 며칠 이내에 관장기관에게 이의를 신청할 수 있는가?
>
> ① 15일 이내 ② 20일 이내 ③ 25일 이내 ④ 30일 이내
>
> **해설**
>
> [정답 ④]

4. 목표관리제의 배출량 산정 및 보고 체계

1) 명세서의 제출

① 관리업체는 검증기관의 검증을 거친 명세서를 매년 3월 31일까지 전자적 방식으로 부문별 관장기관에 제출하여야 한다.

② 관리업체는 다음 각 호에 해당하는 경우 과거에 제출한 명세서를 수정하여 검증기관의 검증을 거쳐 제1항의 당해 연도 명세서와 함께 부문별 관장기관에게 전자적 방식으로 제출하여야 한다.

1. 관리업체의 권리와 의무가 승계된 경우
2. 조직경계 내·외부로 온실가스 배출원 또는 흡수원의 변경이 발생한 경우
3. 배출량 등의 산정방법론이 변경되어 온실가스 배출량 등에 상당한 변경이 유발된 경우
4. 사업장 고유 배출계수를 제92조제3항에 따라 검토·확인을 받거나, 그 값이 변경된 경우

2) 이행계획서의 작성 및 제출

① 부문별 관장기관으로부터 다음 연도 목표를 통보받은 관리업체는 당해 연도 12월 31일까지 전자적 방식으로 다음 연도 이행계획을 작성하여 부문별 관장기관에 제출하여야 한다.

② 제1항의 이행계획에는 다음 연도를 시작으로 하는 5년 단위의 연차별 목표와 이행계획이 포함되어야 한다.

③ 관리업체는 다음 각 호의 사항이 포함된 이행계획서를 작성하고, 이행계획 수립의 세부적인 작성양식 및 방법 등은 별지 제7호 서식에 따른다.

1. 사업장의 조직경계에 대한 세부내용(사업장의 위치, 조직도, 시설배치도 등을 포함한다. 단, 동일한 형태의 시설이 다수인 경우 대표 시설에 대한 세부내용으로 갈음할 수 있다)
2. 배출시설 및 배출활동의 목록과 세부 내용
3. 각 배출활동별 배출량 산정방법론(계산방식 또는 측정방식) 및 산정등급(Tier)의 적용현황과 이와 관련된 내용
4. 온실가스 배출량 등의 산정·보고와 관련된 품질관리(QC) 및 품질보증(QA)의 내용
5. 활동자료의 설명 및 수집방법 등 온실가스 배출량 등의 모니터링에 관한 내용
6. 이 지침에서 요구하는 산정등급(Tier)과 관련하여 활동자료의 불확도 기준의 준수여부에 대한 설명
7. 이 지침에서 요구하는 산정등급(Tier)을 준수하지 못하는 경우 이를 준수하기 위한 조치 및 일정 등에 관한 사항
8. 배출시설 단위 고유 배출계수 등을 개발 또는 적용하여야 하는 관리업체의 경우에는 고유 배출계수 등의 개발계획 또는 개발방법, 시험 분석 기준 등에 관한 설명
9. 연속측정방법을 사용하는 관리업체의 경우에는 굴뚝자동측정기기 설치시기, 굴뚝자동측정기기에 의한 배출량 산정방법 적용시기 등에 관한 설명
10. 조직경계, 배출활동, 배출시설, 배출량 산정방법론 및 산정등급(Tier) 등과 관련하여 이전 방법론 대비 변동사항에 대한 비교·설명

④ 부문별 관장기관은 소관 관리업체의 이행계획이 적절하게 수립되었는지를 확인하고 이를 1월 31일까지 센터에 제출하여야 한다. 다만, 이행계획을 센터에 제출한 이후에도 계획이 부실하게 작성되었거나 보완이 필요한 경우에는 해당 관리업체에 시정을 요청할 수 있으며, 시정된 이행계획을 받는 즉시 센터에 제출하여야 한다.

3) 이행계획 수립의 적용 특례
① 관리업체는 이행계획에 대한 실적(이하 "이행실적"이라 한다)을 전자적 방식으로 작성하여

매년 3월 31일까지 부문별 관장기관에게 제출하여야 한다.

② 관리업체가 부문별 관장기관이 통보한 목표를 당해 소량배출사업장도 포함하여 이행하고자 하는 경우에는 제1항에도 불구하고 시행령 제30조제4항 각 호의 내용을 모두 포함한 이행계획을 부문별 관장기관에 제출하여야 한다.

4) 이행실적 보고서의 작성

① 관리업체는 이행계획에 대한 실적(이하 "이행실적"이라 한다)을 전자적 방식으로 작성하여 매년 3월 31일까지 부문별 관장기관에게 제출하여야 한다.

② 이행실적의 세부적인 작성방법 등은 별지 제8호 서식에 따른다.

③ 제1항의 규정에도 불구하고 관리업체가 부문별 관장기관의 개선명령을 반영하여 수립한 이행계획의 이행실적에 대해서는 검증기관의 검증을 거쳐야 한다.

5) 이행실적 보고서의 적용 특례

① 관리업체는 제11조의 소량배출사업장에 대해서는 제42조의 이행실적 보고서에 포함하지 않을 수 있다. 다만, 관리업체는 소량배출사업장별 온실가스 배출량 등을 부문별 관장기관에 제출하여야 한다.

② 제1항의 소량배출사업장별 온실가스배출량 등은 별지 제8호 서식의 소량배출사업장 실적현황에 따라 작성한다.

③ 관리업체가 소량배출사업장을 대상으로 부문별 관장기관이 부여한 목표를 이행한 경우에는 제1항에도 불구하고 제42조의 이행실적 보고서를 작성하여 부문별 관장기관에 제출하여야 한다.

확인문제

온실가스 · 에너지 목표관리 운영에 있어서 부문별 관장기관으로부터 다음 연도 목표를 통보받은 관리업체는 전자적 방식으로 다음 연도 이행계획을 작성하여 부문별 관장기관에 언제까지 제출하여야 하는가?

① 당해 연도 1월 31일　　② 당해 연도 3월 31일
③ 당해 연도 6월 30일　　④ 당해 연도 12월 31일

[정답 ④]

5. 온실가스 배출량 및 에너지 소비량의 검증

1) 검증의 기본원칙

검증기관은 피검증자의 온실가스 배출량 및 에너지 소비량 등에 관한 검증을 수행할 때에 다음 각 호의 원칙에 따라야 한다.
1. 객관적인 자료와 증거 및 관련 규정에 따라 사실에 근거하여 검증을 수행하고 그 내용을 정확하게 기록할 것
2. 검증을 수행하는 과정에서 피검증자나 관계인의 의견을 충분히 수렴할 것
3. 합리적 보증이 가능한 수준으로 검증을 수행할 것

2) 검증에 필요한 자료의 요구

검증기관은 검증 업무를 수행하기 위해 필요한 경우 피검증자에게 관련 자료의 제출을 요구할 수 있다. 이때 자료제출을 요구받은 피검증자는 특별한 사정이 없는 한 이에 따라야 한다.

3) 검증팀의 구성

① 검증기관은 피검증자의 온실가스 배출량의 산정 (이하 "검증대상"이라 한다)에 대한 검증을 수행할 때에 2인 이상의 검증심사원으로 검증팀을 구성하여 검증을 수행하여야 하며, 이 중 1인의 검증심사원을 검증팀장으로 선임하여야 한다.
② 검증팀에는 제28조제2항 각 호의 분야 중 검증대상이 속하는 분야에 대한 자격을 갖춘 검증심사원이 1인 이상 포함되어야 한다. 다만, 검증대상이 속하는 분야가 다수인 경우에는 각각의 분야에 대한 자격을 갖춘 검증심사원이 1인 이상 포함되어야 하며, 1인의 검증심사원이 복수의 분야에 대한 자격을 갖춘 경우에는 해당 검증심사원이 자격을 갖춘 분야에 대하여는 자격을 갖춘 검증심사원이 포함된 것으로 본다.
③ 검증팀에는 검증심사원의 검증업무를 보조 및 지원하기 위해 검증심사원보가 포함될 수 있다. 이 경우 검증팀에 포함된 검증심사원보의 인적사항 등을 검증보고서에 기재하여야 한다.
④ 다음 각 호에 해당하는 자는 해당 검증대상의 검증을 위한 검증팀에 포함 될 수 없다.
1. 피검증자의 임·직원으로 근무한 자로써 근무를 종료한 날로부터 2년이 경과되지

아니한 자
2. 피검증자에 대한 컨설팅에 참여한 자로써 참여를 종료한 날로부터 2년이 경과되지 아니한 자
3. 기타 당해 검증의 독립성을 저해할 수 있는 사항에 연관된 자
⑤ 환경부장관은 제4항 각 호에 해당하는 자가 검증팀에 포함되어 있는 경우 해당하는 자를 검증팀에서 제외하거나 다른 검증심사원으로 교체하도록 검증기관에 요구할 수 있다.

4) 기술전문가
① 검증팀장은 검증의 전문성을 보완하기 위하여 검증대상에 대한 전문지식을 갖춘 자를 기술전문가로 선임할 수 있다.
② 제1항에 따른 기술전문가는 다음 각 호의 지식을 갖추어야 한다.
1. 피검증자의 공정, 운영체계 등 기술적 이해
2. 온실가스 배출량 및 감축량(흡수량) 등의 산정·보고 및 검증의 방법과 절차
3. 데이터 및 정보에 대한 중요성 판단과 리스크 분석
4. 기타 검증에 필요한 사항
③ 제1항에 따른 기술전문가 선임에 관하여는 제9조제4항을 준용한다. 이 경우 "검증심사원"은 "기술전문가"로 본다.
④ 기술전문가의 업무는 검증팀장이 요청하는 해당 전문분야에 대한 정보를 제공하는 업무에 한한다.

5) 내부심의팀의 구성
① 검증기관은 검증팀의 검증에 대한 내부심의를 위하여 1인 이상의 소속 검증심사원으로 내부심의팀을 구성하여야 한다. 이 경우 심의를 하여야 할 검증에 참여하였던 자는 내부심의팀에 포함될 수 없다.
② 제1항에 따른 내부심의팀의 구성에 관하여는 제9조제4항 및 제10조제2항을 준용한다. 이 경우 "해당 검증대상의 검증을 위한 검증팀" 및 "기술전문가"는 "내부심의팀"으로 본다.

6) 온실가스 배출량 검증의 절차 및 방법
① 할당대상업체는 검증기관이 온실가스 배출량 검증업무를 수행할 수 있는지를 확인하고 이를 명시하여 계약을 체결하여야 한다.
② 검증기관은 할당대상업체와 온실가스 배출량 등의 검증에 관한 계약을 체결하는 경우 계약을 체결하기 전에 별지 제1호 서식에 따른 공평성 위반 여부 자가진단표를 작성하여 계약서에 첨부하여야 한다.
③ 온실가스 배출량 등의 검증은 별표1에서 정한 절차에 따른다. 이 경우 세부적인 검증방법은 별표3에서 정한 바에 따른다.
④ 제3항에도 불구하고 검증기관이 검증의 합리적 보증을 위하여 필요하다고 인정하는 경우에는 별표1에서 정한 검증절차 이외에 추가적인 절차를 수행할 수 있다.
⑤ 검증기관은 검증을 위하여 필요한 경우 별지 제2호 서식을 참고하여 검증 체크리스트를 작성하여 이용할 수 있다.

7) 시정조치
① 검증기관은 검증을 수행하며 발견된 검증기준 미준수 사항 및 온실가스 배출량의 산정에 영향을 미치는 오류 등(이하 "조치 요구사항"이라 한다)에 대한 시정을 피검증자에게 요구하여야 한다.
② 제1항에 따라 시정을 요구받은 피검증자는 조치 요구사항에 대한 시정내용 등이 반영된 법 제24조제1항에 따른 명세서 또는 영 제40조제1항에 따른 모니터링 보고서와 이에 대한 객관적인 증빙자료(이하 "시정결과"라 한다)를 검증기관에 제출하여야 한다. 다만, 외부사업 온실가스 감축량에 대한 검증의 경우에는 시정을 요구받은 날로부터 30일 이내에 시정결과를 검증기관에 제출하여야 하며, 3회까지 제출할 수 있다.
③ 검증기관은 조치 요구사항에 대한 시정을 피검증자에게 요구한 경우 해당 조치 요구사항 및 시정결과에 대한 내역을 별지 제3호 서식에 따라 작성하여 검증보고서와 함께 환경부장관에게 제출하여야 한다.

8) 검증의견의 결정
① 검증팀장은 모든 검증절차 및 시정조치가 완료되면 해당 검증대상에 대한 최종 검증의견을 확정하여야 한다.

② 온실가스 배출량 검증 결과에 따른 최종 검증의견은 다음 각 호 중 하나로 하여야 한다.
1. 적정: 검증기준에 따라 배출량이 산정되었으며, 불확도와 오류(잠재 오류, 미수정된 오류 및 기타 오류를 포함한다) 및 수집된 정보의 평가결과 등이 별표3 제5호 다목의 중요성 기준 미만으로 판단되는 경우
2. 조건부 적정: 중요한 정보 등이 온실가스 배출량 등의 산정·보고 기준을 따르지 않았으나, 불확도와 오류 평가결과 등이 별표3 제5호 다목의 중요성 기준 미만으로 판단되는 경우
3. 부적정: 불확도와 오류 평가결과 등이 별표3 제5호 다목의 중요성 기준 이상으로 판단되는 경우

③ 외부사업 온실가스 감축량 검증 결과에 따른 최종 검증의견은 다음 각 호 중 하나로 하여야 한다.
1. 적정: 검증기준에 따라 외부사업 온실가스 감축량이 산정되었으며, 검증기관의 모든 조치 요구사항에 대한 외부사업 사업자의 조치가 적절하게 이행된 경우
2. 부적정: 중요한 정보 등이 온실가스 감축량 등의 산정·보고 기준을 따르지 않았으며, 이에 따른 검증기관의 모든 조치 요구사항에 대하여 제15조제2항에 제시된 기간 안에 시정조치를 완료하지 못하였을 경우

9) 검증보고서 작성
① 검증팀장은 최종 검증의견을 확정한 후, 별지 제4호서식 또는 별지 제6호서식에 따라 검증보고서를 작성하여야 한다.
② 제1항에 따른 검증보고서에는 다음 각 호의 사항이 포함되어야 한다.
1. 검증 개요 및 검증의 내용
2. 검증과정에서 발견된 사항 및 그에 따른 조치내용
3. 최종 검증의견 및 결론
4. 내부심의 과정 및 결과
5. 기타 검증과 관련된 사항

10) 내부심의
① 검증팀장은 검증보고서 작성이 완료되면 내부심의팀에게 해당 검증에서의 검증절차

준수여부 및 최종 검증의견에 대한 내부 심의를 요청하여야 한다.
② 검증팀장은 제1항에 따른 내부심의를 위하여 다음 각 호의 자료를 내부심의팀에 제출하여야 한다.
1. 검증 수행계획서, 체크리스트 및 검증보고서
2. 검증과정에서 발견된 오류 및 시정조치사항에 대한 이행결과
3. 법 제24조제1항에 따른 명세서
4. 영 제40조제1항에 따른 사업계획서와 모니터링 보고서
5. 기타 검토에 필요한 자료
③ 내부심의팀은 내부심의 과정에서 발견된 문제점을 즉시 검증팀장에게 통보하여야 하며, 검증팀장은 이를 반영하여 검증보고서를 수정하여야 한다.
④ 내부심의팀은 제3항에 따라 수정한 검증보고서를 확인하여 내부심의 결과가 적절하게 반영되었다고 판단되는 경우 심의를 종료하고 이를 검증팀장에게 통보하여야 한다.

11) 검증보고서의 제출
검증기관은 내부심의가 종료된 검증의 보증수준이 합리적 보증 수준 이상이라고 판단되는 경우에 최종 검증보고서를 피검증자에게 제출하여야 한다.

6. 명세서 및 이행실적의 확인

1) 명세서의 확인
① 부문별 관장기관은 관리업체가 제39조에 따라 제출한 명세서에 대하여 시행령 제34조제2항 각 호의 사항에 대한 누락 및 검증기관의 검증여부 등을 확인하여야 한다.
② 부문별 관장기관은 제1항에 따른 확인결과 누락되었거나 부적절한 사항이 있는 관리업체에 대해서는 그 시정을 요구할 수 있다.
③ 부문별 관장기관은 관리업체가 명세서를 제출한 날로부터 60일 이내에 전자적 방식으로 센터에 제출하여야 한다.
④ 부문별 관장기관은 소관 관리업체 중 중앙행정기관 등의 명세서를 받는 즉시 전자적 방식으로 센터에 제출하여야 한다. 단, 센터에 제출한 이후 제2항에 따른 시정요청

에 의해 명세서 내용에 수정 또는 보완이 있는 경우에는 해당되는 사항을 센터에 제출하여야 한다.

2) 이행실적의 확인
① 부문별 관장기관은 관리업체가 제42조에 따라 제출한 이행실적에 대해 다음 각 호의 사항을 확인하여야 한다.
1. 이행계획과의 연계성 및 정확성 여부
2. 온실가스 배출량 등의 산정·보고 기준 준수여부
3. 목표에 대한 이행여부
4. 검증결과의 적정성(개선명령에 따른 이행계획에 대한 이행실적의 경우에 한한다)
5. 개선명령의 이행여부
6. 기타 이 지침에서 정한 절차 및 기준 등의 준수여부 등
② 부문별 관장기관은 제1항 각 호에 따른 사항을 확인하기 위하여 필요한 경우 해당 관리업체의 의견을 듣거나 관련 자료의 제출 등을 요청할 수 있다.
③ 부문별 관장기관은 관리업체가 이행실적을 제출한 날로부터 60일 이내에 확인을 완료하고 전자적 방식을 통해 센터에 제출하여야 한다.

3) 개선명령
① 부문별 관장기관은 관리업체가 시행령 제30조제5항에 따라 목표를 달성하지 못하거나 제출한 이행실적이 측정·보고·검증 방법의 적용기준에 미흡한 경우에는 법 제42조제8항에 따른 개선명령 등 필요한 조치를 하여야 한다.
② 제1항에 따라 개선명령을 받은 관리업체는 다음 연도 이행계획에 개선계획을 반영하여 부문별 관장기관에 제출하여야 한다.
③ 관리업체는 제2항의 이행계획에 대한 이행실적을 제출할 때에는 검증기관의 검증결과를 첨부하여야 한다.
④ 제3항에 따른 이행실적의 검증은 「온실가스 배출권거래제 운영을 위한 검증지침」의 해당부분을 따른다.
⑤ 부문별 관장기관은 제1항의 개선명령 등 관리업체에 대해 필요한 조치를 하는 경우에는 환경부장관에게 그 사실을 즉시 통보하여야 한다.

7. 조기감축실적 등의 인정

1) 조기감축실적의 인정원칙
① 조기감축실적 인정은 관리업체가 목표관리를 받기 이전에 자발적으로 행한 감축실적을 인정함으로써 관리업체의 조기행동을 적절하게 반영하는 것을 목적으로 한다.
② 조기감축실적의 인정은 시행령 제25조제1항의 온실가스 감축 국가목표를 달성하는 데 필요한 제반사항과 그 범위 안에서 고려되어져야 한다.
③ 조기감축실적은 관리업체의 이행실적을 평가할 때 반영하는 것을 원칙으로 하며, 관리업체는 제53조제1항에서 정하는 연간 인정총량의 범위 내에서 일시 또는 분할하여 이행실적에 반영되도록 할 수 있다.
④ 관리업체가 조기감축실적을 분할하여 이행실적에 반영하고자 하는 경우에는 최초로 이행실적을 보고하는 연도를 포함하여 연속으로 3회까지 반영할 수 있다.

2) 조기감축실적의 인정기준
조기감축실적을 인정함에 있어 고려되어야 할 기준은 다음 각 호와 같다.
1. 조기감축실적은 국내에서 실시한 행동에 의한 감축분에 한하여 그 실적을 인정한다.
2. 조기감축실적은 관리업체의 조직경계 안에서 발생한 것에 한하여 그 실적을 인정한다. 다만, 복수의 사업자가 참여하여 조직경계 외에서 실적이 발생한 경우에는 이를 인정할 수 있다.
3. 조기감축실적은 관리업체 사업장 단위에서의 감축분 또는 사업 단위에서의 감축분에 대하여 인정할 수 있다.
4. 시행령 제25조에서 정한 온실가스 감축 국가목표를 달성하기 위하여 조기감축실적으로 반영할 수 있는 연간 인정총량의 상한선을 설정할 수 있다.
5. 조기감축실적으로 인정되기 위해서는 조기행동으로 인한 감축이 실제적이고 지속적이어야 하며, 정량화 되어야 하고 검증 가능하여야 한다.
6. 관리업체는 조기감축실적 인정을 위한 제반 서류의 제출 등 조기행동 입증을 위하여 필요한 사항에 대하여 부문별 관장기관에 협조하여야 한다.

3) 조기감축실적의 인정 대상 시기
조기감축실적은 2005년 1월 1일부터 관리업체가 최초로 목표를 설정하는 해 12월 31

일까지 실시한 조기행동에 의한 감축분에 대하여 인정한다.

4) 조기감축실적의 인정유형
조기감축실적으로 인정받을 수 있는 사업의 유형은 별표 11에서 정한 유형의 사업으로 한정한다. 다만, 별표 11에서 정한 유형 외에 자발적 감축사업으로 감축기술 및 재원 등에 상당한 투자가 수반된 개별 감축사업에 대해서는 환경부장관과 부문별 관장기관이 협의하여 조기감축실적으로 인정할 수 있다.

5) 조기감축실적의 인정 예외
① 제51조 규정에도 불구하고 다음 각 호에 해당하는 경우에는 조기감축실적으로 인정될 수 없다.
1. 관리업체가 법적 규제·기준을 충족하기 위하여 실시한 사업의 결과에 수반하여 온실가스 배출량이 감소된 경우
2. 관리업체의 생산량이 감소하거나 조직경계 내 배출시설의 폐쇄 등으로 인하여 온실가스 배출량이 감소된 경우
3. 관리업체 내 온실가스 배출시설을 조직경계 외부 또는 외국으로 이전하여 온실가스 배출량이 감소된 경우
4. 관리업체 내에서 생산, 관리, 수송, 폐기물 처리 등과 관련하여 자체적으로 수행하던 활동을 조직경계 외부로 위탁하여 처리함으로써 온실가스 배출량이 감소된 경우
5. 관련 규정에 따라 관리업체가 온실가스 감축사업에 따라 획득한 권리에 대하여 정부가 재정적으로 보상한 경우
② 제1항제5호 규정에도 불구하고 별표 11 제1호의 사업으로 2011년 12월 31일까지 정부가 재정적으로 보상한 경우에는 그 감축실적의 40%에 해당하는 부분을 조기감축실적으로 인정할 수 있다.

6) 연간 인정총량
① 매년 조기감축실적으로 인정할 수 있는 전체 총량(이하 "연간 인정총량"이라 한다)은 전체 관리업체 배출허용량의 1%로 한다.

② 관리업체별로 반영을 신청할 수 있는 연간 조기감축실적의 한도량(이하 "연간 신청가능량"이라 한다)은 다음 각 호의 값 중 작은 것으로 한다.
1. 연간 인정총량에 제58조의 조기행동 기여계수를 곱한 값
2. 관리업체 배출허용량에 0.1을 곱한 값

7) 조기감축실적의 인정 신청
① 관리업체가 조기감축실적에 대하여 인정을 받고자 하는 경우에는 별지 제9호의 서식에 따른 조기감축실적 인정 신청서(이하 "신청서"라 한다)를 작성하여 관리업체로 최초 지정된 해의 다음 연도 7월 31일까지 부문별 관장기관에게 제출하여야 한다.
② 관리업체는 최초로 목표를 설정한 해에 연간 기준으로 추가적인 조기감축실적이 있는 경우 해당되는 추가 실적에 대하여 제1항의 신청서를 작성하여 다음 연도 7월 31일까지 부문별 관장기관에게 제출하여야 한다.
③ 관리업체는 제1항 및 제2항의 신청서를 작성·제출하기에 앞서 검증기관의 검증을 거쳐야 하며, 그 검증결과를 신청서와 함께 제출하여야 한다. 다만, 제51조에서 정한 조기감축실적 인정유형의 사업 중 별표 11 제1호는 2011년 6월 30일 이전에, 제2호 내지 제4호의 사업은 이 지침이 시행되기 이전에 사업시행 부처의 확인을 받은 실적은 검증결과를 제출하지 않아도 된다.

8) 조기감축실적의 평가 및 기준
① 제54조제1항에 따라 신청서를 제출받은 부문별 관장기관이 조기감축실적의 인정여부와 인정량을 평가할 때에는 제49조 내지 제52조의 규정을 기준으로 한다. 이 경우, 부문별 관장기관은 필요한 경우에 조기감축실적 인정유형 사업을 시행하는 부처에 확인을 요청할 수 있다.
② 부문별 관장기관은 다음 각 호의 사항들을 고려하여 조기감축실적을 평가한다.
1. 조기행동의 일반사항
2. 조기행동의 실제성
3. 조기행동에 따른 감축효과의 지속성
4. 조기행동의 추가성
5. 조기행동에 따른 감축실적의 정량화에 대한 타당성

6. 기준 배출량 산정 방법론의 적합성
7. 조기행동에 따른 감축실적 산정방법의 적합성
8. 조기감축실적에 대한 검증결과
9. 조기감축실적 인정 예외 사유에의 해당여부
10. 제51조의 인정유형에 따른 타 감축실적과의 중복여부
11. 환경 및 관련 법규에의 저촉여부

③ 제2항제4호의 추가성이 인정되기 위해서는 다음 각 호의 요건을 충족하여야 한다.
1. 법적 규제·기준을 충족하기 위한 것이 아니어야 하며, 관련 법령 등에서 요구하는 요건을 상당부분 크게 초과하여 실시한 행동
2. 검증되지 않은 기술의 사용에 따른 비용상의 어려움, 시설·장비의 운영과 유지상의 어려움과 기타 제도적인 어려움과 같은 장애요인이 있었음에도 불구하고 시행되는 등 기업 경영에서 표준적으로 발생하는 개선활동 이상의 행동
④ 부문별 관장기관은 제2항의 평가를 위하여 필요한 경우 신청서 외에 별도의 근거자료를 관리업체에게 요구할 수 있으며, 이 경우 관리업체는 관련 근거자료를 즉시 부문별 관장기관에 제출하여야 한다.
⑤ 부문별 관장기관은 신청서를 받은 날로부터 30일 이내에 제2항의 규정에 따른 평가결과를 별지 제10호 서식에 따라 작성하여 관련 근거자료와 함께 환경부장관에게 통보하여야 한다.

9) 조기감축실적 평가결과의 확인
환경부장관은 제51조 후단에 해당하는 사업에 대해서는 부문별 관장기관의 평가결과에 대한 중복성, 적절성 등을 확인하고 그 결과를 제55조제5항의 평가결과를 받은 날로부터 30일 이내에 부문별 관장기관에게 통보한다.

10) 조기감축실적 인정결과 통보 및 관리
① 부문별 관장기관은 제55조 내지 제56조에 따른 조기감축실적에 대한 인정 결과 및 인정량을 매년 10월 31일까지 관리업체에게 통보하여야 한다. 이때, 관리업체에 통보하는 인정 결과 및 인정량이 제55조제5항의 평가결과와 다를 경우에는 이를 환경

부장관에게 통보하여야 한다.
② 부문별 관장기관은 별지 제11호의 서식에 따라 조기감축실적 인정서를 발급·관리하여야 한다.

11) 외부감축실적
① 관리업체는 업체의 조직경계 외부(중소기업기본법 제2조제1항에 의한 중소기업인 관리업체를 포함한다)에서 온실가스를 감축·흡수·제거하는 사업(이하 "외부감축사업"이라 한다)을 수행하고 그 실적(이하 "외부감축실적"이라 한다)을 관리업체의 목표이행 실적으로 사용할 수 있다.
② 외부감축사업과 외부감축실적의 인정은 시행령 제25조제1항의 온실가스 감축 국가목표를 달성하는데 필요한 제반사항과 그 범위 내에서 고려되어야 한다.
③ 외부감축실적은 관련된 국제 기준과 지침을 고려하여 추진되어야 하며, 관리업체의 감축의무가 특정 업체 및 부문에 전가되지 않도록 투명하고 공정하게 관리되어야 한다.
④ 외부감축사업의 유형 및 방법론, 외부감축사업의 타당성 평가 및 등록, 외부감축실적의 산정·모니터링·검증, 인정방법, 외부감축실적 인증서의 발급·등록·관리 등에 관한 구체적인 사항은 환경부장관이 부문별 관장기관과 협의하여 따로 정하여 고시한다.

8. 검증기관의 지정 및 관리

1) 검증기관 등의 운영원칙
① 검증은 객관적 증거에 근거하여 공평하고 독립적으로 이루어져야 하며, 검증기관은 이를 최대한 보장할 수 있도록 필요한 조치를 강구하여야 한다.
② 검증기관은 소속 검증심사원이 자격을 갖춘 분야에 대해서만 검증 업무를 수행하여야 하며, 피검증자 등의 특성과 조건 등을 종합적으로 고려하여 적격성 있는 검증팀을 구성하여야 한다.
③ 검증기관은 검증을 수행하는 과정에서 취득한 정보(취득한 정보를 가공한 경우를 포함한다)를 할당대상업체의 동의없이 외부로 유출하거나 다른 목적으로 사용하여서는 아니된

다. 다만, 법과 영에서 공개할 수 있도록 정한 정보는 그러하지 아니하다.

2) 검증기관의 지정
① 검증기관으로 지정을 받고자 하는 자(법인을 포함한다. 이하 "지정신청인"이라 한다)는 검증기관 지정요건을 충족하고 있음을 증명하는 서류를 첨부하여 별지 제5호 서식에 따른 신청서를 국립환경과학원장에게 제출하여야 한다.
② 국립환경과학원장은 제1항에 따른 신청에 대한 심사를 위하여 13명 이내의 검증기관 지정심사 자문단을 구성하여 운영할 수 있다.
③ 국립환경과학원장은 제1항에 따른 신청에 대한 서면심사 및 현장조사 등을 실시하여 관련 규정에 적합하다고 인정될 경우에는 검증기관 지정심사 자문단의 자문결과를 첨부하여 환경부장관에게 지정신청인을 검증기관으로 지정하여 줄 것을 요청하여야 한다.
④ 제3항에 따른 요청에도 불구하고 환경부장관은 지정신청인이 다음 각 호의 어느 하나에 해당하는 경우에는 검증기관으로 지정하지 않을 수 있다.
1. 임원 중 금치산자 또는 한정치산자가 있는 경우
2. 제25조 제1항의 규정에 따라 지정이 취소된 날로부터 3년이 경과하지 아니한 경우
3. 최근 3년간 「부정경쟁방지 및 영업비밀 보호에 관한 법률」 제18조에 의해 벌금형 이상의 처분을 받은 경우
4. 할당대상업체와 동일 법인(개인 및 공공기관 등을 포함한다)이거나 제4조제2항의 업무를 수행하는 경우
5. 법 제49조 및 영 49조에 따라 적합성 평가에 관한 업무를 위탁받은 경우
6. 온실가스 또는 에너지 관련한 컨설팅업, 저감시설 설치·관리 등의 업무를 수행하는 법인 및 개인
⑤ 환경부장관은 제3항에 따른 요청을 검토하여 지정신청인을 검증기관으로 지정하는 것이 적합하다고 인정되는 경우에는 지정신청인을 검증기관으로 지정하고 별지 제7호 서식 또는 별지 제8호 서식에 따른 검증기관 지정서를 지정신청인에게 교부하여야 한다. 이 경우 환경부장관은 다음 각 호의 사항을 관보에 고시하여야 한다.
1. 검증기관의 명칭 및 소재지

2. 검증기관 지정일
  3. 검증기관에 소속된 검증심사원의 전문분야
⑥ 제5항에 따른 검증기관의 지정의 유효기간은 지정일로부터 3년으로 한다. 다만, 기본법 영 제32조제1항에 따라 이미 지정된 검증기관의 최초 지정일은 이 고시의 시행일로 한다.
⑦ 지정 유효기간 이후에 재지정을 받고자 하는 검증기관은 지정기간 만료일 이전 3개월 전까지 검증기관 재지정 신청서를 국립환경과학원장에게 제출하여야 한다. 이 경우 재지정 신청에 대한 심사에 관하여는 제3항부터 제5항까지를 준용한다.

3) 검증기관의 변경신고 등
① 검증기관은 다음 각 호의 사유가 발생한 경우 국립환경과학원장에게 변경신고를 하여야 한다.
1. 검증기관 사무실 소재지의 변경
2. 법인 및 대표자가 변경된 경우
3. 검증관련 내부 업무규정의 변경
4. 검증심사원의 변경
5. 검증 전문분야의 변경
② 제1항의 변경신고를 하려는 자는 다음 각 호에서 정한 기한까지 별지 제7호 또는 제8호 서식의 변경신고서에 변경내용을 증명하는 서류와 검증기관 지정서를 첨부하여 국립환경과학원장에게 제출하여야 한다.
1. 제1항제1호 및 제2호에 해당하는 경우: 변경이 있은 날로부터 30일 이내
2. 제1항제3호부터 제5호까지에 해당하는 경우: 변경이 있은 날로부터 7일 이내
③ 국립환경과학원장은 변경내용의 적절성 등을 검토하여 타당하다고 인정되면 변경내역을 검증기관 지정서에 기재하여 해당 변경을 신고한 검증기관에 교부하고 환경부장관에게 그 내역을 제출하여야 한다.
④ 국립환경과학원장은 제1항 제1호, 제2호 및 제5호에 해당하는 경우에는 검증기관 변경내역을 홈페이지에 공지하여야 한다.

4) 검증기관의 관리

① 국립환경과학원장은 검증기관 지정 후 매 1년마다 검증업무 수행의 적절성, 검증심사원의 자격 유지 등 전반적인 운영실태에 대한 정기적인 종합 평가(현장확인 및 입회심사를 포함한다)를 실시하여야 하며, 다음 각 호에 해당하는 경우에는 수시 평가를 수행할 수 있다.
1. 법령 등의 위반에 대한 신고를 받거나 민원이 접수된 경우
2. 검증기관이 휴업종료 후 업무를 재개할 경우
3. 그 밖에 환경부장관, 국립환경과학원장이 필요하다고 인정하는 경우

② 국립환경과학원장은 제1항에 따른 평가에 대한 결과보고서를 작성하여 환경부장관에게 제출하여야 하며, 평가결과보고서에는 다음 각 호의 사항이 포함되어야 한다.
1. 검증기관 사무소 소재지, 조직 등 일반현황
2. 검증기관의 지정요건 및 운영절차의 준수 여부, 검증절차의 적절성 등에 대한 현장조사를 포함한 평가 결과
3. 조치 필요사항 등

③ 환경부장관은 제2항에 따라 제출된 평가결과보고서를 검토하고 그 결과에 따라 행정처분 등 필요한 조치를 하여야 한다.

5) 검증기관의 준수사항

① 검증기관은 검증결과보고서, 검증업무 수행내역 등 관련 자료를 5년 이상 보관하여야 한다.
② 검증기관은 별지 제10호 서식에 따라 반기별 검증업무 수행내역을 작성하여 매 반기 종료일로부터 30일 이내에 국립환경과학원장에게 제출하여야 한다.
③ 검증기관은 소속 임·직원과 검증심사원 보안교육 등을 정기적으로 실시하여야 하며, 이와 관련된 업무처리절차를 마련하여야 한다.
④ 검증기관은 피검증자 등으로부터 위탁받은 검증업무를 다른 검증기관에 재위탁 또는 수탁하여서는 아니된다.
⑤ 검증기관은 검증기관 및 동일한 법인 내에서 다음 각 호에 해당하는 온실가스 또는 에너지 관련된 자문이나 서비스를 제공해서는 안 된다. 또한, 다음 각 호의 자문 또는 서비스에 참여한 검증심사원은 자문 종료 후 2년 이내에 해당 피검증자에 대한 검

증심사를 수행해서는 안된다.
1. 온실가스 인벤토리의 설계, 개발 또는 온실가스 및 에너지 감축을 위한 이행 및 관리, 프로젝트의 설계
2. 온실가스 배출량 및 에너지 사용량의 산정, 보고, 관리를 위한 정보 시스템을 설계하거나 개발
3. 온실가스 배출 관련 측정 및 분석(Tier4 수준의 온실가스 연속측정 등)기기의 설치 및 관리, 특정 할당대상업체만을 위해 온실가스 관련 매뉴얼, 핸드북 또는 절차를 준비하거나 작성
4. 온실가스 배출권거래제 관련 탄소자산관리, 온실가스 감축사업 경제성 평가 자문, 배출권 할당 및 거래에 대한 자문 또는 중개서비스
⑥ 검증기관은 공평성 준수 및 이해상충을 회피하기 위한 관리절차를 마련하여, 공평성 관리가 지속적으로 이루어지고 있음을 입증해야 한다.

6) 검증기관의 지정취소 등
① 국립환경과학원장은 검증기관이 다음 각 호에 해당하는 경우에는 6개월 이내의 기간을 정하여 환경부장관에게 검증과 관련한 업무의 정지 또는 지정취소 등을 요청할 수 있다.
1. 거짓이나 그 밖의 부정한 방법으로 지정을 받은 경우
2. 고의 또는 중대한 과실로 검증결과를 거짓으로 보고한 경우
3. 지정서를 대여 또는 업무정지 기간 중 검증업무를 수행한 경우
4. 별표3의 검증절차를 준수하지 않았을 경우(외부사업 온실가스 감축량에 대한 검증의 경우에는 별표 5의 검증절차를 준수하지 않았을 경우를 말한다)
5. 검증기관의 인력요건에 미흡한 경우(검증인력의 변동일로부터 30일이 경과한 경우에 한한다)
6. 제21조제4항의 결격사유에 해당된 경우(결격사유가 발생한 날로부터 30일이 경과한 경우에 한한다)
7. 제22조에 따른 변경신고를 하지 않은 경우
8. 검증 업무를 수행하는 과정에서 이해관계자의 부당한 개입 등으로 인해 검증의 독립성과 공평성을 훼손한 경우
9. 제24조에 따른 검증기관 준수사항을 준수하지 아니한 경우
10. 검증기관이 파산을 신청한 경우

11. 제21조제6항에 따른 검증기관의 재지정 기한을 지키지 아니한 경우
12. 환경부장관이 실시하는 조사를 정당한 이유 없이 거부하거나 방해한 경우
② 환경부장관은 제1항의 지정취소 요청의 적정여부를 확인하기 위해 필요한 경우 센터의 의견을 들을 수 있다.
③ 환경부장관은 제1항에 따른 업무정지 또는 지정취소 등을 요청 받은 경우에는 해당 검증기관으로부터 소명자료를 제출받거나 의견을 청취하여야 한다.
④ 환경부장관은 제1항에 따른 지정취소 요청이 타당하다고 인정되는 경우 해당 검증기관명, 대표자, 지정취소 사유 및 지정취소 일자 등을 관보에 공고하고 이를 관계 중앙행정기관에게 즉시 통보하여야 한다. 이 경우 국립환경과학원장은 즉시 해당 검증기관의 검증기관 지정서를 회수하여야 한다.

9. 명세서의 작성 방법 등

1) 배출량 등의 산정 원칙
① 관리업체는 이 지침에서 정하는 방법 및 절차에 따라 온실가스 배출량 등을 산정하여야 한다.
② 관리업체는 이 지침에 제시된 범위 내에서 모든 배출활동과 배출시설에서 온실가스 배출량 등을 산정하여야 한다. 온실가스 배출량 등의 산정에서 제외되는 배출활동과 배출시설이 있는 경우에는 그 제외사유를 명확하게 제시하여야 한다.
③ 관리업체는 시간의 경과에 따른 온실가스 배출량 등의 변화를 비교·분석할 수 있도록 일관된 자료와 산정방법론 등을 사용하여야 한다. 또한, 온실가스 배출량 등의 산정과 관련된 요소의 변화가 있는 경우에는 이를 명확히 기록·유지하여야 한다.
④ 관리업체는 배출량 등을 과대 또는 과소 산정하는 등의 오류가 발생하지 않도록 최대한 정확하게 온실가스 배출량 등을 산정하여야 한다.
⑤ 관리업체는 온실가스 배출량 등의 산정에 활용된 방법론, 관련 자료와 출처 및 적용된 가정 등을 명확하게 제시할 수 있어야 한다.

2) 배출량 등의 산정 범위
① 관리업체는 법 제2조제9호에 정의된 온실가스에 대하여 빠짐이 없도록 배출량을 산정하여야 한다.
② 관리업체는 온실가스 직접배출과 간접배출로 온실가스 배출유형을 구분하여 온실가스 배출량 등을 산정하여야 한다.
③ 관리업체는 법인 단위, 사업장 단위, 배출시설 단위 및 배출활동별로 온실가스 배출량 등을 산정하여야 한다.
④ 관리업체가 온실가스 배출량 등을 산정해야 하는 배출활동의 종류는 별표 13과 같다.
⑤ 보고대상 배출시설 중 연간배출량(배출권거래제의 경우 기준연도 온실가스 배출량의 연평균 총량)이 100 tCO2eq 미만인 소규모 배출시설이 동일한 배출활동 및 활동자료인 경우 부문별 관장기관의 확인을 거쳐 제3항에 따른 배출시설 단위로 구분하여 보고하지 않고 시설군으로 보고할 수 있다.

3) 조직경계 결정 방법
① 관리업체는 관리업체의 배출원에 누락이 없도록 별표 14에 따라 조직경계를 결정하여야 한다.
② 조직경계 결정 시 별표 14에서 제시하지 않은 사항에 대하여는 당해 사업장 배출량의 과다산정 및 과소산정의 오류가 발생하지 않도록 경계를 결정하고, 결정된 조직경계의 타당성을 명확히 제시하여야 한다.
③ 관리업체는 조직경계에서 제외되는 시설이 조직경계 내의 배출량과 연계되어 있고 조직경계 내의 배출량을 정확하게 산정하기 위해 조직경계에서 제외되는 시설의 배출량 모니터링이 필요하다면 이 시설에 대해서도 모니터링 계획에 포함하여야 한다.

4) 배출량 등의 산정방법 및 적용기준
① 관리업체는 배출시설의 규모 및 세부 배출활동의 종류에 따라 별표 15의 최소 산정등급(Tier)을 준수하여 배출량을 산정하여야 한다. 이 경우 세부적인 온실가스 배출량 등의 산정방법 및 매개변수별 관리 기준은 별표 16에 따른다.
② 별표 16에서 세부적인 온실가스 배출량 등의 산정방법이 제시되지 않은 온실가스 배출활동은 관리업체가 자체적으로 산정방법을 개발하여 온실가스 배출량을 산정하

여야 한다.
③ 관리업체는 별표 16에 제시된 온실가스 배출량 등의 산정방법보다 더 높은 정확도를 가진 산정방법을 자체적으로 개발하여 온실가스 배출량 등의 산정에 활용할 수 있다.
④ 관리업체는 제2항 및 제3항에 따라 온실가스 배출량 등의 산정방법을 개발하여 활용하려면 배출활동의 개요, 보고 대상 배출시설, 보고 대상 온실가스, 배출량 산정방법론, 매개변수별 관리기준 등이 포함된 제99조에 따른 모니터링 계획을 제출하여야 하며, 산정방법 개발결과 및 근거자료 등은 다음연도 명세서에 포함하여 제출하여야 한다.
⑤ 관리업체는 제2항 및 제3항에 따라 온실가스 배출량 등을 산정하고자 할 경우 별표 17의 절차에 따라 부문별 관장기관으로부터 사용 가능 여부를 통보받은 후 사용하여야 한다.

5) 불확도 관리 기준 및 방법
① 관리업체는 별표 15의 최소 산정등급(Tier) 및 별표 16의 배출량 산정방법론에서 규정하고 있는 불확도 관리기준을 준수하여야 한다.
② 제1항에서 불확도 산정의 세부적인 방법은 별표 19를 따른다.

6) 산정등급 및 불확도 관리기준의 적용 특례
① 관리업체로 지정된 업체 중 「중소기업기본법」 제2조제1항에 따른 중소기업에 해당하는 관리업체가 제87조 및 제89조에 따른 최소산정등급, 매개변수별 관리기준 및 활동자료의 불확도 관리 기준을 불가피하게 준수하지 못할 경우에는 관리업체 최초 지정 이후 2회 이내의 범위 안에서 명세서를 제출할 때 이를 적용하지 아니할 수 있다.
② 제1항에 해당하는 관리업체는 제87조 및 제89조의 관리 기준을 준수하기 위한 조치 및 일정 등을 모니터링계획에 반영하여 부문별 관장기관에게 제출하여야 한다.

7) 배출계수 등의 활용
① 관리업체가 산정등급 1(Tier 1)에 따라 배출량 등을 산정할 경우 별표 20의 기본 배출계수와 별표 21의 기본 발열량을 활용한다. 다만, 별표 20에 제시되지 않은 원료 등

의 배출계수는 별표 16의 각 배출활동별 산정방법론을 참조한다.
② 관리업체가 산정등급 2(Tier 2)에 따라 배출량 등을 산정하는 경우에는 센터가 확인·검증하여 공표하는 국가 고유 배출계수 등을 활용한다. 다만, 연료별 국가 고유 발열량 값은 별표 22를 우선적으로 활용한다..
③ 관리업체가 산정등급 3(Tier 3)에 따라 배출량 등을 산정할 경우에는 별표 17의 절차에 따라 부문별 관장기관으로부터 배출시설 또는 공정 단위의 고유 배출계수의 사용 가능 여부를 통보받은 후 사용하여야 한다.

8) 사업장 고유 배출계수 등의 개발 및 활용 등
① 관리업체는 별표 16에서 제시하는 매개변수의 관리기준에 따라 사업장 고유 배출계수(Tier 3) 등을 개발·활용하기 위하여 연료, 원료 및 부산물 등의 시료를 채취하고 분석할 때에는 다음 각 호의 사항을 준수하여야 한다. 다만, 불가피한 사유로 인해 시료 채취 및 분석 방법 등을 준수할 수 없는 경우 관리업체는 명확한 근거를 제시하여야 하며, 관장기관은 이를 검토하여 허용할 수 있다.
1. 시료의 채취 및 분석을 실시할 수 있는 기관은 다음과 같다.
   가. 「KS A ISO/IEC 17025: 2006(시험기관 및 교정기관의 자격에 대한 일반 요구사항)」에 따라 공인된 시험·교정기관
   나. 가목의 기준에 적합한 자체 실험실을 갖춘 관리업체
   다. 「환경분야 시험·검사에 관한 법률」제16조에 따른 측정대행업자
2. 시료를 채취하는 경우에는 시료의 대표성을 확보할 수 있도록 충분한 횟수로 시료를 채취하여야 하며 연료의 경우에는 별표 23의 시료의 최소 분석 주기를 만족하여야 한다.
3. 시료 채취는 배출량의 과다산정 혹은 과소산정의 오류가 발생하지 않도록 실시하여야 한다.
② 제1항의 연료 등의 시료 채취 및 분석방법은 별표 24의 국가표준(KS) 또는 국제표준화기구(ISO), 미국재료시험학회(ASTM) 등 국제적으로 통용되는 방법론을 사용하고 있는 경우 이를 분석방법으로 활용할 수 있다.
③ 관리업체는 제1항 및 제2항에 따라 배출시설 단위 고유 배출계수 등을 개발하여 활용하려면 분석 대상 및 항목, 시료채취 방법, 시험·분석 방법, 계수의 산정식, 계수

개발계획 및 근거 등이 포함된 제99조에 따른 모니터링 계획을 제출하여야 하며, 개발결과 및 근거자료 등은 다음연도 명세서에 포함하여 제출하여야 한다.

9) 연속측정방법에 따른 배출량 산정방법 및 기준
① 관리업체가 연속측정방법을 사용하여 배출량 등을 산정·보고하고자 할 경우 해당 배출시설의 산정등급은 4(Tier 4)로 규정한다.
② 연속측정방법을 통한 배출량 산정방법, 측정기기의 설치 및 관리기준 등은 별표 25를 따른다.
③ 환경부장관과 부문별 관장기관은 배출량 산정·보고의 정확성, 객관성 및 신뢰성 확보를 위하여 대규모 연소시설과 폐기물 소각시설 등에 대해서는 연속측정방법의 적용이 확산되도록 권고할 수 있다.
④ 환경부장관은 법 제42조제10항에 따라 연속측정방법을 활용하고자 하는 관리업체 및 부문별 관장기관에게 필요한 기술지원 및 자료·정보의 제공 등을 실시할 수 있다.

10) 바이오매스 등
① 관리업체가 다음 각 호에 해당하는 온실가스를 배출하는 경우에는 총 온실가스 배출량에서 이를 제외한다. 단, 에너지사용량 산정에는 이를 제외하지 않는다.
1. 별표 26의 바이오매스 사용에 따른 이산화탄소의 직접배출량(이산화탄소 이외의 기타 온실가스는 총 배출량 산정에 포함한다)
2. 관리업체 외부의 폐기물소각열 회수시설에서 공급받아 사용한 소각열의 간접배출량
3. 관리업체 외부로부터 공급받은 공정폐열 사용에 따른 간접배출량
② 관리업체 외부로부터 열 또는 전기를 공급받아 이를 사용하지 않고 관리업체 외부로 공급하는 경우는 해당 열 또는 전기에 대한 간접배출량 및 에너지사용량을 모두 제외하고 보고한다.
③ 제1항제1호에서 바이오매스와 화석연료를 혼합하여 사용하는 경우에는 제92조의 규정에 따라 바이오매스 혼합비율을 산정하여 해당 비율만큼의 이산화탄소 배출량을 제외한다.
④ 관리업체는 제1항 각 호의 배출량을 산정하는 경우 별표 20의 기본배출계수(바이오매스) 또는 제96조에 따른 간접 열 배출계수 등을 활용할 수 있다.

11) 열(스팀)의 외부 열공급시 배출계수의 개발 활용

① 관리업체가 조직경계 외부로 열(스팀)을 공급하는 공급자로서, 다음 각 호에 해당하는 경우에는 별표 27에 따라 열 공급에 따른 간접배출계수를 개발하여 열을 사용하는 관리업체에게 제공하여야 한다.
1. 열전용 생산시설에서 생산한 열(스팀) 공급자
2. 열병합 생산시설에서 생산한 열(스팀) 공급자
3. 외부수열(폐열 등)을 이용하여 생산한 열(스팀) 공급자

② 외부로 열을 공급하는 관리업체가 제1항의 간접배출계수를 개발·제공하지 못할 경우에는 간접배출계수 개발·활용을 위한 활동자료, 온실가스 배출량 및 열 생산량 등의 자료를 열을 사용하는 관리업체에게 제공하여야 한다.

12) 폐기물 소각시설에서 외부 열공급시 배출계수의 개발·활용

① 관리업체가 폐기물 소각시설에서 열을 회수하여 조직경계 외부로 열을 공급할 경우 별표 28의 열 공급에 따른 간접배출계수를 개발하여 열을 사용하는 관리업체에게 제공하여야 한다.

② 외부로 열을 공급한 관리업체가 제1항의 간접배출계수를 개발·제공하지 못할 경우에는 간접 배출계수 개발·활용을 위한 활동자료, 온실가스 배출량, 소각열 회수량 및 공급량 등의 자료를 열을 사용하는 관리업체에게 제공하여야 한다.

13) 기타부생연료 발생시설에서 외부 기타부생연료 등의 공급 시 배출계수의 개발·활용

관리업체가 기타부생연료(부생가스, 부생오일, 재생유 등) 등의 발생시설에서 기타부생연료 등을 회수하여 조직경계 외부로 공급할 경우 기타부생연료의 고유 배출계수를 개발하여 기타부생연료 등을 사용하는 관리업체에게 제공하여야 한다.

14) 배출계수의 적용 특례

제87조에 의해 산정등급 2(Tier2)에 따라 배출량 등을 산정해야 하는 관리업체는 국가 고유 배출계수가 고시되지 않았을 경우에 한하여 산정등급 1(Tier 1)에 해당하는 배출계수를 적용할 수 있다.

15) 모니터링 계획의 작성 등

관리업체는 온실가스 배출량 등의 산정의 정확성과 신뢰성 향상을 위하여 다음 각 호의 사항이 포함된 모니터링 계획을 별표 29, 별지 제15호 서식에 따라 작성하여야 한다. 단, 목표관리제의 적용을 받는 관리업체는 제40조의 이행계획서로 갈음할 수 있다.

1. 업체 일반정보(법인명, 대표자, 계획기간, 담당자 정보 등)
2. 사업장의 일반정보 및 조직경계(사업장명, 사업장 대표자, 업종, BM적용시설 포함여부, 사업장 사진, 시설배치도, 공정도, 온실가스 및 에너지 흐름도 등)
3. 배출시설별 모니터링 방법(배출시설 정보, 산정등급 분류기준, 예상 신·증설 시설의 온실가스 배출 정보 및 활동자료 측정지점 등)
4. 활동자료의 모니터링(측정) 방법(배출시설 및 배출활동별 측정기기 정보, 측정기기 개선 및 설치 계획 등)
5. 배출시설별 배출활동의 산정등급 적용계획(배출시설별 산정방법론의 산정등급, 배출활동별 매개변수 산정등급, 최소 산정등급 미 충족 사유 등)
6. 에너지 외부 유입 및 구매 계획
7. 사업장 고유 배출계수(Tier 3) 등 개발 계획(개발예정인 계수의 종류, 시험·분석 관련 정보, 계수 산정식, 예상불확도 등)
8. 사업장별 품질관리(QC)/품질보증(QA) 활동 계획(배출량 산정·보고 등의 품질관리 문서 및 담당자 정보)
9. 기타 모니터링 작성과 관련된 특이사항

16) 명세서의 작성

관리업체는 제94조 내지 제99조에 따른 온실가스 배출량 등의 산정결과를 별지 제16호 서식에 따라 명세서를 작성하여야 한다.

17) 품질관리 및 품질보증

① 관리업체는 온실가스 배출량 등의 산정에 대한 정확도 향상을 위해 측정기기 관리, 활동자료 수집, 배출량 산정, 불확도 관리, 정보 보관 및 배출량 보고 등에 대한 품질관리 활동을 수행하여야 한다.
② 관리업체는 자료의 품질을 지속적으로 개선하는 체제를 갖추는 등 배출량 산정의 품질보증 활동을 수행하여야 한다.

③ 제1항 및 제2항에 대한 세부내용은 별표 30에 따른다.

18) 자료의 기록관리 등

관리업체는 온실가스 배출량 등의 산정과 관련하여 다음 각 호의 자료를 문서화하여 최소 5년 이상 보관하여야 한다.
1. 온실가스 배출시설, 공정, 배출활동 등의 목록
2. 온실가스 배출량 등의 산정을 위해 사용된 자료들(계산방법 또는 측정방법을 포함한다)
3. 온실가스 배출량 등의 계산을 위해 사용된 공정 또는 사업장 운영자료
4. 연간 온실가스 배출량 등의 산정 보고서(명세서)
5. 연간 온실가스 배출량 등의 검증 보고서
6. 연간 모니터링 계획
7. 연속측정시스템(CEM), 유량계, 기타 온실가스 산정과 관련된 측정장치의 검·교정 결과 및 장치의 유지관리 보고서

제5과목

온실가스 관련 법규

출제적중 문제

05 온실가스 법규

출제적중 문제

001 다음 부문별 관장기관이 담당하는 사항이 아닌 것은?

① 이행실적 및 명세서의 확인
② 검증기관의 지정·관리, 검증심사원 교육 및 양성
③ 관리업체에 대한 온실가스 감축, 에너지 절약 등 목표의 설정
④ 관리업체의 선정·지정·관리 및 필요한 조치 등에 관한 사항

> **해설**
> 검증기관의 지정·관리, 검증심사원 교육 및 양성은 환경부장관이 담당한다.
> **[정답 ②]**

002 온실가스·에너지 목표관리 운영에 있어서 관리업체가 관장기관의 지정고시에 이의가 있는 경우 이의신청을 할 수 있는 기간 기준은?

① 고시된 날부터 15일 이내
② 고시된 날부터 30일 이내
③ 고시된 날부터 60일 이내
④ 고시된 날부터 90일 이내

> **해설**
>
> **[정답 ②]**

003 저탄소 녹색성장 추진의 기본원칙에 해당하지 않는 것은?

① 정부는 시장기능을 최대한 활성화하여 정부가 주도하는 저탄소 녹색성장 추진
② 정부는 녹색기술과 녹색산업을 경제성장의 핵심 동력으로 삼고 새로운 일자리를 창출·확대할 수 있는 새로운 경제체계 구축
③ 정부는 사회·경제 활동에서 에너지와 자원 이용의 효율성을 높이고 자원순환 촉진
④ 정부는 국가의 자원을 효율적으로 사용하기 위하여 성장잠재력과 경쟁력이 높은 녹색기술 및 녹색산업 분야에 대한 중점 투자 및 지원 강화

해설
정부는 시장기능을 최대한 활성화하여 민간이 주도하는 저탄소 녹색성장 추진 **[정답 ①]**

004 온실가스 배출권 거래제 하에서 배출권거래제 기본계획을 수립하여야 하는 자는?

① 기획재정부장관
② 산업통상자원부장관
③ 국무총리
④ 환경부장관

해설
[시행령 제2조] 기획재정부장관과 환경부장관은 배출권거래제 기본계획을 매 계획기간 시작 1년 전까지 공동으로 수립하여야 한다. **[정답 ①, ④]**

005 온실가스·에너지 목표관리 운영 등에 관한 지침에서 사용하는 용어의 뜻으로 틀린 것은?

① "배출활동"이란 온실가스를 배출하거나 에너지를 소비하는 일련의 활동을 말한다.
② "기준연도"란 온실가스 배출량 등의 관련정보를 비교하기 위해 지정한 과거의 특정기간에 해당하는 연도를 말한다.
③ "연소배출"이란 연료 또는 물질을 연소함으로써 발생하는 온실가스 배출을 말한다.
④ "적격성"이란 검증에 필요한 물질이 온실가스로 적정하게 변화되는 것을 말한다.

해설
[정답 ④]

006 국가 온실가스 종합정보관리체계의 구축 및 관리에 대한 내용으로 옳지 않은 것은?

① 국가 온실가스 종합정보관리체계를 구축, 관리하기 위하여 환경부장관 소속으로 온실 가스 종합정보센터를 둔다.
② 온실가스 종합정보센터는 검증기관의 지정, 관리, 검증심사원 교육 및 양성을 관장한다.
③ 온실가스 종합정보센터는 국가 및 부문별 온실가스 감축 목표 설정의 지원을 관장한다.
④ 온실가스 종합정보센터는 국내의 온실가스 감축 지원을 위한 조사·연구를 관장한다.

해설
검증기관의 지정·관리, 검증심사원 교육 및 양성은 환경부장관이 담당한다. [정답 ②]

007 온실가스·에너지 목표관리 운영에 있어서 부문별 관장기관은 관리업체가 목표 달성을 못하거나, 제출한 이행실적이 미흡한 경우에는 개선명령을 하여야 한다. 부문별 관장기관은 개선명령 등 관리업체에 대해 필요한 조치를 할 경우 그 사실을 누구에게 즉시 통보하여야 하는가?

① 대통령
② 국무총리
③ 기획재정부장관
④ 환경부장관

해설
부문별 관장기관은 개선명령 등 관리업체에 대해 필요한 조치를 하는 경우에는 환경부장관에게 그 사실을 즉시 통보하여야 한다. [정답 ④]

008 온실가스 배출권 거래제 하에서 배출권의 전부를 무상으로 할당할 수 있는 업종에 대한 기준으로 옳은 것은? (단, 매 계획기간마다 평가하여 할당계획에서 정함)

① 무역집약도가 100분의 5 이상이고, 생산비용발생도가 100분의 10 이상인 업종
② 무역집약도가 100분의 10 이상이고, 생산비용발생도가 100분의 5 이상인 업종
③ 무역집약도가 100분의 10 이상이고, 생산비용발생도가 100분의 20 이상인 업종
④ 무역집약도가 100분의 20 이상이고, 생산비용발생도가 100분의 10 이상인 업종

> **해설**
> [시행령 제14조: 무상할당 업종의 기준]
> 1. 무역집약도가 100분의 30 이상인 업종
> 2. 생산비용발생도가 100분의 30 이상인 업종
> 3. 무역집약도가 100분의 10 이상이고, 생산비용발생도가 100분의 5 이상인 업종
>
> [정답 ②]

009 녹색성장 위원회의 소속으로 옳은 것은?

① 대통령 직속
② 국무총리 소속
③ 국토교통부 소속
④ 환경부 소속

> **해설**
>
> [정답 ②]

010 저탄소 녹색성장 기본법에서 수행 주체별 책무로서 적절하지 않은 것은?

① 국가는 각종 정책을 수립할 때 경제와 환경의 조화로운 발전 및 기후변화에 미치는 영향 등을 종합적으로 고려하여야 한다.
② 지방자치단체는 저탄소 녹색성장대책을 수립·시행할 때 해당 지방자치단체의 지역적 특성과 여건을 고려하여야 한다.
③ 사업자는 기업의 녹색경영에 관심을 기울이고 녹색제품의 소비 및 서비스 이용을 중대함으로써 기업의 녹색경영을 촉진한다.
④ 국민은 가정과 학교 및 직장 등에서 녹색생활을 적극 실천하여야 한다.

> **해설**
> [법 제7조: 국민의 책무] 국민은 기업의 녹색경영에 관심을 기울이고 녹색제품의 소비 및 서비스 이용을 중대함으로써 기업의 녹색경영을 촉진한다.
> [정답 ③]

011 온실가스 배출권 거래제 하에서 배출권거래제 할당 대상업체로 지정·고시하는 기준으로 옳은 것은?

① 관리업체 중 최근 3년간 온실가스 배출량의 연평균 총량이 100,000 tCO₂-eq 이상인 업체이거나 25,000 tCO₂-eq 이상인 사업장의 해당 업체

② 관리업체 중 최근 3년간 온실가스 배출량의 연평균 총량이 125,000 tCO₂-eq 이상인 업체이거나 25,000 tCO₂-eq 이상인 사업장의 해당 업체
③ 관리업체 중 최근 3년간 온실가스 배출량의 연평균 총량이 150,000 tCO₂-eq 이상인 업체이거나 25,000 tCO₂-eq 이상인 사업장의 해당 업체
④ 관리업체 중 최근 3년간 온실가스 배출량의 연평균 총량이 175,000 tCO₂-eq 이상인 업체이거나 25,000 tCO₂-eq 이상인 사업장의 해당 업체

해설

[정답 ②]

012 온실가스 · 에너지 목표관리 운영에 있어 부문별 관장기관은 환경부장관의 확인을 거쳐 매년 언제까지 소관 관리업체를 관보에 고시하여야 하는가?

① 매년 1월 31일
② 매년 3월 31일
③ 매년 6월 30일
④ 매년 12월 31일

해설

[정답 ③]

013 온실가스 · 에너지 목표관리 운영에 있어서 배출시설의 배출량 규모에 따른 산정 등급(Tier)분류 기준에서 A그룹에 해당하는 것은?

① 연간 5만톤 미만의 배출시설
② 연간 15만톤 이상의 배출시설
③ 연간 5만톤 이상, 연간 50만톤 미만의 배출시설
④ 연간 50만톤 이상의 배출시설

해설

[정답 ①]

014 온실가스 배출권 거래제에서 할당대상업체가 주무관청에 제출한 배출권이 인증한 온실가스 배출량보다 적은 경우에 그 부족한 부분에 대하여 부과할 수 있는 과징금 부과 기준으로 옳은 것은?

① 이산화탄소 1톤당 5만원의 범위에서 해당 이행연도의 배출권 평균 시장가격의 3배 이하

② 이산화탄소 1톤당 10만원의 범위에서 해당 이행연도의 배출권 평균 시장가격의 3배 이하
③ 이산화탄소 1톤당 5만원의 범위에서 해당 이행연도의 배출권 평균 시장가격의 5배 이하
④ 이산화탄소 1톤당 10만원의 범위에서 해당 이행연도의 배출권 평균 시장가격의 5배 이하

해설

[정답 ②]

015 온실가스 배출권 거래제 하에서 배출권 할당위원회에 관한 설명으로 틀린 것은?

① 배출권 할당위원회에 위촉된 위원의 임기는 2년으로 하며, 한 차례만 연임할 수 있다.
② 배출권 할당위원회는 할당계획, 시장 안정화 조치 등의 사항을 심의·조정하기 위하여 환경부에 둔다.
③ 배출권 할당위원회의 회의는 재적위원 과반수 출석으로 개의하고, 출석위원의 과반수 찬성으로 의결한다.
④ 배출권 할당위원회의 회의는 할당위원회의 위원장이 필요하다고 인정하거나 재적위원의 3분의 1 이상이 요구할 때에 개최한다.

해설
[법 제6조: 배출권 할당위원회의 설치] 배출권 할당위원회는 할당계획, 시장 안정화 조치 등의 사항을 심의·조정하기 위하여 기획재정부에 둔다.
[정답 ②]

016 온실가스 배출권 거래제에서 과징금 체납에 따른 가산금은 납부기한이 지난 날부터 1개월이 지날 때 마다 체납된 과징금의 얼마를 징수하는가?

① 1백분의 5 ② 1백분의 10
③ 1천분의 12 ④ 1천분의 22

해설
[시행령 제43조: 과징금에 대한 가산금] 환경부장관은 납부기한이 지난 날부터 1개월이 지날 때마다 체납된 과징금의 1천분의 12에 해당하는 가산금을 징수한다. 다만, 가산금을 가산하여 징수하는 기간은 60개월을 초과하지 못한다.
[정답 ③]

017 사람의 활동으로 인하여 온실가스의 농도가 변함으로써 상당 기간 관찰되어 온 자연적인 기후변동에 추가적으로 일어나는 기후체계의 변화를 의미하는 것은?

① 지구온난화 ② 온실가스
③ 녹색성장 ④ 기후변화

해설

[정답 ④]

018 배출권 거래소의 업무가 아닌 것은?

① 배출권 거래시장의 개설·운영에 관한 업무
② 배출권거래중개회사의 등록 취소에 관한 업무
③ 배출권의 매매에 관한 업무
④ 배출권의 경매 업무

해설
[시행령 제29조] 환경부장관은 배출권거래중개회사가 업무기준을 준수하지 아니하면 해당 회사의 등록을 취소할 수 있다.

[정답 ②]

019 (   )에 공통으로 들어가는 내용으로 알맞은 것은?

> 정부는 온실가스와 오염물질의 발생을 줄이기 위한 (   )를 도입하려는 경우에는 민간의 자율과 창의를 저해하지 않도록 하고 기업의 (   )에 대한 국내외 실태조사 등을 하여 산업경쟁력을 높일 수 있도록 (   ) 체계를 선진화 하여야 한다.

① 정보 ② 규제
③ 제도 ④ 장비

해설

[정답 ②]

020 '온실가스·에너지 목표관리 운영 등에 관한 지침'에서 규정한 중앙행정기관 등에 속하지 않는 것은?

① 「초·중등교육법」국·공립학교
② 「고등교육법」에 따른 국립대학 및 공립대학
③ 「지방공기업법」에 따른 지방공사 및 지방공단
④ 「공공기관의 운영에 관한 법률」에 따른 공공기관

> **해설**
> [온실가스·에너지 목표관리 운영 등에 관한 지침 제2조]
> "중앙행정기관 등"이란 중앙행정기관, 지방자치단체 및 다음 각 목의 공공기관을 말한다.
> 가. 「공공기관의 운영에 관한 법률」제4조에 따른 공공기관
> 나. 「지방공기업법」제49조에 따른 지방공사 및 같은 법 제76조에 따른 지방공단
> 다. 「국립대학병원설치법」, 「국립대학치과병원설치법」, 「서울대학교병원설치법」 및 「서울대학교치과병원설치법」에 따른 병원
> 라. 「고등교육법」제3조에 따른 국립대학 및 공립대학
> [정답 ①]

021 할당대상업체가 종료된 이행연도의 배출권을 주무관청에 제출하여야 하는 기간은?

① 이행연도 종료일부터 15일 이내
② 이행연도 종료일부터 3개월 이내
③ 이행연도 종료일부터 6개월 이내
④ 이행연도 종료일부터 1년 이내

> **해설**
> [정답 ③]

022 할당대상업체별 배출권 할당량을 결정할 때에 고려사항이 아닌 것은?

① 유상으로 할당하는 배출권의 비율
② 국가 온실가스 감축 목표 및 부문별 온실가스 감축 목표
③ 할당대상업체의 과거 온실가스 배출량 또는 기술수준
④ 계획기간 중의 해당 업종 또는 할당대상업체의 예상성장률

> **해설**
> [시행령 제12조: 배출권 할당의 기준 등] ① 환경부장관은 다음 각 호의 사항을 고려하여 할당대상업체별 배출권 할당량을 결정한다.
> 1. 기본법 제42조에 따른 국가 온실가스 감축 목표 및 부문별 온실가스 감축 목표
> 2. 법 제5조제1항제4호에 따른 부문별·업종별 배출권 할당량
> 3. 해당 할당대상업체의 과거 온실가스 배출량 또는 기술수준
> 4. 제13조에 따라 무상으로 할당하는 배출권의 비율(이하 "무상할당비율"이라 한다)
> 5. 계획기간 중의 해당 업종 또는 할당대상업체의 예상성장률
> 6. 기본법 제53조에 따른 저탄소 교통체계 구축을 위한 대중교통수단의 운행 확대와 「지속가능 교통물류 발전법」 제20조에 따른 대형중량화물의 운송대책 및 조치가 국가 온실가스 배출량 감축에 기여한 정도
> 7. 화석연료 대신 가연성(可燃性) 폐기물을 활용하여 국가 온실가스 배출량 감축에 기여한 정도
> 8. 「집단에너지사업법」 제9조에 따라 사업의 허가를 받고 같은 법 제16조의 공급의무에 따라 열과 전기를 공급하여 국가 온실가스 배출량 감축에 기여한 정도
> 9. 제품생산량 등 단위 활동자료당 온실가스 배출량 등의 실적·성과를 국내외 동종(同種) 배출시설 또는 공정과 비교하는 방식(이하 "벤치마크방식"이라 한다)으로 산정한 정도
> 10. 할당대상업체가 법 제19조에 따른 배출권의 거래를 통하여 배출권 거래시장 활성화에 기여한 정도
>
> [정답 ①]

023 자원순환 산업의 육성·지원 시책에 포함되지 않는 것은?

① 친환경 생산체제로 전환을 위한 기술지원
② 자원의 수급 및 관리
③ 에너지원으로 이용되는 목재, 식물, 농산물 등 바이오매스의 수집·활용
④ 자원생산성 향상을 위한 교육훈련·인력양성 등에 관한 사항

> **해설**
> [법 제24조: 자원순환의 촉진] 자원순환 산업의 육성·지원 시책에는 다음 각 호의 사항이 포함되어야 한다.
> 1. 자원순환 촉진 및 자원생산성 제고 목표설정
> 2. 자원의 수급 및 관리
> 3. 유해하거나 재제조·재활용이 어려운 물질의 사용억제
> 4. 폐기물 발생의 억제 및 재제조·재활용 등 재자원화
> 5. 에너지자원으로 이용되는 목재, 식물, 농산물 등 바이오매스의 수집·활용
> 6. 자원순환 관련 기술개발 및 산업의 육성
> 7. 자원생산성 향상을 위한 교육훈련·인력양성 등에 관한 사항
>
> [정답 ①]

024 '녹색기술·녹색산업의 표준화 및 인증'과 관련된 사항 중 옳은 것은?

① 정부는 국내에서 개발된 기술이 국제 표준화에 부합되도록 표준화 기반 구축을 지원할 수 있고, 개발단계의 기술 등은 개발이전에 표준화 취득을 의무화한다.
② 녹색기술의 표준화, 인증 및 취소 등에 관하여 그밖에 필요한 사항은 산업통상자원부장관령으로 정한다.

③ 기업은 녹색기술 및 녹색산업의 적합성에 대해 제3자 검증을 의무적으로 추진해야 한다.
④ 정부는 녹색기술·녹색산업의 발전을 촉진하기 위하여 적합성 인증을 하거나, 공공기관의 구매의무화 또는 기술지도 등을 할 수 있다.

해설
[법 제32조: 녹색기술·녹색산업의 표준화 및 인증 등]
① 정부는 국내에서 개발되었거나 개발 중인 녹색기술·녹색산업이 「국가표준기본법」 제3조제2호에 따른 국제표준에 부합되도록 표준화 기반을 구축하고 녹색기술·녹색산업의 국제표준화 활동 등에 필요한 지원을 할 수 있다.
② 정부는 녹색기술·녹색산업의 발전을 촉진하기 위하여 녹색기술, 녹색사업, 녹색제품 등에 대한 적합성 인증을 하거나 녹색전문기업 확인, 공공기관의 구매의무화 또는 기술지도 등을 할 수 있다. **[정답 ④]**

025 저탄소 녹색성장 기본법 정의에서의 온실가스 종류로 가장 거리가 먼 것은?

① 이산화탄소(CO_2)
② 메탄(CH_4)
③ 아산화질소(N_2O)
④ 과산화수소(H_2O_2)

해설
[정답 ④]

026 '저탄소 녹색성장 기본법'에서 정하는 국가의 책무가 아닌 것은?

① 정치·경제·사회·교육·문화 등 국정의 모든 부문에서 저탄소 녹색성장의 기본 원칙이 반영될 수 있도록 노력하여야 한다.
② 각종 정책을 수립할 때 경제와 환경의 조화로운 발전 및 기후변화에 미치는 영향 등을 종합적으로 고려하여야 한다.
③ 녹색경영을 선도하여야 하며 기업활동의 전 과정에서 온실가스와 오염물질의 배출을 줄이고 녹색기술 연구개발과 녹색산업에 대한 투자 및 고용을 확대하여야 한다.
④ 에너지와 자원의 위기 및 기후변화 문제에 대한 대응책을 정기적으로 점검하여 성과를 평가하고 국제협상의 동향 및 주요 국가의 정책을 분석하여 적절한 대책을 마련하여야 한다.

해설
[법 제6조: 사업자의 책무] 사업자는 녹색경영을 선도하여야 하며 기업활동의 전 과정에서 온실가스와 오염물질의 배출을 줄이고 녹색기술 연구개발과 녹색산업에 대한 투자 및 고용을 확대하여야 한다. **[정답 ③]**

027 '온실가스 배출권의 할당 및 거래에 관한 법률 시행령'에 따라 업체별 배출권 할당 시 생산품목의 변경, 사업계획의 변경(시설의 신·증설등으로 인한 변경은 제외한다) 등으로 인하여 배출권 추가 할당을 신청할 수 있는 경우로 옳은 것은?

① 해당 이행연도에 할당된 배출권에 비하여 100분의 5 이상 배출량이 증가
② 해당 이행연도에 할당된 배출권에 비하여 100분의 10 이상 배출량이 증가
③ 해당 이행연도에 할당된 배출권에 비하여 100분의 20 이상 배출량이 증가
④ 해당 이행연도에 할당된 배출권에 비하여 100분의 30 이상 배출량이 증가

해설

[정답 ④]

028 목표관리제의 이행계획서에 포함된 세부사항이 아닌 것은?

① 사업장의 조직경계에 대한 세부내용(사업장 위치, 조작도, 시설배치도 등)
② 온실가스 배출량 등의 산정·보고와 관련된 품질관리(QC) 미 품질보증(QA)의 내용
③ 목표관리 지침에서 요구하는 산정등급(Tier)과 관련하여 활동자료의 불확도 기준의 준수여부에 대한 설명
④ 포집처리한 온실가스의 종류와 양

해설

[온실가스·에너지 목표관리 운영 등에 관한 지침 제40조]
1. 사업장의 조직경계에 대한 세부내용(사업장의 위치, 조직도, 시설배치도 등을 포함한다. 단, 동일한 형태의 시설이 다수인 경우 대표 시설에 대한 세부내용으로 갈음할 수 있다)
2. 배출시설 및 배출활동의 목록과 세부 내용
3. 각 배출활동별 배출량 산정방법론(계산방식 또는 측정방식) 및 산정등급(Tier)의 적용현황과 이와 관련된 내용
4. 온실가스 배출량 등의 산정·보고와 관련된 품질관리(QC) 및 품질보증(QA)의 내용
5. 활동자료의 설명 및 수집방법 등 온실가스 배출량 등의 모니터링에 관한 내용
6. 이 지침에서 요구하는 산정등급(Tier)과 관련하여 활동자료의 불확도 기준의 준수여부에 대한 설명
7. 이 지침에서 요구하는 산정등급(Tier)을 준수하지 못하는 경우 이를 준수하기 위한 조치 및 일정 등에 관한 사항
8. 배출시설 단위 고유 배출계수 등을 개발 또는 적용하여야 하는 관리업체의 경우에는 고유 배출계수 등의 개발계획 또는 개발방법, 시험 분석 기준 등에 관한 설명
9. 연속측정방법을 사용하는 관리업체의 경우에는 굴뚝자동측정기기 설치시기, 굴뚝자동측정기기에 의한 배출량 산정방법 적용시기 등에 관한 설명
10. 조직경계, 배출활동, 배출시설, 배출량 산정방법론 및 산정등급(Tier) 등과 관련하여 이전 방법론 대비 변동사항에 대한 비교·설명

[정답 ④]

029 온실가스 종합정보센터의 업무로 가장 거리가 먼 것은?

① 국제기준에 따른 국가 온실가스 종합정보관리체계 운영
② 관리업체별 온실가스 감축 목표 설정의 지원
③ 국내외 온실가스 감축 지원을 위한 조사·연구
④ 저탄소 녹색성장 관련 국제기구·단체 및 개발도상국과의 협력

> **해설**
> [온실가스·에너지 목표관리 운영 등에 관한 지침 제4조]
> 1. 목표관리 업무 수행 지원 및 체계적 관리를 위한 국가온실가스종합관리시스템(이하 "전자적 방식"이라 한다)의 구축 및 관리 등에 관한 사항
> 2. 금융위원회 또는 한국거래소의 요청에 따른 관리업체 명세서의 통보
> 3. 심사위원회의 운영
> 4. 국가 및 부문별 온실가스 감축 목표 설정의 지원
> 5. 국가 온실가스 배출량·흡수량, 배출·흡수 계수(係數), 온실가스 관련 각종 정보 및 통계의 검증·관리
> 6. 국내외 온실가스 감축 지원을 위한 조사·연구
> 7. 저탄소 녹색성장 관련 국제기구·단체 및 개발도상국과의 협력 등
> **[정답 ②]**

030 '온실가스·에너지 목표관리 운영 등에 관한 지침'에 규정된 부문별 관장기관의 담당 업무에 해당하지 않는 것은?

① 심사위원회의 운영
② 관리업체의 선정·지정·관리 및 필요한 조치 등에 관한 사항
③ 관리업체에 대한 온실가스 감축, 에너지 절약 등 목표의 설정
④ 이행실적 및 명세서의 확인

> **해설**
> [온실가스·에너지 목표관리 운영 등에 관한 지침 제4조]
> 1. 관리업체의 선정·지정·관리 및 필요한 조치 등에 관한 사항
> 2. 관리업체에 대한 온실가스 감축, 에너지 절약 등 목표의 설정
> 3. 관리업체 지정에 대한 이의신청 재심사, 결과 통보 및 변경 내용에 대한 고시
> 4. 관리업체 선정 및 지정관련 자료 제출
> 5. 이행실적 및 명세서의 확인
> 6. 관리업체에 대한 개선명령, 과태료 부과, 필요한 조치 요구 등 목표이행의 관리 및 평가에 관한 사항
> 7. 산정등급 3(Tier 3) 배출계수에 대한 검토와 관리업체에 대한 사용가능 여부 및 시정사항의 통보 **[정답 ①]**

031 조기감축실적을 인정함에 있어 고려되어야 할 기준으로 틀린 것은?

① 조기행동으로 인한 감축이 정량화 되어야 하고 검증 가능하여야 한다.

② 관리업체의 조직경계 안에서 발생한 것에 한 하여 그 실적을 인정한다.
③ 국내에서 실시한 행동에 의한 감축분에 대하여 그 실적을 제외한다.
④ 관리업체 사업장 단위에서의 감축분 또는 사업 단위에서의 감축분에 대하여 인정할 수 있다.

> **해 설**
> 국내에서 실시한 행동에 의한 감축분에 대하여 그 실적을 인정한다.
>
> [정답 ③]

032 녹색성장위원회의 구성 및 운영에 관한 설명으로 틀린 것은?

① 위원장은 국무총리가 지명하는 사람이 된다.
② 위원의 임기는 1년으로 하되, 연임할 수 있다.
③ 위원장 2명을 포함한 50명 이내의 위원으로 구성한다.
④ 위원장은 각자 위원회를 대표하며, 위원회의 업무를 총괄한다.

> **해 설**
> 위원장은 국무총리와 위원 중에서 대통령이 지명하는 사람이 된다.
>
> [정답 ①]

033 '온실가스·에너지 목표관리 운영 등에 관한 지침'에 규정된 목표관리 대상기간에 대한 설명으로 옳은 것은?

① 목표를 설정 받은 다음 해의 1월 1일부터 12월 31일까지로 한다.
② 목표를 설정 받은 당해 년의 1월 1일부터 12월 31일까지로 한다.
③ 목표를 설정 받은 직전 3년간의 1월 1일부터 12월 31일까지로 한다.
④ 목표를 설정 받은 당해 년까지 최근 3년의 1월 1일부터 12월 31일까지로 한다.

> **해 설**
>
> [정답 ①]

034 기업의 녹색경영을 지원·촉진하기 위해 수립·시행하여야 할 정부의 시책 중 '저탄소 녹색성장 기본법'에서 규정하지 않은 것은?

① 기업의 에너지·자원 이용 효율화, 온실가스 배출량 감축, 산림조성 및 자연환경 보전, 지속가능발전 정보 등 녹색경영 성과의 공개
② 녹색 소비의 활성화를 통한 시장 개념의 지원

③ 친환경 생산체제로의 전환을 위한 기술지원
④ 중소기업의 녹색경영에 대한 지원

> **해설**
> [법 제6조: 기업의 녹색경영 촉진] 정부는 기업의 녹색경영을 지원·촉진하기 위하여 다음 각 호의 사항을 포함하는 시책을 수립·시행하여야 한다.
> 1. 친환경 생산체제로의 전환을 위한 기술지원
> 2. 기업의 에너지·자원 이용 효율화, 온실가스 배출량 감축, 산림조성 및 자연환경 보전, 지속가능발전 정보 등 녹색경영 성과의 공개
> 3. 중소기업의 녹색경영에 대한 지원
> 4. 그 밖에 저탄소 녹색성장을 위한 기업활동 지원에 관한 사항
> [정답 ②]

035 목표관리제 이행계획서 작성 및 제출에 관한 사항으로 옳은 것은?

① 부문별 관장기관으로부터 다음연도 목표를 통보받은 관리업체는 당해연도 12월 31일까지 다음연도의 이행계획을 작성하여 부문별 관장기관에게 제출하여야 한다.
② 이행계획의 작성 및 제출은 제3자 검증을 완료한 후에 총괄기관에게 제출하여야 한다.
③ 이행계획에는 다음 연도를 시작으로하는3년 단위의 연차별 목표와 이행계획이 포함되어야 한다.
④ 관리업체는 이행계획을 제출함에 있어 소량배출사업장이 포함된 업체 전체의 이행계획을 제출하여야 한다.

> **해설**
> [정답 ①]

036 온실가스 배출권 거래제 하에서 무상할당된 배출권의 전부 또는 일부 취소 사유에 해당되지 않는 것은?

① 할당계획 변경으로 배출허용총량이 감소한 경우
② 할당대상업체가 전체 시설을 폐쇄한 경우
③ 할당대상업체의 시설 가동이 1년 이상 정지된 경우
④ 할당대상업체의 영업활동이 줄어들어 배출량이 감소한 경우

> **해설**
> [시행령 제22조: 배출권 할당의 취소]
> 할당계획 변경으로 배출허용총량이 감소한 경우, 전체 시설의 폐쇄, 정당한 사유 없이 시설의 가동 예정일부터 3개월 이내에 가동하지 아니한 경우, 시설 가동이 1년 이상 정지된 경우, 거짓이나 부정한 방법으로 배출권을 할당받은 경우
> [정답 ④]

037 저탄소 녹색성장 기본법에서 사용하는 용어와 해석이 적절한 것은?

① "저탄소"란 화석연료에 대한 의존도를 낮추고 원자력에너지의 사용 및 보급을 확대하여, 녹색기술의 연구개발, 탄소 흡수원 확충등을 통하여 온실가스를 적정수준이하로 줄이는 것을 말한다.
② "녹색성장"이란 에너지와 자원을 절약하고 효율적으로 사용하여 기후변화와 환경훼손을 줄이고 청정에너지와 녹색기술의 연구개발을 통하여 새로운 성장동력을 확보하며 새로운 일자리를 창출해 나가는 등 경제와 환경이 조화를 이루는 성장을 말한다.
③ "녹색산업"이란 저탄소 녹색성장을 이루기 위해 필요한 사업으로, 국가에서 정한 일정기준을 충족하는 사업을 말한다.
④ "에너지자립도"란 국내 총 소비량에 대하여 신재생에너지 등 국내 생산에너지양이 차지하는 비율을 말하며 이 때 국외에서 개발한 에너지양은 제외된다.

해설
① "저탄소"란 화석연료(化石燃料)에 대한 의존도를 낮추고 청정에너지의 사용 및 보급을 확대하며 녹색기술 연구개발, 탄소흡수원 확충 등을 통하여 온실가스를 적정수준 이하로 줄이는 것을 말한다.
③ "녹색산업"이란 경제·금융·건설·교통물류·농림수산·관광 등 경제활동 전반에 걸쳐 에너지와 자원의 효율을 높이고 환경을 개선할 수 있는 재화(財貨)의 생산 및 서비스의 제공 등을 통하여 저탄소 녹색성장을 이루기 위한 모든 산업을 말한다.
④ "에너지 자립도"란 국내 총소비에너지량에 대하여 신·재생에너지 등 국내 생산에너지량 및 우리나라가 국외에서 개발(지분 취득을 포함한다)한 에너지량을 합한 양이 차지하는 비율을 말한다.   **[정답 ②]**

038 저탄소 녹색성장 기본법에서 에너지기본계획에 포함되어야 하는 내용이 아닌 것은?

① 국내외 에너지 수요와 공급의 추이 및 전망에 관한 사항
② 신·재생에너지 등 환경친화적 에너지의 공급 및 사용을 위한 대책에 관한 사항
③ 에너지 안전관리를 위한 대책에 관한 사항
④ 에너지 감축 목표 달성을 위한 사업장별 감축 목표와 계획에 관한 사항

해설
[법 제41조: 에너지기본계획의 수립]
1. 국내외 에너지 수요와 공급의 추이 및 전망에 관한 사항
2. 에너지의 안정적 확보, 도입·공급 및 관리를 위한 대책에 관한 사항
3. 에너지 수요 목표, 에너지원 구성, 에너지 절약 및 에너지 이용효율 향상에 관한 사항
4. 신·재생에너지 등 환경친화적 에너지의 공급 및 사용을 위한 대책에 관한 사항
5. 에너지 안전관리를 위한 대책에 관한 사항
6. 에너지 관련 기술개발 및 보급, 전문인력 양성, 국제협력, 부존 에너지자원 개발 및 이용, 에너지 복지 등에 관한 사항   **[정답 ④]**

039 '온실가스에너지 목표관리 운영 등에 관한 지침'에 규정된 관리업체가 조기감축 실적을 인정받고자 할 때, 조기감축 실적 인정 신정서를 제출해야 하는 시기는?

① 최초 지정된 해의 다음 연도 3월 31일까지
② 최초 지정된 해의 다음 연도 7월 31일까지
③ 최초 지정된 해의 다음 연도 8월 31일까지
④ 최초 지정된 해의 다음 연도 12월 31일까지

해설

[정답 ②]

040 교통부문의 온실가스감축, 에너지절약 및 에너지 이용효율 목표는 누가 수립·시행하여야 하는가?

① 환경부장관
② 산업통상자원부장관
③ 국토교통부장관
④ 기획재정부장관

해설

[정답 ③]

041 온실가스 배출권의 할당 및 거래에 관한 법령에서 정의하는 무상할당 업종의 기준으로 옳지 않은 것은?

① 무역집약도가 100분의 30 이상인 업종
② 생산비용발생도가 100분의 30 이상인 업종
③ 생산비용발생도가 100분의 5이상이고 무역집약도가 100분의 10이상인 업종
④ 수출집약도 또는 수출다양도가 100분의 30이상인 업종

해설

[정답 ④]

042 녹색성장위원회에서 심의하는 사항이 아닌 것은?

① 저탄소 녹색성장 정책의 기본방향에 관한 사항
② 지방자치단체 녹색성장책임관 지정에 관한사항

③ 녹색성장국가전략의 수립 · 변경 · 시행에 관한 사항
④ 기후변화대응 기본계획 및 에너지기본계획에 관한 사항

> **해설**
> [법 제15조: 위원회의 기능] 위원회는 다음 각 호의 사항을 심의한다.
> 1. 저탄소 녹색성장 정책의 기본방향에 관한 사항
> 2. 녹색성장국가전략의 수립 · 변경 · 시행에 관한 사항
> 3. 기후변화대응 기본계획, 에너지기본계획 및 지속가능발전 기본계획에 관한 사항
> 4. 저탄소 녹색성장 추진의 목표 관리, 점검, 실태조사 및 평가에 관한 사항
> 5. 관계 중앙행정기관 및 지방자치단체의 저탄소 녹색성장과 관련된 정책 조정 및 지원에 관한 사항
> 6. 저탄소 녹색성장과 관련된 법제도에 관한 사항
> 7. 저탄소 녹색성장을 위한 재원의 배분방향 및 효율적 사용에 관한 사항
> 8. 저탄소 녹색성장과 관련된 국제협상 · 국제협력, 교육 · 홍보, 인력양성 및 기반구축 등에 관한 사항
> 9. 저탄소 녹색성장과 관련된 기업 등의 고충조사, 처리, 시정권고 또는 의견표명
> 10. 다른 법률에서 위원회의 심의를 거치도록 한 사항
> 11. 그 밖에 저탄소 녹색성장과 관련하여 위원장이 필요하다고 인정하는 사항
>
> [정답 ②]

043 온실가스 · 에너지 목표관리제 하에서 부문별 관련기관의 소관업무가 잘못 짝지어진 것은?

① 농림축산식품부: 농업·임업·축산 분야
② 산업통상자원부: 산업·상업 분야
③ 환경부: 폐기물 분야
④ 국토교통부: 건물·교통 분야

> **해설**
> 산업통상자원부: 산업 · 발전 분야
> [정답 ②]

044 온실가스 배출권의 할당 및 거래에 관한 법률 시행령상 배출권거래소의 수행업무가 아닌 것은?

① 배출권 거래시장의 개설 · 운영에 관한 업무
② 배출권의 경매 업무
③ 할당대상업체의 지정업무
④ 배출권거래시장의 개설에 수반되는 부대업무

> **해설**
> 할당대상업체의 지정업무는 주무관청(환경부장관)의 업무이다.
> [정답 ③]

045 온실가스 배출권 거래제 하에서 배출권 할당 신청서에 포함되어야 할 내용이 아닌 것은?

① 이행연도별 배출권 신청수량
② 이행연도별 연료 및 원료 소비량
③ 계획기간 내 시설 확장 및 변경 계획
④ 계획기간 내 온실가스 감축설비 도입 계획

해 설
[법 제13조: 배출권 할당의 신청]
1. 계획기간의 배출권 총신청수량
2. 이행연도별 배출권 신청수량
3. 할당대상업체로 지정된 연도의 직전 3년간의 온실가스 배출량
4. 계획기간 내 시설 확장 및 변경 계획
5. 계획기간 내 연료 및 원료 소비 계획
6. 계획기간 내 온실가스 감축설비 및 기술 도입 계획
7. 제4호부터 제6호까지에서 규정된 계획 실행 등에 따른 온실가스 배출량 증감 예상치
8. 제24조에 따라 작성된 직전 연도 명세서

[정답 ②]

046 저탄소 녹색성장 기본법에서 정부는 자원순환의 촉진과 자원생산성 제고를 위하여 자원순환 산업을 육성·지원하기위한 시책을 마련하여야 한다. 다음 중 자원순환 산업의 육성·지원 시책이 아닌 것은?

① 자원의 수급 및 관리
② 폐기물 발생의 억제 및 재제조·재활용 등 재자원화
③ 자원순환 관련 기술개발 및 산업의 육성
④ 친환경 생산체제로의 전환을 위한 기술지원

해 설

[정답 ④]

047 관리업체가 총 온실가스 배출량에서 제외하고 보고하는 온실가스 배출량이 아닌 것은?

① 바이오매스 사용에 따른 이산화탄소의 직접배출량
② 관리업체 내부의 발전시설 연료 사용에 따른 직접배출량
③ 관리업체 외부로부터 공급받은 공정폐열사용에 따른 간접배출량

④ 관리업체 외부의 폐기물 소각열 회수시설에서 공급받아 사용한 소각열의 간접배출량

해설
[온실가스·에너지 목표관리 운영 등에 관한 지침 제94조]
① 관리업체가 다음 각 호에 해당하는 온실가스를 배출하는 경우에는 총 온실가스 배출량에서 이를 제외한다. 단, 에너지사용량 산정에는 이를 제외하지 않는다.
1. 바이오매스 사용에 따른 이산화탄소의 직접배출량(이산화탄소 이외의 기타 온실가스는 총 배출량 산정에 포함한다). 단, 바이오매스의 함량을 분석하여 그 함량에 대해서만 배출량을 제외할 수 있다.
2. 관리업체 외부의 폐기물 소각열 회수시설에서 공급받아 사용한 소각열의 간접배출량
3. 관리업체 외부로부터 공급받은 공정폐열 사용에 따른 간접배출량

[정답 ②]

048 저탄소 녹색성장 기본법에서 저탄소 녹색성장 추진의 지방자치단체의 책무가 아닌 것은?

① 지방자치단체는 저탄소 녹색성장 실현을 위한 국가시책에 적극 협력하여야한다.
② 지방자치단체는 저탄소 녹색성장대책을 수립·시행할 때 해당 지방자치단체의 지역적 특성과 여건을 고려하여야 한다.
③ 지방자치단체는 에너지와 자원의 위기 및 기후변화문제에 대한 대응책을 정기적으로 점검하여 성과를 평가하고 국제협상의 동향 및 주요 국가의 정책을 분석하여 적절한 대책을 마련하여야 한다.
④ 지방자치단체는 관할구역 내에서의 각종계획 수립과 사업의 집행과정에서 그 계획과 사업이 저탄소 녹색성장에 미치는 영향을 종합적으로 고려하고, 지역주민에게 저탄소 녹색성장에 대한 교육과 홍보를 강화하여야 한다.

해설
[법 제5조: 지방자치단체의 책무]
① 지방자치단체는 저탄소 녹색성장 실현을 위한 국가시책에 적극 협력하여야 한다.
② 지방자치단체는 저탄소 녹색성장대책을 수립·시행할 때 해당 지방자치단체의 지역적 특성과 여건을 고려하여야 한다.
③ 지방자치단체는 관할구역 내에서의 각종 계획 수립과 사업의 집행과정에서 그 계획과 사업이 저탄소 녹색성장에 미치는 영향을 종합적으로 고려하고, 지역주민에게 저탄소 녹색성장에 대한 교육과 홍보를 강화하여야 한다.
④ 지방자치단체는 관할구역 내의 사업자, 주민 및 민간단체의 저탄소 녹색성장을 위한 활동을 장려하기 위하여 정보 제공, 재정 지원 등 필요한 조치를 강구하여야 한다.

[정답 ③]

049 저탄소녹색성장 국가전략은 몇 년마다 수립되는가?

① 3년
② 5년
③ 7년
④ 10년

해설

[정답 ②]

050 관리업체가 온실가스 배출량 및 에너지 사용량 명세서를 거짓으로 작성하여 보고한 경우 과태료 금액은?

① 300만원
② 500만원
③ 700만원
④ 1000만원

해설

[법 제64조: 과태료] ① 다음 각 호의 자에게는 1천만원 이하의 과태료를 부과한다.
1. 제42조제7항 · 제10항 또는 제44조제1항에 따른 보고를 하지 아니하거나 거짓으로 보고한 자
2. 제42조제9항에 따른 개선명령을 이행하지 아니한 자
3. 제42조제10항에 따른 공개를 하지 아니한 자
4. 제44조제2항에 따른 시정이나 보완 명령을 이행하지 아니한 자.

[정답 ④]

051 저탄소 녹색성장 기본법에서 정부가 저탄소 녹색성장을 효율적 · 체계적으로 추진하기 위하여 중장기 및 단계별 목표를 설정해야 하는 항목으로 옳지 않은 것은?

① 에너지 보급율 목표
② 에너지 절약 목표 및 에너지 이용효율 목표
③ 신 · 재생에너지 보급 목표
④ 온실가스 감축 목표

해설

[법 제42조: 기후변화대응 및 에너지의 목표관리] ① 정부는 범지구적인 온실가스 감축에 적극 대응하고 저탄소 녹색성장을 효율적 · 체계적으로 추진하기 위하여 다음 각 호의 사항에 대한 중장기 및 단계별 목표를 설정하고 그 달성을 위하여 필요한 조치를 강구하여야 한다.
1. 온실가스 감축 목표
2. 에너지 절약 목표 및 에너지 이용효율 목표
3. 에너지 자립 목표
4. 신 · 재생에너지 보급 목표.

[정답 ①]

052 배출시설 단위로 보고하지 않고 사업장 단위 총 배출량에 포함하여 보고할 수 있는 소규모배출시설의 연간배출량 규모는?

① 5 tCO2-eq 미만
② 10 tCO2-eq 미만
③ 50 tCO2-eq 미만
④ 100 tCO2-eq 미만

해설

소규모배출시설의 연간배출량 규모는 100 tCO2-eq 미만이다.

[정답 ④]

053 다음가스 배출권거래제 운영을 위한 검증지침상 검증팀장이 온실가스 배출량 검증 결과에 따라 확정할 수 있는 최종 검증의견이 아닌 것은?

① 적정
② 부적정
③ 조건부 적정원
④ 조건부 부적정

해설
검증의견은 적정, 부적정, 조건부 적정의 3가지이다.

[정답 ④]

054 온실가스 · 에너지 목표관리 운영 등에 관한 지침상 조기감축실적으로 인정받을 수 있는 대상이 될 수 있는 조기행동의 기간은?

① 2005년 1월 1일부터 관리업체가 최초로 목표를 설정하는 해 12월 31일까지 실시한 조기행동에 의한 감축분
② 2005년 1월 1일부터 관리업체가 최초로 관리업체 지정받은 해 12월 31일까지 실시한 조기행동에 의한 감축분
③ 2010년 1월 1일부터 관리업체가 최초로 목표를 설정하는 해 12월 31일까지 실시한 조기행동에 의한 감축분
④ 2010년 1월 1일부터 관리업체가 최초로 관리업체 지정받은 해 12월 31일까지 실시한 조기행동에 의한 감축분

해설

[정답 ①]

055 온실가스 배출권의 할당 및 거래에 관한 법률 시행령상 할당대상업체가 온실가스 배출권의 이월 및 차입을 하려고 하는 경우, 온실가스 배출량을 인증받은 결과를 통보받은 날부터 주무관청에 며칠 이내에 전자적인 방식으로 배출권 이월 또는 차입에 관한 신청서를 제출하여야 하는가?

① 5일 이내
② 10일 이내
③ 15일 이내
④ 30일 이내

해설

[정답 ②]

056 온실가스 배출권의 할당 및 거래에 관한 법률에 따라 주무관청은 보고를 받으면 그 내용에 대한 적합성을 평가하여 할당대상업체의 실제 온실가스 배출량을 인증한다. 다음 중 적합성 평가기관은?

① 한국환경공단 ② 한국임업진흥원
③ 교통안전공단 ④ 한국에너지공단

해설
적합성 평가기관은 한국환경공단이다. [정답 ①]

057 온실가스·에너지 목표관리 운영 등에관한 지침상 "연료, 열 또는 전기의 공급점을 공유하고 있는 상태, 즉, 건물 등에 타인으로부터 공급된 에너지를 변환하지 않고 다른 건물 등에 공급하고 있는 상태"를 말하는 용어는?

① 에너지 관리의 연계성
② 에너지 관리 상태
③ 에너지 관리의 상호 의존성
④ 에너지 관리 경계

해설
[정답 ①]

058 온실가스 배출권의 할당 및 거래에 관한 법률 시행령상 배출량 인증위원회는 위원장 1인과 15명 이내의 위원으로 구성된다. 인증위원회의 위원장은 누구로 하는가?

① 산업통상자원부차관 ② 기획재정부1차관
③ 국토교통부차관 ④ 환경부차관

해설
[정답 ④]

059 온실가스 배출권의 할당 및 거래에 관한 법률상 할당대상업체는 이행연도 종료일로부터 몇 개월 이내에 인증받은 온실가스 배출량에 상응하는 배출권을 주무관청에 제출하여야 하는가?

① 3개월 이내 ② 6개월 이내
③ 9개월 이내 ④ 12개월 이내

해설

[정답 ②]

060 다음 온실가스 배출권의 할당 및 거래에 관한 법률상 벌칙기준 중 1억원 이하의 벌금에 처하는 경우에 해당하는 자는?

① 배출권 거래의 신고를 거짓으로 한 자
② 명세서를 보고를 하지 아니하거나 거짓으로 보고한 자
③ 거짓이나 부정한 방법으로 배출권 할당·조정을 받은 자
④ 온실가스 배출량에 상응하는 배출권을 제출을 하지 아니한 자

해설

[법 제41조: 벌칙]다음 각 호의 어느 하나에 해당하는 자는 1억원 이하의 벌금에 처한다.
1. 거짓이나 부정한 방법으로 배출권 할당·조정을 신청하여 제12조제1항 또는 제16조제1항제2호에 따른 할당·조정을 받은 자
2. 거짓이나 부정한 방법으로 외부사업 온실가스 감축량을 배출권으로 전환하여 줄 것을 신청하여 제29조제3항에 따라 상쇄배출권을 제출한 자
3. 거짓이나 부정한 방법으로 인증을 신청하여 제30조에 따른 외부사업 온실가스 감축량을 인증받은 자료.

[정답 ①]

061 온실가스 배출권의 할당 및 거래에 관한 법률 시행령상 배출권거래제 2차 계획기간에는 할당대상업체별로 할당되는 배출권의 얼마를 무상으로 할당하는가?

① 100분의 97 ② 100분의 95
③ 100분의 93 ④ 100분의 90

해설

[정답 ①]

062 온실가스 배출권의 할당 및 거래에 관한 법률 시행령상 배출권 거래제 3차 계획기간 이후의 무상할당비율은 얼마 범위 내에서 정하는가?

① 100분의 97 ② 100분의 95
③ 100분의 93 ④ 100분의 90

해설

[정답 ④]

063 저탄소 녹색성장 기본법령상 중앙행정기관 등의 장이 온실가스 감축 및 에너지 절약에 관한 이행계획을 실행한 이행결과보고서를 전자적 방식으로 온실가스 종합정보센터에 제출하여야 하는 기한은?

① 다음 연도 3월 31일까지
② 다음 연도 6월 30일까지
③ 다음 연도 9월 30일까지
④ 다음 연도 12월 31일까지

해설

[정답 ①]

064 저탄소 녹색성장 기본법령상 국가온실가스 감축 목표는 2030년의 국가 온실가스 총 배출량을 2030년의 온실가스 배출 전망치 대비 얼마수준까지 감축하는 수준인가?

① 100분의 20
② 100분의 25
③ 100분의 37
④ 100분의 45

해설

[정답 ③]

065 온실가스 배출권의 할당 및 거래에 관한 법률상 정부가 할당계획 및 시장안정화 조치 등을 심의·조정하기 위해 두는 할당위원회의 위원장은 누구로 하는가?

① 기획재정부장관
② 환경부장관
③ 교육과학기술부장관
④ 국무총리

해설
[법 제7조: 할당위원회의 구성 및 운영]할당위원회의 위원장은 기획재정부장관이 된다. [정답 ①]

066 다음은 저탄소 녹색성장 기본법령상 2014년 1월 1일부터 적용되는 기준이다. ( )안에 알맞은 것은?

관리업체지정 온실가스 배출량 기준은 (㉠)이며, 관리업체지정 에너지 소비량 기준은 (㉡)이다.

제5과목 | 온실가스 관련 법규 **683**

① ㉠ 50kilotonnes CO_2-eq 이상
　㉡ 200terajoules 이상
② ㉠ 87.5kilotonnes CO_2-eq 이상
　㉡ 350terajoules 이상
③ ㉠ 125kilotonnes CO_2-eq 이상
　㉡ 350terajoules 이상
④ ㉠ 125kilotonnes CO_2-eq 이상
　㉡ 500terajoules 이상

해설

[정답 ①]

067 저탄소 녹색성장 기본법상 저탄소 사회의 구현을 위한 에너지관련정책의 기본원칙에 가장 적합한 것은?

① 국내 탄소시장을 활성화하여 국제 탄소시장에 적극 대비
② 석유, 석탄 등 화석연료의 사용을 단계적으로 축소하고 에너지 자립도 향상
③ 온실가스를 획기적으로 감축하기 위하여 첨단기술 및 융합기술 적극 개발
④ 기후변화 문제의 심각성을 인식하고, 국가적 역량을 모아 총체적으로 대응

해설
①, ③, ④는 기후변화대응의 기본원칙이다.

[정답 ②]

068 저탄소 녹색성장 기본법상 목표관리제 대상 관리업체가 정부의 개선명령을 이행하지 않았을 경우 부과되는 과태료 기준으로 옳은 것은?

① 1천만 원 이하　② 5백만 원 이하　③ 3백만 원 이하　④ 2백만 원 이하

해설

[정답 ①]

069 저탄소 녹색성장 기본법상 정부가 범지구적인 온실가스 감축에 적극 대응하고 저탄소 녹색성장을 효율적·체계적으로 추진하기 위하여 중장기 및 단계별 목표를 설정하고 그 달성을 위하여 필요한 조치를 강구해야 하는 사항과 거리가 먼 것은?

① 온실가스 감축 목표

② 에너지 절약 목표 및 에너지 이용효율 목표
③ 자원순환 촉진 목표
④ 신·재생에너지 보급 목표

해설
[법 제42조: 기후변화대응 및 에너지의 목표관리]① 정부는 범지구적인 온실가스 감축에 적극 대응하고 저탄소 녹색성장을 효율적·체계적으로 추진하기 위하여 다음 각 호의 사항에 대한 중장기 및 단계별 목표를 설정하고 그 달성을 위하여 필요한 조치를 강구하여야 한다.
1. 온실가스 감축 목표
2. 에너지 절약 목표 및 에너지 이용효율 목표
3. 에너지 자립 목표
4. 신·재생에너지 보급 목표

[정답 ③]

070 저탄소 녹색성장 기본법상 ㉠ 기후변화대응 기본계획과 ㉡ 에너지기본계획의 계획기간으로 옳은 것은?

① ㉠ 5년, ㉡ 5년
② ㉠ 10년, ㉡ 5년
③ ㉠ 10년, ㉡ 10년
④ ㉠ 20년, ㉡ 20년

해설

[정답 ④]

071 모니터링 계획 작성 원칙에 해당하지 않는 것은?

① 투명성
② 정확성
③ 완전성
④ 적용성

해설
모니터링계획 작성 원칙은 적절성, 완전성, 정확성, 일관성, 투명성이다.

[정답 ④]

072 관리업체는 온실가스 명세서를 매년 검증을 받아 제출하여야 한다. 이 때 누락부분에 대하여 시정이나 보완명령을 이행하지 아니한 자의 과태료 부과기준은?

① 300만원 이하
② 500만원 이하
③ 1천만원 이하
④ 3천만원 이하

해설

[정답 ③]

073 배출권 할당신청서에 포함된 내용이 아닌 것은?

① 계획기간의 배출권 총 신청수량
② 이행연도별 배출권 신청수량
③ 계획기간 내 시설 확장 및 변경 계획
④ 직전 연도 이행실적보고서

해설

[법 제13조: 배출권 할당의 신청]
1. 계획기간의 배출권 총신청수량
2. 이행연도별 배출권 신청수량
3. 할당대상업체로 지정된 연도의 직전 3년간의 온실가스 배출량
4. 계획기간 내 시설 확장 및 변경 계획
5. 계획기간 내 연료 및 원료 소비 계획
6. 계획기간 내 온실가스 감축설비 및 기술 도입 계획
7. 제4호부터 제6호까지에서 규정된 계획 실행 등에 따른 온실가스 배출량 증감 예상치
8. 제24조에 따라 작성된 직전 연도 명세서

[정답 ④]

074 명세서의 주요정보에 해당되어 공개대상이 아닌 항목은?

① 관리업체의 상호, 명칭 및 업종
② 관리업체의 규모
③ 관리업체의 본점 및 사업장 소재지
④ 관리업체의 명세서 인증수행기관

해설

[정답 ④]

075 온실가스 소량배출사업장에 대한 기준으로 옳은 것은?

① 온실가스 배출량 3 kilotonnes CO_2-eq 미만, 에너지 소비량 55TJ 미만
② 온실가스 배출량 5 kilotonnes CO_2-eq 미만, 에너지 소비량 55TJ 미만
③ 온실가스 배출량 3 kilotonnes CO_2-eq 미만, 에너지 소비량 100TJ 미만
④ 온실가스 배출량 5 kilotonnes CO_2-eq 미만, 에너지 소비량 100TJ 미만

해설

[정답 ①]

076 지방자치단체나 사업자의 책무가 아닌 것은?

① 지방자치단체는 저탄소 녹색성장 실현을 위한 국가시책에 적극 협력해야 한다.
② 지방자치단체는 저탄소 녹색성장 대책을 수립·시행할 때 해당 지방자치단체의 지역적 특성과 여건을 고려해야 한다.
③ 사업자는 정부와 지방자치단체가 실시하는 저탄소 녹색성장에 관한 정책에 적극 참여하고 협력하여야 한다.
④ 사업자는 가정과 학교 및 직장 등에서 녹색생활을 적극 실천하여야 한다.

해설
[법 제7조: 국민의 책무] 국민은 가정과 학교 및 직장 등에서 녹색생활을 적극 실천하여야 한다. [정답 ④]

077 부문별 관장기관은 관리업체의 다음연도 온실가스 감축, 에너지절약 및 에너지 이용효율 목표를 설정하고 이를 언제까지 관리업체 및 센터에 통보해야 하는가?

① 매년 3월 31일까지
② 매년 6월 30일까지
③ 매년 9월 30일까지
④ 매년 12월 31일까지

해설
[정답 ③]

078 녹색성장위원회의 구성 및 운영에 관련된 설명 중 옳은 것은?

① 위원회는 위원장 1명을 포함한 25명 이내의 위원으로 구성한다.
② 위원회의 위원장은 국무총리와 위원 중에서 대통령이 지명하는 사람이 된다.
③ 위원장이 부득이한 사유로 직무를 수행할 수 없을 때에는 대통령이 미리 정한 위원이 위원장의 직무를 대행한다.
④ 위원의 임기는 2년으로 하되 연임할 수 없다.

해설
[정답 ②]

079 '온실가스 에너지 목표관리 운영 등에 관한 지침'에 규정된 관리업체가 이행계획서를 작성할 때 포함되어야 하는 내용에 해당되지 않는 것은?

① 해당 업종의 목표설정 대상연도 감축률

② 배출시설 및 배출활동의 목록과 세부 내용
③ 각 배출활동별 배출량 산정방법론(계산방식 또는 측정방식) 및 산정등급(Tier)의 적용현황과 이와 관련된 내용
④ 조직경계, 배출활동, 배출시설, 배출량 산정방법론 및 산정등급(Tier) 등과 관련하여 이전 방법론 대비 변동사항에 대한 비교·설명

해설

[정답 ①]

080 정부가 무상으로 할당된 배출권의 전부 또는 일부를 취소할 수 있는 사유가 아닌 것은?

① 할당계획 변경으로 배출허용총량이 증가한 경우
② 할당대상업체가 전체 시설을 폐쇄한 경우
③ 할당대상업체의 시설 가동이 1년 이상 정지된 경우
④ 거짓이나 부정한 방법으로 배출권을 할당받은 경우

해설
① 할당계획 변경으로 배출허용총량이 감소한 경우

[정답 ①]

081 저탄소 녹색성장 추진의 기본원칙에 해당되지 않는 것은?

① 저탄소 녹색성장과 관련된 국제협상 및 국제협력을 지속적으로 추진한다.
② 시장기능을 최대한 활용하여 민간이 주도하는 저탄소 녹색성장을 추진한다.
③ 사회·경제 활동에서 에너지와 자원 이용의 효율성을 높이고 자원순환을 촉진한다.
④ 녹색기술과 녹색산업을 경제성장의 핵심동력으로 삼고 새로운 일자리를 창출·확대할 수 있는 새로운 경제체제를 구축한다.

해설
[법 제3조] ① 정부는 저탄소 녹색성장에 관한 새로운 국제적 동향(動向)을 조기에 파악·분석하여 국가 정책에 합리적으로 반영하고, 국제사회의 구성원으로서 책임과 역할을 성실히 이행하여 국가의 위상과 품격을 높인다.

[정답 ①]

082 기후변화대응 기본계획에 포함되지 않는 것은?

① 온실가스 배출, 흡수 현황 및 전망
② 기후변화대응을 위한 국제협력에 관한 사항

③ 기후변화대응을 위한 기술개발에 관한 사항
④ 기후변화대응을 위한 인력양성에 관한 사항

> **해설**
> [법 제40조]기후변화대응 기본계획에는 다음 각 호의 사항이 포함되어야 한다.
> 1. 국내외 기후변화 경향 및 미래 전망과 대기 중의 온실가스 농도변화
> 2. 온실가스 배출·흡수 현황 및 전망
> 3. 온실가스 배출 중장기 감축목표 설정 및 부문별·단계별 대책
> 4. 기후변화대응을 위한 국제협력에 관한 사항
> 5. 기후변화대응을 위한 국가와 지방자치단체의 협력에 관한 사항
> 6. 기후변화대응 연구개발에 관한 사항
> 7. 기후변화대응 인력양성에 관한 사항
> 8. 기후변화의 감시·예측·영향·취약성평가 및 재난방지 등 적응대책에 관한 사항
> 9. 기후변화대응을 위한 교육·홍보에 관한 사항
> 10. 그 밖에 기후변화대응 추진을 위하여 필요한 사항
>
> [정답 ③]

083 다음 중 녹색기술에 해당되지 않는 것은?

① 온실가스 감축기술
② 청정생산기술
③ 독성평가기술
④ 청정에너지기술

> **해설**
> 독성평가기술은 녹색기술에 해당되지 않는다.
>
> [정답 ③]

084 온실가스 감축 목표의 설정·관리 및 필요한 조치에 관하여 총괄·조정 기능을 수행하는 자는?

① 정부
② 국무총리
③ 시·도지사
④ 환경부장관

> **해설**
>
> [정답 ④]

085 저탄소 녹색성장 기본법상 녹색성장위원회의 구성 및 운영에 관한 사항으로 옳지 않은 것은?

① 위원장은 각자 위원회를 대표하며, 위원회의 업무를 대표한다.
② 위원회는 위원장 1명을 포함한 30명 이내의 위원으로 구성한다.

③ 위원장이 부득이한 사유로 직무를 수행할 수 없는 때에는 국무총리인 위원장이 미리 정한 위원이 위원장의 직무를 대행한다.
④ 위원회의 사무를 처리하게 하기 위하여 위원회에 간사위원 1명을 두며, 간사위원의 지명에 관한 사항은 대통령령으로 정한다.

> **해설**
> ② 위원회는 위원장 2명을 포함한 50명 이내의 위원으로 구성한다.   [정답 ②]

086 온실가스 배출권의 할당 및 거래에 관한 법률상 할당·조정된 배출권(무상으로 할당된 배출권만 해당)의 전부 또는 일부를 취소할 수 있는 경우와 거리가 먼 것은?

① 거짓이나 부정한 방법으로 배출권을 할당 받은 경우
② 할당대상업체가 전체시설을 폐쇄한 경우
③ 할당대상업체의 시설 가동이 6개월 이상 정지된 경우
④ 할당대상업체가 정당한 사유 없이 시설의 가동 예정일부터 3개월 이내에 시설을 가동하지 아니한 경우

> **해설**
> ③ 할당대상업체의 시설 가동이 1년 이상 정지된 경우   [정답 ③]

087 온실가스 배출권의 할당 및 거래에 관한 법률 시행령상 할당대상업체가 국제적 기준에 부합하는 방식으로 외부사업에서 발생한 온실가스 감축량을 보유하거나 취득한 경우에 그 전부 또는 일부를 배출권으로 전환하여 줄 것을 신청할 수 있는 범위기준은?

① 해당 할당대상업체가 주무관청에 제출하여야 하는 배출권의 100분의 5 이내의 범위
② 해당 할당대상업체가 주무관청에 제출하여야 하는 배출권의 100분의 10 이내의 범위
③ 해당 할당대상업체가 주무관청에 제출하여야 하는 배출권의 100분의 20 이내의 범위
④ 해당 할당대상업체가 주무관청에 제출하여야 하는 배출권의 100분의 50 이내의 범위

> **해설**
> [시행령 제38조: 상쇄]   [정답 ②]

088 다온실가스·에너지 목표관리 운영 등에 관한 지침상 관리업체가 온실가스 배출량 등의 산정과 관련하여 온실가스 배출시설, 공정, 배출활동 등의 목록과 같은 자료를 문서화하여 보관해야 하는 최소기준으로 옳은 것은?

① 최소 1년 이상 ② 최소 3년 이상
③ 최소 5년 이상 ④ 최소 10년 이상

> **해설**
>
> [온실가스·에너지 목표관리 운영 등에 관한 지침 제102조: 자료의 기록관리 등]
>
> 관리업체는 온실가스 배출량 등의 산정과 관련하여 다음 각 호의 자료를 문서화하여 최소 5년 이상 보관하여야 한다.
> 1. 온실가스 배출시설, 공정, 배출활동 등의 목록
> 2. 온실가스 배출량 등의 산정을 위해 사용된 자료들(계산방법 또는 측정방법을 포함한다)
> 3. 온실가스 배출량 등의 계산을 위해 사용된 공정 또는 사업장 운영자료
> 4. 연간 온실가스 배출량 등의 산정 보고서(명세서)
> 5. 연간 온실가스 배출량 등의 검증 보고서
> 6. 연간 모니터링 계획
> 7. 연속측정시스템(CEM), 유량계, 기타 온실가스 산정과 관련된 측정 장치의 검·교정 결과 및 장치의 유지관리 보고서
>
> [정답 ③]

089 저탄소 녹색성장 기본법상 지속가능발전 기본계획의 수립 및 변경 시 심의기구가 아닌 곳은?

① 녹색성장위원회 ② 국회 환경노동상임위원회
③ 국무회의 ④ 지속가능발전위원회

> **해설**
>
> [정답 ②]

090 온실가스 배출권의 할당 및 거래에 관한 법률상 정부는 국가 배출권 할당계획을 매 계획기간 시작 몇 개월 전까지 수립하여야 하는가?

① 1년 전까지 ② 10개월 전까지
③ 6개월 전까지 ④ 3개월 전까지

> **해설**
>
> [정답 ③]

091 온실가스 배출권의 할당 및 거래에 관한 법률상 주무관청은 할당계획에서 정하는 배출권의 할당대상이 되는 부문 및 업종에 속하는 온실가스 배출업체 중 배출권 할당 대상업체를 언제까지 지정·고시하는가?

① 매 계획기간 시작 3개월 전까지
② 매 계획기간 시작 4개월 전까지
③ 매 계획기간 시작 5개월 전까지
④ 매 계획기간 시작 6개월 전까지

해설

[정답 ③]

092 온실가스 · 에너지 목표관리 운영 등에 관한 지침상 목표설정결과에 대하여 이의가 있는 관리업체는 목표를 통보받은 날로부터 며칠 이내에 부문별 관장기관에 이의를 신청할 수 있는가?

① 7일 이내에
② 15일 이내에
③ 30일 이내에
④ 60일 이내에

해설

[정답 ③]

093 저탄소 녹색성장 기본법상 '녹색경영'의 용어정의로 가장 적합한 것은?

① 기업이 경영활동에서 자원과 에너지를 절약하고 효율적으로 이용하며 온실가스 배출 및 환경오염의 발생을 최소화하면서 사회적, 윤리적 책임을 다하는 것
② 기후변화의 심각성을 인식하고 일상생활에서 에너지를 절약하여 온실가스와 오염물질의 발생을 최소화하는 것
③ 경제활동 전반에 걸쳐 에너지와 자원의 효율을 높이고 환경을 개선할 수 있는 재화의 생산 및 서비스의 제공 등을 통하여 저탄소 녹색성장을 이루는 것
④ 에너지와 자원을 절약하고 효율적으로 사용하여 기후변화와 환경훼손을 줄이고 청정에너지와 녹색기술의 연구개발을 통하여 새로운 성장동력을 확보하는 것

해설
②녹색생활, ③녹색산업, ④녹색성장

[정답 ①]

094 저탄소 녹색성장 기본법령상 국가 온실가스 목표의 설정 · 관리를 위한 건물 분야의 관장기관은?

① 농림축산식품부　　　　　② 산업통상자원부
③ 환경부　　　　　　　　　④ 국토교통부

해설

[정답 ④]

095 목표관리제의 벤치마크 기반 목표설정방법 및 관련사항에 대한 설명 중 옳은 것은?

① 최적가용기술과 이에 따른 벤치마크 할당계수를 개발할 경우 배출시설 대비 상위 100분의 30에 해당하는 실적·성능을 보유한 관리업체의 배출시설은 서로 동등한 수준으로 본다.
② 해당 업종의 목표설정연도의 기준연도 배출량의 인정계수는 1.0을 초과해야 한다.
③ 부문별 관장기관은 매년 10월 30일까지 다음연도의 관리업체 목표를 설정하여 관리업체에 통보해야 한다.
④ 환경부장관과 부문별 관장기관은 공동으로 목표설정을 위하여 벤치마크 계수 개발계획을 수립해야 한다.

해설

[온실가스·에너지 목표관리 운영 등에 관한 지침 제32조: 벤치마크 할당계수의 개발 등]
① 환경부장관과 부문별 관장기관은 공동으로 제31조의 목표설정을 위하여 벤치마크 계수 개발계획을 수립하고, 이 계획에 따라 배출시설(공정, 건축물 등을 포함한다) 및 신·증설 배출시설의 최적가용기술(BAT)의 종류와 운전방법 및 이를 적용하였을 때의 단위활동자료 당 온실가스 배출량에 해당하는 벤치마크 할당계수를 개발하여 고시한다.

[정답 ④]

096 온실가스 배출권의 할당 및 거래에 관한 법률에서 사용하는 용어의 설명으로 (　　) 에 알맞은 것은?

(　　)(이)란 국가온실가스감축목표를 달성하기 위하여 5년 단위로 온실가스 배출업체에 배출권을 할당하고 그 이행실적을 관리하기 위하여 설정되는 기간을 말한다.

① 이행연도　　　　　　　　② 계획기간
③ 기준연도　　　　　　　　④ 이행기간

해설

[정답 ②]

097 매년 조기감축실적으로 인정할 수 있는 전체 총량(연간 인정총량)은?

① 전체 관리업체 배출허용량의 1%

② 전체 관리업체 배출허용량의 2%
③ 전체 관리업체 배출허용량의 3%
④ 전체 관리업체 배출허용량의 4$

해설
[온실가스·에너지 목표관리 운영 등에 관한 지침 제53조: 연간 인정총량] ① 매년 조기감축실적으로 인정할 수 있는 전체 총량(이하 "연간 인정총량"이라 한다)은 전체 관리업체 배출허용량의 1%로 한다. **[정답 ①]**

098 온실가스 배출권의 할당 및 거래에 관한 법률에서 온실가스 배출권을 거래하는 제도를 도입하는 목적은?

① 매년 정부에서 목표를 할당받아 온실가스를 감축
② 기후변화 관련 국제협상을 위하여 온실가스를 감축
③ 시장기능을 활용하여 효과적으로 국가의 온실가스 감축 목표를 달성
④ 국제 탄소시장과의 연계를 고려하여 시장기능을 활성화시켜 사업장의 온실가스를 감축

해설
[정답 ③]

099 다음 중 녹색성장위원회에 대한 설명으로 틀린 것은?

① 위원장 2명을 포함한 50명 이내의 위원으로 구성한다.
② 위원의 임기는 2년으로 하고 연임할 수 있다.
③ 국무총리는 녹색성장위원회의 위원장이다.
④ 녹색성장위원회는 국무총리 소속으로 한다.

해설
② 위원의 임기는 1년으로 하고 연임할 수 있다. **[정답 ②]**

100 온실가스·에너지 목표관리제 운영에 있어서 부문별 관장기관으로 잘못된 것은?

① 국토교통부: 건물·교통 분야
② 환경부: 폐기물 분야
③ 산업통상자원부: 산업·발전 분야
④ 고용노동부: 인력·교육 분야

해설
고용노동부는 부문별 관장기관이 아니다. **[정답 ④]**

MEMO

온실가스관리
기사/산업기사 필기

2018년 3월 1일 초판 1쇄 인쇄
2018년 3월 10일 초판 1쇄 발행

지 은 이 : 홍성호, 남윤미, 김현창, 정재호, 최승근
펴 낸 이 : 최 정 식
진　　행 : 인포더북스 출판기획팀

펴 낸 곳 : 인포더북스(books@infothe.com)
홈페이지 : www.infothebooks.com
주　 소 : (121-708) 서울시 마포구 마포대로 25 신한디엠빌딩 13층
전　 화 : (02) 719-6931
팩　 스 : (02) 715-8245
등　 록 : 제10-1691호

표지 및 내지 디자인 : 임준성, 나은경

Copyright ⓒ 2015 홍성호, 남윤미, 김현창, 정재호, 최승근
Printed in Seoul, Korea

본 도서는 저작권법에 의해 보호를 받는 저작물이므로 내용을 무단으로 복사, 복제, 전제 및 발췌하는 행위는 저작권법에 저촉되며, 민형사상의 처벌을 받게 됩니다.

정가 37,000원
ISBN 978-89-94567-84-6 (13530)